高标准农田建设工程资料培训教材
高标准农田建设领域施工现场专业人员工具书

高标准农田建设项目资料表格填写范例与指南

主编单位：农业农村部工程建设服务中心
北京筑业志远软件开发有限公司

中国农业出版社
北　京

图书在版编目（CIP）数据

高标准农田建设项目资料表格填写范例与指南 / 农业农村部工程建设服务中心，北京筑业志远软件开发有限公司主编. — 北京：中国农业出版社，2025.5（2026.4重印）

ISBN 978-7-109-33230-0

Ⅰ. S28-62

中国国家版本馆 CIP 数据核字第 20259D2J34 号

中国农业出版社出版
地址：北京市朝阳区麦子店街 18 号楼
邮编：100125
责任编辑：马英连
责任校对：吴丽婷
印刷：三河市国英印务有限公司
版次：2025 年 5 月第 1 版
印次：2026 年 4 月河北第 2 次印刷
发行：新华书店北京发行所
开本：787mm×1092mm 1/16
印张：41
字数：984 千字
定价：198.00 元

本书编委会

主编单位：农业农村部工程建设服务中心

北京筑业志远软件开发有限公司

参编单位：重庆市农村土地整治中心

四川省农田建设发展中心

湖北省水利水电规划勘测设计院有限公司

新疆兵团勘测设计院集团股份有限公司

河北省地质矿产勘查开发局第六地质大队

重庆市铜梁区农业技术推广服务中心

盐城市亭湖区农业农村局

固镇县水利勘测设计院

赤峰市宁城县设施农业技术服务中心

漯河市农业综合开发服务中心

漯河市南水北调工程运行保障中心

北京兰顿工程咨询有限公司

中海建筑有限公司

重庆机电控股集团机电工程技术有限公司

北京世纪农丰土地科技有限公司

曼乡雨（重庆）工程咨询有限公司

山东蒙田工程项目管理有限公司

湖南中工项目咨询管理有限公司

陕西天耕农业规划设计股份有限公司

河北禹创建设管理有限公司

南通四建集团有限公司

郑州中粮科研设计院有限公司

沈阳市文林水土工程设计有限公司

山西初和工程项目管理有限公司

中国安能集团第三工程局有限公司成都分公司

四川省地质工程勘察院集团有限公司

主　　编：裴　哲　郝聪明　刘冰心

副 主 编：张莉敏　谭瑶瑶　孙春蕾　张晓亚　朱少华　赵　伟

郭利民

编写人员：于国辉　向平方　付永社　李建威　隋伟旭　陈海华

杨宝佳　胡志国　曾路明　胡　静　梁富仓　史德宝
任泽华　朱　青　张卫国　王　念　袁书良　赵晴天
陆　菁　罗　丹　刘　冰　饶　奇　徐　庄　师旌茗
师　荣　杨占国　谭芬香　杨胜涛　李文龙　张跃松
陈立晓　朱　燚　李　明　姬　伟　任爱国　李胜利
高永奎　王柯轲　吴桂菲　王嘉庆　刘晓静　刘雨瑄
张校嘉　唐　彬　李中洋

审查人员：李亚正　金伟光　师　伟　王扬帆　李志强

前　言

2026年中央一号文件要求“分区分类高质量推进高标准农田建设，完善立项、建设、验收和管护机制”。这为“十五五”时期高标准农田建设指明了方向，也对项目管理提出了更高标准。为贯彻这一精神，确保“建一块成一块”，编制组依据最新规范和实践经验，编写了《高标准农田建设项目资料表格填写范例与指南》。本书旨在为广大从业人员提升项目资料的编制水平和规范项目资料的管理提供帮助。

为了更好地推进高标准农田建设的资料管理工作，本书在编制过程中，认真听取有关专家建议，结合高标准农田建设实际情况，并征求一线工作人员的意见，最终经审查组审查通过。本书主要对高标准农田建设的政策制度框架、工程资料管理流程以及田块整治、灌溉与排水、田间道路、农田防护与生态环境保护、农田输配电和农田地力提升等具体建设要求进行了详细阐述，直观易懂，具有较强的参考性和可操作性。

本书以《高标准农田建设 通则》GB/T 30600—2022、《高标准农田建设项目档案管理规范》NY/T 4730—2025为基准，紧密对接相关最新文件要求，并结合部分地方标准对高标准农田建设项目的特点进行系统的梳理和整编，以便于高标准农田建设项目实施阶段的资料管理体系的规范化和可操作化。按照高标准农田“田块整治、灌溉与排水、田间道路、农田防护与生态环境保护、农田输配电、农田地力提升”等六大工程体系的划分标准，提供对应的表格示例，建立项目划分与资料体系之间的关系。

本书主要包括高标准农田建设项目工程资料管理要点、高标准农田建设项目工程体系、项目划分表、资料归档清单、高标准农田建设项目相关规章等内容，还给出了项目实施阶段的施工资料用表填写示例、单元工程质量验收表填写示例、竣工验收资料填写示例和监理资料用表填写示例，为高标准农田建设全过程质量管理提供电子化、信息化解决方案，是高标准农田建设项目进行资料编制、收集、管理，以及项目检查、验收和管理等工作的参考用书，还可作为高标准农田建设的有关主管部门、建设、监理、施工等单位从业人员的工具书。

本书在编写过程中得到了高标准农田建设方面的专家指导，在此深表谢忱，特别感谢农业农村部相关单位领导和专家的大力支持。由于编者水平有限，疏漏之处敬请指正。意见和建议可反馈至北京筑业志远软件开发有限公司（邮箱：1598552158@qq.com，技术咨询 QQ：1598552158，电话：4001638866），以便我们修订时参考。期待本书能为新时代高标准农田建设管理者、技术人员提供切实助力，共同筑牢大国粮仓的根基！

本书编委会

2026年4月

扫码反馈问题领好礼

目　　录

第一篇　高标准农田建设项目相关规章制度

高标准农田建设是稳粮保供的重要支撑，近年来持续得到党中央、国务院的高度重视。一系列配套政策文件的出台，既是项目规范推进的核心指引，更是高标准农田资料编制的关键依据。本篇将集中摘录近年来高标准农田建设领域的主要政策文件，为后续资料编制工作提供权威的政策参照。

本篇主要内容：

- 《农田建设项目管理办法》（中华人民共和国农业农村部令2019年第4号）
- 《高标准农田建设质量管理办法》（农建发〔2025〕3号）
- 《高标准农田建设项目竣工验收办法（试行）》（农建发〔2025〕6号）

第1章 《农田建设项目管理办法》

（中华人民共和国农业农村部令2019年第4号）

第一章 总 则

第一条 为规范农田建设项目管理，确保项目建设质量，实现项目预期目标，依据《中华人民共和国农业法》《基本农田保护条例》《政府投资条例》等法律、行政法规，制定本办法。

第二条 本办法所称农田建设，是指各级人民政府为支持农业可持续发展，改善农田基础设施条件，提高农田综合生产能力，贯彻落实“藏粮于地、藏粮于技”战略，安排资金对农田进行综合治理和保护的活动。本办法所称农田建设项目，是指为开展农田建设而实施的高标准农田建设等项目类型。

第三条 农田建设实行集中统一管理体制，统一规划布局、建设标准、组织实施、验收评价、上图入库。

第四条 农业农村部负责管理和指导全国农田建设工作，制定农田建设政策、规章制度，牵头组织编制农田建设规划，建立全国农田建设项目评审专家库，统筹安排农田建设任务，管理农田建设项目，对各地农田建设项目管理进行监督评价。

省级人民政府农业农村主管部门负责指导本地区农田建设工作，牵头拟订本地区农田建设政策和规划，组织完成中央下达的建设任务，提出本地区农田建设年度任务方案，建立省级农田建设项目评审专家库，审批项目初步设计文件，组织开展项目竣工验收和监督检查，确定本地区各级人民政府农业农村主管部门农田建设项目管理职责，对本地区农田建设项目进行管理。

地（市、州、盟）级人民政府农业农村主管部门负责指导本地区农田建设工作，承担省级下放或委托的项目初步设计审批、竣工验收等职责，对本地区农田建设项目进行监督检查和统计汇总等。

县级人民政府农业农村主管部门负责本地区农田建设工作，制定县域农田建设规划，建立项目库，组织编制项目初步设计文件，申报项目，组织开展项目实施和初步验收，落实监管责任，开展日常监管。

第五条 农田建设项目遵循规划编制、前期准备、申报审批、计划管理、组织实施、竣工验收、监督评价等管理程序。

第二章 规划编制

第六条 农田建设项目坚持规划先行。规划应遵循突出重点、集中连片、整体推进、分期建设的原则，明确农田建设区域布局，优先扶持粮食生产功能区和重要农产品生产保护区（以下简称“两区”），把“两区”耕地全部建成高标准农田。

第七条 农业农村部负责牵头组织制定全国农田建设规划，报经国务院批准后实施。省级人民政府农业农村主管部门根据全国农田建设规划，研究编制本省农田建设规划，经省级人民政府批准后发布实施，并报农业农村部备案。

第八条　县级人民政府农业农村主管部门对接省级农田建设规划任务，牵头组织编制本级农田建设规划，并与当地水利、自然资源等部门规划衔接。

县级农田建设规划要根据区域水土资源条件，按流域或连片区域规划项目，落实到地块，形成规划项目布局图和项目库（单个项目达到项目可行性研究深度）。县级规划经本级人民政府批准后发布实施，并报省、市两级人民政府农业农村主管部门备案。

第九条　省级人民政府农业农村主管部门汇总县级项目库，形成省级农田建设项目库。

第三章　项目申报与审批

第十条　农田建设项目实行常态化申报，纳入项目库的项目，在征求项目区农村集体经济组织和农户意见后，在完成项目区实地测绘和勘察的基础上，编制项目初步设计文件。

第十一条　农田建设项目初步设计文件由县级人民政府农业农村主管部门牵头组织编制。初步设计文件包括初步设计报告、设计图、概算书等材料。

第十二条　初步设计文件应由具有相应勘察、设计资质的机构进行编制，并达到规定的深度。

第十三条　县级人民政府农业农村主管部门依据规划任务、工作实际等情况，将项目初步设计文件报送上级人民政府农业农村主管部门。省级人民政府农业农村主管部门会同有关部门，结合本地实际，按照地方法规要求，确定项目审批主体。

第十四条　省、受托的地（市、州、盟）组织或委托第三方机构开展初步设计文件评审工作。评审专家从评审专家库中抽取。评审可行的项目要向社会公示（涉及国家秘密的内容除外），公示期一般不少于5个工作日。公示无异议的项目要适时批复。

第十五条　省级人民政府农业农村主管部门依据本省农田建设规划以及前期工作情况，以县为单元向农业农村部申报年度建设任务。农业农村部根据全国农田建设规划并结合省级监督评价等情况，下达年度农田建设任务。

第十六条　地方各级人民政府农业农村主管部门应当依据经批复的项目初步设计文件，编制、汇总农田建设项目年度实施计划。省级人民政府农业农村主管部门负责批复本地区农田建设项目年度实施计划，并报农业农村部备案。

第四章　组织实施

第十七条　农田建设项目应按照批复的初步设计文件和年度实施计划组织实施，按期完工，并达到项目设计目标。建设期一般为1～2年。

第十八条　农田建设项目应当推行项目法人制，按照国家有关招标投标、政府采购、合同管理、工程监理、资金和项目公示等规定执行。省级人民政府农业农村主管部门根据本地区实际情况，对具备条件的新型经营主体或农村集体经济组织自主组织实施的农田建设项目，可简化操作程序，以先建后补等方式实施，县级人民政府农业农村主管部门应选定工程监理单位监督实施。

第十九条　组织开展农田建设应坚持农民自愿、民主方式，调动农民主动参与项目规划、建设和管护等积极性。鼓励在项目建设中开展耕地小块并大块的宜机化整理。

第二十条　参与项目建设的工程施工、监理、审计及专业化管理等单位或机构应具有相应资质。

第二十一条　项目实施应当严格按照年度实施计划和初步设计批复执行，不得擅自调整或终止。确需进行调整或终止的，按照“谁审批、谁调整”的原则，依据有关规定办理审核批复。项目调整应确保批复的建设任务不减少，建设标准不降低。

终止项目和省级部门批复调整的项目应当报农业农村部备案。

第二十二条　农田建设项目执行定期调度和统计调查制度，各级人民政府农业农村主管部门应按照有关要求，及时汇总上报建设进度，定期报送项目年度实施计划完成情况。

第五章　竣工验收

第二十三条　农田建设项目按照“谁审批、谁验收”的原则，由审批项目初步设计单位组织竣工验收。

第二十四条　申请竣工验收的项目应当具备下列条件：

（一）完成批复的初步设计文件中各项建设内容；

（二）技术文件材料分类立卷，技术档案和施工管理资料齐全、完整；

（三）主要设备及配套设施运行正常，达到项目设计目标；

（四）各单项工程已经设计单位、施工单位、监理单位和建设单位等四方验收；

（五）编制竣工决算，并经有资质的机构审计。

第二十五条　县级人民政府农业农村主管部门组织初验，初验合格后，提出竣工验收申请报告。

竣工验收申请报告应依照竣工验收条件对项目实施情况进行分类总结，并附初验意见、竣工决算审计报告等。

第二十六条　项目初步设计审批部门在收到项目竣工验收申请报告后，及时组织竣工验收。由地（市、州、盟）级人民政府农业农村主管部门组织验收的项目，验收结果应报省级人民政府农业农村主管部门备案。省级每年应对不低于10%的当年竣工验收项目进行抽查。

对竣工验收合格的项目，核发由农业农村部统一格式的竣工验收合格证书。

第二十七条　农田建设项目全部竣工验收后，要在项目区设立统一规范的公示标牌和标志，将农田建设项目建设单位、设计单位、施工单位、监理单位、项目年度、建设区域、投资规模以及管护主体等信息进行公示，接受社会和群众监督。

第二十八条　项目竣工验收后，应及时按有关规定办理资产交付手续。按照“谁受益、谁管护，谁使用、谁管护”的原则明确工程管护主体，拟定管护制度，落实管护责任，保证工程在设计使用期限内正常运行。

第二十九条　项目竣工验收后，县级人民政府农业农村主管部门应按照有关规定对项目档案进行收集、整理、组卷、存档。

第三十条　加强农田建设新增耕地核定工作，并按相关要求将新增耕地指标调剂收益优先用于高标准农田建设。

第六章　监督管理

第三十一条　各级人民政府农业农村主管部门应当按照《中华人民共和国政府信息公开条例》等有关规定，公开农田建设项目建设相关信息，接受社会监督。

第三十二条　各级人民政府农业农村主管部门应当制定、实施内部控制制度，对农田建设项目管理风险进行预防和控制，加强事前、事中、事后的监督检查，发现问题及时纠正。

第三十三条　各级人民政府农业农村主管部门应当加强对农田建设项目的监督评价。农业农村部结合粮食安全省长责任制考核，采取直接组织或委托第三方的方式，对各省农田建设项目开展监督评价和检查。

第三十四条　农田建设项目实施过程中发现存在严重违法违规问题的，各级人民政府农业农村主管部门应当及时终止项目，协助有关部门追回项目财政资金，并依法依规追究相关人员责任。

第三十五条　各级人民政府农业农村主管部门应当积极配合相关部门的审计和监督检查，对发现的问题及时整改。

第三十六条　各级人民政府农业农村主管部门应当及时在信息平台上填报农田建设项目的任务下达、初步设计审批、实施管理、竣工验收等工作信息。

县级人民政府农业农村主管部门应当在项目竣工验收后，对项目建档立册、上图入库并与规划图衔接。

第七章　附　则

第三十七条　省级人民政府农业农村主管部门根据本办法，结合本地区的实际情况，制定具体实施办法，报农业农村部备案。

第三十八条　本办法为农田建设项目管理程序性规定，涉及资金管理和中央预算内投资计划管理相关事宜按照相关规定执行。

第三十九条　在本办法施行之前，原由相关部门已经批复的农田建设项目，仍按原规定执行。

第四十条　本办法自2019年10月1日起施行。

第2章 《高标准农田建设质量管理办法》

（农建发〔2025〕3号）

第一章 总 则

第一条 为加强高标准农田建设质量管理，推动农田建设高质量发展，根据《建设工程质量管理条例》等法律法规以及《逐步把永久基本农田建成高标准农田实施方案》、《国务院办公厅关于切实加强高标准农田建设提升国家粮食安全保障能力的意见》（国办发〔2019〕50号）、《农田建设项目管理办法》（农业农村部令2019年第4号），制定本办法。

第二条 本办法适用于中央资金（含中央财政转移支付资金、中央预算内投资、国债等）支持及地方政府投入的高标准农田建设项目（包括新建和改造提升）的质量管理。新型农业经营主体或农村集体经济组织等自主组织实施的农田建设项目质量管理，可参照本办法相关要求执行。

第三条 高标准农田建设实行中央统筹、省负总责、市县抓落实、群众参与的工作机制。严格落实"中央层面加强制度设计、总体规划、通用标准确定、投入安排、指导监督等宏观管理工作，省级政府对目标任务落实、资金筹措、建设进度、工程质量、运营管护等负总责，市地级政府对项目实施进度、工程质量、竣工验收、资金使用、运营管护等负主要监管责任，县级政府对项目实施、工程质量、资金使用、运营管护等负主体责任"的规定。

第四条 农业农村部负责指导监督全国高标准农田建设质量管理工作。省级农业农村部门组织开展本行政区高标准农田建设质量管理工作，制定质量管理制度和标准，规范从业单位质量管理行为，加强质量管理业务培训和指导，开展质量监督核查等。市级农业农村部门加强本行政区高标准农田建设项目立项评审、竣工验收等环节质量控制和实施过程质量监督等。县级农业农村部门加强本行政区高标准农田建设日常质量监督管理，指导督促参建主体和运营管护主体履行责任，开展合同履约评价等。

高标准农田建设质量管理相关的重大事项和重要情况应按程序报告农业农村部。

第五条 地方农业农村部门要会同有关部门坚持先建管护机制、后建工程项目，探索建立投资、建设、运营、管护有效衔接机制，分级压实高标准农田属地运营管护责任，明确管护内容和标准，鼓励高标准农田经营主体通过自主投工筹资、购买服务等方式开展运营管护。

第六条 高标准农田建设项目实行项目法人责任制。项目法人对其实施的高标准农田建设项目质量负总责，对项目的初步设计、招标采购、施工建设、举牌验收等承担组织和监督职责。

承担项目测绘、勘察、设计、施工、监理、材料（设备或构配件）供应、评估评审、质量检测等任务的单位依照法律法规和合同约定对各自承担的技术服务、工程和产品质量负责。

第七条 推动耕地质量保护提升、生态涵养和田园生态改善有机融合，提升农田生态功能。鼓励使用符合标准的绿色环保新技术、新工艺、新材料和新设备建设高标准农田。

第八条 项目法人、设计和施工单位应当广泛征求高标准农田建设项目所在乡镇、农村集体经济组织、村民及其他利益相关方的意见建议，并吸纳合理意见。

第二章　项目储备库质量管理

第九条　地方农业农村部门要建立高标准农田建设项目储备库制度。县级农业农村部门负责建设、维护和管理本区域高标准农田建设项目储备库。县级以上地方农业农村部门逐级汇总管理本区域高标准农田建设项目储备库。

第十条　纳入高标准农田建设项目储备库的项目应满足但不限于以下要求：

（一）符合农田建设规划；

（二）项目选址、区域范围、建设规模、建设内容和资金需求科学合理；

（三）项目区土地权属清晰、地类属性符合要求，当地群众积极支持改善项目区农业生产条件；

（四）地块相对集中连片，水源相对有保障，具有较完备的农田灌排骨干工程条件，建设后能有效改善生产条件，提高粮食产能，真正实现旱涝保收、高产稳产；

（五）具备立项后及时组织实施的条件。

第十一条　地方农业农村部门应综合考虑规划布局、水源保障、基础设施现状、连片面积、建设周期、资金投入、农民意愿、实施效益等因素，优先在东北黑土地区、平原地区、具备水利灌溉条件地区、粮食产量高和增产潜力大地区的永久基本农田规划储备项目，明确已纳入高标准农田建设项目储备库项目的优先序。

第十二条　高标准农田建设项目储备库实行动态管理。

县级农业农村部门应提前谋划本区域高标准农田建设项目，对符合入库要求的项目及时入库。除因自然灾害严重损毁外，严禁同一地块重复申报新建或改造提升项目套取建设资金。

县级以上地方农业农村部门应规范项目库管理，加强入库项目信息审核，并定期分析研判项目库运行情况，对已立项实施或因情况变化不符合入库要求的项目及时出库。

第三章　立项质量管理

第十三条　高标准农田建设项目应在完成实地测绘和必要的勘察并获取项目区耕地数量与质量状况、地类属性、农田设施运行现状的基础上，充分考虑本地水土资源条件和生产实际需要，编制项目初步设计文件，严禁不到现场凭空设计。

第十四条　县级农业农村部门、高标准农田建设项目法人应组织对测绘、勘察、耕地质量等级评价、设计等单位的外业工作成果进行审核。

第十五条　高标准农田建设项目现状图测绘文件比例尺应能够准确反映项目区现状并满足田块整治、灌溉与排水、田间道路、农田防护与生态环境保护、农田输配电等工程设计和施工精度要求。

第十六条　高标准农田建设项目设计文件应以提升项目区粮食产能为首要目标，坚持把建设重点放在田内，以“一平”（田块平整）、“两通”（通水、通路）、“三提升”（提升地力、产量、效益）为基本标准，明确建设内容和质量要求、投资和效益目标等。不得脱离实际提高田间道路等修建标准，严禁违规建设楼堂馆所、形象工程、政绩工程等国家政策禁止的内容，以及数字化大屏幕等非高标准农田设施。

第十七条　省级农业农村部门会同有关部门，结合本地实际，按照有关法律法规、部门规章及相关政策要求，确定项目审批主体。项目审批主体应按规定组织评审项目设计文件，采取审核文本、现场核实等方式，严格对设计依据、建设方案、设计标准、概算编制、效益分析等内容的合规性、科学性、合理性、可行性和设计文件及附件材料的完整性、真实性加强审查，评审专家要明确给出符合性评价意见，必要时可对申报、勘测、设计单位开展面对面质询。省级农业农村部门按照不低于10%的比例对已批复的初步设计开展抽查。

项目评审专家和第三方评审机构的选取应实行回避制度。

第十八条　高标准农田建设项目审批主体应将项目设计评审可行的项目向社会公示（涉及国家秘密的内容除外），公示期一般不少于5个工作日。项目审批主体应及时批复立项公示无异议的项目。对公示有异议的，经专家论证符合立项条件后及时批复立项。

第四章　项目招标投标和合同质量管理

第十九条　高标准农田建设项目实行招标投标制。县级农业农村部门会同有关部门依法依规加强高标准农田建设招标投标和采购管理，强化公开公示、过程监管和事后监管。

第二十条　招标人（招标代理机构）应严格审查投标单位和人员的违法违规失信行为记录，严禁有围标、串标、违法分包和转让等不良行为记录，以及有违规出借资质行为的单位参与投标。

招标文件应根据项目建设规模、建设任务、建设标准、工程质量、耕地质量、进度要求等因素合理确定招标条件、划分标段和评标办法，避免标段划分过小过散。招标文件中应明确与质量有关的参数、标准、工艺流程等具体要求，根据项目实际情况合理确定总工期、关键节点工期及相应质量目标，并将其作为合同的重要条款进行约定，加强全过程质量控制。投标人应具备项目实施需要的专业技术人员、投标所需资质，严禁通过受让、租借或挂靠资质等违规获取投标资格。省级农业农村部门应因地制宜确定本行政区高标准农田建设项目设计、施工、监理等参建主体资质要求，严格资质管理。

第二十一条　各地应积极探索务实有效的高标准农田建设评标模式，建立健全电子招投标系统和监管系统，鼓励采用远程异地电子评标、异地在线评审，项目法人、招标代理机构、评标专家与投标主体间相互匿名，防止围标串标、人为干预、明招暗定、中标价格虚高、恶意低价中标等行为。

第二十二条　高标准农田建设项目实行合同管理制。

项目测绘、勘察、设计、施工、监理、材料（设备或构配件）供应、评估评审、质量检测等业务应当签订合同。合同文件应当有相应质量条款，将质量目标分解到每个阶段、相关工序，并明确相关参建单位的违约责任，确保质量可控。

项目测绘、勘察、设计、监理等相应承担单位不得转包（让）或分包任务，施工单位不得转包或违法分包任务。

第五章　项目建设过程质量管理

第二十三条　项目法人在高标准农田建设项目开工前应组织设计、监理、施工单位和项目区所在乡镇、农村集体经济组织、农民代表进行图纸会审和技术交底。设计单位应做好施工过程的技术指导、设计变更等后续服务工作。施工和监理单位应严格执行设计文件要求，确保设计意图在施工中得以落实。任何单位和个人不得擅自修改、变更项目设计文件。

第二十四条　凡进入高标准农田建设项目施工现场的建筑材料、构配件、设备和肥料等应具有产品质量出厂合格证明或技术标准规定的进场试验报告。施工单位、监理单位应对原材料和中间材料见证取样和送检，并对构配件、设备和肥料等进行抽检，未经检验或经检验不合格的，不得投入使用。

第二十五条　高标准农田建设项目施工单位应严格按照国家、地方、行业有关工程建设法律法规、技术标准以及设计文件和合同要求进行施工，严禁擅自降低标准，缩减规模。施工单位应加强各专业工种、工序施工管理，严格执行工程验收制度，未经验收或质量检验评定不合格的，不得进行下一个工种、下一道工序施工。施工单位应加强隐蔽工程施工管理，在下一道工序施工前，应通过项目法人、设计、监理单位检查验收，并绘制隐蔽工程竣工图。隐蔽工程未经验收或验收不通过的，不得隐蔽。施工单位应及时建立完整、可追溯的施工资料和技术档案。对出现施工质量问题的工程或验收不合格的工程，施工单位应负责返修或重建，并确保工程质量。

第二十六条　高标准农田建设项目实行工程监理制。项目监理单位应按合同约定和监理规范采取旁站、巡视、平行检验等多种形式开展全过程监理，加强施工材料质量、隐蔽工程施工、单项工程验收等关键环节监理，对施工现场存在的质量、进度、安全等问题及时督促整改并复查。监理单位应及时收集、整理、归档监理资料，按约定期限如实向项目法人及县级农业农村部门报告工程施工进度、工程质量、安全生产和相关控制措施。监理单位不得与被监理工程的施工单位以及原材料、中间产品和设备供应商等单位存在隶属关系或者其他利害关系，不得与项目法人或者被监理工程的施工单位串通，弄虚作假、降低工程质量。

第二十七条　施工现场关键材料进场及关键工序、关键部位、关键隐蔽工程验收时，项目法人、设计、施工、监理单位应在现场显著位置进行举牌验收，参与验收人员签名确认结果。具体实施举牌验收的材料、工序、部位和工程由省级农业农村部门结合实际明确。

第二十八条　县级农业农村部门、项目法人应组织对施工人员、监理人员开展资质审查和备案，采取随机抽检等方式加强对施工、监理履职情况和工程质量情况的监督，严禁监理单位与施工单位串通、监理走形式走过场等现象。

第二十九条　高标准农田建设实施计划和已批复的初步设计不得擅自调整，项目实施过程中，建设地点、建设工期、建设内容、单项工程设计、建设资金等发生变化确需调整的，按照“谁审批、谁调整”的原则，依据有关规定办理审核批复。

由于自然灾害、地质情况变化、国土空间规划调整和实施国家重大建设项目等因素导致高标准农田建设项目无法实施的，项目审批主体应加强审查，根据需要及时终止项目建设。项目终止审查结果应向社会公示（涉及国家秘密的内容除外），公示期一般不少于5个工作日。终止项目应按程序报农业农村部备案。

第六章　项目验收和建后质量管理

第三十条　地方农业农村部门应按照高标准农田建设项目竣工验收办法要求，严格开展验收工作。要先组织农户、设施使用人对项目设施进行试用，试用符合要求后再开展验收工作。验收内容应覆盖项目涉及所有地块、工程，重点核查建设内容数量、工程实体质量、设备设施试运行情况和群众满意度等内容。严禁不到现场核实、照图验收、按资料验收、按比例验收等不规范验收行为。对验收发现的问题，地方农业农村部门要督促有关责任方及时整改到位。省级农业农村部门应按照一定比例对当年竣工项目进行抽验复核。

第三十一条　高标准农田建设项目完工后，施工单位应向项目法人出具质量保修书、主要工程与设备使用说明书。质量保修书中应明确质量保修期、保修范围和内容、保修责任和经济责任等。工程与设备使用说明书应明确使用要求、操作规程、运行管理、维修与保养措施等。

第三十二条　地方农业农村部门应在高标准农田建设项目竣工后，依据相关政策要求和

《高标准农田建设评价规范》（GB/T 33130）、《耕地质量等级》（GB/T 33469）等技术标准，组织开展高标准农田项目分等定级评价，划分耕地质量等级、测算粮食产能。在评价基础上，分区分类开展高标准农田认定，认定结果可作为高标准农田建设政策制定、规划设计、任务安排等活动的参考依据。

第三十三条　高标准农田建设项目竣工验收通过后，项目法人应及时按有关规定办理资产交付手续。地方农业农村部门应组织建立高标准农田建设项目建后管护长效运行机制，落实管护资金，监督落实管护责任。

第三十四条　地方农业农村部门应加强高标准农田建设项目档案管理，建立完整的项目档案，及时按照有关规定对项目档案进行收集、整理、组卷、存档。项目档案保存期限不应短于工程设计使用年限。具备条件的地方，要通过全国农田建设综合监测监管平台实行高标准农田建设项目信息电子化管理。

第三十五条　地方农业农村部门应依据《耕地质量等级》（GB/T 33469）、《耕地质量监测技术规程》（NY/T 1119）等，持续跟踪耕地质量变化情况，指导管护主体加强高标准农田后续培肥，稳定提升地力。

第七章　质量监督

第三十六条　各级农业农村部门应建立健全农田建设工程质量监督检验体系。农业农村部按规定通过抽检、挂牌督办等方式开展高标准农田建设质量监督。地方农业农村部门应建立完善第一时间发现问题、核实情况、快速处置机制，强化审计、监督等反映的有关问题整改落实，加强高标准农田建设质量监督。

建立高标准农田工程质量例行检查制度。农业农村部和省级农业农村部门开展常态化抽检，每年抽取一定比例的在建项目和已建项目进行检查，及时公布抽检结果，通报典型问题。工程质量抽检可以通过政府购买服务的方式实施。

鼓励地方农业农村部门利用遥感、航测、大数据分析等现代信息技术对高标准农田建设项目实行全程动态监管。

第三十七条　地方农业农村部门应依托全国农田建设综合监测监管平台，加强高标准农田建设项目各阶段信息上图入库填报审核把关，提高报送质量，准确填报开工、建设进展、地理信息等。

第三十八条　地方农业农村部门依法依规开展高标准农田建设从业机构信用评价，记录并公开高标准农田建设项目测绘、勘察、设计、施工、监理、材料（设备或构配件）采购、评估评审、质量检测等从业单位和人员的违法违规失信行为信息，会同有关部门按规定程序将失信记录纳入信用评价管理体系，加大违规失信行为惩戒力度。

第三十九条　鼓励引导农户、新型农业经营主体参与高标准农田建设，支持将农民质量监督员纳入公益性岗位，开展建设质量监督。

第四十条　项目法人应在项目区明显位置设立项目公示标牌，加大高标准农田建设信息公开力度，加强高标准农田投诉举报热线等群众反映问题渠道的日常维护，主动接受社会监督。

第四十一条　各级农业农村部门应将高标准农田建设质量监督结果作为项目绩效评价和有关考核等的重要内容，实行奖优罚劣。质量监督结果与高标准农田建设任务安排相挂钩。

第四十二条　地方农业农村部门会同有关部门建立健全高标准农田建设工程全周期责任

倒查和终身追责机制。高标准农田建设质量管理工作中存在违法违规问题的，应依规依纪依法追究相关人员责任。对发生重大工程质量问题的，应依法追究规划设计、施工、监理等参建单位及其相关人员责任。

第八章　附　　则

第四十三条　本办法自发布之日起施行。《高标准农田建设质量管理办法（试行）》（农建发〔2021〕1号）同时废止。

第3章　《高标准农田建设项目竣工验收办法（试行）》

（农建发〔2025〕6号）

第一章　总　　则

第一条　为规范高标准农田建设项目竣工验收工作，完善高标准农田建设、验收、管护机制，确保项目建设成效，依据《中共中央关于进一步全面深化改革推进中国式现代化的决定》、《中共中央办公厅、国务院办公厅关于印发〈逐步把永久基本农田建成高标准农田实施方案〉的通知》、《国务院办公厅关于切实加强高标准农田建设提升国家粮食安全保障能力的意见》（国办发〔2019〕50号）、《农田建设项目管理办法》（农业农村部令2019年第4号）、《农业农村部关于印发〈全国高标准农田建设规划（2021—2030年）〉的通知》（农建发〔2021〕6号）等有关规定，制定本办法。

第二条　本办法适用于中央资金（含中央财政转移支付资金、中央预算内投资、国债等）支持以及地方政府投入的高标准农田建设项目（包括新建和改造提升）的竣工验收。新型农业经营主体或农村集体经济组织等自主组织实施的高标准农田建设项目竣工验收工作，可参照本办法相关要求执行。

第三条　项目竣工验收按照“谁审批、谁验收”的原则，由项目审批单位组织开展，并对验收结果负责。

第四条　农业农村部负责指导全国高标准农田建设项目竣工验收工作，抽查项目竣工验收工作情况，综合评价各地实施成效。

省级农业农村部门负责制定本地区项目竣工验收工作规定，监督工作落实情况，每年应当对不低于10%的当年竣工验收项目进行抽查，鼓励结合实际提高抽查比例。省级农业农村部门承担项目审批职责的，应当负责组织开展所审批项目的竣工验收工作。

市地级农业农村部门承担省级下放项目审批职责的，负责组织开展本区域项目竣工验收工作；未承担的，应当积极配合开展项目竣工验收工作。市地级农业农村部门应当督促指导县级农业农村部门做好问题整改落实。

县级农业农村部门负责组织开展本辖区项目工程设施试用、初步验收、问题整改等工作。项目通过竣工验收后，应当及时将项目竣工验收报告、竣工验收意见、竣工图件、竣工验收合格证书、项目地块空间位置等信息上传至全国农田建设综合监测监管平台。

第二章　竣工验收依据和条件

第五条　项目竣工验收的主要依据包括：

（一）国家及有关部门颁布的相关法律法规、规章制度、标准规范等；

（二）有关建设规划、项目初步设计文件、批复文件以及项目变更调整、终止批复文件；

（三）项目建设合同、资金下达拨付等文件资料；

（四）按照有关规定应当取得的项目建设其他审批手续；

（五）项目建设单位、设计单位、施工单位、监理单位对项目建设的关键工序、关键部位、隐蔽工程等开展四方验收的相关资料；

（六）项目区农村集体经济组织负责人、农民群众代表意见征求情况。

第六条　申请竣工验收的项目应当满足以下条件：

（一）按批复的项目初步设计文件、项目建设合同约定内容完成各项建设内容并符合质量要求；有设计、合同调整的，按项目批复变更文件、补充合同约定内容完成各项建设内容并符合质量要求；

（二）完成项目竣工图件绘制，包括竣工总平面图和各单体工程竣工图，应当涵盖项目完工后的所有工程设施，以及项目区地块空间位置信息，由设计单位、施工单位、监理单位签字（盖章）确认；

（三）项目工程设施能够正常运行，质量达到设计要求；

（四）各单项工程已通过项目建设单位、设计单位、施工单位、监理单位四方验收并合格；

（五）已完成项目竣工决算，经有相关资质的中介机构或当地审计机关审计，具有相应的审计报告；

（六）按合同约定完成项目资金支付；

（七）前期工作、招投标、合同、监理、施工管理资料及相应的图纸等技术资料齐全、完整，已完成项目有关材料的分类立卷工作；

（八）已通过工程设施试用；

（九）已征求项目区农村集体经济组织负责人、农民群众代表意见；

（十）明确工程设施管护主体和管护责任。

第三章　竣工验收内容和程序

第七条　项目审批单位应当在项目完工后1年内组织完成竣工验收工作。

第八条　项目完工后，县级农业农村部门应当组织新型农业经营主体、农民群众等管护主体对项目建设的各类工程设施进行试用，综合考虑区域气候条件、种植制度安排、作物生长周期等合理确定试用时间，原则上不少于3个月不超过6个月。试用中发现问题的，由县级农业农村部门组织相关单位进行修复或重建；未发现问题的，由管护主体签字确认，通过试用。

第九条　项目通过试用后，县级农业农村部门可组织工程、电力、财务等领域的专家，鼓励项目区农村集体经济组织负责人代表、农民群众代表等参与，共同组成验收组，或委托第三方专业机构开展初步验收，对照项目建设内容，逐地块逐设施全面核实建设数量、工程质量、项目管理等情况，出具初步验收意见，编制初步验收报告等。可根据实际需要，邀请自然资源、水利、电力等部门单位参与。对初步验收不合格的，县级农业农村部门应当组织开展限期整改，整改完成后再次组织初步验收。

第十条　初步验收合格的项目，由县级农业农村部门向项目审批单位申请竣工验收。竣工验收申请应当按照竣工验收条件，对项目实施情况进行分类总结，并附竣工决算审计报告、初步验收意见、初步验收报告等。

第十一条　项目审批单位收到项目竣工验收申请后，应当在2个月内组织开展竣工验收工作，可组织工程、电力、财务等领域的专家组成验收组，或委托第三方专业机构，通过听取汇报、查阅档案、现场核实、测试运行、实地走访等多种方式开展竣工验收，并充分运用现代信息技术，提高验收工作质量和效率。验收应当覆盖每一处地块、工程、设施，不得有漏项，消除验收“死角”。

项目竣工验收内容主要包括以下方面：

（一）项目初步设计批复内容或项目调整变更批复内容、项目建设合同或补充合同约定内容的完成情况；

（二）各级财政资金和自筹资金按照项目合同落实到位情况；

（三）资金使用情况，包括项目专账核算、专人管理、入账手续及支出凭证完整性等；

（四）项目管理情况，包括法人责任履行、招投标管理、合同管理、施工管理、工程监理、四方验收、工程设施试用、初步验收和档案管理等；

（五）项目建设情况，包括现场查验灌溉与排水、田间道路、田块整治、农田输配电等工程设施的数量和质量，以及农机作业通行条件等；

（六）工程设施试用情况；

（七）项目区农村集体经济组织负责人、农民群众代表意见情况；

（八）全国农田建设综合监测监管平台中项目基础信息、地块空间位置等；

（九）工程设施管护主体落实情况；

（十）其他需要验收的内容。

第十二条　项目竣工验收情况报告，包括验收工作组织开展情况、建设内容完成情况、工程质量情况、资金到位和使用情况、管理制度执行情况、工程设施试用情况等，以及存在问题和建议，由验收组所有成员签字确认。

第十三条　项目审批单位依据项目竣工验收报告，出具竣工验收意见。对竣工验收合格的，由项目审批单位核发农业农村部统一格式的《高标准农田建设项目竣工验收合格证书》（格式见附件）；对原则通过竣工验收的，由县级农业农村部门组织参建单位按照竣工验收意见进行整改，项目审批单位进行复核，确认整改到位后，核发《高标准农田建设项目竣工验收合格证书》；对竣工验收不合格的，县级农业农村部门应当按照提出的问题和意见，组织参建单位开展限期整改，整改完成后再次按程序提出竣工验收申请。

第十四条　县级农业农村部门应当建立完整的项目档案，按照规定对有关文件资料进行收集、整理、组卷、归档。项目档案保存期限不应短于工程设计使用年限。

第十五条　县级农业农村部门应当及时明确工程设施所有权，按有关规定办理设施和资产交付手续，由政府投入形成的原则上归项目区土地所有者所有。

第十六条　县级农业农村部门结合初步验收，按照国家标准同步开展高标准农田分类分级评价，明确项目区高标准农田建设质量等级。市地级农业农村部门在竣工验收时对评价结果进行复核。评价结果可作为高标准农田建设项目管理、政策制定、规划设计、任务安排等的参考依据。

第十七条　县级农业农村部门应当在集中连片区域的醒目位置设立统一规范的公示标牌，公开项目建设单位、设计单位、施工单位、监理单位、项目年度、建设区域、管护主体、监督服务电话等信息。

第四章　监督管理

第十八条　验收组成员应当严格遵守廉洁自律各项规定，自觉接受社会和群众监督，与被验收单位或验收事项有直接利害关系的，应当主动申请回避。鼓励和支持新型农业经营主体、农民群众等管护主体参与高标准农田建设项目竣工验收。

第十九条　项目竣工验收过程中，严禁不到现场核实、照图验收、按资料验收、按比例验收等不规范验收行为；严禁签字代签、捏造数据、伪造报告等弄虚作假行为；严禁不合格项目违规通过验收。发现竣工验收问题整改落实不力的，对项目所在地农业农村部门进行通报，并约谈相关责任人。

第二十条　各地应当严格落实工程设计单位、施工单位、监理单位质量终身责任制。对参与竣工验收的第三方机构加强监督管理，对项目竣工验收后出现重大工程质量问题的，依法联合审计、纪检监察等部门倒查有关单位责任，对涉嫌犯罪的，移送司法机关处理。

第五章　附　　则

第二十一条　本办法所称的高标准农田建设项目竣工验收工作，是指对批准立项实施的高标准农田建设项目完成情况、工程质量情况、资金使用情况等开展综合评价的活动。

第二十二条　省级农业农村部门可根据本办法，结合本地区实际，制定项目竣工验收实施细则。

第二十三条　本办法自2025年12月1日起施行。《农业农村部关于印发〈高标准农田建设项目竣工验收办法〉的通知》（农建发〔2021〕5号）同时废止。

附件：高标准农田建设项目竣工验收合格证书（正面格式、背面格式）

（正面格式）

高标准农田建设项目竣工验收合格证书

（申请竣工验收单位）：

____

____

____

项目竣工验收组织单位（印章）：

年　月　日

注：项目竣工验收合格证书中应包含项目名称、建成高标准农田面积、项目投资、验收日期等内容。

（背面格式）

项目工程设施试用时间：
通过初步验收时间：
通过竣工验收时间：
项目区高标准农田建设质量综合评价等级：
（根据已建成高标准农田地块评价结果得出）
验收组组长：
（姓名、单位、职务职称）
验收组成员名单：
（姓名、单位、职务职称）

第二篇　高标准农田建设项目工程体系、划分及归档范围

本篇依据《高标准农田建设 通则》GB/T 30600、《高标准农田建设项目档案管理规范》NY/T 4730给出了高标准农田建设项目的整体工程架构，依据相关规范整合并给出了各单元工程的划分规则，并提供高标准农田建设项目文件归档范围，确保了项目资料的完整性和系统性，为高标准农田管理人员提供了明确的指导和参考，极大地方便了后续的项目资料管理和归档工作，有助于提升农田建设项目的整体管理水平。

本篇主要内容：

- 高标准农田建设项目工程体系
- 高标准农田建设项目划分
- 高标准农田建设项目文件归档范围

第1章　高标准农田建设项目工程体系

按照工程类型、特征及内部联系构建的工程体系分级可参见《高标准农田建设 通则》GB/T 30600—2022，各地使用时应优先按照当地发布的文件或规范、标准执行。

1. 高标准农田基础设施建设工程包括田块整治工程、灌溉与排水工程、田间道路工程、农田防护与生态环境保护工程、农田输配电工程及其他工程，具体见表1-1。

表1-1　高标准农田基础设施建设工程体系表

一级		二级		三级		说明
编号	名称	编号	名称	编号	名称	
1	田块整治工程					
		1.1	耕作田块修筑工程			按照一定的田块设计标准所开展的土方挖填和埂坎修筑等措施
				1.1.1	条田	在地形相对较缓地区，依据灌排水方向所进行的几何形状为长方形或近似长方形的水平田块修筑工程。水田区条田可细分为格田
				1.1.2	梯田	在地面坡度相对较陡地区，依据地形和等高线所进行的阶梯状田块修筑工程。按照田面形式不同，梯田分水平梯田和坡式梯田等类型
				1.1.3	其他田块	除1.1.1条田、1.1.2梯田之外的其他田块修筑工程
		1.2	耕作层地力保持工程			为充分保护及利用原有耕地的熟化土层和建设新增耕地的宜耕土层而采取的各种措施
				1.2.1	客土回填	当项目区内有效土层厚度和耕层土壤质量不能满足作物生长、农田灌溉排水和耕作需要时，从区外运土填筑到回填部位的土方搬移活动
				1.2.2	表土保护	在田面平整之前，对原有可利用的表土层进行剥离收集，待田面平整后再将剥离表土还原铺平的一种措施
2	灌溉与排水工程					
		2.1	小型水源工程			为农业灌溉所修建的小型塘堰（坝）、蓄水池和小型集雨设施、小型泵站、农用机井等工程的总称
				2.1.1	塘堰（坝）	用于拦截和集蓄当地地表径流的挡水建筑物、泄水建筑物及取水建筑物，包括坝（堰）体、溢洪设施、放水设施等
				2.1.2	蓄水池和小型集雨设施	蓄水池及在坡面上修建的拦蓄地表径流的小型集雨池（窖）、水柜等蓄水建筑物

（续）

一级		二级		三级		说明
编号	名称	编号	名称	编号	名称	
				2.1.3	小型泵站	装机容量200kW以下的灌排泵站
				2.1.4	农用机井	在地面以下凿井、利用动力机械提取地下水的取水工程，包括大口井、管井和辐射井等
		2.2	输配水工程			修筑在地表附近用于输水至用水部位的工程
				2.2.1	明渠	在地表开挖和填筑的具有自由水流面的地上输水工程
				2.2.2	管道	在地面或地下修建的具有压力水面的输水工程
		2.3	渠系建筑物工程			在灌溉或排水渠道系统上为控制、分配、测量水流，通过天然或人工障碍，保障渠道安全运用而修建的各种建筑物的总称
				2.3.1	农桥	田间道路跨越洼地、渠道、排水沟等障碍物而修建的过载建筑物
				2.3.2	渡槽	输水工程跨越低地、排水沟或交通道路等修建的桥式输水建筑物
				2.3.3	倒虹吸管	输水工程穿过低地、排水沟或交通道路时以虹吸形式敷设于地下的压力管道式输水建筑物
				2.3.4	涵洞	田间道路跨越渠道、排水沟时埋设在填土面以下的输水建筑物
				2.3.5	水闸	修建在渠道等处控制水量和调节水位的控制建筑物。包括节制闸、进水闸、冲沙闸、退水闸、分水闸等
				2.3.6	跌水与陡坡	连接两段不同高程的渠道或排洪沟，使水流直接跌落形成阶梯式或陡槽式落差的输水建筑物
				2.3.7	量水设施	修建在渠道或渠系建筑物上用以测算通过水量的建筑物
		2.4	田间灌溉工程			从输水工程配水到田间的工程，包括地面灌溉、喷灌、微灌、管道输水灌溉等
				2.4.1	地面灌溉	利用灌水沟、畦或格田等进行灌溉的工程措施
				2.4.2	喷灌	利用专门设备将水加压并通过喷头以喷洒方式进行灌溉的工程措施
				2.4.3	微灌	利用专门设备将水加压并以微小水量喷洒、滴入等方式进行灌溉的工程措施。包括滴灌、微喷灌、小管出流等
				2.4.4	管道输水灌溉	由水泵加压或自然落差形成有压水流，通过管道输送到田间给水装置进行灌溉的工程措施

（续）

一级		二级		三级		说明
编号	名称	编号	名称	编号	名称	
		2. 5	排水工程			将农田中过多的地表水、土壤水和地下水排除，改善土壤中水、肥、气、热关系，以利于作物生长的工程措施
				2. 5. 1	明沟	在地表开挖或填筑的具有自由水面的地上排水工程
				2. 5. 2	暗管	在地表以下修筑的地下排水工程
				2. 5. 3	排水井	用竖井排水的工程
				2. 5. 4	排水闸	控制沟道排水的水闸
				2. 5. 5	排涝站	排除低洼地、圩区涝水的泵站
				2. 5. 6	排涝闸站	为实现引排水功能，排水闸与排涝站结合的工程
3	田间道路工程					
		3. 1	田间道（机耕路）			连接田块与村庄、田块之间，供农田耕作、农用物资和农产品运输通行的道路
		3. 2	生产路			项目区内连接田块与田间道（机耕路）、田块之间，供小型农机行走和人员通行的道路
		3. 3	附属设施			考虑宜机作业，田间道路设置的必要的下田设施、错车点和末端掉头点
4	农田防护与生态环境保护工程					
		4. 1	农田防护林工程			用于农田防风、改善农田气候条件、防止水土流失、促进作物生长和提供休憩庇荫场所的农田植树工程
				4. 1. 1	农田防风林	在田块周围营造的以防治风沙或台风灾害、改善农作物生长条件为主要目的的人工林
				4. 1. 2	梯田埂坎防护林	在梯田埂坎处营造的以防止水土流失、保护梯田埂坎安全为主要目的的人工林
				4. 1. 3	护路护沟护坡护岸林	在田间道路、排水沟、渠道两侧营造的以防止水土流失、保护岸坡安全、提供休憩庇荫场所为主要目的的人工林
		4. 2	岸坡防护工程			为稳定农田周边岸坡和土堤的安全、保护坡面免受冲刷而采取的工程措施
				4. 2. 1	护地堤	为保护现有堤防免受水流、风浪侵袭和冲刷所修建的工程设施及新建的小型堤防工程

（续）

一级		二级		三级		说明
编号	名称	编号	名称	编号	名称	
				4.2.2	生态护岸	为保护农田免受水流侵袭和冲刷，在沟道滩岸修建的植物或植物与工程相结合的设施
		4.3	坡面防护工程			为防治坡面水土流失，保护、改良和合理利用坡面水土资源而采取的工程措施
				4.3.1	护坡	为防止耕地边坡冲刷，在农田边缘铺砌、栽种防护植物等措施
				4.3.2	截水沟	在坡地上沿等高线开挖用于拦截坡面雨水径流，并将雨水径流导引到蓄水池或排除的沟槽工程
				4.3.3	小型蓄水工程	在坡面上修建的拦蓄坡面径流、集蓄雨水资源的小型蓄水工程
				4.3.4	排洪沟	在坡面上修建的用以拦蓄、疏导坡地径流，并将雨水导入下游河道的沟槽工程
		4.4	沟道治理工程			为固定沟床、防治沟蚀、减轻山洪及泥沙危害，合理开发利用水土资源采取的工程措施
				4.4.1	谷坊	横筑于易受侵蚀的小沟道或小溪中的小型固沟、拦泥、滞洪建筑物
				4.4.2	沟头防护	为防止径流冲刷引起沟头延伸和坡面侵蚀而采取的工程措施
5	农田输配电工程					
		5.1	输电线路			通过导线将电能由某处输送到目的地的工程
		5.2	变配电装置			通过配电网路进行电能重新分配的装置
				5.2.1	变压器	电能输送过程中改变电流电压的设施
				5.2.2	配电箱（屏）	按电气接线要求将开关设备、测量仪表、保护电器和辅助设备组装在封闭或半封闭的金属柜中或屏幅上所构成的低压配电装置
				5.2.3	其他变配电装置	其他变配电的相关设施，包括断路器、互感器、起动器、避雷器、接地装置等
		5.3	弱电工程			信号线布设、弱电设施设备和系统安装工程
6	其他工程					
		6.1	田间监测工程			监测农田生产条件、土壤墒情、土壤主要理化性状、农业投入品、作物产量、农田设施维护等情况的站点

2．高标准农田地力提升工程包括土壤改良工程、障碍土层消除工程及土壤培肥工程，具体见表1-2。

表1-2 高标准农田地力提升工程体系表

一级		二级		三级		说明
编号	名称	编号	名称	编号	名称	
1	农田地力提升工程					
		1.1	土壤改良工程			采取物理、化学、生物或工程等综合措施，消除影响农作物生育或引起土壤退化的不利因素
				1.1.1	土壤质地改良	采取掺沙、掺黏、客土、增施有机肥等措施，改善土壤性状，提高土壤肥力
				1.1.2	酸化土壤改良	采取施用石灰质物质、土壤调理剂和有机肥等措施，中和土壤酸度，提高土壤pH
				1.1.3	盐碱土壤改良	采取工程排盐、施用土壤调理剂和有机肥等措施，降低土壤盐分含量，中和土壤碱度，降低土壤pH
				1.1.4	土壤风蚀沙化防治	采取建设农田防护林、保护性耕作等措施，防治土壤沙质化，防止土地生产力下降
				1.1.5	冷烂锈土壤治理	采取挖沟排水，施用土壤改良剂、有机肥、微生物肥，秸秆还田、水旱轮作等措施，降低铁、锰等还原性物质毒害，提高土壤微生物活性，培养土壤结构
				1.1.6	板结土壤治理	采取秸秆还田、增施腐植酸肥料、生物有机肥、种植绿肥、保护性耕作、深耕深松、施用土壤调理剂、测土配方施肥等措施，增加土壤有机质含量，改善土壤结构，防止土壤变硬
		1.2	障碍土层消除工程			采取深耕深松等措施，畅通作物根系生长和水气运行
				1.2.1	客土	用机械异地运输土壤表土覆盖增加耕层厚度
				1.2.2	深耕	用机械翻土、松土、混土
				1.2.3	深松	用机械松碎土壤
		1.3	土壤培肥工程			按照有机肥与无机肥相结合原则，通过秸秆还田、施有机肥、种植绿肥、耕层土壤重塑等措施，提高土壤有机质，改善土壤结构，使土壤肥力不断提升
				1.3.1	种植绿肥	种植光叶苕子、肥田萝卜、紫云英等作为绿肥作物
				1.3.2	有机肥	施用腐熟后的农家肥和商品有机肥培肥土壤
				1.3.3	秸秆还田	通过秸秆覆盖、粉碎、腐熟等方式还田
				1.3.4	耕层土壤重塑	通过有机培肥、施用土壤调理剂、保护性耕作、深耕深松等措施构建良好耕层，使土壤物理化学性状符合高标准农田要求

说明：障碍土层消除工程和土壤培肥工程是结合了有关地方标准进行汇总。

第2章　高标准农田建设项目划分

高标准农田建设项目划分应结合工程规模、工程结构和功能特点、施工部署及施工合同要求进行，划分结果应有利于施工过程质量管理和施工质量验收。

开工前，项目划分由建设单位（项目法人）组织（或委托监理机构组织）设计、监理及施工等单位共同商定，并将结果下发各参建单位执行。

项目按级划分为单项工程、单位工程、分部工程和单元工程四级。

1. 高标准农田基础设施建设工程划分具体见表2-1。

表2-1　高标准农田基础设施建设工程划分表

<table>
<tr><th colspan="2">单项工程</th><th colspan="2">单位工程</th><th colspan="2">分部工程</th><th rowspan="2">单元工程名称（参考）</th></tr>
<tr><th>编号</th><th>名称</th><th>编号</th><th>名称</th><th>编号</th><th>名称</th></tr>
<tr><td>1</td><td>田块整治工程</td><td></td><td></td><td></td><td></td><td></td></tr>
<tr><td></td><td></td><td>1.1</td><td>耕作田块修筑工程</td><td></td><td></td><td></td></tr>
<tr><td></td><td></td><td></td><td></td><td>1.1.1</td><td>条田</td><td>土质地基开挖、岩石地基开挖、田面平整、土质田埂填筑、浆砌石砌体、干砌石砌体、模板、混凝土、预制混凝土小型砌块砌体、土地翻耕、土地平整</td></tr>
<tr><td></td><td></td><td></td><td></td><td>1.1.2</td><td>梯田</td><td>土质地基开挖、岩石地基开挖、田面平整、土质田埂填筑、浆砌石砌体、干砌石砌体、模板、混凝土、预制混凝土小型砌块砌体、土地翻耕、土地平整</td></tr>
<tr><td></td><td></td><td></td><td></td><td>1.1.3</td><td>其他田块</td><td>土质地基开挖、岩石地基开挖、田面平整、土质田埂填筑、浆砌石砌体、干砌石砌体、模板、混凝土、预制混凝土小型砌块砌体、土地翻耕、土地平整</td></tr>
<tr><td></td><td></td><td>1.2</td><td>耕作层地力保持工程</td><td></td><td></td><td></td></tr>
<tr><td></td><td></td><td></td><td></td><td>1.2.1</td><td>客土回填</td><td>客土回填</td></tr>
<tr><td></td><td></td><td></td><td></td><td>1.2.2</td><td>表土保护</td><td>表土剥离与回覆</td></tr>
<tr><td>2</td><td>灌溉与排水工程</td><td></td><td></td><td></td><td></td><td></td></tr>
<tr><td></td><td></td><td>2.1</td><td>小型水源工程</td><td></td><td></td><td></td></tr>
<tr><td></td><td></td><td></td><td></td><td>2.1.1</td><td>塘堰（坝）</td><td>土质地基开挖、岩石地基开挖、土质岸坡开挖、抛石挤淤、疏浚和清淤、钢筋、模板、混凝土、土工膜铺设与回填、土工织物铺设、砂砾（卵）石填筑、反滤（过渡）料填筑、干砌石砌体、浆砌石砌体、石笼护坡、土料填筑、坝坡修整、排水工程、土工合成材料反滤和排水工程、建（构）筑物基底垫层、砂砾料（石渣）填筑、预埋件、预制混凝土管安装、植草防护、闸门安装、砌体勾缝、基坑、基槽土方回填、护栏</td></tr>
</table>

（续）

单项工程		单位工程		分部工程		单元工程名称（参考）
编号	名称	编号	名称	编号	名称	
				2.1.2	蓄水池和小型集雨设施	土质地基开挖、岩石地基开挖、土质岸坡开挖、抛石挤淤、疏浚和清淤、钢筋、模板、混凝土、蓄水池、水窖、装配式蓄水池、土工膜铺设与回填、土工织物铺设、预埋件、基坑、基槽土方回填、护栏
				2.1.3	小型泵站	土质地基开挖、岩石地基开挖、砖砌体、预制混凝土小型砌块砌体、钢筋、模板、混凝土、基坑、基槽土方回填、泵房建筑、基础、墙体、门窗、屋面、水泵
				2.1.4	农用机井	机井、洞井挖填、钻孔、管材及制作、下管、滤料填放、封井、机泵安装、洗井及抽水试验、小型金属管道安装、井管
		2.2	输配水工程			
				2.2.1	明渠	渠道土方填筑基础面清理、渠道土方开挖、渠道石方开挖、渠道土方填筑、渠道衬砌垫层、渠道防渗膜料铺设、渠道保温板铺设、浆砌石衬砌渠道、砌体勾缝、现浇混凝土衬砌渠道、混凝土预制板（槽）衬砌渠道、沥青混凝土衬砌渠道、渠道斗（农）门
				2.2.2	管道	管槽土方开挖、塑料管安装、预制混凝土管安装、小型金属管道安装、预应力钢筋混凝土管道安装、球墨铸铁管道安装、玻璃钢管安装、定向穿越、顶管法洞室开挖、阀门井、镇墩、支墩、管道土方回填
		2.3	渠系建筑物工程			
				2.3.1	农桥	土质地基开挖、岩石地基开挖、砖砌体、预制混凝土小型砌块砌体、钢筋、模板、混凝土、混凝土预制构件、基坑、基槽土方回填、护栏
				2.3.2	渡槽	土质地基开挖、岩石地基开挖、钢筋、模板、混凝土、混凝土预制构件、浆砌石砌体、砌体勾缝、渠道防渗膜料铺设、混凝土预制槽衬砌渠道
				2.3.3	倒虹吸管	管槽土方开挖、预制混凝土管安装、小型金属管道安装、预应力钢筋混凝土管道安装、球墨铸铁管道安装、玻璃钢管安装、预应力钢筒混凝土管安装、镇墩、支墩、钢筋、模板、混凝土、管道土方回填
				2.3.4	涵洞	土质地基开挖、岩石地基开挖、顶管法洞室开挖、人工及其他机械洞室开挖、钢筋、模板、混凝土、浆砌石、砌体勾缝、预制混凝土管安装、预应力钢筋混凝土管道安装、基坑、基槽土方回填
				2.3.5	水闸	土质地基开挖、岩石地基开挖、砖砌体、预制混凝土小型砌块砌体、钢筋、模板、混凝土、混凝土预制构件、渠道斗（农）门

（续）

单项工程		单位工程		分部工程		单元工程名称（参考）
编号	名称	编号	名称	编号	名称	
				2.3.6	跌水与陡坡	土质地基开挖、岩石地基开挖、砖砌体、预制混凝土小型砌块砌体、钢筋、模板、混凝土、混凝土预制构件、浆砌石砌体、砌体勾缝、预制混凝土管安装、基坑、基槽土方回填
				2.3.7	量水设施	流速仪、标准断面、渠系建筑物、量水堰、量水槽、仪表
		2.4	田间灌溉工程			
				2.4.1	地面灌溉	田面平整、土质田埂、浆砌石砌体、砌体勾缝、干砌石砌体、预制混凝土小型砌块砌体、混凝土、沟渠开挖、渠道土方开挖、渠道土方填筑基础面清理、渠道土方填筑
				2.4.2	喷灌	管槽土方开挖、塑料管安装、预制混凝土管安装、小型金属管道安装、预应力钢筋混凝土管道安装、球墨铸铁管道安装、玻璃钢管安装、定向穿越、镇墩、支墩、管道土方回填、阀门井、砖砌体、预制混凝土小型砌块砌体、钢筋、模板、混凝土、混凝土预制构件、微灌首部工程、喷灌设备
				2.4.3	微灌	管槽土方开挖、塑料管安装、预制混凝土管安装、小型金属管道安装、预应力钢筋混凝土管道安装、球墨铸铁管道安装、玻璃钢管安装、定向穿越、镇墩、支墩、管道土方回填、阀门井、砖砌体、预制混凝土小型砌块砌体、钢筋、模板、混凝土、混凝土预制构件、微灌首部工程、微灌灌水器
				2.4.4	管道输水灌溉	管槽土方开挖、塑料管安装、预制混凝土管安装、小型金属管道安装、预应力钢筋混凝土管道安装、球墨铸铁管道安装、玻璃钢管安装、定向穿越、镇墩、支墩、管道土方回填、阀门井、砖砌体、预制混凝土小型砌块砌体、钢筋、模板、混凝土、混凝土预制构件
		2.5	排水工程			
				2.5.1	明沟	渠道土方填筑基础面清理、渠道土方开挖、渠道石方开挖、渠道土方填筑、渠道衬砌垫层、渠道防渗膜料铺设、渠道保温板铺设、浆砌石衬砌渠道、干砌石砌体、砌体勾缝、现浇混凝土衬砌渠道、混凝土预制板（槽）衬砌渠道、沥青混凝土衬砌渠道、沥青及辅料、土工膜铺设与回填、土工织物铺设、渠道斗（农）门
				2.5.2	暗管	管槽土方开挖、塑料管安装、预制混凝土管安装、小型金属管道安装、预应力钢筋混凝土管道安装、球墨铸铁管道安装、玻璃钢管安装、定向穿越、镇墩、支墩、暗管检修井、管道土方回填
				2.5.3	排水井	土质地基开挖、岩石地基开挖、砖砌体、预制混凝土小型砌块砌体、钢筋、模板、混凝土、混凝预制构件、阀门井、基坑、基槽土方回填

（续）

单项工程		单位工程		分部工程		单元工程名称（参考）
编号	名称	编号	名称	编号	名称	
				2.5.4	排水闸	土质地基开挖、岩石地基开挖、砖砌体、预制混凝土小型砌块砌体、钢筋、模板、混凝土、混凝土预制构件、渠道斗（农）门、基坑、基槽土方回填
				2.5.5	排涝站	土质地基开挖、岩石地基开挖、砖砌体、预制混凝土小型砌块砌体、钢筋、模板、混凝土、混凝土预制构件、基坑、基槽、泵房建筑、基础、墙体、门窗、屋面、水泵安装
				2.5.6	排涝闸站	土质地基开挖、岩石地基开挖、砖砌体、预制混凝土小型砌块砌体、钢筋、模板、混凝土、混凝土预制构件、基坑、基槽、泵房建筑、基础、墙体、门窗、屋面、水泵安装、渠道斗（农）门
3	田间道路工程					
		3.1	田间道（机耕路）	3.1.1		田间道路路基及路面、模板、混凝土、泥结碎石路面、浆砌石（砖）路肩、混凝土路肩、加工石质路缘石、预制混凝土路缘石、素土路肩
		3.2	生产路	3.2.1		田间道路路基及路面、模板、混凝土、泥结碎石
		3.3	附属设施	3.3.1		模板、混凝土
4	农田防护与生态环境保护工程					
		4.1	农田防护林工程			
				4.1.1	农田防风林	植树防护
				4.1.2	梯田埂坎防护林	植树防护
				4.1.3	护路护沟护坡护岸林	植树防护
		4.2	岸坡防护工程			
				4.2.1	护地堤	土质地基开挖、岩石地基开挖、土质岸坡开挖、抛石挤淤、疏浚和清淤、干砌石护坡、浆砌石护岸、灌砌块石护岸、混凝土护岸、土工织物铺设、砂砾（卵）石料填筑、反滤（过渡）料填筑、排水工程、土工合成材料反滤和排水工程、土料填筑、钢筋、模板、混凝土、砌体勾缝、基坑、基槽土方回填

（续）

单项工程		单位工程		分部工程		单元工程名称（参考）
编号	名称	编号	名称	编号	名称	
				4.2.2	生态护岸	土质地基开挖、岩石地基开挖、土质岸坡开挖、抛石挤淤、疏浚和清淤、植草防护、植树防护、土工格室、生态袋、三维土工网垫、纤维毯、平面或填充型水土保护毯、混合料喷播、现浇生态混凝土、预制混凝土类砌块、预制篮筐、格网石笼
		4.3	坡面防护工程			
				4.3.1	护坡	土质岸坡开挖、岩石岸坡开挖、碎石或卵石、砂垫层、干砌石护坡、坝坡修整、浆砌石护岸、砌体勾缝、现浇混凝土护坡、石笼护坡、植草防护
				4.3.2	截水沟	沟道土方填筑基础面清理、沟道土方开挖、沟道石方开挖、沟道土方填筑、渠道衬砌垫层、浆砌石衬砌渠道、砌体勾缝、现浇混凝土衬砌渠道、混凝土预制槽、沥青混凝土衬砌渠道、渠道斗（农）门
				4.3.3	小型蓄水工程	渠（沟）道土方填筑基础面清理、渠（沟）道土方开挖、渠（沟）道石方开挖、土质田埂、土质地基开挖、岩石地基开挖、土质岸坡开挖、钢筋、模板、混凝土、蓄水池、水窖、土工膜铺设与回填、土工织物铺设、预埋件、基坑、基槽、护栏、浆砌石砌体、砌体勾缝
				4.3.4	排洪沟	沟道土方填筑基础面清理、沟道土方开挖、沟道石方开挖、沟道土方填筑、渠道衬砌垫层、浆砌石衬砌渠道、砌体勾缝、现浇混凝土衬砌渠道、混凝土预制槽、沥青混凝土衬砌渠道、渠道斗（农）门
		4.4	沟道治理工程			
				4.4.1	谷坊	谷坊、土质地基开挖、岩石地基开挖、土质岸坡开挖、土料填筑、植草防护、碎石或卵石、砂垫层、干砌石砌体、浆砌石砌体、石笼护坡、砖砌体、预制混凝土小型砌块砌体、钢筋、模板、混凝土、混凝土预制构件、砌体勾缝、基坑、基槽土方回填
				4.4.2	沟头防护	沟头防护、渠（沟）道土方填筑基础面清理、渠（沟）道土方开挖、渠（沟）道石方开挖、渠（沟）到土方填筑、土质田埂、砖砌体、混凝土
5	农田输配电工程					
		5.1	输电线路			输电线路安装、电缆敷设、导管敷设、管内穿线
		5.2	变配电装置			
				5.2.1	变压器	变压器、箱式变电所
				5.2.2	配电箱（屏）	成套配电柜、控制柜（台、箱）和配电箱（盘）

（续）

单项工程		单位工程		分部工程		单元工程名称（参考）
编号	名称	编号	名称	编号	名称	
				5.2.3	其他变配电装置	接地配置、防雷引下线及接闪器
		5.3	弱电工程			直埋电缆敷设、电缆架空敷设、电缆附件安装、电缆导管内电缆敷设、电缆构筑物中电缆敷设
6	其他工程					
		6.1	田间监测工程			监测站、监测管理站、农业监测设备
		6.2	其他工程			公示牌、界桩、信息化管理系统

注：其他工程是指除田块整治、灌溉与排水、田间道路、农田防护与生态环境保护、农田输配电等工程以外建设的田间监测等工程。

2. 高标准农田地力提升工程划分具体见表2-2。

表2-2 高标准农田地力提升工程划分表

单项工程		单位工程		分部工程		单元工程名称（参考）
编号	名称	编号	名称	编号	名称	
1	农田地力提升工程					
		1.1	土壤改良工程			
				1.1.1	土壤质地改良	掺沙或掺黏
				1.1.2	酸化土壤改良	施用石灰质物质、酸化土壤调理剂
				1.1.3	盐碱土壤改良	施用盐碱土壤调理剂
				1.1.4	土壤风蚀沙化防治	保护性耕作
				1.1.5	板结土壤治理	秸秆还田
		1.2	障碍土层消除工程			
				1.2.1	深耕	深耕
				1.2.2	深松	深松
				1.2.3	土壤清石	土壤清石
		1.3	土壤培肥工程			土地培肥、施有机肥料、土壤改良

第3章　高标准农田建设项目文件归档范围

在高标准农田建设进程中，详尽规范的工程资料归档是保障项目合规推进、质量可溯的关键环节。《高标准农田建设项目档案管理规范》NY/T 4730—2025中的文件归档范围（表3）旨在为工程建设管理人员提供全面系统的参考框架，归档范围涵盖前期准备文件、监理文件、施工文件、竣工验收文件、建后管护文件等核心资料类别。此举可确保项目建设全流程留痕可查，为工程顺利推进与后续长效管护筑牢基础。

在实际操作时，需结合项目地域特点、地方政策要求及最新行业规范，对归档范围内容灵活调整、补充完善，切实保障归档资料的完整性、时效性与规范性，全面客观反映高标准农田建设的全过程及高质量建设成果。

表3　高标准农田建设项目文件归档范围

序号	归档文件	保管期限
	1　前期准备文件	
1.1	项目储备文件	
1.1.1	申报农田建设项目文件及批复文件	长期
1.1.2	纳入县级项目储备库证明文件	长期
1.2	勘测文件	
1.2.1	地形测量成果报告	永久
1.2.2	地质勘察报告	永久
1.3	设计文件	
1.3.1	初步设计报告	永久
1.3.2	初步设计图册及说明	永久
1.3.3	政府有关部门对初步设计的意见文件	长期
1.3.4	征求项目区农村集体经济组织等新型经营主体和农户意见文件	长期
1.3.5	初步设计评审通知及专家评审意见	长期
1.3.6	设计变更文件	长期
1.4	申报与审批文件	
1.4.1	申报项目评审请示	长期
1.4.2	项目评审文件、批复文件	长期
1.4.3	年度任务实施计划请示、年度实施计划批复	长期
1.4.4	年度实施计划备案文件	长期

（续）

序号	归档文件	保管期限
1.4.5	项目计划调整、终止等申报文件	长期
1.4.6	上级任务下达文件、资金下达文件	长期
1.5	招投标文件	
1.5.1	工程预算评审报告	长期
1.5.2	项目招投标方案	长期
1.5.3	招标代理文件	长期
1.5.4	招标公告或邀请函	长期
1.5.5	招标文件	长期
1.5.6	投标文件	长期
1.5.7	评标报告	长期
1.5.8	中标公示	长期
1.5.9	中标通知书	长期
1.6	合同文件	
1.6.1	勘测承包合同	长期
1.6.2	设计承包合同	长期
1.6.3	监理承包合同	长期
1.6.4	施工承包合同	长期
1.6.5	设备采购承包合同	长期
1.6.6	工程复核承包合同	长期
1.6.7	结算审核承包合同	长期
1.6.8	财务决算审计承包合同	长期
1.6.9	其他合同协议	长期
	2　监理文件	
2.1	监理管理文件	
2.1.1	总监理工程师任命书及监理机构成立文件	长期
2.1.2	监理规划	长期
2.1.3	监理实施细则	长期
2.1.4	监理月报	长期
2.1.5	监理会议纪要	长期

（续）

序号	归档文件	保管期限
2.1.6	监理工作日志	长期
2.1.7	监理工作总结	长期
2.1.8	工作联系单	长期
2.1.9	监理工程师通知单	长期
2.1.10	监理工程师通知单回复	长期
2.1.11	工程质量评估报告	长期
2.2	进度控制文件	
2.2.1	工程开工/复工审批表	长期
2.2.2	施工进度计划报审表	长期
2.2.3	工程开工令	长期
2.2.4	工程暂停令	长期
2.2.5	工程复工令	长期
2.3	质量控制文件	
2.3.1	材料/设备/构配件报审表	长期
2.3.2	见证取样和送检人员备案表	长期
2.3.3	材料见证记录	长期
2.3.4	实体检验见证记录	长期
2.3.5	质量缺陷、事故报告及处理意见	长期
2.3.6	监理旁站记录	永久
2.3.7	监理巡视记录	永久
2.3.8	监理平行检验记录	永久
2.4	造价控制文件	
2.4.1	工程款支付证书	永久
2.4.2	工程款支付申请表	永久
2.4.3	设计变更、洽商费、索赔费等费用报审与签认	长期
2.4.4	完工工程量统计表	长期
2.4.5	工程竣工决算审核意见书	长期
2.5	工期管理文件	
2.5.1	工程延期申请表	长期
2.5.2	工程延期审批表	长期

（续）

序号	归档文件	保管期限
2.6	监理验收文件	
2.6.1	竣工移交证书	长期
2.6.2	监理资料移交书	长期
	3　施工文件	
3.1	施工管理文件	
3.1.1	管理机构成立文件	长期
3.1.2	实施管理相关制度文件	长期
3.1.3	项目实施方案	长期
3.1.4	工程项目施工划分方案	长期
3.1.5	施工总进度计划、月度计划申报及批复	长期
3.1.6	施工大事记	长期
3.1.7	施工月报	长期
3.1.8	施工日志	长期
3.1.9	质量事故记录	长期
3.1.10	施工会议纪要	永久
3.1.11	施工管理工作总结	永久
3.2	施工技术文件	
3.2.1	施工组织设计	长期
3.2.2	技术交底记录	长期
3.2.3	施工图相关文件	长期
3.2.4	图纸会审记录	长期
3.2.5	设计变更的请示、变更的批复	永久
3.2.6	设计变更图册	永久
3.2.7	设计工程量变更表	永久
3.3	工程质量检验记录	
3.3.1	单元工程质量评定记录	长期
3.3.2	分部工程质量评定记录	长期
3.3.3	单位（子项目）工程质量评定记录	永久
3.3.4	单项工程质量评定记录	永久
3.3.5	项目（子项目）工程验收与施工质量检测资料核查记录	永久

（续）

序号	归档文件	保管期限
3.3.6	隐蔽工程、工程转序等验收	永久
3.3.7	记录材料重要隐蔽（关键部位）单元工程验收文件	永久
3.4	设备质量检查、安装记录	
3.4.1	设备、产品质量合格证和保证书	长期
3.4.2	设备试运行记录	长期
3.5	试验检测文件	
3.5.1	砖、水泥、钢筋、预制构配件出厂证明文件	长期
3.5.2	砂、砖、石、水泥、钢筋试验报告	长期
3.5.3	回填土、路床压实试验	长期
3.5.4	道路基层、道路面层压实度试验记录	长期
3.5.5	混凝土配合比通知单	长期
3.5.6	混凝土试块强度试验报告	长期
3.5.7	砂浆配合比通知单	长期
3.5.8	砂浆试块强度试验报告	长期
4　竣工验收文件		
4.1	竣工文件	
4.1.1	子项目（合同段）竣工图	永久
4.1.2	项目竣工图	永久
4.1.3	竣工决算报告	永久
4.1.4	项目（子项目）工程质量验收记录	永久
4.1.5	工程量复核报告	永久
4.1.6	工程质量保修书、主要工程与设备使用说明书	长期
4.1.7	耕地质量等级评价报告	长期
4.1.8	项目区群众对项目建设满意情况	长期
4.1.9	项目竣工报告	长期
4.1.10	设计变更审批文件	长期
4.2	初步验收文件	
4.2.1	申请初步验收的请示	长期
4.2.2	验收申请报告	长期

（续）

序号	归档文件	保管期限
4.2.3	初步评审通知、专家评审意见	长期
4.2.4	初步竣工验收报告	永久
4.3	竣工验收文件	
4.3.1	申请竣工验收的请示	长期
4.3.2	竣工验收评审通知、专家评审意见	长期
4.3.3	竣工验收整改意见、整改回复	长期
4.3.4	竣工验收报告	永久
4.3.5	竣工验收合格证书	长期
4.4	财务文件	
4.4.1	交付使用财产总表和财产明细表	永久
4.4.2	财务审计报告	永久
	5　建后管护文件	
5.1	资产移交手续	永久
5.2	抽查审计文件	
5.2.1	上级行政主管部门项目抽查记录	永久
5.2.2	抽查整改通知、整改报告	永久
5.2.3	项目审计记录	永久
5.2.4	审计整改通知、整改报告	永久
5.3	管护文件	
5.3.1	设立公示标牌和标志记录	永久
5.3.2	项目管护协议	永久
5.3.3	项目管护资金文件	永久
5.3.4	项目管护记录	永久
5.4	权属管理文件	
5.4.1	权属调整公告	永久
5.4.2	权属调整方案	永久
5.4.3	权属调整协议	永久
5.4.4	地籍变更登记资料	永久

本书提示：在第三篇的用表编号源于本表中的序号。

第三篇　高标准农田建设项目资料表格填写范例

本篇主要对高标准农田建设过程中工程资料的填写、收集和归档等进行编制，依据有关国标、行标和地标相结合的形式给出了常用表格的填写示例及要求，以便广大从业人员在实际工作中对资料填写的掌握和应用。

施工过程中的资料管理是整个建设过程中管理最烦琐的一项活动，由于施工资料类别多且表格数量也多，因此，为了便于查阅、科学管理，企业可采用信息化系统进行编制和管理。

本篇主要内容：

- 高标准农田建设项目工程资料管理基本内容
- 监理资料用表填写示例
- 施工资料用表填写示例
- 施工质量验收资料用表填写示例
- 初步验收、竣工验收文件
- 项目技术档案

第1章　高标准农田建设项目工程资料管理基本内容

1.1　工程资料的重要性

1. 工程资料是反映高标准农田工程项目管理水平的直观窗口。

（1）在高标准农田建设施工全过程中，需严格遵循国家相关、行业标准及地方细则，形成一套完整规范的工程资料体系，资料管理的规范化程度与精细化水平，直接体现项目整体管理效能。

（2）在国家高标准农田建设相关宏观政策引导下，工程建设领域标准化体制改革持续深化，工程资料作为体现项目标准化建设水平的核心载体，已引起各级农业农村主管部门、项目建设与管理单位的高度重视。

2. 工程资料是高标准农田建设全过程关键信息的系统载体。

（1）工程资料全面、完整地记录了从项目立项论证、勘察设计、施工实施到竣工验收的全周期管理情况，清晰还原高标准农田建设的完整脉络。

（2）从项目所用的管材、土工材料、灌溉设备等原材料质量证明，到土地平整、土壤改良、灌溉与排水工程等各工序施工过程记录，再到工程实体质量检测结果，均详实体现于工程资料中。

3. 工程资料是高标准农田工程技术管理、质量管理的核心措施与重要手段。

高标准农田建设施工过程是否符合国家法律法规及相关政策要求，是否满足设计文件标准与建设单位的功能需求，除现场直观可见的田块平整度、沟渠通畅性等外在质量外，土壤有机质含量、隐蔽工程施工质量等内在及隐蔽质量，均需通过完整规范的工程资料予以核验佐证。工程资料作为工程建设施工过程的原始记录，以文字、图纸、表格等多形式信息载体，精准呈现高标准农田建设项目的内在质量与建设成效。

1.2　工程资料管理的基本要求

1. 工程资料应与工程建设过程同步形成、收集和整理，真实反映工程的建设过程和实体质量。

说明：由于工程建设的复杂性，事后形成的资料有可能记录不全，有的甚至故意掩盖施工过程的真实情况。因此，工程资料的形成、收集、整理应与工程施工进度同步，不得事后补报或事前编制。

工程资料的主要作用是反映工程建设过程及工程实体质量，故真实性是对工程资料最基本、最重要的要求。虚假工程资料带来的危害极大，甚至可能关乎人民的生命财产安全，所以应当严格遵守相关规定。

2. 工程资料的管理应符合下列规定：

（1）工程各参建单位应将工程资料的管理纳入工程建设管理的各个环节和有关人员的

职责范围。

说明：工程建设是一个复杂的过程，参与工程建设的单位很多，如预拌混凝土、钢筋加工、预制构件等产品或半成品加工企业，设备安装等专业施工单位，检测单位等。每个单位都有各自的工程资料，工程资料的管理应纳入各参建单位工程建设管理的各个环节和有关人员的职责范围。

（2）工程档案的编制套数、费用、移交时间应在参建各方的合同中做出明确约定。多方参与的工程资料，其份数应满足参建各方的需求。

说明：项目法人在与工程参与各方（包括勘察单位、设计单位、施工单位、监理单位等）签订合同时，应明确工程资料的套数、移交时间等关键事项。“套数”的明确是为了满足不同方面的需求。例如，建设单位可能需要多套资料用于存档、备份和后续管理；施工单位可能需要一定数量的资料用于现场指导和施工。明确套数要求，有助于各方在合同签订时就资料的需求达成共识，避免后续因资料不足或过多而引发纠纷。“移交时间”是确保工程资料及时、准确移交的关键。明确移交时间，有助于各方在项目实施过程中及时完成资料的编制和整理工作，确保资料的及时性和完整性。

（3）工程资料的填写、编制、审核、审批及传递应及时，其内容应符合相关规定。

3．工程资料的形成应符合下列规定：

（1）工程资料应字迹清晰、内容完整、结论明确、签字盖章齐全。

说明：主要是对工程资料卷面质量的要求，没有相关人员及单位的签字、盖章或字迹模糊不清的工程资料没有任何留存的价值和意义。另外，并非所有的资料都要既有签字又有盖章，而是应根据工程资料的特性和表格的要求，需要签字时签字，需要盖章时盖章。工程资料除有明确要求须加盖单位公章外，也可根据相关规定或工程资料的实际情况确定是否加盖项目印章或其他专用章，具体应根据相关规定和工程资料的实际情况确定。

如工程资料用表中注明“公章”字样应加盖单位公章，注明“盖章”字样应加盖项目机构章或单位公章，注明“签章”字样应在签字的同时加盖相应人员的执业印章。

（2）工程资料形成单位应对资料内容的真实性、完整性、有效性、可追溯性负责；由多方形成的资料，应各负其责。

说明：由多方共同形成的工程资料，例如报验报审类资料、工程洽商记录及竣工验收记录等，不能简单地认为所形成资料的管理责任由组织验收的一方来承担（例如监理或建设单位），而应该是各自对验收的内容和形成的资料负责。

（3）工程资料应完整齐全，严禁伪造。当确需修改时，应实行划改，由划改人签字确认并加盖印章。

说明：工程资料原则上不应进行修改，以保证工程资料的真实性，对于确需修改的，应保留修改记录，同时应保证修改记录有相应的签字和日期等标注。

4．工程资料应为原件。当为复印件时，提供单位应在复印件上加盖单位印章，并应有经办人签字、日期及原件存放处等信息，提供单位应对资料的真实性负责。

说明：原件是原始记录，能够真实反映资料的原始内容，使资料的真实性得到有效保证，应优先选择。但是工程在实际施工过程中，原件数量往往难以满足对资料份数的需求，因此在工程资料中，允许采用复印件。但考虑到复印件易于造假的特点，提供单位应在复印件上加盖单位印章，旨在保证复印件便利性的前提下，最大限度地提高复印件的真实性。

5．工程资料的收集、整理、移交应由专人负责管理，资料管理人员应经过相应的培训并持证上岗。

6．建设工程项目由多个单位施工的，各施工单位负责收集、整理、立卷其承包项目的工程资料，并及时移交给建设单位。

7．施工过程中对影响结构安全和使用功能的重要隐蔽部位、见证取样工作中的封样和收样，均应留存声像文件并存档。留置声像文件时，施工单位应在监理单位见证下拍摄不少于一份的声像文件进行留存。拍摄的声像文件应注明拍摄时间、拍摄人、拍摄地点以及声像文件对应的工程部位等信息。拍摄的声像文件应为源文件，不得利用编辑软件进行篡改。

8．参与工程项目建设的各方，其法定代表人授权书、工程质量终身责任承诺书、工程竣工永久性质量责任标牌（照片），应符合相关要求，并归档保存。

9．施工单位应进行总体方案优化，注重新技术、新工艺、新材料、新设备的研究和推广应用。

10．工程项目可编制电子档案，随纸质档案一并移交档案管理机构。电子档案签署了具有法律效力的电子印章和电子签名的，与纸质档案具有同等效力。

1.3 高标准农田建设项目管理

一、实施准备阶段管理

1．参建各方设立现场项目管理机构。

（1）项目法人根据工程的规模和技术复杂程度明确质量管理机构，建立健全质量管理制度，落实质量责任，实施工程建设的全过程质量管理。

（2）施工单位成立现场项目部，建立组织机构（项目经理、技术负责人、质检负责人、安全负责人等），制定项目部各项管理制度及保障措施。

（3）监理单位成立现场项目监理部，建立组织机构（总监理工程师、监理工程师和监理员等），编制项目监理指导性文件，包括监理规划、监理实施细则、安全监理规划、安全监理实施细则、旁站监理方案、见证取样制度六个方面内容。现场监理人员应当按照规定持证上岗。

2．图纸会审及技术交底。由项目法人主持，组织设计单位、监理单位、施工单位参加图纸会审及技术交底，解答相关政策性问题。

项目法人应组织设计现场技术交底，做到四交（交坐标、交位置、交标准、交工艺）。施工单位应参加图纸会审及技术交底，对施工图纸有不清楚的地方以书面形式上报。监理单位应参加图纸会审及技术交底，总监理工程师应组织监理人员熟悉设计文件，并对图纸中存在的问题通过项目法人向设计单位提出书面意见和建议。总监理工程师应签字确认设计技术交底会议纪要。未通过技术交底的图纸，严禁实施。

3．工程项目划分。工程开工前，项目法人应组织监理单位、设计单位、施工单位等开展工程项目划分工作，并针对不同的工程和工序制定具体的质量控制措施。工程实施过程中，需调整工程项目划分结果时，由项目法人组织监理单位、施工单位等对项目划分进行调整和变更，并将调整结果及时归档。工程项目划分可参照《水利水电建设工程验收规程》SL/T 223、《土地整治工程质量检验与评定规程》TD/T 1041、相关行业及地方要求。

4．建立质量及安全管理体系。项目法人与设计单位、监理单位、施工单位及工地负责人签订《安全生产协议》及《终身质量责任书》，在开工前报农业农村主管部门备案。

5．第一次工地例会。项目法人根据委托监理合同宣布对总监理工程师的授权，介绍工程开工准备情况，施工单位介绍施工准备情况，总监理工程师介绍监理规划和工作程序，会议纪要由项目监理部专业监理工程师负责起草，并经与会各方代表会签。

6．编制试验检测计划。施工单位应开展水泥、钢筋、砂子、碎石、管材等原材料检验试验工作，同时开展砂浆、混凝土配合试验工作，并提供相应的检测试验成果。监理单位应编制见证取样计划及旁站监理方案，开展跟踪检测工作，并承担相应的跟踪检测费用。建设单位应聘请有资质的检测单位开展第三方平行检测工作，并承担相应的第三方平行检测费用。

7．监理单位审查施工方案，下达合同工程开工通知。施工单位应根据进场后的现场情况，编制切实可行的施工组织设计、合同项目开工申请表等开工申请资料，经监理审核通过后下达开工令。

二、实施阶段管理

1．施工单位按设计施工。施工单位应按照批准的设计文件和有关技术标准施工，不得擅自修改设计文件，不得偷工减料。严禁擅自降低标准，缩减规模。发现设计文件和图纸有差错的，应当及时向项目法人或监理单位提出意见和建议。

2．建筑材料、构配件和设备质量把控。凡进入高标准农田建设项目施工现场的建筑材料、构配件和设备应具有产品质量出厂合格证明或技术标准规定的进场试验报告。施工单位、监理单位应对原材料和中间材料见证取样和送检，并对构配件和设备等进行抽检，检验应有检查记录或者检测报告，并有专人签字。未经检验或经检验不合格的，不得投入使用。

3．施工单位应加强工序施工管理。未经验收或质量验收不合格的，不得进行下一道工序施工。施工单位应加强隐蔽工程施工管理，做好隐蔽工程的质量检查和记录，隐蔽工程在隐蔽前，应通知项目法人、设计单位、监理单位开展“现场联合验收”。

4．施工单位档案管理。施工单位应当加强施工过程质量控制，形成完整、可追溯的施工质量管理文件资料，并按照档案管理的有关规定进行收集、整理和归档。主体工程的隐蔽部位施工、质量问题处理等，应保留项目建设前、中、后照片、音视频文件资料并归档。

5．监理单位全过程监理。监理单位应按规定采取旁站、巡视、平行检验和见证取样检测等形式，加强对施工材料质量、隐蔽工程施工、单项工程验收等关键环节的监理。未经监理工程师签字，原材料、中间产品和设备不得在工程上使用或者安装，施工单位不得进行下一单元工程的施工。监理单位应对施工现场存在的质量、进度、安全等问题及时督促整改并复查。

监理单位应当对施工单位的施工质量管理体系、施工组织设计、专项施工方案、归档文件等进行审查。应及时收集、整理、归档监理资料，按约定期限如实向项目法人及县农业农村局报告工程施工进度、工程质量、安全生产和相关控制措施。

6．设计变更。项目设计变更应遵循“减少一般变更、控制重大设计变更、杜绝随意变更”的原则，如需进行设计变更，应征得项目法人批准。

项目法人应当加强设计变更管理，并按照规定履行设计变更程序。设计变更未经审查同意的，不得擅自实施。设计单位应做好施工过程的技术指导、设计变更等后续服务工作。施工和监理单位应严格执行设计文件要求，确保设计意图在施工中得以落实。任何单位和个人不得擅自修改、变更项目设计文件。

7．智能井房。高标准农田建设项目推荐使用云智能物联网灌溉控制终端，其技术规格如表1。

表1　云智能物联网灌溉控制终端技术规格

序号	名称	规格、功能参数
1	三防壳体	1）阻燃性能的 ABS 树脂外壳、全密封双防盗盒式结构，独立密封接线盒，所有带电器件无裸露； 2）壳体尺寸≥350mm×450mm×150mm； 3）防水、防尘、防腐蚀。
2	报修系统	可实现用户扫码报修，简单便捷，无需注册登录，统一报修通道，维修数据可视化，让设备管理更加智能化、信息化。
3	电源控制系统	1）控制电源通断； 2）可通过大功率负载。
4	电量采集系统	1）采集三相交流电参数； 2）采用专用电能芯片，精度高，测量准确。
5	物联网云控系统	可在联网的情况下通过手机对设备进行远程的控制，无距离限制，无时间限制，只要有网络信号就可以用手机远程控制设备启停，实现设备远程智能化操控、高效实用。

三、验收管理

项目验收应按照“谁审批、谁验收”的原则，由项目初步设计审批单位组织竣工验收。项目验收可采取阶段验收、县级初验、市级竣工验收、省级备案抽查的方式进行。项目完工后，项目法人应组织合同工程完工验收。阶段验收工作完成后，县级应及时组织初验，初验合格后，向市级提出竣工验收申请报告，市级应及时组织竣工验收。市级验收合格后，出具验收报告核发验收合格证，并按程序报省级备案，省级农业农村部门适时组织竣工验收抽查。这里以常规验收为例进行讲解，具体应以当地要求为准。

1．阶段验收。为了实现建设项目整体目标、保证工程质量，在工程施工过程中针对各分部工程、单位工程、单项工程所进行的验收。阶段验收由项目法人单位组织或者委托监理单位组织开展。

（1）阶段验收条件：

① 分部工程验收条件：所有单元工程已完成并通过施工质量验收，单元工程质量验收资料完备。

② 单位工程验收条件：所有分部工程已完成并通过施工质量验收，分部工程质量验收资料完备，已通过分部工程验收。

③ 单项工程验收条件：所有单位工程已完成并通过施工质量验收；单位工程质量验收资料完备，已通过单位工程验收，具备投入使用、运行条件。

（2）阶段验收内容包括：

① 检查单元工程、分部工程、单位工程、单项工程质量验收资料是否完备。

② 查验工程质量验收资料及有关质检部门或第三方质检单位意见。

③ 指出存在的问题，并提出整改措施，限时整改。

（3）阶段验收程序：

① 施工单位向监理单位提出验收申请。

② 监理单位会同项目法人组织开展各项工程验收工作。

③ 检查单元工程、分部工程、单位工程质量验收资料。

④ 听取参建单位汇报。

⑤ 查看工程建设现场。

⑥ 签署分部工程、单位工程、单项工程验收表。

（4）阶段验收成果。分部工程、单位工程、单项工程验收，均以质量验收表及验收鉴定书的形式出具验收证明，须经参建单位负责人签字及单位盖章。

2．初步验收。项目竣工验收之前，县级农业农村部门组织开展项目初步验收工作。对项目建设质量、安全、功能、管理、资金、效果、资料等进行初步验收。

（1）初步验收条件：

① 项目批复的建设内容已经完成，各单项工程以及单位工程、分部工程等阶段验收已经履行了规定的验收程序，并验收合格。

② 项目建设不存在任何结构安全、消防设施安全、劳动安全妨碍工程安全使用的隐患，需要办理有关许可或备案手续已经完成。

③ 项目建设重大变更手续已完备。设计单位出具设计工作报告、监理单位出具监理工作报告及工程质量评估报告、施工单位出具施工管理工作报告及施工质量自评报告、项目法人出具项目管理工作报告。

④ 阶段验收资料齐全、数据全面、记录规范、签章完整。

⑤ 竣工结算审核完成并出具竣工结算审核报告。

⑥ 项目生产、管理人员基本配备齐全，项目各项运行管理制度已建立，运行管护经费已落实。

⑦ 项目已投入运行，或投产、运行、使用前的各项准备工作已完成，可投入使用，具备试生产、试运行能力。

⑧ 县级农业农村部门委托第三方机构或者项目法人完成工程质量复核验收，并出具工程复核报告。应对田块整治、土壤改良、灌溉和排水、田间道路、农田防护和生态环境、农田输配电、其他工程（田间监测、项目标识）等进行复核，开展工程复核的人员应包括但不限于具有相应工程技术、经济方面的中级及以上职称人员。

⑨ 历次验收、审计的遗留问题已整改完毕。项目法人提交项目初步验收申请并附申请报告。

⑩ 整体建设规模面积已完成下达任务指标，已按照批复的设计内容建设完成。

（2）初步验收内容：

① 根据初步设计及批复文件、项目变更的批准文件核对已完成的建设工程的建设内容并进行评价；对于实际完成工程内容、规模及投资与批复相比变化较大的，应重点分析产生变化的原因；对于改变内容、规模理由充分，确实需要按照调整的内容、规模验收的，应在项目初步验收报告中说明；理由不充分的，应采取整改措施。

② 根据项目建设法律法规、制度、规定，对照检查验收项目开工前的报建和建设程序完备情况，落实项目法人责任制、招标投标制、工程监理制、合同制等方面的情况，结构安全、消防设施、劳动安全、环保、卫生、节能等落实情况。

③ 项目建设档案应包含高标准农田建设项目验收成果等内容。

（3）验收程序：

① 项目法人向县级农业农村部门提出验收申请。

② 县级农业农村部门负责组织验收组、制定验收工作方案，向项目法人下达初步验收通知。

③ 查验项目工程建设、资金、权属、管理等各方面档案资料，向有关单位进行质询。

④ 实地查验工程现场。

⑤ 汇总内外业检查资料。

⑥ 召开初步验收会，宣布确定初步验收工作组成员，并听取项目法人、监理单位、施工单位、设计单位和审计机构的工作汇报。

⑦ 讨论形成项目初步验收报告。

⑧ 对初步验收报告提出的问题和意见，项目法人组织开展限期整改，并将整改情况报送初步验收组织单位。

⑨ 验收工作组成员签字。

⑩ 县级农业农村部门印发初步验收意见（报告）。

（4）验收成果。初步验收完成后，验收工作组出具高标准农田建设项目初步验收报告。

3．竣工验收。竣工验收是项目初步设计审批单位对高标准农田建设项目的完成情况（工程质量、建设内容、资金使用、项目管理、档案整理、竣工决算、运行管护等）进行全面验收和总结。

竣工验收采取评分制的方式量化进行，具体可按各地要求执行。

（1）竣工验收条件：

① 按批复的项目初步设计文件完成各项建设内容并符合质量要求；有设计调整的，按项目批复变更文件完成各项建设内容并符合质量要求。完成项目竣工图绘制。

② 项目工程主要设备及配套设施经调试运行正常，达到项目设计目标。

③ 各单项工程已通过建设单位、设计单位、施工单位和监理单位四方验收合格。

④ 已完成项目财务决算，经有相关资质的审计机构审计，具有相应的财务决算报告。应根据结算审核结果、账务处理、财产物资盘点核实、债权债务清偿等情况，核定建设成本和新增固定资产价值。核定各项建设内容投资，分摊待摊投资支出、其他投资支出；核定账证、账实、账表相符，并填列清单，整理归档。完成相应的固定资金登记及移交手续。

⑤ 前期工作、招投标、合同、监理、施工管理资料及相应的竣工图纸等技术资料齐全、完整，已完成项目有关材料的分类立卷工作。

⑥ 已完成项目初步验收。

⑦ 县级农业农村部门编制完成并出具耕地质量等级评定报告。

⑧ 历次验收遗留问题已整改完毕，项目管护单位已落实并签订管护协议且管护资金已到位。

（2）竣工验收内容：

① 项目初步设计批复内容或项目调整变更批复内容的完成情况。

② 各级财政资金和自筹资金到位情况。

③ 资金使用规范情况，包括项目专账核算、专人管理、入账手续及支出凭证完整性等。

④ 项目管理情况，包括法人责任履行、招投标管理、合同管理、施工管理、监理工作和档案管理等。

⑤ 项目建设情况，包括现场查验工程设施的数量和质量、耕地质量、农机作业通行条件等，并对建设单位、设计单位、施工单位和监理单位四方验收、初步验收等相关材料进行核查。

⑥ 项目区群众对项目建设的满意程度。

⑦ 项目信息备案、地块空间坐标上图入库等情况。

⑧ 竣工验收工作组确定需要验收的其他内容。

（3）竣工验收程序：

① 申请竣工验收。初验合格的项目，由县级农业农村部门向项目审批单位申请竣工验收。竣工验收申请应按照竣工验收条件，对项目实施情况进行分类总结，并附竣工结算审核报告、初验意见、初验报告、财务决算报告、工程复核报告、耕地质量等级评定报告等。项目审批单位收到项目竣工验收申请后，一般应在60天内下达竣工验收通知并组织开展验收工作。

② 开展竣工验收。项目审批单位组织验收专家组，专家组应包含但不限于工程、技术、财务等领域的专家，专家人数一般不少于5人。项目审批单位也可委托第三方专业技术机构组成验收组开展竣工验收工作。竣工验收组通过听取参建单位汇报、查阅工程建设档案、核实工程建设现场、测试运行、实地走访当地农户等方式开展验收工作。竣工验收组对项目实施情况开展全面验收，形成项目竣工验收情况报告，包括验收工作组织开展情况、建设内容完成情况、工程质量情况、资金到位和使用情况、管理制度执行情况、工程管护情况、存在问题和建议等。

③ 出具验收意见。项目审批单位依据项目竣工验收报告，出具竣工验收意见。对竣工验收合格的，核发农业农村部统一格式的竣工验收合格证书。对竣工验收不合格的，县级农业农村部门应当按照项目竣工验收报告提出的问题和意见，组织开展限期整改，并将整改情况报送竣工验收组织单位。整改合格后，再次按程序提出竣工验收申请。

④ 档案整理（上图入库）。项目通过竣工验收后，县级农业农村部门应对项目建档立册，按照有关规定对项目档案进行整理、组卷、归档，并按要求在全国农田建设综合监测监管平台上填报项目竣工验收、地块空间坐标等信息。

（4）竣工验收成果。竣工验收完成后，验收工作组出具的竣工验收成果为高标准农田建设项目竣工验收合格证书、竣工验收报告。

（5）高标准农田标志牌。高标准农田标志牌应作为竣工验收的内容之一进行验收，具体要求如下：

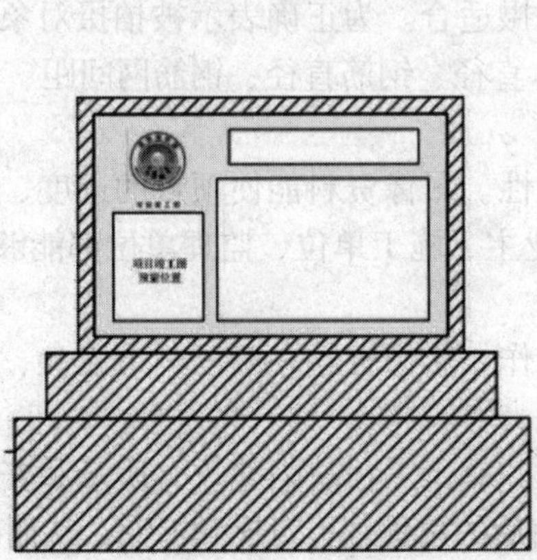

图1　高标准农田公示牌立面图

① Ⅰ型工程标识设施。

② 浆砌砖结构，水泥砂浆抹面。

③ 工程标识设施底色为白色，用油漆或不易剥落的涂料涂刷，工程标识文字统一用宋体字刻字，高标准农田标志徽刻成凹型，用绿漆涂刷。

1.4 影像资料管理

工程影像资料包括反映工程建设全过程的照片、录像、可视光盘、电子文件等。工程影像资料作为记录施工过程的重要载体，承担着记录建设项目从原始状态到工程完工全过程、全方面管理的重要任务，能很好地再现施工现场的施工管理状况和施工进展情况，并且是了解隐蔽工程的必要资料。它既是反映项目法人、监理单位和施工单位工作状况和工程质量的重要资料，又在工程签证、计量和变更时提供重要依据。

为提高项目建设管理和工程质量水平，促进项目建设管理的标准化、科学化和规范化，在项目建设过程中，相关单位应注意收集和整理工程影像资料。

1. 影像资料的建立。

（1）针对项目的特点，可分类建立影像资料。

① 记录工程经过。

② 确认使用材料。

③ 确认质量管理状况。

④ 作为解决问题时的资料和证据。

（2）明确拍摄目的和反映的内容。比如拍摄基槽开挖、基础砌筑、基槽回填的影像资料的目的是为了标识基坑开挖方法、基底土质情况、基础结构施工方法和质量情况，内容应包括基坑开挖使用设备、基坑边坡坡度、地基土质情况、基础施工过程质量控制、基础结构的外观、基坑回填施工前后情况等。

（3）取景方法：

① 全景拍摄适合描述整体概况，比如原始状态、模板支架、管道铺设后的全景、竣工时全貌等。

② 局部拍摄适合描述细部或个体情况，比如基坑开挖尺寸、节点钢筋布置、预埋构件，或者突出反映个体情况等。

③ 附加卷尺（塔尺）拍摄适合。为正确表示被拍摄对象的形状、尺寸时，采用卷尺附加拍摄，比如树坑深度、苗木直径、钢筋直径、钢筋网间距、回填厚度、结构平面尺寸等。

2. 影像资料的特性。

（1）具有直观性和及时性。影像资料能使项目的进度、质量、工程缺陷的整改以及安全文明情况等一目了然，使业主、施工单位、监理单位都能够直观、及时地掌握工程的进展和质量状态。

（2）长期保存、简易操作。影像资料一般以刻录光盘、电子照片等文件格式保存，操作简单，便于长期保存。

（3）对比性和可追溯性。对于工程缺陷整改、质量和安全事故的调查，可以通过影像资料将整改前后、事故发生前后的过程进行对比和追溯，从而确认整改效果和事故原因。

（4）作为项目管理工作的一种重要手段。在上报工程变更或索赔时，能对所述事项进行详细描述并附有影像资料或照片，其反映的内容更具有真实性、权威性；当与业主发生有关索赔、反索赔争议时，影像资料可以成为最有力的证据。

3．影像资料的分类和拍摄要求。

（1）原始状态。主要反映原始地形地貌，选取合适的参照物。

拍摄此部分时，应当将全景与细部照片相结合，必要时可以拍摄视频，并标注相应的内容说明。

（2）隐蔽工程。例如，基坑开挖至设计标高时的地基土质情况以及地基处理前后的情况。拍摄时应记录相应的初始状态、施工过程状态和完工状态。

（3）材料和机械设备。主要反映水泥、砂石、管材、钢材钢筋等原材料；挖机、铲车等设备的型号、数量。拍摄时应配有完整的材料注释标牌、文明施工牌、安全防护牌，并且安全防护措施必须到位。

（4）施工过程。主要反映工程施工各环节、各工序中的人员、机械配置情况，主要施工方法，特殊情况的处理等，尤其要重视影响工程造价、进度、质量、安全隐患的因素。

此部分是影像资料的重点，拍摄时要求施工人员、劳务班组人员等必须整齐穿戴安全帽（帽带必须扣牢）、工作服；施工过程中的重要环节，施工工作区域内的安全防护措施必须到位。

（5）施工质量、安全控制。主要反映质量和安全问题整改前后的情况，重点是关键部位、关键工序和隐蔽工程的质量控制情况以及安全隐患的控制情况。拍摄此部分内容时，关键部位、关键工序和隐蔽工程应完整地反映施工内容。

（6）文明施工内容的拍摄。包含整洁的项目部各办公室、民工宿舍、会议室等，以及旗帜旗台、大门和维护设施、各类标牌等。

（7）图像电子文件的分辨率应达到300dpi以上，视频电子文件宜达到200万以上像素。

4．影像资料的过程整理。影像资料拍摄后，应设专人及时进行整理、保存。整理时可利用软件对照片、电子文件进行标注、排序、附加说明，如日期、部位、尺寸、情况说明、施工状况等；对于质量整改，将处理前、整改后的照片集中、比对，说明处理结果或整改效果。

5．竣工资料中影像资料的整理。工程完工后，施工单位应将照片资料按照工程类别、工程部位、施工工序、施工时间进行分类汇总，并编制成施工照片集。施工照片集应包括：

（1）前期准备：开工仪式、交底、测量、物资、设备等照片。

（2）现场原貌：现场工程部位原始照片。

（3）施工管理：现场例会、调度会、安全培训等照片。

（4）施工过程：施工工程部位各工序施工照片。

（5）现场自检：施工单位对施工质量进行自检复核照片。

（6）领导视察：业主等上级领导视察施工现场的照片。

（7）监理检查：施工现场监理对工程质量进行抽检、旁站、巡视等照片。

（8）效果对比：典型工程部位施工前后的对比照片。

6．施工照片集采用A4纸制作，每张纸上下放两张横版照片，单张照片尺寸：11cm×15cm，照片下方标明工程部位××工序名称、拍摄时间、镜像等，文字可采用宋体三号字，居中设置。

第2章　监理资料用表填写示例

2.1　监理管理文件

2.1.1.1　总监理工程师任命书

编号：××

工程名称	××高标准农田建设项目
致：××县农业农村局（项目法人） 兹任命×××（注册监理工程师注册号：××）为我单位项目总监理工程师。负责履行建设工程监理合同、主持项目监理机构工作。 监理单位：（公章） 法定代表人：（签名）××× 日期：2026 年×月×日	

2.1.1.1　总监理工程师任命书

填表说明

建设工程监理实行总监理工程师负责制，经工程监理单位书面任命的总监理工程师为履行工程监理合同的全权代表。总监理工程师应由注册监理工程师担任。工程监理单位法定代表人应根据已签订的《建设工程监理合同》的约定签发本表。

2.1.1.2　总监理工程师代表任命书

编号：××

工程名称	××高标准农田建设项目

致：　××县农业农村局　（项目法人）

经报请　××建设监理有限公司　（工程监理单位）法定代表人　×××　同意，现任命　×××　（资格证书号：　××　）担任本工程总监理工程师代表。

总监理工程师对总监理工程师代表的授权内容：

☑1. 确定项目监理机构的人员及岗位职责。
☑2. 检查监理人员的工作。
☑3. 主持召开监理例会。
☑4. 组织审核分包单位资格。
☑5. 审查开复工报审表。
☑6. 组织检查施工单位现场质量、安全生产管理体系的建立和运行情况。
☑7. 组织审核施工单位的付款申请。
☑8. 组织审查工程变更。
☑9. 组织编写监理月报、监理工作总结，组织整理监理文件资料。
☐

附件：1、总监理工程师代表证明文件
　　　2、其他文件

××建设监理有限公司

监理单位：（公章）

××建设监理有限公司
××高标准农田建设项目监理部

监理机构：（名称及盖章）　××建设监理有限公司××高标准农田建设项目监理部

中华人民共和国注册监理工程师
×××
注册号12345678
有效期2027.12.25
××建设监理有限公司

总监理工程师：（签名、加盖执业印章）×××

日期：2026年×月×日

2.1.1.2 总监理工程师代表任命书

填表说明

总监理工程师可书面授权副总监理工程师或监理工程师履行其部分职责，但下列工作除外：

（1）主持编制监理规划，审批监理实施细则。

（2）主持审查施工单位提出的分包项目和分包人。

（3）审批施工单位提交的合同工程开工申请、施工组织设计、施工总进度计划、年施工进度计划、专项施工进度计划、资金流计划。

（4）审批施工单位按有关安全规定和合同要求提交的专项施工方案、度汛方案和灾害应急预案。

（5）签发施工图纸。

（6）主持第一次监理工地会议，签发合同工程开工通知、暂停施工指示和复工通知。

（7）签发各类付款证书。

（8）签发变更、索赔和违约有关文件。

（9）签署工程项目施工质量等级评定意见。

（10）要求施工单位撤换不称职或不宜在本工程工作的现场施工人员或技术、管理人员。

（11）签发监理月报、监理专题报告和监理工作报告。

（12）参加合同工程完工验收、阶段验收和竣工验收。

2.1.4 监理月报

监 理 月 报

2026 年 第 1 期

2026 年 × 月 × 日至 2026 年 × 月 × 日

工程名称： ××高标准农田建设项目

项目法人： ××县农业农村局

监理机构： ××建设监理有限公司××高标准农田建设项目监理部

总监理工程师： ×××

日　　期： 2026 年 × 月 × 日

目　　录

2.1.4.1 合同完成额月统计表

编号：××

工程名称		××高标准农田建设项目							
标段	序号	项目编号	一级项目	合同金额（元）	截至上月末累计完成额（元）	截至上月末累计完成额比例	本月完成额（元）	截至本月末累计完成额（元）	截至本月末累计完成额比例
1	1	××	田块整治工程	2516972.00	1523474.00	60.5%	367841.00	1891315.00	75.1%
	2	××	灌溉排水工程	3987964.00	1874452.00	47.0%	402231.00	2276683.00	57.0%
	3	××	田间道路工程	2013317.00	1013345.00	50.3%	331245.00	1344590.00	66.7%
2	1	××	农田输配电工程	1053678.00	203764.00	19.3%	317541.00	521305.00	49.4%
	2								
	3								
	1								
	2								
	3								

××建设监理有限公司
××高标准农田建设项目监理部

监理机构：（名称及盖章）××建设监理有限公司××高标准农田建设项目监理部

总监理工程师/监理工程师：（签名）×××

日期：2026年×月×日

2.1.4.2 工程质量验收月统计表

编号：××

工程名称		××高标准农田建设项目												
序号	标段名称	单位工程				分部工程				单元工程				备注
		合同工程单位工程个数	本月验收个数	截至本月末累计验收个数	截至本月末累计验收比例	合同工程分部工程个数	本月验收个数	截至本月末累计验收个数	截至本月末累计验收比例	合同工程单元工程个数	本月验收个数	截至本月末累计验收个数	截至本月末累计验收比例	
1	一标段	6	1	1	16.6%	35	7	7	20.0%	153	45	45	29.4%	
2	二标段	5	1	1	20.0%	32	6	6	18.7%	134	36	36	26.8%	

监理机构：（名称及盖章） ××建设监理有限公司××高标准农田建设项目监理部

××建设监理有限公司
××高标准农田建设项目监理部

总监理工程师/~~监理工程师~~：（签名）×××

日期：2026 年×月×日

2.1.4.3　工程质量平行检测试验月统计表

编号：××

工程名称	××高标准农田建设项目						
标段	序号	单位工程名称及编码	工程部位	平行检测日期	平行检测内容	检测结果	检测机构
1	1	小型水源工程××	1#蓄水池建基面	2026年×月×日	压实度	合格	××工程试验检测有限公司
	2						
	3						
2	1	田间道路工程××	3#田间路路基	2026年×月×日	压实度	合格	××工程试验检测有限公司
	2						
	3						
	1						
	2						
	3						
	1						
	2						
	3						

××建设监理有限公司
××高标准农田建设项目监理部

监理机构：（名称及盖章）××建设监理有限公司××高标准农田建设项目监理部

总监理工程师/~~监理工程师~~：（签名）×××

日期：2026年×月×日

2.1.4.4 变更月统计表

编号：××

工程名称	××高标准农田建设项目							
标段	序号	变更项目名称/编号	变更文件、图号	变更内容	价格变化	工期影响	施工情况	备注
1	1	蓄水池钢筋/××	设计变更单/××	将1#蓄水池池壁钢筋间距由200mm调整为150mm	＋32500.00元	增加2天	已完成	
	2							
	3							
2	1	灌溉管道线路调整/××	洽商记录/××	K0＋600段管道绕行地下障碍物，增加长度25m	＋5600.00元	增加1天	已完成	
	2							
	3							
	1							
	2							
	3							
	1							
	2							
	3							

监理机构：（名称及盖章） ××建设监理有限公司××高标准农田建设项目监理部

总监理工程师/~~监理工程师~~：（签名）×××

日期：2026年×月×日

2.1.4.5 监理发文月统计表

编号：××

工程名称	××高标准农田建设项目						
标段	序号	文号	文件名称	发送单位	抄送单位	签发日期	备注
1	1	××	关于加强蓄水池养护工作的通知	××建设监理有限公司	筑业××工程有限公司	2026年×月×日	
	2						
	3						
2	1	××	排水沟坡度变更批复	××建设监理有限公司	筑业××工程有限公司	2026年×月×日	
	2						
	3						
	1						
	2						
	3						
	1						
	2						
	3						

监理机构：（名称及盖章） ××建设监理有限公司××高标准农田建设项目监理部

××建设监理有限公司
××高标准农田建设项目监理部

总监理工程师/~~监理工程师~~：（签名）×××

日期：2026年×月×日

2.1.4.6 监理收文月统计表

编号：××

工程名称		××高标准农田建设项目							
标段	序号	文号	文件名称	发文单位	发文日期	收文日期	处理责任人	处理结果	备注
1	1	××	1#蓄水池底板混凝土浇筑开仓报审表	筑业××工程有限公司	2026年×月×日	2026年×月×日	×××	已审核同意	
	2								
	3								
2	1	××	钢筋原材料进场报审表	××建筑工程有限公司	2026年×月×日	2026年×月×日	×××	已审核同意	
	2								
	3								
	1								
	2								
	3								
	1								
	2								
	3								

监理机构：（名称及盖章） ××建设监理有限公司××高标准农田建设项目监理部

××建设监理有限公司
××高标准农田建设项目监理部

总监理工程师/监理工程师：（签名）×××

日期：2026年×月×日

2.1.5 监理会议纪要

编号：××

<table>
<tr><td>工程名称</td><td colspan="3">××高标准农田建设项目</td></tr>
<tr><td>会议名称</td><td colspan="3">关于月度工程进度与质量协调会议</td></tr>
<tr><td>会议主要议题</td><td colspan="3">上月工程进度总结与本月进度计划安排；工程质量问题及整改措施讨论；安全生产状况分析与改进措施；项目资金使用情况及财务管理要求</td></tr>
<tr><td>会议时间</td><td>2026年×月×日9时</td><td>会议地点</td><td>项目监理部会议室</td></tr>
<tr><td>会议组织单位</td><td>××建设监理有限公司</td><td>会议主持人</td><td>×××</td></tr>
<tr><td>会议主要内容及结论</td><td colspan="3">一、上月工程进度总结与本月进度计划安排
1. 上月各标段工程进度总体符合预期，其中灌溉系统渠道衬砌工程完成进度较快，但部分排水沟工程因天气影响进度略有滞后。
2. 会议要求各标段项目经理根据当前实际情况，调整并细化本月进度计划，确保项目整体进度不受影响。
3. 强调要加强沟通协调，及时解决施工中遇到的困难和问题，确保工程进度顺利推进。
二、工程质量问题及整改措施讨论
1. 针对近期发现的渠道衬砌施工中混凝土浇筑接槎处理不当的问题，会议重申了整改要求，并明确了整改期限。
2. 质量控制部将组织人员对整改情况进行跟踪检查，确保问题得到有效解决。
3. 其他潜在的质量隐患，要求各标段加强自查自纠，提高施工质量意识。
三、安全生产状况分析与改进措施
1. 安全生产状况总体平稳，但部分施工现场存在安全警示标识不明显、个人防护装备佩戴不规范等问题。
2. 安全监督部门要求各标段立即整改，并加强安全教育培训，提高施工人员的安全意识和自我保护能力。
3. 强调要建立健全安全生产责任制，落实各项安全措施，确保施工安全无事故。
四、项目资金使用情况及财务管理要求
1. 财务部门汇报了项目资金使用情况，指出当前资金使用基本合理，但部分标段存在报销流程不规范、票据不全等问题。
2. 要求各标段严格按照财务管理制度执行，规范报销流程，确保资金使用合法合规。
3. 强调要加强项目资金管理，提高资金使用效率，为项目顺利推进提供有力保障。

监理机构：（名称及盖章）××建设监理有限公司××高标准农田建设项目监理部
（印章：××建设监理有限公司 ××高标准农田建设项目监理部）

会议主持人：（签名）×××
日期：2026年×月×日</td></tr>
<tr><td colspan="4">附件：会议签到表。</td></tr>
</table>

说明：参会各方收到本会议纪要后，持不同意见者应于 3 日内书面回复监理机构；超过 3 日未书面回复意见的，视为同意本会议纪要。

2.1.5 监理会议纪要

填表说明

1. 总监理工程师或授权副总监理工程师组织编写由监理机构主持召开会议的纪要，并分发与会各方。

2. 监理会议纪要指由项目监理机构主持监理会议形成的纪要，包括监理例会纪要和专题会议纪要。

3. 项目监理机构应定期召开监理例会，并组织有关单位研究解决与监理工作相关的问题。监理例会由总监理工程师或其授权的专业监理工程师主持。

4. 监理例会应包括以下主要内容：

（1）检查上次例会议定事项的落实情况，分析未完事项原因。

（2）检查分析工程项目进度计划完成情况，提出下一阶段进度目标及其落实措施。

（3）检查分析工程项目质量、施工安全管理状况，针对存在的问题提出改进措施。

（4）检查工程量核定及工程款支付情况。

（5）解决需要协调的有关事项。

（6）其他有关事宜。

5. 为解决监理过程中的工程专项问题，项目监理机构可根据需要，主持或参加专题会议，协调或参加相关问题的处理。专题会议由总监理工程师或其授权的专业监理工程师主持或参加。

专题会议纪要的内容包括会议主要议题、会议内容、与会单位、参加人员及召开时间等。

6. 监理例会以及由项目监理机构主持召开的专题会议的会议纪要，应由项目监理机构负责整理，与会各方代表会签。

2.1.6.1 监 理 日 记

编号：××

<table>
<tr><td>工程名称</td><td colspan="7">××高标准农田建设项目</td></tr>
<tr><td>天气</td><td>多云</td><td>气温</td><td>12℃～19℃</td><td>风力</td><td>2级</td><td>风向</td><td>东南风</td></tr>
<tr><td>施工部位、施工内容（包括隐蔽部位施工时的地质编录情况）、施工形象及资源投入情况</td><td colspan="7">1. 管理人员：3人，技术人员：4人，施工工人：15人。
2. 200挖机2台；25T汽车吊1台。
3. ××干渠K3＋120～K3＋180，现浇混凝土50U型渠衬砌60m。
4. ××支渠K1＋100～K1＋200，渠道土方开挖100m。
5. 施工人员安全措施到位，无违规作业情况，机械、人员配置满足施工需求。</td></tr>
<tr><td>施工单位质量检验和安全作业情况</td><td colspan="7">施工单位今日进行了严格的质量自检，对混凝土配比、拌合质量及浇筑过程进行了全程监控。安全作业方面，施工人员均佩戴安全帽，高空作业区域设有安全网，临时用电符合规范，未发现安全隐患。</td></tr>
<tr><td>监理机构的检查、巡视、检验情况</td><td colspan="7">监理机构上午对渠道衬砌施工现场进行了巡视，重点检查了衬砌质量、隐蔽工程验收记录及安全文明施工情况。下午进行了质量抽检，随机取样检测混凝土强度，结果符合设计要求。</td></tr>
<tr><td>施工作业存在的问题，现场监理人员提出的处理意见以及施工单位对处理意见的落实情况</td><td colspan="7">巡视中发现一处混凝土浇筑中存在轻微冷缝现象。现场监理人员立即提出处理意见，要求施工单位采用高标号水泥砂浆进行修补，并加强后续混凝土浇筑的振捣工作。施工单位积极响应，已安排人员按要求进行整改。</td></tr>
<tr><td>汇报事项和监理机构指示</td><td colspan="7">根据今日检查情况，监理机构签发以下意见：
（1）确认当前渠道衬砌施工质量总体可控，但需注意细节处理，特别是混凝土浇筑接槎的修补工作需确保质量。
（2）施工单位需继续加强现场安全管理，落实各项安全措施，预防安全事故发生。
（3）要求施工单位提交整改完成报告，监理机构将组织复查，确保问题得到有效解决。</td></tr>
<tr><td>其他事项</td><td colspan="7">无。</td></tr>
<tr><td colspan="8">监理人员：×××
日　　期：2026 年×月×日</td></tr>
</table>

2.1.6.2　监理日志

监 理 日 志

2026 年 × 月 × 日至 2026 年 × 月 × 日

工程名称：××高标准农田建设项目

合同编号：××

项目法人：××县农业农村局

施工单位：筑业××工程有限公司

监理机构：××建设监理有限公司××高标准农田建设项目监理部

监理工程师：×××

监 理 日 志

编号：××

工程名称	××高标准农田建设项目						
天气	晴	气温	15℃～22℃	风力	3级	风向	西北风
施工部位、施工内容、施工形象及资源投入（人员、原材料、中间产品、工程设备和施工设备动态）	1. 管理人员：5人，技术人员：6人，施工工人：20人。 2. 200挖机2台；25T汽车吊1台；50装载机1台。 3. ××干渠K1＋100～K1＋300，混凝土预制50U型渠衬砌200m。 4. ××支渠K1＋500～K1＋750，渠道土方开挖250m。 5. 施工人员安全措施到位，无违规作业情况，机械、人员配置满足施工需求。						
施工单位质量检验和安全作业情况	施工单位对××干渠K1＋100～K1＋200渠道基底、混凝土预制U型渠的外观、尺寸、坡比进行了检查；渠道基底表层草皮、树根、建筑垃圾等杂物已全部清理，预制U型渠道外观无蜂窝、麻面，坡比1∶0.006，尺寸符合设计要求，施工人员全部佩戴安全帽，安全防护措施到位，无违章作业。						
监理机构的检查、巡视、检验情况	主要管理人员到位，机械设备满足施工需要。现场施工正常，防护设施、安全用品齐全，无违章作业；对抽检××干渠K1＋100～K1＋300混凝土预制块外观尺寸偏差2mm～3mm，符合规范要求，渠道基底草皮、树根、建筑垃圾等杂物已全部清理，符合要求。						
施工作业存在的问题，现场监理人员提出的处理意见以及施工单位对处理意见的落实情况	存在问题：××干渠K1＋100～K1＋300已完成的勾缝养护不到位。 处理意见：增加养护人员，及时覆盖洒水养护。 施工单位落实情况：安排养护人员，确保养护工作及时到位。						
监理机构签发的意见	下发关于加强砂浆勾缝养护工作的监理通知（编号：××）。						
其他事项	××县×××副县长一行到工地现场检查指导工作，××县农业农村局局长××陪同，××局长听取汇报后，强调要在保证安全和质量的情况下加快施工进度，按时完成节点目标。						
监理人员：××× 日　　期：2026年×月×日							

2.1.6.2 监理日志

填表说明

1．总监理工程师应指定专人依据监理日记填写监理日志，并由总监理工程师授权的监理工程师签字。监理日志应按监理合同所包括的施工合同单独填写，并按月装订成册；如施工合同的单位工程个数较多，可根据施工合同所包括的单位工程类别分别填写并汇总成册。

2．监理日志的汇编人员应负责核查施工日志。

2.1.8 工作联系单

编号：××

工程名称	××高标准农田建设项目

致：筑业××工程有限公司××高标准农田建设项目经理部

事由：

目前已进入雨季施工阶段，请贵司准备充足的防雨、防汛物资，编制《雨季施工方案》和《防汛应急预案》报我部审批。

附件：××县关于进入汛期各单位加强防汛的通知（文号：××）

监理机构：（名称及盖章）××建设监理有限公司××高标准农田建设项目监理部

××建设监理有限公司 ××高标准农田建设项目监理部

总监理工程师：（签名）×××

日期：2026年×月×日

我部已收悉，并安排编制《雨季施工方案》和《防汛应急预案》。

被联系单位签收人：（签名）×××

日期：2026年×月×日

2.1.8 工作联系单

填表说明

1. 监理机构发出的书面文件，应由总监理工程师或其授权的监理工程师签名、加盖本人执业印章，并加盖监理机构章。

2. 监理机构与项目法人、施工单位及其他人的联络应以书面文件为准。在紧急情况下，监理工程师或监理员现场签发的工程现场书面通知可不加盖监理机构章，作为临时书面指示，施工单位应遵照执行，但事后监理机构应及时以书面文件确认；若监理机构未及时发出书面文件确认，施工单位应在收到上述临时书面指示后24小时内向监理机构发出书面确认函，监理机构应予以答复。监理机构在收到施工单位的书面确认函后24小时内未予以答复的，该临时书面指示视为监理机构的正式指示。

3. 监理机构应及时填写发文记录，根据文件类别和规定的发送程序，送达对方指定联系人，并由收件方指定联系人签收。

4. 监理机构对所有来往书面文件均应按施工合同约定的期限及时发出和答复，不得扣押或拖延，也不得拒收。

5. 监理机构收到项目法人和施工单位的书面文件，均应按规定程序办理签收、送阅、收回和归档等手续。

6. 在监理合同约定期限内，项目法人应就监理机构书面提交并要求其作出决定的事宜予以书面答复；超过期限，监理机构未收到项目法人的书面答复，则视为项目法人同意。

7. 对于施工单位提出要求确认的事宜，监理机构应在合同约定时间内做出书面答复，逾期未答复，则视为监理机构已经确认。

2.1.9 监理工程师通知单

编号：××

工程名称	××高标准农田建设项目

致：筑业××工程有限公司××高标准农田建设项目经理部（施工单位）

事由：关于项目施工进度滞后及质量问题整改的现场通知

通知内容：

1. 鉴于当前我单位负责监理的××高标准农田建设项目一标段正处于关键施工阶段，为确保本项目严格按照国家关于高标准农田建设的标准规范进行，提升耕地质量，增强农田防灾抗灾能力，促进农业可持续发展，现就施工中存在的及潜在问题，特发此监理工程师通知单，望贵方高度重视并立即采取有效措施整改。

2. 具体问题及要求：

（1）施工质量问题

近期巡查发现，部分田块平整作业未达到设计要求的平整度标准，存在局部高低不平现象，请立即组织人员对不合格区域进行重新平整，确保田面平整度满足设计要求。

灌溉渠道砌筑过程中，部分砌块砂浆饱满度不足，存在空鼓现象，严重影响渠道防渗效果及使用寿命。请立即停工整改，严格按照设计图纸及施工规范进行施工，加强质量监督与验收。

（2）安全生产管理

现场安全警示标志设置不足，尤其是构筑物基坑等危险区域未设置明显警示及围挡措施。请立即增设必要的安全警示标志，并加强施工人员的安全教育，确保施工安全无事故。

发现部分施工人员未佩戴安全防护用品（如安全帽、安全鞋等）进行作业，请立即纠正，并严格执行安全生产管理制度，确保每位作业人员安全装备齐全。

（3）进度管理

根据项目进度计划，当前部分分部工程存在滞后现象。请贵方认真分析原因，制定切实可行的赶工措施，并调整后续施工计划，确保项目整体进度不受影响。

附件：1、监理巡视记录
2、现场施工照片 5 张

监理机构：（名称及盖章）××建设监理有限公司××高标准农田建设项目监理部

××建设监理有限公司
××高标准农田建设项目监理部

总监理工程师/监理工程师：（签名）×××
日期：2026 年×月×日

我项目部已收到监理工程师通知单（编号：××），并严格按要求整改。

施工单位：（名称及盖章）筑业××工程有限公司××高标准农田建设项目经理部

筑业××工程有限公司
××高标准农田建设项目经理部

签收人：（签名）×××
日期：2026 年×月×日

2.1.9 监理工程师通知单

填表说明

一、标准规定

依据《建设工程监理规范》GB/T 50319—2013规定：

5.5.5 项目监理机构应巡视检查危险性较大分部分项工程专项施工方案实施情况。发现未按专项施工方案实施时，应签发“监理工程师通知单”，要求施工单位按专项施工方案实施。

二、相关要求

1．项目监理机构应检查施工单位现场的质量管理体系的运行情况，包括组织机构、管理制度、专职管理人员和特种作业人员的资格。

2．项目监理机构发现施工存在质量问题或施工不当造成工程质量不合格的，应及时签发“监理工程师通知单”，要求施工单位整改。整改完毕后，项目监理机构应根据施工单位报送的“监理工程师通知回复单”对整改情况进行复查，提出复查意见。

说明：对未落实的，项目监理机构应下发“监理工程师通知单”。

3．项目监理机构收到“单位工程竣工验收报审表”后，总监理工程师应组织专业监理工程师对工程实体质量情况及竣工资料进行全面检查，需要进行功能试验（包括单机试车和无负荷试车）的，应审查试验报告单。对发现影响竣工验收的问题，签发“监理工程师通知单”要求施工单位整改。

4．项目监理机构发现工程进度偏离计划时，总监理工程师应组织监理人员分析原因，召开各方协调会议，研究应对措施，签发“监理工程师通知单”或“工作联系单”，要求施工单位进行调整。

由于施工单位原因造成工期延误，在项目监理机构签发“监理工程师通知单”后，施工单位未有明显改进，致使工程在合同工期内难以完成时，项目监理机构应及时向项目法人提交书面报告，并按合同约定处理。

5．工程监理单位应依据设计合同及项目总体计划要求，审查各专业、各阶段设计进度计划。检查进度计划实施情况，发现进度滞后时，应及时签发监理工程师通知单，要求设计单位采取措施予以调整，并督促其完成合同约定的工作内容。

2.1.10 监理工程师通知单回复

编号：××

工程名称	××高标准农田建设项目

致：××建设监理有限公司××高标准农田建设项目监理部（监理机构）

我方于2026年×月×日收到××（监理文件文号）关于田面平整未按要求施工的☑通知/□指示，回复如下：

（应包括对监理☑通知/□指示确认与否。如确认，应依据监理☑通知/□指示编制工作计划；如不确认，应说明理由）。

对通知单中所提的田面平整施工过程出现的问题进行整改：

1、对××的问题，已通过××的措施进行整改。

2、已按设计要求调整××。

以上几项内容均以按要求整改，自检符合要求，请监理机构复查。

附件：1、监理工程师通知单（编号：××）

2、质量整改单

3、整改后图片8张

施工单位：（名称及盖章） 筑业××工程有限公司××高标准农田建设项目经理部

项目经理：（签名）×××

日期：2026年×月×日

审核意见：

经复查验收，已对通知单中所提问题进行了整改，并符合设计和规范要求。要求在今后的施工过程中引起重视，避免此类问题的再发生。

监理机构：（名称及盖章） ××建设监理有限公司××高标准农田建设项目监理部

监理工程师：（签名）×××

日期：2026年×月×日

2.1.10 监理工程师通知单回复

填表说明

一、标准规定

依据《建设工程监理规范》GB/T 50319—2013规定：

5.2.15 整改完毕后，项目监理机构应根据施工单位报送的监理工程师通知单回复对整改情况进行复查，提出复查意见。

二、相关要求

1. 项目监理机构应检查施工单位现场的质量管理体系的运行情况，包括组织机构、管理制度、专职管理人员和特种作业人员的资格。

2. 项目监理机构发现施工存在质量问题或施工不当造成工程质量不合格的，应及时签发“监理工程师通知单”，要求施工单位整改。整改完毕后，项目监理机构应根据施工单位报送的“监理工程师通知单回复”对整改情况进行复查，提出复查意见。

说明：对未落实的，项目监理机构应下发“监理工程师通知单”。

3. 项目监理机构收到“单位工程竣工验收报审表”后，总监理工程师应组织专业监理工程师对工程实体质量情况及竣工资料进行全面检查，需要进行功能试验（包括单机试车和无负荷试车）的，应审查试验报告单。对发现影响竣工验收的问题，签发“监理工程师通知单”要求施工单位整改。

4. 项目监理机构发现工程进度偏离计划时，总监理工程师应组织监理人员分析原因，召开各方协调会议，研究应对措施，签发“监理工程师通知单”或“工作联系单”，要求施工单位进行调整。

由于施工单位原因造成工期延误，在项目监理机构签发“监理工程师通知单”后，施工单位未有明显改进，致使工程在合同工期内难以完成时，项目监理机构应及时向项目法人提交书面报告，并按合同约定处理。

5. 工程监理单位应依据设计合同及项目总体计划要求，审查各专业、各阶段设计进度计划。检查进度计划实施情况，发现进度滞后时，应及时签发监理工程师通知单，要求设计单位采取措施予以调整，并督促其完成合同约定的工作内容。

6. 施工单位应将整改结果填写“监理工程师通知回复单”，报监理工程师进行复查。

2.1.12 工程现场书面通知

编号：××

<table>
<tr><td>工程名称</td><td>××高标准农田建设项目</td></tr>
<tr><td colspan="2">致：筑业××工程有限公司××高标准农田建设项目经理部（施工单位）
事由：关于限期整改田间道路混凝土施工质量及安全防护问题的通知

通知内容：
我方监理人员于2026年×月×日对项目K0+200～K0+800段田间道路混凝土施工进行现场巡查时，发现以下问题：
1、该路段混凝土路面存在蜂窝麻面、局部振捣不密实、路面平整度超标，且部分路段混凝土养护不到位，出现表面起砂、开裂现象。
2、施工现场未按要求设置安全警示标志及防护围挡，施工人员未按规定佩戴安全帽，存在安全隐患。
现要求你方：
立即停止该路段后续施工，严格按照设计图纸及规范要求，对不合格路段进行返工处理，整改完成后报我方验收，验收合格后方可恢复施工。立即完善现场安全防护措施，对施工人员进行安全教育交底，杜绝违规作业。

监理机构：（名称及盖章）××建设监理有限公司××高标准农田建设项目监理部
[印章：××建设监理有限公司 ××高标准农田建设项目监理部]

监理工程师/监理员：（签名）×××
日期：2026年×月×日</td></tr>
<tr><td colspan="2">施工单位意见：
我方已收到《工程现场书面通知》（编号××），对通知中指出的问题无异议，将严格按照通知要求，于2026年×月×日前按规范要求完成整改后申请验收，同时加强现场安全管理。

施工单位：（名称及盖章）筑业××工程有限公司××高标准农田建设项目经理部
[印章：筑业××工程有限公司 ××高标准农田建设项目经理部]

现场负责人：（签名）×××
日期：2026年×月×日</td></tr>
</table>

说明：本表一般情况下应由监理工程师签发；对现场发现的施工人员违反操作规程的行为，监理员可以签发。

筑业软件®
ZHUYESOFT

农业建设项目工程资料一体化管理平台

高标准农田资料编制/项目资料过程管理/在线跟踪检查/电子签章签名/一键电子归档

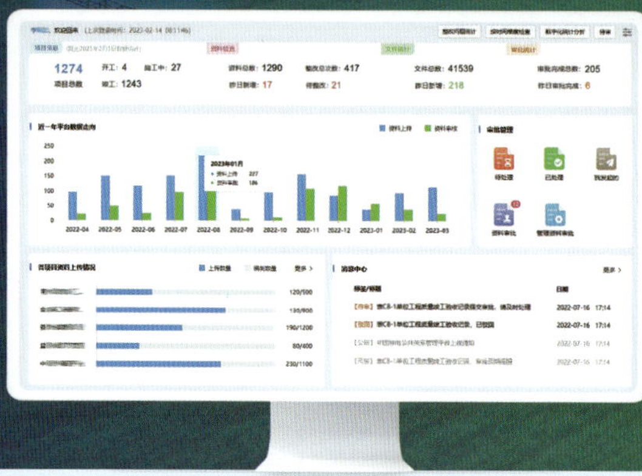

平台介绍

本平台是聚焦施工单位工程资料形成、过程管理的痛点，在工程质量验收管理要求的基础上，以提高工程资料的编制、在线检查、图纸管理、跟踪预警、电子归档的效率的基础上，结合建筑行业施工管理信息化经验，与农业建设项目实际情况开发而成。

农业建设项目资料管理的难题

资料种类繁多，管理难度大：高标准农田、农业建设项目规划、设计、施工、验收等多个环节，每个环节都会产生大量的资料。这些资料种类繁多，包括文字、图表、照片、视频等多种形式，管理起来难度较大。

资料表格不规范不完整：由于项目参与人员众多，各部门之间沟通不畅，可能导致资料收集不完整，信息缺失，给后续工作带来很大麻烦。

资料整理不规范，难以查找：一些项目在资料整理方面缺乏统一的标准和规范，导致资料整理不规范，难以查找。这不仅降低了工作效率，还可能影响项目的顺利进行。

信息化程度低，管理效率低：农业建设项目施工过程资料管理手段单一，信息化程度低，管理效率低下，且容易出现错误。

24 HOURS 365 DAYS

地址：北京市海淀区西三旗龙旗广场 E 座 13 层（2000m² 自持产权）
24 小时全国销售服务免费电话：400-163-8866　13501215554
24 小时销售服务 QQ：800019307　37939074
做资料查资料就上筑业网：www.zhuyew.cn
听讲座解疑惑就上筑业课堂：ke.zhuyew.cn

扫码关注

2.1.13 警 告 通 知

编号：××

工程名称	××高标准农田建设项目

致：筑业××工程有限公司××高标准农田建设项目经理部（施工单位）

鉴于你方在履行合同时发生了下列所述的违约行为，依据合同约定，特发此警告通知。你方应立即采取措施，纠正违约行为后报我方确认。

违规行为情况描述：
1. 田间道路混凝土施工未按设计配合比计量，振捣不密实，路面出现大面积蜂窝、起砂，质量不达标。
2. 未按规范要求留置混凝土试块、开展坍落度试验，违反质量管控程序。
3. 现场安全防护不到位，施工人员未佩戴安全帽，存在安全隐患。

合同的相关约定：
1. 《××高标准农田建设项目施工合同》质量、安全相关条款。
2. 《××规范》第××条规定。

监理机构要求：
1. 立即停止该路段施工，3 日内完成不合格路面返工。
2. 严格执行原材料检验、配合比计量、试验检测等程序。
3. 全面整改现场安全隐患，加强人员安全教育。
4. 整改完成后报我方验收，逾期未整改将按合同追究违约责任。

监理机构：（名称及盖章）××建设监理有限公司××高标准农田建设项目监理部

总监理工程师：（签名）×××
日期：2026 年×月×日

我方已收到警告通知（编号：××），并严格按要求执行。

施工单位：（名称及盖章）筑业××工程有限公司××高标准农田建设项目经理部

签收人：（签名）×××
日期：2026 年×月×日

2.1.13 警告通知
填表说明

对于施工单位违约，监理机构应依据施工合同约定进行下列工作：

（1）在及时进行查证和认定事实的基础上，对违约事件的后果做出判断。

（2）及时向施工单位发出书面警告，限其在收到书面警告后的规定时限内予以弥补和纠正。

2.1.14 整 改 通 知

编号：××

工程名称	××高标准农田建设项目

致： 筑业××工程有限公司××高标准农田建设项目经理部 （施工单位）

由于本通知所述原因，通知你方对 ××高标准农田建设项目 工程项目应按下述要求进行整改，并于 2026 年 × 月 × 日前提交整改措施报告，按要求进行整改。

整改原因：

1. 田块平整质量问题：在项目东区第 5 号田块平整作业中，发现土壤改良措施执行不到位，土壤颗粒分布不均，田面平整度未达到设计规定的要求。

2. 施工现场安全管理问题：项目现场北区灌溉渠道施工区域，安全警示标识缺失，且部分施工人员未正确佩戴安全帽，违反了施工现场安全管理的相关规定，存在安全隐患。

整改要求：

1. 针对田块平整质量问题：对东区第 5 号田块进行重新平整作业，采取有效土壤改良措施，如深耕细作、添加改良剂等，确保土壤颗粒分布均匀，田面平整度达到设计要求的±5cm 以内。整改完成后，需进行复测验收。

2. 针对施工现场安全管理问题：立即在项目现场所有施工区域增设安全警示标识，确保标识清晰、醒目。同时，加强施工人员的安全教育与培训，确保每位施工人员都能正确佩戴安全帽等防护用品。加强现场安全管理监督，及时发现并纠正违规行为。

××建设监理有限公司
××高标准农田建设项目监理部

监理机构：（名称及盖章） ××建设监理有限公司××高标准农田建设项目监理部

总监理工程师：（签名）×××

日期：2026 年×月×日

我方已收到整改通知（编号：××），并严格按要求整改。

筑业××工程有限公司
××高标准农田建设项目经理部

施工单位：（名称及盖章） 筑业××工程有限公司××高标准农田建设项目经理部

签收人：（签名）×××

日期：2026 年×月×日

2.1.14 整改通知
填表说明

施工单位在收到书面警告的规定时限内仍不采取有效措施纠正其违约行为或继续违约，严重影响工程质量、进度，甚至危及工程安全时，监理机构应限令其停工整改，并要求施工单位在规定时限内提交整改报告。

2.1.15 监理报告

编号：××

工程名称	××高标准农田建设项目

致：××县农业农村局（项目法人）

事由：关于项目施工质量及安全管理问题监理报告

报告内容：

1. 质量方面：发现混凝土浇筑时振捣不充分，导致局部出现蜂窝麻面现象；钢筋绑扎间距偏大，不满足设计要求。

2. 安全方面：部分临时用电线路架设不规范，存在安全隐患。

3. 建议措施：要求施工单位立即组织人员对上述问题进行整改，并加强内部自查自纠，提升施工质量与安全管理水平。同时，监理部将加大巡检力度，确保整改措施得到有效执行。

监理机构：（名称及盖章）××建设监理有限公司××高标准农田建设项目监理部

××建设监理有限公司 ××高标准农田建设项目监理部

总监理工程师：（签名）×××

日期：2026年×月×日

就贵方报告事宜答复如下：

我方已收悉贵监理团队提交的关于项目施工质量及安全管理问题的监理报告，并对报告中指出的问题高度重视。我方将立即要求施工单位按照监理要求，无条件进行整改，并确保所有问题在最短时间内得到有效解决。同时，我方也将加强与监理单位的沟通协作，共同监督施工单位的整改落实情况，确保项目施工质量与安全达到预定标准。

项目法人：（名称及盖章）××县农业农村局

××县农业农村局

项目负责人：（签名）×××

日期：2026年×月×日

说明：本表可用于监理机构认为需报请项目法人批示的各项事宜。

2.1.15 监理报告

填表说明

1．项目监理机构在实施监理过程中，发现工程存在质量、安全事故隐患时，应签发监理工程师通知单或整改通知单，要求施工单位整改；情况严重时，应签发工程暂停令，并应及时报告项目法人。施工单位拒不整改或不停止施工时，项目监理机构应及时向有关主管部门报送监理报告。

2．紧急情况下，项目监理机构通过电话、微信、传真或者电子邮件等形式向有关主管部门报告的，事后应形成书面监理报告。

3．本表填报时应说明工程名称、施工单位、工程部位、时间，并附监理处理过程文件（如监理工程师通知单、工程暂停令、工程质量/安全整改通知单等）。

2.1.16.1 批 复 表

编号：××

<table>
<tr><td>工程名称</td><td>××高标准农田建设项目</td></tr>
<tr><td colspan="2">致：筑业××工程有限公司××高标准农田建设项目经理部（施工单位）
贵方于 2026 年 × 月 × 日报送的 ××高标准农田建设项目施工技术方案申报表（编号：××），经监理机构审核，批复意见如下：
同意你方报送的施工技术方案，请严格按照施工技术方案组织施工。

监理机构：（名称及盖章）××建设监理有限公司××高标准农田建设项目监理部
××建设监理有限公司 ××高标准农田建设项目监理部
总监理工程师/监理工程师：（签名）×××
日期：2026 年×月×日</td></tr>
<tr><td colspan="2">今已收到监理 ×× 号批复表。

施工单位：（名称及盖章）筑业××工程有限公司××高标准农田建设项目经理部
筑业××工程有限公司 ××高标准农田建设项目经理部
签收人：（签名）×××
日期：2026 年×月×日</td></tr>
</table>

说明：一般批复由监理工程师签发，重要批复由总监理工程师签发。

2.1.16.2　监理机构内部会签单

编号：××

工程名称	××高标准农田建设项目
事　　由	关于××片区1#蓄水池底板混凝土施工方案的审核会签
会签内容	针对本项目××片区1#蓄水池底板C30混凝土浇筑施工方案，经监理部内部审核，需各职能部门确认方案可行性、风险点及管控措施，具体如下： 1. 施工方案中关于混凝土原材料进场检验、配合比设计、浇筑顺序、养护措施等内容是否满足设计及规范要求。 2. 方案中安全技术措施（如高处作业、临时用电、临边防护）是否完善，能否规避安全风险。 3. 方案中质量管控节点（如坍落度检测、试块留置、旁站监理安排）是否明确，是否具备可操作性。 4. 方案工期安排是否与项目总进度计划匹配，是否存在工期延误风险。
依据、参考文件	1. 《××高标准农田建设项目施工合同》。 2. 《××片区1#蓄水池施工图设计文件》。 3. 《混凝土结构工程施工质量验收规范》GB50204—2015。 4. 《高标准农田建设 通则》GB/T 30600—2022。 5. 《建设工程安全生产管理条例》。

会签部门	部门意见	负责人签名	日期
质量监理部	方案中质量管控措施明确，原材料检验、坍落度检测等符合规范要求，同意实施。	×××	2026年×月×日
安全监理部	方案中安全防护措施完善，满足现场安全施工要求，同意实施。	×××	2026年×月×日
进度监理部	工期安排符合总进度计划，无工期冲突，同意实施。	×××	2026年×月×日
技术监理部	方案中浇筑顺序、养护措施合理，符合设计及技术要求，同意实施。	×××	2026年×月×日

会签意见：

经各部门联合审核，一致认为本方案内容完整、措施可行，符合合同、设计及规范要求，同意该方案通过审核，可用于指导现场施工。

总监理工程师：（签名）×××

日期：2026年×月×日

说明：在监理机构作出决定之前需内部会签时，可用此表。

2.1.16.3 监理发文登记表

编号：××

工程名称	××高标准农田建设项目						
序号	文号	文件名称	发送单位	抄送单位	发文时间	收文时间	签收人
1	××	关于××项目施工进度要求的通知	××建设监理有限公司	××县农业农村局	2026年×月×日	2026年×月×日	×××
2	××	××项目质量检查情况通报	××建设监理有限公司	××县农业农村局	2026年×月×日	2026年×月×日	×××
3	××	安全生产月活动安排与要求	××建设监理有限公司	××县农业农村局	2026年×月×日	2026年×月×日	×××

2.1.16.3 监理发文登记表

填表说明

1．监理机构发出的书面文件，应由总监理工程师或其授权的监理工程师签名、加盖本人执业印章，并加盖监理机构章。

2．监理机构与项目法人和施工单位以及与其他人的联络应以书面文件为准。在紧急情况下，监理工程师或监理员现场签发的工程现场书面通知可不加盖监理机构章，作为临时书面指示，施工单位应遵照执行，但事后监理机构应及时以书面文件确认；若监理机构未及时发出书面文件确认，施工单位应在收到上述临时书面指示后24小时内向监理机构发出书面确认函，监理机构应予以答复。监理机构在收到施工单位的书面确认函后24小时内未予以答复的，该临时书面指示视为监理机构的正式指示。

3．监理机构应及时填写发文记录，根据文件类别和规定的发送程序，送达对方指定联系人，并由收件方指定联系人签收。

4．监理机构对所有来往书面文件均应按施工合同约定的期限及时发出和答复，不得扣押或拖延，也不得拒收。

2.1.16.4 监理收文登记表

编号：××

工程名称		××高标准农田建设项目								
序号	文号	文件名称	发件单位	发文时间	收文时间	签收人	处理记录			
							文号	回文时间	处理内容	文件处理负责人
1	××	××项目设计图纸审查意见	××设计研究院	2026年×月×日	2026年×月×日	×××	××	2026年×月×日	已审核，并反馈意见至建设单位	×××
2	××	施工进度计划调整申请	筑业××工程有限公司	2026年×月×日	2026年×月×日	×××	××	2026年×月×日	同意调整，要求加强后续进度控制	×××

2.1.16.5 监理机构备忘录

编号：××

工程名称	××高标准农田建设项目

致：筑业××工程有限公司××高标准农田建设项目经理部

事由：关于××项目施工进度延误及监理职责履行受阻的情况记录

近期，我部对××高标准农田建设项目的监理过程中，由于发现施工单位材料供应不及时等原因，项目施工进度已明显滞后于原定计划。此情况不仅影响了项目的整体进度，也对我部正常履行监理职责造成了阻碍。

针对上述问题，我部已多次与贵部进行沟通与协调，包括但不限于召开专题会议、发送书面通知等形式，要求采取有效措施加快施工进度，确保项目按计划推进。然而，至今仍未见到实质性进展，也未形成有效的解决方案。

鉴于上述情况，我部特此发出本备忘录，正式记录由于施工合同当事人原因导致监理职责履行受阻的事实。请贵部高度重视，立即组织力量分析原因，制定切实可行的赶工计划，并明确责任人和完成时限。同时，请加强与监理机构的沟通协作，共同推动项目顺利进行。

如贵部未能在合理期限内采取有效措施解决问题，我部将依据相关法律法规及施工合同约定，采取进一步的措施，包括但不限于向项目法人报告、建议采取经济处罚、暂停部分施工等，以保障项目利益和监理职责的顺利履行。

附件：

1. 施工进度对比表
2. 沟通记录汇总
3. 现场照片及视频资料

监理机构：（名称及盖章）××建设监理有限公司××高标准农田建设项目监理部

××建设监理有限公司
××高标准农田建设项目监理部

总监理工程师：（签名）×××

日期：2026 年×月×日

说明：本表用于监理机构认为由于施工合同当事人原因导致监理职责履行受阻，或参建各方经协商未达成一致意见时应作出的书面记录。

2.2 进度控制文件

2.2.1.1 合同工程开工申请表

编号：××

<table>
<tr><td>工程名称</td><td>××高标准农田建设项目</td></tr>
<tr><td colspan="2">致：××建设监理有限公司××高标准农田建设项目监理部（监理机构）
我方承担的××高标准农田建设项目合同工程，已完成了各项施工准备工作，具备了开工条件，现申请开工，请贵方审批。
附件：合同工程开工申请报告

施工单位：（名称及盖章）筑业××工程有限公司××高标准农田建设项目经理部
项目经理：（签名）×××
日期：2026年×月×日</td></tr>
<tr><td colspan="2">审核后另行批复。

监理机构：（名称及盖章）××建设监理有限公司××高标准农田建设项目监理部
签收人：（签名）×××
日期：2026年×月×日</td></tr>
</table>

2.2.1.1 合同工程开工申请表

填表说明

1. 开工前，监理机构应检查项目法人提供的施工条件是否满足开工要求，主要包括下列内容：

（1）首批开工项目施工图纸的提供。

（2）测量基准点的移交。

（3）施工用地的提供。

（4）施工合同约定应由项目法人负责的道路、供电、供水、通信及其他条件和资源的提供情况。

2. 开工前，监理机构应检查施工单位的施工准备情况是否满足开工要求，主要包括下列内容：

（1）施工单位派驻现场的主要管理人员、技术人员及特种作业人员是否与施工合同文件一致。如有变化，应重新审查并报项目法人认可。

（2）施工单位进场施工设备的数量、规格和性能是否符合施工合同约定，进场情况和计划是否满足开工及施工进度的要求。

（3）进场原材料、中间产品和工程设备的质量、规格是否符合施工合同约定，原材料的储存量及供应计划是否满足开工及施工进度的需要。

（4）施工单位的检测条件或委托的检测机构是否符合施工合同约定及有关规定。

（5）施工单位对项目法人提供的测量基准点的复核，以及施工单位在此基础上完成施工测量控制网的布设及施工区原始地形图的测绘情况。

（6）砂石料系统、混凝土拌和系统或商品混凝土供应方案以及场内道路、供水、供电、供风及其他施工辅助加工厂、设施的准备情况。

（7）施工单位的质量保证体系。

（8）施工单位的安全生产管理机构和安全措施文件。

（9）施工单位提交的施工组织设计、专项施工方案、施工措施计划、施工总进度计划、资金流计划、安全技术措施、度汛方案和灾害应急预案等。

（10）应由施工单位负责提供的施工图纸和技术文件。

（11）按照施工合同约定和施工图纸的要求需进行的施工工艺试验和料场规划情况。

（12）施工单位在施工准备完成后递交的合同工程开工申请报告。

2.2.1.2 合同工程开工批复

编号：××

<table>
<tr><td>工程名称</td><td>××高标准农田建设项目</td></tr>
<tr><td colspan="2">致：筑业××工程有限公司××高标准农田建设项目经理部（施工单位）

贵方 2026 年 × 月 × 日报送的 ××高标准农田建设项目 工程合同工程开工申请 编号：×× 已经通过审核，同意贵方按施工进度计划组织施工。

批复意见：（可附页）

监理机构：（名称及盖章）××建设监理有限公司××高标准农田建设项目监理部
（印章：××建设监理有限公司 ××高标准农田建设项目监理部）

总监理工程师：（签名）×××
日期：2026 年×月×日</td></tr>
<tr><td colspan="2">今已收到合同工程的开工批复。

施工单位：（名称及盖章）筑业××工程有限公司××高标准农田建设项目经理部
（印章：筑业××工程有限公司 ××高标准农田建设项目经理部）

项目经理：（签名）×××
日期：2026 年×月×日</td></tr>
</table>

2.2.1.3 分部工程开工申请表

编号：××

<table>
<tr><td>工程名称</td><td colspan="3">××高标准农田建设项目</td></tr>
<tr><td colspan="4">致：××建设监理有限公司××高标准农田建设项目监理部（监理机构）
管道输水灌溉 ☑分部工程/□分部工程部分工作已具备开工条件，施工准备已就绪，请贵方审批。</td></tr>
<tr><td>申请开工分部工程名称、编码</td><td colspan="3">××片区管道输水灌溉（编码：××）</td></tr>
<tr><td rowspan="12">施工单位施工准备工作自检记录</td><td>序号</td><td>检查内容</td><td>检查结果</td></tr>
<tr><td>1</td><td>施工技术交底和安全交底情况</td><td>已交底。</td></tr>
<tr><td>2</td><td>主要施工设备到位情况</td><td>满足施工要求。</td></tr>
<tr><td>3</td><td>施工安全、质量措施落实情况</td><td>已落实。</td></tr>
<tr><td>4</td><td>工程设备检查验收情况</td><td>已验收。</td></tr>
<tr><td>5</td><td>原材料、中间产品质量及准备情况</td><td>验收合格。</td></tr>
<tr><td>6</td><td>现场施工人员安排情况</td><td>劳动力充足。</td></tr>
<tr><td>7</td><td>风、水、电等必须的辅助生产设施准备情况</td><td>施工临电、临水施工完毕。</td></tr>
<tr><td>8</td><td>场地平整、交通、临时设施准备情况</td><td>三通一平已完成，临建验收合格。</td></tr>
<tr><td>9</td><td>测量放样情况</td><td>验收合格。</td></tr>
<tr><td>10</td><td>工艺试验情况</td><td>/</td></tr>
<tr><td>.</td><td></td><td></td></tr>
<tr><td colspan="4">附件：☑分部工程施工措施计划　☑分部工程进度计划
□确认的工艺试验成果　☑施工安全交底记录
☑施工技术交底记录　□申请开工的部分工作清单（对分部工程部分工作开工情况）
□　□

施工单位：（名称及盖章）筑业××工程有限公司××高标准农田建设项目经理部
[印章：筑业××工程有限公司 ××高标准农田建设项目经理部]

项目经理：（签名）×××
日期：2026年×月×日</td></tr>
<tr><td colspan="4">审核后另行批复。

监理机构：（名称及盖章）××建设监理有限公司××高标准农田建设项目监理部
[印章：××建设监理有限公司 ××高标准农田建设项目监理部]

签收人：（签名）×××
日期：2026年×月×日</td></tr>
</table>

2.2.1.4 分部工程开工批复

编号：××

<table>
<tr><td>工程名称</td><td>××高标准农田建设项目</td></tr>
<tr><td colspan="2">致：筑业××工程有限公司××高标准农田建设项目经理部（施工单位）

贵方 2026 年 × 月 × 日报送的☑分部工程/□分部工程部分工作开工申请表 编号：×× 已经通过审核，同意开工。

批复意见：（可附页）
经检查，该分部工程开工申请及分部工程开工条件，满足规范要求，同意开工。

监理机构：（名称及盖章）××建设监理有限公司××高标准农田建设项目监理部
××建设监理有限公司
××高标准农田建设项目监理部

监理工程师：（签名）×××
日期：2026 年×月×日</td></tr>
<tr><td colspan="2">今已收到☑分部工程/□分部工程部分工作的开工批复。

施工单位：（名称及盖章）筑业××工程有限公司××高标准农田建设项目经理部
筑业××工程有限公司
××高标准农田建设项目经理部

项目经理：（签名）×××
日期：2026 年×月×日</td></tr>
</table>

2.2.2 施工进度计划报审表

编号：××

<table>
<tr><td>工程名称</td><td>××高标准农田建设项目</td></tr>
<tr><td colspan="2">致：××建设监理有限公司××高标准农田建设项目监理部（监理机构）
现报上××高标准农田建设项目工程总体施工进度计划，请予以审查和批准。

附件：☑施工进度计划（说明、图表、工程量、工作量、资源配备）2份

施工单位：（名称及盖章）筑业××工程有限公司××高标准农田建设项目经理部
[印章：筑业××工程有限公司 ××高标准农田建设项目经理部]
项目经理：（签名）×××
日期：2026年×月×日</td></tr>
<tr><td colspan="2">监理机构审查意见：
经审查，你单位报送的《××高标准农田建设项目工程总体施工进度计划》内容完整，施工工序安排合理，资源配置满足进度要求，与合同工期目标相符，同意按此进度计划组织施工。请你单位在施工过程中严格落实进度计划，定期报送进度报表，若因现场条件变化需调整计划，应及时报审。

审批结论：☑ 同意　　□ 修改后再报

监理机构：（名称及盖章）××建设监理有限公司××高标准农田建设项目监理部
[印章：××建设监理有限公司 ××高标准农田建设项目监理部]
总监理工程师/<del>监理工程师</del>：（签名）×××
日期：2026年×月×日</td></tr>
</table>

2.2.3.1 合同工程开工通知

编号：××

工程名称	××高标准农田建设项目

致：筑业××工程有限公司××高标准农田建设项目经理部（施工单位）

根据施工合同约定，现签发××高标准农田建设项目合同工程开工通知。贵方在接到该通知后，及时调遣人员和施工设备、材料进场，完成各项施工准备工作，尽快提交《合同工程开工申请表》。

该合同工程的开工日期为 2026 年 × 月 × 日。

监理机构：（名称及盖章）××建设监理有限公司××高标准农田建设项目监理部

××建设监理有限公司
××高标准农田建设项目监理部

总监理工程师：（签名）×××

日期：2026 年×月×日

今已收到合同工程开工通知。

施工单位：（名称及盖章）筑业××工程有限公司××高标准农田建设项目经理部

筑业××工程有限公司
××高标准农田建设项目经理部

签收人：（签名）×××

日期：2026 年×月×日

2.2.3.1 合同工程开工通知

填表说明

1. 监理机构应在发包人同意后向承包人发出开工通知，开工通知中应载明开工日期。

2. 监理机构应协助发包人向承包人移交施工合同中约定的应由发包人提供的施工用地、道路、测量基准点以及供水、供电、通信等。

3. 由于承包人原因使工程未能按期开工，监理机构应通知承包人按施工合同约定提交书面报告，说明延误开工的原因及赶工措施。

4. 由于发包人原因使工程未能按期开工，监理机构在收到承包人提出的顺延工期要求后，应及时与发包人和承包人协商补救办法。

2.2.4.1 暂停施工报审表

编号：××

<table>
<tr><td>工程名称</td><td colspan="2">××高标准农田建设项目</td></tr>
<tr><td colspan="3">致：××建设监理有限公司××高标准农田建设项目监理部（监理机构）
由于发生本申请所列原因，造成工程无法正常施工，依据施工合同约定，我方申请对所列工程项目暂停施工。
附件：停工申请

施工单位：（名称及盖章）筑业××工程有限公司××高标准农田建设项目经理部
筑业××工程有限公司
××高标准农田建设项目经理部
项目经理：（签名）×××
日期：2026年×月×日</td></tr>
<tr><td>暂停施工工程项目范围/部位</td><td colspan="2">田间道路3#～5#生产路</td></tr>
<tr><td>暂停施工原因</td><td colspan="2">接项目法人通知，田间道路3#～5#生产路路面宽度拟变更，设计变更通知单尚未下发</td></tr>
<tr><td>引用合同条款</td><td colspan="2">本工程施工总承包合同第××条</td></tr>
<tr><td colspan="3">审批意见：
同意田间道路3#～5#生产路暂停施工，停工期间做好现场安全防护及保卫工作。

监理机构：（名称及盖章）××建设监理有限公司××高标准农田建设项目监理部
××建设监理有限公司
××高标准农田建设项目监理部
总监理工程师：（签名）×××
日期：2026年×月×日</td></tr>
</table>

2.2.4.2 暂停施工指示

编号：××

工程名称	××高标准农田建设项目

致：筑业××工程有限公司××高标准农田建设项目经理部（施工单位）

由于下述原因，现通知你方 2026 年 × 月 × 日 × 时对 ××高标准农田建设项目 3#灌溉区土地平整 工程项目暂停施工。

暂停施工范围说明：

本次暂停施工的范围仅限于 3#灌溉区，该区域当前正在进行土壤改良作业，为避免潜在的质量隐患及安全风险，决定即刻起暂停该区域所有施工活动。

暂停施工原因：

1. 质量检查发现问题：近期，项目监理工程师在例行检查中发现该区域施工存在材料质量不达标、施工工艺违规等问题，需进一步调查处理。

2. 安全隐患排查：同时，考虑到近期天气变化可能引发的地质灾害风险，为确保施工人员及现场安全，决定暂停施工以进行安全隐患的全面排查与整改。

引用合同条款或法规依据：

本次暂停施工依据本项目施工合同第××条。

暂停施工期间要求：

1. 立即执行：请贵方接此通知后，立即组织相关人员撤离该区域，并停止所有施工活动。

2. 保护现场：做好施工现场的成品、半成品及施工设备的保护工作，防止因暂停施工造成损失。

3. 整改与报告：针对上述问题，请贵方在暂停施工期间内完成整改工作，并向我方提交详细的整改报告及复工申请。

4. 保持沟通：暂停施工期间，请保持通讯畅通，以便双方就相关问题及时沟通解决。

监理机构：（名称及盖章）××建设监理有限公司××高标准农田建设项目监理部

××建设监理有限公司 ××高标准农田建设项目监理部

总监理工程师：（签名）×××

日期：2026 年×月×日

今已收到暂停施工指示，并按要求暂停施工，暂停期间我方将严格自查纠正。

施工单位：（名称及盖章）筑业××工程有限公司××高标准农田建设项目经理部

筑业××工程有限公司 ××高标准农田建设项目经理部

签收人：（签名）×××

日期：2026 年×月×日

2.2.4.1 暂停施工报审表

2.2.4.2 暂停施工指示

填表说明

1. 在发生下列情况之一时，监理机构应提出暂停施工的建议，报项目法人同意后签发暂停施工指示：

（1）工程继续施工将会对第三者或社会公共利益造成损害。

（2）为了保证工程质量、安全所必要的措施。

（3）施工单位发生合同约定的违约行为，且在合同约定时间内未按监理机构指示纠正其违约行为，或拒不执行监理机构的指示，从而将对工程质量、安全、进度和资金控制产生严重影响，需要停工整改。

2. 监理机构认为发生了应暂停施工的紧急事件时，应立即签发暂停施工指示，并及时向项目法人报告。

3. 在发生下列情况之一时，监理机构可签发暂停施工指示并抄送项目法人：

（1）项目法人要求暂停施工。

（2）施工单位未经许可即进行主体工程施工的，改正这一行为所需要的局部停工。

（3）施工单位未按照批准的施工图纸进行施工时，改正这一行为所需要的局部停工。

（4）施工单位拒绝执行监理机构的指示，可能出现工程质量问题或造成安全事故隐患，纠正这一行为所需要的局部停工。

（5）施工单位未按照批准的施工组织设计或施工措施计划施工，或施工单位的人员不能胜任作业要求，可能会出现工程质量问题或存在安全事故隐患，改正这些行为所需要的局部停工。

（6）发现施工单位所使用的施工设备、原材料或中间产品不合格，或发现工程设备不合格，或发现影响后续施工的不合格的单元工程（工序），处理这些问题所需要的局部停工。

4. 监理机构应分析停工后可能产生影响的范围和程度，确定暂停施工的范围。

5. 发生暂停施工情形时，项目法人在收到监理机构提出的暂停施工建议后，应在施工合同约定的时间内予以答复；若项目法人逾期未答复，则视为其已同意，监理机构可据此下达暂停施工指示。

6. 若由于项目法人的责任需暂停施工，监理机构未及时下达暂停施工指示时，在施工单位提出暂停施工的申请后，监理机构应及时报告项目法人并在施工合同约定的时间内答复施工单位。

7. 监理机构应在暂停施工的指示中要求施工单位对现场施工组织作出合理安排，以尽量减少停工的影响和损失。

8. 下达暂停施工指示后，监理机构应按下列程序执行：

（1）指示施工单位妥善照管工程，记录停工期间的相关事宜。

（2）督促有关方及时采取有效措施，排除影响因素，为尽早复工创造条件。

（3）具备复工条件后，若属于上述第1条、第2条和第3条（1）项暂停施工情形，监理机构应明确复工范围，报项目法人批准后，及时签发复工通知，指示施工单位执行；若属于上述第3条（2）～（6）项暂停施工情形，监理机构应明确复工范围，及时签发复工通知，指示施工单位执行。

9. 在工程复工后，监理机构应及时按施工合同约定处理因工程暂停施工引起的有关事宜。

10. 监理机构发现施工安全隐患时，应要求施工单位立即整改；必要时，可指示施工单位暂停施工，并及时向项目法人报告。

2.2.5.1 复工申请报审表

编号：××

工程名称	××高标准农田建设项目

致：××建设监理有限公司××高标准农田建设项目监理部（监理机构）

××高标准农田建设工程项目，依据☑暂停施工指示 编号：×× /□批准的暂停施工报审表 / ，已于 2026 年 × 月 × 日 × 时暂停施工。鉴于致使该工程停工的因素已经消除，复工准备工作已就绪，特申请复工，请贵方审批。

附件：1、停工因素消除情况说明

2、复工条件情况说明

施工单位：（名称及盖章）筑业××工程有限公司××高标准农田建设项目经理部

项目经理：（签名）×××

日期：2026 年×月×日

审批意见：

经现场验收，施工单位对现场存在的安全隐患已整改完成，能够满足安全生产需求，同意复工。

监理机构：（名称及盖章）××建设监理有限公司××高标准农田建设项目监理部

总监理工程师：（签名）×××

日期：2026 年×月×日

2.2.5.1 复工申请报审表

填表说明

1. 在当暂停施工原因消失、具备复工条件时，施工单位提出复工申请的，项目监理机构应审查施工单位报送的工程复工报审表及有关材料，符合要求后，总监理工程师应及时签署审查意见，并应报项目法人批准后签发工程复工令；施工单位未提出复工申请的，总监理工程师应根据实际情况指令施工单位恢复施工。

2. 暂停及复工基本程序如下图所示：

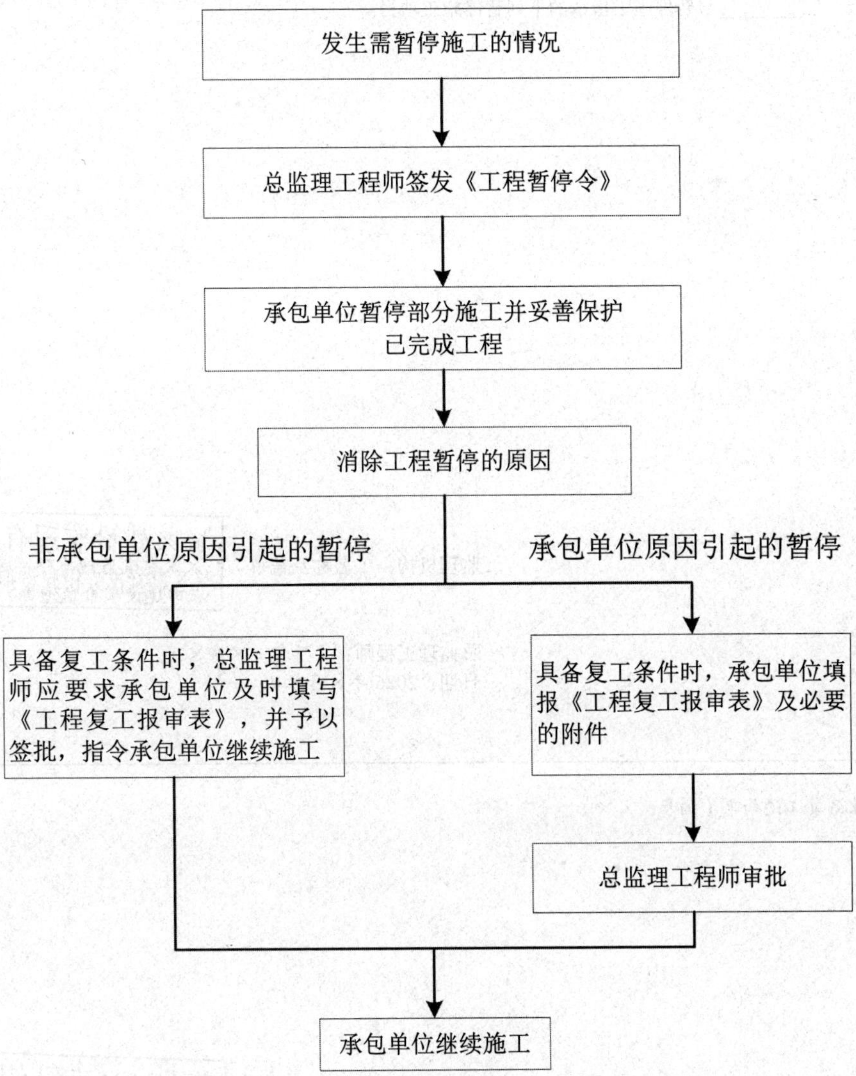

2.2.5.2 复 工 通 知

编号：××

<table>
<tr><td>工程名称</td><td>××高标准农田建设项目</td></tr>
<tr><td colspan="2">致：筑业××工程有限公司××高标准农田建设项目经理部（施工单位）
鉴于暂停施工指示 编号：×× 所述原因已经☑全部/□部分清除，你方可于 2026 年 × 月 × 日 × 时起对 3#灌溉区土地平整 工程下列范围恢复施工。

复工范围：☑ ×× 号暂停施工指示的全部暂停施工项目。
□ 号暂停施工指示的下列暂停施工项目。

监理机构：（名称及盖章）××建设监理有限公司××高标准农田建设项目监理部
××建设监理有限公司
××高标准农田建设项目监理部

总监理工程师：（签名）×××
日期：2026 年×月×日</td></tr>
<tr><td colspan="2">我方已收到复工通知单（编号：××）。

施工单位：（名称及盖章）筑业××工程有限公司××高标准农田建设项目经理部
筑业××工程有限公司
××高标准农田建设项目经理部

签收人：（签名）×××
日期：2026 年×月×日</td></tr>
</table>

2.2.5.2 复工通知

填表说明

1．本表用于因各种原因工程暂停，停工原因消失后，施工单位准备恢复施工，向项目监理机构提出复工申请时的用表。

2．工程复工报审时，应附有能够证明已具备复工条件的相关文件资料，包括相关检查记录、有针对性的整改措施及其落实情况、会议纪要、影像资料等。

3．项目监理机构在收到施工单位报送的“复工申请报审表”后，经专业监理工程师按照停工指示或监理机构发出的工程暂停令指示的停工原因进行调查、检查、审核和评估，并对施工单位提出的复工条件证明资料进行审核后提出意见，由总监理工程师做出是否同意复工的要求，并报项目法人同意后签发工程复工令。

2.3 质量控制文件

2.3.1.1 进场原材料/中间产品外观验收检查记录

编号：××

工程名称	××高标准农田建设项目				
施工单位	筑业××工程有限公司			进场日期	2026年×月×日
序号	名称	规格型号	进场数量	生产厂家	外观检验结果
1	PE管	DN110 1.0MPa	5500m	××管业有限公司	合格
2	PVC-U管	DN110 1.0MPa	5500m	××管业有限公司	合格
	……				
检查人	×××			日期	2026年×月×日

2.3.1.2　原材料/中间产品进场报审表

编号：××

<table>
<tr><td>工程名称</td><td colspan="11">××高标准农田建设项目</td></tr>
<tr><td colspan="12">致：××建设监理有限公司××高标准农田建设项目监理部（监理机构）

我方于 2026 年 × 月 × 日进场的原材料/中间产品如下表。拟用于下述部位：
1. 蓄水池；2. ；3. 。
经自检，符合合同要求，请贵方审核。</td></tr>
<tr><td rowspan="2">序号</td><td rowspan="2">原材料/中间产品名称</td><td rowspan="2">原材料/中间产品来源、产地</td><td rowspan="2">原材料/中间产品规格</td><td rowspan="2">用途</td><td rowspan="2">本批原材料/中间产品数量</td><td colspan="6">施工单位试验</td></tr>
<tr><td>试样来源</td><td>取样地点</td><td>取样日期</td><td>试验日期</td><td>试验结果</td><td>质检负责人</td></tr>
<tr><td>1</td><td>钢筋</td><td>河北</td><td>HRB400 ⌀8</td><td>蓄水池</td><td>15t</td><td>施工现场</td><td>施工现场</td><td>2026年×月×日</td><td>2026年×月×日</td><td>合格</td><td>×××</td></tr>
<tr><td></td><td></td><td></td><td></td><td></td><td></td><td></td><td></td><td></td><td></td><td></td><td></td></tr>
<tr><td></td><td></td><td></td><td></td><td></td><td></td><td></td><td></td><td></td><td></td><td></td><td></td></tr>
<tr><td></td><td></td><td></td><td></td><td></td><td></td><td></td><td></td><td></td><td></td><td></td><td></td></tr>
<tr><td></td><td></td><td></td><td></td><td></td><td></td><td></td><td></td><td></td><td></td><td></td><td></td></tr>
<tr><td colspan="12">附件：1、质量证明文件
2、进场原材料/中间产品外观验收检查记录
3、检测报告

施工单位：（名称及盖章）筑业××工程有限公司××高标准农田建设项目经理部
筑业××工程有限公司
××高标准农田建设项目经理部

项目经理/技术负责人：（签名）×××
日期：2026 年×月×日</td></tr>
<tr><td colspan="12">审核意见：
☑同意进场使用
☐不同意进场使用
理由：

监理机构：（名称及盖章）××建设监理有限公司××高标准农田建设项目监理部
××建设监理有限公司
××高标准农田建设项目监理部

监理工程师：（签名）×××
日期：2026 年×月×日</td></tr>
</table>

2.3.1.2 原材料/中间产品进场报审表

填表说明

1. 原材料和中间产品的检验工作程序应符合下列规定：

（1）施工单位对原材料和中间产品进行检验，合格后向监理机构提交原材料和中间产品进场报验单。

（2）监理机构应现场查验原材料和中间产品，核查施工单位报送的进场报验单；监理合同约定需要平行检测的项目，应符合平行检测的相关要求。

（3）经监理机构核验合格并在进场报验单上签字确认后，原材料和中间产品方可用于工程施工。原材料和中间产品的进场报验单不符合要求的，施工单位应进行复查并重新上报；平行检测结果与施工单位自检结果不一致的，监理机构应组织施工单位及有关各方进行原因分析，提出处理意见。

2. 原材料和中间产品的检验工作内容应符合下列规定：

（1）对施工单位或项目法人采购的原材料和中间产品，施工单位应按供货合同的要求查验质量证明文件，并进行合格性检测。若施工单位认为项目法人采购的原材料和中间产品质量不合格，应向监理机构提供能够证明不合格的检测资料。

（2）对施工单位生产的中间产品，施工单位应按施工合同约定和有关规定进行合格性检测。

（3）监理机构发现施工单位未按施工合同约定和有关规定对原材料、中间产品进行检测，应及时指示施工单位补做检测；若施工单位未按监理机构的指示补做检测，监理机构可委托其他有资质的检测机构进行检测，施工单位应为此提供一切方便并承担相应费用。

（4）监理机构发现施工单位在工程中使用不合格的原材料、中间产品时，应及时发出指示禁止施工单位继续使用，监督施工单位标识、处置并登记不合格的原材料、中间产品。对已经使用了不合格原材料、中间产品的工程实体，监理机构应提请项目法人组织相关参建单位及有关专家进行论证，提出处理意见。

（5）监理机构应按施工合同约定的时间和地点参加工程设备的交货验收，组织工程设备的到场交货检查和验收。

2.3.1.3 施工设备进场报审表

编号：××

工程名称	××高标准农田建设项目

致：××建设监理有限公司××高标准农田建设项目监理部（监理机构）

我方于 2026 年 × 月 × 日进场的施工设备如下表。拟用于的 蓄水池土方开挖 施工。经自检，符合合同要求，请贵方审核。

序号	设备名称	规格型号	数量	进场日期	完好状况	设备权属	生产能力	备注
1	挖掘机	PC300	3台	2026年×月×日	完好	自有	良好	
2	装载机	LW500kV	2台	2026年×月×日	完好	自有	良好	
3								
4								
5								

附件：1、进场施工设备照片

2、进场施工设备生产许可证

3、进场施工设备产品合格证（特种设备应提供安全检定证书）

4、操作人员资格证

施工单位：（名称及盖章）筑业××工程有限公司××高标准农田建设项目经理部

筑业××工程有限公司 ××高标准农田建设项目经理部

项目经理/技术负责人：（签名）×××

日期：2026 年×月×日

审核意见：

☑同意进场使用

☐不同意进场使用

理由：

监理机构：（名称及盖章）××建设监理有限公司××高标准农田建设项目监理部

××建设监理有限公司 ××高标准农田建设项目监理部

监理工程师：（签名）×××

日期：2026 年×月×日

2.3.1.3 施工设备进场报审表

填表说明

1. 监理机构应监督施工单位按照施工合同约定安排施工设备及时进场，并对进场的施工设备及其合格性证明材料进行核查。在施工过程中，监理机构应监督施工单位对施工设备及时进行补充、维修和维护，以满足施工需要。

2. 旧施工设备（包括租赁的旧设备）应进行试运行，监理机构确认其符合使用要求和有关规定后方可投入使用。

3. 监理机构发现施工单位使用的施工设备影响施工质量、进度和安全时，应及时要求施工单位增加、撤换。

2.3.1.4 设备、配（备）件开箱检查记录

编号：××

工程名称	××高标准农田建设项目

设备于 2026 年 × 月 × 日到达 ××县××镇××村 1#灌溉区 施工现场，设备数量及开箱验收情况如下：

序号	名称	规格/型号	单位/数量	检查						备注	开箱日期
				外包装情况（是否完好）	开箱后设备外观质量（有无磨损、撞击）	备品备件检查情况	设备合格证	产品检验证	产品说明书		
1	潜水泵	QDX1.5-32-0.75	1 台	完好	无磨损、撞击	密封圈 2 个，齐全	有	有	有		2026 年×月×日
2	旋耕机	1GQN-125	1 套	完好	刀辊轻微划痕（不影响使用）	六角扳手 1 把，齐全	有	有	有		2026 年×月×日
3	灌溉电磁阀	2W-160-15	5 个	完好	无磨损、撞击	无备品备件	有	有	有		2026 年×月×日

备注：经项目法人、监理机构、施工单位和供货单位四方现场开箱，进行设备数量及外观检查，符合设备移交条件，自开箱验收之日起移交施工单位保管。

施工单位：（名称及盖章）筑业××工程有限公司	供货单位：（名称及盖章）××制造有限公司	监理机构：（名称及盖章）××建设监理有限公司××高标准农田建设项目监理部	项目法人：（名称及盖章）××县农业农村局
代表：×××	代表：×××	代表：×××	代表：×××
日期：2026 年×月×日	日期：2026 年×月×日	日期：2026 年×月×日	日期：2026 年×月×日

2.3.1.4 设备、配（备）件开箱检查记录

填表说明

1. 监理机构应监督施工单位按照施工合同约定安排施工设备及时进场，并对进场的施工设备及其合格性证明材料进行核查。在施工过程中，监理机构应监督施工单位对施工设备及时进行补充、维修和维护，以满足施工需要。

2. 旧施工设备（包括租赁的旧设备）应进行试运行，监理机构确认其符合使用要求和有关规定后方可投入使用。

3. 监理机构发现施工单位使用的施工设备影响施工质量、进度和安全时，应及时要求施工单位增加、撤换。

2.3.1.5 主要设备、原材料、构配件质量证明文件汇总表

编号：××

工程名称	××高标准农田建设项目			施工单位		筑业××工程有限公司	
材料（设备）名称	规格型号	生产厂家	单位	数量	使用部位	出厂证明或试验检测单编号	出厂或试验日期
PE管	DN110 1.0MPa	××管业有限公司	m	5500	1#管道灌溉区	××	2026年×月×日
PVC-U管	DN110 1.0MPa	××管业有限公司	m	5500	2#管道灌溉区	××	2026年×月×日
技术负责人	×××				填表人	×××	

2.3.1.5 主要设备、原材料、构配件质量证明文件汇总表 填表说明

1．施工物资的质量证明文件可按不同产品分类并进行汇总。

2．同一类产品按不同的生产时间、不同的规格、不同的批次、不同的炉号等分别汇总。

3．进场物资在获得第三方出具的复试报告时，应能及时准确查阅其代表物资的出厂质量证明文件和合格证明细。

2.3.1.6 产品合格证粘贴衬纸

编号：××

工程名称	××高标准农田建设项目		
合格证			代表数量
（粘贴处）			××
粘贴人	×××	日期	2026年×月×日

2.3.2　见证取样和送检人员备案表

编号：××

工程名称	××高标准农田建设项目

致：××质量监督管理站（质量监督机构）：
××工程试验检测有限公司（检测单位）：

我单位决定，由　×××　同志担任　××高标准农田建设项目　工程见证取样和送检见证人。有关的印章和签字如下，请查收备案。

见证取样和送检印章	见证人签名
（此处盖见证取样印章、送检印章）	××× ××× ×××

项目法人：（名称及盖章）　××县农业农村局　　　　（印章：××县农业农村局）2026年×月×日

监理单位：（名称及盖章）　××建设监理有限公司　　　　（印章：××建设监理有限公司）2026年×月×日

施工单位：（名称及盖章）　筑业××工程有限公司

项目经理：（签名）×××　　　　（印章：筑业××工程有限公司）2026年×月×日

2.3.2 见证取样和送检人员备案表

填表说明

1. 本表是项目法人或项目法人委托监理单位向质量监督机构申报备案用表，也是通知施工单位和检测（试验）单位的用表，见证人员应由该工程监理单位或项目法人中具备相应专业知识和具有见证员资格的专业技术人员担任。

2. 填表要点：

（1）质量监督机构：填写监督本工程的质量监督机构的名称。

（2）检测单位：填写委托检测/试验单位的名称。

（3）见证人签名：由本人签字手迹和见证人编号，并加盖见证印章。

（4）项目法人、监理单位、施工单位分别盖公章，并注明日期。

2.3.3 材料见证记录

编号：××

工程名称	××高标准农田建设项目												
序号	检测项目	对应单元工程编号	取样部位		代表数量	组数	取样人	送样人	送样时间	检测机构	检测结果	检测报告编号	跟踪（见证）监理人员
			桩号	高程									
1	普通硅酸盐水泥	××-001	K1＋120	/	20t	1	×××	×××	2026年×月×日	××工程试验检测有限公司	合格	××	×××
2	砂石骨料	××-001	/	751.521m	80m³	1	×××	×××	2026年×月×日	××工程试验检测有限公司	合格	××	×××

说明：本表按月装订成册。

2.3.3 材料见证记录

填表说明

1．见证记录是指见证取样人对工程项目使用的涉及结构安全、使用功能的试块、试件、材料及构配件，以及平行加工试件等进行现场取样、封样及送检等工作的记录。

2．见证记录应包含取样、制样、标识、封志、送检，以及现场检测等内容。

2.3.4 实体检验见证记录

编号：××

<table>
<tr><td>工程名称</td><td colspan="3">××高标准农田建设项目</td></tr>
<tr><td>施工单位</td><td>筑业××工程有限公司</td><td>检测单位</td><td>××工程试验检测有限公司</td></tr>
<tr><td>实体检验项目</td><td>U 型渠衬砌混凝土抗压强度</td><td>依据标准</td><td>《××规范》GB ××</td></tr>
<tr><td>实体检验方法</td><td colspan="3">回弹法（现场检测）</td></tr>
<tr><td>检验部位</td><td>××村 1 号地块 U 型渠衬砌段
（桩号 K0＋100～K0＋200）</td><td>检验时间</td><td>2026 年×月×日</td></tr>
<tr><td>实体检验过程
见证记录</td><td colspan="3">1. 检测人员核对检验部位为××村 1 号地块 U 型渠衬砌段（桩号 K0＋100～K0＋200）。
2. 采用回弹法对该段衬砌混凝土选取 5 个测区，每个测区采集 16 个回弹值。
3. 同步测量测区混凝土碳化深度，平均值为 1.5mm。
4. 检测操作全程由见证人监督，符合相关规范要求。</td></tr>
</table>

<table>
<tr><td rowspan="2">施工单位
检验人员</td><td>签名</td><td>×××</td><td rowspan="2">检测单位
检验人员</td><td>签名</td><td>×××</td></tr>
<tr><td>日期</td><td>2026 年×月×日</td><td>日期</td><td>2026 年×月×日</td></tr>
<tr><td>见证人</td><td colspan="2">×××</td><td>见证印章</td><td colspan="2">（盖见证章）</td></tr>
</table>

2.3.5.1 施工质量缺陷处理方案报审表

编号：××

<table>
<tr><td>工程名称</td><td>××高标准农田建设项目</td></tr>
<tr><td colspan="2">致：××建设监理有限公司××高标准农田建设项目监理部（监理机构）

我方今提交现浇混凝土路面观感施工质量缺陷处理方案，请贵方审批。

附件：1、现浇混凝土路面观感施工质量缺陷处理方案
2、

施工单位：（名称及盖章）筑业××工程有限公司××高标准农田建设项目经理部

项目经理：（签名）×××
日期：2026 年×月×日</td></tr>
<tr><td>监理机构
意见</td><td>同意按此方案进行观感处理。

监理机构：（名称及盖章）××建设监理有限公司××高标准农田建设项目监理部

总监理工程师：（签名）×××
日期：2026 年×月×日</td></tr>
<tr><td>设计单位
意见</td><td>同意按此方案进行处理。

设计单位：（名称及盖章）××设计研究院

项目负责人：（签名）×××
日期：2026 年×月×日</td></tr>
<tr><td>项目法人
意见</td><td>同意。

项目法人：（名称及盖章）××县农业农村局

项目负责人：（签名）×××
日期：2026 年×月×日</td></tr>
</table>

2.3.5.2 施工质量缺陷处理措施计划报审表

编号：××

工程名称	××高标准农田建设项目

致：××建设监理有限公司××高标准农田建设项目监理部（监理机构）

我方今提交 田间道 工程的施工质量缺陷处理措施计划报审表，请贵方审批。

附件：施工质量缺陷处理方案

施工单位：（名称及盖章） 筑业××工程有限公司××高标准农田建设项目经理部

项目经理：（签名）×××

日期：2026年×月×日

单位工程名称	田间道	分部工程名称	路面
单元工程名称	田间道（1）路面 桩号：K0＋000～K0＋200	单元工程编码	××
质量缺陷工程部位	混凝土路面		
质量缺陷情况简要说明	局部麻面		
拟采用的施工质量缺陷处理措施计划简述	首先在麻面部位周边弹线，然后用切割机切出平直的分隔缝，再将麻面区域沿分隔缝剔除，剔凿深度不超过50mm，露出坚实的混凝土为宜。剔凿后经验收合格后，用清水润湿后采用和原路面混凝土同配合比的砂浆抹平。		
缺陷处理时段	2026年×月×日至2026年×月×日		

审批意见：

同意，请严格按照措施计划实施。

监理机构：（名称及盖章） ××建设监理有限公司××高标准农田建设项目监理部

监理工程师：（签名）×××

日期：2026年×月×日

2.3.5.3 事故报告单

编号：××

工程名称	××高标准农田建设项目

致：××建设监理有限公司××高标准农田建设项目监理部（监理机构）

2026 年 × 月 × 日 9 时，在 施工现场土地平整作业区域 发生 施工机械触碰高压线 事故，现将事故发生情况报告如下：

1、事故简述：

2026年×月×日9时，在我司负责的高标准农田建设项目××区域，发生一起施工安全事故。事故发生时，1台挖掘机在进行土地平整作业中，因操作不当导致机械臂触碰高压线，引发局部短路，造成现场短暂停电，同时1名现场工人因躲避不及，轻微触电受伤。事故未造成重大财产损失，但影响了施工进度及周边安全。

2、已采取的应急措施：

事故发生后，项目现场立即启动应急预案：

（1）迅速切断事故区域电源，确保无二次伤害风险。

（2）组织救援小组对受伤工人进行初步救治，并第一时间拨打120送医。

（3）设立警戒线，隔离事故现场，防止无关人员进入。

（4）向上级管理部门上报事故情况。

（5）开展现场勘查，收集证据，为后续调查做准备。

3、初步处理意见：

针对此次事故，初步处理意见如下：

（1）对涉事挖掘机操作员进行停职调查，并根据调查结果进行相应处理。

（2）加强全员安全教育培训，特别是针对高压线附近作业的安全规范。

（3）对施工现场进行全面安全检查，排除类似安全隐患。

（4）完善应急预案，提高应急响应速度和效率。

（5）成立事故调查小组，深入调查事故原因，制定详细整改措施，确保类似事故不再发生。同时，积极与受伤工人及家属沟通，做好善后工作。

施工单位：（名称及盖章）筑业××工程有限公司××高标准农田建设项目经理部

项目经理：（签名）×××

日期：2026 年×月×日

监理机构意见：

针对此次事故，监理机构认为施工单位虽已迅速采取应急措施，但仍需深刻反思安全管理漏洞。要求施工单位：

（1）立即全面排查项目安全隐患，特别是高风险作业区域。

（2）加强作业人员安全教育与技能培训，确保持证上岗。

（3）严格按照安全操作规程作业，杜绝违章指挥和违章作业。

（4）细化应急预案，确保应急资源充足，响应迅速。

（5）定期向监理机构报告整改进展，直至隐患完全消除。监理机构将持续监督，确保施工安全可控。

监理机构：（名称及盖章）××建设监理有限公司××高标准农田建设项目监理部

总监理工程师：（签名）×××

日期：2026 年×月×日

2.3.6 监理旁站记录

编号：××

<table>
<tr><td>工程名称</td><td colspan="6">××高标准农田建设项目</td></tr>
<tr><td>工程部位</td><td colspan="4">1#农桥混凝土浇筑</td><td>日期</td><td>2026 年×月×日</td></tr>
<tr><td>时间</td><td colspan="2">2026 年×月×日</td><td>天气</td><td>晴</td><td>温度</td><td>16℃～28℃</td></tr>
<tr><td rowspan="5">人员情况</td><td colspan="6">施工技术人员：×××、×××　　施工班组长：×××、×××
质　检　员：×××、×××</td></tr>
<tr><td colspan="6">现场人员数量及分类人员数量</td></tr>
<tr><td>管理人员</td><td colspan="2">5 人</td><td colspan="2">技术人员</td><td>2 人</td></tr>
<tr><td>特种作业人员</td><td colspan="2">0 人</td><td colspan="2">普通作业人员</td><td>22 人</td></tr>
<tr><td>其他辅助人员</td><td colspan="2">2 人</td><td colspan="2">合计</td><td>31 人</td></tr>
<tr><td>主要施工设备及运转情况</td><td colspan="6">1. 设备名称及编号：ф50 振捣棒、24m 汽车泵。
2. 振捣棒：工作正常，振动频率稳定，无异常声响，能够有效排除混凝土中的气泡，提高混凝土密实度。
3. 汽车泵：泵送压力稳定，泵送能力满足施工需求，未发生卡泵或漏油等故障，保证了混凝土浇筑的顺利进行。</td></tr>
<tr><td>主要材料使用情况</td><td colspan="6">1. 材料名称及规格：C30 混凝土，钢筋 HRB400 Φ 10、HRB400 Φ 8。
2. 使用情况：
（1）C30 混凝土：当日使用量约 25m³，配合比经现场检查符合设计要求，浇筑过程连续无中断。
（2）钢筋 HRB400 Φ 10：使用数量 6.6t，HRB400 Φ 8：使用数量 0.6t，已按设计图纸要求绑扎完毕，钢筋间距、保护层厚度经检测均符合设计要求。
备注：材料堆放整齐，标识清晰，未发现过期或不合格材料。</td></tr>
<tr><td>施工过程描述</td><td colspan="6">本次旁站监理主要关注农桥混凝土浇筑过程。施工队伍按照既定方案进行施工，首先进行了模板安装与验收，随后进行了钢筋绑扎与隐蔽工程验收。混凝土运输车准时到达现场，通过泵车输送至浇筑部位。浇筑过程中，振捣器使用得当，混凝土表面平整，无明显气泡和离析现象。</td></tr>
<tr><td>监理现场检查、检测情况</td><td colspan="6">1. 模板检查：模板安装牢固，无变形、漏浆现象，尺寸偏差在允许范围内。
2. 钢筋检查：钢筋规格、数量、位置及绑扎质量均符合设计要求，保护层垫块设置合理。
3. 混凝土质量检查：现场制作了混凝土试块，并标记了取样时间与部位，待养护后送检。同时，使用混凝土坍落度筒检测了混凝土坍落度，结果符合施工要求。</td></tr>
<tr><td>施工单位提出的问题</td><td colspan="6">无。</td></tr>
<tr><td>监理人的答复或指示</td><td colspan="6">/</td></tr>
<tr><td colspan="7">当班监理员：（签名）×××　　施工技术员：（签名）×××</td></tr>
</table>

说明：本表单独汇编成册。

2.3.6 监理旁站记录

填表说明

1．监理机构应依据监理合同和监理工作需要，结合批准的施工措施计划，在监理实施细则中明确旁站监理的范围、内容和旁站监理人员职责，并通知施工单位。

2．监理机构应严格实施旁站监理，旁站监理人员应及时填写旁站监理值班记录。

3．除监理合同约定外，项目法人要求或监理机构认为有必要并得到项目法人同意增加的旁站监理工作，其费用应由项目法人承担。

4．需要旁站监理的工程重要部位和关键工序一般包括下列内容，监理机构可视工程具体情况从中选择或增加：

（1）土石方填筑工程的土料、砂砾料、堆石料、反滤料和垫层料压实工序。

（2）普通混凝土工程、混凝土浇筑工序。

（3）混凝土预制构件安装工程的吊装工序。

（4）地基处理、孔道灌浆工程的灌浆工序。

（5）堤防工程堤基清理工程的基面平整压实工序，填筑施工的所有碾压工序。

（6）金属结构安装工程的压力钢管安装、闸门门体安装等工程的焊接检验。

（7）启闭机安装工程的试运行调试。

（8）水轮机和水泵安装工程的导水机构、轴承、传动部件安装。

2.3.7 监理巡视记录

编号：××

工程名称	××高标准农田建设项目
巡视范围	1. 灌溉系统建设区：检查渠道开挖、衬砌施工、闸门安装等。 2. 排水系统建设区：查看排水沟清理、排水管道铺设及出水口设置情况。 3. 田间道路建设区：评估路基处理、路面硬化及交通安全设施安装。 4. 土地平整与改良区：观察土地翻耕、施肥、平整作业及土壤改良措施实施情况。 5. 农田防护与生态环境保持区：检查农田林网建设、水土保持措施及生态修复工程。
巡视情况	1. 灌溉系统：渠道开挖深度与宽度符合设计要求，衬砌施工质量良好，未发现明显裂缝、脱落现象。闸门安装位置准确，启闭灵活。 2. 排水系统：排水沟清理彻底，无淤积物；排水管道铺设平直，接口密封严密，出水口设置合理，排水顺畅。 3. 田间道路：路基处理坚实，路面硬化质量达标，无明显破损或起砂现象；交通安全设施齐全，标识清晰。 4. 土地平整与改良：土地翻耕深度均匀，施肥量适中，土壤改良措施有效实施，土壤结构明显改善。 5. 农田防护与生态环境：农田林网建设有序进行，树木成活率高；水土保持措施得力，未见水土流失现象；生态修复工程初见成效，生物多样性有所提高。
发现问题及处理意见	1. 发现问题： （1）在灌溉系统1#渠道处，发现有一处衬砌轻微破损，可能是施工过程中机械碰撞所致。 （2）田间道路××段路面存在少量碎石和泥土，可能影响车辆通行安全。 （3）土地平整作业中，部分区域土壤翻耕深度不足，未达到设计要求的厚度。 2. 处理意见： （1）针对灌溉系统渠道衬砌破损问题，要求施工单位立即组织修复，采用与原衬砌材料相同的修补材料进行修补，并确保修补质量。同时，加强施工过程中的成品保护，防止类似问题再次发生。 （2）对于田间道路路面上的碎石和泥土，要求施工单位立即组织清理，保持路面整洁。同时，加强道路养护工作，定期检查并清理路面杂物，确保道路畅通无阻。 （3）关于土地平整作业中土壤翻耕深度不足的问题，要求施工单位严格按照设计要求进行施工，对未达到翻耕深度的区域进行返工处理。同时，加强施工人员的培训和管理，提高施工质量意识。
巡视人：（签名）××× 日期：2026年×月×日	

说明：1、本表可用于监理人员质量、安全、进度等的巡视记录。

2、本表按月装订成册。

2.3.7 监理巡视记录

填表说明

1．监理巡视记录应真实反映施工现场的实际情况，内容应完整，并及时填写，以便准确记录监理工作的进展和工地施工的实际情况。

2．监理巡视记录应连续反映监理工作情况和工地施工的实际情况，巡视频次应根据实际工程进行确定，记录应从进场之日起至工程交工之日止。

3．监理巡视记录需要与监理日志、监理工程师通知单等其他监理资料相呼应，形成完整的监理文件资料。

2.3.8.1 工程质量平行检测记录

编号：××

工程名称		××高标准农田建设项目					施工单位		筑业××工程有限公司			
序号	检测项目	对应单元工程编号	取样部位		代表数量	组数	取样人	送样人	送样时间	检测机构	检测结果	检测报告编号
			桩号	高程								
1	混凝土抗压强度	××	K＋000、K＋200、K＋400	751.89m	95m³	1	×××	×××	2026年×月×日	××工程试验检测有限公司	合格	××

说明：委托单位、平行检测送样台账、平行检测报告台账要相互对应。

2.3.8.1 工程质量平行检测记录

填表说明

1．监理机构可采用现场测量手段进行平行检测。

2．需要通过实验室进行检测的项目，监理机构应按照监理合同约定通知项目法人委托或认可的具有相应资质的工程质量检测机构进行检测试验。

3．平行检测的项目和数量（比例）应在监理合同中约定。其中，混凝土试样应不少于施工单位检测数量的3%，重要部位每种标号的混凝土至少取样1组；土方试样应不少于施工单位检测数量的5%，重要部位至少取样3组。在施工过程中，监理机构可根据工程质量控制工作需要和工程质量状况等确定平行检测的频次分布。根据施工质量情况需要增加平行检测项目、数量时，监理机构可向项目法人提出建议，经项目法人同意增加的平行检测费用由项目法人承担。

4．当平行检测试验结果与施工单位的自检试验结果不一致时，监理机构应组织施工单位及有关各方进行原因分析，提出处理意见。

5．平行检测是由监理机构组织实施的与施工单位测量、试验等质量检测结果的对比性检测。根据《水利工程质量检测管理规定》和水利工程施工监理实际情况，对不同类别的检测，平行检测实施如下：

（1）监理机构复核施工控制网、地形、施工放样，以及工序和工程实体的位置、高程和几何尺寸时，可以独立进行抽样测量，也可以与施工单位进行联合测量，核验施工单位的测量成果。

（2）需要通过实验室试验检测的项目，如水泥物理力学性能检验、砂石骨料常规检验、混凝土强度检验、砂浆强度检验、混凝土掺加剂检验、土工常规检验、砂石反滤料（垫层）常规检验、钢筋（含焊接与机械连接）力学性能检验、预应力钢绞线和锚夹具检验、沥青及其混合料检验等，由项目法人委托或认可的具有相应资质的工程质量检测机构进行检测，但试样的选取由监理机构确定。现场取样一般由工程质量检测机构实施，也可以由监理机构实施。

（3）工程需要进行的专项检测试验，监理机构不进行平行检测。

（4）单元工程（工序）施工质量检测可能对工程实体造成结构性破坏的，监理机构不做平行检测，但对施工单位的工艺试验进行平行检测。施工过程中，监理机构要监督施工单位严格按照工艺试验确定的参数实施。

2.3.8.2　工程质量跟踪检测记录

编号：××

工程名称		××高标准农田建设项目						施工单位		筑业××工程有限公司			
序号	检测项目	对应单元工程编号	取样部位		代表数量	组数	取样人	送样人	送样时间	检测机构	检测结果	检测报告编号	跟踪监理人员
			桩号	高程									
1	混凝土抗压强度	××	K+030、K+100、K+200	653.87m	68m³	1	××	××	2026年××月××日	××工程试验检测有限公司	合格	××	××

说明：本表按月装订成册。

2.3.8.2 工程质量跟踪检测记录

填表说明

1. 实施跟踪检测的监理人员应监督施工单位的取样、送样以及试样的标记和记录，并与施工单位送样人员共同在送样记录上签字。发现施工单位在取样方法、取样代表性、试样包装或送样过程中存在错误时，应及时要求予以改正。

2. 跟踪检测的项目和数量（比例）应在监理合同中约定。其中，混凝土试样应不少于施工单位检测数量的7%，土方试样应不少于施工单位检测数量的10%。施工过程中，监理机构可根据工程质量控制工作需要和工程质量状况等确定跟踪检测的频次分布，但应对所有见证取样进行跟踪。

2.4 造价控制文件

2.4.1.1 工程预付款支付证书

编号：××

<table>
<tr><td>工程名称</td><td>××高标准农田建设项目</td></tr>
<tr><td colspan="2">致：××县农业农村局（项目法人）

鉴于□工程预付款担保已获得贵方确认/☑合同约定的第 1 次工程预付款条件已具备。根据施工合同约定，贵方应向施工单位支付第 1 次工程预付款，金额为：（大写）壹佰叁拾玖万玖仟肆佰贰拾陆元（小写）1399426.00元。

监理机构：（名称及盖章）××建设监理有限公司××高标准农田建设项目监理部
××建设监理有限公司 ××高标准农田建设项目监理部

总监理工程师：（签名）×××
日期：2026年×月×日</td></tr>
<tr><td colspan="2">项目法人审批意见：
同意按合同要求支付该笔预付款。

项目法人：（名称及盖章）××县农业农村局
××县农业农村局

项目负责人：（签名）×××
日期：2026年×月×日</td></tr>
</table>

2.4.1.1 工程预付款支付证书 填表说明

监理机构收到施工单位的工程预付款申请后，应按合同约定核查施工单位获得工程预付款的条件和金额，具备支付条件后，签发工程预付款支付证书。监理机构应在核查工程进度付款申请单的同时，核查工程预付款应扣回的额度。

2.4.1.2.1 工程进度付款证书

编号：××

工程名称	××高标准农田建设项目

致：××县农业农村局（项目法人）

经审核施工单位的工程进度付款申请单 编号：×× ，本月应支付给施工单位的工程价款金额共计（大写） 壹仟叁佰肆拾伍万柒仟捌佰玖拾壹 元（小写 13457891.00 元）。

根据施工合同约定，请贵方在收到此证书后的 × 天之内完成审批，将上述工程价款支付给施工单位。

附注：1、工程进度付款审核汇总表

2、其他

监理机构：（名称及盖章） ××建设监理有限公司××高标准农田建设项目监理部

总监理工程师：（签名）×××

日期：2026 年×月×日

项目法人审批意见：

同意支付。

项目法人：（名称及盖章） ××县农业农村局

项目负责人：（签名）×××

日期：2026 年×月×日

2.4.1.2.1 工程进度付款证书

填表说明

工程进度付款属于施工合同的中间支付。监理机构出具工程进度付款证书，不视为监理机构已同意、批准或接受了该部分工作。在对以往历次已签发的工程进度付款证书进行汇总和复核中发现错、漏或重复的，监理机构有权予以修正，施工单位也有权提出修正申请。

2.4.1.2.2 工程进度付款审核汇总表

编号：××

工程名称		××高标准农田建设项目				
项目		截至上期末累计完成额（元）	本期施工单位申请金额（元）	本期监理人审核金额（元）	截至本期末累计完成额（元）	备注
应付款金额	合同分类分项项目	0	1200000.00	1200000.00	1200000.00	
	合同措施项目	0	250000.00	250000.00	250000.00	
	变更项目	/				
	计日工项目	/				
	索赔项目	/				
	小计	/				
	工程预付款	/				
	材料预付款	/				
	小计	/				
	价格调整	/				
	延期付款利息	/				
	小计	/				
	其他	/				
应付款金额合计		0	1450000.00	1450000.00	1450000.00	
扣除金额	工程预付款	/				
	材料预付款	/				
	小计	/				
	质量保证金	/				
	违约赔偿	/				
	其他	/				
扣除金额合计		/				
本期工程进度付款总金额		0	1450000.00	1450000.00	1450000.00	

本期工程进度付款总金额：/仟壹佰肆拾伍万/仟/佰/拾/元（小写：1450000.00 元）

××建设监理有限公司 ××高标准农田建设项目监理部

监理机构：（名称及盖章）××建设监理有限公司××高标准农田建设项目监理部

总监理工程师：（签名）×××

日期：2026 年×月×日

2.4.1.3 完工付款/最终结清证书

编号：××

<table>
<tr><td>工程名称</td><td>××高标准农田建设项目</td></tr>
<tr><td colspan="2">致：××县农业农村局（项目法人）
经审核施工单位的☑完工付款申请/□最终结清申请/□临时付款申请 编号：×× ，应支付给施工单位的金额共计为（大写） 壹仟陆佰伍拾万 元（小写 16500000.00 元）。
请贵方在收到☑完工付款证书/□最终结清证书/口临时付款证书后按合同约定完成审批，并将上述工程价款支付给施工单位。

附注：1、完工付款/最终结清申请单
2、审核计算资料

××建设监理有限公司
监理机构：（名称及盖章） ××建设监理有限公司××高标准农田建设项目监理部
××高标准农田建设项目监理部

总监理工程师：（签名）×××
日期：2026年×月×日</td></tr>
<tr><td colspan="2">项目法人审批意见：
支付金额符合合同约定，同意。

××县农业农村局
项目法人：（名称及盖章） ××县农业农村局

项目负责人：（签名）×××
日期：2026年×月×日</td></tr>
</table>

2.4.1.3 完工付款/最终结清证书

填表说明

1．监理机构应在施工合同约定期限内，完成对施工单位提交的完工付款申请单及相关证明材料的审核，同意后签发完工付款证书，报项目法人。

2．监理机构应审核下列内容：

（1）完工结算合同总价。

（2）项目法人已支付施工单位的工程价款。

（3）项目法人应支付的完工付款金额。

（4）项目法人应扣留的质量保证金。

（5）项目法人应扣留的其他金额。

3．监理机构应在施工合同约定期限内，完成对施工单位提交的最终结清申请单及相关证明材料的审核，同意后签发最终结清证书，报项目法人。

4．监理机构应审核下列内容：

（1）按合同约定施工单位完成的全部合同金额。

（2）尚未结清的名目和金额。

（3）项目法人应支付的最终结清金额。

5．若项目法人和施工单位双方未能就最终结清的名目和金额取得一致意见，监理机构应对双方同意的部分出具临时付款证书，只有在项目法人和施工单位双方有争议的部分得到解决后，方可签发最终结清证书。

2.4.2.1 工程预付款申请单

编号：××

<table>
<tr><td>工程名称</td><td>××高标准农田建设项目</td></tr>
<tr><td colspan="2">致：××建设监理有限公司××高标准农田建设项目监理部（监理机构）

我方承担的××高标准农田建设项目合同工程，依据施工合同约定，已具备工程预付款支付条件，现申请支付第1次工程预付款，计（大写）贰佰万元（小写2000000.00元）。请贵方核查。

附件：1、已具备工程预付款支付条件的证明材料
2、计算依据及结果
3、

施工单位：（名称及盖章）筑业××工程有限公司××高标准农田建设项目经理部
筑业××工程有限公司
××高标准农田建设项目经理部

项目经理：（签名）×××
日期：2026年×月×日</td></tr>
<tr><td colspan="2">监理机构将另行签发工程预付款支付证书。

监理机构：（名称及盖章）××建设监理有限公司××高标准农田建设项目监理部
××建设监理有限公司
××高标准农田建设项目监理部

签收人：（签名）×××
日期：2026年×月×日</td></tr>
</table>

2.4.2.1 工程预付款申请单
填表说明

监理机构收到施工单位的工程预付款申请后，应按合同约定核查施工单位获得工程预付款的条件和金额，具备支付条件后，签发工程预付款支付证书。监理机构应在核查工程进度付款申请单的同时，核查工程预付款应扣回的额度。

2.4.2.2 材料预付款报审表

编号：××

<table>
<tr><td colspan="2">工程名称</td><td colspan="7">××高标准农田建设项目</td></tr>
<tr><td colspan="9">致：××建设监理有限公司××高标准农田建设项目监理部（监理机构）

我方已采购下列材料并进场，经自检和监理机构审核，材料的质量和储存条件符合合同约定并验点入库，特申请材料预付款，请贵方核查。</td></tr>
<tr><td>序号</td><td>材料名称</td><td>规格</td><td>型号</td><td>单位</td><td>数量</td><td>单价（元）</td><td>合价（元）</td><td>付款凭据编号</td></tr>
<tr><td>1</td><td>钢筋</td><td>ф8</td><td>HRB400</td><td>t</td><td>7</td><td>3800.00</td><td>26600.00</td><td>××</td></tr>
<tr><td>2</td><td>PE管道</td><td>DN110</td><td>1.0MPa</td><td>m</td><td>6000</td><td>13.00</td><td>78000.00</td><td>××</td></tr>
<tr><td></td><td></td><td></td><td></td><td></td><td></td><td></td><td></td><td></td></tr>
<tr><td></td><td></td><td></td><td></td><td></td><td></td><td></td><td></td><td></td></tr>
<tr><td></td><td></td><td></td><td></td><td></td><td></td><td></td><td></td><td></td></tr>
<tr><td colspan="9">本次申请材料预付款金额：/仟/佰拾万肆仟陆佰/拾元（小写：104600.00元）</td></tr>
<tr><td colspan="9">附件：1、材料报验单 2 份
2、材料付款凭据复印件 2 张
3、

施工单位：（名称及盖章）筑业××工程有限公司××高标准农田建设项目经理部
筑业××工程有限公司
××高标准农田建设项目经理部

项目经理：（签名）×××
日期：2026年×月×日</td></tr>
<tr><td colspan="9">经核查，本次材料预付款金额为（大写）拾万肆仟陆佰元（小写104600.00元），随工程进度付款一同支付。

监理机构：（名称及盖章）××建设监理有限公司××高标准农田建设项目监理部
××建设监理有限公司
××高标准农田建设项目监理部

总监理工程师：（签名）×××
日期：2026年×月×日</td></tr>
</table>

2.4.2.2 材料预付款报审表
填表说明

监理机构收到施工单位的材料预付款申请后，应按合同约定核查施工单位获得材料预付款的条件和金额，具备支付条件后，按照约定的额度随工程进度付款一起支付。

2.4.2.3　工程进度付款申请单

编号：××

<table>
<tr><td>工程名称</td><td>××高标准农田建设项目</td></tr>
<tr><td colspan="2">致：××建设监理有限公司××高标准农田建设项目监理部（监理机构）

我方今申请支付 2026 年 × 月工程进度付款，总金额为（大写）壹仟伍佰贰拾伍万元（小写 15250000.00 元），请贵方审核。

附件：1、工程进度付款汇总表
2、已完工程量汇总表
3、合同分类分项项目进度付款明细表
4、合同措施项目进度付款明细表
5、变更项目进度付款明细表
6、计日工项目进度付款明细表
7、索赔确认单清单
8、其他

施工单位：（名称及盖章）筑业××工程有限公司××高标准农田建设项目经理部
筑业××工程有限公司
××高标准农田建设项目经理部

项目经理：（签名）×××
日期：2026 年×月×日</td></tr>
<tr><td colspan="2">审核后，监理机构将另行签发工程进度付款证书。

监理机构：（名称及盖章）××建设监理有限公司××高标准农田建设项目监理部
××建设监理有限公司
××高标准农田建设项目监理部

签收人：（签名）×××
日期：2026 年×月×日</td></tr>
</table>

2.4.2.3 工程进度付款申请单

填表说明

1. 监理机构应在施工合同约定时间内，完成对施工单位提交的工程进度付款申请单及相关证明材料的审核，同意后签发工程进度付款证书，报项目法人。

2. 工程进度付款申请单应符合下列规定：

（1）付款申请单填写符合相关要求，支持性证明文件齐全。

（2）申请付款项目、计量与计价符合施工合同约定。

（3）已完工程的计量、计价资料真实、准确、完整。

3. 工程进度付款申请单应包括以下内容：

（1）截至上次付款周期末已实施工程的价款。

（2）本次付款周期已实施工程的价款。

（3）应增加或扣减的变更金额。

（4）应增加或扣减的索赔金额。

（5）应支付和扣减的预付款。

（6）应扣减的质量保证金。

（7）价格调整金额。

（8）根据合同约定应增加或扣减的其他金额。

4. 工程进度付款属于施工合同的中间支付。监理机构出具工程进度付款证书，不视为监理机构已同意、批准或接受了该部分工作。在对以往历次已签发的工程进度付款证书进行汇总和复核中发现错、漏或重复的，监理机构有权予以修正，施工单位也有权提出修正申请。

5. 计日工由施工单位汇总后列入工程进度付款申请单，由监理机构审核后列入工程进度付款证书。

6. 监理机构应按施工合同约定的程序和调整方法，审核单价、合价的调整。当项目法人与施工单位因价格调整不能协商一致时，应按照合同争议处理，处理期间，监理机构可依据合同授权暂定调整价格。调整金额可随工程进度款一并支付。

7. 工程付款涉及政府投资资金的，应按照国库集中支付等国家相关规定和合同约定办理。

8. 工程款支付工作程序如下图所示：

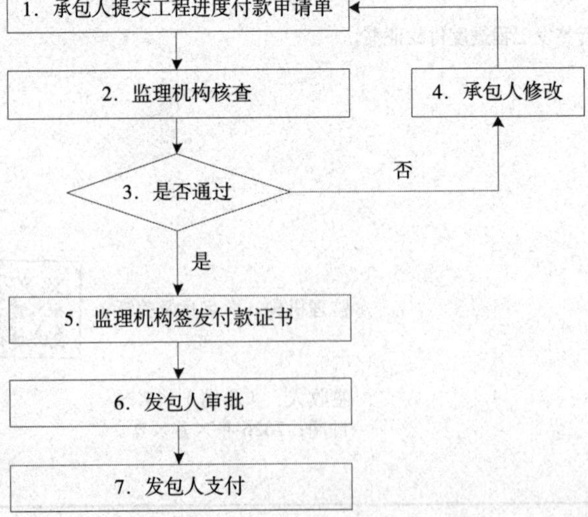

2.4.2.3.1 工程进度付款汇总表

编号：××

工程名称		××高标准农田建设项目			
项目		截至上期末累计完成额（元）	本期申请金额（元）	截至本期末累计完成额（元）	备注
应付款金额	合同分类分项项目	30000000.00	10000000.00	40000000.00	
	合同措施项目	1200000.00	400000.00	1600000.00	
	变更项目	35000.00	12000.00	47000.00	
	计日工项目	65000.00	22000.00	87000.00	
	索赔项目	45000.00	15000.00	60000.00	
	小计	31345000.00	10449000.00	41794000.00	
	工程预付款	0	0	0	
	材料预付款	0	0	0	
	小计	0	0	0	
	价格调整	0	0	0	
	延期付款利息	0	0	0	
	小计	0	0	0	
	其他	/	/	/	
应支付金额合计		31345000.00	10449000.00	41794000.00	
扣除金额	工程预付款	0	0	0	
	材料预付款	0	0	0	
	小计	0	0	0	
	质量保证金	0	0	0	
	违约赔偿	0	0	0	
	其他	0	0	0	
扣除金额合计		0	0	0	
本期工程进度付款总金额		/	10449000.00	/	

本期工程进度付款总金额：壹仟零佰肆拾肆万玖仟/佰/拾元（小写：10449000.00 元）

施工单位：（名称及盖章） 筑业××工程有限公司××高标准农田建设项目经理部

筑业××工程有限公司 ××高标准农田建设项目经理部

项目经理：（签名）×××

日期：2026 年×月×日

2.4.2.3.2 已完工程量汇总表

编号：××

工程名称	××高标准农田建设项目

致：××建设监理有限公司××高标准农田建设项目监理部（监理机构）

我方现报送本期已完工程量汇总如下表，请贵方审核。

附件：工程计量报验单

（1）工程计量报验单 ×× 号

（2）工程计量报验单 ×× 号

（3）

施工单位：（名称及盖章） 筑业××工程有限公司××高标准农田建设项目经理部

筑业××工程有限公司 ××高标准农田建设项目经理部

项目经理：（签名）×××

日期：2026 年×月×日

一 合同分类分项项目（含变更项目）

序号	项目编码	项目编号	项目名称	单位	合同工程量	截至上期末累计	施工单位申报工程量		监理审核工程量	
							本期申报	截至本期末累计	监理审核	截至本期末累计
1	××	××	混凝土结构	m^3	12000	8600	1000	9600	1000	9600
2	××	××	土方开挖	m^3	200000	16000	12000	38000	12000	38000
3										

二 合同措施项目（含变更项目）

序号	项目编号	项目名称	合价	合同工程量	截至上期末累计	施工单位申报		监理审核	
						本期申报	截至本期末累计	监理审核	截至本期末累计
1	××	安全文明施工费	180000.00	项	1	1	1	1	1
2									
3									

审核意见详见上表监理审核意见栏。

监理机构：（名称及盖章） ××建设监理有限公司××高标准农田建设项目监理部

××建设监理有限公司 ××高标准农田建设项目监理部

总监理工程师：（签名）×××

日期：2026 年×月×日

2.4.2.3.3 合同分类分项项目进度付款明细表

编号：××

工程名称：××高标准农田建设项目

致：××建设监理有限公司××高标准农田建设项目监理部（监理机构）

本期合同分类分项项目进度付款明细表如下表，我方申请支付的合同分类分项项目进度付款总金额为（大写）叁拾壹万伍仟肆佰伍拾柒元（小写315457.00元），请审核。

施工单位：（名称及盖章）筑业××工程有限公司××高标准农田建设项目经理部

项目经理：（签名）×××

日期：2026年×月×日

序号	项目编号	项目名称	单位	合同工程量	合同价格（元）	截至上期末累计完成		本期施工单位申报			本期监理审核意见			截至本期末累计完成	
						工程量	金额（元）	单价（元）	工程量	金额（元）	单价（元）	工程量	金额（元）	工程量	金额（元）
1	××	清基土方	m^3	9876	44442.00	0	0	4.00	4570	18280.00	4.00	4570	18280.00	4570	18280.00
2	××	填方填筑	m^3	27841	487217.00	0	0	17.00	17841	297177.00	17.00	17841	297177.00	17841	297177.00
合计				/	531659.00	/	/	/	/	315457.00	/	/	315457.00	/	315457.00

审核意见详见上表监理审核意见栏。

监理机构：（名称及盖章）××建设监理有限公司××高标准农田建设项目监理部

总监理工程师：（签名）×××

日期：2026年×月×日

说明：本表中项目编号是指合同工程量清单的项目编号。

2.4.2.3.4 合同措施项目进度付款明细表

编号：××

<table>
<tr><td>工程名称</td><td colspan="8">××高标准农田建设项目</td></tr>
<tr><td colspan="9">致：××建设监理有限公司××高标准农田建设项目监理部（监理机构）

本期合同措施项目进度付款明细表如下，我方申请支付的合同措施项目进度付款总额为（大写）壹拾伍万元（小写 150000.00 元），请贵方审核。

施工单位：（名称及盖章）筑业××工程有限公司××高标准农田建设项目经理部
筑业××工程有限公司
××高标准农田建设项目经理部

项目经理：（签名）×××
日期：2026年×月×日</td></tr>
<tr><td>序号</td><td>项目名称</td><td>合同金额（元）</td><td>截至上期末累计支付金额（元）</td><td>本期申报支付金额（元）</td><td>监理审核本期支付金额（元）</td><td>截至本期末累计支付金额（元）</td><td>支付比例（%）</td><td>备注</td></tr>
<tr><td>1</td><td>安全文明施工费</td><td>200000.00</td><td>0</td><td>150000.00</td><td>150000.00</td><td>150000.00</td><td>75%</td><td></td></tr>
<tr><td></td><td></td><td></td><td></td><td></td><td></td><td></td><td></td><td></td></tr>
<tr><td></td><td></td><td></td><td></td><td></td><td></td><td></td><td></td><td></td></tr>
<tr><td></td><td></td><td></td><td></td><td></td><td></td><td></td><td></td><td></td></tr>
<tr><td></td><td></td><td></td><td></td><td></td><td></td><td></td><td></td><td></td></tr>
<tr><td></td><td></td><td></td><td></td><td></td><td></td><td></td><td></td><td></td></tr>
<tr><td></td><td></td><td></td><td></td><td></td><td></td><td></td><td></td><td></td></tr>
<tr><td colspan="2">合计</td><td></td><td></td><td></td><td></td><td></td><td></td><td></td></tr>
<tr><td colspan="9">审核意见详见上表监理审核意见栏。

监理机构：（名称及盖章）××建设监理有限公司××高标准农田建设项目监理部
××建设监理有限公司
××高标准农田建设项目监理部

总监理工程师：（签名）×××
日期：2026年×月×日</td></tr>
</table>

2.4.2.3.5 变更项目进度付款明细表

编号：××

工程名称	××高标准农田建设项目

致：××建设监理有限公司××高标准农田建设项目监理部（监理机构）

根据下列变更指示、变更项目价格/工期确认单和工程计量报验单，现申请变更项目付款总金额为（大写）肆万伍仟元（小写）45000.00元，请贵方审核。

1、变更指示：

（1）变更指示 ×× 号

（2）变更指示______号

（3）

2、变更项目价格/工期确认单：

（1）变更项目价格/工期确认单 ×× 号

（2）变更项目价格/工期确认单______号

（3）

3、工程计量报验单：

（1）工程计量报验单 ×× 号

（2）工程计量报验单______号

（3）

施工单位：（名称及盖章） 筑业××工程有限公司××高标准农田建设项目经理部

项目经理：（签名）×××

日期：2026年×月×日

序号	变更项目编号	变更项目名称	单位	截至上期末累计完成		本期施工单位申报			本期监理审核意见			截至本期末累计完成	
				工程量	金额（元）	价格（单价或合价）（元）	工程量	金额（元）	价格（单价或合价）（元）	工程量	金额（元）	工程量	金额（元）
1	××	管道土方开挖	m^3	/	/	30.00	1500	45000.00	30.00	1486	45000.00	1486	45000.00
合计								45000.00			45000.00		45000.00

审核意见详见上表监理审核意见栏。

监理机构：（名称及盖章） ××建设监理有限公司××高标准农田建设项目监理部

总监理工程师：（签名）×××

日期：2026年×月×日

2.4.2.3.6 计日工项目进度付款明细表

编号：××

<table>
<tr><td>工程名称</td><td colspan="7">××高标准农田建设项目</td></tr>
<tr><td colspan="8">致：××建设监理有限公司××高标准农田建设项目监理部（监理机构）

现申报本期计日工项目进度付款，总金额为（大写）叁万捌仟元（小写 38000.00 元），请贵方审核。

附件：1、本期计日工工作量汇总表（汇总计日工工程量签证单）
2、计日工单价报审表：
（1）编号：××
（2）编号：

施工单位：（名称及盖章）筑业××工程有限公司××高标准农田建设项目经理部
项目经理：（签名）×××
日期：2026 年×月×日</td></tr>
<tr><td>序号</td><td>计日工内容</td><td>工程量</td><td>单位</td><td>单价（元）</td><td>施工单位申报金额（元）</td><td>监理人审核金额（元）</td><td>备注</td></tr>
<tr><td>1</td><td>渠道沟槽人工清槽</td><td>380</td><td>m^3</td><td>100.00</td><td>38000.00</td><td>38000.00</td><td></td></tr>
<tr><td></td><td></td><td></td><td></td><td></td><td></td><td></td><td></td></tr>
<tr><td></td><td></td><td></td><td></td><td></td><td></td><td></td><td></td></tr>
<tr><td></td><td></td><td></td><td></td><td></td><td></td><td></td><td></td></tr>
<tr><td></td><td></td><td></td><td></td><td></td><td></td><td></td><td></td></tr>
<tr><td></td><td></td><td></td><td></td><td></td><td></td><td></td><td></td></tr>
<tr><td colspan="5">合计</td><td></td><td></td><td></td></tr>
<tr><td colspan="8">审核意见详见上表监理审核意见栏。

监理机构：（名称及盖章）××建设监理有限公司××高标准农田建设项目监理部
总监理工程师：（签名）×××
日期：2026 年×月×日</td></tr>
</table>

说明：本表的单价依据合同或计日工单价报审表填写。

2.4.2.4 完工付款/最终结清申请单

编号：××

工程名称	××高标准农田建设项目

致：××建设监理有限公司××高标准农田建设项目监理部（监理机构）

依据施工合同约定，我方已完成合同工程××高标准农田建设项目工程的施工，收到发包人签发的☑合同工程完工证书/□缺陷责任期终止证书。现申请该工程的☑完工付款/□最终结清/□临时付款。

经核计，我方应获得工程价款合计金额为（大写）壹仟捌佰万元（小写18000000.00元），截至本次申请已得到各项付款金额总计为（大写）壹仟陆佰万元（小写16000000.00元），现申请☑完工付款/□最终结清/□临时付款金额总计为（大写）贰佰万元（小写2000000.00元），请贵方审核。

附件：计算资料、证明文件等

施工单位：（名称及盖章）筑业××工程有限公司××高标准农田建设项目经理部

（印章：筑业××工程有限公司 ××高标准农田建设项目经理部）

项目经理：（签名）×××

日期：2026年×月×日

监理机构审核后，另行签发意见。

监理机构：（名称及盖章）××建设监理有限公司××高标准农田建设项目监理部

（印章：××建设监理有限公司 ××高标准农田建设项目监理部）

签收人：（签名）×××

日期：2026年×月×日

2.4.2.4 完工付款/最终结清申请单

填表说明

1．完工付款应符合下列规定：

（1）监理机构应在施工合同约定期限内，完成对施工单位提交的完工付款申请单及相关证明材料的审核，同意后签发完工付款证书，报项目法人。

（2）监理机构应审核下列内容：

① 完工结算合同总价。

② 项目法人已支付施工单位的工程价款。

③ 项目法人应支付的完工付款金额。

④ 项目法人应扣留的质量保证金。

⑤ 项目法人应扣留的其他金额。

2．最终结清应符合下列规定：

（1）监理机构应在施工合同约定期限内，完成对施工单位提交的最终结清申请单及相关证明材料的审核，同意后签发最终结清证书，报项目法人。

（2）监理机构应审核下列内容：

① 按合同约定施工单位完成的全部合同金额。

② 尚未结清的名目和金额。

③ 项目法人应支付的最终结清金额。

2.4.3.1 变 更 指 示

编号：××

工程名称	××高标准农田建设项目

致：筑业××工程有限公司××高标准农田建设项目经理部（施工单位）

现决定对如下项目进行变更，贵方应根据本指示于 2026 年 × 月 × 日前提交相应的施工措施计划和变更报价。

变更项目名称：
灌溉系统优化改造

变更内容简述：
为提升项目灌溉效率与节水性能，决定对原设计灌溉系统进行优化改造，包括调整部分渠道走向、增设智能控制阀门及升级灌溉泵站设备。

变更工程量估计：
预计新增渠道长度约 300m，安装智能控制阀门 10 套，泵站设备升级涉及主要部件更换，总工程量约为原设计灌溉系统的 15%。

变更技术要求：
改造后的灌溉系统需符合最新节水灌溉技术标准，智能控制阀门需实现远程监控与自动调节功能，泵站设备升级需确保高效稳定运行，减少能耗。

变更进度要求：
请贵方在接到本指示后 7 日内提交详细的变更施工方案及进度计划，确保在不影响整体项目进度的前提下，于 2026 年×月×日前完成灌溉系统优化改造的所有工作。

附件：1、变更项目清单（含估算工程量）及说明
2、设计文件、施工图纸（若有）
3、其他变更依据

监理机构：（名称及盖章）××建设监理有限公司××高标准农田建设项目监理部

××建设监理有限公司
××高标准农田建设项目监理部

总监理工程师：（签名）×××
日期：2026 年×月×日

我方已收悉，并于 2026 年×月×日前提交相应的施工措施计划和变更报价。

施工单位：（名称及盖章）筑业××工程有限公司××高标准农田建设项目经理部

筑业××工程有限公司
××高标准农田建设项目经理部

签收人：（签名）×××
日期：2026 年×月×日

2.4.3.1 变更指示

填表说明

1．监理机构收到施工单位的变更建议后，应按下列内容进行审查；监理机构若同意变更，应报项目法人批准后，发出变更指示：

（1）变更的原因和必要性。

（2）变更的依据、范围和内容。

（3）变更可能对工程质量、价格及工期的影响。

（4）变更的技术可行性及可能对后续施工产生的影响。

2．监理机构应根据监理合同授权和施工合同约定，向施工单位发出变更指示。变更指示应说明变更的目的、范围、内容、工程量、进度和技术要求等。

3．需要设代机构修改工程设计或确认施工方案变化的，监理机构应提请项目法人通知设代机构。

2.4.3.2 变更项目价格申报表

编号：××

工程名称	××高标准农田建设项目

致：××建设监理有限公司××高标准农田建设项目监理部（监理机构）

根据××高标准农田建设项目变更指示 编号：××的变更内容，对下列项目价格申报如下，请贵方审核。

附件：变更价格报告（变更估价原则、编制依据及说明、单价分析表）。

施工单位：（名称及盖章）筑业××工程有限公司××高标准农田建设项目经理部

项目经理：（签名）×××

日期：2026年×月×日

序号	项目名称	单位	申报价格（单价或合价）	备注
1	钢筋	t	3800.00元	
2	C30混凝土	m^3	380.00元	

监理机构另行签发审核意见。

监理机构：（名称及盖章）××建设监理有限公司××高标准农田建设项目监理部

签收人：（签名）×××

日期：2026年×月×日

2.4.3.2 变更项目价格申报表

填表说明

监理机构审核施工单位提交的变更报价时，应依据批准的变更项目实施方案，按下列原则审核后报项目法人：

（1）若施工合同工程量清单中有适用于变更工作内容的子目时，采用该子目的单价。

（2）若施工合同工程量清单中无适用于变更工作内容的子目，但有类似子目的，可采用合理范围内参照类似子目单价编制的单价。

（3）若施工合同工程量清单中无适用或类似子目的单价，可采用按照成本加利润原则编制的单价。

2.4.3.3 变更项目价格审核表

编号：××

工程名称	××高标准农田建设项目				
致：××县农业农村局（项目法人） 根据有关规定和施工合同约定，施工单位提出的变更项目价格申报表（编号：××），经我方审核，变更项目价格如下，请贵方审定。					
序号	项目名称	单位	施工单位申报价格（单价或合价）	监理审核价格（单价或合价）	备注
1	钢筋	t	3800.00元	3800.00元	
2	C30混凝土	m^3	380.00元	380.00元	
附件：1、变更项目价格申报表 2、监理变更单价审核说明 3、监理变更单价分析表 4、变更项目价格变化汇总表 监理机构：（名称及盖章）××建设监理有限公司××高标准农田建设项目监理部 总监理工程师：（签名）××× 日期：2026年×月×日					
项目法人另行签发审定意见。 项目法人：（名称及盖章）××县农业农村局 项目负责人：（签名）××× 日期：2026年×月×日					

2.4.3.3 变更项目价格审核表

填表说明

1. 监理机构审核施工单位提交的变更报价时，应依据批准的变更项目实施方案，按下列原则审核后报项目法人：

（1）若施工合同工程量清单中有适用于变更工作内容的子目时，采用该子目的单价。

（2）若施工合同工程量清单中无适用于变更工作内容的子目，但有类似子目的，可采用合理范围内参照类似子目单价编制的单价。

（3）若施工合同工程量清单中无适用或类似子目的单价，可采用按照成本加利润原则编制的单价。

2. 当项目法人与施工单位就变更价格和工期协商一致时，监理机构应见证合同当事人签订变更项目确认单。当项目法人与施工单位就变更价格不能协商一致时，监理机构应认真研究后审慎确定合适的暂定价格，通知合同当事人执行；当项目法人与施工单位就工期不能协商一致时，按合同约定处理。

2.4.3.4 变更项目价格/工期确认单

编号：××

<table>
<tr><td>工程名称</td><td colspan="5">××高标准农田建设项目</td></tr>
<tr><td colspan="6">根据有关规定和施工合同约定，项目法人和施工单位就变更项目价格协商如下，同时变更项目工期协商意见：
☑不延期/□延期____天/□另行协商。</td></tr>
<tr><td rowspan="6">双方协商一致的</td><td>序号</td><td>项目名称</td><td>单位</td><td>确认价格（单价或合价）</td><td>备注</td></tr>
<tr><td>1</td><td>钢筋</td><td>t</td><td>3800.00元</td><td>单价</td></tr>
<tr><td>2</td><td>混凝土</td><td>m^3</td><td>300.00元</td><td>单价</td></tr>
<tr><td>3</td><td></td><td></td><td></td><td></td></tr>
<tr><td>4</td><td></td><td></td><td></td><td></td></tr>
<tr><td></td><td></td><td></td><td></td><td></td></tr>
<tr><td rowspan="6">双方未协商一致的</td><td>序号</td><td>项目名称</td><td>单位</td><td>总监理工程师确定的暂定价格
（单价或合价）</td><td>备注</td></tr>
<tr><td>1</td><td>/</td><td>/</td><td>/</td><td></td></tr>
<tr><td>2</td><td></td><td></td><td></td><td></td></tr>
<tr><td>3</td><td></td><td></td><td></td><td></td></tr>
<tr><td>4</td><td></td><td></td><td></td><td></td></tr>
<tr><td></td><td></td><td></td><td></td><td></td></tr>
<tr><td colspan="3">项目法人：（名称及盖章） ××县农业农村局
项目负责人：（签名）×××
日期：2026年×月×日</td><td colspan="3">施工单位：（名称及盖章） 筑业××工程有限公司
项目经理：（签名）×××
日期：2026年×月×日</td></tr>
<tr><td colspan="6">合同双方就上述协商一致的变更项目价格、工期，按确认的意见执行；合同双方未协商一致的，按总监理工程师确定的暂定价格随工程进度付款暂定支付。后续事宜按合同约定执行。
监理机构：（名称及盖章） ××建设监理有限公司××高标准农田建设项目监理部
总监理工程师：（签名）×××
日期：2026年×月×日</td></tr>
</table>

2.4.3.4 变更项目价格/工期确认单

填表说明

当项目法人与施工单位就变更价格和工期协商一致时，监理机构应见证合同当事人签订变更项目确认单。当项目法人与施工单位就变更价格不能协商一致时，监理机构应认真研究后审慎确定合适的暂定价格，通知合同当事人执行；当项目法人与施工单位就工期不能协商一致时，按合同约定处理。

2.4.3.5 索赔意向通知

编号：××

<table>
<tr><td>工程名称</td><td>××高标准农田建设项目</td></tr>
<tr><td colspan="2">致：××建设监理有限公司××高标准农田建设项目监理部（监理机构）

由于施工图下发延误，导致未能如期开工原因，根据施工合同约定，我方拟提出索赔申请，请贵方审核。

附件：索赔意向书（包括索赔事件及影响、索赔依据、索赔要求等）。

施工单位：（名称及盖章）筑业××工程有限公司××高标准农田建设项目经理部
筑业××工程有限公司
××高标准农田建设项目经理部

项目经理：（签名）×××
日期：2026 年×月×日</td></tr>
<tr><td colspan="2">监理意见：
施工单位索赔意向知悉，将上报建设单位。

监理机构：（名称及盖章）××建设监理有限公司××高标准农田建设项目监理部
××建设监理有限公司
××高标准农田建设项目监理部

总监理工程师：（签名）×××
日期：2026 年×月×日</td></tr>
</table>

2.4.3.5 索赔意向通知

填表说明

1. 监理机构应按施工合同约定受理施工单位和项目法人提出的合同索赔。

2. 监理机构在收到施工单位的索赔意向通知后，应确定索赔的时效性，查验施工单位的记录和证明材料，指示施工单位提交持续性影响的实际情况说明和记录。

3. 监理机构在收到施工单位的中期索赔申请报告或最终索赔申请报告后，应进行以下工作：

（1）依据施工合同约定，对索赔的有效性进行审核。

（2）对索赔支持性资料的真实性进行审查。

（3）对索赔的计算依据、计算方法、计算结果及其合理性逐项进行审核。

（4）对由施工合同双方共同责任造成的经济损失或工期延误，应通过协商，公平合理地确定双方分担的比例。

（5）必要时要求施工单位提供进一步的支持性资料。

2.4.3.6 索赔申请报告

编号：××

<table>
<tr><td>工程名称</td><td>××高标准农田建设项目</td></tr>
<tr><td colspan="2">致：××建设监理有限公司××高标准农田建设项目监理部（监理机构）

根据有关规定和施工合同约定，我方对施工图纸下发延误导致未能如期开工事件，申请☑赔偿金额为（大写）肆万伍仟元（小写45000.00元）/☑索赔工期3天，请贵方审核。

附件：索赔报告。主要内容包括：
1、索赔事件简述及索赔要求
2、索赔依据
3、索赔计算
4、索赔证明材料

施工单位：（名称及盖章）筑业××工程有限公司××高标准农田建设项目经理部
项目经理：（签名）×××
日期：2026年×月×日</td></tr>
<tr><td colspan="2">监理机构将另行签发审核意见。

监理机构：（名称及盖章）××建设监理有限公司××高标准农田建设项目监理部
签收人：（签名）×××
日期：2026年×月×日</td></tr>
</table>

2.4.3.6 索赔申请报告

填表说明

1．监理机构应在施工合同约定的时间内做出对索赔申请报告的处理决定，报送项目法人并抄送施工单位。若合同双方或其中任一方不接受监理机构的处理决定，则按争议解决的有关约定进行。

2．在施工单位提交了完工付款申请后，监理机构不再接受施工单位提出的在合同工程完工证书颁发前所发生的任何索赔事项，在施工单位提交了最终结清申请后，监理机构不再接受施工单位提出的任何索赔事项。

3．发生合同约定的项目法人索赔事件后，监理机构应根据合同约定和项目法人的书面要求及时通知施工单位，说明项目法人的索赔事项和依据，按合同要求商定或确定项目法人从施工单位处得到赔付的金额和（或）缺陷责任期的延长期。

4．施工单位提交的索赔申请报告包含以下内容：

（1）索赔名称。

（2）索赔事件的简述及索赔要求，发生索赔事件的起因、时间、经过，索赔意向书的提交时间以及施工单位为减轻损失所采取的措施，索赔金额，索赔工期。

（3）索赔依据合同约定、法律法规规定等。

（4）索赔计算（计算依据、计算方法、取费标准、计算过程等详细说明）。

（5）索赔证明材料（记录、指示、签证、确认等相关文件，支持索赔计量的票据、凭证以及其他证据和说明）。

（6）其他按施工合同文件约定或监理机构要求应提交的支持文件，或施工单位认为应报送的文件和资料。

2.4.3.7 索赔审核表

编号：××

<table>
<tr><td>工程名称</td><td>××高标准农田建设项目</td></tr>
<tr><td colspan="2">致：××县农业农村局（项目法人）

根据有关规定和施工合同约定，施工单位提出的索赔申请报告（编号：××），索赔金额（大写）肆万伍仟元（小写 45000.00 元），索赔工期 3 天，经我方审核：
□不同意此项索赔
☑同意此项索赔，核准索赔金额（大写）肆万伍仟元（小写 45000.00 元），工期顺延 3 天

附件：索赔审核意见

监理机构：（名称及盖章）××建设监理有限公司××高标准农田建设项目监理部
××建设监理有限公司
××高标准农田建设项目监理部

总监理工程师：（签名）×××
日期：2026 年×月×日</td></tr>
<tr><td colspan="2">同意索赔金额肆万伍仟元（45000.00 元），工期顺延 3 天。

项目法人：（名称及盖章）××县农业农村局
××县农业农村局

项目负责人：（签名）×××
日期：2026 年×月×日</td></tr>
</table>

2.4.3.8 索赔确认单

编号：××

<table>
<tr><td>工程名称</td><td colspan="2">××高标准农田建设项目</td></tr>
<tr><td colspan="3">根据有关规定和施工合同约定，经友好协商，项目法人、施工单位同意<u>索赔审核表</u>（编号：<u>××</u>）的最终核定索赔金额为（大写）<u>肆万伍仟</u>元（小写<u>45000.00</u>元），顺延工期<u>3</u>天。</td></tr>
<tr><td colspan="2">索赔金额与工期准确无误。

项目法人：（名称及盖章）××县农业农村局
项目负责人：（签名）×××
日期：2026年×月×日</td><td>同意。

施工单位：（名称及盖章）××建筑业××工程有限公司
项目经理：（签名）×××
日期：2026年×月×日</td></tr>
<tr><td colspan="3">同意。

监理机构：（名称及盖章）××建设监理有限公司××高标准农田建设项目监理部
总监理工程师：（签名）×××
日期：2026年×月×日</td></tr>
</table>

2.4.3.8 索赔确认单

填表说明

1．监理机构应在施工合同约定的时间内做出对索赔申请报告的处理决定，报送项目法人并抄送施工单位。若合同双方或其中任一方不接受监理机构的处理决定，则按争议解决的有关约定进行。

2．在施工单位提交了完工付款申请后，监理机构不再接受施工单位提出的在合同工程完工证书颁发前所发生的任何索赔事项；在施工单位提交了最终结清申请后，监理机构不再接受施工单位提出的任何索赔事项。

3．发生合同约定的项目法人索赔事件后，监理机构应根据合同约定和项目法人的书面要求及时通知施工单位，说明项目法人的索赔事项和依据，按合同要求商定或确定项目法人从施工单位处得到赔付的金额和（或）缺陷责任期的延长期。

2.4.3.9 施工图纸核查意见单

编号：××

工程名称	××高标准农田建设项目

经对以下施工图纸（共 69 张）核查意见如下：

序号	施工图纸名称	图号	核查人员	备注
1	高标准农田基础设施建设工程	1～56	×××	
2	高标准农田地力提升工程	1～13	×××	

附件：施工图纸核查意见（应由核查监理人员签字）。

监理机构：（名称及盖章）××建设监理有限公司××高标准农田建设项目监理部

总监理工程师：（签名）×××

日期：2026年×月×日

说明：各图号可以是单张号、连续号或区间号。

2.4.3.9 施工图纸核查意见单

填表说明

1. 监理机构应在收到项目法人提供的施工图纸后及时核查并签发。在施工图纸核查过程中，监理机构可征求施工单位的意见，必要时提请项目法人组织有关专家会审。监理机构不得修改施工图纸，对核查过程中发现的问题，应通过项目法人返回设计机构处理。

2. 对施工单位提供的施工图纸，监理机构应按施工合同约定进行核查，并在规定的期限内签发。对核查过程中发现的问题，监理机构应通知施工单位修改后重新报审。

3. 经核查的施工图纸应由总监理工程师签发，并加盖监理机构印章。

4. 核查施工图纸的内容主要包括：

（1）施工图纸与招标图纸是否一致。

（2）各类图纸之间、各专业图纸之间、平面图与剖面图之间、各剖面图之间有无矛盾，标注是否清楚、齐全，是否有误。

（3）总平面布置图与施工图纸中的位置、几何尺寸、标高等是否一致。

（4）施工图纸与设计说明、技术要求是否一致。

（5）其他涉及设计文件及施工图纸的问题。

2.4.3.10 施工图纸签发表

编号：××

工程名称	××高标准农田建设项目

致：筑业××工程有限公司××高标准农田建设项目经理部（施工单位）

本批签发下表所列施工图纸 69 张，其他设计文件 1 份。

序号	施工图纸/其他设计文件名称	文图号	份数	备注
1	高标准农田基础设施建设工程	1～56	×××	
2	高标准农田地力提升工程	1～13	×××	

监理机构：（名称及盖章） ××建设监理有限公司××高标准农田建设项目监理部

××建设监理有限公司 ××高标准农田建设项目监理部

总监理工程师：（签名）×××

日期：2026年×月×日

今已收到经监理机构签发的施工图纸 69 张，其他设计文件 1 份。

施工单位：（名称及盖章） 筑业××工程有限公司××高标准农田建设项目经理部

筑业××工程有限公司 ××高标准农田建设项目经理部

签收人：（签名）×××

日期：2026年×月×日

2.4.3.10 施工图纸签发表

填表说明

工程施工所需的施工图纸，应经监理机构核查并签发后，施工单位方可用于施工。施工单位无图纸施工或按照未经监理机构签发的施工图纸施工，监理机构有权责令其停工、返工或拆除，有权拒绝计量和签发付款证书。

2.4.3.11 工程计量报验单

编号：××

工程名称	××高标准农田建设项目

致：××建设监理有限公司××高标准农田建设项目监理部（监理机构）

我方按施工合同约定已完成下列项目的施工，其工程质量经检验合格，并依据合同进行了计量。现提交计量结果，请贵方审核。

施工单位：（名称及盖章）筑业××工程有限公司

筑业××工程有限公司××高标准农田建设项目经理部

项目经理：（签名）×××

日期：2026年×月×日

一	合同分类分项项目（含变更项目）						
序号	项目编码	项目编号	项目名称	单位	申报工程量	监理核实工程量	备注
1	××	××	土方开挖	m^3	20000	19860	
2	××	××	混凝土结构	m^3	720	720	
3							

二	合同措施项目（含变更项目）					
序号	项目编码	项目名称	合价	本次申报	监理核实	备注
1	××	安全文明施工费	500000.00元	120000.00元	105600.00元	
2						
3						

附件：计量测量、计算等资料

审核意见：

同意按此工程量予以计量。

监理机构：（名称及盖章）××建设监理有限公司

××建设监理有限公司××高标准农田建设项目监理部

监理工程师：（签名）×××

日期：2026年×月×日

2.4.3.11 工程计量报验单

填表说明

1．监理机构应根据有关合同及相关设计文件对工程造价进行动态控制。

2．监理机构应严格执行合同约定的合同价、单价、工程量计算规则和工程款支付方法。

3．监理机构对与合同文件约定不符的工程量，以及报验资料不齐全或未经监理工程师质量验收合格的工程量不予计量。

4．工程量及工程款的审核应在合同所约定的时限内完成。

5．监理机构应公正、合理地处理由于工程变更和工程延期引起的费用增减问题。

6．对有争议的工程量计算和工程款支付，监理机构应及时与项目承担单位、施工单位及相关方进行协商，协商取得一致意见后，由总监理工程师签发有关证书；协商无效时，可执行承包合同约定的有关争议调解的条款。

7．施工单位对已验收合格的工序（单元工程）应及时向项目监理机构提交《工程计量报验单》，项目监理机构应审查计量项目、范围、方式和测量器具的有效性，若发现问题或不具备计量条件时，应督促施工单位进行修改和调整，直至符合计量条件，方可同意进行计量。

8．对施工单位依据监理机构指示以计日工方式完成的工作内容，应填写《计日工工程量签证单》，报项目监理机构和项目承担单位签认。计日工工作记录应明确工作内容、时间。

9．项目监理机构应对施工单位报送的计量结果进行审核，签署《工程计量报验单》。

10．项目监理机构应及时建立月完成工程量和工作量统计表，以便对实际完成量与计划完成量进行分析、比较，制订调整措施，并在监理月报中向项目承担单位报告。

11．当施工单位完成合同内全部工程量后，项目监理机构应对历次计量结果进行汇总，核实合同工程的最终计量的工程量。

2.4.3.12　现场签证单

编号：××

<table>
<tr><td>工程名称</td><td colspan="2">××高标准农田建设项目</td></tr>
<tr><td colspan="3">签证内容（草图）及主要原因：

（图略）

1. 原设计内容：
本项目××片区斗沟工程 K0＋120～K0＋320 段（长 200m），设计为普通土质地基开挖后直接浇筑沟渠护面。
2. 现场实际情况：
2026 年 1 月 5 日施工至该段时，开挖后发现沟渠底部存在淤泥层，厚度约 0.5m，承载力不足，若按原设计施工会导致沟渠后期沉降、开裂。
3. 签证事由：
经项目法人、监理单位现场勘查确认，需增加“淤泥清理＋碎石换填”工序，以满足沟渠地基承载力要求。
4. 具体工作及工程量：
（1）淤泥清理：200m×1.2m（沟渠底宽）×0.5m（淤泥厚度）=120m³。
（2）碎石换填（5mm～31.5mm 级配碎石）：200m×1.2m×0.5m=120m³。</td></tr>
<tr><td>项目法人</td><td>监理单位</td><td>施工单位</td></tr>
<tr><td>项目负责人：（签名）
×××
（名称及盖章）
××县农业农村局
2026 年×月×日</td><td>监理工程师：（签名）
×××
（名称及盖章）
××建设监理有限公司
2026 年×月×日</td><td>技术负责人：（签名）
×××
（名称及盖章）
筑业××工程有限公司
2026 年×月×日</td></tr>
</table>

2.4.3.13　工程量签证单

编号：××

工程名称	××高标准农田建设项目	项目法人	××县农业农村局
签证项目	斗沟工程地基处理（淤泥清理＋碎石换填）	监理单位	××建设监理有限公司
签证部位	斗沟工程 K10＋120～K10＋320 底部	施工单位	筑业××工程有限公司

签证内容：

因斗沟工程 K10＋120～K10＋320 底部原地基存在淤泥层，承载力不满足设计要求，经项目法人、监理单位、施工单位现场勘查协商，确定对该部位实施地基处理，具体工作内容如下：

（1）淤泥清理：清理该段底部淤泥，清理长度 200m、平均宽度 4m、平均深度 0.6m，淤泥清理方量为 480m^3。

（2）碎石换填：采用 5mm～31.5mm 碎石换填，换填范围与淤泥清理区域一致（长度 200m、宽度 4m、深度 0.6m），换填方量为 480m^3；换填后分层碾压密实，压实度不低于 92%。

项目法人	监理单位	施工单位
项目负责人：（签名） ××× （名称及盖章） ××县农业农村局 2026 年×月×日	监理工程师：（签名） ××× （名称及盖章） ××建设监理有限公司 2026 年×月×日	技术负责人：（签名） ××× （名称及盖章） 筑业××工程有限公司 2026 年×月×日

2.4.3.13　工程量签证单
填表说明

1．在接到施工单位提交的工程计量报验单和有关计量资料后，监理机构应在合同约定的时间内进行复核，确定结算工程量，据此计算工程价款。当对工程计量数据有异议时，监理机构可要求与施工单位共同复核或抽样复测；施工单位未按监理机构要求参加复核的，监理机构复核或修正的工程量视为结算工程量。

2．监理机构认为有必要时，可通知项目法人和施工单位联合计量。

2.4.4 完工工程量统计表

编号：××

工程名称	××高标准农田建设项目

致：××建设监理有限公司××高标准农田建设项目监理部（监理机构）

我方现报送本期已完工程量汇总如下表，请贵方审核。

附件：竣工图纸

工程量计算单

施工单位：（名称及盖章）筑业××工程有限公司××高标准农田建设项目经理部

筑业××工程有限公司
××高标准农田建设项目经理部

项目经理：（签名）×××

日期：2026 年×月×日

序号	项目编号	项目名称	单位	合同工程量	合同单价（元）	合同总价	施工单位申报工程量		监理审核工程量	
							核准完工工程量	核准完工金额	监理审核完工工程量	监理审核完工金额
1	××	土方开挖（渠）	m^3	3801	12.03	45,726.03	3801	45,726.03	3785	45,533.55
2	××	土方回填（渠）	m^3	9902	11.36	112,486.72	9902	112,486.72	9864	112,055.04
3	××	预制 C25 混凝土渠道 U30	m^3	176.7	1190.08	210,287.14	176.7	210,287.14	175.3	208,621.02
4	××	预制 C25 混凝土渠道 U50	m^3	298.4	1190.08	355,119.87	298.4	355,119.87	294.6	350,597.56

审核意见详见上表监理审核意见栏。

监理机构：（名称及盖章）××建设监理有限公司××高标准农田建设项目监理部

××建设监理有限公司
××高标准农田建设项目监理部

总监理工程师：（签名）×××

日期：2026 年×月×日

2.4.6 资金流计划申报表

编号：××

工程名称	××高标准农田建设项目

致：××建设监理有限公司××高标准农田建设项目监理部（监理机构）

我方今提交××高标准农田建设项目工程项目的资金流计划，请贵方审核。

年	月	工程预付款和工程材料预付款（元）	完成工作量付款（元）	质量保证金扣留（元）	预付款扣还（元）	其他（元）	应得付款（元）
2026	1	480000.00	187500.00	9375.00			658125.00
	2		276800.00	13840.00	48000.00		214960.00
	3		392300.00	19615.00	48000.00		324685.00
	4		517600.00	25880.00	48000.00		443720.00
	5		603200.00	30160.00	48000.00		525040.00
	6		712400.00	35620.00	48000.00		628780.00
2026	7		835700.00	41785.00	48000.00		745915.00
	8		923100.00	46155.00	48000.00		828945.00
	9		1047000.00	52350.00	48000.00		946650.00
	10		1162500.00	58125.00	48000.00		1056375.00
	11		1283700.00	64185.00	48000.00		1171515.00
	12						
合计		480000.00	7941800.00	397090.00	480000.00		7544710.00

附件：资金计划使用编制说明。

施工单位：（名称及盖章）筑业××工程有限公司××高标准农田建设项目经理部

项目经理：（签名）×××

日期：2026年×月×日

监理机构将另行签发审核意见。

监理机构：（名称及盖章）××建设监理有限公司××高标准农田建设项目监理部

签收人：（签名）×××

日期：2026年×月×日

2.4.7　工程设备采购计划报审表

编号：××

工程名称	××高标准农田建设项目

致：××建设监理有限公司××高标准农田建设项目监理部（监理机构）

依据合同进度计划，我方将按下表进行工程设备采购，请贵方审核。

序号	名称	品牌	规格/型号	厂家/产地	数量	拟采购日期	计划进场日期	备注
1	潜水泵	××	150QW100-40/22	××机电设备有限公司/广东	3台	2026年×月×日	2026年×月×日	
2	潜水泵	××	100QW80-40/18.5	××机电设备有限公司/广东	2台	2026年×月×日	2026年×月×日	
3	潜水泵	××	200QJ40-156-30	××机电设备有限公司/广东	4台	2026年×月×日	2026年×月×日	

施工单位：（名称及盖章）　筑业××工程有限公司××高标准农田建设项目经理部

筑业××工程有限公司××高标准农田建设项目经理部

项目经理：（签名）×××

日期：2026年×月×日

审核意见：

同意采购以上设备。

监理机构：（名称及盖章）　××建设监理有限公司××高标准农田建设项目监理部

××建设监理有限公司××高标准农田建设项目监理部

总监理工程师：（签名）×××

日期：2026年×月×日

2.4.8　计日工单价报审表

编号：××

<table>
<tr><td>工程名称</td><td colspan="5">××高标准农田建设项目</td></tr>
<tr><td colspan="6">致：××建设监理有限公司××高标准农田建设项目监理部（监理机构）
我方按要求完成了下列计日工项目，现按施工合同约定申报计日工单价，请贵方审核。
附件：单价分析表。
施工单位：（名称及盖章）筑业××工程有限公司××高标准农田建设项目经理部
项目经理：（签名）×××
日期：2026年×月×日</td></tr>
<tr><td>序号</td><td>计日工内容</td><td>单位</td><td>申报单价</td><td>监理审核单价</td><td>项目法人核准单价</td></tr>
<tr><td>1</td><td>沟槽垫层施工</td><td>工日</td><td>120.00元</td><td>120.00元</td><td>120.00元</td></tr>
<tr><td>2</td><td>混凝土浇筑</td><td>工日</td><td>180.00元</td><td>175.00元</td><td>175.00元</td></tr>
<tr><td></td><td></td><td></td><td></td><td></td><td></td></tr>
<tr><td></td><td></td><td></td><td></td><td></td><td></td></tr>
<tr><td></td><td></td><td></td><td></td><td></td><td></td></tr>
<tr><td></td><td></td><td></td><td></td><td></td><td></td></tr>
<tr><td></td><td></td><td></td><td></td><td></td><td></td></tr>
<tr><td></td><td></td><td></td><td></td><td></td><td></td></tr>
<tr><td colspan="6">审核意见：
施工单位上报计日工单价基本合理，请建设单位核准。
监理机构：（名称及盖章）××建设监理有限公司××高标准农田建设项目监理部
总监理工程师：（签名）×××
日期：2026年×月×日</td></tr>
<tr><td colspan="6">核准意见：
按监理机构核准后的计日工单价执行。
项目法人：（名称及盖章）××县农业农村局
项目负责人：（签名）×××
日期：2026年×月×日</td></tr>
</table>

2.4.9 计日工工程量签证单

编号：××

工程名称	××高标准农田建设项目

致：××建设监理有限公司××高标准农田建设项目监理部（监理机构）

我方按计日工工作通知 ×× 实施了下列所列项目，现按施工合同约定申报 2026 年 × 月 × 日的计日工工程量，请贵方审核。

附件：☑人员工作明细
□材料使用明细
□施工设备使用明细

施工单位：（名称及盖章）筑业××工程有限公司××高标准农田建设项目经理部

项目经理：（签名）×××
日期：2026年×月×日

序号	工程项目名称	计日工内容	单位	申报工程量	核准工程量	说明
1	渠道工程	沟槽人工清槽	工日	42	42	

审核意见：

施工单位上报的计日工工程量情况属实，予以核准。

监理机构：（名称及盖章）××建设监理有限公司××高标准农田建设项目监理部

监理工程师：（签名）×××
日期：2026年×月×日

2.4.9 计日工工程量签证单

填表说明

1. 监理机构经项目法人批准，可指示施工单位以计日工方式实施零星工作或紧急工作。

2. 在以计日工方式实施工作的过程中，监理机构应每日审核施工单位提交的计日工工程量签证单，包括下列内容：

（1）工作名称、内容和数量。

（2）投入该工作所有人员的姓名、工种、级别和耗用工时。

（3）投入该工程的材料类别和数量。

（4）投入该工程的施工设备型号、台数和耗用台时。

（5）监理机构要求提交的其他资料和凭证。

3. 计日工由施工单位汇总后列入工程进度付款申请单，由监理机构审核后列入工程进度付款证。

2.4.10　计日工工作通知

编号：××

工程名称	××高标准农田建设项目

致：筑业××工程有限公司××高标准农田建设项目经理部（施工单位）

依据合同约定，经项目法人批准，现决定对下列工作按计日工予以安排，请据以执行。

序号	工作项目或内容	计划工作时间	计价及付款方式	备注
1	灌溉渠道清淤	2026年×月×日	按合同计日工单价，随进度支付	
2	田间道路路肩修整	2026年×月×日	按合同计日工单价，随进度支付	

附件：1、××工程施工方案
　　　2、××报价单

监理机构：（名称及盖章）××建设监理有限公司 ××高标准农田建设项目监理部
××建设监理有限公司××高标准农田建设项目监理部

总监理工程师：（签名）×××
日期：2026年×月×日

我方将按通知执行。

施工单位：（名称及盖章）筑业××工程有限公司 ××高标准农田建设项目经理部
筑业××工程有限公司××高标准农田建设项目经理部

项目经理：（签名）×××
日期：2026年×月×日

说明：本表计价及付款方式栏填写“按合同计日工单价支付”或“双方协商”。

2.4.11　合同解除付款核查报告

编号：××

工程名称	××高标准农田建设项目

致：××县农业农村局（项目法人）

根据施工合同约定，经核查，合同解除后施工单位应获得工程付款总金额为（大写）壹仟陆佰伍拾万元（小写 16500000.00 元），已得到各项付款总金额为（大写）壹仟陆佰万元（小写 16000000.00 元），现应☑支付/□退还剩余工程金额为（大写）伍拾万元（小写 500000.00 元）。

附件：1、合同解除相关文件

2、计算资料

3、证明文件（含施工单位已得到各项付款的证明文件）

监理机构：（名称及盖章）××建设监理有限公司××高标准农田建设项目监理部

总监理工程师：（签名）×××

日期：2026 年×月×日

同意支付伍拾万元（500000.00 元）。

项目法人：（名称及盖章）××县农业农村局

项目负责人：（签名）×××

日期：2026 年×月×日

2.4.11 合同解除付款核查报告

填表说明

1．因施工单位违约造成施工合同解除的支付。合同解除后，监理机构应按照合同约定完成下列工作：

（1）商定或确定施工单位实际完成工作的价款，以及施工单位已提供的原材料、中间产品、工程设备、施工设备和临时工程等的价款。

（2）查清各项付款和已扣款金额。

（3）核算项目法人按合同约定应向施工单位索赔的由于解除合同给项目法人造成的损失。

2．因项目法人违约造成施工合同解除的支付。监理机构应按合同约定核查施工单位提交的下列款项及有关资料和凭证：

（1）合同解除日之前所完成工作的价款。

（2）施工单位为合同工程施工订购并已付款的原材料、中间产品、工程设备和其他物品的金额。

（3）施工单位为完成工程所发生的、而项目法人未支付的金额。

（4）施工单位撤离施工场地以及遣散施工单位人员的金额。

（5）由于解除施工合同应赔偿的施工单位损失。

（6）按合同约定在解除合同之前应支付给施工单位的其他金额。

3．因不可抗力致使施工合同解除的支付。监理机构应根据施工合同约定核查下列款项及有关资料和凭证：

（1）已实施的永久工程合同金额，以及已运至施工场地的材料价款和工程设备的损害金额。

（2）停工期间施工单位按照监理机构要求照管工程和清理、修复工程的金额。

（3）各项已付款和已扣款金额。

4．项目法人与施工单位就上述解除合同款项达成一致后，出具最终结清证书，结清全部合同款项；未能达成一致时，按照合同争议处理。

2.4.12 质量保证金退还申请表

编号：××

<table>
<tr><td>工程名称</td><td colspan="2">××高标准农田建设项目</td></tr>
<tr><td colspan="3">致：××建设监理有限公司××高标准农田建设项目监理部（监理机构）

根据施工合同约定，我方申请退还质量保证金金额为（大写）壹佰贰拾万元（小写1200000.00元），请贵方审核。</td></tr>
<tr><td>退还质量保证金已具备的条件</td><td colspan="2">☑于2026年×月×日签发合同工程完工证书
☐于____年__月__日签发缺陷责任期终止证书
☐</td></tr>
<tr><td rowspan="4">质量保证金退还金额</td><td>质量保证金总金额</td><td>/ 仟壹佰贰拾零万 / 仟 / 佰 / 拾 / 元（小写：1200000.00元）</td></tr>
<tr><td>已退还金额</td><td>/ 仟 / 佰 / 拾 / 万 / 仟 / 佰 / 拾 / 元（小写：/元）</td></tr>
<tr><td>尚应扣留的金额</td><td>零元（小写：0元）
扣留的原因：
☐施工合同约定
☐未完工程或缺陷
☐</td></tr>
<tr><td>应退还金额</td><td>/ 仟壹佰贰拾零万 / 仟 / 佰 / 拾 / 元（小写：1200000.00元）</td></tr>
<tr><td colspan="3">施工单位：（名称及盖章）筑业××工程有限公司××高标准农田建设项目经理部
[印章：筑业××工程有限公司××高标准农田建设项目经理部]
项目经理：（签名）×××
日期：2026年×月×日</td></tr>
<tr><td colspan="3">监理机构审核后将另行签发。

监理机构：（名称及盖章）××建设监理有限公司××高标准农田建设项目监理部
[印章：××建设监理有限公司××高标准农田建设项目监理部]
签收人：（签名）×××
日期：2026年×月×日</td></tr>
</table>

2.4.13 质量保证金退还证书

编号：××

<table>
<tr><td>工程名称</td><td colspan="2">××高标准农田建设项目</td></tr>
<tr><td colspan="3">致：<u>××县农业农村局</u>（项目法人）

经审核施工单位的质量保证金退还申请表<u>××</u>本次应退还给施工单位的质量保证金金额为（大写）<u>贰拾捌万</u>元（小写<u>280000.00</u>元）。
请贵方在收到该质量保证金退还证书后按合同约定完成审批，并将上述质量保证金退还给施工单位。</td></tr>
<tr><td>退还质量保证金具备的条件</td><td colspan="2">☑于<u>2026</u>年<u>×</u>月<u>×</u>日签发合同工程完工证书
☐于____年___月___日签发缺陷责任期终止证书
☐</td></tr>
<tr><td rowspan="4">质量保证金退还金额</td><td>质量保证金总金额</td><td>/ 仟 / 佰贰拾捌万 / 仟 / 佰 / 拾 / 元（小写：280000.00 元）</td></tr>
<tr><td>已退还金额</td><td>零元（小写：0 元）</td></tr>
<tr><td>尚应扣留的金额</td><td>零元（小写：0 元）
扣留的原因：
☐施工合同约定
☐遗留问题
☐</td></tr>
<tr><td>本次应退还金额</td><td>/ 仟 / 佰贰拾捌万 / 仟 / 佰 / 拾 / 元（小写：280000.00 元）</td></tr>
<tr><td colspan="3">监理机构：（名称及盖章） ××建设监理有限公司××高标准农田建设项目监理部
××建设监理有限公司
××高标准农田建设项目监理部

总监理工程师：（签名）×××
日期：2026 年×月×日</td></tr>
<tr><td colspan="3">项目法人审批意见：
质保金退还金额符合合同约定，同意退还贰拾捌万元（280000.00 元）。

项目法人：（名称及盖章） ××县农业农村局
项目负责人：（签名）×××
日期：2026 年×月×日
××县农业农村局</td></tr>
</table>

2.4.16 工程量计算表

编号：××

序号	位置	计算式	工程量	单位
1	1#干管			
1-1	管沟开挖	（2.1＋0.6）×1.5/2×260	526.5	m^3
1-2	管道安装	（130＋130）	260	m
1-3	管沟回填	（2.1＋0.6）×1.5/2×260－（3.14×0.08^2）×260	521.27	m^3

2.5 工期管理文件

2.5.1 工程延期申请表

编号：××

<table>
<tr><td>工程名称</td><td>××高标准农田建设项目</td></tr>
<tr><td colspan="2">致：××建设监理有限公司××高标准农田建设项目监理部（监理机构）

由于本申报表附件所列原因，根据施工合同约定及有关规定，我方要求合同工程工期顺延 3 天，完工日期从 2026 年 8 月 20 日延至 2026 年 8 月 23 日，请贵方审批。

附件：1、延长工期申请报告（说明原因、依据、计算过程及结果等）
2、证明材料

施工单位：（名称及盖章）筑业××工程有限公司××高标准农田建设项目经理部

项目经理：（签名）×××
日期：2026 年×月×日</td></tr>
<tr><td colspan="2">监理机构将另行签发审批意见。

监理机构：（名称及盖章）××建设监理有限公司××高标准农田建设项目监理部

签收人：（签名）×××
日期：2026 年×月×日</td></tr>
</table>

2.5.1 工程延期申请表
填表说明

1．监理机构收到施工单位报送的工程临时/最终延期报审表后，应由专业监理工程师按标准、规范及合同文件有关要求，对本表及其证明材料进行审查并提出审查意见，再由总监理工程师审批后，报项目法人审批。

2．项目监理机构应按照现行国家标准《建设工程监理规范》GB/T 50319的相关规定进行审核与评估。不同意延期的应说明理由。

2.5.2 工程延期审批表

编号：××

工程名称	××高标准农田建设项目

致：筑业××工程有限公司××高标准农田建设项目经理部（施工单位）

贵方于 2026 年 × 月 × 日报送的 工程延期申请表 （编号： ×× ），经监理机构审核，批复意见如下：

同意最终延长工期 3 日历天。完工日期从施工合同约定的 2026 年 8 月 20 日延迟到 2026 年 8 月 23 日。

监理机构：（名称及盖章）××建设监理有限公司××高标准农田建设项目监理部

××建设监理有限公司 ××高标准农田建设项目监理部

~~总监理工程师~~/监理工程师：（签名）×××

日期：2026 年×月×日

今已收到编号： ×× 。

施工单位：（名称及盖章）筑业××工程有限公司××高标准农田建设项目经理部

筑业××工程有限公司 ××高标准农田建设项目经理部

签收人：（签名）×××

日期：2026 年×月×日

说明：一般批复由监理工程师签发，重要批复由总监理工程师签发。

2.5.2 工程延期审批表

填表说明

1．施工进度延误管理应符合下列规定：

（1）由于施工单位的原因造成施工进度延误，可能致使工程不能按合同工期完工的，监理机构应指示施工单位编制并报审赶工措施报告。

（2）由于项目法人的原因造成施工进度延误，监理机构应及时协调，并处理施工单位提出的有关工期、费用索赔事宜。

2．项目法人要求调整工期的，监理机构应指示施工单位编制并报审工期调整措施报告，经项目法人同意后指示施工单位执行，并按照施工合同约定处理有关费用事宜。

第3章　施工资料用表填写示例

3.1　施工管理文件

3.1.1.1　现场组织机构及主要人员报审表

编号：××

工程名称	××高标准农田建设项目

致：××建设监理有限公司××高标准农田建设项目监理部（监理机构）

现提交第 1 次现场机构及主要人员报审表，请贵方审查。

附件：1、组织机构图

2、部门职责及主要人员数量、分工

3、人员清单及其资格或岗位证书

4、

施工单位：（名称及盖章）筑业××工程有限公司××高标准农田建设项目经理部

项目经理：（签名）×××

日期：2026 年×月×日

审查意见：

施工单位现场管理体系健全，各岗位人员配置数量符合合同要求，项目负责人、技术负责人及专职安全生产管理人员均具备相应的执业资格、职称，工作经历均能够胜任项目管理要求。

监理机构：（名称及盖章）××建设监理有限公司××高标准农田建设项目监理部

总监理工程师：（签名）×××

日期：2026 年×月×日

3.1.1.1 现场组织机构及主要人员报审表

填表说明

1．开工前，施工单位向建设、监理等单位通报项目经理任命书及授权权限。施工单位指派专人担任项目经理并明确其主要责任。项目经理的任命按照企业项目管理体系文件办理相关手续，由企业法人代表签字授权。

2．项目经理应具备法规规定的相关执业资格。

3．项目经理职位的确定应得到项目法人的认可。

4．施工过程中如遇特殊情况需要更换项目经理，需要项目法人批准，并且要通过建设主管部门备案，施工单位应对拟变更项目经理重新进行任命和授权。

5．项目法人及其委托的项目管理单位或者监理单位有确切理由对施工单位授权的项目经理履职能力产生怀疑时，有权要求施工单位撤换项目经理。

6．当相关人员岗位调整，应按实际情况填制变更通知书。

×××高标准农田建设项目 工程

3.1.1.2 施工单位法定代表人授权书

编号：××

兹授权 ××× 担任工程项目经理，对该工程项目的施工工作实施组织管理，依据国家有关法律法规及标准规范履行职责，并依法对设计使用年限内的工程质量承担相应终身责任。本授权书自授权之日起生效。

被授权人基本情况			
姓名	×××	身份证号	×××
注册执业资格	一级建造师	注册执业证号	×××
职称	副高级工程师	专业	×××
被授权人签名：×××			

授权单位（盖章）：筑业××工程有限公司

法定代表人（签名）：×××

授权日期：2026年×月×日

××高标准农田建设项目　　工程

3.1.1.3　工程项目负责人质量终身责任承诺书

编号：××

本人　　×××　　承诺在该工程建设过程中认真履行下列相应职责，并对施工原因造成的质量问题承担相应终身质量责任。

1．不转包或违法分包所承揽的施工业务，严格按照经审查合格的工程设计图纸、文件和施工技术标准及规程规范进行施工，不擅自修改设计文件，不偷工减料。

2．组织建立健全质量管理体系，组织成立符合规定并满足施工需要的项目管理机构，配备符合规定和合同要求的管理人员、并确保所有人员到岗履职。

3．组织质量管理人员学习规程规范、设计文件提出的工艺、工法和技术要求，熟悉相关施工流程和技术，提高质量管理水平。

4．按照工程设计要求、技术标准和合同约定，对原材料、中间产品、工程设备等进行检验，未经检验或者检验不合格的以及国家明令淘汰、禁止使用的材料、设备、工艺，绝不在工程建设中使用。

5．与具备相应资质的检测单位签订书面检测合同，在施工中按照设计和规范要求对原材料、中间产品和部分实体质量进行检测；送检试样不弄虚作假，不篡改或伪造检测报告，不明示或暗示检测机构出具虚假检测报告。

6．组织现场质量管理人员严格按照“三检制”要求，真实、准确的做好每一道工序的质量检验和质量自评工作，及时填写工序和单元工程质量验收资料，并报监理单位复核。

7．组织人员做好重要隐蔽（关键部位）单元工程的自评工作，并负责收集测量成果、检测试验报告、影像资料等基础资料，派人参加联合验收小组并在质量等级签证表上签字；参加法人验收，对工程质量等级提出自评意见并签字；主持编制施工管理工作报告并签字，参加竣工验收。

8．对已验收合格并交付使用的工程按规定承担保修责任，并对造成的损失承担赔偿责任。

9．确保工程施工资料收集真实、准确、完整，签章手续齐全，及时整理移交并归档。

10．履行其他法律法规和规程规范中规定的职责。

本承诺书一式四份，一份在办理质量监督手续时提交质量监督机构；一份在竣工验收时提交竣工验收主持单位，与竣工验收鉴定书等资料一起作为永久档案保存；一份由项目法人作为工程建设永久档案进行归档保存；一份由承诺人自行保存。

承诺人签字：×××
身份证号：××
注册执业资格：一级建造师
注册执业证号：××
职称及专业：副高级工程师，××专业
签字日期：2026年×月×日

3.1.2.3　施工现场质量管理检查记录

编号：××

<table>
<tr><td>工程名称</td><td colspan="5">××高标准农田建设项目</td></tr>
<tr><td>项目法人</td><td colspan="2">××县农业农村局</td><td>项目负责人</td><td colspan="2">×××</td></tr>
<tr><td>设计单位</td><td colspan="2">××设计研究院</td><td>项目负责人</td><td colspan="2">×××</td></tr>
<tr><td>监理单位</td><td colspan="2">××建设监理有限公司</td><td>总监理工程师</td><td colspan="2">×××</td></tr>
<tr><td>施工单位</td><td>筑业××工程有限公司</td><td>项目经理</td><td>×××</td><td>技术负责人</td><td>×××</td></tr>
<tr><td>序号</td><td colspan="2">项目</td><td colspan="3">主要内容</td></tr>
<tr><td>1</td><td colspan="2">项目部质量管理体系</td><td colspan="3">质量例会制度、月评比及奖罚制度、三检及交接检制度、质量与经济挂钩制度。</td></tr>
<tr><td>2</td><td colspan="2">现场质量责任制</td><td colspan="3">岗位责任制、设计交底会制度、技术交底制度、挂牌制度完善。</td></tr>
<tr><td>3</td><td colspan="2">主要专业工种操作岗位证书</td><td colspan="3">测量工、钢筋工、混凝土工、电工、焊工、起重机、架子工等主要专业工种操作上岗证书齐全，在有效期内。</td></tr>
<tr><td>4</td><td colspan="2">分包单位管理制度</td><td colspan="3">/</td></tr>
<tr><td>5</td><td colspan="2">图纸会审记录</td><td colspan="3">施工图经设计交底，施工方已确认。</td></tr>
<tr><td>6</td><td colspan="2">地质勘察资料</td><td colspan="3">地质勘察报告齐全、有效。</td></tr>
<tr><td>7</td><td colspan="2">施工技术标准</td><td colspan="3">企业标准4项，其余采用国家、行业标准，配备齐全。</td></tr>
<tr><td>8</td><td colspan="2">施工组织设计、施工方案编制及审批</td><td colspan="3">施工组织设计、施工方案编制、审批手续齐全。</td></tr>
<tr><td>9</td><td colspan="2">物资采购管理制度</td><td colspan="3">物资采购、进场验收、台账登记制度制定完善，满足施工要求。</td></tr>
<tr><td>10</td><td colspan="2">施工设施和机械设备管理制度</td><td colspan="3">设备采购租赁、进场验收、台账登记制度制定完善，满足施工要求。</td></tr>
<tr><td>11</td><td colspan="2">计量设备配备</td><td colspan="3">计量设备配备齐全，已检测备案。</td></tr>
<tr><td>12</td><td colspan="2">检测试验管理制度</td><td colspan="3">原材料及施工检验制度、抽测项目的检测计划、分项工程管理制度完善。</td></tr>
<tr><td>13</td><td colspan="2">工程质量检查验收制度</td><td colspan="3">质量验收制度完善，符合要求。</td></tr>
<tr><td>14</td><td colspan="2"></td><td colspan="3"></td></tr>
<tr><td colspan="3">自检结果：
质量管理体系及制度符合要求。

项目经理：（签名）×××
2026年×月×日</td><td colspan="3">检查结论：
符合施工现场质量管理要求。

总监理工程师：（签名）×××
2026年×月×日</td></tr>
</table>

3.1.2.3 施工现场质量管理检查记录

填表说明

1．施工现场质量管理检查记录应由施工单位在正式施工前完成并提交监理机构审核。

2．项目总监理工程师负责对上报内容进行检查并做出检查结论。

3．填表要点：

（1）项目部质量管理体系中各项相关制度的建立和落实：项目部根据本企业质量管理体系的要求，结合该工程的实际情况建立与其相适应的质量管理体系。其质量管理内容一般包括：质量方针和目标管理，组织机构和职责，人力资源管理、施工机具管理，投标及合同管理，建筑材料、构配件和设备管理，分包管理，工程项目施工管理，施工质量检测与验收，工程项目竣工交付使用后的服务，质量管理自查与评价，质量信息管理和质量管理改进等。

（2）项目部管理架构设置及其人员配备的落实：主要核查施工单位是否按照招投标文件配备了相应的管理岗位及人员。

（3）现场各类人员质量责任制度的建立和落实。

① 项目负责人、项目技术负责人、施工员、质量员、安全员、标准员、材料员、机械员、劳务员、资料员、施工班组长、操作者等人员的质量责任制。

② 质量责任的分工，各项质量责任的落实规定，定期检查及有关人员奖罚制度等。

（4）各类专业技术管理人员的资格证书和主要专业工种操作岗位证书：测量工、塔式起重机司机，钢筋工、混凝土工、机械工、焊接工、瓦工、防水工等建筑结构工种，电工、管道工等安装工种的上岗证，以当地建设行政主管部门的规定为准。

（5）总包对分包单位管理的各项相关制度的建立及落实：

① 项目部应建立并实施分包管理制度，明确分包管理活动中的职责和权限，对分包进行管理。

② 专业承包单位的资质应在其承包业务的范围内承建工程，超出范围的应办理特许证书，否则不能承包工程。在有分包的情况下，总承包单位应有管理分包单位的制度，主要是质量、技术的管理制度等。

（6）地质勘察工作进程及结果：有勘察资质的单位出具的正式地质勘察报告、地下部分施工方案制定和施工组织总平面编制时参考等。

（7）施工图设计文件交底会审的进程及结果：重点是看建设行政主管部门出具的施工图审查批准书及审查机构出具的审查报告。如果图纸是分批交出时，施工图审查可分段进行。

（8）施工技术标准和质量验收技术标准的选用及备齐：一是操作的依据和保证工程质量的基础，承建企业应编制不低于现行国家验收规范、施工规范等的企业标准。二是有批准程序，由企业的总工程师、技术委员会负责人审查批准，有批准日期、执行日期、企业标准编号及标准名称。企业应建立技术标准档案。三是施工现场应有的施工标准（如专业验收规范、技术规范等）、施工图集齐全，供培训工人、技术交底和施工操作的主要依据，也是质量检查评定的标准。

（9）施工组织设计、施工（含自检、调试）方案编制及审批：检查编写内容、有针对性的具体措施，编制程序、内容，有编制单位、审核单位、批准单位，并有贯彻执行的措施。

（10）物资（产品）采购及现场检查验收相关的管理制度的建立和落实：项目部应根据施工需要建立并实施建筑材料、构配件和设备的采购管理制度，这是为保证材料质量、设备质量应有的措施。

（11）施工设施和机械设备（机具）的配备及其管理制度建立和落实：项目部应建立施工机具管理制度，对施工机具的配备、验收、安装调试、试验维护等做出规定，明确各管理层次及有关岗位在施工机具管理中的职责。

（12）自检计量仪器及其附属设备（器具）的配备和相关管理制度的建立和落实：如盒尺、靠尺、塞尺、水平仪、电压表、电流表、地泵、天平等计量仪器应制定相关管理制度，制定专职人员进行标定及校验，定时制定专职人员进行维护、保养等工作。

（13）现场材料、构（配）件、设备抽样送检的管理制度和落实：对于材料进场应进行进场检验，施工单位应编制原材料进场检验制度，由专人负责进行进场检验，并针对不同的材料、构（配）件、设备制定进场检验方案，确定进场检验内容。材料、构（配）件、设备进场检验通过后，应进行复试，施工单位应按照法规要求进行抽样复试或者见证取样复试。

施工单位在开工前应编制见证取样复试方案和抽样复试方案。

（14）工程质量控制与检查制度、各层次质量验收制度的建立和落实：项目部应建立并实施施工质量检查制度，并规定各管理层次对施工质量检查与验收活动进行鉴定管理的职责和权限。检查和验收活动由具备相应资格的人员实施。做好对分包工程的质量检查和验收工作。

（15）工程实体质量第三方检测的管理制度和落实：施工单位开工前应编制实体检测试验方案，并报监理单位批准。

3.1.2.4.1　施工分包申报表

编号：××

工程名称	××高标准农田建设项目

致：××建设监理有限公司××高标准农田建设项目监理部（监理机构）

根据施工合同约定和工程需要，我方拟将本申请表中所列项目分包给所选分包人，经考察，所选分包人具备按照合同要求完成所分包工程的资质、经验、技术与管理水平、资源和财务能力，并具有良好的业绩和信誉，请贵方审核。

分包人名称	××管道安装工程公司								
序号	合同工程量清单项目编号	分包工作名称	单位	合同工程量	合同单价（元）	合同金额（元）	分包工程量	分包工作金额（元）	分包工作金额占签约合同价的比例（%）
1	××	PE管道安装	m	100000	70.00	7000000.00	20000	1400000.00	14.28
2									
3									
4									
合　计									14.28%

附件：分包人简况（包括分包人资质、业绩、经验、能力、信誉、财务，主要人员经历等资料）

施工单位：（名称及盖章）筑业××工程有限公司××高标准农田建设项目经理部

筑业××工程有限公司
××高标准农田建设项目经理部

项目经理：（签名）×××

日期：2026年×月×日

监理机构将另行签发审核意见。

监理机构：（名称及盖章）××建设监理有限公司××高标准农田建设项目监理部

××建设监理有限公司
××高标准农田建设项目监理部

签收人：（签名）×××

日期：2026年×月×日

3.1.2.4.1　施工分包申报表

填表说明

1．本表是施工单位在分包工程开工前，对各类分包单位的资格报项目监理机构审查确认用表。

2．在施工合同中已约定由项目法人（或与施工单位联合）招标确定的分包单位，施工单位可不再对分包单位资格进行报审，但应该将分包单位资质等相关资料报项目监理机构。

3．施工单位应同时向项目监理机构提交分包单位资质、业绩、专职管理人员和特种作业人员的资格证书、施工单位对分包单位的管理制度等文件。

4．应审查分包单位资质、安全许可证材料是否合格有效，防止超越资质分包和安全许可证失效。

3.1.2.4.2 试验室资格报审表

编号：××

工程名称	××高标准农田建设项目

致：××建设监理有限公司××高标准农田建设项目监理部（监理机构）

经考核，我方认为拟选择的××工程试验检测有限公司（试验室）具有××高标准农田建设项目工程相适应的试验资质及试验能力。现报上有关资料，请贵方审批。

附件：1、试验室的资质等级及试验范围
2、法定计量部门对试验室出具的计量检定证明
3、试验室管理制度
4、试验人员的资格证书
5、本工程的试验项目及其要求

施工单位：（名称及盖章）筑业××工程有限公司××高标准农田建设项目经理部

筑业××工程有限公司
××高标准农田建设项目经理部

项目经理：（签名）×××
日期：2026年×月×日

监理机构审批意见：

经审核，所报审实验室的资质等级、试验范围符合本项目工程需求，其试验设备已完成计量检定、试验人员持证上岗、管理制度健全，同意选用该实验室承担本项目试验检测工作。

监理机构：（名称及盖章）××建设监理有限公司××高标准农田建设项目监理部

××建设监理有限公司
××高标准农田建设项目监理部

监理工程师：（签名）×××
日期：2026年×月×日

3.1.5.1 施工进度计划申报表

编号：××

<table>
<tr><td>工程名称</td><td>××高标准农田建设项目</td></tr>
<tr><td colspan="2">致：××建设监理有限公司××高标准农田建设项目监理部（监理机构）

我方今提交××高标准农田建设项目（项目编码：××）工程（名称及编码）的：

☑施工总进度计划
□年施工进度计划
□月施工进度计划
□专项施工进度计划（如度汛计划、赶工计划等）
□
□

请贵方审批。

附件：1、施工进度计划
2、图表、说明书　共 12 页
3、

施工单位：（名称及盖章）筑业××工程有限公司××高标准农田建设项目经理部
项目经理：（签名）×××
日期：2026 年×月×日</td></tr>
<tr><td colspan="2">监理机构将另行签发审批意见。

监理机构：（名称及盖章）××建设监理有限公司××高标准农田建设项目监理部
签收人：（签名）×××
日期：2026 年×月×日</td></tr>
</table>

3.1.5.1　施工进度计划申报表

填表说明

1．监理机构应在合同工程开工前依据施工合同约定的工期总目标、阶段性目标和发包人的控制性总进度计划，制订施工总进度计划的编制要求，并书面通知承包人。

2．进度控制工作程序如下图所示：

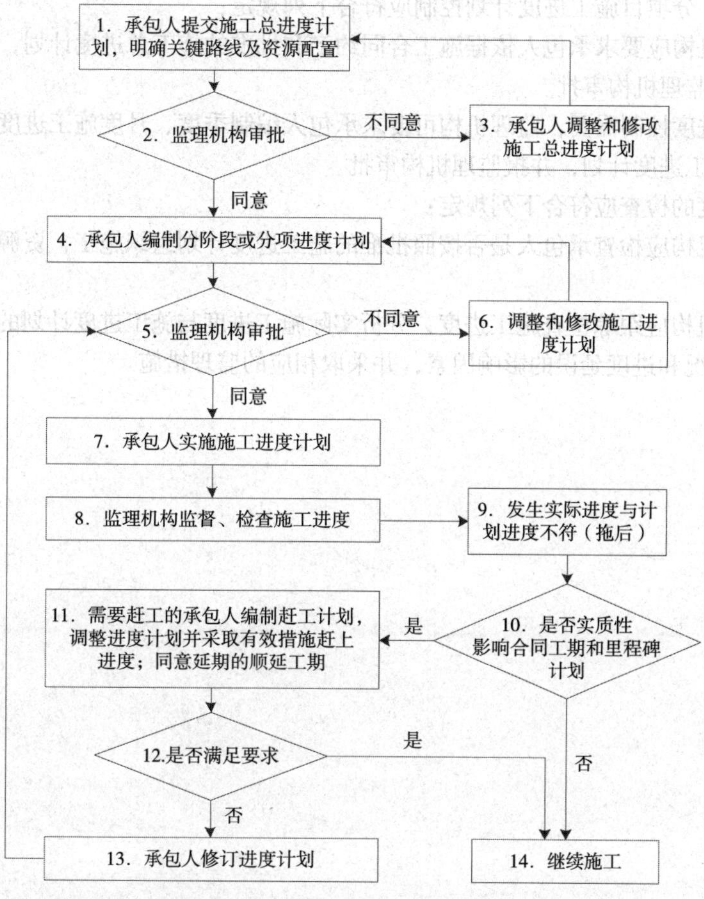

3．施工总进度计划的审批程序应符合下列规定：

（1）承包人应按施工合同约定的内容、期限和施工总进度计划的编制要求，编制施工总进度计划，报送监理机构。

（2）监理机构应在施工合同约定的期限内完成审查并批复或提出修改意见。

（3）根据监理机构的修改意见，承包人应修正施工总进度计划，重新报送监理机构。

（4）监理机构在审查中，可根据需要提请发包人组织设代机构、承包人、设备供应单位、征迁部门等有关方参加施工总进度计划协调会议，听取参建各方的意见，并对有关问题进行分析处理，形成结论性意见。

4．施工总进度计划审查应包括下列内容：

（1）是否符合监理机构提出的施工总进度计划编制要求。

（2）施工总进度计划与合同工期和阶段性目标的响应性与符合性。

（3）施工总进度计划中有无项目内容漏项或重复的情况。

（4）施工总进度计划中各项目之间逻辑关系的正确性与施工方案的可行性。

（5）施工总进度计划中关键路线安排的合理性。

（6）人员、施工设备等资源配置计划和施工强度的合理性。

（7）原材料、中间产品和工程设备供应计划与施工总进度计划的协调性。

（8）本合同工程施工与其他合同工程施工之间的协调性。

（9）用图计划、用地计划等的合理性，以及与发包人提供条件的协调性。

（10）其他应审查的内容。

5．分阶段、分项目施工进度计划控制应符合下列规定：

（1）监理机构应要求承包人依据施工合同约定和批准的施工总进度计划，分年度编制年度施工进度计划，报监理机构审批。

（2）根据进度控制需要，监理机构可要求承包人编制季度、月度施工进度计划，以及单位工程或分部工程施工进度计划，并报监理机构审批。

6．施工进度的检查应符合下列规定：

（1）监理机构应检查承包人是否按照批准的施工进度计划组织施工，资源投入是否满足施工需要。

（2）监理机构应跟踪检查施工进度，分析实际施工进度与施工进度计划的偏差，重点分析关键路线的进展情况和进度延误的影响因素，并采取相应的监理措施。

3.1.5.2 施工进度计划调整申报表

编号：××

工程名称	××高标准农田建设项目

致：××建设监理有限公司××高标准农田建设项目监理部（监理机构）

我方现提交××高标准农田建设项目工程项目施工进度调整计划，请贵方审批。

附件：施工进度调整计划（包括调整理由、形象进度、工程量、资源投入计划等）

施工单位：（名称及盖章）筑业××工程有限公司××高标准农田建设项目经理部

筑业××工程有限公司
××高标准农田建设项目经理部

项目经理：（签名）×××

日期：2026年×月×日

监理机构将另行签发审批意见。

监理机构：（名称及盖章）××建设监理有限公司××高标准农田建设项目监理部

××建设监理有限公司
××高标准农田建设项目监理部

签收人：（签名）×××

日期：2026年×月×日

3.1.5.2 施工进度计划调整申报表
填表说明

1．监理机构在检查中发现实际施工进度与施工进度计划发生了实质性偏离时，应指示施工单位分析进度偏差原因、修订施工进度计划并报监理机构审批。

2．当变更影响施工进度时，监理机构应指示施工单位编制变更后的施工进度计划，并按施工合同约定处理变更引起的工期调整事宜。

3．当施工进度计划的调整涉及总工期目标、阶段目标改变或者资金使用有较大的变化时，监理机构应提出审查意见报项目法人批准。

3.1.6 施工大事记

编号：××

工程名称	××高标准农田建设项目			施工单位	筑业××工程有限公司
序号	年	月	日	内　容	
1	2026	×	×	××县×××副县长一行到工地现场检查指导工作，××县农业农村局局长××陪同，××局长听取汇报后，强调要在保证安全和质量的情况下加快施工进度，按时完成节点目标。	
项目经理	×××			填写人	×××

3.1.7 施 工 月 报

编号：××

工程名称	××高标准农田建设项目

致：××建设监理有限公司××高标准农田建设项目监理部（监理机构）

现呈报我方编写的 2026 年 × 月施工月报（ 2026 年 × 月 25 日至 2026 年 × 月 24 日），请贵方审阅。

附件：施工月报

施工单位：（名称及盖章） 筑业××工程有限公司 筑业××工程有限公司××高标准农田建设项目经理部

项目经理：（签名）×××

日期：2026 年×月×日

今已收到 筑业××工程有限公司 所报 2026 年 × 月的施工月报及附件共 1 份。

监理机构：（名称及盖章） ××建设监理有限公司 ××建设监理有限公司××高标准农田建设项目监理部

签收人：（签名）×××

日期：2026 年×月×日

施 工 月 报

2026 年　第 × 期

2026 年 × 月 25 日至 2026 年 × 月 24 日

工程名称：××高标准农田建设项目

合同编号：××

施工单位：筑业××工程有限公司

项目经理：×××

日　　期：2026 年 × 月 25 日

目 录

3.1.7.1　原材料/中间产品使用情况月报表

编号：××

工程名称		××高标准农田建设项目						
材料名称		规格/型号	单位	上月库存	本月进货	本月消耗	本月库存	下月计划用量
水泥		P·O 42.5	t	/	40	36	4	40
粉煤灰		碎石骨料	m³	/	1000	100	900	900
		块石	m³	/	500	100	400	300
钢材	型材							
	钢筋	HRB400 Φ8	t	/	10	9	1	5
		HRB400 Φ10	t	/	15	8	7	10
木材		板材	m³	/	8	4	4	4
柴油								
砂		中砂	m³	/	350	270	80	200
铁丝		2.0mm	kg	/	40	32	8	10
涵管		200×2000	mm	/	5	0	5	15
		400×2000	mm	/	5	0	5	15

施工单位：（名称及盖章）　筑业××工程有限公司××高标准农田建设项目经理部

筑业××工程有限公司
××高标准农田建设项目经理部

部门负责人：（签名）×××

日期：2026 年×月×日

3.1.7.2 原材料/中间产品检验月报表

编号：××

材料名称		规格/型号	单位	检验量	检验日期	检验内容及方法	检验结果	检验机构	质量负责人	备注
工程名称		××高标准农田建设项目								
水泥		P·O 42.5	t	40	2026年×月×日	抽样复试	合格	××工程检测中心	×××	
		/								
粉煤灰		/								
		/								
		/								
钢材	型材	/								
		/								
		/								
	钢筋	HRB400 Φ8	t	10	2026年×月×日	抽样复试	合格	××工程检测中心	×××	
		HRB400 Φ10	t	15	2026年×月×日	抽样复试	合格	××工程检测中心	×××	
木材		/								
		/								
		/								
柴油		/								
		/								
		/								
汽油		/								
		/								
		/								
炸药		/								
		/								
		/								

施工单位：（名称及盖章）筑业××工程有限公司××高标准农田建设项目经理部

部门负责人：（签名）×××

日期：2026年×月×日

3.1.7.3 主要施工设备情况月报表

编号：××

工程名称	××高标准农田建设项目					
序号	名称	型号/规格	计划数量（台）	实际数量（台）	完好率（%）	是否满足合同要求
1	挖掘机	PC300	3	3	100	是
2	搅拌机	JS750	3	3	100	是
3	振捣器	Φ50	10	10	100	是
4	推土机	SD22J	5	5	100	是
5	自卸汽车	10t	15	15	100	是

施工单位：（名称及盖章） 筑业××工程有限公司××高标准农田建设项目经理部

筑业××工程有限公司 ××高标准农田建设项目经理部

部门负责人：（签名）×××

日期：2026年×月×日

3.1.7.4　现场人员情况月报表

编号：××

工程名称	××高标准农田建设项目						
序号	部门	人员类别					合计
		管理人员	技术人员	特种作业人员	普通作业人员	其他辅助人员	
1	安全管理部	1	1	5	1	/	8
2	质量管理部	1	1	/	2	/	4
3	技术管理部	1	1	/	10	/	12
4	材料管理部	1	1	/	2	/	4
5	资料管理部	1	1	/	0	/	2
6	后勤保卫部	1	1	/	0	/	2
合计		6	6	5	15	/	32

施工单位：（名称及盖章）筑业××工程有限公司××高标准农田建设项目经理部

筑业××工程有限公司
××高标准农田建设项目经理部

部门负责人：（签名）×××

日期：2026年×月×日

3.1.7.5 施工质量检测月汇总表

编号：××

工程名称	××高标准农田建设项目					
序号	检测部位	检测项目	检测数量	检测日期	检测结果	质量负责人
1	土壤类型与肥力	pH 值	1	2026 年×月×日	合格	×××
2	土壤类型与肥力	有机质含量	1	2026 年×月×日	合格	×××
3	土壤类型与肥力	全氮、全磷、全钾含量	1	2026 年×月×日	合格	×××
4	灌溉系统	灌溉水质（pH 值、重金属含量等）	1	2026 年×月×日	合格	×××
5	田间道路	路面混凝土厚度	7	2026 年×月×日	合格	×××
6	土地平整度	表土厚度	5	2026 年×月×日	合格	×××
施工单位：（名称及盖章）筑业××工程有限公司××高标准农田建设项目经理部 筑业××工程有限公司 ××高标准农田建设项目经理部 部门负责人：（签名）××× 日期：2026 年×月×日						

3.1.7.6 施工质重缺陷月报表

编号：××

工程名称	××高标准农田建设项目				
序号	质量缺陷部位	质量缺陷类别	缺陷检测情况	处理情况	备注
1	10＋150～10＋250斗沟侧壁	平整度偏差	2m 靠尺检测，局部偏差达15mm，未满足设计要求	人工修整侧壁，复测平整度达标	
2	2号田块田埂压实段	压实度不足	环刀取样检测，压实度85%，未满足设计要求	小型压路机补压 2遍，复测压实度合格	
3	5＋020～5＋100排水沟边坡	坡度不符	实测坡比 1：1.2，未满足设计要求	人工修整边坡坡度，复测符合设计	

施工单位：（名称及盖章）筑业××工程有限公司××高标准农田建设项目经理部

筑业××工程有限公司 ××高标准农田建设项目经理部

部门负责人：（签名）×××

日期：2026年×月×日

3.1.7.7 工程事故月报表

编号：××

工程名称	××高标准农田建设项目							
序号	事故发生时间	事故地点	事故的工程影响	事故等级	直接损失金额或处理成本（元）	人员伤亡（人）		处理情况
						死亡	重伤	
1	2026年×月×日	现场土地平整作业区域	工期延误	一般事故	20000.00	/	/	责任人已处理

施工单位：（名称及盖章）筑业××工程有限公司××高标准农田建设项目经理部

筑业××工程有限公司
××高标准农田建设项目经理部

部门负责人：（签名）×××

日期：2026年×月×日

3.1.7.8 合同完成额月汇总表

编号：××

工程名称		××高标准农田建设项目						
序号	项目编号	一级项目	合同金额（元）	截至上月末累计完成额（元）	截至上月末累计完成额比例	本月完成额（元）	截至本月末累计完成额（元）	截至本月末累计完成额比例
1	××	田块整治工程	2516972.00	1523474.00	60.5%	367841.00	1891315.00	75.1%
2	××	灌溉排水工程	3987964.00	1874452.00	47.0%	402231.00	2276683.00	57.0%
3	××	田间道路工程	2013317.00	1013345.00	50.3%	331245.00	1344590.00	66.7%
4	××	农田输配电工程	1053678.00	203764.00	19.3%	317541.00	521305.00	49.4%
合计			9571931.00	4615035.00		1418858.00	6033893.00	

施工单位：（名称及盖章） 筑业××工程有限公司××高标准农田建设项目经理部

筑业××工程有限公司
××高标准农田建设项目经理部

部门负责人：（签名）×××

日期：2026年×月×日

3.1.7.9 灌溉与排水工程合同完成额月汇总表

编号：××

工程名称		××高标准农田建设项目						
序号	项目编号	二级项目	合同金额（元）	截至上月末累计完成额（元）	截至上月末累计完成额比例	本月完成额（元）	截至本月末累计完成额（元）	截至本月末累计完成额比例
1	××	小型水源工程	1216941.00	434516.00	35.7%	123514.00	558030.00	45.8%
2	××	田间灌溉工程	1645412.00	876412.00	53.2%	183641.00	1060053.00	64.4%
3	××	渠系建筑物工程	1125611.00	563524.00	50.0%	95076.00	658600.00	58.5%
合计			3987964.00	1874452.00	/	402231.00	2276683.00	/

施工单位：（名称及盖章） 筑业××工程有限公司××高标准农田建设项目经理部

筑业××工程有限公司
××高标准农田建设项目经理部

部门负责人：（签名）×××

日期：2026年×月×日

3.1.7.10 主要实物工程量汇总表

编号：××

工程名称	××高标准农田建设项目						
序号	名称	单位	截至上月末累计完成工程量	截至上月末累计完成工程量比例	本月完成工程量	截至本月末累计完成工程量	截至本月末累计完成工程量比例
1	排水明沟（硬化）						
1.1	土方开挖	m^3	/	/	1440	1440	100%
1.2	土方回填	m^3	/	/	288	288	100%
1.3	C20 混凝土压顶	m^3	/	/	108	108	100%
1.4	井字砖护坡及护底	m^2	/	/	3192	3192	100%
1.5	C15 无砂混凝土垫层	m^3	/	/	204	204	100%
2	排水明沟（清淤）						
2.1	土方清淤	m^3	/	/	5040	5040	100%

施工单位：（名称及盖章） 筑业××工程有限公司××高标准农田建设项目经理部

筑业××工程有限公司
××高标准农田建设项目经理部

部门负责人：（签名）×××

日期：2026 年×月×日

3.1.8 施工日志

编号：××

<table>
<tr><td>工程名称</td><td colspan="2">××高标准农田建设项目</td><td>施工单位</td><td colspan="2">筑业××工程有限公司</td></tr>
<tr><td colspan="2">天气状况</td><td>风力</td><td colspan="2">最高/最低温度</td><td>备注</td></tr>
<tr><td>白天</td><td>晴</td><td>3级</td><td colspan="2">22℃/17℃</td><td></td></tr>
<tr><td>夜间</td><td>多云</td><td>2级</td><td colspan="2">16℃/14℃</td><td></td></tr>
<tr><td colspan="6">生产情况记录：（施工部位、施工内容、机械作业、班组工作，生产存在问题等）
1. 管理人员：5人；技术人员：6人；施工工人20人。
2. 200挖掘机3台；25t汽车吊2台；50装载机2台。
3. K1＋100～K1＋300段C25混凝土预制U型渠衬砌200m，K1＋500～K1＋750段渠道土方开挖250m。

存在问题：
前期砂浆勾缝养护不到位，已按监理通知要求安排专人负责，增加洒水频次，确保养护效果。</td></tr>
<tr><td colspan="6">技术质量安全工作记录：（技术质量安全活动、检查验收、技术质量安全问题等）
1. 对预制U型渠外观及尺寸进行检查，偏差2mm～3mm，符合规范要求；渠道基底杂草、建筑垃圾已清理干净，坡面比1：0.006，满足设计要求。
2. 检查验收：监理单位对渠道衬砌及土方开挖进行现场巡视，认可整改后的养护措施，同意继续施工。
3. 安全工作：所有施工人员佩戴安全帽，基坑临边防护到位；对临时用电、机械作业进行检查，无安全隐患。
4. 重要事项：××县××副县长一行到现场检查指导工作，××县农业农村局局长××陪同，要求在保证安全和质量的前提下加快施工进度。</td></tr>
<tr><td>记录人</td><td colspan="2">×××</td><td>日期</td><td colspan="2">2026年×月×日</td></tr>
</table>

3.1.8 施工日志

填表说明

1．施工日志应以单位工程为记载对象，从工程开工之日至工程竣工之日，施工单位按不同专业（土建、装修、给排水、电气、通风空调、智能等）指定专业负责人，逐日记载，根据工程规模、特点、复杂程度进行综合记录或分专业记录，并保证内容真实、连续和完整。

2．生产情况记录：

（1）施工部位：施工部位应将分部、分项工程名称和轴线、楼层等写清楚，一天内，多个部位施工的要分别记述清楚。

（2）施工内容：概述当天主要施工内容。

（3）机械作业：描述作业设备及机械的规格、型号、操作人、及当日的工作台班量及产出量，涉及机械保养及维修的也需要记录在案。

（4）班组工作：出勤人数要分工种进行记录，并对班组当天的工作情况进行量化描述，难以量化描述的可以用工日及工作内容来表述。

（5）生产存在问题：对生产过程中遇到的各种问题进行记录，并进行持续追踪对相关问题进行解决。

（6）其他参建单位的检查和建议：主要包括有关领导、主管部门或各种检查组对工程施工技术、质量、安全方面的检查意见和决定，以及项目法人、监理单位对工程施工提出的技术、质量要求、意见及采纳实施情况等。

3．技术质量安全工作记录：

（1）技术质量安全活动：在施工过程中，针对质量控制，安全生产的过程检查活动的记述，如：混凝土试块的制作，自检，巡查，预检，互检等工作。

（2）检查验收：包括原材料及设备的进场检验和复试，隐蔽验收，施工记录，交接检查，检测试验，工序，检验批，分项工程，分部工程，单位工程等验收活动。

（3）技术质量安全问题：在质量、安全会议及现场检查中提出的主要问题，并持续的记录相关问题的解决过程及结果。

（4）其他相关的工作记录：试块制作应写明试块名称、楼层、轴线、试块组数；材料进场、送检应写明批号、数量、生产厂家以及进场材料的验收情况，以后补上送检后的检验结果等。

3.1.9 质量事故记录

编号：××

<table>
<tr><td>工程名称</td><td>××高标准农田建设项目</td><td>项目法人</td><td>××县农业农村局</td></tr>
<tr><td>监理单位</td><td>××建设监理有限公司</td><td>施工单位</td><td>筑业××工程有限公司</td></tr>
<tr><td>返工工程量</td><td>1#蓄水池池壁局部返工，面积约 $12m^2$
钢筋绑扎 0.3t，C30 混凝土 $3.2m^3$</td><td>设计、勘察单位</td><td>××勘察设计研究院</td></tr>
<tr><td>事故发生日期</td><td>2026 年×月×日起 2026 年×月×日止</td><td>直接责任者与职务</td><td>×××（施工员）</td></tr>
<tr><td colspan="4">事故发生情况及原因：
在 1#蓄水池池壁混凝土浇筑完成拆模后，发现池壁标高 1.2m～1.8m 处存在竖向裂缝，最大宽度 0.2mm，长度约 1.5m，共 3 处。
原因分析：
（1）混凝土浇筑后养护不及时，导致表面水分蒸发过快，产生干缩裂缝。
（2）模板拆除时间过早，混凝土强度未达到规范要求，在温度应力作用下开裂。</td></tr>
<tr><td colspan="4">处理办法：
1. 裂缝处理：沿裂缝两侧各 50mm 范围凿除松散混凝土，清理干净后，采用环氧树脂砂浆进行修补，表面抹平并养护。
2. 返工处理：对裂缝所在的池壁局部区域（1.0m～2.0m 标高范围）进行返工，重新绑扎钢筋、支设模板，浇筑 C30 混凝土，并加强养护。
3. 预防措施：后续混凝土浇筑后 12h 内覆盖保湿养护，养护期不少于 14d；模板拆除时间严格按同条件试块强度报告执行，确保强度达到设计值的 75%以上。</td></tr>
<tr><td colspan="4">处理后复查意见：
经检查，裂缝修补及返工部位的混凝土强度、外观质量均符合设计及规范要求，无新裂缝产生，处理效果合格。</td></tr>
<tr><td colspan="4">事故调查组审批意见：
同意该质量事故的调查分析及处理方案，处理结果满足工程质量要求，同意恢复后续施工。</td></tr>
</table>

项目法人	监理单位	设计、勘察单位	施工单位
项目负责人：（签名） ××× 2026 年×月×日	总监理工程师：（签名） ××× 2026 年×月×日	项目负责人：（签名） ××× 2026 年×月×日	单位技术负责人：（签名） ××× 项目技术负责人：（签名） ××× 质量员：（签名） ××× 2026 年×月×日

3.1.10 施工会议纪要

编号：××

<table>
<tr><td>工程名称</td><td>××高标准农田建设项目</td><td>会议名称</td><td colspan="2">1#蓄水池及灌溉管道施工进度协调会</td></tr>
<tr><td>会议时间</td><td>2026年×月×日 9:15</td><td>会议地点</td><td colspan="2">项目现场会议室</td></tr>
<tr><td>主持会议单位</td><td>筑业××工程有限公司</td><td>主持人</td><td colspan="2">×××</td></tr>
<tr><td rowspan="7">参加单位与人员</td><td colspan="2">单位（部门）名称</td><td colspan="2">签　名</td></tr>
<tr><td colspan="2">××县农业农村局</td><td colspan="2">×××</td></tr>
<tr><td colspan="2">××建设监理有限公司</td><td colspan="2">×××</td></tr>
<tr><td colspan="2">筑业××工程有限公司</td><td colspan="2">×××　×××</td></tr>
<tr><td colspan="2">××管道安装工程公司</td><td colspan="2">×××　×××</td></tr>
<tr><td colspan="2"></td><td colspan="2"></td></tr>
<tr><td colspan="2"></td><td colspan="2"></td></tr>
<tr><td>内容和程序</td><td colspan="4">1. 施工进度汇报：
施工单位汇报 1#蓄水池及灌溉管道的当前进度：蓄水池底板浇筑完成，池壁钢筋安装完成 60%；灌溉管道铺设完成400m，剩余300m计划于5月25日前完成。
2. 存在问题及协调：
问题1：灌溉管道K0＋600遇地下障碍物，影响施工进度。
协调结果：由施工单位于5月19日前完成障碍物清理，监理单位旁站监督。
问题2：蓄水池池壁模板材料进场延迟，影响后续浇筑。
协调结果：材料供应商承诺5月20日前送达，施工单位调整施工计划，优先完成管道铺设。
3. 质量与安全要求：
监理单位强调：蓄水池防水施工需严格按规范执行，灌溉管道接口防腐处理需加强检查；现场临时用电、基坑防护等安全措施需持续落实。
4. 下一步工作计划：
×月22日完成蓄水池池壁浇筑。
×月25日完成全部灌溉管道铺设。
×月26日组织蓄水池及管道的隐蔽工程验收。</td></tr>
<tr><td>施工单位</td><td colspan="4">筑业××工程有限公司</td></tr>
<tr><td>记录整理人</td><td>×××</td><td>填表日期</td><td colspan="2">2026年×月×日</td></tr>
</table>

3.1.12.1 报 告 单

编号：××

工程名称	××高标准农田建设项目

报告事由：

兹由我司承建的高标准农田建设项目，目前已进入××阶段（如“中期验收准备阶段”）。项目自开工以来，严格遵循国家农田建设标准及设计图纸要求，完成了××亩土地的平整、灌溉系统安装、排水设施改造及土壤改良等工作。施工过程中，注重生态保护与资源节约，确保工程质量与进度同步推进。现就项目当前进展情况及下阶段计划，特此提交报告，请予审核指导。

筑业××工程有限公司 ××高标准农田建设项目经理部

施工单位：（名称及盖章） 筑业××工程有限公司××高标准农田建设项目经理部

项目经理/技术负责人：（签名）×××

日期：2026 年×月×日

监理机构意见：

经现场核查，施工单位承建的高标准农田建设项目，施工进度符合合同约定，工程质量达到设计要求，安全文明施工措施到位，资料齐全。监理过程中发现的局部小问题已及时督促整改完毕，整体工程进展顺利。建议继续加强质量管理，确保后续工程高质量完成。

××建设监理有限公司 ××高标准农田建设项目监理部

监理机构：（名称及盖章） ××建设监理有限公司××高标准农田建设项目监理部

总监理工程师/监理工程师：（签名）×××

日期：2026 年×月×日

项目法人意见：

我方对施工单位在本项目中的表现表示满意，项目进展符合预期，工程质量与安全管理措施得力。望承包方继续保持高效作业，特别是在节水灌溉系统智能化升级及长效管理机制建立方面，能进一步创新实践，为高标准农田建设树立典范。同时，请加强与监理单位的沟通协调，确保项目圆满完成。

××县农业农村局

项目法人：（名称及盖章） ××县农业农村局

项目负责人：（签名）×××

日期：2026 年×月×日

3.1.12.2 确 认 单

编号：××

工程名称	××高标准农田建设项目
致：××建设监理有限公司××高标准农田建设项目监理部（监理机构） 按照贵方审核通过的关于田间道路面混凝土观感质量缺陷修补的工作计划（文件编号：××），我方已完成相关工作，执行情况如下，请贵方确认。 （完成情况说明） 已按修补方案将田间道路有麻面区域完成修补。 附件：1、修补前后照片 2、施工记录 筑业××工程有限公司 ××高标准农田建设项目经理部 施工单位：（名称及盖章）筑业××工程有限公司××高标准农田建设项目经理部 项目经理：（签名）××× 日期：2026年×月×日	
确认意见： 经现场验收，施工单位对混凝土观感质量缺陷的修补符合施工方案要求，修补后观感质量合格。 ××建设监理有限公司 ××高标准农田建设项目监理部 监理机构：（名称及盖章）××建设监理有限公司××高标准农田建设项目监理部 监理工程师：（签名）××× 日期：2026年×月×日	

3.1.12.3 肥料发放明细表

编号：××

工程名称	××高标准农田建设项目					
肥料名称	领用日期	单位	领用数量	领用人签名	材料员签名	备注
有机肥	2026年×月×日	t	50	×××	×××	

3.1.12.4 施工材料进场登记台帐

编号：××

工程名称	××高标准农田建设项目								
序号	材料名称	生产厂家	规格型号	进场日期	进场数量	使用部位	检测报告及合格证	检验结果	备注
1	水泥	××水泥有限公司	P·O 42.5	2026年×月×日	50t	田间灌溉渠衬砌工程	报告编号××	合格	
2	PE管	××管业有限公司	DN110 1.0MPa	2026年×月×日	6000m	田间输水管道工程	报告编号××	合格	

3.1.12.5　施工收文登记表

编号：××

工程名称		××高标准农田建设项目					
序号	收文时间	来文单位	文件名称	编号	主要内容	主办人	备注
1	2026年×月×日	××县农业农村局	关于××高标准农田建设项目施工进度的通知	××	要求加快渠道衬砌和机耕路施工进度，确保在春耕前完成主体工程	×××	
2	2026年×月×日	××建设监理有限公司	监理工程师通知单	××	指出PE管道安装工序存在的问题，要求立即整改并提交整改报告	×××	

3.1.12.6 施工发文登记表

编号：××

工程名称	××高标准农田建设项目						
序号	文件名称	编号	数量	经办人	签收人	日期	备注
1	关于PE管道安装整改的通知	××	1份	×××	×××	2026年×月×日	
2	安全隐患排查整改报告	××	1份	×××	×××	2026年×月×日	

3.2 施工技术文件

3.2.2 技术交底记录

编号：××

工程名称	××高标准农田建设项目	施工单位	筑业××工程有限公司
分部/单元工程名称	田间道路1#生产路路基	施工内容	3：7灰土路基
主持人/交底人	×××/×××	时间/地点	2026年×月×日9时 ××高标准农田建设项目部会议室

1、施工技术交底依据文件清单：
（合同文件、工程建设标准强制性条文、施工图纸、施工组织设计、施工措施计划等）

（1）本工程合同文件。

（2）本工程设计文件。

（3）本工程施工组织总设计。

……

2、施工技术交底内容：
（设计要求和质量标准交底、作业指导书交底等）

一、材料准备

石灰：选用质量合格、无杂质的生石灰或熟石灰，熟化时间不少于7d，以消除过火石灰的危害。

土料：采用塑性指数大于10的黏性土，过筛去除大颗粒及杂质，保证土质均匀。

水：使用清洁的饮用水或符合标准的施工用水。

二、配合比控制

严格按照3：7（石灰：土）的比例进行拌合，确保拌和均匀，颜色一致。

通过试验确定最佳含水量，控制拌合时水分适量，避免过干或过湿影响质量。

三、施工流程

……

四、质量控制

……

五、安全环保

……

施工技术交底记录：

本次技术交底于2026年×月×日9时在项目会议室举行，由项目总工程师、责任工程师分别就相关施工方案、图纸及规范标准对项目管理人员及现场作业人员进行详细交底，并播放工艺动画视频，把工艺要点、质量标准、材料验收、取样、试验等全流程向参与人员做了详细交底。

记录人：×××

与会人员签名：

××× ××× ××× ××× ××× ×××

3.2.2 技术交底记录

填表说明

1．技术交底是指施工单位相应技术负责人把设计要求、规范规定、施工措施向施工人员进行技术说明和指导的技术性文件。

2．技术交底应在单位或分项工程开工前完成。

3．技术交底包括施工组织设计交底、施工方案交底、分项工程施工技术交底。

（1）施工组织设计交底应由项目经理负责牵头、项目总工程师组织，向专业工程师、施工工长、质检员、安全员、相关部门的有关人员和分包单位技术负责人交底并签字。

（2）施工方案交底由项目总工程师或专业工程师向有关管理人员、施工班组长、作业层骨干交底并签字。

（3）分项工程施工技术交底由项目各专业工程师向作业队伍交底并签字。

4．技术交底的主要内容有：

（1）设计图纸交底。

（2）施工组织设计和施工方案交底。

（3）设计变更和洽商交底。

（4）分项工程技术交底。

（5）“四新”技术交底。

（6）其他需要注意的事项。

5．有条件的施工单位，可通过数字化手段将交底可视化。

6．交底人和接交人代表应履行交接签字手续。

3.2.3.2 施工用图计划申报表

编号：××

工程名称	××高标准农田建设项目

致：××建设监理有限公司××高标准农田建设项目监理部（监理机构）

我方今提交××高标准农田建设项目（项目编码：××）工程（名称及编码）的：

☑（总）用图计划

□时段用图计划

□

□

请贵方审核。

附件：1、用图计划

2、

施工单位：（名称及盖章）筑业××工程有限公司××高标准农田建设项目经理部

筑业××工程有限公司

××高标准农田建设项目经理部

项目经理：（签名）×××

日期：2026年×月×日

监理机构将另行签发审核意见。

监理机构：（名称及盖章）××建设监理有限公司××高标准农田建设项目监理部

××建设监理有限公司

××高标准农田建设项目监理部

签收人：（签名）×××

日期：2026年×月×日

3.2.4 图纸会审记录

编号：××

工程名称		××高标准农田建设项目	
会审日期		2026 年×月×日	共 × 页 第 × 页
序号	图号	问题	交底或答复
1	QT-03	机耕桥设计图纸中，桥台基础埋深标注为 1.5m，但现场地质勘查显示该区域地下水位较高，易受汛期影响，是否需要调整埋深？	设计单位答复：将桥台基础埋深调整至 2.0m，以确保基础稳定性，后续将出具设计变更通知单。
2		……	
		以下空白。	

项目法人	监理单位	设计单位	施工单位
项目负责人：（签名） ××× （名称及盖章） ××县农业农村局 2026 年×月×日	总监理工程师：（签名） ××× （名称及盖章） ××建设监理有限公司 2026 年×月×日	项目负责人：（签名） ××× （名称及盖章） ××设计研究院 2026 年×月×日	项目经理：（签名） ××× （名称及盖章） ××建设集团有限公司 2026 年×月×日

3.2.4 图纸会审记录

填表说明

1. 施工单位领取图纸后，应由项目技术负责人组织技术、生产、预算、测量、钢筋翻样及分包单位等有关部门和人员对图纸进行审查。

2. 图纸审查时应重点审查施工图的有效性，对施工条件的适应性、各专业之间和全图、详图之间的协调一致性等。

3. 图纸审查应形成记录，由施工单位将参加图纸审查的各部门和人员所提出的问题按专业整理、汇总后，报监理（建设）单位，由监理（建设）单位提交给设计单位做设计交底准备。

4. 图纸会审由项目法人组织设计、监理和施工单位技术负责人及有关人员参加。施工单位负责将设计交底内容按专业汇总、整理、形成图纸会审记录。

5. 图纸会审记录应由建设、设计、监理和施工单位的相关负责人签认并分别加盖单位公章，形成正式图纸会审记录。不得擅自在会审记录上涂改或变更其内容。

6. 审查图纸一般可从以下几个方面进行：

（1）建筑、结构、设备安装等设计图纸是否齐全，手续是否完备。

（2）图纸设计是否符合国家有关的经济和技术政策、规范规定。

（3）图纸总的做法说明（包括分项工程做法说明）是否齐全、清楚、明确，与建筑、结构、安装图、装饰和节点大样图之间有无矛盾。

（4）设计图纸（平面、立面、剖面、构件布置，节点大样）之间相互配合的尺寸是否相符，分图尺寸与总图尺寸、大/小样图、建筑图与结构图、土建图与水电安装图之间互相配合的尺寸是否一致，有无错误和遗漏。

（5）设计图纸本身、建筑构造与结构构造、结构各构件之间，在立体空间上有无矛盾，预留孔洞、预埋件、大样图或采用标准构配件图的型号、尺寸有无错误与矛盾。

（6）总图的建筑物坐标位置与单位工程建筑平面图是否一致，建筑物的设计标高是否可行；地基与基础的设计与实际情况是否相符；结构性能如何；建筑物与地下构筑物及管线之间有无矛盾。

（7）主要结构的设计在强度、刚度、稳定性等方面有无问题，主要部位的建筑构造是否合理，设计能否保证工程质量和安全施工。

（8）设计图纸的结构方案、建筑装饰，与施工单位的施工能力、技术水平、技术装备有无矛盾；采用新技术、新工艺，施工单位有无困难；所需特殊建筑材料的品种、规格、数量能否解决，专用机械设备能否保证。

（9）安装专业的设备、管架、钢结构立柱、金属结构平台、电缆、电线支架以及设备基础是否与工艺图、电气图、设备安装图和到货的设备相一致；传动设备、随机到货的图纸和出厂资料是否齐全，技术要求是否合理，是否与设计图纸、技术文件相一致，底座同土建基础是否一致；管口相对位置，接管规格、材质、坐标、标高是否与设计图纸一致；管道、设备及管件需防腐衬里、脱脂及特殊清洗时，设计结构是否合理，技术要求是否切实可行。

3.2.5.1 变更申报表

编号：××

工程名称	××高标准农田建设项目

致：××建设监理有限公司××高标准农田建设项目监理部（监理机构）

我方□依据贵方变更意向书/□依据贵方的变更指示______/☑由于××村1#灌溉区3#渠道线路调整，增加工程量原因，现提交☑变更实施方案/□变更建议书，请贵方审批。

附件：□变更建议书（施工单位提出的变更建议，应附变更建议书）

☑变更实施方案（施工单位收到监理机构发出的变更意向书或变更指示，应提交变更实施方案）

施工单位：（名称及盖章）筑业××工程有限公司××高标准农田建设项目经理部

筑业××工程有限公司
××高标准农田建设项目经理部

项目经理：（签名）×××

日期：2026年×月×日

监理机构另行签发审批意见。

监理机构：（名称及盖章）××建设监理有限公司××高标准农田建设项目监理部

××建设监理有限公司
××高标准农田建设项目监理部

签收人：（签名）×××

日期：2026年×月×日

3.2.5.1 变更申报表
填表说明

1．设计变更申报表是指在施工过程中，设计单位对施工图需要变更的部位下发的书面变更文件。当设计变更影响结构安全、使用功能及节能等时，应根据设计变更内容按规定处理，改变规划指标的应报规划主管部门审批。

2．设计变更应分专业办理，注明修改图纸的图号，便于绘制竣工图。

3．设计变更申报表中应填写专业工程名称、变更日期、变更内容，变更内容如果文字无法叙述清楚的，应附图说明。

3.2.5.2 工程变更洽商记录

编号：××

<table>
<tr><td>工程名称</td><td colspan="2">××高标准农田建设项目</td><td>专业名称</td><td>××</td></tr>
<tr><td>提出单位名称</td><td colspan="2">筑业××工程有限公司</td><td>日　期</td><td>2026 年×月×日</td></tr>
<tr><td>内容摘要</td><td colspan="4">关于机耕桥基础埋深调整及灌溉渠护栏材质变更的洽商</td></tr>
<tr><td>序号</td><td>图号</td><td colspan="3">洽商内容</td></tr>
<tr><td>1</td><td>QT-03</td><td colspan="3">原设计机耕桥桥台基础埋深 1.5m，现场地质勘查显示该区域地下水位较高，汛期易受冲刷，为保障结构安全，提议将埋深调整至 2.0m。</td></tr>
<tr><td>2</td><td>QT-05</td><td colspan="3">原设计灌溉渠护栏为普通钢材，考虑到农田环境的腐蚀性，提议更换为热镀锌钢材。

以下空白。</td></tr>
</table>

项目法人	监理单位	设计单位	施工单位
项目负责人：（签名） ××× （名称及盖章） ××县农业农村局 2026 年×月×日	总监理工程师：（签名） ××× （名称及盖章） ××建设监理有限公司 2026 年×月×日	项目负责人：（签名） ××× （名称及盖章） ××设计研究院 2026 年×月×日	项目经理：（签名） ××× （名称及盖章） ××建设集团有限公司 2026 年×月×日

3.2.5.2 工程变更洽商记录

填表说明

1．本表是指在施工过程中，由于设计图纸本身差错、设计图纸与实际情况不符、施工条件变化及提出单位提出施工合理化建议等原因，对设计文件部分内容进行修改而办理的洽商记载。

2．工程洽商变更内容不能影响结构安全和使用功能，降低节能效果。

3．施工单位、监理单位和项目法人均可提出洽商要求，施工单位负责洽商的记载。

4．本表应按专业分别填写，内容详实，必要时附图，并注明修改图纸图号。由相关单位的代表签认，并加盖单位公章。

5．设计单位如委托建设（监理）单位办理签认，应办理委托手续。

3.2.7 设计工程量变更表

编号：××

工程名称	××高标准农田建设项目		
变更工程名称	××高标准农田建设项目	施工单位	筑业××工程有限公司
原设计图名称	××高标准农田机耕桥及灌溉渠施工图	原设计图号	QT-03、QT-05
变更提出单位	筑业××工程有限公司	对工期的影响	增加2天
主要变更工程量	机耕桥桥台基础埋深由1.5m调整至2.0m，增加桩长0.5m/根，共4根	变更前综合单价	1200.00元/根
变更前费用（元）	1200×4=4800.00元	变更后估算综合单价	1800.00元/根
变更后估算费用（元）	1800×4=7200.00元	估算增减费用（元）	增加2400.00元
工程变更说明	机耕桥基础：原设计埋深 1.5m，现场地质勘查显示地下水位较高，为保障结构安全，调整至2.0m。		
工程变更附件	1、现场地质勘查报告 2、设计变更洽商记录		
施工单位意见： 同意按变更后方案施工。 项目经理：（签名、公章）××× 日期：2026年×月×日			
监理机构意见： 同意。 监理工程师：（签名）××× 总监理工程师：（签名、公章）××× 日期：2026年×月×日			

3.2.7 设计工程量变更表

填表说明

当施工单位完成了工程量清单中每个子目的工程量（含变更增加/减少工程量）后，监理机构应要求施工单位派员共同对每个子目的历次计量报表进行汇总和总体量测，核实该子目的最终计量工程量；施工单位未按监理机构要求派员参加的，监理机构最终核实的工程量视为该子目的最终计量工程量。

3.2.8　施工技术方案申报表

编号：××

工程名称	××高标准农田建设项目

致：××建设监理有限公司××高标准农田建设项目监理部（监理机构）

我方今提交××高标准农田建设项目（项目编码：××）工程（名称及编码）的：

附件：☑施工组织设计　　□施工措施计划
□专项施工方案　　□度汛方案
□灾害应急预案　　□施工工艺试验方案
□专项检测试验方案　　□工程测量施测方案
□工程放样计划和方案　　□变更实施方案
□　　□
□　　□

请贵方审批。

施工单位：（名称及盖章）筑业××工程有限公司××高标准农田建设项目经理部

筑业××工程有限公司
××高标准农田建设项目经理部

项目经理：（签名）×××
日期：2026年×月×日

监理机构将另行签发审批意见。

监理机构：（名称及盖章）××建设监理有限公司××高标准农田建设项目监理部

××建设监理有限公司
××高标准农田建设项目监理部

签收人：（签名）×××
日期：2026年×月×日

3.2.8 施工技术方案申报表

填表说明

1. 本表可用于施工单位向监理机构申报施工组织设计、施工措施计划、专项施工方案、度汛方案、灾害应急预案、施工工艺试验方案、专项检测试验方案、工程测量施测方案、工程放样计划和方案、变更实施方案等需报请监理机构批准的方案。

2. 按照《水利工程建设安全生产管理规定》提交的专项施工方案包括达到一定规模的基坑支护与降水工程、土方和石方开挖工程、模板工程、起重吊装工程、脚手架工程、拆除爆破工程、围堰工程和其他危险性较大的工程专项施工方案。监理机构在审批涉及高边坡、深基坑、地下暗挖工程、高大模板工程的专项施工方案前，应要求施工单位组织专家进行论证、审查。

3. 合同中要求提交的其他专项施工方案。

4. 审批施工组织设计等技术方案的工作程序及基本要求主要包括：

（1）施工单位编制及报审。施工单位要及时完成技术方案的编制及自审工作，并填写技术方案申报表，报送监理机构。

（2）监理机构审核。总监理工程师应在约定时间内，组织监理工程师审查，提出审查意见后，由总监理工程师审定批准。需要施工单位修改时，由总监理工程师签发书面意见，退回施工单位修改后再报审，总监理工程师应组织重新审定，审批意见由总监理工程师（施工措施计划可授权副总监理工程师或监理工程师）签发。必要时与项目法人协商，组织有关专家会审。

（3）施工单位按批准的技术方案组织施工，实施期间如需变更，须重新报批。

3.2.11.1 施工放样报验单

编号：××

工程名称	××高标准农田建设项目

致：××建设监理有限公司××高标准农田建设项目监理部（监理机构）

根据合同要求，我方已完成××村3#灌溉区4#渠道的施工放样工作，经自检合格，请贵方审核。

序号或位置	工程或部位名称	放样内容	备注
1	4#渠道	渠道线路	

附件：☑开挖或建筑物放样测量成果
□金属结构安装放样测量成果
□机电设备安装放样测量成果
□

施工单位：（名称及盖章）筑业××工程有限公司××高标准农田建设项目经理部

筑业××工程有限公司
××高标准农田建设项目经理部

技术负责人：（签名）×××
日期：2026年×月×日

审核意见：
经现场复核，田间道中线、轮廓线平面位置符合设计要求。

监理机构：（名称及盖章）××建设监理有限公司××高标准农田建设项目监理部

××建设监理有限公司
××高标准农田建设项目监理部

监理工程师：（签名）×××
日期：2026年×月×日

3.2.11.2 联合测量通知单

编号：××

<table>
<tr><td>工程名称</td><td>××高标准农田建设项目</td></tr>
<tr><td colspan="2">致：××建设监理有限公司××高标准农田建设项目监理部（监理机构）

根据工程进度情况和施工合同约定，我方拟进行工程测量工作，请贵方派员参加。

施测工程部位：
1#～4#斗渠渠底高程。

测量工作内容：
根据设计图纸给定标高及断面尺寸，测量现状渠底标高与断面尺寸测量。

任务要点：
使用全站仪等仪器进行测量，规范操作、认真核对数据、做好测量记录，确保测量结果准确无误。

施测时间：2026 年 × 月 × 日至 2026 年 × 月 × 日

施工单位：（名称及盖章） 筑业××工程有限公司 筑业××工程有限公司××高标准农田建设项目经理部 ××高标准农田建设项目经理部

项目经理：（签名）×××
日期：2026年×月×日</td></tr>
<tr><td colspan="2">☑拟于 2026 年 × 月 × 日派监理人员参加测量。
□不派人参加测量，你方测量后将测量结果报我方审核。

监理机构：（名称及盖章） ××建设监理有限公司 ××建设监理有限公司××高标准农田建设项目监理部 ××高标准农田建设项目监理部

监理工程师：（签名）×××
日期：2026 年×月×日</td></tr>
</table>

3.2.11.3 施工测量成果报验单

编号：××

<table>
<tr><td>工程名称</td><td>××高标准农田建设项目</td></tr>
<tr><td colspan="2">

致：××建设监理有限公司××高标准农田建设项目监理部（监理机构）

我方已完成☑施工控制测量/□工程计量测量/□地形测量/□施工期变形监测的施工测量工作，经自检合格，请贵方审核。

施工部位：泵站周围控制点。

施测说明：本次控制点坐标采用电子全站仪（RTS-632）施测，水准点使用 DSC232 自动安平水准仪采用符合水准路线进行引测，闭合差符合规范要求。

附件：

<table>
<tr><td>☑施工控制测量</td><td>□工程计量测量</td><td>□地形测量</td><td>□施工期变形监测</td></tr>
<tr><td>1．测量数据。
2．数据分析及平差成果。</td><td>1．工程量计算表。
2．断面图。
3．其他。</td><td>1．测量数据。
2．数据分析及成果（数据处理方法，断面图或地形图）。</td><td>1．观测数据。
2．数据分析及评价。</td></tr>
</table>

施工单位：（名称及盖章）筑业××工程有限公司××高标准农田建设项目经理部

筑业××工程有限公司
××高标准农田建设项目经理部

技术负责人：（签名）×××
日期：2026年×月×日

</td></tr>
<tr><td colspan="2">

审核意见：

该控制网符合一级施工平面控制网精度要求，同意使用。

监理机构：（名称及盖章）××建设监理有限公司××高标准农田建设项目监理部

××建设监理有限公司
××高标准农田建设项目监理部

监理工程师：（签名）×××
日期：2026年×月×日

</td></tr>
</table>

3.2.11.3　施工测量成果报验单

填表说明

1．监理机构应主持测量基准点、基准线和水准点及其相关资料的移交，并督促施工单位对其进行复核和照管。

2．监理机构应审批施工单位编制的施工控制网施测方案，并对施工单位的施测过程进行监督，批复施工单位的施工控制网资料。

3．监理机构应审批施工单位编制的原始地形施测方案，可通过监督、复测、抽样复测或与施工单位联合测量等方法，复核施工单位的原始地形测量成果。

4．监理机构可通过现场监督、抽样复测等方法，复核施工单位的施工放样成果。

3.2.11.4 工程桩点交接记录

编号：××

工程名称	××高标准农田建设项目		
项目法人	××县农业农村局	监理单位	××建设监理有限公司
设计/勘察单位	××设计研究院	施工单位	筑业××工程有限公司

交接内容：

1、控制点及水准点等桩点12个。（具体内容详见勘察/设计单位提供的测量成果）

（1）GPS控制点：K01、K02、K03、K04（共4个）。

（2）水准点：S01、S02、S03、S04、S05、S06、S07、S08（共8个）。

2、现场踏勘情况：

各方共同到场对所有桩点进行实地踏勘，确认桩点标识清晰、位置与设计图纸标注一致，无损坏、移位现象，周边环境满足测量放线要求。

3、交接意见：

桩点坐标、高程数据准确无误，施工单位已对桩点进行复核并签字确认，同意接收。后续施工中，施工单位需负责桩点的保护与定期复核，若出现损坏或偏差，及时通知各方处理。

项目法人	监理单位	设计/勘察单位	施工单位
项目负责人：（签名） ××县农业农村局 ××× ★（公章） 2026年×月×日	总监理工程师：（签名） ××建设监理有限公司 ××× ★（公章） 2026年×月×日	项目负责人：（签名） ××设计研究院 ××× ★（公章） 2026年×月×日	项目经理：（签名） 筑业××工程有限公司 ××× ★（公章） 2026年×月×日

3.2.11.5 控制点复核记录

编号：××

<table>
<tr><td>工程名称</td><td colspan="2">××高标准农田建设项目</td><td>施工单位</td><td colspan="2">筑业××工程有限公司</td></tr>
<tr><td rowspan="2">测量仪器型号</td><td colspan="2">全站仪/经纬仪</td><td colspan="3">TS09</td></tr>
<tr><td colspan="2">水准仪</td><td colspan="3">DSZ2</td></tr>
<tr><td rowspan="2">方位角闭合差</td><td>允许偏差</td><td>±5″</td><td rowspan="2">导线全长相对闭合差</td><td>允许偏差</td><td>1/10000</td></tr>
<tr><td>实测偏差</td><td>+3″</td><td>实测偏差</td><td>1/15800</td></tr>
<tr><td rowspan="2">高程闭合差</td><td>允许偏差</td><td colspan="4">±20mm</td></tr>
<tr><td>实测偏差</td><td colspan="4">+12mm</td></tr>
<tr><td colspan="6">示意图：

（图略）</td></tr>
<tr><td>复测结论</td><td colspan="5">本次对项目 GPS 控制点及水准点进行了复核，实测方位角闭合差、导线全长相对闭合差、高程闭合差均小于允许偏差，控制点坐标及高程数据准确可靠，满足施工测量精度要求。

测量：（签名）×××　　技术负责人：（签名）×××
2026 年×月×日</td></tr>
<tr><td>监理意见</td><td colspan="5">经审核，控制点复测数据真实、有效，偏差符合规范要求，同意使用该批控制点作为施工测量依据。

监理工程师：（签名）×××
2026 年×月×日</td></tr>
</table>

3.2.11.6　测量控制网加密成果表

编号：××

<table>
<tr><td>工程名称</td><td colspan="2">××高标准农田建设项目</td><td>施工单位</td><td colspan="2">筑业××工程有限公司</td></tr>
<tr><td>导线等级</td><td colspan="2">四等导线</td><td>加密点数</td><td colspan="2">6 个</td></tr>
<tr><td rowspan="2">测量仪器
型号</td><td colspan="2">全站仪/经纬仪</td><td colspan="3">GPT-3102N</td></tr>
<tr><td colspan="2">水准仪</td><td colspan="3">DSZ2</td></tr>
<tr><td rowspan="2">方位角闭合差</td><td>允许偏差</td><td>±10″</td><td rowspan="2">导线全长相对
闭合差</td><td>允许偏差</td><td>1/40000</td></tr>
<tr><td>实测偏差</td><td>＋3″</td><td>实测偏差</td><td>1/52000</td></tr>
<tr><td rowspan="2">高程闭合差</td><td>允许偏差</td><td colspan="4">±20mm</td></tr>
<tr><td>实测偏差</td><td colspan="4">＋8mm</td></tr>
<tr><td colspan="6">示意图：

（图略）</td></tr>
<tr><td>复测结论</td><td colspan="5">本次测量控制网加密的方位角闭合差、导线全长相对闭合差及高程闭合差均符合规范要求，成果合格，可作为施工测量依据。

测量：（签名）×××　　　技术负责人：（签名）×××
2026 年×月×日</td></tr>
<tr><td>监理意见</td><td colspan="5">控制网加密成果满足精度要求，数据可靠，同意使用。

监理工程师：（签名）×××
2026 年×月×日</td></tr>
</table>

3.2.11.7 导线点复核记录

编号：××

工程名称	××高标准农田建设项目				施工单位	筑业××工程有限公司			监理单位	××建设监理有限公司		
桩号或部位	1#灌溉区 1#干管				仪器名称及产地		GPT-3102N（广州）				注：记录时注明单位	
导线点编号	观测角	改正后角值	坐标方位角	边长（m）	坐标增量计算值		改正后坐标增量		实测坐标		设计坐标	
					ΔX（m）	ΔY（m）	ΔX（m）	ΔY（m）	X	Y	X	Y
D001									354200.000	4856300.000	354200.000	485630000
D002	89°59′48″	89°59′50″	45°00′00″	125.685	+88.876	+88.876	+88.875	+88.875	354288.875	4856388.875	354288.876	4856388.876
D003	90°00′12″	90°00′10″	135°00′00″	98.765	−69.824	−69.824	−69.825	−69.825	354219.050	4856458.700	354219.051	4856458.701
D004	89°59′55″	89°59′58″	225°00′00″	105.321	−74.473	−74.473	−74.472	−74.472	354144.578	4856384.228	354144.579	4856384.229
D001	90°00′05″	90°00′02″	315°00′00″	112.456	+79.422	+79.422	+79.422	+79.422	354224.000	4856304.806	354224.000	4856304.806
自检意见	本次导线点复核观测角值、坐标增量及实测坐标与设计值偏差均在规范允许范围内，结果合格。			监理意见	导线点复核数据准确，偏差符合精度要求，同意使用该成果。			计算与简图	闭合导线，实测坐标与设计坐标偏差≤5mm，满足四等导线精度要求。 后附图。			
测量人	×××		复核人	×××	技术负责人	×××		监理工程师	×××	日期	2026年×月×日	

3.2.11.8 水准点复核记录

编号：××

工程名称	××高标准农田建设项目			施工单位	筑业××工程有限公司		
日期	2026年×月×日			天气	晴		
站点	后视	仪高	前视	高差	改正后高差	高程	备注
ZP1	/	/	/	/	/	285.000	基准点
TD1	1.256	286.256	1.102	+0.154	+0.153	285.153	转点
TD2	1.321	286.474	1.456	−0.135	−0.136	285.017	转点
ZP2	1.189	286.206	1.206	−0.017	−0.017	285.000	闭合至起点
计算	实测闭合差 $f_{测}$=0mm 允许闭合差 $f_{允}$=±12mm 高差改正值 V=0mm 测量：（签名）×××　　计算：（签名）×××　　技术负责人：（签名）××× 2026年×月×日						
监理审核意见	本次水准点复核闭合差在允许范围内，高程数据准确，符合规范要求。 监理工程师：（签名）××× 2026年×月×日						

3.2.11.9 水平方向角及距离观测记录

编号：××

<table>
<tr><td>仪器</td><td colspan="2">GPT-3102N</td><td>测站点</td><td>ZD1</td><td>观测者</td><td colspan="2">×××</td></tr>
<tr><td>天气</td><td colspan="4">晴</td><td>记录者</td><td colspan="2">×××</td></tr>
<tr><td>成像</td><td colspan="4">清晰</td><td>日期</td><td colspan="2">2026 年×月×日</td></tr>
<tr><td rowspan="2">照准点</td><td colspan="2">读数</td><td rowspan="2">左－右
2C
（° ′ ″）</td><td rowspan="2">左＋右
2C
（° ′ ″）</td><td colspan="2" rowspan="2">方向角
（° ′ ″）</td><td rowspan="2">备注</td></tr>
<tr><td>盘左（° ′ ″）</td><td>盘右（° ′ ″）</td></tr>
<tr><td>BM1</td><td>0°00′02″</td><td>180°00′04″</td><td>－2″</td><td>0°00′03″</td><td colspan="2">0°00′00″</td><td>后视基准点</td></tr>
<tr><td>TP1</td><td>45°12′35″</td><td>225°12′37″</td><td>－2″</td><td>45°12′36″</td><td colspan="2">45°12′33″</td><td>转点 1</td></tr>
<tr><td>TP2</td><td>92°34′18″</td><td>272°34′20″</td><td>－2″</td><td>92°34′19″</td><td colspan="2">92°34′16″</td><td>转点 2</td></tr>
<tr><td>BM2</td><td>156°48′50″</td><td>336°48′52″</td><td>－2″</td><td>156°48′51″</td><td colspan="2">156°48′48″</td><td>后视点</td></tr>
<tr><td colspan="8">距离观测</td></tr>
<tr><td>仪器</td><td colspan="2">GPT-3102N</td><td>仪器精度</td><td colspan="4">±2mm＋2ppm</td></tr>
<tr><td>照准点</td><td>一测回中数（m）</td><td></td><td>照准点</td><td>一测回中数（m）</td><td></td><td colspan="2"></td></tr>
<tr><td>BM1</td><td>125.685</td><td></td><td>TP1</td><td>89.452</td><td></td><td colspan="2"></td></tr>
<tr><td>TP2</td><td>102.367</td><td></td><td>BM2</td><td>156.789</td><td></td><td colspan="2"></td></tr>
</table>

3.2.11.10 四等水准测量记录

编号：××

工程名称	××高标准农田建设项目							
自 BM1 测至 TP1			天气	晴		日期	2026 年×月×日	
测站点号	后尺 下丝 / 上丝 后距 视距差 d	前尺 下丝 / 上丝 前距 $\sum d$	方向及尺号	水准尺读数 黑面	水准尺读数 红面	K＋黑－红	高差中数	备注
1	2184	2025	后 2	2069	6856	0		
	1954	1786	前 1	1906	6592	＋1		
	23	23.9	后－前	＋0.163	＋0.264	－1	0.1635	
	－0.9	－0.9						
			后					
			前					
			后－前					
			后					
			前					
			后－前					
			后					
			前					
			后－前					
			后					
			前					
			后－前					
			后					
			前					
			后－前					
			后					
			前					
			后－前					
测量人	×××							

3.2.11.11 测量放样记录

编号：××

<table>
<tr><td>工程名称</td><td colspan="3">××高标准农田建设项目</td><td>施工单位</td><td colspan="2">筑业××工程有限公司</td></tr>
<tr><td>部位（桩号）</td><td colspan="3">1#蓄水池</td><td>气温</td><td colspan="2">19℃～25℃</td></tr>
<tr><td rowspan="2">点号</td><td colspan="2">设计坐标</td><td colspan="2">放样与设计值偏差（mm）</td><td rowspan="2">设计高程（m）</td><td rowspan="2">高程偏差（mm）</td></tr>
<tr><td>X</td><td>Y</td><td>△x</td><td>△y</td></tr>
<tr><td>1</td><td>354212.000</td><td>4856321.700</td><td>＋2</td><td>－1</td><td>285.500</td><td>＋3</td></tr>
<tr><td>2</td><td>354218.000</td><td>4856327.500</td><td>＋1</td><td>0</td><td>285.500</td><td>＋2</td></tr>
<tr><td>3</td><td>354224.000</td><td>4856333.300</td><td>0</td><td>＋1</td><td>285.500</td><td>－1</td></tr>
<tr><td></td><td></td><td></td><td></td><td></td><td></td><td></td></tr>
<tr><td></td><td></td><td></td><td></td><td></td><td></td><td></td></tr>
<tr><td></td><td></td><td></td><td></td><td></td><td></td><td></td></tr>
<tr><td></td><td></td><td></td><td></td><td></td><td></td><td></td></tr>
<tr><td></td><td></td><td></td><td></td><td></td><td></td><td></td></tr>
<tr><td></td><td></td><td></td><td></td><td></td><td></td><td></td></tr>
<tr><td></td><td></td><td></td><td></td><td></td><td></td><td></td></tr>
<tr><td colspan="7">示意图：
（图略）</td></tr>
</table>

<table>
<tr><td rowspan="2">站点</td><td rowspan="2">××</td><td>X：354200.000</td><td rowspan="2">后视</td><td rowspan="2">××</td><td>X：354000.000</td></tr>
<tr><td>Y：4856300.000</td><td>Y：4856000.000</td></tr>
<tr><td>复核结论</td><td colspan="5">本次放样点位偏差及高程偏差均符合规范要求，结果合格。
测量：（签名）×××　　复核：（签名）×××
2026年×月×日</td></tr>
<tr><td>监理意见</td><td colspan="5">放样数据准确，偏差在允许范围内，同意进行后续施工。
监理工程师：（签名）×××
2026年×月×日</td></tr>
</table>

3.2.11.12 横坡度测量记录

编号：××

工程名称	××高标准农田建设项目								
施工单位	筑业××工程有限公司				监理单位	××建设监理有限公司			
里程桩号	偏距（m）	后视（m）	前视（m）	实测高程（m）	差值（mm）	设计横坡（%）	实测横坡（%）	差值（%）	备注
水准点控制点	0	1.256	/	285.000	/	/	/	/	基准点
K0＋100	－2.0	1.234	1.102	285.132	132	2	1.98	－0.02	左幅
K0＋100	0	1.234	1.085	285.149	149	2	2.01	＋0.01	中线
K0＋100	－2.0	1.234	1.068	285.166	166	2	2.00	0	右幅

观测：××× 记录：××× 复核：××× 监理工程师：×××

日期：2026年×月×日

3.2.11.13 原始地貌测量记录

编号：××

<table>
<tr><td>工程名称</td><td>××高标准农田建设项目</td><td>施测日期</td><td>2026 年×月×日</td></tr>
<tr><td colspan="4">测量依据及内容：
1. 测量依据：
（1）《工程测量标准》GB 50026—2020
（2）项目施工图纸及设计交底记录

2. 测量内容：
对××村 1#灌溉区的原始地面高程、地形地貌进行测量，布设 120 个测量点，为土地平整及土方量计算提供基础数据。</td></tr>
<tr><td colspan="4">测量记录：
共 120 个测点，完整数据见附件《××村 1#灌溉区原始地貌测量图》。</td></tr>
<tr><td colspan="4">检查意见：
本次测量点位布设合理，数据准确，记录完整，符合设计及规范要求，可作为后续土方工程施工依据。

监理机构：（名称及盖章） ××建设监理有限公司××高标准农田建设项目监理部
（印章：××建设监理有限公司 ××高标准农田建设项目监理部）

监理工程师：（签名）×××
日期：2026 年×月×日</td></tr>
</table>

3.2.12.1 地基验槽记录

编号：××

工程名称	××高标准农田建设项目		
分部工程名称	蓄水池	验槽部位	1#蓄水池建基面
单元工程名称	1#蓄水池基坑开挖	隐检日期	2026年×月×日

验槽内容：

1、基坑位置、平面尺寸：

基坑定位坐标与设计图纸一致，平面尺寸为12m×8m，偏差≤50mm，符合设计要求。

2、基槽开挖清基或凿毛情况：

基坑开挖至设计标高（−2.50m），基底为粉质黏土，已清除表层浮土及杂物，基底平整，无扰动。

施工单位：×××

草图或说明：（可附页）

（图略）

检查验收意见：

经五方单位验槽，基坑位置、尺寸、标高及基底土质均符合设计及勘察报告要求，承载力满足设计标准，同意进行下一步基础施工。

项目法人	监理单位	设计单位	勘察单位	施工单位
项目负责人： （签名） ××县农业农村局 ××× （公章） 2026年×月×日	总监理工程师： （签名） ××建设监理有限公司 ××× （公章） 2026年×月×日	项目负责人： （签名） ××设计研究院 ××× （公章） 2026年×月×日	项目负责人： （签名） ××地质勘察院 ××× （公章） 2026年×月×日	项目经理： （签名） ××市××工程有限公司 ××× （公章） 2026年×月×日

3.2.12.2 地基钎探记录

编号：××

工程名称	××高标准农田建设项目						
工程部位	1#蓄水池基础			施工单位	筑业××工程有限公司		
套锤重	10kg	自由落距	50cm	钎径	25mm	钎探日期	2026年×月×日
顺序号	各步锤数						
	0～30（cm）	31～60（cm）	61～90（cm）	91～120（cm）	121～150（cm）	151～180（cm）	181～210（cm）
1#	29	51	72	95	120		
2#	31	48	65	89	115		
3#	25	45	36	66	96		
技术负责人			施工员		记录人		
×××			×××		×××		

3.2.12.3 地基处理记录

编号：××

<table>
<tr><td>工程名称</td><td colspan="4">××高标准农田建设项目</td></tr>
<tr><td>施工单位</td><td colspan="2">筑业××工程有限公司</td><td>处理依据</td><td>图纸 S-002</td></tr>
<tr><td colspan="5">处理部位及简图：
1#蓄水池基坑东侧 K0＋050～K0＋150（面积约 120m²）。
该区域为软土地基，承载力不足。采用换填法处理，换填 30cm 厚碎石垫层，上铺土工布，再浇筑 10cm 厚 C15 混凝土垫层。
（简图附后）</td></tr>
<tr><td colspan="5">处理过程简述：
1. 开挖软土：清除该区域内深度 50cm 的软弱土层，基底平整并夯实。
2. 换填碎石：分层铺设 30cm 厚碎石垫层，每层厚度 15cm，采用振动压路机压实，压实系数≥0.94。
3. 浇筑垫层：浇筑 10cm 厚 C15 混凝土垫层，表面收光平整。
4. 承载力检测：处理完成后进行平板载荷试验，地基承载力特征值达到 180kPa，满足设计要求。</td></tr>
<tr><td colspan="5">检查意见：
经五方单位检查，该地基处理施工过程符合规范要求，承载力检测合格，同意进行后续基础施工。</td></tr>
<tr><td>项目法人</td><td>监理单位</td><td>勘察单位</td><td>设计单位</td><td>施工单位</td></tr>
<tr><td>项目负责人：
（签名）
×××
2026 年×月×日</td><td>总监理工程师：
（签名）
×××
2026 年×月×日</td><td>项目负责人：
（签名）
×××
2026 年×月×日</td><td>项目负责人：
（签名）
×××
2026 年×月×日</td><td>项目经理：
（签名）
×××
2026 年×月×日</td></tr>
</table>

3.2.12.4 混凝土浇筑开仓报审表

编号：××

<table>
<tr><td colspan="2">工程名称</td><td colspan="3">××高标准农田建设项目</td></tr>
<tr><td colspan="5">致：××建设监理有限公司××高标准农田建设项目监理部（监理机构）
我方下述工程混凝土浇筑准备工作已就绪，请贵方审批。</td></tr>
<tr><td colspan="2">单位工程名称</td><td>小型水源工程</td><td>分部工程名称</td><td>3#蓄水池</td></tr>
<tr><td colspan="2">单元工程名称</td><td>蓄水池底板混凝土浇筑</td><td>单元工程编码</td><td>××</td></tr>
<tr><td rowspan="11">申报意见</td><td colspan="2">主要内容</td><td colspan="2">准备情况</td></tr>
<tr><td colspan="2">备料情况</td><td colspan="2">原材料准备充分，满足全仓混凝土浇筑需求量。</td></tr>
<tr><td colspan="2">施工配合比</td><td colspan="2">采用C30 W4 F100混凝土，施工配合比报告（编号××）。</td></tr>
<tr><td colspan="2">检测准备</td><td colspan="2">现场坍落度桶、钢尺、含气量测定仪等检测设备已准备。</td></tr>
<tr><td colspan="2">基面/施工缝处理</td><td colspan="2">基面表面清理干净，无杂物、无积水、无油污，符合设计及规范要求。</td></tr>
<tr><td colspan="2">钢筋制作与安装</td><td colspan="2">钢筋绑扎符合设计及规范要求。</td></tr>
<tr><td colspan="2">模板安装</td><td colspan="2">模板支护牢固、严密，符合设计及规范要求。</td></tr>
<tr><td colspan="2">细部结构</td><td colspan="2">/</td></tr>
<tr><td colspan="2">预埋件（含止水安装、监测仪器安装）</td><td colspan="2">止水安装准确，已完成。</td></tr>
<tr><td colspan="2">混凝土系统准备</td><td colspan="2">混凝土系统调试完成，具备开仓条件。</td></tr>
<tr><td colspan="4">附件：自检资料

施工单位：（名称及盖章） 筑业××工程有限公司××高标准农田建设项目经理部

现场负责人：（签名）×××
日期：2026年×月×日</td></tr>
<tr><td>监理机构意见</td><td colspan="4">审批意见：
同意开仓。

监理机构：（名称及盖章） ××建设监理有限公司××高标准农田建设项目监理部

监理工程师：（签名）×××
日期：2026年×月×日</td></tr>
</table>

3.2.12.5 混凝土浇筑记录

编号：××

<table>
<tr><td>工程名称</td><td colspan="4">××高标准农田建设项目</td><td>施工单位</td><td colspan="8">筑业××工程有限公司</td></tr>
<tr><td>浇筑部位</td><td colspan="5">1#蓄水池底板</td><td colspan="4">混凝土技术指标</td><td colspan="4">C30 W4F100</td></tr>
<tr><td>浇筑开始时间</td><td colspan="4">2026年×月×日9时</td><td>浇筑完成时间</td><td colspan="8">2026年×月×日13时</td></tr>
<tr><td>天气情况</td><td colspan="2">晴</td><td colspan="2">室外气温（℃）</td><td>19</td><td colspan="4">混凝土完成数量（m^3）</td><td colspan="4">65</td></tr>
<tr><td rowspan="2">商品混凝土</td><td colspan="2">生产厂家</td><td colspan="11">××商砼有限公司</td></tr>
<tr><td colspan="2">运输单编号</td><td colspan="3">××</td><td colspan="4">配合比编号</td><td colspan="4">××</td></tr>
<tr><td>实测坍落度（mm）</td><td>140</td><td>138</td><td>142</td><td>139</td><td>含气量（%）</td><td>3.2</td><td>3.1</td><td>3.2</td><td>3.2</td><td></td><td></td><td></td><td></td></tr>
<tr><td>出机温度（℃）</td><td>22</td><td>21</td><td>20</td><td>21</td><td>浇注温度（℃）</td><td>20</td><td>19</td><td>21</td><td>20</td><td></td><td></td><td></td><td></td></tr>
<tr><td>坍落扩展度（mm）</td><td>/</td><td>/</td><td>/</td><td>/</td><td>扩展时间（s）</td><td>/</td><td>/</td><td>/</td><td>/</td><td></td><td></td><td></td><td></td></tr>
<tr><td>试件留置种类、数量、编号</td><td colspan="13">标准养护试件1组，编号：××
同条件养护试件1组，编号：××</td></tr>
<tr><td>混凝土浇筑中出现的问题及处理情况</td><td colspan="13">浇筑至11:20，发现一处模板接缝漏浆，立即暂停浇筑，对模板进行加固封堵，确认无渗漏后恢复浇筑，未对混凝土质量造成影响。</td></tr>
<tr><td>施工员</td><td colspan="4">×××</td><td>填表人</td><td colspan="8">×××</td></tr>
</table>

3.2.12.6 混凝土养护记录

编号：××

工程名称	××高标准农田建设项目	养护方式	洒水保湿养护
养护部位	××项目区1#蓄水池底板	浇筑完成时间	2026年×月×日 8:50
日期	养护时间	养护人	混凝土表面是否保持湿润状态
2026年×月×日	09:00	×××	是
2026年×月×日	14:00	×××	是
2026年×月×日	20:00	×××	是

3.2.12.7 混凝土养护测温记录

编号：××

工程名称	××高标准农田建设项目		
施工单位	筑业××工程有限公司	工程部位	1#蓄水池底板
测温方法	温度计	养护方法	综合蓄热法

测温时间			大气温度（℃）	测孔编号	测点温度（℃）										最大温差（℃）			测温间隔
月	日	时			1	2	3	4	5	…					内－外	内－表	表－外	
×	×	9	18	1#	38	37	36	39	37						21	20	1	2h
×	×	11	20	2#	37	36	35	38	36						19	18	1	2h
×	×	13	22	3#	35	34	37	35	36						17	16	1	2h

测温点布置示意图：

（图略）

施工员	×××	质检员	×××

说明：1. 内－外为混凝土内部温度与混凝土外部温度的最大差值。

2. 内－表最大温差为混凝土内部温度与混凝土表面温度的最大差值。

3. 表－外最大温差为混凝土表面温度与大气温度的最大差值。

3.2.12.8 混凝土拆模申请单

编号：××

<table>
<tr><td>工程名称</td><td colspan="5">××高标准农田建设项目</td></tr>
<tr><td>施工单位</td><td colspan="2">筑业××工程有限公司</td><td>申请拆模部位</td><td colspan="2">1#蓄水池池壁及顶板</td></tr>
<tr><td>混凝土强度等级</td><td>C30</td><td>混凝土浇筑完成时间</td><td>2026年×月×日</td><td>申请拆模日期</td><td>2026年×月×日</td></tr>
<tr><td rowspan="2">☑不承重侧模</td><td colspan="2">悬臂板、梁</td><td colspan="3">其他梁、板、拱</td></tr>
<tr><td>□跨度≤2m</td><td>□跨度>2m</td><td>□跨度≤2m</td><td>☑2m<跨度≤8m</td><td>□跨度>8m</td></tr>
<tr><td colspan="2">拆模时混凝土强度要求</td><td>龄期（d）</td><td>同条件混凝土抗压强度（MPa）</td><td>达到设计强度等级（%）</td><td>强度报告编号</td></tr>
<tr><td colspan="2">达到设计强度的<u>75</u>%
（或<u>22.5</u> MPa）</td><td>10</td><td>23.2</td><td>77.3</td><td>××</td></tr>
<tr><td colspan="6">审批意见：
经审核，1#蓄水池顶板同条件试块强度23.2MPa，达到C30设计强度的77.3%，满足规范要求，池壁侧模混凝土强度满足表面及棱角不受损伤要求，同意拆模。

批准拆模日期：2026年×月×日</td></tr>
</table>

技术负责人	质检员	监理工程师
×××	×××	×××

3.2.12.9 混凝土拆模记录

编号：××

<table>
<tr><td colspan="2">工程名称</td><td colspan="4">××高标准农田建设项目</td></tr>
<tr><td colspan="2">施工单位</td><td colspan="2">筑业××工程有限公司</td><td>施工部位</td><td>1#蓄水池池壁及顶板</td></tr>
<tr><td colspan="2">浇筑日期</td><td colspan="2">2026年×月×日</td><td>拆模日期</td><td>2026年×月×日</td></tr>
<tr><td>项次</td><td>检验项目</td><td colspan="4">检查（测）记录</td></tr>
<tr><td>1</td><td>表面平整度</td><td colspan="4">用2m靠尺检查，最大偏差3mm，符合规范要求。</td></tr>
<tr><td>2</td><td>形体尺寸</td><td colspan="4">池壁垂直度偏差2mm，顶板标高偏差＋1mm，符合设计要求。</td></tr>
<tr><td>3</td><td>重要部位缺损</td><td colspan="4">无缺损。</td></tr>
<tr><td>4</td><td>麻面、蜂窝</td><td colspan="4">局部有少量麻面，面积小于0.5%，不影响结构性能。</td></tr>
<tr><td>5</td><td>孔洞</td><td colspan="4">无孔洞。</td></tr>
<tr><td>6</td><td>错台、跑模、掉角</td><td colspan="4">模板接缝处错台最大1mm，无跑模、掉角现象。</td></tr>
<tr><td>7</td><td>表面裂缝</td><td colspan="4">无可见裂缝。</td></tr>
<tr><td colspan="2">质检员</td><td colspan="2">施工员</td><td colspan="2">记录人</td></tr>
<tr><td colspan="2">×××</td><td colspan="2">×××</td><td colspan="2">×××</td></tr>
</table>

3.2.12.10 土体加固注浆记录

编号：××

工程名称	××高标准农田建设项目						
施工单位	筑业××工程有限公司						
序号	部位	孔数	注浆时间	注浆压力（MPa）	注浆量（m³）	注浆深度（m）	备注
1	1#蓄水池基坑东侧边坡	8	08:30—11:30	0.4	12.6	5	
2	1#蓄水池基坑东侧边坡	6	13:00—15:30	0.4	9.2	5	
施工员	×××		质检员	×××	日期	2026年×月×日	

3.2.12.11 防腐层施工质量检查记录

编号：××

工程名称	××高标准农田建设项目		施工单位	筑业××工程有限公司			
管道（设备）规格	DN150 焊接钢管		防腐材料	环氧煤沥青涂料			
执行标准	《××规范》GB ××		防腐等级	加强级			
设计最小厚度（mm）	0.6		检查日期	2026 年×月×日			
设计检漏电压（kV）	20		实际检漏电压（kV）	20			
检查区域（桩号）	检查部位		检查与检测项目				
	本体	固定口	厚度（最小值）（mm）	电绝缘性检查	外观检查	粘结力检查	现场除锈
K0+000～K0+200	K0+120	弯头 K0+150	0.7	合格	合格	合格	Sa2.5 级

检查结论：

本次检查的 DN150 焊接钢管防腐层厚度、电绝缘性、外观及粘结力均符合设计及规范要求，防腐层施工质量合格。

技术负责人	质检员	施工员
×××	×××	×××

3.2.12.12　牺牲阳极埋设记录

编号：××

工程名称	××高标准农田建设项目			施工单位	筑业××工程有限公司		
序号	埋设位置（桩号）	阳极类型	规格	数量	埋设日期	阳极开路电位（-V）	备注
1	K0＋050	镁合金牺牲阳极	Φ114×600mm	1支	2026年×月×日	1.52	
2	K0＋250	镁合金牺牲阳极	Φ114×600mm	1支	2026年×月×日	1.51	
3	K0＋450	镁合金牺牲阳极	Φ114×600mm	1支	2026年×月×日	1.53	

技术负责人	质检员	施工员
×××	×××	×××

3.2.12.13 顶管施工记录

编号：××

工程名称		××高标准农田建设项目				施工单位		筑业××工程有限公司		
位置（桩号）		K0＋300～K＋500		管材		钢筋混凝土管		管径（mm）	1200	
顶进设备规格		200T 液压顶管机		顶进推力（N）		1800kN		顶进措施	触变泥浆减阻	
接管形式		企口连接		土质		粉质黏土		水文状况	地下水位 1.5m，无承压水	
日期（月日）	班次	进尺（m）	累计进尺（m）	中线位移偏差（mm）		管底高程偏差（mm）		相邻管间错口（mm）	对顶管节口（mm）	发生意外情况及采取的措施
				偏左	偏右	（＋）	（－）			
×月×日	1	1.2	1.2	2	/	1	/	1	/	无异常
×月×日	2	1.5	2.7	/	2	2	/	1	/	无异常
技术负责人		×××		质检员		×××		施工员	×××	

3.2.12.14 箱涵顶进施工记录

编号：××

工程名称	××高标准农田建设项目	施工单位	筑业××工程有限公司
箱涵断面尺寸（m×m）	2.5×2.0	顶进方式	中继间液压顶进
千斤顶配备	4 台×100T	箱体重量（t）	180
设计最大顶力（kN）	3500	记录开始日期	2026 年×月×日

日期（班次）		进尺（cm）	高程						中线		顶力（kN）	土质情况	备注
			前		中		后		左	右			
			设计	实际	设计	实际	设计	实际					
×日	早	25	0	+2	0	+1	0	+2	+1	0	1200	粉质黏土	
	中	30	0	+1	0	0	0	+1	0	+1	1500	粉质黏土	
	晚	28	0	0	0	−1	0	0	−1	0	1400	粉质黏土	
日	早												
	中												
	晚												
日	早												
	中												
	晚												
日	早												
	中												
	晚												
日	早												
	中												
	晚												
日	早												
	中												
	晚												

技术负责人	×××	质检员	×××	施工员	×××

3.2.12.15 管井井点降水记录

编号：××

工程名称		××高标准农田建设项目					施工单位		筑业××工程有限公司			
观测时间		地下水流量（m³/h）	各井点水位读数（m）			电压（V）	各泵电流读数				记事	观测记录者
时	分		1	2	…		1	2	3	…		
08	00	12.5	6.2	6.1		380	18.2	17.8			降水运行正常	×××
10	00	11.8	5.8	5.7		380	17.9	17.5			水位稳定下降	×××
12	00	11.2	5.4	5.3		380	17.6	17.2			降水效果良好	×××
14	00	10.5	5.0	4.9		380	17.3	16.9			水位趋于稳定	×××
16	00	10.0	4.8	4.7		380	17.0	16.6			满足施工要求	×××
实际抽水井数量：2 口　　气候：晴　　观测日期：2026 年×月×日												
备注		当日降水运行平稳，水位持续下降至设计要求以下，满足基坑开挖条件。										
监理工程师			技术负责人				质检员			施工员		
×××			×××				×××			×××		

3.2.12.16 施工记录（通用）

编号：××

<table>
<tr><td>工程名称</td><td colspan="3">××高标准农田建设项目</td></tr>
<tr><td>施工单位</td><td>筑业××工程有限公司</td><td>日期</td><td>2026年×月×日</td></tr>
<tr><td colspan="4">施工内容：
1#蓄水池周边DN150焊接钢管的管沟开挖及管道铺设工作，共铺设管道80m，完成3处弯头及2处三通的安装焊接，并对管道接口进行了防腐处理。</td></tr>
<tr><td colspan="4">施工依据与材质：
1. 设计图纸S-007。
2. 《××管道专项施工方案》。</td></tr>
<tr><td colspan="4">检查结果：
1. 管沟开挖深度及坡度符合设计要求，基底平整、无杂物。
2. 管道安装轴线偏差≤5mm，标高偏差≤3mm，满足规范要求。
3. 焊接接口经无损检测合格，防腐层厚度及电绝缘性检查合格。</td></tr>
<tr><td colspan="4">质量问题及处理意见：
1. 管沟局部地段遇软土，承载力不足。
对软土区域进行换填处理，换填30cm厚碎石垫层，经承载力检测合格后恢复管道铺设。
……</td></tr>
</table>

技术负责人	质检员	施工员
×××	×××	×××

3.2.13　设计交底记录

编号：××

<table>
<tr><td colspan="2">工程名称</td><td>××高标准农田建设项目</td><td>日　期</td><td>2026 年×月×日</td></tr>
<tr><td rowspan="4">参加人员</td><td>项目法人</td><td colspan="3">××县农业农村局</td></tr>
<tr><td>设计单位</td><td colspan="3">××设计研究院</td></tr>
<tr><td>施工单位</td><td colspan="3">筑业××工程有限公司</td></tr>
<tr><td>监理单位</td><td colspan="3">××建设监理有限公司</td></tr>
<tr><td colspan="2">主持人</td><td>×××</td><td>记录人</td><td>×××</td></tr>
<tr><td colspan="5">记录内容：
1. 关键技术要求
（1）灌溉渠衬砌采用 C25 混凝土，厚度 20cm，需做好伸缩缝处理，防止开裂。
（2）机耕路路基压实度不低于 93%，路面采用 15cm 厚透水混凝土砖。
（3）机耕桥基础为钻孔灌注桩，桩径 1.2m，桩端需进入中风化岩层不小于 1m。
2. 重点部位说明
（1）与现有农田水系衔接处，需提前测量高程，避免排水不畅。
（2）穿越机耕路的 PE 管道需加设钢套管保护，防止机械碾压破损。
3. 答疑环节
（1）施工单位提出：部分区域土壤承载力不足，设计单位答复可换填 30cm 厚碎石垫层。
（2）监理单位提出：图纸中部分坐标标注模糊，设计单位承诺 3 日内出具补充说明。

附件：设计单位交底文件</td></tr>
</table>

项目法人	监理单位	设计单位	施工单位
项目负责人：（签名） ××× （名称及盖章） ××县农业农村局 2026 年×月×日	总监理工程师：（签名） ××× （名称及盖章） ××建设监理有限公司 2026 年×月×日	项目负责人：（签名） ××× （名称及盖章） ××设计研究院 2026 年×月×日	项目经理：（签名） ××× （名称及盖章） ××建设集团有限公司 2026 年×月×日

3.2.13 设计交底记录

填表说明

1．监理机构应参加、主持或与项目法人联合主持召开设计交底会议，由设计单位进行设计文件的技术交底。

2．设计交底是指在工程施工前，由项目法人组织，施工图设计单位对设计意图、设计依据和设计要求等内容向监理单位和施工单位进行交底。

3．设计交底记录可按专业分别填写。

4．交底内容包括：

（1）施工现场的自然条件、工程地质及水文地质条件等。

（2）设计主导思想、建设要求与构思，使用的规范。

（3）设计建筑安全等级、抗震设防烈度、防火等级的确定。

（4）基础、结构、内外装修、设备（设备选型）和节能等设计情况介绍。

（5）提出对基础、结构及装修施工中应特别注意的事项，掌握工程关键部分的技术要求。

（6）对主要建筑材料、构配件和设备的要求，对使用新材料、新技术、新工艺的要求。

5．参加设计交底的各方代表应签字齐全，并分别加盖单位公章。

3.3 设备质量检查、安装记录

3.4.2.1 设备试运行记录

编号：××

工程名称	××高标准农田建设项目	项目法人	××县农业农村局
监理单位	××建设监理有限公司	施工单位	筑业××工程有限公司
设备名称 型号规格	离心式水泵 ISG100-160	安装单位	××安装有限公司
设备额定数据	流量：100m³/h，扬程：32m，功率：15kW	设备所在系统	田间灌溉输水系统
试运行时间	2026年×月×日09时00分开始 2026年×月×日11时30分结束		
试运行性质	□空负荷试运行 ☑负荷试运行	设备台数	1台

序号	重点检查项目	主要技术要求	试验结论
1	设备振动	轴承振动速度有效值≤4.5mm/s	合格
2	运行参数	流量、扬程达到额定值的95%以上	合格
3	密封性能	机械密封泄漏量≤5mL/h	合格

项目法人	监理单位	施工单位	安装单位
×××	×××	×××	×××

3.4.2.2 设备调试通用记录

编号：××

工程名称	××高标准农田建设项目		
项目法人	××县农业农村局	监理单位	××建设监理有限公司
设计单位	××设计研究院	施工单位	筑业××工程有限公司
工程部位	灌溉输水系统	调试项目	离心式水泵机组联动调试
设备或设施名称	离心式水泵	规格型号	ISG100-160
系统编号	XT-003	调试日期	2026年×月×日
调试内容及要求	1. 空载调试：检查水泵电机空载运行电流、振动、温度，确认无异常。 2. 负载调试：启动水泵，检查流量、扬程是否达到设计值（流量 $100m^3/h$，扬程 32m），管道及阀门无渗漏。 3. 联动调试：模拟水位自动控制，检查水泵启停逻辑是否正常，保护装置动作是否灵敏。 4. 连续运行：连续运行2h，监测轴承温度≤80℃，振动速度有效值≤4.5mm/s。		
调试结论	本次离心式水泵机组联动调试各项指标均符合设计及规范要求，空载及负载运行稳定，联动控制逻辑正常，保护装置动作灵敏，调试合格，具备投入运行条件。		

项目法人	监理单位	设计单位	施工单位	运行管理单位
×××	×××	×××	×××	×××

3.4.3 设备安装记录

编号：××

工程名称	××高标准农田建设项目				
项目法人	××县农业农村局		监理单位	××建设监理有限公司	
设备部位图号	S-005		施工单位	筑业××工程有限公司	
设备所在系统	田间灌溉输水系统		安装日期	2026年×月×日	
设备名称	离心式水泵	规格型号	ISG100-160	设备数量	1台

项次	项目	检查记录	验收结果
1	设备基础标高、平整度	标高偏差+2mm，平整度偏差1mm，符合设计要求。	合格
2	设备水平度调整	纵向水平度0.05mm/m，横向水平度0.04mm/m，符合规范要求。	合格
3	地脚螺栓紧固	扭矩值达到设计要求（45N·m），无松动。	合格
4	进出口管道连接	法兰密封良好，无渗漏，管道支撑牢固。	合格
5	电气接线	接线牢固，相序正确，接地电阻≤4Ω。	合格
6			

项次	项目	允许偏差	实测偏差										验收结果
			1	2	3	4	5	6	7	8	9	10	
1	水泵轴水平度	≤0.10mm/m	0.06	0.07	0.02	0.05	0.05	0.04	0.04	0.05	0.04	0.05	合格
2	联轴器同心度（径向）	≤0.08mm	0.03	0.04	0.02	0.02	0.02	0.01	0.03	0.04	0.06	0.07	合格
3	联轴器同心度（轴向）	≤0.06mm	0.05	0.04	0.02	0.02	0.01	0.02	0.02	0.02	0.01	0.05	合格
4													
5													
6													

项目法人	监理单位	施工单位
项目负责人：（签名） ××× 2026年×月×日	总监理工程师：（签名） ××× 2026年×月×日	项目经理：（签名） ××× 2026年×月×日

3.4 试验检测文件

3.5.5.1 混凝土配合比申请单、通知单

混凝土配合比申请单

委托编号：×× 编号：××

工程名称	××高标准农田建设项目			使用部位	田间灌溉渠衬砌工程
委托单位	筑业××工程有限公司			委托人	×××
设计强度等级	C25			要求坍落度或扩展度	120mm±20mm
其他技术要求	/				
搅拌方法	机械搅拌	浇捣方法	泵送+人工振捣	养护方法	洒水养护
水泥品种及强度等级	P·O 42.5	生产厂家/牌号	××水泥厂	试验编号	××
砂产地及种类	河砂（中砂）			试验编号	××
石产地及种类	碎石	最大粒径（mm）	20	试验编号	××
外加剂名称	/			试验编号	××
掺合料名称	/			试验编号	××
申请日期	2026年×月×日	使用日期	2026年×月×日	联系电话	137××

混凝土配合比通知单

试配编号：×× 编号：××

强度等级	C25	水胶比	0.45	水灰比	0.42	砂率	38%
材料名称	水泥	水	砂	石	外加剂	掺合料	
每 m^3 用量（kg/m^3）	280	118	720	1120	/	/	
每盘用量（kg）	140	59	360	560	/	/	
混凝土碱含量（kg/m^3）	2.1						

说明：

1. 本配合比基于砂含水率3%、石含水率1%的现场实测值调整。
2. 施工中需根据现场砂石含水率动态调整用水量，确保坍落度符合要求。

批准	×××	审核	×××	试验	×××
试验单位	××工程试验检测有限公司				
报告日期	2026年×月×日				

3.5.7.1 砂浆配合比申请单、通知单

砂浆配合比申请单

委托编号：××　　　　　　　　　　　　　　　　　　资料编号：××

<table>
<tr><td>工程名称</td><td colspan="3">××高标准农田建设项目</td><td>使用部位</td><td>预制 U 型渠砂浆抹缝</td></tr>
<tr><td>委托单位</td><td colspan="3">筑业××工程有限公司</td><td>委托人</td><td>×××</td></tr>
<tr><td>砂浆种类</td><td colspan="3">水泥砂浆</td><td>强度等级</td><td>M10</td></tr>
<tr><td>水泥品种</td><td colspan="3">P·O 42.5</td><td>生产厂家</td><td>××水泥厂</td></tr>
<tr><td>水泥进场日期</td><td colspan="3">2026 年×月×日</td><td>试验编号</td><td>××</td></tr>
<tr><td>砂产地</td><td>××砂石厂</td><td>粗细级别</td><td>中砂</td><td>试验编号</td><td>××</td></tr>
<tr><td rowspan="2">掺合料种类</td><td colspan="3">/</td><td rowspan="2">外加剂种类</td><td>/</td></tr>
<tr><td colspan="3">/</td><td>/</td></tr>
<tr><td>申请日期</td><td colspan="3">2026 年×月×日</td><td>要求使用日期</td><td>2026 年×月×日</td></tr>
<tr><td>技术负责人</td><td colspan="3">×××</td><td>质检员</td><td>×××</td></tr>
</table>

砂浆配合比通知单

试配编号：××　　　　　　　　　　　　　　　　　　资料编号：××

<table>
<tr><td>强度等级</td><td colspan="4">M10</td><td colspan="2">试验日期</td><td colspan="2">2026 年×月×日</td></tr>
<tr><td colspan="9">配合比</td></tr>
<tr><td>材料名称</td><td>水泥</td><td>水</td><td>砂</td><td>白灰膏</td><td colspan="2">掺合料</td><td colspan="2">外加剂</td></tr>
<tr><td>每立方米用量（kg/m³）</td><td>275</td><td>300</td><td>1450</td><td></td><td></td><td></td><td></td><td></td></tr>
<tr><td>比例</td><td>1</td><td>1.09</td><td>5.27</td><td></td><td></td><td></td><td></td><td></td></tr>
<tr><td colspan="9">备注：</td></tr>
<tr><td>批准</td><td>×××</td><td>审核</td><td colspan="2">×××</td><td>试验</td><td colspan="3">×××</td></tr>
<tr><td>检测试验机构</td><td colspan="8">××工程试验检测有限公司</td></tr>
<tr><td>报告日期</td><td colspan="8">2026 年×月×日</td></tr>
</table>

3.5.9 混凝土强度统计评定记录

编号：××

<table>
<tr><td>工程名称</td><td colspan="4">××高标准农田建设项目</td><td>施工单位</td><td colspan="4">筑业××工程有限公司</td></tr>
<tr><td>部位</td><td colspan="3">1#灌溉干渠衬砌</td><td>强度等级</td><td>C25</td><td>养护方法</td><td>标准养护</td><td>日期</td><td>2026 年×月×日</td></tr>
<tr><td>试块组数</td><td>设计强度</td><td>平均值</td><td>标准差</td><td>合格判定系数</td><td>最小值</td><td colspan="4">评定数据</td></tr>
<tr><td>n=12</td><td>$f_{cu,k}$=25MPa</td><td>m_{fcu}=26.9MPa</td><td>S_{fcu}=2.5MPa</td><td>λ_1=1.15
λ_2=0.95</td><td>$f_{cu,min}$=25.8</td><td>$f_{cu,k}+\lambda_1\times S_{fcu}$=27.9</td><td>$\lambda_2\times f_{cu,k}$=22.5</td><td>$\lambda_3\times f_{cu,k}$=/</td><td>$\lambda_4\times f_{cu,k}$=/</td></tr>
</table>

每组强度值（MPa）

26.8	27.2	26.5	27.5	26.9	27.1	26.7	27.3	26.6	27.0	25.8	27.4													

<table>
<tr><td colspan="2">评定依据：《混凝土强度检验评定标准》GB/T 50107—2010
1. 统计组数 $n\geqslant10$ 组时：$m_{fcu}\geqslant f_{cu,k}+\lambda_1\times S_{fcu}$；$f_{cu,min}\geqslant\lambda_2\times f_{cu,k}$
2. 非统计方法：$m_{fcu}\geqslant\lambda_3\times f_{cu,k}$；$f_{cu,min}\geqslant\lambda_4\times f_{cu,k}$</td><td>结论</td><td>合格。</td></tr>
<tr><td>技术负责人</td><td>×××</td><td>质检员</td><td>×××</td></tr>
</table>

3.5.10 砂浆试块强度统计评定记录

编号：××

<table>
<tr><td>工程名称</td><td colspan="4">××高标准农田建设项目</td><td>施工单位</td><td colspan="4">筑业××工程有限公司</td></tr>
<tr><td>部位</td><td colspan="2">检查井井体</td><td>强度等级</td><td>M7.5</td><td>养护方法</td><td colspan="2">标准养护</td><td>日期</td><td>2026 年×月×日</td></tr>
<tr><td colspan="2">试验组数</td><td colspan="2">设计强度（MPa）</td><td colspan="2">平均值（MPa）</td><td colspan="2">最小值（MPa）</td><td colspan="2">评定数据</td></tr>
<tr><td colspan="2">n=48</td><td colspan="2">f_2=7.5</td><td colspan="2">$f_{2,m}$=9.07</td><td colspan="2">$f_{2,min}$=8.4</td><td colspan="2">0.85 f_2=6.375MPa</td></tr>
<tr><td colspan="10">每组强度值（MPa）</td></tr>
<tr><td>9.3</td><td>9.4</td><td>9.4</td><td>9.3</td><td>9.2</td><td>9.1</td><td>9.3</td><td>9.2</td><td>8.6</td><td>8.4</td></tr>
<tr><td>8.5</td><td>9.3</td><td>9.1</td><td>8.6</td><td>8.7</td><td>8.6</td><td>9.0</td><td>9.1</td><td>9.2</td><td>9.3</td></tr>
<tr><td>8.7</td><td>8.8</td><td>9.3</td><td>9.2</td><td>9.2</td><td>8.7</td><td>8.6</td><td>9.1</td><td>9.3</td><td>9.2</td></tr>
<tr><td>8.7</td><td>8.8</td><td>9.3</td><td>9.2</td><td>8.7</td><td>8.8</td><td>9.8</td><td>10.2</td><td>9</td><td>9.6</td></tr>
<tr><td>9.1</td><td>9.2</td><td>9.5</td><td>8.6</td><td>8.7</td><td>8.8</td><td>9.5</td><td>9.3</td><td></td><td></td></tr>
<tr><td></td><td></td><td></td><td></td><td></td><td></td><td></td><td></td><td></td><td></td></tr>
<tr><td colspan="5">评定依据：《砌体结构工程施工质量验收规范》GB 50203—2011
1．同品种、同砂浆强度，各组试块的平均值 $f_{2,m}$≥1.1f_2；
2．任意一组试块强度 $f_{2,min}$≥0.85f_2；
3．仅有一组试块时其强度不应低于 1.1f_2。</td><td>结论</td><td colspan="4">合格。</td></tr>
<tr><td>施工项目技术负责人</td><td colspan="2">×××</td><td>制表</td><td>×××</td><td>计算</td><td colspan="2">×××</td><td>日期</td><td>2026 年×月×日</td></tr>
</table>

3.5.11.14　混凝土开盘鉴定

编号：××

<table>
<tr><td>工程名称</td><td colspan="3">××高标准农田建设项目</td><td>鉴定编号</td><td colspan="4">××</td></tr>
<tr><td>生产单位</td><td colspan="3">筑业××工程有限公司</td><td>搅拌方式</td><td colspan="4">机械搅拌</td></tr>
<tr><td>强度等级</td><td colspan="3">C25</td><td>要求坍落度</td><td colspan="4">120mm±20mm</td></tr>
<tr><td>配合比编号</td><td colspan="3">××</td><td>试配单位</td><td colspan="4">××搅拌站</td></tr>
<tr><td>水灰比</td><td colspan="3">0.42</td><td>砂率（%）</td><td colspan="4">38</td></tr>
<tr><td>材料名称</td><td>水泥</td><td>砂</td><td>石</td><td>水</td><td colspan="2">外加剂</td><td colspan="2">掺合料</td></tr>
<tr><td>每盘用料（kg）</td><td>280</td><td>720</td><td>1120</td><td>118</td><td>/</td><td>/</td><td>/</td><td>/</td></tr>
<tr><td rowspan="2">调整后每盘用料（kg）</td><td colspan="8">砂含水率：3%　　石含水率：1%</td></tr>
<tr><td>100</td><td>264.86</td><td>404</td><td>30.43</td><td>/</td><td>/</td><td>/</td><td>/</td></tr>
</table>

<table>
<tr><td rowspan="4">鉴定结果</td><td rowspan="2">鉴定项目</td><td colspan="3">混凝土拌合物性能</td><td rowspan="2">混凝土试块抗压强度（MPa）</td><td rowspan="2">原材料与申请单是否相符</td></tr>
<tr><td>坍落度</td><td>工作性</td><td>初凝时间</td></tr>
<tr><td>设计</td><td>120mm±20mm</td><td>良好，无离析、泌水</td><td>≥3h</td><td rowspan="2">26.8</td><td rowspan="2">是</td></tr>
<tr><td>实测</td><td>130mm</td><td>良好，无离析、泌水</td><td>3.5h</td></tr>
</table>

鉴定结论：

同意开盘。

<table>
<tr><td colspan="2">混凝土生产单位技术负责人</td><td>搅拌机组负责人</td></tr>
<tr><td colspan="2">×××</td><td>×××</td></tr>
<tr><td>日期</td><td colspan="2">2026年×月×日</td></tr>
</table>

3.5.11.15　混凝土回弹法试验记录

编号：××

<table>
<tr><td colspan="2">工程名称</td><td colspan="9">××高标准农田建设项目</td><td colspan="2">量测日期</td><td colspan="2">2026年×月×日</td></tr>
<tr><td colspan="2">回弹仪型号</td><td colspan="3">HT225</td><td colspan="2">回弹仪检定证号</td><td colspan="2">××</td><td>施工日期</td><td colspan="2">2026年×月×日</td><td>检测角度（°）</td><td colspan="2">0</td></tr>
<tr><td colspan="2">结构类型</td><td colspan="3">现浇混凝土渠道衬砌</td><td colspan="2">设计强度等级（MPa）</td><td colspan="2">C25</td><td>检测日期</td><td colspan="2">2026年×月×日</td><td>测面状况</td><td colspan="2">干燥、平整</td></tr>
<tr><td colspan="2">测区位置</td><td colspan="9">初始回弹值</td><td colspan="2">回弹修正</td><td rowspan="2">碳化深度（mm）</td><td rowspan="2">强度换算值</td></tr>
<tr><td>编号</td><td>测区部位</td><td>1</td><td>2</td><td>3</td><td>4</td><td>5</td><td>6</td><td>7</td><td>8</td><td>平均值</td><td>检测角度</td><td>测面状况</td></tr>
<tr><td rowspan="2">1</td><td rowspan="2">灌溉渠段
K0＋100～K0＋150
左侧衬砌</td><td>28</td><td>27</td><td>28</td><td>29</td><td>30</td><td>27</td><td>26</td><td>28</td><td rowspan="2">28</td><td rowspan="2">0°</td><td rowspan="2">干燥</td><td rowspan="2">2.0</td><td rowspan="2">28MPa</td></tr>
<tr><td>27</td><td>25</td><td>28</td><td>27</td><td>29</td><td>31</td><td>32</td><td>28</td></tr>
<tr><td rowspan="2">2</td><td rowspan="2">灌溉渠段
K0＋150～K0＋200
右侧衬砌</td><td>29</td><td>27</td><td>28</td><td>25</td><td>25</td><td>26</td><td>27</td><td>28</td><td rowspan="2">27</td><td rowspan="2">0°</td><td rowspan="2">干燥</td><td rowspan="2">1.8</td><td rowspan="2">27MPa</td></tr>
<tr><td>31</td><td>29</td><td>28</td><td>29</td><td>28</td><td>27</td><td>26</td><td>26</td></tr>
<tr><td rowspan="2">3</td><td rowspan="2"></td><td></td><td></td><td></td><td></td><td></td><td></td><td></td><td></td><td rowspan="2"></td><td rowspan="2"></td><td rowspan="2"></td><td rowspan="2"></td><td rowspan="2"></td></tr>
<tr><td></td><td></td><td></td><td></td><td></td><td></td><td></td><td></td></tr>
<tr><td rowspan="2">4</td><td rowspan="2"></td><td></td><td></td><td></td><td></td><td></td><td></td><td></td><td></td><td rowspan="2"></td><td rowspan="2"></td><td rowspan="2"></td><td rowspan="2"></td><td rowspan="2"></td></tr>
<tr><td></td><td></td><td></td><td></td><td></td><td></td><td></td><td></td></tr>
<tr><td colspan="4">技术负责人</td><td colspan="6">质检员</td><td colspan="5">监理工程师</td></tr>
<tr><td colspan="4">×××</td><td colspan="6">×××</td><td colspan="5">×××</td></tr>
</table>

3.5.11.16　混凝土含气量试验记录

编号：××

委托单位	筑业××工程有限公司	委托编号	××
工程名称	××高标准农田建设项目	记录编号	××
检验依据	《××规范》GB ××	检验日期	2026年×月×日
规格种类	C25泵送混凝土	掺量	聚羧酸减水剂0.2%

1、骨料含气量

细骨料质量（g）	粗骨料质量（g）	骨料含气量 A_g（%）		含气量平均值 A_g（%）
		1	2	
1000	1500	1.2	1.4	1.3

2、原材料及配合比

材料名称	水	水泥	砂	石		掺合料	外加剂
品种、规格	饮用水	P·O 42.5	中砂	碎石		/	聚羧酸减水剂
配合比（kg/m³）	118	280	720	1120		/	5.6

3、含气量

混凝土拌和物含气量测定值 A_0（%）			含气量平均值 A_0（%）
1	2	3	
4.2	4.0	4.1	4.1

4、混凝土拌合物含气量计算	$A=A_0-A_g=2.8\%$

结论：

本次检测的C25混凝土拌合物含气量为2.8%，符合设计及规范要求。

批准	×××	审核	×××	试验	×××
检测试验机构	××工程试验检测有限公司				
报告日期	2026年×月×日				

3.5.11.17 管道注水法试验记录

编号：××

<table>
<tr><td colspan="2">工程名称</td><td colspan="3">××高标准农田建设项目</td><td>施工单位</td><td>筑业××工程有限公司</td></tr>
<tr><td colspan="2">桩号及地段</td><td colspan="3">××村1#灌溉区2#干管</td><td>试验日期</td><td>2026年×月×日</td></tr>
<tr><td colspan="3">管道内径（mm）</td><td>管道种类</td><td colspan="2">接口种类</td><td>试验段长度（m）</td></tr>
<tr><td colspan="3">200</td><td>PE</td><td colspan="2">热熔连接</td><td>280</td></tr>
<tr><td colspan="3">工作压力（MPa）</td><td>试验压力（MPa）</td><td colspan="2">15分钟降压值（MPa）</td><td>允许渗水量
[L/（min·km）]</td></tr>
<tr><td colspan="3">1</td><td>1.5</td><td colspan="2">0.02</td><td>0.06</td></tr>
<tr><td rowspan="7">渗水量测定记录</td><td>次数</td><td>达到试验压力的时间 t_1</td><td>恒压结束时间 t_2</td><td>恒压时间 T（min）</td><td>恒压时间内注入的水量 W（L）</td><td>实测渗水量 q
[L/（min·km）]</td></tr>
<tr><td>1</td><td>16:15</td><td>16:45</td><td>30</td><td>0.4</td><td>0.048</td></tr>
<tr><td>2</td><td>16:55</td><td>17:35</td><td>40</td><td>0.7</td><td>0.063</td></tr>
<tr><td>3</td><td>17:45</td><td>18:15</td><td>30</td><td>0.5</td><td>0.060</td></tr>
<tr><td>4</td><td></td><td></td><td></td><td></td><td></td></tr>
<tr><td>5</td><td></td><td></td><td></td><td></td><td></td></tr>
<tr><td colspan="6">折合平均实测渗水量 0.057L/（min·km）</td></tr>
<tr><td colspan="2">外观</td><td colspan="5">将试验压力降至工作压力并保持恒压30min，检查管道接口无漏水、损坏现象，支墩、管身及接口无异常现象。</td></tr>
<tr><td colspan="2">试验结论</td><td colspan="5">符合设计及《给水排水管道工程施工及验收规范》GB 50268—2008要求，试验合格。</td></tr>
<tr><td colspan="2">项目法人</td><td>监理单位</td><td>设计单位</td><td colspan="2">施工单位</td><td>运行管理单位</td></tr>
<tr><td colspan="2">×××</td><td>×××</td><td>×××</td><td colspan="2">×××</td><td>×××</td></tr>
</table>

3.5.11.18 管道闭水试验记录

编号：××

<table>
<tr><td colspan="2">工程名称</td><td colspan="5">××高标准农田建设项目</td></tr>
<tr><td colspan="2">施工单位</td><td colspan="2">筑业××工程有限公司</td><td>试验日期</td><td colspan="2">2026 年×月×日</td></tr>
<tr><td colspan="2">桩号及地段</td><td colspan="5">××村 5#灌溉区 1#干管</td></tr>
<tr><td colspan="2">管道内径（mm）</td><td colspan="2">管材种类</td><td>接口种类</td><td colspan="2">试验段长度（m）</td></tr>
<tr><td colspan="2">500</td><td colspan="2">钢筋混凝土管道</td><td>承插式</td><td colspan="2">35</td></tr>
<tr><td colspan="3">试验段上游设计水头（m）</td><td colspan="2">试验水头（m）</td><td colspan="2">允许渗漏量[m^3 /（24h · km）]</td></tr>
<tr><td colspan="3">2</td><td colspan="2">4</td><td colspan="2">27.95</td></tr>
<tr><td rowspan="8">渗水量测定记录</td><td>次数</td><td>观测起始时间 T_1</td><td>观测结束时间 T_2</td><td>恒压时间 T（min）</td><td>恒压时间内补入的水量 W（L）</td><td>实测渗水量 q [m^3 /（24h · km）]</td></tr>
<tr><td>1</td><td>08:30</td><td>09:00</td><td>30</td><td>11.1</td><td>15.223</td></tr>
<tr><td>2</td><td>09:30</td><td>10:00</td><td>30</td><td>10.5</td><td>14.400</td></tr>
<tr><td>3</td><td></td><td></td><td></td><td></td><td></td></tr>
<tr><td>4</td><td></td><td></td><td></td><td></td><td></td></tr>
<tr><td>5</td><td></td><td></td><td></td><td></td><td></td></tr>
<tr><td>6</td><td></td><td></td><td></td><td></td><td></td></tr>
<tr><td colspan="6">折合平均实测渗水量 14.812[m^3 /（24h · km）]</td></tr>
<tr><td colspan="2">外观记录</td><td colspan="5">试验时未见明显渗漏现象。</td></tr>
<tr><td colspan="2">试验结论</td><td colspan="5">符合设计及《给水排水管道工程施工及验收规范》GB 50268—2008 要求，试验合格。</td></tr>
<tr><td colspan="2">项目法人</td><td>监理单位</td><td>设计单位</td><td>施工单位</td><td colspan="2">运行管理单位</td></tr>
<tr><td colspan="2">×××</td><td>×××</td><td>×××</td><td>×××</td><td colspan="2">×××</td></tr>
</table>

3.5.11.20 机井抽水试验记录

编号：××

工程名称	××高标准农田建设项目				
施工单位	筑业××工程有限公司		水井编号	××	
水泵型号	JJ-003		试验日期	2026年×月×日	
时间	水位（m）	水量（m^3/h）	水温（℃）	气温（℃）	备注
08:00	12.5	0	15	15	
09:00	10.2	40	16	16	
10:00	10.0	41	14	18	
12:00	10.0	42	14	21	
14:00	10.2	40	13	22	
14:30	10.8	40	14	21	
15:00	11.9	41	15	20	
结论	本次抽水试验表明，××号机井在抽水运行 60min 后水位趋于稳定，稳定水位为 10.0m，稳定出水量为 $40m^3/h$，符合农田灌溉设计要求。				

项目法人	监理单位	设计单位	施工单位
×××	×××	×××	×××

3.5.11.21 蓄水试验记录

编号：××

工程名称	××高标准农田建设项目		
施工单位	筑业××工程有限公司		
水池名称	1#蓄水池	注水日期	2026年×月×日
水池结构	钢筋混凝土结构	允许渗水量 [L/（m^2·d）]	2.0
水池平面尺寸	20m×15m	水面面积A_1（m^2）	300
水深（m）	3.5	湿润面积A_2（m^2）	245
测读记录	初读数	末读数	两次读数差
测读时间	2026年×月×日 09时30分	2026年×月×日 09时30分	—
水池水位E（mm）	3500	3492	−8
蒸发水箱水位e（mm）	1200	1195	−5
大气温度（℃）	18	19	1
水温（℃）	16	17	1
实际渗水量q（m^3/d）	1.10	占允许量的百分率（%）	55
项目法人	监理单位	设计单位	施工单位
×××	×××	×××	×××

3.5.11.21 蓄水试验记录

填表说明

依据《给水排水构筑物工程施工及验收规范》GB 50141—2008规定：

9.2.1 满水试验的准备应符合下列规定：

1 选定洁净、充足的水源；注水和放水系统设施及安全措施准备完毕；

2 有盖池体顶部的通气孔、人孔盖已安装完毕，必要的防护设施和照明等标志已配备齐全；

3 安装水位观测标尺，标定水位测针；

4 现场测定蒸发量的设备应选用不透水材料制成，试验时固定在水池中；

5 对池体有观测沉降要求时，应选定观测点，并测量记录池体各观测点初始高程。

9.2.2 池内注水应符合下列规定：

1 向池内注水应分三次进行，每次注水为设计水深的1/3；对大、中型池体，可先注水至池壁底部施工缝以上，检查底板抗渗质量，无明显渗漏时，再继续注水至第一次注水深度；

2 注水时水位上升速度不宜超过2m/d；相邻两次注水的间隔时间不应小于24h；

3 每次注水应读24h的水位下降值，计算渗水量，在注水过程中和注水以后，应对池体做外观和沉降量检测；发现渗水量或沉降量过大时，应停止注水，待作出妥善处理后方可继续注水；

4 设计有特殊要求时，应按设计要求执行。

9.2.3 水位观测应符合下列规定：

1 利用水位标尺测针观测、记录注水时的水位值；

2 注水至设计水深进行水量测定时，应采用水位测针测定水位，水位测针的读数精确度应达1/10mm；

3 注水至设计水深24h后，开始测读水位测针的初读数；

4 测读水位的初读数与末读数之间的间隔时间应不少于24h；

5 测定时间必须连续。测定的渗水量符合标准时，须连续测定两次以上；测定的渗水量超过允许标准，而以后的渗水量逐渐减少时，可继续延长观测；延长观测的时间应在渗水量符合标准时止。

9.2.4 蒸发量测定应符合下列规定：

1 池体有盖时蒸发量忽略不计；

2 池体无盖时，必须进行蒸发量测定；

3 每次测定水池中水位时，同时测定水箱中的水位。

9.2.5 渗水量计算应符合下列规定：水池渗水量按下式计算：

$$q=\frac{A_1}{A_2}\left[(E_1-E_2)-(e_1-e_2)\right] \tag{9.2.5}$$

式中：q —— 渗水量[L/（m²·d）]；

A_1 —— 水池的水面面积（m²）；

A_2 —— 水池的浸湿总面积（m²）；

E_1 —— 水池中水位测针的初读数（mm）；

E_2 —— 测读E_1后24h水池中水位测针的末读数（mm）；

e_1 —— 测读E_1时水箱中水位测针的读数（mm）；

e_2 —— 测读E_2时水箱中水位测针的读数（mm）。

9.2.6 满水试验合格标准应符合下列规定：

1 水池渗水量计算应按池壁（不含内隔墙）和池底的浸湿面积计算；

2 钢筋混凝土结构水池渗水量不得超过2L/（m²·d）；砌体结构水池渗水量不得超过3L/（m²·d）。

3.5.11.22 水压试验记录

编号：××

<table>
<tr><td>工程名称</td><td colspan="8">××高标准农田建设项目</td></tr>
<tr><td>施工单位</td><td colspan="4">筑业××工程有限公司</td><td>监理（建设）单位</td><td colspan="3">××建设监理有限公司</td></tr>
<tr><td>环境温度</td><td colspan="4">18℃</td><td>试验日期</td><td colspan="3">2026年×月×日</td></tr>
<tr><td>试验部位</td><td>规格型号</td><td>试验介质</td><td>工作压力（MPa）</td><td>试验类别</td><td>试验压力（MPa）</td><td>试验起止时间</td><td>压力降（MPa）</td><td>检查结论</td></tr>
<tr><td rowspan="2">输水管道K0+000～K0+500</td><td rowspan="2">DN110 PE管</td><td rowspan="2">自来水</td><td rowspan="2">1.0</td><td>强度</td><td>1.5</td><td>09:00—10:00</td><td>0</td><td>合格</td></tr>
<tr><td>严密性</td><td>1.1</td><td>10:00—12:00</td><td>0.02</td><td>合格</td></tr>
<tr><td rowspan="2">输水管道K0+500～K1+000</td><td rowspan="2">DN110 PE管</td><td rowspan="2">自来水</td><td rowspan="2">1.0</td><td>强度</td><td>1.5</td><td>13:00—14:00</td><td>0</td><td>合格</td></tr>
<tr><td>严密性</td><td>1.1</td><td>14:00—16:00</td><td>0.01</td><td>合格</td></tr>
<tr><td rowspan="2"></td><td rowspan="2"></td><td rowspan="2"></td><td rowspan="2"></td><td>强度</td><td></td><td></td><td></td><td></td></tr>
<tr><td>严密性</td><td></td><td></td><td></td><td></td></tr>
<tr><td rowspan="2"></td><td rowspan="2"></td><td rowspan="2"></td><td rowspan="2"></td><td>强度</td><td></td><td></td><td></td><td></td></tr>
<tr><td>严密性</td><td></td><td></td><td></td><td></td></tr>
<tr><td rowspan="2"></td><td rowspan="2"></td><td rowspan="2"></td><td rowspan="2"></td><td>强度</td><td></td><td></td><td></td><td></td></tr>
<tr><td>严密性</td><td></td><td></td><td></td><td></td></tr>
<tr><td rowspan="2"></td><td rowspan="2"></td><td rowspan="2"></td><td rowspan="2"></td><td>强度</td><td></td><td></td><td></td><td></td></tr>
<tr><td>严密性</td><td></td><td></td><td></td><td></td></tr>
<tr><td rowspan="2"></td><td rowspan="2"></td><td rowspan="2"></td><td rowspan="2"></td><td>强度</td><td></td><td></td><td></td><td></td></tr>
<tr><td>严密性</td><td></td><td></td><td></td><td></td></tr>
<tr><td rowspan="2"></td><td rowspan="2"></td><td rowspan="2"></td><td rowspan="2"></td><td>强度</td><td></td><td></td><td></td><td></td></tr>
<tr><td>严密性</td><td></td><td></td><td></td><td></td></tr>
</table>

项目法人	监理单位	设计单位	施工单位
×××	×××	×××	×××

3.5.11.22 水压试验记录

填表说明

1．试验要求：

（1）对管灌工程，塑料管道试水压力应为管道系统设计工作压力（含水锤压力），保压时间不应小于1h，管道试水时，环境气温应不低于5℃。

（2）对喷灌工程，高密度聚乙烯塑料管道（HDPE）试验压力不应小于管道设计工作压力的1.7倍；低密度聚乙烯塑料管道（LDPE、LLDPE）试验压力不应小于管道设计工作压力的2.5倍；其他管材的管道试验压力不应小于管道设计工作压力的1.5倍，试验压力保压10min。

（3）对微灌工程，试压的水压力不应小于管道设计压力的1.25倍，并保持10min。

2．设备仪表工作正常，连接管路密封良好，无渗漏。

3.5.11.25 原材料及中间产品试验台账

编号：××

工程名称		××高标准农田建设项目						施工单位		筑业××工程有限公司				
序号	材料名称	规格型号	使用部位	代表数量	取样日期	试验日期	试验编号	试验结果	见证记录编号	试件编号	报告是否取回	结果确认	质检负责人	备注
1	水泥	P·O 42.5	灌溉渠衬砌	50t	2026年×月×日	2026年×月×日	××	合格	××	××	是	合格	×××	
2	钢筋	HRB400 Φ12mm	蓄水池基础	8t	2026年×月×日	2026年×月×日	××	合格	××	××	是	合格	×××	
3	PE管道	DN110 PN 1.0MPa	输水管道	1200m	2026年×月×日	2026年×月×日	××	合格	××	××	是	合格	×××	
4	C25混凝土	/	蓄水池基础	85m^3	2026年×月×日	2026年×月×日	××	合格	××	××	是	合格	×××	

3.5.11.26　钢筋连接试验台账

编号：××

工程名称		××高标准农田建设项目						施工单位		筑业××工程有限公司				
序号	连接方式	规格型号	施工部位	代表数量	取样日期	试验日期	试验编号	试验结果	见证记录编号	试件编号	报告是否取回	结果确认	质检负责人	备注
1	机械连接	HRB400 Φ20mm	机耕桥桥墩	150 个	2026 年×月×日	2026 年×月×日	××	合格	××	××	是	合格	×××	

3.5.11.27 压实度试验台账

编号：××

工程名称		××高标准农田建设项目							施工单位		筑业××工程有限公司			
序号	试样编号	取样部位	土样种类	取样日期	试验日期	试验编号	干密度（g/cm³）	压实度（%）	报告是否取回	见证记录编号	试件编号	结果确认	质检负责人	备注
1	××	1#蓄水池地基	粉质黏土	2026年×月×日	2026年×月×日	××	1.82	96	是	××	××	合格	×××	
2	××	3#泵房地基	粉质黏土	2026年×月×日	2026年×月×日	××	1.80	95	是	××	××	合格	×××	
3	××	3#机耕路路基	粉砂土	2026年×月×日	2026年×月×日	××	1.81	96	是	××	××	合格	×××	

3.5.11.28　混凝土抗压强度试验台账

编号：××

工程名称		××高标准农田建设项目								施工单位		筑业××工程有限公司			
序号	试件编号	设计指标	施工部位	浇筑方量（m^3）	配合比号	坍落度（mm）	成型日期	送检日期	试验日期	龄期（d）	抗压强度（MPa）	达到设计强度（%）	试验编号	报告是否取回	质检负责人	备注
1	××	C25	1#蓄水池池壁	56	××	128	2026年×月×日	2026年×月×日	2026年×月×日	28	26.8	107.2	××	是	×××	
2	××	C25	3#泵站基础	25	××	135	2026年×月×日	2026年×月×日	2026年×月×日	28	27.2	108.8	××	是	×××	
3	××	C25	4#干渠	89	××	125	2026年×月×日	2026年×月×日	2026年×月×日	28	27.1	108.4	××	是	×××	

3.5.11.29 砂浆抗压强度试验台账

编号：××

工程名称		××高标准农田建设项目							施工单位		筑业××工程有限公司				
序号	试件编号	强度等级	施工部位	方量（m³）	稠度（mm）	成型日期	送检日期	试验日期	龄期（d）	抗压强度（MPa）	达到设计强度（%）	试验编号	报告是否取回	质检负责人	备注
1	××	M10	K0+000～K0+300灌溉渠勾缝	16	70	2026年×月×日	2026年×月×日	2026年×月×日	28	10.8	108	××	是	×××	
2	××	M10	3#混凝土预制U型渠勾缝	30	73	2026年×月×日	2026年×月×日	2026年×月×日	28	11.2	112	××	是	×××	
3	××	M10	塘坝浆砌石挡墙勾缝	22	78	2026年×月×日	2026年×月×日	2026年×月×日	28	10.5	105	××	是	×××	

第4章　工程质量验收记录填写示例

4.1　施工质量验收基本内容

高标准农田建设项目工程施工质量验收资料是高标准农田建设项目工程质量是否达到合格标准的判定依据，也是保证高标准农田建设项目工程质量的重要手段。本章主要以《高标准农田建设　通则》GB/T 30600－2022为基准框架，包括高标准农田基础设施建设工程和高标准农田地力提升工程验收资料用表。其中：高标准农田基础设施建设工程包括田块整治、灌溉与排水、田间道路、农田防护与生态环境保护、农田输配电及田间监测工程等；高标准农田地力提升工程包括土壤改良、障碍土层消除、土壤培肥等。

本章以施工过程中常用的单元工程为基础，给出表格填写范例，仅供参考。

一、施工质量验收主要编制依据

编制组对高标准农田建设项目需用到的工程资料用表进行收集、汇总，并结合施工现场经验进行编制，本书将主要涉及的国标、行标和地标标准相结合，各地在使用时应以本地要求为准。本书主要依据以下规范、标准进行整编，仅供参考。

《土地整治工程质量检验与评定规程》TD/T 1041

《水利水电工程单元工程施工质量验收标准　第1部分：土石方工程》SL/T 631.1

《水利水电工程单元工程施工质量验收标准　第2部分：混凝土工程》SL/T 631.2

《水利水电工程单元工程施工质量验收标准　第4部分：堤防与河道整治工程》SL/T 631.4

《水利水电工程单元工程施工质量验收标准　第8部分：安全监测工程》SL/T 631.8

《灌溉与排水工程施工质量评定规程》SL 703

《水利泵站施工及验收标准》GB/T 51033

《给水排水构筑物工程施工及验收规范》GB 50141

《给水排水管道工程施工及验收规范》GB 50268

《建筑电气工程施工质量验收规范》GB 50303

《电气装置安装工程　电缆线路施工及验收标准》GB 50168

上海市《土地整治项目工程质量验收标准》DG/TJ 08-2317

辽宁省《高标准农田建设指南　第7部分：高标准农田工程施工质量评定规范》DB21/T 3722.7

《内蒙古高标准农田建设工程单元工程施工质量验收评定表（试行版）》

二、项目工程质量验收流程

单元工程验收是整个项目工程中施工质量验收的最小单位；单元工程全部达到要求后才可进行分部工程质量验收，以此类推，施工质量验收流程如图2所示。

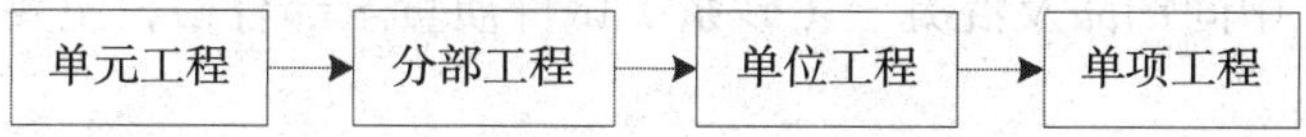

图2　施工质量验收流程

三、合格判定

●《土地整治工程质量检验与评定规程》TD/T 1041－2013的合格标准判定：

1. 单元工程及工序质量合格标准：

（1）主控项目全部合格。

（2）一般项目中允许偏差的项目50%以上达到合格标准。

处理后的不合格单元工程及工序质量评定执行以下规定：

（1）全部返工重做的，重新评定质量等级。

（2）经加固补强并经设计和监理单位鉴定达到设计要求的，评定为合格。

2. 分部工程质量合格标准：

（1）所含单元工程质量全部合格。

（2）质量事故及质量缺陷已按要求处理，经检验合格。

（3）原材料、中间产品质量全部合格，金属结构及机电设备质量合格。

3. 单位工程质量合格标准：

（1）所含分部工程质量全部合格。

（2）工程施工期间及试运行期间，各分部工程运行满足设计和合同约定的要求。

4. 单项工程质量合格标准：

（1）所含单位工程质量全部合格。

（2）工程施工期间及试运行期间，各单位工程运行满足设计和合同约定的要求。

●《灌溉与排水工程施工质量评定规程》SL 703－2015的合格标准判定：

1. 单元工程质量合格标准：

（1）主控项目检验结果应全部符合本标准规定的质量标准。

（2）建筑工程的一般项目逐项应有70%及以上的检验点合格，且不合格点不应集中；金属结构、管道及设备安装的一般项目应有90%及以上的检验点符合合格标准，其余虽有偏差，但不影响使用。

（3）各项报验资料应符合本标准的要求。

单元工程施工质量达不到合格标准时，应及时处理。处理后的质量等级应按下列规定确定：

（1）全部返工的项目，可重新评定质量等级。

（2）经加固补强并经设计和监理单位鉴定能达到设计要求时，其质量可评为合格。

（3）处理后的工程部分质量指标仍达不到设计要求时，经设计复核，项目法人（建设单位）及监理单位确认能满足安全和使用功能要求，可不再进行处理；或经加固补强后，改变外形尺寸或造成永久性缺陷的，经项目法人（建设单位）、监理及设计单位确认能基本满足设计要求，其质量可定为合格，但应按规定进行质量缺陷备案。

2. 分部工程质量合格标准：

（1）所含单元工程的质量全部合格。质量事故及质量缺陷已按要求处理，并经检验合格。

（2）原材料、中间产品及混凝土（砂浆）试件质量全部合格，主要设备及产品质量合格。

3．单位工程质量合格标准：

（1）所含分部工程质量全部合格。

（2）质量事故已按要求进行处理，并经检验合格。

（3）工程外观质量得分率达到70%以上。

（4）单位工程施工质量检验与评定资料基本齐全。

（5）工程试运行期，各单位工程观测资料分析结果均符合国家现行有关技术标准的规定和合同约定的要求。

4．工程项目质量合格标准：

（1）单位工程质量全部合格。

（2）工程试运行期，各单位工程观测资料分析结果均符合国家现行有关技术标准的规定和合同约定的要求。

●《水利水电工程单元工程施工质量验收标准》SL/T 631.1、631.2、631.4、631.8－2025和《水利水电建设工程验收规程》SL/T 223—2025的合格标准判定：

1．单元工程质量合格标准：

（1）划分工序单元工程所含工序验收全部合格。

（2）检验项目中主控项目全部符合本标准要求，一般项目中逐项应有80%及以上的检验点符合本标准要求，且不符合点不应集中。

（3）各项验收资料应符合本标准要求。

2．分部工程质量合格标准：

（1）所含单元工程质量全部合格。

（2）分部工程相关文件齐全。

（3）原材料、中间产品质量合格，混凝土（砂浆）试件质量检验评定合格，金属结构及启闭机、机电产品、信息化设备等质量合格。混凝土（砂浆）试件质量检验评定按相关规定执行。

3．单位工程质量合格标准：

（1）所含分部工程施工质量全部合格。

（2）工程外观质量验收合格。

（3）单位工程相关文件齐全。

（4）工程施工期及试运行期，单位工程观测文件、分析结果符合国家标准和行业标准以及合同约定的要求。

●《小型农田水利工程验收管理手册》的合格标准判定：

1．分部工程质量合格标准：

（1）所含单元工程质量全部合格，质量事故及质量缺陷已按要求处理，并经检验合格。

（2）原材料、中间铲平及混凝土（砂浆）试块质量全部合格，金属结构及启闭机制造质量合格，机电产品质量合格。

2．单位工程质量合格标准：

（1）所含分部工程质量全部合格。

（2）质量事故已按要求进行处理。

（3）工程外观质量得分率达到70%以上。

（4）单位工程施工质量检验与评定资料基本齐全。

（5）工程施工期及试运行期，单位工程观测资料分析结果符合国家和行业技术标准以及合同约定的要求。

四、项目划分示例

工程开工前，项目法人（建设单位）应组织监理单位、设计单位、施工单位等开展工程项目划分工作，并针对不同的工程和工序制定具体的质量控制措施。工程实施过程中，需调整工程项目划分结果时，由项目法人（建设单位）组织监理单位、施工单位等对项目划分进行调整和变更，并将调整结果及时归档。工程项目划分可参照《土地整治工程质量检验与评定规程》TD/T 1041或各地标准、规范执行，以及结合现场项目特点进行划分。

工程项目划分应结合工程特点、施工组织和合同要求进行，划分结果应有利于保证工程质量和施工管理。

项目划分应有编码，便于施工过程中资料的收集和管理，可根据各地标准、规范或项目特点进行编码。

表一是各参建方对项目进行分划的示例，表二需要相关部门核定后方可进入施工。

表一　××工程项目划分（调整）表

工程项目名称：××高标准农田建设项目

序号	单位工程名称	序号	分部工程名称	序号	单元工程名称	单元工程划分原则	质量标准及控制要求
1	排水	11	明沟	111	1#明沟	一条沟为一个单元	合格、关键
2				112	2#明沟	一条沟为一个单元	合格、关键
……			……				
17	渠系建筑物	12	水闸	121	1#水闸	每座划分一个单元	合格、关键
18				122	2#水闸	每座划分一个单元	合格、关键
……			……				
	……						
32	田间道	13	路基	131	1#田间道	一条路为一个单元	合格
33				132	2#田间道	一条路为一个单元	合格
			……				

表二　××工程项目划分核定表

<table>
<tr><td>工程项目名称</td><td colspan="3">××高标准农田建设项目</td></tr>
<tr><td>项目法人</td><td>×××</td><td>开工时间</td><td>2026年×月×日</td></tr>
<tr><td>监督机构</td><td colspan="3">××质量监督站</td></tr>
<tr><td>工程项目
划分情况</td><td colspan="3">建设单位组织设计、监理单位、施工单位依据《土地整治工程质量检验与评定规程》TD/T 1041—2013的有关规定和设计要求等，对××高标准农田建设项目工程项目进行划分，该工程项目共划分为4个单项工程、13个单位工程、26个分部工程、68个单元工程（详见《××工程项目划分表》）。</td></tr>
<tr><td>工程项目划分
审定意见</td><td colspan="3">经我站对工程项目划分结果进行审核，认定该工程项目划分符合《土地整治工程质量检验与评定规程》TD/T 1041—2013的有关规定。同意该工程项目的划分结果。参加工程建设的各有关部门和单位应按照工程项目划分进行质量控制和质量评定，确保工程质量。

监督机构：（章）
审定人：（签名）×××
审定日期：2026年×月×日</td></tr>
</table>

五、主要施工工艺（参考）

高标准农田建设项目工程施工，一般涉及以下内容。

1. 田块整治工程施工：

田块整治施工工序：田块划分→表土剥离→测量放线→田坎修筑→田块平整（挖高填低）→犁底层构建（水田或旱改水）→田埂修筑（水田或旱改水）→表土回覆→泡田翻耕培肥→检测定级。

2. 灌溉与排水工程施工：

（1）渠道工程工艺：施工程序、开挖、备料、确定混凝土等级、混凝土拌合或商混、运输、立模、设缝和设闸、入仓浇筑、脱模养护等提出施工质量控制要求等。

（2）排水工程工艺：

① 生态排水沟的施工程序、放线开挖、备料、护脚材料和施工、堤身回填碾压、修坡防护、设缝、压顶等，提出施工质量控制的要求等。

② 砌石排水沟的施工程序、放线开挖、备料运输、确定砂浆等级和拌合方式及运输、挂线、砌筑、设缝等施工方法，提出施工质量控制的要求和施工安全保护等措施。

③ 混凝土浇筑排水沟按渠道施工要求。

（3）管道工程施工工艺：施工测量放线开挖方法和要求，钢管、球磨铸铁管、PE管等安装下管、连接质量检查、压水试验要求及回填覆盖质量要求等，提出施工质量控制的要求和施工安全保护等措施。

3. 田间道路工程施工：

（1）混凝土路面施工程序、备料、确定混凝土等级、混凝土或商品、运输、立模、设缝、浇筑、振捣密实、清光、切缝、养护等施工质量控制的要求等。

（2）泥结石路面的施工程序、基础开挖清理、备料及运输、分层填筑碾压、泥结石比例、路面碾压成型等方法，提出施工质量控制的要求等。

（3）旧路改造含线型修正等。

4. 农田防护与生态环境保护工程施工：

涉及拦、截、排、蓄等建筑工程施工方法参照相应建筑物施工方法设计施工组织，涉及草、木生态防护工程宜参照《水土保持工程设计规范》GB 51018方法设计施工组织，提出施工质量控制的要求等。

5. 农田输配电工程施工：

输电线路、变压器安装、水泵及上水管安装、泵站土建工程等施工方法，提出质量控制的要求和安工安全保护措施等。

6. 农田地力提升工程施工：

工艺主要有土壤改良工程施工；障碍土层清除工程施工；土壤培肥工程施工。

（1）土壤改良工程施工：通过采取物理、化学、生物或工程等综合措施治理，遏制耕地土壤退化。

（2）障碍土层清除工程施工：障碍土层主要包括犁底层（水田除外）、黏磐层、铁磐层、潜育层等类型。常采取客土、深耕、深松等措施进行改良。

（3）土壤培肥工程施工：高标准农田建成后，应通过种植绿肥、施有机肥、秸秆还田、耕层土壤重塑等措施，保持或提高耕地地力。

六、隐蔽工程检查验收

高标准农田建设施工中的隐蔽项目是指那些在施工过程中被后续工程覆盖、难以直接检查的关键环节，其质量直接影响工程的整体性能和寿命。以下提供了常见隐蔽项目及质量控制要点：

1. 地基处理与基础工程：

内容：沟渠、池塘、泵站等构筑物的地基处理（如换填、夯实、桩基）。

要点：检查地基承载力、换填材料质量、压实度及隐蔽验收记录。

2. 地下管道与电缆敷设：

内容：灌溉输水管、排水管道、电力电缆的埋设。

要点：管道连接密封性（热熔焊接、胶圈接口）、防腐处理、电缆绝缘测试、埋深及防护套管安装。隐蔽前需进行压力试验或通电测试。

3. 结构钢筋与混凝土浇筑：

内容：泵站、水闸、桥梁等小型建筑物的钢筋绑扎、混凝土浇筑。

要点：钢筋型号、间距、绑扎质量及保护层厚度、混凝土配合比、坍落度、振捣密实度、预埋件（如螺栓、管道）位置准确性。

4. 防水与防腐工程：

内容：水池、水窖、地下管道的防水层及金属构件防腐。

要点：防水材料（如土工膜、涂料）的完整性、搭接质量、金属管道内外防腐涂层（如环氧树脂）的附着力检测。

5. 路基与垫层处理：

内容：田间道路的路基压实、砂石垫层。

要点：路基压实度（需满足设计要求，如≥95%）、垫层材料粒径、厚度及平整度控制。

6. 土壤改良与地下设施：

内容：深翻、掺黏土/沙、施有机肥等土壤改良措施。

要点：改良深度、材料均匀性及土壤检测报告、地下暗管排水系统的位置、坡度及透水性能。

7. 预埋件与隐蔽设备安装：

内容：灌溉喷头底座、排水检查井预留管道、传感器安装。

要点：预埋件定位精度、固定牢固性、设备密封性及与管道的兼容性测试。

4.2 单项工程质量验收表填写示例

3.3.5.2 工程项目质量竣工验收记录

编号：××

<table>
<tr><td>工程名称</td><td colspan="2">××高标准农田建设项目</td><td>结构类型</td><td>农田水利综合工程</td><td>建设规模</td><td>12350 亩</td></tr>
<tr><td>施工单位</td><td colspan="2">筑业××工程有限公司</td><td>技术负责人</td><td>×××</td><td>开工日期</td><td>2026 年×月×日</td></tr>
<tr><td>项目经理</td><td colspan="2">×××</td><td>项目技术负责人</td><td>×××</td><td>竣工日期</td><td>2026 年×月×日</td></tr>
<tr><td>序号</td><td>项目</td><td colspan="3">验收记录</td><td colspan="2">验收结论</td></tr>
<tr><td>1</td><td>分部工程</td><td colspan="3">共 20 分部，经查 20 分部，
符合标准及设计要求 20 分部</td><td colspan="2">合格</td></tr>
<tr><td>2</td><td>质量控制资料核查</td><td colspan="3">共 79 项，经审查符合要求 79 项，
经核定符合规范要求 79 项</td><td colspan="2">合格</td></tr>
<tr><td>3</td><td>安全和主要使用功能核查及抽查结果</td><td colspan="3">共核查 28 项，符合要求 28 项，
共抽查 15 项，符合要求 15 项，
经返工处理符合要求 0 项</td><td colspan="2">合格</td></tr>
<tr><td>4</td><td>观感质量验收</td><td colspan="3">共抽查 36 项，符合要求 36 项，
不符合要求 0 项</td><td colspan="2">合格</td></tr>
<tr><td>5</td><td>综合验收结论</td><td colspan="5">通过验收。</td></tr>
<tr><td rowspan="2">参加验收单位</td><td>项目法人</td><td>监理单位</td><td colspan="2">施工单位</td><td colspan="2">设计单位</td></tr>
<tr><td>单位（项目）负责人：
×××
××县农业农村局（公章）
2026 年×月×日</td><td>总监理工程师：
×××
××建设监理有限公司（公章）
2026 年×月×日</td><td colspan="2">单位负责人：
×××
筑业××工程有限公司（公章）
2026 年×月×日</td><td colspan="2">单位（项目）负责人：
×××
××设计研究院（公章）
2026 年×月×日</td></tr>
</table>

3.3.5.3　工程项目施工质量控制资料核查记录

编号：××

<table>
<tr><td>工程名称</td><td colspan="2">××高标准农田建设项目</td><td>施工单位</td><td colspan="2">筑业××工程有限公司</td></tr>
<tr><td>序号</td><td colspan="2">资料名称</td><td>份数</td><td>核查意见</td><td>核查人</td></tr>
<tr><td>1</td><td colspan="2">图纸会审、设计变更、洽商记录</td><td>6</td><td>齐全、有效</td><td rowspan="15">×××</td></tr>
<tr><td>2</td><td colspan="2">工程定位测量、放线记录</td><td>8</td><td>齐全、有效</td></tr>
<tr><td>3</td><td colspan="2">原材料、配件出厂合格证书及进场检（试）验报告</td><td>32</td><td>齐全、有效</td></tr>
<tr><td>4</td><td colspan="2">施工试验报告及见证检测报告</td><td>25</td><td>齐全、有效</td></tr>
<tr><td>5</td><td colspan="2">隐蔽工程验收记录</td><td>18</td><td>齐全、有效</td></tr>
<tr><td>6</td><td colspan="2">预制构件、预拌混凝土合格证</td><td>12</td><td>齐全、有效</td></tr>
<tr><td>7</td><td colspan="2">地基基础、结构检验及抽样检测资料</td><td>9</td><td>齐全、有效</td></tr>
<tr><td>8</td><td colspan="2">分项、分部工程质量验收记录</td><td>42</td><td>齐全、有效</td></tr>
<tr><td>9</td><td colspan="2">工程质量事故及事故调查处理资料</td><td>1</td><td>齐全、有效</td></tr>
<tr><td>10</td><td colspan="2">新材料、新工艺施工记录</td><td>1</td><td>齐全、有效</td></tr>
<tr><td>11</td><td colspan="2">管道、设备强度试验、严密性试验记录</td><td>7</td><td>齐全、有效</td></tr>
<tr><td>12</td><td colspan="2">系统功能测定及设备调试记录</td><td>10</td><td>齐全、有效</td></tr>
<tr><td>13</td><td colspan="2">系统清洗、灌水、通水、通球试验记录</td><td>10</td><td>齐全、有效</td></tr>
<tr><td>14</td><td colspan="2">接地、绝缘电阻测试记录</td><td>5</td><td>齐全、有效</td></tr>
<tr><td>15</td><td colspan="2">施工记录</td><td>68</td><td>齐全、有效</td></tr>
<tr><td colspan="6">结论：
本工程施工质量控制资料齐全、完整，同意验收。

项目经理：（签名）×××　　　　总监理工程师
（项目法人项目负责人）：（签名）×××
2026年×月×日　　　　2026年×月×日</td></tr>
</table>

3.3.5.4 工程项目功能检验核查及主要功能抽查记录

编号：××

工程名称	××高标准农田建设项目	施工单位	筑业××工程有限公司		
序号	项目	资料名称	份数	核查意见	核查（抽查）人
1	土地整治	土样分析记录	12	符合要求	×××
2		整治面积	1	符合要求	×××
1	田间道路、晒场	路长记录	8	符合要求	×××
2		路宽记录	8	符合要求	×××
3		路类型记录	3	符合要求	
1	田间水源灌溉排水	提水量试验记录	5	符合要求	×××
2		单井涌水量	3	符合要求	×××
3		灌排控制面积记录	1	符合要求	
1	圃、试验池	圃、池类型记录	/	/	
2		面积	/	/	
1	防护林网	占地面积	1	符合要求	×××
2		布置形式	1	符合要求	×××
3		树木规格	3	符合要求	
1	田间供电	供电、用电总负荷	1	符合要求	×××
2		变压器的位置、型式、数量	3	符合要求	×××
1	围栏	总长度	/	/	
2		围护面积、范围	/	/	
1	其他田间工程		/	/	

结论：

本工程各项功能检验及抽查结果均符合要求，功能满足项目使用需求。

项目经理：（签名）×××

2026年×月×日

总监理工程师

（项目法人项目负责人）：（签名）×××

2026年×月×日

注：抽查项目由验收组协商确定。

3.3.5.5 工程项目观感质量检查记录

编号：××

工程名称		××高标准农田建设项目				
序号	项目		检查质量状况	好	一般	差
1	土地整治	田坎坡面	共检查24点，好22点，一般2点，差0点	√		
2		田埂	共检查20点，好18点，一般2点，差0点	√		
3		地表面	共检查20点，好19点，一般1点，差0点	√		
4		排水沟断面	共检查12点，好11点，一般1点，差0点	√		
5		砌体、砼表面	共检查13点，好12点，一般1点，差0点	√		
6		抹灰、勾缝	共检查15点，好14点，一般1点，差0点	√		
7		变形缝	共检查6点，好6点，一般0点，差0点	√		
1	田间道路、晒场	变形缝、伸缩缝	共检查18点，好17点，一般1点，差0点	√		
2		路面、路肩表面	共检查15点，好14点，一般1点，差0点	√		
1	田间水源灌溉排水	井台、井壁、井房、渠（堤）塘窖池内、外表面	共检查12点，好12点，一般0点，差0点	√		
2		管道外观、附属设施外观、机组外观	共检查25点，好23点，一般2点，差0点	√		
1	圃、试验田	种植地面	共检查/点，好/点，一般/点，差/点	/		
2		附属设施外表面	共检查/点，好/点，一般/点，差/点	/		
3		圃、棚、池外观	共检查/点，好/点，一般/点，差/点	/		
1	防护林网	林网外形	共检查20点，好18点，一般2点，差0点	√		
1	田间供电	线路、线杆外观	共检查18点，好16点，一般2点，差0点	√		
2		变压器外观	共检查6点，好6点，一般0点，差0点	√		
1	围栏	围栏外观	共检查10点，好9点，一般1点，差0点	√		
1	其他田间工程		共检查10点，好9点，一般1点，差0点	√		
观感质量综合评价			好			

结论：

本工程观感质量综合评价为“好”。

项目经理：（签名）×××

2026年×月×日

总监理工程师

（项目法人项目负责人）：（签名）×××

2026年×月×日

注：质量评价为差的项目，应进行返修。

3.3.6.1 隐蔽工程验收记录表

编号：××

工程名称	××高标准农田建设项目	施工单位	筑业××工程有限公司
隐检项目	1#蓄水池池壁钢筋及预埋件安装	隐检部位	1#蓄水池池壁
图纸、变更编号	S-007	隐检日期	2026年×月×日
施工标准名称	《××规范》GB ××	照片编号	001、002

隐蔽内容	质量要求	施工单位自查情况	监理（建设）单位检验情况
池壁钢筋型号、间距、数量	HRB400 Φ16，间距 150mm，数量符合设计要求	钢筋型号、间距、数量符合设计及规范要求	符合要求
钢筋保护层厚度	保护层厚度为 30mm，允许偏差±5mm	保护层厚度实测偏差为＋2mm～＋3mm，满足要求	符合要求
预埋件（止水钢板、爬梯）安装	位置准确，焊接牢固，符合设计要求	预埋件位置偏差≤5mm，焊缝饱满，无缺陷	符合要求
钢筋搭接长度、锚固长度	搭接长度为 40d（640mm），锚固长度为 35d（560mm）	搭接及锚固长度均满足规范要求	符合要求

说明（图示、照片可另附页）：

本次隐蔽验收含1#蓄水池池壁钢筋安装及预埋件安装，相关验收照片附后。

验收结论：

同意隐蔽，可进行下一道施工。

监理工程师	技术负责人	质检员
×××	×××	×××

3.3.6.1　隐蔽工程验收记录表（附页）

编号：××

<table>
<tr><td>工程名称</td><td colspan="2">××高标准农田建设项目</td><td>施工单位</td><td colspan="2">筑业××工程有限公司</td></tr>
<tr><td>隐检项目</td><td>1#蓄水池池壁钢筋及预埋件安装</td><td>隐检部位</td><td>1#蓄水池池壁</td><td>拍摄地点</td><td>1#灌溉区</td></tr>
<tr><td colspan="3">照片</td><td colspan="3">拍摄信息</td></tr>
<tr><td colspan="3" rowspan="3">（贴照片）</td><td>照片编号</td><td colspan="2">001</td></tr>
<tr><td>拍摄时间</td><td colspan="2">2026 年×月×日</td></tr>
<tr><td>对应部位</td><td colspan="2">1#蓄水池池壁钢筋绑扎</td></tr>
<tr><td colspan="3" rowspan="3">（贴照片）</td><td>照片编号</td><td colspan="2">002</td></tr>
<tr><td>拍摄时间</td><td colspan="2">2026 年×月×日</td></tr>
<tr><td>对应部位</td><td colspan="2">1#蓄水池池壁止水钢板安装</td></tr>
<tr><td colspan="3" rowspan="3">（贴照片）</td><td>照片编号</td><td colspan="2"></td></tr>
<tr><td>拍摄时间</td><td colspan="2"></td></tr>
<tr><td>对应部位</td><td colspan="2"></td></tr>
<tr><td colspan="3" rowspan="3">（贴照片）</td><td>照片编号</td><td colspan="2"></td></tr>
<tr><td>拍摄时间</td><td colspan="2"></td></tr>
<tr><td>对应部位</td><td colspan="2"></td></tr>
<tr><td colspan="3">见证人</td><td colspan="3">拍摄人</td></tr>
<tr><td colspan="3">×××</td><td colspan="3">×××</td></tr>
</table>

3.3.6.2 工程交接申请表

编号：××

工程名称	××高标准农田建设项目

致：××建设监理有限公司××高标准农田建设项目监理部（监理机构）

合同工程已于 2026 年 × 月 × 日通过完工验收，并形成了 ××高标准农田建设项目 合同工程完工验收鉴定书，现提交交接申请，请贵方审批。

附件：1、交接项目清单

2、合同工程完工验收前临时交接项目清单（若有）

施工单位：（名称及盖章） 筑业××工程有限公司××高标准农田建设项目经理部

项目经理：（签名）×××

日期：2026 年×月×日

监理机构意见	经检查，该工程已按设计图纸及合同约定内容全部完成。施工质量符合相关规范及标准要求，工程质量评定为合格。工程技术资料基本齐全、有效。验收过程中提出的问题已全部整改到位。同意该工程交接。 监理机构：（名称及盖章） ××建设监理有限公司××高标准农田建设项目监理部 总监理工程师：（签名）××× 日期：2026 年×月×日
项目法人意见	同意监理机构意见。工程已按设计要求及合同内容完成，质量合格，验收手续完备。同意办理工程交接手续。 项目法人：（名称及盖章） ××县农业农村局 项目负责人：（签名）××× 日期：2026 年×月×日

3.3.7.1　重要隐蔽（关键部位）单元工程验收表

编号：××

<table>
<tr><td>工程名称</td><td colspan="2">××高标准农田建设项目</td><td>施工单位</td><td>筑业××工程有限公司</td></tr>
<tr><td>分部工程名称</td><td colspan="2">蓄水池</td><td>单元工程量</td><td>600m³</td></tr>
<tr><td>单元工程名称、部位</td><td colspan="2">1#蓄水池土质地基开挖建基面</td><td>自评日期</td><td>2026 年×月×日</td></tr>
<tr><td>施工单位自评意见</td><td colspan="4">自评意见：
已按设计图纸要求完成施工，地基承载力检测值满足设计承载力要求。
自评质量等级：合格。
质检人员：（签名）×××</td></tr>
<tr><td>监理单位抽检意见</td><td colspan="4">抽检意见：
经现场抽检及资料复核，该单元工程地基开挖尺寸、高程、坡度符合设计及规范要求；地基承载力检测结果满足设计要求。
监理工程师：（签名）×××</td></tr>
<tr><td>联合小组核定意见</td><td colspan="4">核定意见：
该单元工程地基开挖建基面符合设计及规范要求，地质条件与勘察报告一致。
质量等级：合格。
2026 年×月×日</td></tr>
<tr><td>保留意见</td><td colspan="4">无。</td></tr>
<tr><td>备查资料清单</td><td colspan="4">☑1. 地质编录
☑2. 测量结果
☑3. 检测试验报告（岩芯试验、软基承载力试验、结构强度等）
☑4. 影像资料
□5. 其他（　）</td></tr>
<tr><td rowspan="6">联合小组成员</td><td colspan="2">单位名称</td><td>职务、职称</td><td>签名</td></tr>
<tr><td>项目法人</td><td>××县农业农村局</td><td>项目负责人</td><td>×××</td></tr>
<tr><td>监理单位</td><td>××建设监理有限公司</td><td>总监理工程师</td><td>×××</td></tr>
<tr><td>设计单位</td><td>××设计研究院</td><td>项目负责人</td><td>×××</td></tr>
<tr><td>施工单位</td><td>筑业××工程有限公司</td><td>项目经理</td><td>×××</td></tr>
<tr><td>运行管理单位</td><td>××镇政府</td><td>镇长</td><td>×××</td></tr>
</table>

说明：重要隐蔽单元工程验收时，设计单位应同时派地质工程师参加。备查资料清单中凡涉及到的项目应在“□”内打“√”，如其他资料应在括号内注明资料的名称。

4.3　田块整治工程质量验收表填写示例

×× 高标准农田建设项目　工程

3.3.1.2-1　土质地基开挖单元工程质量验收记录

编号：××

<table>
<tr><td colspan="3">单项工程名称</td><td>灌溉与排水工程</td><td>施工日期</td><td colspan="2">2026年×月×日—2026年×月×日</td></tr>
<tr><td colspan="3">单位工程名称</td><td>小型水源工程</td><td>施工单位</td><td colspan="2">筑业××工程有限公司</td></tr>
<tr><td colspan="3">分部工程名称</td><td>蓄水池</td><td>单元工程量</td><td colspan="2">450m³</td></tr>
<tr><td colspan="3">单元工程名称/部位</td><td>1#蓄水池</td><td>验收依据</td><td colspan="2">《水利水电工程单元工程施工质量验收标准 第1部分：土石方工程》SL/T 631.1—2025</td></tr>
<tr><td colspan="2">项次</td><td>检查项目</td><td>质量标准</td><td colspan="2">施工单位检查记录</td><td>监理单位验收意见</td></tr>
<tr><td rowspan="3">主控项目</td><td>1</td><td>地质缺陷处理结果</td><td>不良土质，地质勘探坑、孔等的处理符合设计要求，并经验收合格；渗水（含泉眼）妥善引排或封堵</td><td colspan="2">清除腐殖土3处（厚度0.5m～0.8m），引排水点2个（引水管直径DN100）。</td><td>合格</td></tr>
<tr><td>2</td><td>保护层开挖</td><td>保护层开挖方式符合设计要求，在接近建基面时宜使用小型机具或人工挖除，不应扰动建基面以下的原地基
（见附加说明）</td><td colspan="2">建基面以上30cm采用人工开挖，无机械痕迹，原地基无扰动。</td><td>合格</td></tr>
<tr><td>3</td><td>建基面处理</td><td>开挖面平顺，无台阶、急变坡及反坡；建基面土层的承载力或压实指标等符合设计要求
（设计值：承载力××kPa，压实度95%）</td><td colspan="2">开挖面平顺、无台阶、急变坡及反坡；建基面土层的承载力为120kPa，压实度95%，符合设计要求。见检测报告编号××。</td><td>合格</td></tr>
<tr><td>一般项目</td><td>1</td><td>边坡平均坡度</td><td>不陡于设计坡度
（设计值：××）</td><td colspan="2">检查30个点，合格30个点。见测量记录编号××。</td><td>合格
100%</td></tr>
</table>

××高标准农田建设项目工程

3.3.1.2-1　土质地基开挖单元工程质量验收记录（续表）

编号：××

<table>
<tr><th colspan="2">项次</th><th colspan="2">检查项目</th><th>质量标准</th><th>施工单位检查记录</th><th>监理单位验收意见</th></tr>
<tr><td rowspan="7">一般项目</td><td>2</td><td colspan="2">马道（台阶）宽度</td><td>最大允许偏差为±10cm</td><td>/</td><td>/</td></tr>
<tr><td rowspan="4">3</td><td rowspan="4">坡脚线位置</td><td rowspan="2">无结构要求</td><td>高程允许偏差为−10cm～20cm</td><td>/</td><td>/</td></tr>
<tr><td>平面位置允许偏差为−10cm～20cm</td><td>/</td><td>/</td></tr>
<tr><td rowspan="2">有结构要求</td><td>高程允许偏差为0～20cm</td><td>检查10个点，合格10个点。见测量记录编号××</td><td>合格
100%</td></tr>
<tr><td>平面位置允许偏差为0～20cm</td><td>检查10个点，合格10个点。见测量记录编号××</td><td>合格
100%</td></tr>
<tr><td rowspan="2">4</td><td rowspan="2">基坑（坑、槽）底面标高</td><td>有垫层</td><td>允许偏差为−10cm～20cm</td><td>检查10个点，合格10个点。见测量，记录编号××</td><td>合格
100%</td></tr>
<tr><td>无垫层</td><td>允许偏差为0～15cm</td><td>/</td><td>/</td></tr>
<tr><td colspan="3">施工单位检验结论</td><td colspan="4">本单元工程主控项目质量全部符合要求，一般项目单项检验点合格率最小为100%，且不合格点不集中分布，单元工程质量合格。

质量责任人（签字）：×××
现场管理机构（盖章）：筑业××工程有限公司 ××高标准农田建设项目经理部
2026年×月×日</td></tr>
<tr><td colspan="3">监理单位验收结论</td><td colspan="4">本单元工程主控项目全部/~~部分~~符合要求，一般项目单项检验点合格率最小为100%，且不合格点不集中/~~集中~~分布，单元工程质量合格/~~不合格~~，同意/~~不同意~~通过验收。

监理工程师（签字）：×××
现场监理机构（盖章）：××建设监理有限公司 ××高标准农田建设项目监理部
2026年×月×日</td></tr>
</table>

3.3.1.2-1 土质地基开挖单元工程质量验收记录填表说明

一、依据标准

《水利水电工程单元工程施工质量验收标准 第1部分：土石方工程》SL/T 631.1—2025。

二、单元工程划分

宜以工程设计结构或施工检查验收的区、段划分，每一区、段划分为一个单元工程。

三、标准规定

表 4.3.2 土质地基开挖单元工程施工质量验收标准

项次		检查项目	检验方法	检验数量
主控项目	1	地质缺陷处理结果	观察，查阅施工及验收记录	全部
	2	保护层开挖	观察，查阅施工及验收记录	全部
	3	建基面处理	观察，查阅施工及验收记录	全部
一般项目	1	边坡平均坡度	量测	按走向每5m布置1条测线，按坡向每条测线不少于3个点
	2	马道（台阶）宽度	量测	每5m一个断面，不少于3个断面
	3	坡脚线位置	量测	沿坡脚线长度方向每5m布置1个测点
	4	基坑（坑、槽）底面标高	量测	每5m一个断面，不少于3个断面，断面内测点间距不大于2m
注：数字前面的负号表示欠挖。				

××高标准农田建设项目工程

3.3.1.2-2 岩石地基开挖单元工程质量验收记录

编号：××

<table>
<tr><td colspan="3">单项工程名称</td><td>灌溉与排水工程</td><td>施工日期</td><td colspan="2">2026年×月×日—2026年×月×日</td></tr>
<tr><td colspan="3">单位工程名称</td><td>小型水源工程</td><td>施工单位</td><td colspan="2">筑业××工程有限公司</td></tr>
<tr><td colspan="3">分部工程名称</td><td>蓄水池</td><td>单元工程量</td><td colspan="2">350m³</td></tr>
<tr><td colspan="3">单元工程名称/部位</td><td>1#蓄水池</td><td>验收依据</td><td colspan="2">《水利水电工程单元工程施工质量验收标准 第1部分：土石方工程》SL/T 631.1—2025</td></tr>
<tr><td colspan="2">项次</td><td>检查项目</td><td>质量标准</td><td colspan="2">施工单位检查记录</td><td>监理单位验收意见</td></tr>
<tr><td rowspan="4">主控项目</td><td>1</td><td>地质缺陷处理结果</td><td>不良地质，地质勘探坑、孔、洞等的处理符合设计要求，并经验收合格；渗水（含泉眼）妥善引排或封堵
（见附加说明）</td><td colspan="2">淤泥已经按照设计要求全部清除；地质探孔直径1.5m，采用回填灌浆进行了处理；现场无渗水情况。见施工记录编号××。</td><td>合格</td></tr>
<tr><td>2</td><td>保护层开挖</td><td>控制爆破符合设计及施工方案要求
（见附加说明）</td><td colspan="2">保护层为2m，分两层开挖，孔径42mm，孔深2m，孔距2m，全部到达建基面，符合实际及施工方案。</td><td>合格</td></tr>
<tr><td>3</td><td>建基面处理</td><td>开挖后的岩面应符合设计要求，建基面上无松动岩块，表面清洁、无泥垢和油污，坡面形态符合设计要求
（见附加说明）</td><td colspan="2">建基面无松动岩块。表面清洁、无泥垢和油污，坡面形态符合设计要求。</td><td>合格</td></tr>
<tr><td>4</td><td>岩体完整性</td><td>未损害岩体的完整性，开挖面无明显爆破裂隙，声波降低率小于10%或符合设计要求
（见附加说明）</td><td colspan="2">岩体完整性良好，开挖面无明显爆破裂隙，符合设计要求。</td><td>合格</td></tr>
<tr><td>一般项目</td><td>1</td><td>边坡平均坡度</td><td>不陡于设计坡度
（设计值：××）</td><td colspan="2">检查30个点，合格30个点。见测量记录编号××。</td><td>合格
100%</td></tr>
</table>

_____××高标准农田建设项目_____工程

3.3.1.2-2　岩石地基开挖单元工程质量验收记录（续表）

编号：××

<table>
<tr><th colspan="2">项次</th><th colspan="2">检查项目</th><th>质量标准</th><th>施工单位检查记录</th><th>监理单位验收意见</th></tr>
<tr><td rowspan="6">一般项目</td><td>2</td><td colspan="2">马道（台阶）宽度</td><td>最大允许偏差为±20cm</td><td>/</td><td>/</td></tr>
<tr><td rowspan="4">3</td><td rowspan="4">坡脚线位置</td><td rowspan="2">无结构要求</td><td>高程允许偏差为－10cm～20cm</td><td>/</td><td>/</td></tr>
<tr><td>平面位置允许偏差为－10cm～20cm</td><td>/</td><td>/</td></tr>
<tr><td rowspan="2">有结构要求</td><td>高程允许偏差为0～20cm</td><td>检查10个点，合格10个点。见测量记录编号××。</td><td>合格
100%</td></tr>
<tr><td>平面位置允许偏差为0～20cm</td><td>检查10个点，合格10个点。见测量记录编号××。</td><td>合格
100%</td></tr>
<tr><td>4</td><td colspan="2">基坑底面标高</td><td>允许偏差为0～15cm</td><td>检查10个点，合格10个点。见测量记录编号××。</td><td>合格
100%</td></tr>
<tr><td colspan="2">施工单位检验结论</td><td colspan="5">本单元工程主控项目质量全部符合要求，一般项目单项检验点合格率最小为100%，且不合格点不集中分布，单元工程质量合格。

质量责任人（签字）：×××
现场管理机构（盖章）：筑业××工程有限公司 ××高标准农田建设项目经理部
2026年×月×日</td></tr>
<tr><td colspan="2">监理单位验收结论</td><td colspan="5">本单元工程主控项目全部/~~部分~~符合要求，一般项目单项检验点合格率最小为100%，且不合格点不集中/~~集中~~分布，单元工程质量合格/~~不合格~~，同意/~~不同意~~通过验收。

监理工程师（签字）：×××
现场监理机构（盖章）：××建设监理有限公司 ××高标准农田建设项目监理部
2026年×月×日</td></tr>
</table>

3.3.1.2-2 岩石地基开挖单元工程质量验收记录

填表说明

一、依据标准

《水利水电工程单元工程施工质量验收标准 第1部分：土石方工程》SL/T 631.1—2025。

二、单元工程划分

宜以工程设计结构或施工检查验收的区、段划分，每一区、段划分为一个单元工程。

三、标准规定

表4.5.2 岩石地基开挖单元工程施工质量验收标准

项次		检查项目	检验方法	检验数量
主控项目	1	地质缺陷处理结果	观察，查阅施工及验收记录	全部
	2	保护层开挖	观察，查阅施工及验收记录	全部
	3	建基面处理	观察，查阅施工及验收记录	全部
	4	岩体完整性	观察，声波检测（需要时采用）	全部。声波检测时，抽检不少于1组
一般项目	1	边坡平均坡度	量测	按走向每5m布置1条测线，按坡向每条测线不少于3个点
	2	马道（台阶）宽度	量测	每5m一个断面，不少于3个断面
	3	坡脚线位置	量测	沿坡脚线长度方向每5m布置1个测点
	4	基坑底面标高	量测	每5m一个断面，不少于3个断面，断面内测点间距不大于2m
注：数字前面的负号表示欠挖。				

×× 高标准农田建设项目 工程

3.3.1.2-3 田面平整单元工程质量验收记录

编号：××

单项工程名称	田块整治工程	施工日期	2026年×月×日—2026年×月×日
单位工程名称	耕作田块修筑工程	施工单位	筑业××工程有限公司
分部工程名称	条田	单元工程量	50亩
单元工程名称/部位	1#条田田块	验收依据	《土地整治工程质量检验与评定规程》TD/T 1041—2013

<table>
<tr><th colspan="2">项次</th><th>检查项目</th><th>质量标准</th><th>施工单位检查记录</th><th>监理单位验收意见</th></tr>
<tr><td rowspan="11">主控项目</td><td>1</td><td>土料</td><td>田块内部回填土料不含草根、树皮、树根、石块、建渣等杂物；不得含有有毒有害物质。物理化学特性应满足作物种植要求，土块粒径≤10cm</td><td>采用原土回填，土料中未含草根、树皮、树根、石块、建渣等杂物。无有毒有害物质，物理化学特性满足作物种植要求，土块粒径≤10cm，符合设计要求。</td><td>合格</td></tr>
<tr><td>2</td><td>表土剥离</td><td>表土剥离区域及面积应符合设计要求。剥离厚度应均匀并符合设计要求。设计无规定时，剥离厚度≥20cm
（见附加说明）</td><td>表土剥离区域、面积及厚度符合设计要求。</td><td>合格</td></tr>
<tr><td>3</td><td>土方开挖</td><td>田块和内部格田（梯田）与地形地势相结合，平顺协调</td><td>/</td><td>/</td></tr>
<tr><td>4</td><td>土方回填</td><td>田块和内部格田（梯田）与地形地势相结合，平顺协调。应考虑必要的土壤松散系数及超填量</td><td>/</td><td>/</td></tr>
<tr><td>5</td><td>表土回覆</td><td>表土回覆区域应与表土剥离区域相对应，回覆面积、回覆厚度不得低于设计要求
（见附加说明）</td><td>符合设计要求。见施工记录编号××。</td><td>合格</td></tr>
<tr><td>6</td><td>客土回填</td><td>客土回填区域、面积、厚度应符合设计要求。同时应考虑必要的土壤松散系数及超填量，其值由试验确定
（见附加说明）</td><td>符合设计要求。见施工记录编号××。</td><td>合格</td></tr>
<tr><td>7</td><td>土壤翻耕</td><td>翻耕深度应满足设计要求。设计无规定时，翻耕深度应≥25cm
（见附加说明）</td><td>符合设计要求。见施工记录编号××。</td><td>合格</td></tr>
<tr><td rowspan="2">8</td><td rowspan="2">田面平整度</td><td>水田允许偏差±3cm</td><td>/</td><td>/</td></tr>
<tr><td>旱地允许偏差±5cm</td><td>检查5个点，合格5个点。见测量记录编号××。</td><td>合格
100%</td></tr>
<tr><td>9</td><td>表土剥离厚度</td><td>允许偏差±5cm</td><td>检查好5个点，合格5个点。见测量记录编号××。</td><td>合格
100%</td></tr>
<tr><td>10</td><td>客土回填度</td><td>允许偏差+5cm</td><td>检查5个点，合格5个点。见测量记录编号××。</td><td>合格
100%</td></tr>
</table>

××高标准农田建设项目 工程

3.3.1.2-3 田面平整单元工程质量验收记录（续表）

编号：××

<table>
<tr><th colspan="2">项次</th><th>检查项目</th><th>质量标准</th><th>施工单位检查记录</th><th>监理单位验收意见</th></tr>
<tr><td rowspan="9">一般项目</td><td>1</td><td>堆料</td><td>土料应堆放在开挖或回填作业边界2m以外，且堆放高度不得超过生产安全相关规定。废弃土料和无法利用的泥浆、杂物等应及时清运出场。剥离后的表土应集中堆放并加以覆盖、围挡保护，避免流失和污染</td><td>土料堆放在作业边界2.1m处，堆放高度未超过生产安全相关规定。废弃土料、泥浆、杂物已及时清运出场。剥离后的表土已集中堆放并进行覆盖、围挡保护。</td><td>合格</td></tr>
<tr><td>2</td><td>观感</td><td>田块、格田（梯田）高差合理，满足农业生产要求</td><td>田块、格田高差合理，满足农业生产要求。</td><td>合格</td></tr>
<tr><td rowspan="6">3</td><td rowspan="6">土方挖填长、宽、高程</td><td>机械挖填标高允许偏差±5cm</td><td>/</td><td>/</td></tr>
<tr><td>长度允许偏差±50cm</td><td>/</td><td>/</td></tr>
<tr><td>宽度允许偏差±50cm</td><td>/</td><td>/</td></tr>
<tr><td>人工挖填允许标高偏差±7cm</td><td>/</td><td>/</td></tr>
<tr><td>长度允许偏差±100cm</td><td>/</td><td>/</td></tr>
<tr><td>宽度允许偏差±100cm</td><td>/</td><td>/</td></tr>
<tr><td>4</td><td>土壤翻耕深度</td><td>允许偏差+10cm</td><td>检查4个点，合格4个点。见测量记录编号××。</td><td>合格
100%</td></tr>
<tr><td colspan="3">施工单位检验结论</td><td colspan="3">本单元工程主控项目质量全部符合要求，一般项目单项检验点合格率最小为100%，且不合格点不集中分布，单元工程质量合格。

筑业××工程有限公司
质量责任人（签字）：×××
现场管理机构（盖章）：××高标准农田建设项目经理部
2026年×月×日</td></tr>
<tr><td colspan="3">监理单位验收结论</td><td colspan="3">本单元工程主控项目全部/~~部分~~符合要求，一般项目单项检验点合格率最小为100%，且不合格点不集中/~~集中~~分布，单元工程质量合格/~~不合格~~，同意/~~不同意~~通过验收。

××建设监理有限公司
监理工程师（签字）：×××
现场监理机构（盖章）：××高标准农田建设项目监理部
2026年×月×日</td></tr>
</table>

3.3.1.2-3 田面平整单元工程质量验收记录

填表说明

一、依据标准

《土地整治工程质量检验与评定规程》TD/T 1041—2013。

二、单元工程划分

一个耕作田块为一个单元工程。

三、标准规定

表 D.2 田面平整工程施工质量验收标准

项次		检查项目	检验方法	检验数量
主控项目	1	土料	现场检查，实验室试验	按平整单元逐一检查
	2	表土剥离	现场检查，拉线测量	
	3	土方开挖	现场检查，经纬仪、拉线测量	
	4	土方回填	现场检查，经纬仪、拉线测量	
	5	表土回覆	现场检查，经纬仪、拉线测量	
	6	客土回填	现场检查，经纬仪、拉线测量	
	7	土壤翻耕	现场检查，经纬仪、拉线测量	
	8	田面平整度	水准仪、2m直尺、钢尺测量	
	9	表土剥离厚度	直尺测量	
	10	客土回填厚度	直尺测量	
一般项目	1	堆料	现场检查	按平整单元逐一检查
	2	观感	现场检查	
	3	土方挖填长、宽、高程	现场检查，经纬仪、拉线测量	
	4	土壤翻耕深度	直尺检查	

适用范围：适用于土地平整工程。对于平整后作为园地、牧草地等用途的土地不做田面平整度要求，但应满足设计要求。根据平整工序，表中内容可删减。石方爆破参考国家及水利、交通等部门相关规程规范的相关规定。喀斯特熔岩地区以满足农业生产要求为前提，田面露石度可根据实际情况适当调整。

××高标准农田建设项目　工程

3.3.1.2-4　土质田埂（坎）、堤、坝填筑单元工程质量验收记录

编号：××

单项工程名称			田块整治工程	施工日期	2026年×月×日—2026年×月×日
单位工程名称			耕作田块修筑工程	施工单位	筑业××工程有限公司
分部工程名称			梯田	单元工程量	50亩
单元工程名称/部位			2#梯田田块	验收依据	《土地整治工程质量检验与评定规程》TD/T 1041—2013
项次		检查项目	质量标准	施工单位检查记录	监理单位验收意见
主控项目	1	填筑材料	回填土料不含草根、树皮、建渣等杂物，回填土料、石料、沙砾料、防渗料、堆石料等粒径、级配、强度及含水量等物理特性需满足设计要求；不得含有有毒有害物质 （见附加说明）	采用原土回填，土料无草根、树皮、建渣等杂物，未含有有毒有害物质，符合设计要求。	合格
	2	基面清理	在土石方回填前要求进行基面清理。清基断面、基础承载力应满足设计要求，水平清基高度30cm以上应上下错台。要求基底平整、密实，无松土、松动石块，无杂物及积水。软弱基础可采用换填、抛石排淤等措施处理。建基面应满足对上层构筑物的设计承载力要求 （见附加说明）	建基面清理已平整、密实、无松土、松动石块，无杂物及积水。未发现软弱地基，地基承载力满足设计要求。见检测报告编号××。	合格
	3	填筑	填料应分层填筑、压实，无漏压、欠压和出现弹簧土。田埂（坎）采用小型机械夯实时铺料厚度应≤35cm，人工夯实铺料厚度应≤25cm；堤、坝机械碾压夯实时铺料厚度应≤25cm，人工夯实铺料厚度应≤20cm。块石填筑应分层找平，块石大面向下安放稳固，挤靠紧密，块石缝隙用片石填满铺平，孔隙率应≤20%	填料分层填筑、压实，无漏压、欠压和出现弹簧土。采用小型机械夯实，铺料厚度≤35cm	合格
	4	压实度和干密度	满足设计提出的压实度和干密度要求。一般堤、坝填筑要求≥92%，田埂（坎）≥90%；黏性土干密度根据土样分析确定 （设计值：××）	实测值：93%、94%、93%。见检测报告编号××。	合格 100%
	5	高度	允许偏差±2cm	检查9点，合格9点。见测量记录编号××。	合格 100%
	6	轴线偏移	田埂（坎）±30cm	检查9点，合格9点。见测量记录编号××。	合格 100%
			堤、坝±5cm	/	/

××高标准农田建设项目　　工程

3.3.1.2-4　土质田埂（坎）、堤、坝填筑单元工程质量验收记录（续表）

编号：××

项次		检查项目	质量标准	施工单位检查记录	监理单位验收意见
一般项目	1	含水量	满足填筑压实度和干密度要求的最优含水量	符合设计要求。见检测报告编号××。	合格
	2	填料粒径	填筑土料土块粒径一般应＜5cm；碎石回填最大粒径不超过分层压实厚度的2/3；块石一般要求大小均匀，单块质量≥25kg，最小边长≥20cm，中心厚度≥15cm	填筑土料土块粒径＜5cm，满足施工质量要求。	合格
	3	堆料	填筑用土石料应堆放在开挖或回填作业边界2m以外，且堆放高度不得超过生产安全规定。废弃土石料和无法利用的泥浆、杂物等应及时清运出场	填筑用土石料堆放在开挖作业边界2m以外，且堆放高度不超过生产安全规定。	合格
	4	外观	线条顺直，边坡稳定，表层平整，密实坚固，不应有松散、塌陷，衔接自然，转弯平顺	田埂线条顺直，边坡稳定，表层平整，密实坚固，无松散、塌陷情况，衔接自然，转弯平顺。	合格
	5	长度、宽度	田埂（坎）允许偏差±5cm	检查9点，合格9点。见测量记录编号××。	合格 100%
			堤、坝允许偏差±3cm	/	/
			护坡垫层允许偏差±3cm	/	/
	6	边坡陡度	允许偏差±3°	/	/
	7	顶面平整度	允许偏差±2cm	检查9点，合格9点。见测量记录编号××。	合格 100%
施工单位检验结论		本单元工程主控项目质量全部符合要求，一般项目单项检验点合格率最小为100%，且不合格点不集中分布，单元工程质量合格。 质量责任人（签字）：××× 现场管理机构（盖章）：筑业××工程有限公司 ××高标准农田建设项目经理部 2026年×月×日			
监理单位验收结论		本单元工程主控项目全部/~~部分~~符合要求，一般项目单项检验点合格率最小为100%，且不合格点不集中/~~集中~~分布，单元工程质量合格/~~不合格~~，同意/~~不同意~~通过验收。 监理工程师（签字）：××× 现场监理机构（盖章）：××建设监理有限公司 ××高标准农田建设项目监理部 2026年×月×日			

3.3.1.2-4 土质田埂（坎）、堤、坝填筑单元工程质量验收记录填表说明

一、依据标准

《土地整治工程质量检验与评定规程》TD/T 1041—2013。

二、单元工程划分

一个耕作田块为一个单元工程。

三、标准规定

表 D.1 土质田埂（坎）、堤、坝填筑工程施工质量验收标准

项次		检查项目	检验方法	检验数量
主控项目	1	填筑材料	现场检查，试验仪器测定	每条田埂（坎）或每100m检查3处，单条田埂至少检查3处。 堤、坝每30m检查1处，单条堤、坝至少检查3处
	2	基面清理	现场检查，拉线、皮尺、直尺测量，钢杆检查密实度	
	3	填筑	现场检查，拉线、皮尺、直尺测量	
	4	压实度和干密度	取样试验、钢杆检查密实度	
	5	高度	水准仪、钢尺量测	
	6	轴线偏移	经纬仪、拉线、皮尺、直尺量测	
一般项目	1	含水量	现场施工试验	每条田埂（坎）或每100m检查3处，单条田埂至少检查3处。 堤、坝每30m检查1处，单条堤、坝至少检查3处
	2	填料粒径	现场检查，直尺量测	
	3	堆料	现场检查，直尺量测	
	4	外观	现场检查	按分部工程逐一检查
	5	长度、宽度	经纬仪、水准仪、皮尺、拉线、直尺量测	每条田埂（坎）或每100m检查3处，单条田埂至少检查3处。 堤、坝每30m检查1处，单条堤、坝至少检查3处
	6	边坡陡度	靠尺、坡度尺、直尺量测	
	7	顶面平整度	水准仪、2m直尺、钢尺量测	

适用范围：适用于土质田埂（田坎），堤、坝等填筑、砌筑、田埂（坎）砌石可参照本标准砌体部分规定，滤料、封闭料填筑可参照水利水电工程施工规程的相关规定。

××高标准农田建设项目工程

3.3.1.2-5 浆砌石砌体单元工程质量验收记录

编号：××

单项工程名称	田块整治工程	施工日期	2026年×月×日—2026年×月×日
单位工程名称	耕作田块修筑工程	施工单位	筑业××工程有限公司
分部工程名称	梯田	单元工程量	127m³
单元工程名称/部位	3#梯田田块浆砌石田埂	验收依据	《土地整治工程质量检验与评定规程》TD/T 1041—2013

	项次	检查项目	质量标准	施工单位检查记录	监理单位验收意见
主控项目	1	石材	满足TD/T 1041—2013表C.2要求	石材出厂质量证明文件齐全、有效，抗压强度、表面清洁度、风化和裂纹、外形尺寸等指标均符合设计及表C.2要求。见检测报告编号××。	合格
	2	砂浆	质量符合TD/T 1041—2013表C.7要求	砂浆质量证明文件齐全、有效，颗粒级配、强度、砂浆配合比等指标符合设计要求及表C.7要求。见检测报告编号××。	合格
	3	灰缝厚度、砂浆饱满度	灰缝厚度均匀，厚度要求：当用砂浆砌筑时，料石砌体不宜大于20mm；毛石、卵石30mm～50mm；当用混凝土砌筑时，厚度80mm～100mm。砂浆饱满度≥80%	采用砂浆砌筑，灰缝厚度均匀，符合设计要求。	合格
	4	轴线位置偏移	允许偏差值≤20mm	检查5点，合格5点。见测量记录编号××。	合格 100%
	5	垂直度	每层允许偏差值≤20mm	检查6点，合格6点。见测量记录编号××。	合格 100%
			全高允许偏差值≤30mm	/	/
	6	顶面标高	允许偏差±25mm	检查27点，合格27点。见测量记录编号××。	合格 100%
	7	厚度	允许偏差值≤30mm	检查28点，合格28点。见测量记录编号××。	合格 100%

××高标准农田建设项目　工程

3.3.1.2-5　浆砌石砌体单元工程质量验收记录（续表）

编号：××

项次		检查项目	质量标准	施工单位检查记录	监理单位验收意见
一般项目	1	组砌要求	内外搭砌，上下错缝，拉结石、丁砌石交错设置；外露面应平整、稳定、密实、美观。护坡应采用坐浆法分层砌筑，随铺随砌；石坝采用铺浆法；砌缝应用砂浆填充饱满，不得无浆直接贴靠；严禁先砌石再灌浆。前一层砌体表面无松动石块，浮渣清除干净，无积水和积渣；下层砌筑时，铺浆均匀，无裸露石块；局部光滑的砂浆表面凿毛面积≥80%	内外搭砌，上下错缝，拉结石、丁砌石交错设置；外露面平整、稳定、密实、美观。符合设计要求。	合格
	2	勾缝	外露面勾缝直顺、圆滑，宜采用平缝，不宜采用凸缝，水平勾缝宽不大于25mm，竖向勾缝不大于40mm	采用平缝，外露面勾缝直顺、圆滑，符合设计要求。	合格
	3	挡墙、护坡排水孔设置	排水孔设置位置及疏水层设置符合设计要求 （见附加说明）	排水孔设置位置及疏水层设置符合设计要求。见施工记录编号××。	合格
	4	养护	洒水养护，养护时间以7d为宜。养护期内不宜回填、挡土	洒水养护，养护时间8d。见养护记录编号××。	合格
	5	外露表面平整度	允许偏差值≤30mm	检查27点，合格25点。见测量记录编号××。	合格 92.6%
	6	表面坡度	与设计值偏差不大于3.5°	检查28点，合格26点。见测量记录编号××。	合格 92.9%
施工单位检验结论		本单元工程主控项目质量全部符合要求，一般项目单项检验点合格率最小为92.6%，且不合格点不集中分布，单元工程质量合格。 质量责任人（签字）：××× 现场管理机构（盖章）：筑业××工程有限公司 ××高标准农田建设项目经理部 2026年×月×日			
监理单位验收结论		本单元工程主控项目全部/~~部分~~符合要求，一般项目单项检验点合格率最小为92.6%，且不合格点不集中/~~集中~~分布，单元工程质量合格/~~不合格~~，同意/~~不同意~~通过验收。 监理工程师（签字）：××× 现场监理机构（盖章）：××建设监理有限公司 ××高标准农田建设项目监理部 2026年×月×日			

3.3.1.2-5 浆砌石砌体单元工程质量验收记录

填表说明

一、依据标准

《土地整治工程质量检验与评定规程》TD/T 1041—2013。

二、单元工程划分

一个耕作田块为一个单元工程。

三、标准规定

表 E.1 浆砌石砌体工程施工质量验收标准

项次		检查项目	检验方法	检验数量
主控项目	1	石材	按TD/T 1041—2013表C.2要求检测	满足TD/T 1041—2013表C.2规定
	2	砂浆	按TD/T 1041—2013表C.7要求检测	符合TD/T 1041—2013表C.7规定
	3	灰缝和砂浆饱满度	观察检查	每步架抽查不应少于1处
	4	轴线位置偏移	用经纬仪、拉线、钢尺检查	纵、横各检查2点
	5	垂直度	用经纬仪、拉线、钢尺检查	纵、横各检查2点
	6	顶面标高	用水准仪和尺检查	每20m 1处，每处3点，至少抽3处
	7	厚度	用尺检查	
一般项目	1	组砌要求	观察检查	每20m 1处，每处3点，至少抽3处
	2	勾缝	直尺检查	
	3	挡墙、护坡排水孔设置	观察检查	
	4	养护	查施工记录	
	5	外露表面平整度	用直尺、塞尺检查	
	6	表面坡度	用坡度尺检查	

适用范围：适用于毛石、料石等浆砌石体工程，一般指砂浆砌石体砌筑和混凝土砌石体砌筑，如基础、墙体、围墙、护堤、护坡、堤坝、挡土墙、石墩、沟渠、水窖、水池（塘）、沉螺池、消力池、跌水、农用桥墩等。卵石属于地方性材料，当采用浆砌卵石、干砌卵石灌浆及混凝土护面等工程，可以根据具体情况参照上述质量标准。

××高标准农田建设项目 工程

3.3.1.2-6 砌体勾缝单元工程质量验收记录

编号：××

<table>
<tr><td colspan="3">单项工程名称</td><td>田块整治工程</td><td>施工日期</td><td colspan="2">2026年×月×日—2026年×月×日</td></tr>
<tr><td colspan="3">单位工程名称</td><td>耕作田块修筑工程</td><td>施工单位</td><td colspan="2">筑业××工程有限公司</td></tr>
<tr><td colspan="3">分部工程名称</td><td>梯田</td><td>单元工程量</td><td colspan="2">135m³</td></tr>
<tr><td colspan="3">单元工程名称/部位</td><td>5#梯田田块浆砌石挡墙</td><td>验收依据</td><td colspan="2">《水利水电工程单元工程施工质量验收标准 第1部分：土石方工程》SL/T 631.1—2025</td></tr>
<tr><td colspan="2">项次</td><td>检查项目</td><td>质量标准</td><td colspan="2">施工单位检查记录</td><td>监理单位验收意见</td></tr>
<tr><td rowspan="3">主控项目</td><td>1</td><td>勾缝材料</td><td>砂浆强度或沉入度等符合设计要求
（见附加说明）</td><td colspan="2">砂浆质量证明文件齐全、有效，颗粒级配、强度、砂浆配合比等指标符合设计要求。见检测报告编号××。</td><td>合格</td></tr>
<tr><td>2</td><td>清缝质量</td><td>清缝宽度不小于砌缝宽度，水平缝清缝深度不小于4cm，竖缝清缝深度不小于5cm；缝槽清洗干净，缝面湿润，无残留灰渣和积水</td><td colspan="2">水平缝与竖缝各检查50点，清缝宽度均不小于砌缝宽；缝槽清洗干净，缝面湿润，无残留灰渣，无积水现象。见施工记录编号××。</td><td>合格</td></tr>
<tr><td>3</td><td>勾缝质量</td><td>勾缝型式符合要求，填充饱满</td><td colspan="2">分次向缝内填充、压实，检测密实度10处，全部达到要求；砂浆初凝后无扰动，符合要求。</td><td>合格</td></tr>
<tr><td>一般项目</td><td>1</td><td>养护质量</td><td>及时、有效，一般砌体养护28d；对有防渗要求的勾缝养护时间应符合设计要求；养护期内表面保持湿润，无时干时湿现象</td><td colspan="2">养护有效及时，养护28d；养护期内表面保持湿润，无时干时湿现象。见养护记录编号××。</td><td>合格</td></tr>
<tr><td colspan="3">施工单位检验结论</td><td colspan="4">本单元工程主控项目质量全部符合要求，一般项目单项检验点合格率最小为 / %，且不合格点不集中分布，单元工程质量合格。

质量责任人（签字）：×××
现场管理机构（盖章）：筑业××工程有限公司 ××高标准农田建设项目经理部
2026年×月×日</td></tr>
<tr><td colspan="3">监理单位验收结论</td><td colspan="4">本单元工程主控项目全部/~~部分~~符合要求，一般项目单项检验点合格率最小为 / %，且不合格点不集中/~~集中~~分布，单元工程质量合格/~~不合格~~，同意/~~不同意~~通过验收。

监理工程师（签字）：×××
现场监理机构（盖章）：××建设监理有限公司 ××高标准农田建设项目监理部
2026年×月×日</td></tr>
</table>

3.3.1.2-6 砌体勾缝单元工程质量验收记录

填表说明

一、依据标准

《水利水电工程单元工程施工质量验收标准 第1部分：土石方工程》SL/T 631.1—2025。

二、单元工程划分

宜以工程设计结构或施工检查验收的段、块划分，每一段、块划分为一个单元工程。

三、标准规定

表 7.4.3 砌体勾缝单元工程施工质量验收标准

项次		检查项目	检验方法	检验数量
主控项目	1	勾缝材料	查阅质量证明文件和检验报告	全部
	2	清缝质量	观察、量测	每个单元不少于20个点
	3	勾缝质量	观察	全部
一般项目	1	养护质量	观察，查阅施工记录	全部

××高标准农田建设项目　　工程

3.3.1.2-7　干砌石砌体单元工程质量验收记录

编号：××

单项工程名称	田块整治工程	施工日期	2026年×月×日—2026年×月×日
单位工程名称	耕作田块修筑工程	施工单位	筑业××工程有限公司
分部工程名称	梯田	单元工程量	140m³
单元工程名称/部位	5#梯田田块干砌石挡墙	验收依据	《土地整治工程质量检验与评定规程》TD/T 1041—2013

项次		检查项目	质量标准	施工单位检查记录	监理单位验收意见
主控项目	1	石材	满足TD/T 1041—2013表C.2要求	石材质量证明文件齐全、有效，抗压强度、表面清洁度、风化和裂纹、外形尺寸等指标均符合设计及表C.2要求。见检测报告编号××。	合格
	2	组砌要求	砌石应垫稳填实，与周边砌石紧靠，严禁架空；不得在外露面用块石砌筑，中间以小石填心；不得在砌筑面以小块石、片石填心；长条形石块丁向砌筑，不得顺长使用，严禁出现通缝、空洞和浮塞	砌石垫稳填实，与周边砌石紧靠，无架空、通缝、空洞和浮塞情况，符合设计要求。	合格
	3	轴线位置偏移	允许偏差值≤20mm	检查4点，合格4点。见测量记录编号××。	合格 100%
	4	垂直度	每层允许偏差值≤20mm	检查4点，合格4点。见测量记录编号××。	合格 100%
			全高允许偏差值≤30mm	/	/
	5	顶面标高	允许偏差值±25mm	检查9点，合格9点。见测量记录编号××。	合格 100%
一般项目	1	外露面要求	砌体外露面平整、稳定、密实、错缝	砌体外露面平整、稳定、密实、错缝，符合设计要求。	合格
	2	表面平整度	允许偏差值≤30mm	检查9点，合格8点。见测量记录编号××。	合格 88.8%
	3	表面坡度	与设计值偏差不大于3°	检查9点，合格8点。见测量记录编号××。	合格 88.8%
施工单位检验结论		本单元工程主控项目质量全部符合要求，一般项目单项检验点合格率最小为88.8%，且不合格点不集中分布，单元工程质量合格。 质量责任人（签字）：××× 现场管理机构（盖章）：筑业××工程有限公司 ××高标准农田建设项目经理部 2026年×月×日			
监理单位验收结论		本单元工程主控项目全部/~~部分~~符合要求，一般项目单项检验点合格率最小为88.8%，且不合格点不集中/~~集中~~分布，单元工程质量合格/~~不合格~~，同意/~~不同意~~通过验收。 监理工程师（签字）：××× 现场监理机构（盖章）：××建设监理有限公司 ××高标准农田建设项目监理部 2026年×月×日			

3.3.1.2-7　干砌石砌体单元工程质量验收记录

填表说明

一、依据标准

《土地整治工程质量检验与评定规程》TD/T 1041—2013。

二、单元工程划分

宜以工程设计结构或施工检查验收的区、段划分，每一区、段划分为一个单元工程。

三、标准规定

表 E.2　干砌石砌体工程施工质量验收标准

项次		检查项目	检验方法	检验数量
主控项目	1	石材	按TD/T 1041—2013表C.2要求检测	满足TD/T 1041—2013表C.2规定
	2	组砌要求	现场抽查	每20m 1处，每处3点，至少抽3处
	3	轴线位置偏移	用经纬仪、吊线、钢尺检查	纵、横各检查2点
	4	垂直度	用经纬仪、吊线、钢尺检查	纵、横各检查2点
	5	顶面标高	用水准仪检查	每20m 1处，每处3点，至少抽3处
一般项目	1	外露面要求	现场查看	全数检查
	2	表面平整度	用直尺检查	每20m检查5点
	3	表面坡度	用坡度尺检查	每20m 1处，每处3点，至少抽3处

适用范围：适用于毛石、料石等干砌石体工程，如田埂（坎）护砌、护坡、护底、路基、碾压土石坝、堤防、水闸、泵站等。

××高标准农田建设项目　工程

3.3.1.2-8　模板单元工程质量验收记录

编号：××

<table>
<tr><td colspan="2">单项工程名称</td><td>灌溉与排水工程</td><td>施工日期</td><td colspan="2">2026年×月×日—2026年×月×日</td></tr>
<tr><td colspan="2">单位工程名称</td><td>小型水源工程</td><td>施工单位</td><td colspan="2">筑业××工程有限公司</td></tr>
<tr><td colspan="2">分部工程名称</td><td>蓄水池</td><td>单元工程量</td><td colspan="2">25m²</td></tr>
<tr><td colspan="2">单元工程名称/部位</td><td>1#蓄水池底板</td><td>验收依据</td><td colspan="2">《水利水电工程单元工程施工质量验收标准 第2部分：混凝土工程》SL/T 631.2—2025</td></tr>
<tr><td colspan="2">项次</td><td>检查项目</td><td>质量标准</td><td>施工单位检查记录</td><td>监理单位验收意见</td></tr>
<tr><td rowspan="3">主控项目</td><td>1</td><td>稳定度、刚度和强度</td><td>满足混凝土施工荷载要求，并符合模板设计要求（见模板施工方案）</td><td>采用竹胶模板、方木支撑钢管围檩，稳定性、刚度和强度满足设计要求。</td><td>合格</td></tr>
<tr><td>2</td><td>承重模板底面高程</td><td>允许偏差为0～5mm，有预留拱度的应满足设计或施工方案要求</td><td>/</td><td>/</td></tr>
<tr><td>3</td><td>轴线位置</td><td>尺寸的最大允许偏差为±5mm，特殊部位应满足设计或规范要求（见模板施工方案）</td><td>检查5个点，合格5个点。见测量记录编号××。</td><td>合格
100%</td></tr>
<tr><td rowspan="5">一般项目</td><td>1</td><td>结构断面尺寸</td><td>大体积混凝土尺寸的最大允许偏差为±20mm；现浇基础尺寸的最大允许偏差为±10mm，排架柱、梁板、墙等现浇结构尺寸的最大允许偏差为±5mm</td><td>检查15个点，合格14个点。见测量记录编号××。</td><td>合格
93.3%</td></tr>
<tr><td>2</td><td>预留孔、洞、槽尺寸及位置</td><td>孔、洞、槽尺寸的允许偏差为0～10mm；中心位置允许偏差为10mm</td><td>/</td><td>/</td></tr>
<tr><td>3</td><td>模板平整度、相邻模板错台</td><td>外露表面：钢模允许偏差为2mm；
木模允许偏差为3mm。
隐蔽内面：尺寸的最大允许偏差为±5mm√</td><td>检查8个点，合格8个点。见测量记录编号××。</td><td>合格
100%</td></tr>
<tr><td>4</td><td>板面缝隙</td><td>允许偏差为2mm</td><td>实测6个点，合格6个点。见测量记录编号××。</td><td>合格
100%</td></tr>
<tr><td>5</td><td>模板外观及脱模剂涂刷</td><td>模板平整、表面光洁、无污物；脱模剂产品质量符合标准要求，涂刷均匀</td><td>模板平整、表面光洁、无污物；脱模剂产品质量符合标准要求，涂刷均匀，无漏涂，符合要求。</td><td>合格</td></tr>
<tr><td colspan="2">施工单位检验结论</td><td colspan="4">本单元工程主控项目质量全部符合要求，一般项目单项检验点合格率最小为93.3%，且不合格点不集中分布，单元工程质量合格。
质量责任人（签字）：×××
现场管理机构（盖章）：筑业××工程有限公司 ××高标准农田建设项目经理部
2026年×月×日</td></tr>
<tr><td colspan="2">监理单位验收结论</td><td colspan="4">本单元工程主控项目全部/部分符合要求，一般项目单项检验点合格率最小为93.3%，且不合格点不集中/集中分布，单元工程质量合格/不合格，同意/不同意通过验收。
监理工程师（签字）：×××
现场监理机构（盖章）：××建设监理有限公司 ××高标准农田建设项目监理部
2026年×月×日</td></tr>
</table>

3.3.1.2-8　模板单元工程质量验收记录

填表说明

一、依据标准

《水利水电工程单元工程施工质量验收标准 第2部分：混凝土工程》SL/T 631.2—2025。

二、单元工程划分

宜以混凝土浇筑仓号或一次检查验收范围划分。对混凝土浇筑仓号，宜按每一仓号划分为一个单元工程；对排架、梁、板、柱等构件，宜按一次检查验收的范围划分为一个单元工程。

三、标准规定

表 4.2.3　模板施工质量验收标准

项次		检查项目	检验方法	检验数量
主控项目	1	稳定度、刚度和强度	观察，检查与模板设计文件和施工方案的符合性	全部
	2	承重模板底面高程	量测	模板面积在50m²以内，不少于5个点；每增加20m²，检查点数增加不少于2个点
	3	轴线位置	量测	轴线长度在20m以内不少于5个点；每增加10m检查点增加不少于1个点
一般项目	1	结构断面尺寸	量测	边长或高度20m以内，每边不少于5个点，每增加10m，每边检查点数增加不少于1个点
	2	预留孔、洞、槽尺寸及位置	查阅图纸、量测	全部
	3	模板平整度、相邻模板错台	2m靠尺量测	模板面积在50m²以内，不少于5个点；每增加20m²，检查点数增加不少于2个点
	4	板面缝隙	量测	模板面积在50m²以内，不少于5个点；每增加20m²，检查点数增加不少于2个点
	5	模板外观及脱模剂涂刷	观察，查阅产品质检证明	全部
注：外露表面、隐蔽内面系指相应模板的混凝土结构物表面最终所处的位置。				

××高标准农田建设项目______工程

3.3.1.2-9　混凝土浇筑单元工程质量验收记录

编号：××

<table>
<tr><td colspan="2">单项工程名称</td><td>灌溉与排水工程</td><td>施工日期</td><td colspan="2">2026年×月×日—2026年×月×日</td></tr>
<tr><td colspan="2">单位工程名称</td><td>小型水源工程</td><td>施工单位</td><td colspan="2">筑业××工程有限公司</td></tr>
<tr><td colspan="2">分部工程名称</td><td>蓄水池</td><td>单元工程量</td><td colspan="2">67m³</td></tr>
<tr><td colspan="2">单元工程名称/部位</td><td>1#蓄水池底板</td><td>验收依据</td><td colspan="2">《水利水电工程单元工程施工质量验收标准　第2部分：混凝土工程》SL/T 631.2—2025</td></tr>
<tr><td>项次</td><td>检查项目</td><td>质量标准</td><td colspan="2">施工单位检查记录</td><td>监理单位验收意见</td></tr>
<tr><td rowspan="9">主控项目</td><td>1　入仓混凝土料</td><td>入仓混凝土应符合SL/T 631.2—202附录C.0.3条的要求，不合格料不应入仓</td><td colspan="2">入仓混凝土符合C.0.3条的要求，无不合格料入仓。见检测报告编号××。</td><td>合格</td></tr>
<tr><td>2　平仓分层</td><td>厚度不大于振捣棒有效长度的90%，铺设均匀，分层清楚，无骨料集中现象</td><td colspan="2">分层厚度不大于振捣棒有效长度的90%，铺设均匀，分层清楚，无骨料集中现象。</td><td>合格</td></tr>
<tr><td>3　振捣</td><td>振捣次序、间距、留振时间等符合要求，无漏振、无过振（见《××施工方案》）</td><td colspan="2">振捣器垂直插入下层混凝土5cm左右，有次序，间距、留振时间合理，无漏振、无过振，符合要求。</td><td>合格</td></tr>
<tr><td>4　铺料间歇时间</td><td>符合要求，无初凝现象（见《××施工方案》）</td><td colspan="2">间歇时间为××h，符合要求，无初凝现象。</td><td>合格</td></tr>
<tr><td>5　入仓温度（有温控要求时）</td><td>符合设计要求</td><td colspan="2">/</td><td>/</td></tr>
<tr><td>6　有平整度要求的部位</td><td>符合设计要求</td><td colspan="2">/</td><td>/</td></tr>
<tr><td>7　轴线位置</td><td>梁、板、柱、墙等结构混凝土允许偏差为10mm</td><td colspan="2">检查10点，实测偏差值（mm）：1，1，2，1，1，2，1，1，1，1。</td><td>合格
100%</td></tr>
<tr><td>8　形体尺寸</td><td>符合设计要求或尺寸的最大允许偏差为±20mm；梁、板、柱、墙等结构混凝土最大允许偏差为±5mm</td><td colspan="2">检查6个点，合格6个点。见测量记录编号××。</td><td>合格
100%</td></tr>
<tr><td>9　重要部位缺损</td><td>不应出现缺损</td><td colspan="2">重要部位无缺损。</td><td>合格</td></tr>
</table>

××高标准农田建设项目 工程

3.3.1.2-9 混凝土浇筑单元工程质量验收记录（续表）

编号：××

项次		检查项目	质量标准	施工单位检查记录	监理单位验收意见
一般项目	1	砂浆铺筑	砂浆铺筑厚度为20mm～30mm，铺设均匀，无漏铺	铺筑均匀平整，无漏铺；厚度检查10处，实测值（mm）：26，26，27，28，31，26，30，31，28，28。	合格 80.0%
	2	积水和泌水	无外部水流入，泌水排除及时	无外水流入，无积水，少量泌水已及时排除，符合要求。	合格
	3	插筋、管路等埋设件的保护	符合设计要求	插筋固定保护到位，混凝土浇筑振捣过程中无松动、移位现象。	合格
	4	养护措施	浇筑后应及时养护，养护方法符合要求 （见《××施工方案》）	建筑后及时覆盖薄膜洒水养护，保持湿润，达到设计强度脱模后连续洒水养护至28d。	合格
	5	表面平整度	每2m偏差不大于8mm；梁、板、柱、墙等结构混凝土每2m偏差不大于5mm	检查10个点，合格9个点。见测量记录编号××。	合格 90.0%
	6	表面裂缝	表面裂缝短小、深度不大于钢筋保护层厚度，表面裂缝经处理符合设计要求 （见《××施工方案》）	现场检测，未见表面裂缝。	合格
	7	外观缺陷	混凝土结构的外观质量不应有严重缺陷及影响结构性能和使用功能的尺寸偏差，麻面、蜂窝累计面积不超过本单元工程外露面的0.5%，孔洞单个面积不超过$0.01m^2$，且深度不超过骨料最大粒径，经处理符合设计要求；错台、跑模、掉角经处理符合要求	无麻面、蜂窝、孔洞、错台、跑模、掉角等情况。	合格
施工单位检验结论			本单元工程主控项目质量全部符合要求，一般项目单项检验点合格率最小为80.0%，且不合格点不集中分布，单元工程质量合格。 筑业××工程有限公司 质量责任人（签字）：××× 现场管理机构（盖章）：××高标准农田建设项目经理部 2026年×月×日		
监理单位验收结论			本单元工程主控项目全部/部分符合要求，一般项目单项检验点合格率最小为80.0%，且不合格点不集中/集中分布，单元工程质量合格/不合格，同意/不同意通过验收。 ××建设监理有限公司 监理工程师（签字）：××× 现场监理机构（盖章）：××高标准农田建设项目监理部 2026年×月×日		

3.3.1.2-9　混凝土浇筑单元工程质量验收记录
填表说明

一、依据标准

《水利水电工程单元工程施工质量验收标准 第2部分：混凝土工程》SL/T 631.2—2025。

二、单元工程划分

宜以混凝土浇筑仓号或一次检查验收范围划分。对混凝土浇筑仓号，宜按每一仓号划分为一个单元工程；对排架、梁、板、柱等构件，宜按一次检查验收的范围划分为一个单元工程。

三、标准规定

表 4.3.3　混凝土浇筑施工质量验收标准

项次		检查项目	检验方法	检验数量
主控项目	1	入仓混凝土料	观察，查阅记录及检验报告	全部
	2	平仓分层	观察	全部
	3	振捣	观察	全部
	4	铺料间歇时间	观察、量测	全部
	5	入仓温度（有温控要求时）	量测	每4h检测1次
一般项目	1	砂浆铺筑	观察、量测	每100m² 不少于5个点
	2	积水和泌水	观察	全部
	3	插筋、管路等埋设件的保护	观察	全部
	4	养护措施	观察	全部

表 4.3.4　混凝土外观施工质量验收标准

项次		检查项目	检验方法	检验数量
主控项目	1	有平整度要求的部位	量测	100m² 以上的表面检查6个～10个点，100m² 以下的表面检查3个～5个点
	2	轴线位置	量测	不少于5个点
	3	形体尺寸	量测	长、宽、高等主要尺寸每项不少于5个点
	4	重要部位缺损	观察、量测	全部
一般项目	1	表面平整度	量测	面积100m² 以内的检查3个～5个点，100m² 以上的检查6个～10个点
	2	表面裂缝	观察、量测	全部
	3	外观缺陷	观察、量测	全部

××高标准农田建设项目　工程

3.3.1.2-10　预制混凝土小型砌块砌体单元工程质量验收记录

编号：××

单项工程名称	田块整治工程	施工日期	2026年×月×日—2026年×月×日
单位工程名称	耕作田块修筑工程	施工单位	筑业××工程有限公司
分部工程名称	条田	单元工程量	120m³
单元工程名称/部位	1#条田田块田埂砌筑	验收依据	《土地整治工程质量检验与评定规程》TD/T 1041—2013

项次		检查项目	质量标准	施工单位检查记录	监理单位验收意见
主控项目	1	砌块	强度必须符合设计要求；砌块规格、尺寸符合设计要求；承重墙体严禁使用断裂小砌块；施工时小砌块龄期不应小于28d（见附加说明）	砌块强度、规格、尺寸符合设计要求。见检测报告编号××。	合格
	2	砂浆	强度必须符合设计要求；质量符合TD/T 1041—2013表C.7要求（设计值：××）	砂浆质量证明文件齐全、有效，颗粒级配、强度、砂浆配合比等指标符合设计要求及表C.7要求。见检测报告编号××。	合格
	3	混凝土	芯柱混凝土强度等级符合设计要求；浇灌芯柱的混凝土时，宜选用专用的小砌块灌孔混凝土，当采用普通混凝土时，其坍落度不应小于90mm；质量符合TD/T 1041—2013表C.6要求	/	/
	4	接槎处理	墙体交接处和转角处应同时砌筑。临时间断处应留斜槎，斜槎水平投影长度不小于高度	符合要求。见施工记录编号××。	合格
	5	灰缝厚度、饱满度	水平灰缝厚度8mm～12mm。砌体水平灰缝的砂浆饱满度按净面积计算不得低于80%；竖向灰缝饱满度不得小于80%，竖缝凹槽部位应用砌筑砂浆填实；不得出现瞎缝、透明缝	符合要求。见施工记录编号××。	合格
	6	轴线位置偏移	允许偏差值≤10mm	检查5个点，合格5个点。见测量记录编号××。	合格 100%
	7	垂直度	墙体每层允许偏差值≤5mm	检查5个点，合格5个点。见测量记录编号××。	合格 100%
			全高允许偏差值≤20mm	/	/
	8	顶面标高	允许偏差值±15mm	检查10个点，合格10个点。见测量记录编号××。	合格 100%
	9	断面尺寸	允许偏差值≤20mm	符合要求。见施工记录编号××。	合格

××高标准农田建设项目 工程

3.3.1.2-10 预制混凝土小型砌块砌体单元工程质量验收记录（续表）

编号：××

<table>
<tr><th colspan="2">项次</th><th>检查项目</th><th>质量标准</th><th>施工单位检查记录</th><th>监理单位验收意见</th></tr>
<tr><td rowspan="4">一般项目</td><td>1</td><td>砌筑准备</td><td>应清除表面污物，剔除外观质量不合格的砌块</td><td>砌筑前已清除表面污物，剔除外观质量不合格砌块。</td><td>合格</td></tr>
<tr><td>2</td><td>抹面</td><td>同砖砌体，见TD/T 1041—2013表E.3要求</td><td>抹灰厚度未大于35mm；抹灰层密实平整，无脱层、空鼓，面层无爆灰和裂缝现象。</td><td>合格</td></tr>
<tr><td>3</td><td>表面平整度</td><td>允许偏差值≤10mm</td><td>检查10个点，合格10个点。见测量记录编号××。</td><td>合格
100%</td></tr>
<tr><td>4</td><td>灰缝平直度</td><td>允许偏差值≤10mm</td><td>检查10个点，合格10个点。见测量记录编号××。</td><td>合格
100%</td></tr>
<tr><td colspan="3">施工单位检验结论</td><td colspan="3">本单元工程主控项目质量全部符合要求，一般项目单项检验点合格率最小为100%，且不合格点不集中分布，单元工程质量合格。

质量责任人（签字）：×××
现场管理机构（盖章）：筑业××工程有限公司 ××高标准农田建设项目经理部
2026年×月×日</td></tr>
<tr><td colspan="3">监理单位验收结论</td><td colspan="3">本单元工程主控项目全部/部分符合要求，一般项目单项检验点合格率最小为100%，且不合格点不集中/集中分布，单元工程质量合格/不合格，同意/不同意通过验收。

监理工程师（签字）：×××
现场监理机构（盖章）：××建设监理有限公司 ××高标准农田建设项目监理部
2026年×月×日</td></tr>
</table>

3.3.1.2-10　预制混凝土小型砌块砌体单元工程质量验收记录填表说明

一、依据标准

《土地整治工程质量检验与评定规程》TD/T 1041—2013。

二、单元工程划分

宜以工程设计结构或施工检查验收的区、段划分，每一区、段划分为一个单元工程。

三、标准规定

表 E.4　预制混凝土小型砌块砌体工程施工质量验收标准

项次		检查项目	检验方法	检验数量
主控项目	1	砌块	砌块现场抽验并进行试验	每一生产厂家，每1万块小砌块至少应抽检1组
	2	砂浆	按TD/T 1041—2013表C.7要求检测	符合TD/T 1041—2013表C.7规定
	3	混凝土	现场抽查并检查试块试验报告	符合TD/T 1041—2013表C.6规定
	4	接槎处理	观察检查	每20m抽查1处，每处3m～5m，且不应少于3处
	5	灰缝厚度、饱满度	用尺量5皮小砌块的高度和2m砌体长度折算；灰缝饱满度用专用百格网检测小砌块与砂浆粘结痕迹	高度每3m为一单元工程，每批不少于3处；灰缝饱满度每处检测3块小砌块，取其平均值
	6	轴线位置偏移	用经纬仪和尺检查	承重墙柱全数检查；外墙全数查阳角，不少于4处
	7	垂直度	用2m托线板检查或用经纬仪、吊线和尺检查	承重墙柱全数检查；外墙全数查阳角，不少于4处
	8	顶面标高	用水准仪检查	每20m检查5点
	9	断面尺寸	用钢尺检查	每20m检查5点
一般项目	1	砌筑准备	抽查检查	同批次的砌块至少应抽检1组
	2	抹面	检验报告	符合TD/T 1041—2013表E.3规定
	3	表面平整度	用直尺检查	每20m 1处，每处查3点，至少抽3处
	4	灰缝平直度	用拉线和直尺检查	每20m 1处，每处查3点，至少抽3处

适用范围：适用于普通混凝土小型砌块和轻骨料混凝土小型砌块等砌体工程，如护坡、田埂、田间道路、沟渠、水窖、墩台、台阶、围墙、人行桥墩、垃圾池、花池、花台、设备及管理用房、其他建筑物及构筑物等。

××高标准农田建设项目工程

3.3.1.2-11　土地翻耕单元工程质量验收记录

编号：××

单项工程名称	农田地力提升工程	施工日期	2026年×月×日—2026年×月×日
单位工程名称	障碍土层消除工程	施工单位	筑业××工程有限公司
分部工程名称	深耕	单元工程量	50亩
单元工程名称/部位	1#田块深耕	验收依据	上海市《土地整治项目工程质量验收标准》DG/TJ 08-2317-2020

<table>
<tr><th colspan="2">项次</th><th>检查项目</th><th>质量标准</th><th>施工单位检查记录</th><th>监理单位验收意见</th></tr>
<tr><td>主控项目</td><td>1</td><td>翻耕、旋耕遍数和深度</td><td>翻耕、旋耕遍数和深度应符合设计要求和相关规定的要求
（见附加说明）</td><td>翻耕、旋耕遍数和深度符合设计要求。见施工记录编号××。</td><td>合格</td></tr>
<tr><td rowspan="2">一般项目</td><td>1</td><td>大块径土料（>10cm）含量</td><td>≤10%</td><td>检查10个点，合格10个点。见测量记录编号××。</td><td>合格
100%</td></tr>
<tr><td>2</td><td>翻耕复犁的幅度</td><td>≥90%</td><td>检查10个点，合格10个点。见测量记录编号××。</td><td>合格
100%</td></tr>
<tr><td colspan="2">施工单位检验结论</td><td colspan="4">本单元工程主控项目质量全部符合要求，一般项目单项检验点合格率最小为100%，且不合格点不集中分布，单元工程质量合格。

质量责任人（签字）：×××
现场管理机构（盖章）：筑业××工程有限公司 ××高标准农田建设项目经理部
2026年×月×日</td></tr>
<tr><td colspan="2">监理单位验收结论</td><td colspan="4">本单元工程主控项目全部/~~部分~~符合要求，一般项目单项检验点合格率最小为100%，且不合格点不集中/~~集中~~分布，单元工程质量合格/~~不合格~~，同意/~~不同意~~通过验收。

监理工程师（签字）：×××
现场监理机构（盖章）：××建设监理有限公司 ××高标准农田建设项目监理部
2026年×月×日</td></tr>
</table>

3.3.1.2-11　土地翻耕单元工程质量验收记录

填表说明

一、依据标准

上海市《土地整治项目工程质量验收标准》DG/TJ 08—2317—2020。

二、单元工程划分

一个耕作田块为一个单元工程。

三、标准规定

5.3.3　土地翻耕

1　翻耕、旋耕遍数和深度应符合设计要求和相关规定的要求。

2　土地翻耕质量检测项目应符合表 5.3.3 的规定。

表 5.3.3　土地翻耕质量检测项目

项次	检测项目	检测频率与范围		检测方法
		范围	点数	
1	大块径土料（＞10cm）含量	全数检查		目测
2	翻耕复犁的幅度			测量，不少于格田数量的10%

××高标准农田建设项目　工程

3.3.1.2-12　客土填充单元工程质量验收记录

编号：××

<table>
<tr><td colspan="3">单项工程名称</td><td>田块整治工程</td><td>施工日期</td><td colspan="2">2026年×月×日—2026年×月×日</td></tr>
<tr><td colspan="3">单位工程名称</td><td>耕作层地力保持工程</td><td>施工单位</td><td colspan="2">筑业××工程有限公司</td></tr>
<tr><td colspan="3">分部工程名称</td><td>客土回填</td><td>单元工程量</td><td colspan="2">80亩</td></tr>
<tr><td colspan="3">单元工程名称/部位</td><td>3#田块深耕</td><td>验收依据</td><td colspan="2">上海市《土地整治项目工程质量验收标准》DG/TJ 08-2317-2020</td></tr>
<tr><td colspan="2">项次</td><td>检查项目</td><td>质量标准</td><td colspan="2">施工单位检查记录</td><td>监理单位验收意见</td></tr>
<tr><td rowspan="3">主控项目</td><td>1</td><td>客土土壤质量在填入前见证取样</td><td>客土土壤质量在填入前应进行见证取样，送具备资质的检测单位对土壤的质量进行检测，确保客土质量符合现行国家标准《土壤环境质量标准》GB 15618的二级及以上要求</td><td colspan="2">土壤符合设计及规范要求。见检测报告编号××。</td><td>合格</td></tr>
<tr><td>2</td><td>土壤质地</td><td>土壤质地应为砂壤土至黏壤土质类，不应是单纯的砂或黏土</td><td colspan="2">为砂壤土至黏壤土质类。</td><td>合格</td></tr>
<tr><td>3</td><td>客土覆盖的土壤有机质含量、厚度</td><td>客土覆盖的土壤有机质含量应不低于设计标准，客土覆盖的厚度应不低于设计值
（设计值：××、××）</td><td colspan="2">土壤有机质含量、厚度符合设计要求。见施工记录编号××。</td><td>合格</td></tr>
<tr><td rowspan="3">一般项目</td><td>1</td><td>客土回填范围</td><td>不小于设计值
（见附加说明）</td><td colspan="2">检查6个点，合格6个点。见测量记录编号××。</td><td>合格
100%</td></tr>
<tr><td>2</td><td>客土回填厚度</td><td>不小于设计值
（设计值：××）</td><td colspan="2">检查6个点，合格6个点。见测量记录编号××。</td><td>合格
100%</td></tr>
<tr><td>3</td><td>砾石、碎石等粗颗粒含量</td><td>≤10%</td><td colspan="2">检查10个点，合格10个点。见施工记录编号××。</td><td>合格
100%</td></tr>
<tr><td colspan="2">施工单位检验结论</td><td colspan="5">本单元工程主控项目质量全部符合要求，一般项目单项检验点合格率最小为100%，且不合格点不集中分布，单元工程质量合格。
质量责任人（签字）：×××
现场管理机构（盖章）：筑业××工程有限公司 ××高标准农田建设项目经理部
2026年×月×日</td></tr>
<tr><td colspan="2">监理单位验收结论</td><td colspan="5">本单元工程主控项目全部/~~部分~~符合要求，一般项目单项检验点合格率最小为100%，且不合格点不集中/~~集中~~分布，单元工程质量合格/~~不合格~~，同意/~~不同意~~通过验收。
监理工程师（签字）：×××
现场监理机构（盖章）：××建设监理有限公司 ××高标准农田建设项目监理部
2026年×月×日</td></tr>
</table>

3.3.1.2-12 客土填充单元工程质量验收记录

填表说明

一、依据标准

上海市《土地整治项目工程质量验收标准》DG/TJ 08—2317—2020。

二、单元工程划分

一个耕作田块为一个单元工程。

三、标准规定

5.3.2 客土填充

1 客土土壤质量在填入前应进行见证取样，送具备资质的检测单位对土壤的质量进行检测，确保客土质量符合现行国家标准《土壤环境质量标准》GB 15618 的二级及以上要求。

2 土壤质地应为砂壤土至黏壤土质类，不应是单纯的砂或黏土。

3 客土覆盖的土壤有机质含量应不低于设计标准，客土覆盖的厚度应不低于设计值。

4 客土填充质量检测项目应符合表 5.3.2 的规定。

表 5.3.2 客土填充质量检测项目

项次	检测项目	检测频率与范围		检测方法
		范围	点数	
1	客土回填范围	不少于客土覆盖田块数量的5%	3	现场测量计算
2	客土回填厚度		3	用钢尺量
3	砾石、碎石等粗颗粒含量		3	目测

××高标准农田建设项目工程

3.3.1.2-13　表土剥离与回覆单元工程质量验收记录

编号：××

<table>
<tr><td colspan="2">单项工程名称</td><td colspan="2">田块整治工程</td><td>施工日期</td><td colspan="2">2026年×月×日—2026年×月×日</td></tr>
<tr><td colspan="2">单位工程名称</td><td colspan="2">耕作层地力保持工程</td><td>施工单位</td><td colspan="2">筑业××工程有限公司</td></tr>
<tr><td colspan="2">分部工程名称</td><td colspan="2">表土保护</td><td>单元工程量</td><td colspan="2">65亩</td></tr>
<tr><td colspan="2">单元工程名称/部位</td><td colspan="2">2#条田田块</td><td>验收依据</td><td colspan="2">上海市《土地整治项目工程质量验收标准》DG/TJ 08-2317-2020</td></tr>
<tr><td colspan="2">项次</td><td>检查项目</td><td>质量标准</td><td colspan="2">施工单位检查记录</td><td>监理单位验收意见</td></tr>
<tr><td rowspan="3">主控项目</td><td>1</td><td>原耕作层土壤见证取样</td><td>表土剥离前，对原耕作层土壤进行见证取样，送具备资质的检测单位对土壤的N、P、K及有机质其他参数含量进行检测。检测数据作为表土回填后土壤有机质恢复程度的复测数据，具体检测内容可按相关要求执行</td><td colspan="2">土壤符合设计及规范要求。见检测报告编号××。</td><td>合格</td></tr>
<tr><td>2</td><td>表土剥离范围、剥离厚度</td><td>表土剥离范围、剥离厚度应符合设计要求
（见附加说明）</td><td colspan="2">符合设计要求。见施工记录编号××。</td><td>合格</td></tr>
<tr><td>3</td><td>表土回填后，原耕作层土壤的有机质含量检测</td><td>表土回填后，应对原耕作层土壤的有机质含量进行第二次检测，原耕作层土壤有机质恢复程度不应低于85%</td><td colspan="2">/</td><td>/</td></tr>
<tr><td rowspan="5">一般项目</td><td>1</td><td>表土剥离厚度</td><td>不小于设计值
（设计值：××）</td><td colspan="2">检查3个点，合格3个点。见测量记录编号××。</td><td>合格
100%</td></tr>
<tr><td>2</td><td>表土回填范围</td><td>≥90%</td><td colspan="2">检查3个点，合格3个点。见测量记录编号××。</td><td>合格
100%</td></tr>
<tr><td>3</td><td>表土回填厚度</td><td>不小于设计值
（设计值：××）</td><td colspan="2">检查3个点，合格3个点。见测量记录编号××。</td><td>合格
100%</td></tr>
<tr><td>4</td><td>土壤有机质恢复程度</td><td>≥85%</td><td colspan="2">/</td><td>/</td></tr>
<tr><td>5</td><td>砾石、碎石等粗颗粒含量</td><td>≤10%</td><td colspan="2">/</td><td>/</td></tr>
<tr><td colspan="2">施工单位检验结论</td><td colspan="5">本单元工程主控项目质量全部符合要求，一般项目单项检验点合格率最小为100%，且不合格点不集中分布，单元工程质量合格。
质量责任人（签字）：×××
现场管理机构（盖章）：筑业××工程有限公司 ××高标准农田建设项目经理部
2026年×月×日</td></tr>
<tr><td colspan="2">监理单位验收结论</td><td colspan="5">本单元工程主控项目全部/~~部分~~符合要求，一般项目单项检验点合格率最小为100%，且不合格点不集中/~~集中~~分布，单元工程质量合格/~~不合格~~，同意/~~不同意~~通过验收。
监理工程师（签字）：×××
现场监理机构（盖章）：××建设监理有限公司 ××高标准农田建设项目监理部
2026年×月×日</td></tr>
</table>

3.3.1.2-13 表土剥离与回覆单元工程质量验收记录

填表说明

一、依据标准

上海市《土地整治项目工程质量验收标准》DG/TJ 08—2317—2020。

二、单元工程划分

一个耕作田块为一个单元工程。

三、标准规定

5.3.1 表土剥离与回覆

1 表土剥离前，对原耕作层土壤进行见证取样，送具备资质的检测单位对土壤的 N、P、K 及有机质其他参数含量进行检测。检测数据作为表土回填后土壤有机质恢复程度的复测数据，具体检测内容可按现行上海市工程建设规范《建设占用耕地表土剥离再利用技术标准》DG/TJ 08—2275 的相关要求执行。

2 表土剥离范围、剥离厚度应符合设计要求。

3 表土回填后，应对原耕作层土壤的有机质含量进行第二次检测，原耕作层土壤有机质恢复程度不应低于 85%。

4 表土剥离质量检测项目应符合表 5.3.1 的规定。

表 5.3.1 表土剥离质量检测项目

项次	检测项目	检测频率与范围		检测方法
		范围	点数	
1	表土剥离厚度	每田块	3	用钢尺量
2	表土回填范围		3	现场测量计算
3	表土回填厚度		3	用钢尺量回填土层的断面
4	土壤有机质恢复程度		3	取样送检测单位检测
5	砾石、碎石等粗颗粒含量		3	目测

××高标准农田建设项目工程

3.3.1.2-14　土地平整单元工程质量验收记录

编号：××

<table>
<tr><td colspan="3">单项工程名称</td><td>田块整治工程</td><td>施工日期</td><td colspan="2">2026年×月×日—2026年×月×日</td></tr>
<tr><td colspan="3">单位工程名称</td><td>耕作层地力保持工程</td><td>施工单位</td><td colspan="2">筑业××工程有限公司</td></tr>
<tr><td colspan="3">分部工程名称</td><td>表土保护</td><td>单元工程量</td><td colspan="2">65亩</td></tr>
<tr><td colspan="3">单元工程名称/部位</td><td>3#条田田块</td><td>验收依据</td><td colspan="2">《小型农田水利工程验收管理手册》</td></tr>
<tr><td colspan="2">项次</td><td>检查项目</td><td>质量标准</td><td colspan="2">施工单位检查记录</td><td>监理单位验收意见</td></tr>
<tr><td rowspan="4">主控项目</td><td>1</td><td>耕作层土质</td><td>符合设计及规范要求（见附加说明）</td><td colspan="2">土质符合设计及规范要求。见检验记录编号××。</td><td>合格</td></tr>
<tr><td>2</td><td>基底处理</td><td>基底上的坑、塘洞穴已按要求处理，填方压实</td><td colspan="2">坑、塘洞穴已按要求处理，填方压实，符合要求。</td><td>合格</td></tr>
<tr><td>3</td><td>田埂培土</td><td>尺寸符合设计要求，远观顺直（见附加说明）</td><td colspan="2">尺寸符合设计要求，远观顺直。</td><td>合格</td></tr>
<tr><td>4</td><td>连片程度通达性布局合理性</td><td>相邻地块相通，便于机械作业</td><td colspan="2">相邻地块相通，符合要求。</td><td>合格</td></tr>
<tr><td rowspan="6">一般项目</td><td rowspan="2">1</td><td rowspan="2">基层平整度</td><td>旱田±5cm</td><td colspan="2">检查9个点，合格9个点。见测量记录编号××。</td><td>合格
100%</td></tr>
<tr><td>水田±3cm</td><td colspan="2">/</td><td>/</td></tr>
<tr><td>2</td><td>耕作层厚度</td><td>大于20cm</td><td colspan="2">检查9个点，合格9个点。见测量记录编号××。</td><td>合格
100%</td></tr>
<tr><td>3</td><td>长度、宽度（田块）</td><td>允许偏差±50cm</td><td colspan="2">检查9个点，合格8个点。见测量记录编号××。</td><td>合格
88.9%</td></tr>
<tr><td>4</td><td>表层土剥离20cm</td><td>允许偏差±2cm</td><td colspan="2">检查9个点，合格8个点。见测量记录编号××。</td><td>合格
88.9%</td></tr>
<tr><td>5</td><td>表层土恢复20cm</td><td>允许偏差±2cm</td><td colspan="2">检查9个点，合格9个点。见测量记录编号××。</td><td>合格
100%</td></tr>
<tr><td colspan="3">施工单位检验结论</td><td colspan="4">本单元工程主控项目质量全部符合要求，一般项目单项检验点合格率最小为88.9%，且不合格点不集中分布，单元工程质量合格。
质量责任人（签字）：×××
现场管理机构（盖章）：筑业××工程有限公司 ××高标准农田建设项目经理部
2026年×月×日</td></tr>
<tr><td colspan="3">监理单位验收结论</td><td colspan="4">本单元工程主控项目全部/~~部分~~符合要求，一般项目单项检验点合格率最小为88.9%，且不合格点不集中/~~集中~~分布，单元工程质量合格/~~不合格~~，同意/~~不同意~~通过验收。
监理工程师（签字）：×××
现场监理机构（盖章）：××建设监理有限公司 ××高标准农田建设项目监理部
2026年×月×日</td></tr>
</table>

4.4 灌溉与排水工程质量验收表填写示例

××高标准农田建设项目　工程

3.3.4.1 单项工程质量验收表

编号：××

<table>
<tr><td colspan="2">单项工程名称</td><td>灌溉与排水工程</td><td>施工单位</td><td colspan="2">筑业××工程有限公司</td></tr>
<tr><td colspan="2">单位工程数量</td><td>12</td><td>施工日期</td><td colspan="2">2026年×月×日—2026年×月×日</td></tr>
<tr><td>序号</td><td colspan="2">单位工程名称</td><td>单位工程数量</td><td>质量结论</td><td>备注</td></tr>
<tr><td>1</td><td colspan="2">小型水源工程</td><td>3</td><td>合格</td><td></td></tr>
<tr><td>2</td><td colspan="2">输配水工程</td><td>2</td><td>合格</td><td></td></tr>
<tr><td>3</td><td colspan="2">渠系建筑物工程</td><td>2</td><td>合格</td><td></td></tr>
<tr><td>4</td><td colspan="2">田间灌溉工程</td><td>4</td><td>合格</td><td></td></tr>
<tr><td>5</td><td colspan="2">排水工程</td><td>1</td><td>合格</td><td></td></tr>
<tr><td>6</td><td colspan="2"></td><td></td><td></td><td></td></tr>
<tr><td>7</td><td colspan="2"></td><td></td><td></td><td></td></tr>
<tr><td>8</td><td colspan="2"></td><td></td><td></td><td></td></tr>
<tr><td colspan="6">1. 单位工程合计 12 个，全部合格。</td></tr>
<tr><td colspan="6">2. 施工质量控制及检验资料是否齐全：齐全。</td></tr>
<tr><td colspan="6">3. 质量事故及质量缺陷处理情况：无。</td></tr>
<tr><td rowspan="3">单项工程质量验收结论</td><td>施工单位自评结果</td><td colspan="4">单位工程质量验收全部合格，符合设计及施工质量验收标准的要求。
技术负责人：（签名）×××
项目经理：（签名、公章）×××
日　期：2026年×月×日</td></tr>
<tr><td>监理单位复核意见</td><td colspan="4">复核结果与自评结果☑相符/□不相符；☑同意/□不同意验收。
监理工程师：（签名）×××
总监理工程师：（签名、公章）×××
日　期：2026年×月×日</td></tr>
<tr><td>项目法人认定意见</td><td colspan="4">认定结果与复核结果☑相符/□不相符；☑同意/□不同意验收。
项目负责人：（签名）×××
技术负责人：（签名、公章）×××
日　期：2026年×月×日</td></tr>
</table>

××高标准农田建设项目工程

3.3.3.1 单位工程质量验收表

编号：××

<table>
<tr><td colspan="2">单项工程名称</td><td colspan="4">灌溉与排水工程</td></tr>
<tr><td colspan="2">单位工程名称</td><td>田间灌溉工程</td><td>施工单位</td><td colspan="2">筑业××工程有限公司</td></tr>
<tr><td colspan="2">分部工程数量</td><td>21</td><td>施工日期</td><td colspan="2">2026年×月×日—2026年×月×日</td></tr>
<tr><td>序号</td><td colspan="2">分部工程名称</td><td>分部工程数量</td><td>质量结论</td><td>备注</td></tr>
<tr><td>1</td><td colspan="2">地面灌溉</td><td>5</td><td>合格</td><td></td></tr>
<tr><td>2</td><td colspan="2">喷灌</td><td>7</td><td>合格</td><td></td></tr>
<tr><td>3</td><td colspan="2">微灌</td><td>9</td><td>合格</td><td></td></tr>
<tr><td>4</td><td colspan="2"></td><td></td><td></td><td></td></tr>
<tr><td>5</td><td colspan="2"></td><td></td><td></td><td></td></tr>
<tr><td>6</td><td colspan="2"></td><td></td><td></td><td></td></tr>
<tr><td>7</td><td colspan="2"></td><td></td><td></td><td></td></tr>
<tr><td>8</td><td colspan="2"></td><td></td><td></td><td></td></tr>
<tr><td colspan="6">1. 分部工程合计 21 个，全部合格。</td></tr>
<tr><td colspan="6">2. 施工质量控制及检验资料是否齐全：齐全</td></tr>
<tr><td colspan="6">3. 质量事故及质量缺陷处理情况：无</td></tr>
<tr><td rowspan="3">单位工程质量验收结论</td><td>施工单位自评结果</td><td colspan="4">分部工程质量验收全部合格，符合设计及施工质量验收标准的要求。
技术负责人：（签名）×××
项目经理：（签名、公章）×××
日　　期：2026 年×月×日
（印章：筑业××工程有限公司）</td></tr>
<tr><td>监理单位复核意见</td><td colspan="4">复核结果与自评结果☑相符/□不相符；☑同意/□不同意验收。
监理工程师：（签名）×××
总监理工程师：（签名、公章）×××
日　　期：2026 年×月×日
（印章：××建设监理有限公司）</td></tr>
<tr><td>项目法人认定意见</td><td colspan="4">认定结果与复核结果☑相符/□不相符；☑同意/□不同意验收。
项目负责人：（签名）×××
技术负责人：（签名、公章）×××
日　　期：2026 年×月×日
（印章：××县农业农村局）</td></tr>
</table>

××高标准农田建设项目 工程

3.3.2.1　分部工程质量验收表

编号：××

<table>
<tr><td>单项工程名称</td><td colspan="2">灌溉与排水工程</td><td>施工单位</td><td colspan="2">筑业××工程有限公司</td></tr>
<tr><td>单位工程名称</td><td colspan="2">田间灌溉工程</td><td>施工日期</td><td colspan="2">2026年×月×日—2026年×月×日</td></tr>
<tr><td>分部工程名称</td><td colspan="2">管道输水灌溉</td><td>单元工程数量</td><td colspan="2">60</td></tr>
<tr><td>序号</td><td colspan="2">单元工程名称</td><td>单元工程数量</td><td>质量结论</td><td>备注</td></tr>
<tr><td>1</td><td colspan="2">管槽土方开挖</td><td>20</td><td>合格</td><td></td></tr>
<tr><td>2</td><td colspan="2">塑料管安装</td><td>20</td><td>合格</td><td></td></tr>
<tr><td>3</td><td colspan="2">管道土方回填</td><td>20</td><td>合格</td><td></td></tr>
<tr><td>4</td><td colspan="2"></td><td></td><td></td><td></td></tr>
<tr><td>5</td><td colspan="2"></td><td></td><td></td><td></td></tr>
<tr><td>6</td><td colspan="2"></td><td></td><td></td><td></td></tr>
<tr><td>7</td><td colspan="2"></td><td></td><td></td><td></td></tr>
<tr><td>8</td><td colspan="2"></td><td></td><td></td><td></td></tr>
<tr><td colspan="6">1. 单元工程合计 60 个，全部合格。</td></tr>
<tr><td colspan="6">2. 施工质量控制及检验资料是否齐全：齐全。</td></tr>
<tr><td colspan="6">3. 质量事故及质量缺陷处理情况：无。</td></tr>
<tr><td rowspan="3">分部工程质量验收结论</td><td>施工单位
自评结果</td><td colspan="4">单元工程质量验收全部合格，符合设计及施工质量验收标准的要求。
技术负责人：（签名）××
项目经理：（签名、公章）××
日　　期：2026 年×月×日</td></tr>
<tr><td>监理单位
复核意见</td><td colspan="4">复核结果与自评结果☑相符/□不相符；☑同意/□不同意验收。
监理工程师：（签名）×××
总监理工程师：（签名、公章）×××
日　　期：2026 年×月×日</td></tr>
<tr><td>项目法人
认定意见</td><td colspan="4">认定结果与复核结果☑相符/□不相符；☑同意/□不同意验收。
项目负责人：（签名）×××
技术负责人：（签名、公章）×××
日　　期：2026 年×月×日</td></tr>
</table>

3.3.5.1　单元工程质量验收汇总表

编号：××

工程名称		××高标准农田建设项目			项目法人		××县农业农村局			
单位工程名称		田间灌溉工程			施工单位		筑业××工程有限公司			
分部工程名称		管道输水灌溉			监理单位		××建设监理有限公司			
序号	单元工程名称	单元工程编码	工程部位	完成工程量	完成时间	验收时间	终检人员	自评结果	监理工程师	复核结果
1	管槽土方开挖	××	1#灌溉区3#干管	702m^3	2026年×月×日	2026年×月×日	×××	合格	×××	合格
2	管道安装	××	1#灌溉区3#干管	360m	2026年×月×日	2026年×月×日	×××	合格	×××	合格
3	管槽土方回填	××	1#灌溉区3#干管	360m	2026年×月×日	2026年×月×日	×××	合格	×××	合格

3.3.1.1 单元工程质量报验单

编号：××

<table>
<tr><td>工程名称</td><td>××高标准农田建设项目</td></tr>
<tr><td colspan="2">致：××建设监理有限公司××高标准农田建设项目监理部（监理机构）
土质岸坡开挖 单元工程已按合同要求完成施工，经自检合格，报请贵方复核。

附件：☑ 土质岸坡开挖 单元工程质量验收记录
☑ 土质岸坡开挖 单元工程质量检查、检测记录

施工单位：（名称及盖章） 筑业××工程有限公司 筑业××工程有限公司××高标准农田建设项目经理部 ××高标准农田建设项目经理部

质检负责人：（签名）×××
日期：2026 年×月×日</td></tr>
<tr><td>监理机构意见</td><td>复核结果：
☑同意进入下一单元工程 □不同意进入下一单元工程

附件：监理复核支持材料

监理机构：（名称及盖章） ××建设监理有限公司 ××建设监理有限公司××高标准农田建设项目监理部 ××高标准农田建设项目监理部

监理工程师：（签名）×××
日期：2026 年×月×日</td></tr>
</table>

3.3.1.1 单元工程施工质量报验单

填表说明

1．施工单位应首先对工程施工质量进行自检。施工单位未自检或自检不合格、自检资料不齐全的单元工程，监理机构有权拒绝进行复核。

2．监理机构对施工单位经自检合格后报送的单元工程质量评定表和有关资料，应按有关技术标准和施工合同约定的要求进行复核。复核合格后方可签认。

3．监理机构可采用跟踪检测监督施工单位的自检工作，并可通过平行检测核验施工单位的检测试验结果。

4．重要隐蔽单元工程和关键部位单元工程应按有关规定组成联合验收小组共同检查并核定其质量等级，监理工程师应在质量等级签证表上签字。

5．在工程设备安装调试完成后，监理机构应监督施工单位按规定进行设备性能试验，并按施工合同约定要求施工单位提交设备操作和维修手册。

6．监理机构应审查施工单位填报的单元工程质量评定表的规范性、真实性和完整性，复核单元工程施工质量等级，由监理工程师核定质量等级并签证认可。

7．重要隐蔽单元工程及关键部位单元工程质量经施工单位自评、监理机构抽检后，按有关规定组成联合小组，共同检查核定其质量等级并填写签证表。

8．单元工程质量控制工作程序如下图所示：

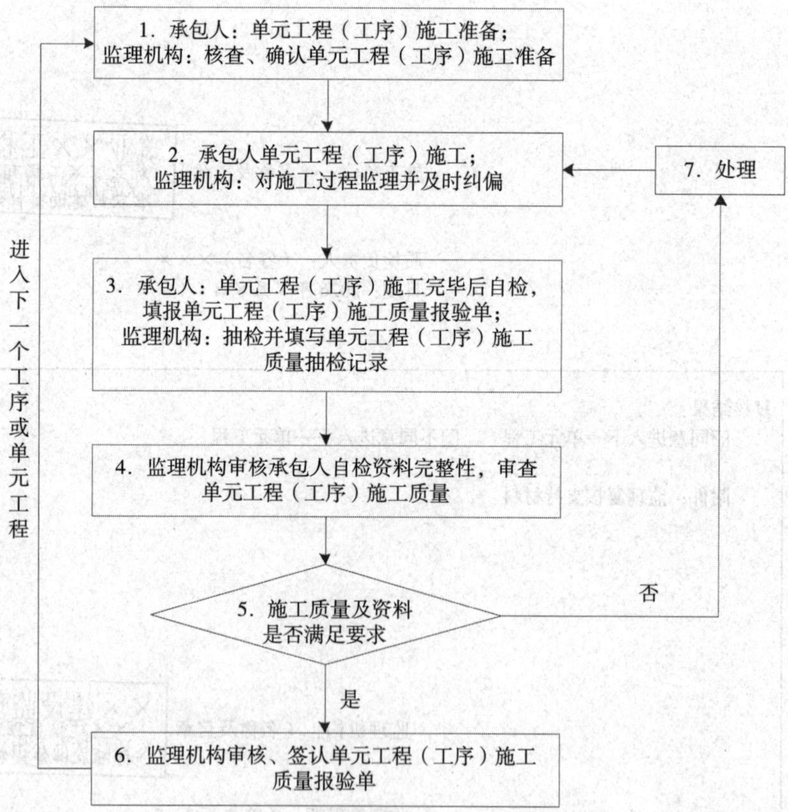

××高标准农田建设项目 工程

3.3.1.2-15 土质岸坡开挖单元工程质量验收记录

编号：××

<table>
<tr><td colspan="3">单项工程名称</td><td>灌溉与排水工程</td><td>施工日期</td><td colspan="2">2026年×月×日—2026年×月×日</td></tr>
<tr><td colspan="3">单位工程名称</td><td>小型水源工程</td><td>施工单位</td><td colspan="2">筑业××工程有限公司</td></tr>
<tr><td colspan="3">分部工程名称</td><td>塘坝</td><td>单元工程量</td><td colspan="2">480m³</td></tr>
<tr><td colspan="3">单元工程名称/部位</td><td>塘坝上游左岸土质岸坡开挖
桩号：K0＋120～K0＋170</td><td>验收依据</td><td colspan="2">《水利水电工程单元工程施工质量验收标准 第1部分：土石方工程》SL/T 631.1—2025</td></tr>
<tr><td colspan="2">项次</td><td>检查项目</td><td>质量标准</td><td colspan="2">施工单位检查记录</td><td>监理单位验收意见</td></tr>
<tr><td rowspan="3">主控项目</td><td>1</td><td>地质缺陷处理结果</td><td>不良土质，地质勘探坑、孔等的处理符合设计要求，并经验收合格；渗水（含泉眼）妥善引排或封堵</td><td colspan="2">淤泥已经按照设计要求全部清除；地质探孔在0＋110处，孔直径1.5m，采用回填灌浆进行了处理；现场无渗水情况。见施工记录编号××。</td><td>合格</td></tr>
<tr><td>2</td><td>保护层开挖</td><td>保护层开挖方式符合设计要求，在接近建基面时宜使用小型机具或人工挖除，不应扰动建基面以下的原地基（见附加说明）</td><td colspan="2">建基面以上30cm采用人工开挖，无机械痕迹，原地基无扰动</td><td>合格</td></tr>
<tr><td>3</td><td>边坡平均坡度</td><td>不陡于设计坡度（设计值：××）</td><td colspan="2">检查30个点，合格30个点。见测量记录编号××。</td><td>合格
100%</td></tr>
<tr><td rowspan="4">一般项目</td><td>1</td><td>坡面超欠挖</td><td>允许偏差为－10cm～20cm</td><td colspan="2">检查10个点，合格9个点。见测量记录编号××。</td><td>合格
90.0%</td></tr>
<tr><td>2</td><td>马道（台阶）宽度</td><td>最大允许偏差为±10cm</td><td colspan="2">检查10个点，合格9个点。见测量记录编号××。</td><td>合格
90.0%</td></tr>
<tr><td rowspan="2">3</td><td rowspan="2">坡脚线位置</td><td>高程允许偏差为－10cm～20cm</td><td colspan="2">检查10个点，合格9个点。见测量记录编号××。</td><td>合格
90.0%</td></tr>
<tr><td>平面位置允许偏差为0～20cm</td><td colspan="2">检查10个点，合格8个点。见测量记录编号××。</td><td>合格
80.0%</td></tr>
<tr><td colspan="3">施工单位检验结论</td><td colspan="4">本单元工程主控项目质量全部符合要求，一般项目单项检验点合格率最小为80.0%，且不合格点不集中分布，单元工程质量合格。
质量责任人（签字）：×××
现场管理机构（盖章）：筑业××工程有限公司 ××高标准农田建设项目经理部
2026年×月×日</td></tr>
<tr><td colspan="3">监理单位验收结论</td><td colspan="4">本单元工程主控项目全部/~~部分~~符合要求，一般项目单项检验点合格率最小为80.0%，且不合格点不集中/~~集中~~分布，单元工程质量合格/~~不合格~~，同意/~~不同意~~通过验收。
监理工程师（签字）：×××
现场监理机构（盖章）：××建设监理有限公司 ××高标准农田建设项目监理部
2026年×月×日</td></tr>
</table>

3.3.1.2-15　土质岸坡开挖单元工程质量验收记录

填表说明

一、依据标准

《水利水电工程单元工程施工质量验收标准 第1部分：土石方工程》SL/T 631.1—2025。

二、单元工程划分

宜以工程设计结构或施工检查验收的区、段划分，每一区、段划分为一个单元工程。

三、标准规定

表4.2.2　土质岸坡开挖施工质量验收标准

项次		检查项目	检验方法	检验数量
主控项目	1	地质缺陷处理结果	观察，查阅施工及验收记录	全部
	2	保护层开挖	观察，查阅施工及验收记录	全部
	3	边坡平均坡度	量测	按走向每5m布置1条测线，按坡向每条测线不少于3个点
一般项目	1	坡面超欠挖	量测	每5m一个断面，不少于3个断面，断面内测点间距不大于2m
	2	马道（台阶）宽度	量测	每5m一个断面，不少于3个断面
	3	坡脚线位置	量测	沿坡脚线长度方向每5m布置1个测点
注：数字前面的负号表示欠挖。				

<u>××高标准农田建设项目</u>工程

3.3.1.2-16 抛石填筑或爆炸排淤填石单元工程质量验收记录

编号：××

<table>
<tr><td colspan="3">单项工程名称</td><td>灌溉与排水工程</td><td>施工日期</td><td colspan="2">2026年×月×日—2026年×月×日</td></tr>
<tr><td colspan="3">单位工程名称</td><td>小型水源工程</td><td>施工单位</td><td colspan="2">筑业××工程有限公司</td></tr>
<tr><td colspan="3">分部工程名称</td><td>塘坝</td><td>单元工程量</td><td colspan="2">100m³</td></tr>
<tr><td colspan="3">单元工程名称/部位</td><td>塘坝地基抛石填筑
桩号：K0＋120～K0＋170</td><td>验收依据</td><td colspan="2">《水利水电工程单元工程施工质量验收标准 第4部分：堤防与河道整治工程》SL/T 631.4—2025</td></tr>
<tr><td colspan="2">项次</td><td>检查项目</td><td>质量标准</td><td colspan="2">施工单位检查记录</td><td>监理单位验收意见</td></tr>
<tr><td rowspan="2">主控项目</td><td>1</td><td>石料质量</td><td>符合设计及SL/T 631.4—2025附录C.0.3条的要求
（见附加说明）</td><td colspan="2">质量证明文件齐全、有效。见检验报告编号××。</td><td>合格</td></tr>
<tr><td>2</td><td>石料块重</td><td>符合设计要求
（设计值：××）</td><td colspan="2">符合要求。见施工记录编号××。</td><td>合格</td></tr>
<tr><td rowspan="4">一般项目</td><td>1</td><td>坡度[a]</td><td>不陡于设计值
（设计值：××）</td><td colspan="2">检查8点，合格8点。见测量记录编号××。</td><td>合格
100%</td></tr>
<tr><td>2</td><td>顶部高程</td><td>不低于设计值
（设计值：××）</td><td colspan="2">检查10点，合格10点。见测量记录编号××。</td><td>合格
100%</td></tr>
<tr><td>3</td><td>顶宽</td><td>不小于设计值
（设计值：××）</td><td colspan="2">检查10点，合格10点。见测量记录编号××。</td><td>合格
100%</td></tr>
<tr><td>4</td><td>轴线位置</td><td>允许偏差为5cm</td><td colspan="2">/</td><td>/</td></tr>
<tr><td colspan="3">施工单位检验结论</td><td colspan="4">本单元工程主控项目质量全部符合要求，一般项目单项检验点合格率最小为<u>100%</u>，且不合格点不集中分布，单元工程质量合格。

质量责任人（签字）：×××
现场管理机构（盖章）：筑业××工程有限公司 ××高标准农田建设项目经理部
2026年×月×日</td></tr>
<tr><td colspan="3">监理单位验收结论</td><td colspan="4">本单元工程主控项目<u>全部</u>/<s>部分</s>符合要求，一般项目单项检验点合格率最小为<u>100%</u>，且不合格点<u>不集中</u>/<s>集中</s>分布，单元工程质量<u>合格</u>/<s>不合格</s>，<u>同意</u>/<s>不同意</s>通过验收。

监理工程师（签字）：×××
现场监理机构（盖章）：××建设监理有限公司 ××高标准农田建设项目监理部
2026年×月×日</td></tr>
</table>

a：本项不适用于软土地基。

3.3.1.2-16　抛石填筑或爆炸排淤填石单元工程质量验收记录

填表说明

一、依据标准

《水利水电工程单元工程施工质量验收标准 第 4 部分：堤防与河道整治工程》SL/T 631.4—2025。

二、单元工程划分

宜以轴线施工段长 100m～500m 划分为一个单元工程。

三、标准规定

表 5.7.2　抛石填筑或爆炸排淤填石单元工程施工质量验收标准

项次		检查项目	检验方法	检验数量
主控项目	1	石料质量	观察，查阅质量证明文件和检验报告	全部
	2	石料块重	观察	全部
一般项目	1	坡度[a]	量测	沿边线每50m～100m检测1处，检测内外坡各1个
	2	顶部高程	量测	轴线方向每20m～50m检测1处
	3	顶宽	量测	轴线方向每20m～50m检测1处
	4	轴线位置	量测	轴线方向每20m～50m检测1处

a：本项不适用于软土地基。

××高标准农田建设项目　　工程

3.3.1.2-17　疏浚和清淤单元工程质量验收记录

编号：××

单项工程名称	农田防护与生态环境保护工程	施工日期	2026年×月×日—2026年×月×日
单位工程名称	沟道治理工程	施工单位	筑业××工程有限公司
分部工程名称	谷坊	单元工程量	2500m³
单元工程名称/部位	沟道疏浚和清淤 桩号：K0＋000～K0＋150	验收依据	《水利水电工程单元工程施工质量验收标准 第4部分：堤防与河道整治工程》SL/T 631.4—2025

项次		检查项目	质量标准	施工单位检查记录	监理单位验收意见
主控项目	1	平均底高程	不大于设计值 （设计值：102.300m）	测量5处，实测值（m）：102.300，102.302，102.301，102.300，102.300。	合格 100%
	2	断面面积	不小于设计值 （设计值：50m×3m）	测量5处，实测值（m）：50×3.04，50.5×3.06，50.4×3.05，50.4×3.04，50.1×3.03。	合格 100%
一般项目	1	轴线位置	符合设计要求 （见附加说明）	检查5点，合格5点。见测量记录编号××。	合格 100%
	2	局部欠挖	深度小于30cm，面积小于5m²	检查5点，合格5点。见测量记录编号××。	合格 100%
	3	开挖横断面每边超宽值、超深值	符合设计要求。 边坡按梯形断面开挖时，可下超上欠，断面超、欠面积比应不小于1，不大于1.5 （见附加说明）	检查5点，合格5点。见测量记录编号××。	合格 100%
	4	弃土处置	符合设计和规范要求 （见附加说明）	弃土位置和方式均符合要求。见影像记录编号××。	合格
施工单位检验结论		本单元工程主控项目质量全部符合要求，一般项目单项检验点合格率最小为100%，且不合格点不集中分布，单元工程质量合格。 质量责任人（签字）：××× 现场管理机构（盖章）：筑业××工程有限公司 ××高标准农田建设项目经理部 2026年×月×日			
监理单位验收结论		本单元工程主控项目全部/~~部分~~符合要求，一般项目单项检验点合格率最小为100%，且不合格点不集中/~~集中~~分布，单元工程质量合格/~~不合格~~，同意/~~不同意~~通过验收。 监理工程师（签字）：××× 现场监理机构（盖章）：××建设监理有限公司 ××高标准农田建设项目监理部 2026年×月×日			

3.3.1.2-17　疏浚和清淤单元工程质量验收记录

填表说明

一、依据标准

《水利水电工程单元工程施工质量验收标准 第 4 部分：堤防与河道整治工程》SL/T 631.4—2025。

二、单元工程划分

宜以轴线施工段长 200m～500m 划分为一个单元工程。

三、标准规定

表 10.0.2　疏浚和清淤单元工程施工质量验收标准

项次		检查项目	检验方法	检验数量
主控项目	1	平均底高程	量测	检测横断面间距50m，检测点间距不大于20/m，不少于5个点。必要时可检测纵断面进行复核
	2	断面面积	量测	
一般项目	1	轴线位置	量测	
	2	局部欠挖	量测	
	3	开挖横断面每边超宽值、超深值	量测	
	4	弃土处置	观察	全部

××高标准农田建设项目　工程

3.3.1.2-18　钢筋制作与安装单元工程质量验收记录

编号：××

<table>
<tr><td>单项工程名称</td><td>灌溉与排水工程</td><td>施工日期</td><td>2026年×月×日—2026年×月×日</td></tr>
<tr><td>单位工程名称</td><td>小型水源工程</td><td>施工单位</td><td>筑业××工程有限公司</td></tr>
<tr><td>分部工程名称</td><td>蓄水池</td><td>单元工程量</td><td>6t</td></tr>
<tr><td>单元工程名称/部位</td><td>1#蓄水池底板</td><td>验收依据</td><td>《水利水电工程单元工程施工质量验收标准 第2部分：混凝土工程》SL/T 631.2—2025</td></tr>
</table>

<table>
<tr><td colspan="2">项次</td><td colspan="2">检查项目</td><td>质量标准</td><td>施工单位检查记录</td><td>监理单位验收意见</td></tr>
<tr><td rowspan="8">主控项目</td><td>1</td><td colspan="2">钢筋及连接材料质量</td><td>符合设计及SL/T 631.2—2025附录C.0.1条的要求
（见附加说明）</td><td>质量证明文件齐全、有效。见检验报告编号××。</td><td>合格</td></tr>
<tr><td>2</td><td colspan="2">钢筋数量、规格尺寸、安装位置</td><td>符合设计要求
（见附加说明）</td><td>HRB400 Φ25（20根）、HRB400 Φ14（22根），按纵、横向单排布置，安装位置符合要求。</td><td>合格</td></tr>
<tr><td>3</td><td colspan="2">钢筋接头力学性能</td><td>钢筋接头应进行相应工艺试验，并符合设计及SL/T 631.2—2025附录C.0.1条的要求
（见附加说明）</td><td>采用直螺纹连接，抽3组检验合格。见检验报告编号××。</td><td>合格</td></tr>
<tr><td rowspan="5">4</td><td rowspan="5">钢筋连接</td><td>电弧焊</td><td>接头处钢筋轴线允许偏差为4°，焊缝长度允许偏差为$-0.5d$；焊缝表面气孔、夹渣直径不大于3mm，气孔、夹渣数量每$2d$长度不多于2个；焊缝饱满，无明显咬边、凹陷</td><td>/</td><td>/</td></tr>
<tr><td>对焊</td><td>接头处钢筋中心线位移允许偏差为$0.1d$且不大于2mm，钢筋表面无裂纹和明显烧伤</td><td>/</td><td>/</td></tr>
<tr><td>绑扎</td><td>缺扣、松扣不大于20%且不集中，搭接长度符合设计要求
（搭接长度设计值：600mm）</td><td>检查10处，每处10扣，无缺扣、松扣现象；搭接长度检查10处，实测值（mm）：610，605，600，610，605，600，600，600，610，605。</td><td>合格
100%</td></tr>
<tr><td>带肋钢筋冷挤压机械</td><td>符合JGJ 107相关规定，挤压后套筒长度应为原套筒长度的1.10倍～1.15倍，或压痕处套筒的外径波动范围为原套筒外径的0.8倍～0.9倍；挤压道次符合型式检验结果；接头无裂纹或肉眼可见缺陷</td><td>/</td><td>/</td></tr>
<tr><td>直（锥）螺纹</td><td>符合JGJ 107相关规定，丝头加工长度偏差不大于1扣，连接后无明显松动，无1扣以上完整丝扣外漏</td><td>质量证明文件齐全、有效。见检验报告编号××。</td><td>合格</td></tr>
</table>

______××高标准农田建设项目______工程

3.3.1.2-18 钢筋制作与安装单元工程质量验收记录（续表）

编号：××

<table>
<tr><th colspan="2">项次</th><th>检查项目</th><th>质量标准</th><th>施工单位检查记录</th><th>监理单位验收意见</th></tr>
<tr><td rowspan="5">一般项目</td><td>1</td><td>钢筋外观</td><td>平直、无损伤，表面无裂纹、无油污、无颗粒状锈蚀或片状锈蚀现象</td><td>平直、无损伤，表面无裂纹、无油污、无颗粒状锈蚀、片状锈蚀等现象。</td><td>合格</td></tr>
<tr><td>2</td><td>钢筋保护层厚度</td><td>局部尺寸的最大允许偏差为±1/4净保护层厚度
（设计值：50mm）</td><td>检查5处，实测值（mm）：56，56，51，53，51。</td><td>合格
100%</td></tr>
<tr><td>3</td><td>钢筋长度</td><td>尺寸的最大允许偏差为±1/2净保护层厚度
（设计值：7.7m）</td><td>检查5处，实测值（m）：7.680，7.675，7.715，7.710，7.715。</td><td>合格
100%</td></tr>
<tr><td>4</td><td>钢筋间距</td><td>分布均匀，无明显过大过小的现象</td><td>分布均匀，无明显过大过小的现象。</td><td>合格</td></tr>
<tr><td>5</td><td>双排钢筋，其排与排间距</td><td>尺寸的最大允许偏差为±0.1倍排距</td><td>/</td><td>/</td></tr>
<tr><td colspan="2">施工单位检验结论</td><td colspan="4">本单元工程主控项目质量全部符合要求，一般项目单项检验点合格率最小为100%，且不合格点不集中分布，单元工程质量合格。

质量责任人（签字）：×××
现场管理机构（盖章）：筑业××工程有限公司 ××高标准农田建设项目经理部
2026年×月×日</td></tr>
<tr><td colspan="2">监理单位验收结论</td><td colspan="4">本单元工程主控项目全部/部分符合要求，一般项目单项检验点合格率最小为100%，且不合格点不集中/集中分布，单元工程质量合格/不合格，同意/不同意通过验收。

监理工程师（签字）：×××
现场监理机构（盖章）：××建设监理有限公司 ××高标准农田建设项目监理部
2026年×月×日</td></tr>
</table>

3.3.1.2-18　钢筋制作与安装单元工程质量验收记录
填表说明

一、依据标准

《水利水电工程单元工程施工质量验收标准 第2部分：混凝土工程》SL/T 631.2—2025。

二、单元工程划分

宜以混凝土浇筑仓号或一次检查验收范围划分。对混凝土浇筑仓号，宜按每一仓号划分为一个单元工程；对排架、梁、板、柱等构件，宜按一次检查验收的范围划分为一个单元工程。

三、标准规定

表 4.2.4　钢筋制作与安装施工质量验收标准

<table>
<tr><th colspan="2">项次</th><th colspan="2">检查项目</th><th>检验方法</th><th>检验数量</th></tr>
<tr><td rowspan="8">主控项目</td><td>1</td><td colspan="2">钢筋及连接材料质量</td><td>观察，查阅质量证明文件和检验报告</td><td>全部</td></tr>
<tr><td>2</td><td colspan="2">钢筋数量、规格尺寸、安装位置</td><td>对照设计文件检查、量测</td><td>全部</td></tr>
<tr><td>3</td><td colspan="2">钢筋接头力学性能</td><td>查阅检验报告</td><td>全部</td></tr>
<tr><td rowspan="5">4</td><td rowspan="5">钢筋连接</td><td>电弧焊</td><td>观察、量测</td><td>每项不少于10个点</td></tr>
<tr><td>对焊</td><td>观察、量测</td><td>每项不少于10个点</td></tr>
<tr><td>绑扎</td><td>观察、量测</td><td>全部且每项不少于10个点</td></tr>
<tr><td>带肋钢筋冷挤压机械</td><td>观察、量测</td><td>全部且每项不少于10个点</td></tr>
<tr><td>直（锥）螺纹</td><td>观察、量测</td><td>全部且每项不少于10个点</td></tr>
<tr><td rowspan="5">一般项目</td><td>1</td><td colspan="2">钢筋外观</td><td>观察</td><td>全部</td></tr>
<tr><td>2</td><td colspan="2">钢筋保护层厚度</td><td>观察、量测</td><td>不少于5个点</td></tr>
<tr><td>3</td><td colspan="2">钢筋长度</td><td>量测</td><td>不少于5个点</td></tr>
<tr><td>4</td><td colspan="2">钢筋间距</td><td>观察</td><td>全部</td></tr>
<tr><td>5</td><td colspan="2">双排钢筋，其排与排间距</td><td>观察、量测</td><td>不少于5个点</td></tr>
</table>

××高标准农田建设项目工程

3.3.1.2-19　土工膜铺设与回填单元工程质量验收记录

编号：××

<table>
<tr><td colspan="3">单项工程名称</td><td>灌溉与排水工程</td><td>施工日期</td><td colspan="2">2026年×月×日—2026年×月×日</td></tr>
<tr><td colspan="3">单位工程名称</td><td>小型水源工程</td><td>施工单位</td><td colspan="2">筑业××工程有限公司</td></tr>
<tr><td colspan="3">分部工程名称</td><td>集雨池</td><td>单元工程量</td><td colspan="2">200m²</td></tr>
<tr><td colspan="3">单元工程名称/部位</td><td>2#集雨池</td><td>验收依据</td><td colspan="2">《水利水电工程单元工程施工质量验收标准 第1部分：土石方工程》SL/T 631.1—2025</td></tr>
<tr><td colspan="2">项次</td><td>检查项目</td><td>质量标准</td><td colspan="2">施工单位检查记录</td><td>监理单位验收意见</td></tr>
<tr><td rowspan="6">主控项目</td><td>1</td><td>土工膜及封闭材料原材料质量</td><td>符合设计及SL/T 631.1—2025附录C.0.2条要求，外观质量应无疵点、破洞等；封闭材料应符合设计要求，试样合格率不小于95%，不合格试样不应集中，且不低于设计指标的98%
（见附加说明）</td><td colspan="2">质量证明文件齐全、有效。见检验报告编号××。</td><td>合格</td></tr>
<tr><td>2</td><td>铺设</td><td>铺设平顺、松紧适度，无皱褶，留有足够的余幅，与下垫层密贴；场地洁净，无污染物污染，无损伤，损伤部位应修补</td><td colspan="2">土工膜铺设平顺、松紧适度，无皱褶，留有足够的余幅，与下垫层密贴；场地洁净，无污染物污染，无损伤现象。</td><td>合格</td></tr>
<tr><td>3</td><td>排水排气</td><td>结构型式符合设计要求，阀体与土工膜连接牢固，不应漏水漏气</td><td colspan="2">/</td><td>/</td></tr>
<tr><td>4</td><td>拼接</td><td>拼接方法、搭接宽度应符合设计要求；粘接搭接宽度不小于15cm，焊缝搭接宽度不小于10cm；膜间形成的节点，应为T形，不应做成“十”字形；接缝处强度不低于母材的80%，且试样断裂不得在缝接处；拼接均匀，无漏接、烫伤、褶皱，不出现虚焊、漏焊或超量焊
（见附加说明）</td><td colspan="2">土工膜采用焊接方式，检测焊缝搭接宽度5处，实测值（cm）：10.6，11.3，12.1，11.0，10.8；
膜间节点为T字形，焊接接缝检查结果符合质量要求。见检测报告编号××。</td><td>合格
100%</td></tr>
<tr><td>5</td><td>结合部结构</td><td>与刚性建筑物等周边防渗体连接密闭符合设计要求
（见附加说明）</td><td colspan="2">符合要求。见施工记录编号××。</td><td>合格</td></tr>
<tr><td>6</td><td>防渗效果</td><td>无明显渗漏水情况，设计有要求的隧洞拱部不得渗水</td><td colspan="2">无明显渗漏水情况。</td><td>合格</td></tr>
</table>

××高标准农田建设项目　工程

3.3.1.2-19　土工膜铺设与回填单元工程质量验收记录（续表）

编号：××

<table>
<tr><th colspan="2">项次</th><th>检查项目</th><th>质量标准</th><th>施工单位检查记录</th><th>监理单位验收意见</th></tr>
<tr><td rowspan="2">一般项目</td><td>1</td><td>土工膜铺设范围</td><td>符合设计要求
（见附加说明）</td><td>符合要求。见施工记录编号××。</td><td>合格</td></tr>
<tr><td>2</td><td>回填及表面保护</td><td>上保护层铺填料质量及施工工艺应符合设计要求，不应有尖锐物刺破膜体；回填覆盖应及时，超过48h应采取临时遮阳措施；回填材料厚度允许偏差为0～5cm，压实度符合设计要求
（见附加说明）</td><td>上保护层铺填料质量及施工工艺符合设计要求，无尖锐物刺破膜体；土工膜在30h内回填覆盖完成；回填材料厚度检查60点，合格50点。压实度合格。见测量记录编号××、检测报告编号××。</td><td>合格
83.3%</td></tr>
<tr><td colspan="2">施工单位检验结论</td><td colspan="4">本单元工程主控项目质量全部符合要求，一般项目单项检验点合格率最小为83.3%，且不合格点不集中分布，单元工程质量合格。

筑业××工程有限公司
质量责任人（签字）：×××
现场管理机构（盖章）：××高标准农田建设项目经理部
2026年×月×日</td></tr>
<tr><td colspan="2">监理单位验收结论</td><td colspan="4">本单元工程主控项目全部/~~部分~~符合要求，一般项目单项检验点合格率最小为83.3%，且不合格点不集中/~~集中~~分布，单元工程质量合格/~~不合格~~，同意/~~不同意~~通过验收。

××建设监理有限公司
监理工程师（签字）：×××
现场监理机构（盖章）：××高标准农田建设项目监理部
2026年×月×日</td></tr>
</table>

3.3.1.2-19 土工膜铺设与回填单元工程质量验收记录填表说明

一、依据标准

《水利水电工程单元工程施工质量验收标准 第1部分：土石方工程》SL/T 631.1—2025。

二、单元工程划分

宜以工程设计结构或施工检查验收的区、段划分，每一次连续铺填的区、段或每 $500m^2$～$1000m^2$ 划分为一个单元工程。

三、标准规定

表 8.3.5 土工膜铺设与回填单元工程施工质量验收标准

项次		检查项目	检验方法	检验数量
主控项目	1	土工膜及封闭材料原材料质量	观察，查阅质量证明文件和检验报告	全部
	2	铺设	观察	全部
	3	排水排气	目测法、现场检漏法和抽样测试法	逐个检查
	4	拼接	观察、检漏法或其他测试法检测	尺寸偏差每10m测1个点，不少于3个点
	5	结合部结构	观察	全部
	6	防渗效果	观察	全部
一般项目	1	土工膜铺设范围	观察	全部
	2	回填及表面保护	观察、量测	每$50m^2$测3个点，不少于3个点

××高标准农田建设项目 工程

3.3.1.2-20 土工织物铺设单元工程质量验收记录

编号：××

单项工程名称	灌溉与排水工程	施工日期	2026年×月×日—2026年×月×日
单位工程名称	小型水源工程	施工单位	筑业××工程有限公司
分部工程名称	塘坝	单元工程量	200m²
单元工程名称/部位	塘坝土工织物铺设 桩号：K1+000～K1+200	验收依据	《水利水电工程单元工程施工质量验收标准 第4部分：堤防与河道整治工程》SL/T 631.4—2025

项次		检查项目	质量标准	施工单位检查记录	监理单位验收意见
主控项目	1	土工织物质量	符合设计及SL/T 631.4—2025附录C.0.4条的要求 （见附加说明）	质量证明文件齐全、有效。见检验报告编号××。	合格
	2	规格、外观	符合设计和规范要求 （见附加说明）	符合要求。见进场验收记录编号××。	合格
	3	基面清理	基面清理干净、规整平顺，无杂物，无尖锐物	基面清理干净、规整平顺，无杂物、尖锐物现象。	合格
	4	铺设质量	锚固牢固；铺设平整，松紧适度（加筋土工织物要求拉紧拉直），不出现皱折现象，并应与基面贴紧	锚固牢固；铺设平整，松紧适度，无皱折现象，并与基面贴紧，符合要求。	合格
一般项目	1	连接质量	搭接：陆上搭接宽度不小于50cm 水下搭接宽度不小于100cm√ 缝接：缝合应连续，缝接宽度不小于30cm	检查10处，实测宽度（cm）：112，114，113，112，105，106，102，99，103，105。	合格 90.0%
	2	铺设范围	符合设计要求 （见附加说明）	符合要求。见施工记录编号××。	合格

施工单位检验结论	本单元工程主控项目质量全部符合要求，一般项目单项检验点合格率最小为90.0%，且不合格点不集中分布，单元工程质量合格。 质量责任人（签字）：××× 现场管理机构（盖章）：筑业××工程有限公司 ××高标准农田建设项目经理部 2026年×月×日
监理单位验收结论	本单元工程主控项目全部/~~部分~~符合要求，一般项目单项检验点合格率最小为90.0%，且不合格点不集中/~~集中~~分布，单元工程质量合格/~~不合格~~，同意/~~不同意~~通过验收。 监理工程师（签字）：××× 现场监理机构（盖章）：××建设监理有限公司 ××高标准农田建设项目监理部 2026年×月×日

3.3.1.2-20　土工织物铺设单元工程质量验收记录

填表说明

一、依据标准

《水利水电工程单元工程施工质量验收标准 第 4 部分：堤防与河道整治工程》SL/T 631.4—2025。

二、单元工程划分

平顺岸坡防护工程宜以轴线施工段长 60m～100m 划分为一个单元工程；现浇混凝土岸坡防护工程宜按轴线施工段长 30m～50m 划分为一个单元工程；丁坝、垛的岸坡防护工程宜按每个坝、垛划分为一个单元工程。

三、标准规定

表 6.2.2　土工织物铺设单元工程施工质量验收标准

项次		检查项目	检验方法	检验数量
主控项目	1	土工织物质量	观察，查阅质量证明文件和检验报告	全部
	2	规格、外观	观察，检查出厂合格证明	全部
	3	基面清理	观察	全面
	4	铺设质量	观察	全面
一般项目	1	连接质量	量测	连接缝方向每20m～50m检测1处
	2	铺设范围	观察	全部

××高标准农田建设项目工程

3.3.1.2-21 砂砾（卵）石料填筑单元工程质量验收记录

编号：××

单项工程名称	灌溉与排水工程	施工日期	2026年×月×日—2026年×月×日
单位工程名称	小型水源工程	施工单位	筑业××工程有限公司
分部工程名称	塘坝	单元工程量	300m³
单元工程名称/部位	塘坝砂砾（卵）石填筑 桩号：K1＋000～K1＋200	验收依据	《水利水电工程单元工程施工质量验收标准 第4部分：堤防与河道整治工程》SL/T 631.4—2025

项次		检查项目	质量标准	施工单位检查记录	监理单位验收意见
主控项目	1	砂砾（卵）石料质量	符合设计及SL/T 631.4—2025附录C.0.1条的要求 （见附加说明）	质量证明文件齐全、有效。见检验报告编号××。	合格
	2	相对密度	符合设计要求，合格率满足SL 260的要求，不合格样的相对密度不应低于设计值的96%，且不合格样不应集中分布；当填筑采用孔隙率控制时，应符合设计要求 （设计值：××）	相对密度实测值为97%，98%，98%。见检测报告编号××。	合格
	3	坡度	不陡于设计值 （设计值：××）	检查4点，合格4点。见测量记录编号××。	合格 100%
	4	顶宽	不小于设计值和超宽值之和 （设计值：××）	检查4点，合格4点。见测量记录编号××。	合格 100%
一般项目	1	铺填边线超宽值	人工铺料大于10cm 机械铺料大于30cm√	检查8点，合格8点。见测量记录编号××。	合格 100%
	2	搭接碾压宽度	顺碾压方向不小于300cm；垂直碾压方向不小于50cm	顺碾压方向碾压宽度为500cm，垂直碾压方向为60cm，符合要求。	合格
	3	铺料厚度	符合碾压试验参数要求，允许偏差为－5cm～0	检查2点，合格2点。见测量记录编号××。	合格 100%
施工单位检验结论			本单元工程主控项目质量全部符合要求，一般项目单项检验点合格率最小为100%，且不合格点不集中分布，单元工程质量合格。 质量责任人（签字）：××× 现场管理机构（盖章）：筑业××工程有限公司 ××高标准农田建设项目经理部 2026年×月×日		
监理单位验收结论			本单元工程主控项目全部/~~部分~~符合要求，一般项目单项检验点合格率最小为100%，且不合格点不集中/~~集中~~分布，单元工程质量合格/~~不合格~~，同意/~~不同意~~通过验收。 监理工程师（签字）：××× 现场监理机构（盖章）：××建设监理有限公司 ××高标准农田建设项目监理部 2026年×月×日		

3.3.1.2-21 砂砾（卵）石料填筑单元工程质量验收记录

填表说明

一、依据标准

《水利水电工程单元工程施工质量验收标准 第 4 部分：堤防与河道整治工程》SL/T 631.4—2025。

二、单元工程划分

宜以施工的层、区、段划分，每一层或几层划分为一个单元工程。宜按轴线施工段长 100m～500m 划分为一个单元工程。

三、标准规定

表 5.6.2 砂砾（卵）石料填筑单元工程施工质量验收标准

项次		检查项目	检验方法	检验数量
主控项目	1	砂砾（卵）石料质量	观察，查阅质量证明文件和检验报告	全部
	2	相对密度	检测	按填筑体积每100m³～200m³取样1个，加固工程按轴线方向每20m～50m取样1个
	3	坡度	量测	轴线方向每50m～100m检测1处
	4	顶宽	量测	轴线方向每50m～100m检测1处
一般项目	1	铺填边线超宽值	量测	边线每50m～100m检测1处
	2	搭接碾压宽度	观察、量测	全部
	3	铺料厚度	量测	按作业面积100m²～200m²检测1个点

××高标准农田建设项目 工程

3.3.1.2-22 反滤（过渡）料填筑单元工程质量验收记录

编号：××

单项工程名称	灌溉与排水工程	施工日期	2026年×月×日—2026年×月×日
单位工程名称	小型水源工程	施工单位	筑业××工程有限公司
分部工程名称	塘坝	单元工程量	300m³
单元工程名称/部位	塘坝反滤料填筑 桩号：K0＋100～K0＋150 ▽131.500～131.800m	验收依据	《水利水电工程单元工程施工质量验收标准 第1部分：土石方工程》 SL/T 631.1—2025

项次		检查项目	质量标准	施工单位检查记录	监理单位验收意见
主控项目	1	填料质量	符合设计及SL/T 631.1—2025附录C.0.1条要求 （见附加说明）	质量证明文件齐全、有效。见检验报告编号××。	合格
	2	碾压参数	符合碾压试验成果要求	符合要求。见施工记录编号××。	合格
	3	压实指标	相对密度不小于设计要求 （设计值：××）	相对密实度实测值为0.66。见检测报告编号××。	合格
	4	铺料厚度	铺料厚度符合碾压试验成果要求，允许偏差为−5cm～0	铺料厚度均匀，不超厚，表面平整，边线整齐。检查40点，合格40点。见测量记录编号××。	100%
	5	接合部	纵横向符合设计要求，岸坡接合处的填料无分离、架空 （见附加说明）	纵横向接合部符合设计要求，岸坡结合处的填料无分离、架空，符合要求。	合格

××高标准农田建设项目______工程

3.3.1.2-22 反滤（过渡）料填筑单元工程质量验收记录（续表）

编号：××

<table>
<tr><td colspan="2">项次</td><td colspan="2">检查项目</td><td>质量标准</td><td>施工单位检查记录</td><td>监理单位验收意见</td></tr>
<tr><td rowspan="6">一般项目</td><td>1</td><td colspan="2">铺填层面外观及边线</td><td>外观平整，分区均衡上升，无团块、无粗粒料集中现象；铺料边线整齐，边线允许偏差为0～10cm，粗粒料不应侵入细粒料</td><td>外观平整，分区均衡上升，无团块、粗粒料集中现象；铺料边线整齐，边线检查5处，偏差（cm）：3，2，5，4，5。</td><td>合格
100%</td></tr>
<tr><td>2</td><td colspan="2">压层表面质量</td><td>碾压面宜平整，无漏压、欠压，无泥块，无超径料</td><td>碾压面平整，无漏压、欠压，无泥块，无超径料，符合要求。</td><td>合格</td></tr>
<tr><td rowspan="4">3</td><td rowspan="4">填筑体外形尺寸</td><td>轴线</td><td>最大允许偏差为±5cm</td><td>检查5点，实测偏差值（cm）：−2，4，3，4，6。</td><td>合格
80.0%</td></tr>
<tr><td>顶面宽度</td><td>允许偏差为：人工0～10cm
机械0～30cm√
（设计值：3m）</td><td>检查5点，实测值（m）：3.15，3.19，3.24，3.32，3.23。</td><td>合格
80.0%</td></tr>
<tr><td>含预留沉降顶高程</td><td>允许偏差为0～10cm</td><td>检查40点，合格35点。见测量记录编号××。</td><td>合格
87.5%</td></tr>
<tr><td>外露坡面平均坡度</td><td>无亏坡，不陡于设计坡度
（设计值：1∶1.5）</td><td>检查5点，实测值：1∶1.51，1∶1.5，1∶1.51，1∶1.51，1∶1.52</td><td>合格
100%</td></tr>
<tr><td colspan="3">施工单位检验结论</td><td colspan="4">本单元工程主控项目质量全部符合要求，一般项目单项检验点合格率最小为80.0%，且不合格点不集中分布，单元工程质量合格。
质量责任人（签字）：×××
现场管理机构（盖章）：筑业××工程有限公司 ××高标准农田建设项目经理部
2026年×月×日</td></tr>
<tr><td colspan="3">监理单位验收结论</td><td colspan="4">本单元工程主控项目全部/~~部分~~符合要求，一般项目单项检验点合格率最小为80.0%，且不合格点不集中/~~集中~~分布，单元工程质量合格/~~不合格~~，同意/~~不同意~~通过验收。
监理工程师（签字）：×××
现场监理机构（盖章）：××建设监理有限公司 ××高标准农田建设项目监理部
2026年×月×日</td></tr>
</table>

3.3.1.2-22 反滤（过渡）料填筑单元工程质量验收记录

填表说明

一、依据标准

《水利水电工程单元工程施工质量验收标准 第1部分：土石方工程》SL/T 631.1—2025。

二、单元工程划分

宜以工程设计结构或施工检查验收的区、段、层划分，每一区、段的每一层或几层划分为一个单元工程。

三、标准规定

表 6.5.2 反滤（过渡）料填筑单元工程施工质量验收标准

<table>
<tr><th colspan="2">项次</th><th colspan="2">检查项目</th><th>检验方法</th><th>检验数量</th></tr>
<tr><td rowspan="5">主控项目</td><td>1</td><td colspan="2">填料质量</td><td>观察，查阅质量证明文件和检验报告</td><td>全部</td></tr>
<tr><td>2</td><td colspan="2">碾压参数</td><td>查阅施工记录</td><td>全部</td></tr>
<tr><td>3</td><td colspan="2">压实指标</td><td>试验</td><td>每200m³～1000m³抽检1个</td></tr>
<tr><td>4</td><td colspan="2">铺料厚度</td><td>量测</td><td>网格控制，每25m²测1个点，不少于3个点</td></tr>
<tr><td>5</td><td colspan="2">接合部</td><td>观察</td><td>全部</td></tr>
<tr><td rowspan="6">一般项目</td><td>1</td><td colspan="2">铺填层面外观及边线</td><td>量测</td><td>每条边线，每10m测1个点，不少于3个点</td></tr>
<tr><td>2</td><td colspan="2">压层表面质量</td><td>观察</td><td>全部</td></tr>
<tr><td rowspan="4">3</td><td rowspan="4">填筑体外形尺寸</td><td>轴线</td><td>量测</td><td>每10m测1个点，不少于3个点</td></tr>
<tr><td>顶面宽度</td><td>量测</td><td>每10m测1个点，不少于3个点</td></tr>
<tr><td>含预留沉降顶高程</td><td>量测</td><td>网格控制，每25m²测1个点，不少于3个点</td></tr>
<tr><td>外露坡面平均坡度</td><td>观察、量测</td><td>每10m测1个点，不少于3个点</td></tr>
<tr><td colspan="6">注1：顶高程及坡度检查项目只在填筑最后一层填筑单元完成时进行检验。
注2：设计坡度按预留沉降加高的断面计算。</td></tr>
</table>

××高标准农田建设项目工程

3.3.1.2-23 石笼护坡单元工程质量验收记录

编号：××

单项工程名称	农田防护与生态环境保护工程	施工日期	2026年×月×日—2026年×月×日
单位工程名称	坡面防护工程	施工单位	筑业××工程有限公司
分部工程名称	护坡	单元工程量	300m²
单元工程名称/部位	石笼护坡 桩号：K0+000～K0+150	验收依据	《水利水电工程单元工程施工质量验收标准 第4部分：堤防与河道整治工程》SL/T 631.4—2025

项次		检查项目	质量标准	施工单位检查记录	监理单位验收意见
主控项目	1	网片质量	符合设计及SL/T 631.4—2025附录C.0.5条的要求 （见附加说明）	质量证明文件齐全、有效。见检验报告编号××。	合格
	2	石料质量	符合设计及SL/T 631.4—2025附录C.0.3条的要求 （见附加说明）	质量证明文件齐全、有效。见检验报告编号××。	合格
	3	石料块径	符合设计要求 （设计值：80mm～150mm）	符合要求。见施工记录编号××。	合格
	4	笼间绑扎质量	每20cm～25cm绑扎1道，双股并铰紧，或每15cm～20cm采用扣环扣紧	每20cm～25cm绑扎1道，双股铰紧，符合要求。见施工记录编号××。	合格
	5	外露面坡度	不陡于设计值 （设计值：××）	外露面坡度为0.9%，符合要求。	合格

××高标准农田建设项目　工程

3.3.1.2-23　石笼护坡单元工程质量验收记录（续表）

编号：××

项次		检查项目	质量标准	施工单位检查记录	监理单位验收意见
一般项目	1	表面外观	规整，大致平顺	外观规整，平顺，符合要求。	合格
	2	高程	顶高程不低于设计值，底高程不高于设计值（设计值：××、××）	检查20点，合格20点。见测量记录编号××。	合格 100%
	3	有间隔网的网片间距	最大允许偏差为±10cm（网片间距设计要求：1m）	检查6点，合格6点。见测量记录编号××。	合格 100%
	4	石笼尺寸	符合设计要求（设计值：××）	检查20点，合格18点。见测量记录编号××。	合格 90.0%
	5	石料充填饱满度	符合设计要求（设计值：××）	石料充填饱满度达到90%，符合设计要求的80%以上。	合格
	6	封顶	宽度、厚度允许偏差为－1cm～2cm，顶面平顺，边线顺直	顶面平顺，边线顺直。检查20点，合格19点。见测量记录编号××。	合格 95.0%
施工单位检验结论		本单元工程主控项目质量全部符合要求，一般项目单项检验点合格率最小为90.0%，且不合格点不集中分布，单元工程质量合格。 质量责任人（签字）：××× 现场管理机构（盖章）：筑业××工程有限公司 ××高标准农田建设项目经理部 2026年×月×日			
监理单位验收结论		本单元工程主控项目全部/~~部分~~符合要求，一般项目单项检验点合格率最小为90.0%，且不合格点不集中/~~集中~~分布，单元工程质量合格/~~不合格~~，同意/~~不同意~~通过验收。 监理工程师（签字）：××× 现场监理机构（盖章）：××建设监理有限公司 ××高标准农田建设项目监理部 2026年×月×日			

3.3.1.2-23　石笼护坡单元工程质量验收记录

填表说明

一、依据标准

《水利水电工程单元工程施工质量验收标准 第 4 部分：堤防与河道整治工程》SL/T 631.4—2025。

二、单元工程划分

宜以轴线施工段长 60m～100m 划分为一个单元工程，丁坝、垛的岸坡防护工程宜按每个坝、垛划分为一个单元工程。

三、标准规定

表 6.3.2　石笼护坡单元工程施工质量验收标准

项次		检查项目	检验方法	检验数量
主控项目	1	网片质量	观察，查阅质量证明文件和检验报告	全部
	2	石料质量	观察，查阅质量证明文件和检验报告	全部
	3	石料块径	观察	全部
	4	笼间绑扎质量	观察	全部
	5	外露面坡度	量测	护坡长度方向每10m检测1处
一般项目	1	表面外观	观察	全面
	2	高程	量测	护坡长度方向每10m检测1处
	3	有间隔网的网片间距	量测	每幅网材检测2处
	4	石笼尺寸	量测	护坡长度方向每10m～20m检测1个
	5	石料充填饱满度	观察	全部
	6	封顶	量测	长度方向每10m检测1处

××高标准农田建设项目　工程

3.3.1.2-24　土料填筑单元工程质量验收记录

编号：××

单项工程名称	农田防护与生态环境保护工程	施工日期	2026年×月×日—2026年×月×日
单位工程名称	岸坡防护工程	施工单位	筑业××工程有限公司
分部工程名称	护地堤	单元工程量	489m³
单元工程名称/部位	护地堤　桩号：K0＋100～K0＋150 ▽131.500m～131.800m	验收依据	《水利水电工程单元工程施工质量验收标准 第4部分：堤防与河道整治工程》SL/T 631.4—2025

项次		检查项目	质量标准	施工单位检查记录	监理单位验收意见
主控项目	1	土料质量	符合设计及SL/T 631.4—2025附录C表C.0.2-1的要求	无树根等现象；土料质量证明文件齐全、有效。见检验报告编号××。	合格
	2	土块粒径	符合SL 260的要求 （见附加说明）	符合要求。见施工记录编号××。	合格
	3	压实度或相对密度	符合设计要求；合格率满足SL 260的要求，不合格样的压实度不应低于设计值的96%，且不合格样不应集中分布 （设计值：××）	压实度为95%，符合设计要求。见检测报告编号××。	合格
	4	层间结合面	表面平整，无漏压、积水、弹簧土、疏松层等现象	表面平整，无漏压、积水、弹簧土、疏松层等现象。	合格
	5	顶宽	不小于设计值和超宽值之和 （设计值：××）	检查4点，合格4点。见测量记录编号××。	合格 100%
	6	坡度	不陡于设计值 （设计值：××）	检查4点，合格4点。见测量记录编号××。	合格 100%
一般项目	1	铺料厚度	符合碾压试验参数要求，允许偏差为−5cm～0	检查4点，合格4点。见测量记录编号××。	合格 100%
	2	铺填边线超宽值	人工铺料大于10cm 机械铺料大于30cm√	检查4点，合格4点。见测量记录编号××。	合格 100%
	3	搭接接合部处理[a]	清除表面杂物，衔接部位开挖成台阶状，分层填筑	清除表面杂物，衔接部位开挖成台阶状，分层填筑，符合要求。	合格
	4	搭接碾压宽度	顺碾压方向不小于300cm；垂直碾压方向不小于50cm	顺碾压方向为500cm，垂直碾压方向为60cm，符合要求。	合格
施工单位检验结论		本单元工程主控项目质量全部符合要求，一般项目单项检验点合格率最小为100%，且不合格点不集中分布，单元工程质量合格。 质量责任人（签字）：××× 现场管理机构（盖章）：筑业××工程有限公司 ××高标准农田建设项目经理部 2026年×月×日			
监理单位验收结论		本单元工程主控项目全部/部分符合要求，一般项目单项检验点合格率最小为100%，且不合格点不集中/集中分布，单元工程质量合格/不合格，同意/不同意通过验收。 监理工程师（签字）：××× 现场监理机构（盖章）：××建设监理有限公司 ××高标准农田建设项目监理部 2026年×月×日			

a：本项仅适用于土质搭接接合部，混凝土接合部处理执行土料与建筑物接合部填筑的规定。

3.3.1.2-24 土料填筑单元工程质量验收记录

填表说明

一、依据标准

《水利水电工程单元工程施工质量验收标准 第 4 部分：堤防与河道整治工程》SL/T 631.4—2025。

二、单元工程划分

宜以施工的层、区、段划分，每一层或几层划分为一个单元工程。新建工程填筑宜按轴线施工段长 100m～500m 划分为一个单元工程；既有工程加高培厚宜按填筑工程量 $500m^3$～$2000m^3$ 划分为一个单元工程。

三、标准规定

表 5.2.2 土料填筑单元工程施工质量验收标准

项次		检查项目	检验方法	检验数量
主控项目	1	土料质量	观察，查阅质量证明文件和检验报告	全部
	2	土块粒径	观察	全部
	3	压实度或相对密度	检测	按填筑体积每$100m^3$～$500m^3$取样1个，加固工程按轴线方向每20m～100m取样工个
	4	层间结合面	观察	全面
	5	顶宽	量测	轴线方向每50m检测1处
	6	坡度	量测	轴线方向每50m检测1处
一般项目	1	铺料厚度	量测	按作业面积$100m^2$～$200m^2$检测1个点
	2	铺填边线超宽值	量测	边线每50m～100m检测1处
	3	搭接接合部处理[a]	观察	全面
	4	搭接碾压宽度	观察、量测	全部
a：本项仅适用于土质搭接接合部，混凝土接合部处理执行土料与建筑物接合部填筑的规定。				

××高标准农田建设项目工程

3.3.1.2-25 坝坡修整单元工程质量验收记录

编号：××

<table>
<tr><td colspan="2">单项工程名称</td><td>灌溉与排水工程</td><td>施工日期</td><td colspan="2">2026年×月×日—2026年×月×日</td></tr>
<tr><td colspan="2">单位工程名称</td><td>小型水源工程</td><td>施工单位</td><td colspan="2">筑业××工程有限公司</td></tr>
<tr><td colspan="2">分部工程名称</td><td>塘坝</td><td>单元工程量</td><td colspan="2">400m³</td></tr>
<tr><td colspan="2">单元工程名称/部位</td><td>塘坝上游左岸坝坡修整
桩号：K0＋120～K0＋170</td><td>验收依据</td><td colspan="2">《小型农田水利工程验收管理手册》</td></tr>
<tr><td colspan="2">项次</td><td>检查项目</td><td>质量标准</td><td>施工单位检查记录</td><td>监理单位验收意见</td></tr>
<tr><td rowspan="3">主控项目</td><td>1</td><td>削坡</td><td>符合设计要求
（见附加说明）</td><td>符合要求。见施工记录编号××。</td><td>合格</td></tr>
<tr><td>2</td><td>排水设施</td><td>位置、结构尺寸应符合设计要求
（见附加说明）</td><td>符合要求。见施工记录编号××。</td><td>合格</td></tr>
<tr><td>3</td><td>生物护坡</td><td>选择易生根、能蔓延、耐旱的草灌类种植</td><td>采用××草被种植。见施工记录编号××。</td><td>合格</td></tr>
<tr><td rowspan="2">一般项目</td><td>1</td><td>削坡坡比</td><td>允许偏差为设计值±5%</td><td>检查10点，合格10点。见测量记录编号××。</td><td>合格
100%</td></tr>
<tr><td>2</td><td>排水渠宽、深</td><td>允许偏差为设计值±5%</td><td>检查10点，合格10点。见测量记录编号××。</td><td>合格
100%</td></tr>
<tr><td colspan="2">施工单位检验结论</td><td colspan="4">本单元工程主控项目质量全部符合要求，一般项目单项检验点合格率最小为100%，且不合格点不集中分布，单元工程质量合格。

质量责任人（签字）：×××
现场管理机构（盖章）：筑业××工程有限公司 ××高标准农田建设项目经理部
2026年×月×日</td></tr>
<tr><td colspan="2">监理单位验收结论</td><td colspan="4">本单元工程主控项目全部/~~部分~~符合要求，一般项目单项检验点合格率最小为100%，且不合格点不集中/~~集中~~分布，单元工程质量合格/~~不合格~~，同意/~~不同意~~通过验收。

监理工程师（签字）：×××
现场监理机构（盖章）：××建设监理有限公司 ××高标准农田建设项目监理部
2026年×月×日</td></tr>
</table>

××高标准农田建设项目工程

3.3.1.2-26 排水工程单元工程质量验收记录

编号：××

<table>
<tr><td colspan="3">单项工程名称</td><td>灌溉与排水工程</td><td>施工日期</td><td colspan="2">2026年×月×日—2026年×月×日</td></tr>
<tr><td colspan="3">单位工程名称</td><td>小型水源工程</td><td>施工单位</td><td colspan="2">筑业××工程有限公司</td></tr>
<tr><td colspan="3">分部工程名称</td><td>塘坝</td><td>单元工程量</td><td colspan="2">200m³</td></tr>
<tr><td colspan="3">单元工程名称/部位</td><td>塘坝棱体排水工程
桩号：K0＋100～K0＋150</td><td>验收依据</td><td colspan="2">《水利水电工程单元工程施工质量验收标准 第1部分：土石方工程》SL/T 631.1—2025</td></tr>
<tr><td colspan="2">项次</td><td>检查项目</td><td>质量标准</td><td colspan="2">施工单位检查记录</td><td>监理单位验收意见</td></tr>
<tr><td rowspan="3">主控项目</td><td>1</td><td>填料质量</td><td>符合设计要求及SL/T 631.1—2025附录C.0.1条要求
（见附加说明）</td><td colspan="2">质量证明文件齐全、有效。见检验报告编号××。</td><td>合格</td></tr>
<tr><td>2</td><td>碾压参数</td><td>符合碾压试验成果要求</td><td colspan="2">符合要求。见施工记录编号××。</td><td>合格</td></tr>
<tr><td>3</td><td>压实指标</td><td>相对密度或孔隙率应符合设计要求
（设计值：××）</td><td colspan="2">相对密实度实测值为0.66。见检测报告编号××。</td><td>合格</td></tr>
<tr><td rowspan="5">一般项目</td><td rowspan="3">1</td><td rowspan="3">排水体尺寸</td><td>基底高程最大允许偏差为±3cm
（设计值：99.0m）</td><td colspan="2">检查5点，实测值（m）：99.03，99.01，<u>98.99</u>，99.01，99.04。</td><td>合格
80.0%</td></tr>
<tr><td>边线最大允许偏差为±3cm</td><td colspan="2">检查5点，实测偏差值（cm）：2，3，1，<u>−4</u>，2。</td><td>合格
80.0%</td></tr>
<tr><td>顶面高程最大允许偏差为±5cm
（设计值：101.0m）</td><td colspan="2">检查5点，实测值（m）：101.03，101.02，101.03，<u>101.06</u>，101.02。</td><td>合格
80.0%</td></tr>
<tr><td>2</td><td>结合面处理</td><td>层面结合良好，与岸坡接合处的填料无分离、架空现象，无水平通缝；靠近反滤层的石料为内小外大；无漏压和欠压</td><td colspan="2">层面结合良好，与岸坡结合处的填料无分离、架空现象，无水平通缝；靠近反滤层的石料为内小外大，无漏压、欠压。见施工记录编号××。</td><td>合格</td></tr>
<tr><td>3</td><td>排水材料摊铺</td><td>边线整齐，厚度均匀，表面平整，无团块、粗粒料集中现象</td><td colspan="2">边线整齐，厚度均匀，表面平整，无团块、粗粒料集中现象。</td><td>合格</td></tr>
<tr><td colspan="3">施工单位检验结论</td><td colspan="4">本单元工程主控项目质量全部符合要求，一般项目单项检验点合格率最小为<u>80.0%</u>，且不合格点不集中分布，单元工程质量合格。
质量责任人（签字）：×××
现场管理机构（盖章）：筑业××工程有限公司 ××高标准农田建设项目经理部
2026年×月×日</td></tr>
<tr><td colspan="3">监理单位验收结论</td><td colspan="4">本单元工程主控项目<u>全部</u>/<s>部分</s>符合要求，一般项目单项检验点合格率最小为<u>80.0%</u>，且不合格点<u>不集中</u>/<s>集中</s>分布，单元工程质量<u>合格</u>/<s>不合格</s>，<u>同意</u>/<s>不同意</s>通过验收。
监理工程师（签字）：×××
现场监理机构（盖章）：××建设监理有限公司 ××高标准农田建设项目监理部
2026年×月×日</td></tr>
</table>

3.3.1.2-26　排水工程单元工程质量验收记录

填表说明

一、依据标准

《水利水电工程单元工程施工质量验收标准 第1部分：土石方工程》SL/T 631.1—2025。

二、单元工程划分

宜以工程设计结构或施工检查验收的区、段划分；每一区、段划分为一个单元工程。

三、标准规定

表 6.7.4　排水工程单元工程施工质量验收标准

项次		检查项目	检验方法	检验数量
主控项目	1	填料质量	观察，查阅质量证明文件和检验报告	全部
	2	碾压参数	查阅施工记录	全部
	3	压实指标	试验	每$200m^3$～$800m^3$抽检1个
一般项目	1	排水体尺寸	量测	每10m测1个点，不少于3个点
	2	结合面处理	观察，查阅施工记录	全部
	3	排水材料摊铺	观察	全部

××高标准农田建设项目工程

3.3.1.2-27　土工合成材料反滤和排水工程单元工程质量验收记录

编号：××

<table>
<tr><td colspan="2">单项工程名称</td><td colspan="2">灌溉与排水工程</td><td>施工日期</td><td colspan="2">2026年×月×日—2026年×月×日</td></tr>
<tr><td colspan="2">单位工程名称</td><td colspan="2">小型水源工程</td><td>施工单位</td><td colspan="2">筑业××工程有限公司</td></tr>
<tr><td colspan="2">分部工程名称</td><td colspan="2">塘坝</td><td>单元工程量</td><td colspan="2">200m³</td></tr>
<tr><td colspan="2">单元工程名称/部位</td><td colspan="2">塘坝坝脚排水工程
桩号：K0＋100～K0＋150</td><td>验收依据</td><td colspan="2">《水利水电工程单元工程施工质量验收标准 第1部分：土石方工程》SL/T 631.1—2025</td></tr>
<tr><td colspan="2">项次</td><td>检查项目</td><td>质量标准</td><td colspan="2">施工单位检查记录</td><td>监理单位验收意见</td></tr>
<tr><td rowspan="4">主控项目</td><td>1</td><td>原材料质量</td><td>土工合成材料质量符合设计及SL/T 631.1—2025附录C.0.2条要求；回填材料性能符合设计要求
（见附加说明）</td><td colspan="2">质量证明文件齐全、有效。见检验报告编号××。</td><td>合格</td></tr>
<tr><td>2</td><td>场地清理及垫层料</td><td>地面无尖棱硬物，无凹坑，基面平整，范围符合设计要求；垫层料铺摊平整，范围符合设计要求
（见附加说明）</td><td colspan="2">地面无尖棱硬物，无凹坑；基面平整，范围符合要求；垫层料铺摊平整，范围符合要求。</td><td>合格</td></tr>
<tr><td>3</td><td>铺设</td><td>铺设工艺符合要求，平顺、松紧适度、无皱褶，与基面密贴；场地洁净，无污染物污染，无损伤，损伤部位应修补；锚固型式以及坡面防滑钉设置符合设计要求
（见附加说明）</td><td colspan="2">铺设工艺符合要求，平顺、松紧适度、无皱褶，与基面密贴；场地洁净，无污染物污染，无损伤；锚固型式以及坡面防滑钉设置符合要求。</td><td>合格</td></tr>
<tr><td>4</td><td>回填材料回填时间</td><td>回填覆盖应及时，超过48h应采取临时遮阳措施</td><td colspan="2">已在48h内完成回填覆盖。见施工记录编号××。</td><td>合格</td></tr>
</table>

××高标准农田建设项目工程

3.3.1.2-27　土工合成材料反滤和排水工程单元工程质量验收记录（续表）

编号：××

项次		检查项目	质量标准	施工单位检查记录	监理单位验收意见
一般项目	1	拼接	搭接或缝接符合设计要求，缝接宽度不小于10cm；平地搭接宽度不小于30cm；不平整场地或极软土搭接宽度不小于50cm；水下及受水流冲击部位应采用缝接，宽度不小于25cm，且缝两道 （见附加说明）	土工布采用搭接方式，宽度不小于50cm；搭接宽度检查5处，实测值（cm）：52，56，55，57，58。	合格 100%
	2	回填保护层厚度及压实度	回填材料厚度允许偏差为0～5cm，压实度符合设计要求 （设计值：厚度20cm，压实度95%）	厚度检查5处，实测值（cm）：21，23，23，22，19。 压实度为95%。见检测报告编号××。	合格 80.0%
	3	排水管（沟）规格、位置	排水管（沟）的规格符合设计要求，位置最大允许偏差为±5cm （见附加说明）	排水管（沟）的规格符合要求。见施工记录编号××。 检查位置5处，实测偏差值（cm）：1，−1，1，4，2。	合格 100%
施工单位检验结论		本单元工程主控项目质量全部符合要求，一般项目单项检验点合格率最小为80.0%，且不合格点不集中分布，单元工程质量合格。 质量责任人（签字）：××× 现场管理机构（盖章）：筑业××工程有限公司 ××高标准农田建设项目经理部 2026年×月×日			
监理单位验收结论		本单元工程主控项目全部/~~部分~~符合要求，一般项目单项检验点合格率最小为80.0%，且不合格点不集中/~~集中~~分布，单元工程质量合格/~~不合格~~，同意/~~不同意~~通过验收。 监理工程师（签字）：××× 现场监理机构（盖章）：××建设监理有限公司 ××高标准农田建设项目监理部 2026年×月×日			

3.3.1.2-27　土工合成材料反滤和排水工程单元工程质量验收记录填表说明

一、依据标准

《水利水电工程单元工程施工质量验收标准 第1部分：土石方工程》SL/T 631.1—2025。

二、单元工程划分

宜以工程设计结构或施工检查验收的区、段划分。平面型式每 500m² ～1000m² 划分为一个单元工程；圆形、菱形或梯形断面（包括盲沟）型式每 50 延米～100 延米划分为一个单元工程。

三、标准规定

表 8.2.3　土工合成材料反滤和排水工程单元工程施工质量验收标准

项次		检查项目	检验方法	检验数量
主控项目	1	原材料质量	观察，查阅质量证明文件和检验报告	全部
	2	场地清理及垫层料	观察	全部
	3	铺设	观察	全部
	4	回填材料回填时间	观察	全部
一般项目	1	拼接	量测	每10m测1个点，不少于3个点
	2	回填保护层厚度及压实度	量测	每10m测1个点，不少于3个点
	3	排水管（沟）规格、位置	量测	全数

<u>××高标准农田建设项目</u>工程

3.3.1.2-28 建（构）筑物基底垫层单元工程质量验收记录

编号：××

<table>
<tr><td colspan="3">单项工程名称</td><td>灌溉与排水工程</td><td>施工日期</td><td colspan="2">2026年×月×日—2026年×月×日</td></tr>
<tr><td colspan="3">单位工程名称</td><td>小型水源工程</td><td>施工单位</td><td colspan="2">筑业××工程有限公司</td></tr>
<tr><td colspan="3">分部工程名称</td><td>小型泵站</td><td>单元工程量</td><td colspan="2">102m³</td></tr>
<tr><td colspan="3">单元工程名称/部位</td><td>1#泵站垫层</td><td>验收依据</td><td colspan="2">《水利水电工程单元工程施工质量验收标准 第1部分：土石方工程》SL/T 631.1—2025</td></tr>
<tr><td colspan="2">项次</td><td>检查项目</td><td>质量标准</td><td colspan="2">施工单位检查记录</td><td>监理单位验收意见</td></tr>
<tr><td>主控项目</td><td>1</td><td>填料质量</td><td>符合设计及SL/T 631.1—2025附录C.0.1条要求
（见附加说明）</td><td colspan="2">质量证明文件齐全、有效。见检验报告编号××。</td><td>合格</td></tr>
<tr><td rowspan="2">一般项目</td><td>1</td><td>铺料效果</td><td>铺料层厚度满足设计要求，最大允许偏差为±3cm；表面宜平整，边线整齐
（设计值：××）</td><td colspan="2">铺料厚度均匀，表面平整，边线整齐。检查48点，合格45点。见测量记录编号××。</td><td>合格
93.8%</td></tr>
<tr><td>2</td><td>铺填边线</td><td>超出基础边线</td><td colspan="2">铺填位置准确，摊铺边线整齐，边线偏差均在设计范围内，符合要求。</td><td>合格</td></tr>
<tr><td colspan="3">施工单位检验结论</td><td colspan="4">本单元工程主控项目质量全部符合要求，一般项目单项检验点合格率最小为<u>93.8%</u>，且不合格点不集中分布，单元工程质量合格。

质量责任人（签字）：×××
现场管理机构（盖章）：筑业××工程有限公司 ××高标准农田建设项目经理部
2026年×月×日</td></tr>
<tr><td colspan="3">监理单位验收结论</td><td colspan="4">本单元工程主控项目<u>全部</u>/~~部分~~符合要求，一般项目单项检验点合格率最小为<u>93.8%</u>，且不合格点<u>不集中</u>/~~集中~~分布，单元工程质量<u>合格</u>/~~不合格~~，<u>同意</u>/~~不同意~~通过验收。

监理工程师（签字）：×××
现场监理机构（盖章）：××建设监理有限公司 ××高标准农田建设项目监理部
2026年×月×日</td></tr>
</table>

3.3.1.2-28 建（构）筑物基底垫层单元工程质量验收记录

填表说明

一、依据标准

《水利水电工程单元工程施工质量验收标准 第 1 部分：土石方工程》SL/T 631.1—2025。

二、单元工程划分

宜以工程设计结构或施工检查验收的区、段、层划分，每一区、段的每一层或几层划分为一个单元工程。

三、标准规定

表 6.6.5 建（构）筑物基底垫层单元工程施工质量验收标准

项次		检查项目	检验方法	检验数量
主控项目	1	填料质量	观察，查阅质量证明文件和检验报告	全部
一般项目	1	铺料效果	观察、量测	网格控制，每25m²测1个点，不少于3个点
	2	铺填边线	观察	每10m测1个点，不少于3个点

××高标准农田建设项目 工程

3.3.1.2-29 砂砾料（石渣）填筑单元工程质量验收记录

编号：××

<table>
<tr><td colspan="3">单项工程名称</td><td>灌溉与排水工程</td><td>施工日期</td><td colspan="2">2026年×月×日—2026年×月×日</td></tr>
<tr><td colspan="3">单位工程名称</td><td>小型水源工程</td><td>施工单位</td><td colspan="2">筑业××工程有限公司</td></tr>
<tr><td colspan="3">分部工程名称</td><td>塘坝</td><td>单元工程量</td><td colspan="2">350m³</td></tr>
<tr><td colspan="3">单元工程名称/部位</td><td>塘坝砂砾料填筑
桩号：K0＋150～K0＋200
▽131.500～131.800m</td><td>验收依据</td><td colspan="2">《水利水电工程单元工程施工质量验收标准 第1部分：土石方工程》SL/T 631.1—2025</td></tr>
<tr><td colspan="2">项次</td><td>检查项目</td><td>质量标准</td><td colspan="2">施工单位检查记录</td><td>监理单位验收意见</td></tr>
<tr><td rowspan="5">主控项目</td><td>1</td><td>砂砾料（石渣）质量</td><td>符合设计及SL/T 631.1—2025附录C.0.1条要求；上坝料无树根等杂物（见附加说明）</td><td colspan="2">质量证明文件齐全、有效。见检验报告编号××。</td><td>合格</td></tr>
<tr><td>2</td><td>碾压参数</td><td>符合碾压试验成果要求</td><td colspan="2">碾压设备型号符合方案要求，碾压遍数符合碾压试验成果要求，行车速度符合要求。见施工记录编号××。</td><td>合格</td></tr>
<tr><td>3</td><td>压实指标</td><td>相对密度、孔隙率符合设计要求（设计值：相对密度0.75、孔隙率25%）</td><td colspan="2">采用灌砂法检测，相对密度检测值为0.75，孔隙率检测值为28%，均符合设计要求。见检测报告编号××。</td><td>合格</td></tr>
<tr><td>4</td><td>岸坡接合处铺填</td><td>纵横向接合部应符合设计要求，岸坡接合处的填料不应分离、架空（见附加说明）</td><td colspan="2">岸坡接合部位处理符合设计要求，接触带的填料不集中、不架空，符合要求。</td><td>合格</td></tr>
<tr><td>5</td><td>铺料厚度</td><td>铺料厚度符合碾压试验或设计要求，允许偏差为－5cm～0（设计值：××）</td><td colspan="2">检查5点，合格5点。见测量记录编号××。</td><td>合格
100%</td></tr>
</table>

××高标准农田建设项目 工程

3.3.1.2-29 砂砾料（石渣）填筑单元工程质量验收记录（续表）

编号：××

<table>
<tr><th colspan="2">项次</th><th colspan="2">检查项目</th><th>质量标准</th><th>施工单位检查记录</th><th>监理单位验收意见</th></tr>
<tr><td rowspan="6">一般项目</td><td>1</td><td colspan="2">铺填层面外观及边线</td><td>铺料宽度满足削坡后压实质量要求，粗粒料不应集中，且不应侵入细料边线，允许偏差为0～20cm</td><td>检查5点，合格5点。见测量记录编号××。</td><td>合格
100%</td></tr>
<tr><td>2</td><td colspan="2">压层表面质量</td><td>碾压表面平整，无漏压、欠压</td><td>碾压表面平整，无漏压、欠压现象。</td><td>合格</td></tr>
<tr><td rowspan="4">3</td><td rowspan="4">填筑体位置及外形尺寸</td><td>轴线</td><td>最大允许偏差为±15cm</td><td>检查5点，合格5点。见测量记录编号××。</td><td>合格
100%</td></tr>
<tr><td>顶面宽度</td><td>允许偏差为：人工0～10cm
机械0～30cm√</td><td>检查5点，合格4点。见测量记录编号××。</td><td>合格
80.0%</td></tr>
<tr><td>含预留沉降顶高程</td><td>允许偏差为0～10cm</td><td>/</td><td>/</td></tr>
<tr><td>外露坡面坡度</td><td>无亏坡，不陡于设计坡度</td><td>/</td><td>/</td></tr>
<tr><td colspan="3">施工单位检验结论</td><td colspan="4">本单元工程主控项目质量全部符合要求，一般项目单项检验点合格率最小为80.0%，且不合格点不集中分布，单元工程质量合格。

质量责任人（签字）：×××
现场管理机构（盖章）：筑业××工程有限公司 ××高标准农田建设项目经理部
2026年×月×日</td></tr>
<tr><td colspan="3">监理单位验收结论</td><td colspan="4">本单元工程主控项目全部/~~部分~~符合要求，一般项目单项检验点合格率最小为80.0%，且不合格点不集中/~~集中~~分布，单元工程质量合格/~~不合格~~，同意/~~不同意~~通过验收。

监理工程师（签字）：×××
现场监理机构（盖章）：××建设监理有限公司 ××高标准农田建设项目监理部
2026年×月×日</td></tr>
</table>

3.3.1.2-29 砂砾料（石渣）填筑单元工程质量验收记录填表说明

一、依据标准

《水利水电工程单元工程施工质量验收标准 第1部分：土石方工程》SL/T 631.1—2025。

二、单元工程划分

宜以工程设计结构或施工检查验收的区、段、层划分，每一区、段的每一层划分为一个单元工程。填筑量较小的区、段，可多层划分为一个单元工程。

三、标准规定

表 6.3.3 砂砾料（石渣）填筑单元工程施工质量验收标准

<table>
<tr><th colspan="4">项次</th><th>检查项目</th><th>检验方法</th><th>检验数量</th></tr>
<tr><td rowspan="5">主控项目</td><td>1</td><td colspan="3">砂砾料（石渣）质量</td><td>观察，查阅质量证明文件和检验报告</td><td>全部</td></tr>
<tr><td>2</td><td colspan="3">碾压参数</td><td>查阅施工记录</td><td>全部</td></tr>
<tr><td>3</td><td colspan="3">压实指标</td><td>试验</td><td>每$5000m^3$～$1000m^3$抽检1个，每层不少于5个</td></tr>
<tr><td>4</td><td colspan="3">岸坡接合处铺填</td><td>观察</td><td>全部</td></tr>
<tr><td>5</td><td colspan="3">铺料厚度</td><td>量测</td><td>网格控制，每$100m^2$测1个点，不少于3个点</td></tr>
<tr><td rowspan="6">一般项目</td><td>1</td><td colspan="3">铺填层面外观及边线</td><td>观察、量测</td><td>每10m测1个点，不少于3个点</td></tr>
<tr><td>2</td><td colspan="3">压层表面质量</td><td>观察</td><td>全部</td></tr>
<tr><td rowspan="4">3</td><td rowspan="4">填筑体位置及外形尺寸</td><td colspan="2">轴线</td><td>量测</td><td>每10m测1个点，不少于3个点</td></tr>
<tr><td colspan="2">顶面宽度</td><td>量测</td><td>每10m测1个点，不少于3个点</td></tr>
<tr><td colspan="2">含预留沉降顶高程</td><td>量测</td><td>网格控制，每$100m^2$测1个点，不少于3个点</td></tr>
<tr><td colspan="2">外露坡面坡度</td><td>观察、量测</td><td>每10m测1个点，不少于3个点</td></tr>
<tr><td colspan="7">注1：顶高程及坡度检查项目只在填筑最后一层填筑单元完成时进行检验。
注2：设计坡度按预留沉降加高的断面计算。</td></tr>
</table>

××高标准农田建设项目工程

3.3.1.2-30　预埋件制作与安装单元工程质量验收记录

编号：××

<table>
<tr><td colspan="3">单项工程名称</td><td>灌溉与排水工程</td><td>施工日期</td><td colspan="2">2026年×月×日—2026年×月×日</td></tr>
<tr><td colspan="3">单位工程名称</td><td>小型水源工程</td><td>施工单位</td><td colspan="2">筑业××工程有限公司</td></tr>
<tr><td colspan="3">分部工程名称</td><td>蓄水池</td><td>单元工程量</td><td colspan="2">1套</td></tr>
<tr><td colspan="3">单元工程名称/部位</td><td>1#蓄水池</td><td>验收依据</td><td colspan="2">《水利水电工程单元工程施工质量验收标准 第2部分：混凝土工程》SL/T 631.2—2025</td></tr>
<tr><td>类别</td><td colspan="2">项次</td><td>检查项目</td><td>质量标准</td><td>施工单位检查记录</td><td>监理单位验收意见</td></tr>
<tr><td rowspan="6">止水带（片）</td><td rowspan="3">主控项目</td><td>1</td><td>片（带）性能指标</td><td>符合设计及SL/T 631.2—2025附录C.0.1条的要求（见附加说明）</td><td>质量证明文件齐全、有效。见检验报告编号××。</td><td>合格</td></tr>
<tr><td>2</td><td>片（带）规格、外观</td><td>规格符合设计要求，观感表面平整，无锈污、油渍、砂眼、钉孔、裂纹等（见附加说明）</td><td>采用651型橡胶止水带，观感表面平整，无锈污、油渍、砂眼、钉孔、裂纹等现象。</td><td>合格</td></tr>
<tr><td>3</td><td>接头方式、接头质量及焊缝外观</td><td>接头方式符合设计要求且通过工艺试验检测合格。接头质量符合工艺试验的质量要求，焊缝外观平整，无烧伤，无夹渣</td><td>/</td><td>/</td></tr>
<tr><td rowspan="3">一般项目</td><td>1</td><td>安装位置</td><td>止水片（带）中心线与接缝中心线安装尺寸的最大允许偏差为±5mm</td><td>检查10点，实测偏差值（mm）：-1，1，2，-1，-6，-1，3，3，1，1</td><td>合格
90.0%</td></tr>
<tr><td>2</td><td>搭接长度</td><td>金属止水片双面焊不小于20mm，橡胶、PVC止水片不小于100mm；不同材质止水片螺栓法连接不小于350mm</td><td>/</td><td>/</td></tr>
<tr><td>3</td><td>止水保护</td><td>内置部分应采取合适的定位固定措施，外露部分有防破损、防老化保护措施</td><td>内置部分采取附加钢筋固定，外露部分有防破损、防老化保护措施。见施工记录编号××。</td><td>合格</td></tr>
<tr><td rowspan="3">伸缩缝（填充材料）</td><td rowspan="2">主控项目</td><td>1</td><td>伸缩缝材料材质</td><td>材质及厚度符合设计要求，材质出厂质量证明资料齐全（见附加说明）</td><td>材质及厚度符合设计要求，质量证明文件齐全、有效。见检验报告编号××。</td><td>合格</td></tr>
<tr><td>2</td><td>缝面处理</td><td>缝面平整、处理干净、顺直，涂敷沥青料均匀，无气泡及隆起现象，外露铁件割除</td><td>缝面平整，处理干净、顺直，涂敷沥青料均匀，无气泡及隆起现象，外露铁件割除，符合要求。</td><td>合格</td></tr>
<tr><td>一般项目</td><td>1</td><td>铺设安装</td><td>铺设厚度均匀平整、牢固、搭接紧密</td><td>铺设厚度均匀平整、牢固、搭接紧密，符合要求。</td><td>合格</td></tr>
</table>

××高标准农田建设项目工程

3.3.1.2-30　预埋件制作与安装单元工程质量验收记录（续表）

编号：××

类别	项次		检查项目	质量标准	施工单位检查记录	监理单位验收意见
排水系统	主控项目	1	排水管材质	符合设计要求，材质出厂质量证明资料齐全	/	/
		2	排水管孔口装置	孔口装置的加工、安装、防锈处理等符合设计要求，无渗水、漏水现象	/	/
		3	排水管通畅性	管路布设符合设计要求，通畅	/	/
	一般项目	1	排水孔（管）位置	允许偏差为100mm	/	/
		2	倾斜度	预埋安装允许偏差为4%；岩石钻孔允许偏差为2%	/	/
		3	基岩孔深度	尺寸的最大允许偏差为±0.5%设计深度	/	/
		4	反滤装置	材料规格、设置位置、断面尺寸符合设计要求	/	/
金属件	主控项目	1	金属件规格、材质及数量	符合设计要求	/	/
		2	安装质量	安装牢固、可靠	/	/
	一般项目	1	中心位置	允许偏差为20mm	/	/
施工单位检验结论	本单元工程主控项目质量全部符合要求，一般项目单项检验点合格率最小为90.0%，且不合格点不集中分布，单元工程质量合格。 质量责任人（签字）：××× 现场管理机构（盖章）：筑业××工程有限公司 ××高标准农田建设项目经理部 2026年×月×日					
监理单位验收结论	本单元工程主控项目全部/部分符合要求，一般项目单项检验点合格率最小为90.0%，且不合格点不集中/集中分布，单元工程质量合格/不合格，同意/不同意通过验收。 监理工程师（签字）：××× 现场监理机构（盖章）：××建设监理有限公司 ××高标准农田建设项目监理部 2026年×月×日					

3.3.1.2-30 预埋件制作与安装单元工程质量验收记录

填表说明

一、依据标准

《水利水电工程单元工程施工质量验收标准 第2部分：混凝土工程》SL/T 631.2—2025。

二、单元工程划分

宜以混凝土浇筑仓号或一次检查验收范围划分。对混凝土浇筑仓号，宜按每一仓号划分为一个单元工程；对排架、梁、板、柱等构件，宜按一次检查验收的范围划分为一个单元工程。

三、标准规定

表 4.2.5-1 止水片（带）施工质量验收标准

项次		检查项目	检验方法	检验数量
主控项目	1	片（带）性能指标	观察，查阅质量证明文件和检验报告	全部
	2	片（带）规格、外观	观察	全部
	3	接头方式、接头质量及焊缝外观	观察，查阅工艺试验报告	全部
一般项目	1	安装位置	量测	每50m检查不少于5个点，每增加10m增加1个点
	2	搭接长度	量测	全数
	3	止水保护	观察	全部

表 4.2.5-2 伸缩缝（填充材料）施工质量验收标准

项次		检查项目	检验方法	检验数量
主控项目	1	伸缩缝材料材质	观察，查阅质量证明文件和检验报告	全部
	2	缝面处理	观察	全部
一般项目	1	铺设安装	观察	全部

表 4.2.5-3 排水系统施工质量验收标准

项次		检查项目	检验方法	检验数量
主控项目	1	排水管材质	观察，查阅质量证明文件和检验报告	全部
	2	排水管孔口装置	观察、量测	全部
	3	排水管通畅性	观察、量测	全部
一般项目	1	排水孔（管）位置	量测	全数
	2	倾斜度	量测	全数
	3	基岩孔深度	量测	全数
	4	反滤装置	观察、量测	全部

表 4.2.5-5 金属件施工质量验收标准

项次		检查项目	检验方法	检验数量
主控项目	1	金属件规格、材质及数量	观察，查阅质量证明文件和检验报告	全部
	2	安装质量	观察、量测	全部
一般项目	1	中心位置	量测	全数

××高标准农田建设项目 工程

3.3.1.2-31 混凝土预制构件安装单元工程质量验收记录

编号：××

单项工程名称	灌溉与排水工程	施工日期	2026年×月×日—2026年×月×日
单位工程名称	田间灌溉工程	施工单位	筑业××工程有限公司
分部工程名称	管道输水灌溉	单元工程量	1座
单元工程名称/部位	2#预制检查井	验收依据	《水利水电工程单元工程施工质量验收标准 第2部分：混凝土工程》SL/T 631.2—2025

<table>
<tr><th colspan="2">项次</th><th colspan="3">检查项目</th><th>质量标准</th><th>施工单位检查记录</th><th>监理单位验收意见</th></tr>
<tr><td rowspan="5">主控项目</td><td>1</td><td colspan="3">预制构件</td><td>符合设计要求，已通过进场验收
（见附加说明）</td><td>符合设计要求。见验收记录编号××。</td><td>合格</td></tr>
<tr><td>2</td><td colspan="3">构件型号和安装位置</td><td>符合设计要求
（见附加说明）</td><td>T型梁型号符合设计要求，安装位置符合梁上标明的安装位置编号。见施工记录编号××。</td><td>合格</td></tr>
<tr><td>3</td><td colspan="3">安装底座、基础</td><td>符合设计要求
（见附加说明）</td><td>符合要求。见施工记录编号××。</td><td>合格</td></tr>
<tr><td>4</td><td colspan="3">构件连接</td><td>构件与底座、构件与构件的连接符合设计要求，受力接头应符合GB 50204的规定
（见附加说明）</td><td>构件与底座、构件与构件的连接符合设计要求，受力接头符合规定。见施工记录编号××。</td><td>合格</td></tr>
<tr><td>5</td><td colspan="3">预制构件标识</td><td>重要受力预制构件应在明显部位标明构件名称、规格、型号、生产单位、生产日期和质量验收标志等</td><td>在明显部位标明构件名称、规格、型号、生产单位、生产日期和质量验收标志等。见影像记录编号××。</td><td>合格</td></tr>
<tr><td rowspan="6">一般项目</td><td rowspan="4">1</td><td rowspan="4">柱安装</td><td colspan="2">中心线和轴线位移</td><td>尺寸的最大允许偏差为±5mm</td><td>/</td><td>/</td></tr>
<tr><td rowspan="2">垂直度</td><td>柱高10m以下</td><td>允许偏差为10mm</td><td>/</td><td>/</td></tr>
<tr><td>柱高10m以上</td><td>允许偏差为20mm</td><td>/</td><td>/</td></tr>
<tr><td colspan="2">牛腿上表面、柱顶标高</td><td>尺寸的允许偏差为−8mm～0</td><td></td><td>/</td></tr>
<tr><td rowspan="2">2</td><td rowspan="2">梁或吊车梁安装</td><td colspan="2">中心线和轴线位移</td><td>尺寸的最大允许偏差为±5mm</td><td>实测偏差（mm）分别为：中心线位移：2，−1；轴线位移：3，2。</td><td>合格
100%</td></tr>
<tr><td colspan="2">梁顶面标高</td><td>尺寸的允许偏差为−5mm～0</td><td>梁顶面标高偏差（mm）：−1，2，1，0。</td><td>合格
100%</td></tr>
</table>

××高标准农田建设项目工程

3.3.1.2-31 混凝土预制构件安装单元工程质量验收记录（续表）

编号：××

<table>
<tr><th colspan="2">项次</th><th colspan="3">检查项目</th><th>质量标准</th><th>施工单位检查记录</th><th>监理单位验收意见</th></tr>
<tr><td rowspan="10">一般项目</td><td rowspan="3">3</td><td rowspan="3">屋架安装</td><td colspan="2">下弦中心线和轴线位移</td><td>尺寸的最大允许偏差为±5mm</td><td>/</td><td></td></tr>
<tr><td rowspan="2">垂直度</td><td>桁架、拱形屋架</td><td>允许偏差为1/250屋架高</td><td>/</td><td></td></tr>
<tr><td>薄腹梁</td><td>允许偏差为5mm</td><td>/</td><td></td></tr>
<tr><td rowspan="2">4</td><td rowspan="2">板安装</td><td rowspan="2">相邻两板下表面错台</td><td>抹灰</td><td>允许偏差为5mm</td><td>/</td><td>/</td></tr>
<tr><td>不抹灰</td><td>允许偏差为3mm</td><td>/</td><td>/</td></tr>
<tr><td rowspan="2">5</td><td rowspan="2">预制廊道、井筒板（埋入建筑物）</td><td colspan="2">中心线和轴线偏差</td><td>尺寸的最大允许偏差为±20mm</td><td>/</td><td>/</td></tr>
<tr><td colspan="2">相邻两构件的表面平整度</td><td>允许偏差为10mm</td><td>/</td><td>/</td></tr>
<tr><td rowspan="2">6</td><td rowspan="2">建筑物外表面模板</td><td colspan="2">相邻两板面高差</td><td>允许偏差为3mm</td><td>/</td><td>/</td></tr>
<tr><td colspan="2">外边线与结构物边线</td><td>尺寸的最大允许偏差为±10mm</td><td>/</td><td>/</td></tr>
<tr><td rowspan="2">7</td><td rowspan="2">构件接缝质量</td><td colspan="2">接缝凿毛处理</td><td>处理后表面无乳皮，微露粗砂</td><td>表面无乳皮、微露粗砂等现象。</td><td>合格</td></tr>
<tr><td colspan="2">构件接缝的混凝土（砂浆）</td><td>接缝混凝土（砂浆）灌注均匀密实，符合设计要求</td><td>接缝混凝土灌注均匀、密实。</td><td>合格</td></tr>
<tr><td colspan="2">施工单位检验结论</td><td colspan="6">本单元工程主控项目质量全部符合要求，一般项目单项检验点合格率最小为100%，且不合格点不集中分布，单元工程质量合格。
质量责任人（签字）：×××
现场管理机构（盖章）：筑业××工程有限公司 ××高标准农田建设项目经理部
2026年×月×日</td></tr>
<tr><td colspan="2">监理单位验收结论</td><td colspan="6">本单元工程主控项目全部/~~部分~~符合要求，一般项目单项检验点合格率最小为100%，且不合格点不集中/~~集中~~分布，单元工程质量合格/~~不合格~~，同意/~~不同意~~通过验收。
监理工程师（签字）：×××
现场监理机构（盖章）：××建设监理有限公司 ××高标准农田建设项目监理部
2026年×月×日</td></tr>
</table>

3.3.1.2-31 混凝土预制构件安装单元工程质量验收记录

填表说明

一、依据标准

《水利水电工程单元工程施工质量验收标准 第2部分：混凝土工程》SL/T 631.2—2025。

二、单元工程划分

宜以每一次检查验收的根、组、批，或者按照安装的桩号、高程区间划分为一个单元工程。

三、标准规定

表 9.2.2 混凝土预制构件安装单元工程施工质量验收标准

项次		检查项目	检验方法	检验数量
主控项目	1	预制构件	观察，查阅验收记录	全部
	2	构件型号和安装位置	量测	全数
	3	安装底座、基础	查阅验收记录	全部
	4	构件连接	观察，检查施工记录	全部
	5	预制构件标识	观察	全部
一般项目	1	柱安装	量测	全数
	2	梁或吊车梁安装	量测	全数
	3	屋架安装	量测	全数
	4	板安装	量测	全数
	5	预制廊道、井筒板（埋入建筑物）	量测	全数
	6	建筑物外表面模板	量测	全数
	7	构件接缝质量	观察	全部

××高标准农田建设项目工程

3.3.1.2-32　植草防护单元工程质量验收记录

编号：××

<table>
<tr><td colspan="3">单项工程名称</td><td>农田防护与生态环境保护工程</td><td>施工日期</td><td colspan="2">2026年×月×日—2026年×月×日</td></tr>
<tr><td colspan="3">单位工程名称</td><td>坡面防护工程</td><td>施工单位</td><td colspan="2">筑业××工程有限公司</td></tr>
<tr><td colspan="3">分部工程名称</td><td>护坡</td><td>单元工程量</td><td colspan="2">500m²</td></tr>
<tr><td colspan="3">单元工程名称/部位</td><td>植草护坡
桩号：K0+000～K0+150</td><td>验收依据</td><td colspan="2">《水利水电工程单元工程施工质量验收标准 第4部分：堤防与河道整治工程》SL/T 631.4—2025</td></tr>
<tr><td colspan="2">项次</td><td>检查项目</td><td>质量标准</td><td colspan="2">施工单位检查记录</td><td>监理单位验收意见</td></tr>
<tr><td rowspan="2">主控项目</td><td>1</td><td>草籽或草皮</td><td>种类、质量、规格符合设计要求
（见附加说明）</td><td colspan="2">质量证明文件齐全。见草籽合格证编号××、检疫证书编号××。</td><td>合格</td></tr>
<tr><td>2</td><td>种植土处理</td><td>种植土质及厚度满足植被生长要求；如填铺，厚度最大允许偏差为±3cm</td><td colspan="2">检查5点，合格5点。见测量记录编号××。</td><td>合格
100%</td></tr>
<tr><td rowspan="3">一般项目</td><td>1</td><td>铺植密度</td><td>不小于设计值</td><td colspan="2">/</td><td>/</td></tr>
<tr><td>2</td><td>种植范围</td><td>不小于设计值
（见附加说明）</td><td colspan="2">检查5点，合格5点。见测量记录编号××。</td><td>合格
100%</td></tr>
<tr><td>3</td><td>外观</td><td>整洁平整、无漏植</td><td colspan="2">整洁平整、无漏植，符合要求。</td><td>合格</td></tr>
<tr><td colspan="3">施工单位检验结论</td><td colspan="4">本单元工程主控项目质量全部符合要求，一般项目单项检验点合格率最小为100%，且不合格点不集中分布，单元工程质量合格。
质量责任人（签字）：×××
现场管理机构（盖章）：筑业××工程有限公司 ××高标准农田建设项目经理部
2026年×月×日</td></tr>
<tr><td colspan="3">监理单位验收结论</td><td colspan="4">本单元工程主控项目全部/~~部分~~符合要求，一般项目单项检验点合格率最小为100%，且不合格点不集中/~~集中~~分布，单元工程质量合格/~~不合格~~，同意/~~不同意~~通过验收。
监理工程师（签字）：×××
现场监理机构（盖章）：××建设监理有限公司 ××高标准农田建设项目监理部
2026年×月×日</td></tr>
</table>

3.3.1.2-32　植草防护单元工程质量验收记录

填表说明

一、依据标准

《水利水电工程单元工程施工质量验收标准 第 4 部分：堤防与河道整治工程》SL/T 631.4—2025。

二、单元工程划分

宜以轴线施工段长 100m～500m 划分为一个单元工程，或按工区面积 $100m^2$～$10000m^2$ 划分为一个单元工程，或按工程区、段划分为一个单元工程。

三、标准规定

表 9.2.1　植草防护单元工程施工质量验收标准

项次		检查项目	检验方法	检验数量
主控项目	1	草籽或草皮	观察，查阅资料	全部
	2	种植土处理	量测	每 $50m^2$～$200m^2$ 检测1处
一般项目	1	铺植密度	量测	每 $50m^2$～$200m^2$ 检测 $1m^2$
	2	种植范围	量测	轴线方向每20m～50m检测1横断面
	3	外观	观察	全面

××高标准农田建设项目工程

3.3.1.2-33 闸门安装单元工程质量验收记录

编号：××

单项工程名称	灌溉与排水工程	施工日期	2026年×月×日—2026年×月×日
单位工程名称	渠系建筑物工程	施工单位	筑业××工程有限公司
分部工程名称	水闸	单元工程量	1座
单元工程名称/部位	2#进水闸	验收依据	《小型农田水利工程验收管理手册》

项次		检查项目	质量标准	施工单位检查记录	监理单位验收意见
主控项目	1	闸门设备	尺寸符合设计要求，产品出厂合格证及技术文件齐全（见附加说明）	产品出厂合格证及技术文件齐全，尺寸符合设计要求。见合格证编号××、检验报告编号××。	合格
	2	闸门防腐	设备表面光滑，颜色一致，无皱皮、脱皮、气泡等缺陷	设备表面光滑，颜色一致，无皱皮、脱皮、气泡等缺陷。	合格
	3	闸门安装	闸门及埋件安装后，应与埋件焊牢，防止浇筑混凝土时发生位移。闸门按照符合技术说明安装要求	符合要求。见施工记录编号××。	合格
	4	混凝土浇筑	二期混凝土强度不低于C25，无不合格料入仓，无骨料集中现象，无漏振现象，铺料间歇时无初凝现象，混凝土养护表面保持湿润，无蜂窝麻面	无不合格料入仓，无骨料集中、漏振现象，铺料间歇时无初凝现象，混凝土洒水养护，无蜂窝麻面。	合格
一般项目	1	底栏高程	±5mm	检查5点，合格5点。见测量记录编号××。	合格 100%
	2	闸底栏中心线	±5mm	检查5点，合格5点。见测量记录编号××。	合格 100%
	3	门楣中心至底栏垂直距离	±2mm	检查5点，合格5点。见测量记录编号××。	合格 100%
	4	门楣中心线	±5mm	检查5点，合格5点。见测量记录编号××。	合格 100%
	5	闸门垂直度	门高的1/1000且不大于8mm	/	/

施工单位检验结论	本单元工程主控项目质量全部符合要求，一般项目单项检验点合格率最小为100%，且不合格点不集中分布，单元工程质量合格。 质量责任人（签字）：××× 现场管理机构（盖章）：筑业××工程有限公司 ××高标准农田建设项目经理部 2026年×月×日
监理单位验收结论	本单元工程主控项目全部/~~部分~~符合要求，一般项目单项检验点合格率最小为100%，且不合格点不集中/~~集中~~分布，单元工程质量合格/~~不合格~~，同意/~~不同意~~通过验收。 监理工程师（签字）：××× 现场监理机构（盖章）：××建设监理有限公司 ××高标准农田建设项目监理部 2026年×月×日

××高标准农田建设项目 工程

3.3.1.2-34 基坑、基槽挖填单元工程质量验收记录

编号：××

单项工程名称	灌溉与排水工程	施工日期	2026年×月×日—2026年×月×日
单位工程名称	小型水源工程	施工单位	筑业××工程有限公司
分部工程名称	蓄水池	单元工程量	1座
单元工程名称/部位	1#蓄水池地基	验收依据	《土地整治工程质量检验与评定规程》TD/T 1041—2013

项次		检查项目	质量标准	施工单位检查记录	监理单位验收意见
主控项目	1	基面清理	在坑槽挖填前要求进行基面清理。清基断面、基础承载力应满足设计要求，一般高度在30cm以上应上下错台。要求基底土石平整、密实，无松土、松动石块、杂物及积水。软弱基础可采用换填、抛石排淤等措施处理，满足对上层构筑物的设计承载要求（地基承载力设计值：××）	基底土石平整、密实，无松土、松动石块、杂物及积水现象。地基承载力满足要求。见检测报告编号××。	合格
	2	土方开挖	开挖边坡陡度和基底土石物理特性应满足设计要求。机械开挖时，沟槽底应预留5cm～30cm保护层，人工清理至设计高程，并保持原状，地基土无扰动、受水浸泡或受冻。开挖高度过高应考虑错台。开挖边坡的支护应在分层开挖过程中逐层进行	采用机械开挖，沟槽底预留10cm保护层，符合设计及规范要求。	合格
	3	土方回填	回填土料粒径、级配、强度及含水量等物理特性需满足设计要求，填筑土料土块粒径一般应小于10cm。机械夯实时铺料厚度不应大于25cm，无漏压、欠压和出现弹簧土。人工夯实铺料厚度不应大于20cm。压实干密度满足设计要求，一般不低于90%（见附加说明）	采用机械夯实，辅料厚度均在20cm范围，无漏压、火压和出现弹簧土现象。	合格
	4	石料回填	回填石料物理特性满足设计要求，块石一般要求大小均匀，最小边长≥20cm，中心厚度≥15cm；碎石回填最大粒径不超过分层压实厚度的2/3，块石填筑应分层找平，块石大面向下安放稳固，挤靠紧密，块石缝隙用片石填满铺平，孔隙率≤20%。碎石回填应分层压实，最大粒径不超过分层压实厚度的2/3。压实干密度满足设计要求	/	/
	5	土（砂）垫层	材料粒径、级配、含水量等物理特性满足设计要求。表面平整、密实、无杂物。与周边部件接触均匀、无孔隙（见附加说明）	材料粒径、级配、含水量等物理特性满足设计要求。表面平整、密实、无杂物。与周边部件接触均匀、无孔隙。	合格
	6	轴线位置偏移	允许偏差±5cm	检查5点，合格5点。见测量记录编号××。	合格100%

××高标准农田建设项目工程

3.3.1.2-34　基坑、基槽挖填单元工程质量验收记录（续表）

编号：××

项次		检查项目	质量标准	施工单位检查记录	监理单位验收意见
主控项目	7	土石方回填长、宽、高程	机械回填标高（高度）允许偏差±3cm	检查5点，合格5点。见测量记录编号××。	合格100%
			长度允许偏差±5cm	检查5点，合格5点。见测量记录编号××。	合格100%
			宽度允许偏差±5cm	检查5点，合格5点。见测量记录编号××。	合格100%
			人工回填标高（高度）允许偏差±2cm	/	/
			长度允许偏差±5cm	/	/
			宽度允许偏差±5cm	/	/
	8	土（砂）垫层厚度	允许偏差±2cm	检查5点，合格5点。见测量记录编号××。	合格100%
一般项目	1	堆料	土料应堆放在开挖、填筑作业边界2m以外，且堆放高度不得超过生产安全相关规定。废弃土料和无法利用的泥浆、杂物等应及时清运出场	开挖土料已堆放在作业边界3m处，堆放高度未超过生产安全相关规范，废弃土料、杂物已由渣土车清运出场。	合格
	2	开挖坡度	不陡于设计值	检查5点，合格5点。见测量记录编号××。	合格100%
	3	纵坡	满足设计要求	检查5点，合格5点。见测量记录编号××。	合格100%
	4	土方开挖长、宽、高程	机械开挖标高（高度）允许偏差+5cm	检查5点，合格5点。见测量记录编号××。	合格100%
			长度允许偏差+20cm	检查5点，合格5点。见测量记录编号××。	合格100%
			宽度允许偏差+20cm	检查5点，合格5点。见测量记录编号××。	合格100%
			人工清理标高（高度）允许偏差+3cm	/	/
			长度允许偏差+10cm	/	/
			宽度允许偏差+5cm	/	/
	5	底部、表面平整度	允许偏差±3cm	检查5点，合格5点。见测量记录编号××。	合格100%
施工单位检验结论			本单元工程主控项目质量全部符合要求，一般项目单项检验点合格率最小为100%，且不合格点不集中分布，单元工程质量合格。 质量责任人（签字）：××× 现场管理机构（盖章）：筑业××工程有限公司 ××高标准农田建设项目经理部 2026年×月×日		
监理单位验收结论			本单元工程主控项目全部/~~部分~~符合要求，一般项目单项检验点合格率最小为100%，且不合格点不集中/~~集中~~分布，单元工程质量合格/~~不合格~~，同意/~~不同意~~通过验收。 监理工程师（签字）：××× 现场监理机构（盖章）：××建设监理有限公司 ××高标准农田建设项目监理部 2026年×月×日		

3.3.1.2-34 基坑、基槽挖填单元工程质量验收记录

填表说明

一、依据标准

《土地整治工程质量检验与评定规程》TD/T 1041—2013。

二、标准规定

表 D.3 基坑、基槽挖填工程施工质量验收标准

项次		检查项目	检验方法	检验数量
主控项目	1	基面清理	现场检查，拉线、皮尺、直尺、钢钎测量	逐一检查
	2	土方开挖	现场检查，拉线、皮尺、直尺测量	
	3	土方回填	现场检查，拉线、皮尺、直尺测量	
	4	石料回填	现场检查，拉线、皮尺、直尺测量	
	5	土（砂）垫层	现场检查，实验室仪器检查	
	6	轴线位置偏移	经纬仪、拉线、皮尺、直尺测量	
	7	土石方回填长、宽、高程	经纬仪、水准仪、皮尺、拉线、直尺测量	
	8	土（砂）垫层厚度	直尺测量	
一般项目	1	堆料	现场检查	逐一检查
	2	开挖坡度	拉线、坡度尺测量	
	3	纵坡	水准仪测量	
	4	土方开挖长、宽、高程	经纬仪、水准仪、皮尺、拉线、直尺测量	
	5	底部、表面平整度	拉线、锲形塞尺测量	

适用范围：适用于灌溉渠系、排水系统、管道工程、水工建筑物、房屋建筑、设备基础建筑、桥涵等工程。场地平整、护坡、边坡工程可参考基坑、基槽挖填工程相关标准。石方爆破参考国家及水利、交通等部门相关规程规范。

<u>××高标准农田建设项目</u>工程

3.3.1.2-35 护栏单元工程质量验收记录

编号：××

<table>
<tr><td colspan="3">单项工程名称</td><td colspan="2">灌溉与排水工程</td><td>施工日期</td><td colspan="2">2026年×月×日—2026年×月×日</td></tr>
<tr><td colspan="3">单位工程名称</td><td colspan="2">小型水源工程</td><td>施工单位</td><td colspan="2">筑业××工程有限公司</td></tr>
<tr><td colspan="3">分部工程名称</td><td colspan="2">蓄水池</td><td>单元工程量</td><td colspan="2">30m</td></tr>
<tr><td colspan="3">单元工程名称/部位</td><td colspan="2">3#蓄水池顶部护栏</td><td>验收依据</td><td colspan="2">上海市《土地整治项目工程质量验收标准》DG/TJ 08-2317-2020</td></tr>
<tr><td colspan="2">项次</td><td>检查项目</td><td colspan="3">质量标准</td><td>施工单位检查记录</td><td>监理单位验收意见</td></tr>
<tr><td rowspan="2">主控项目</td><td>1</td><td>护栏材料的质量和规格</td><td colspan="3">护栏材料的质量和规格必须符合相关规定的要求
（见附加说明）</td><td>材料质量及规格符合设计要求。见材料进场验收编号××。</td><td>合格</td></tr>
<tr><td>2</td><td>预埋件的设置和固定</td><td colspan="3">预埋件的设置和固定应满足设计和施工技术要求
（见附加说明）</td><td>预埋件设置及固定满足设计及施工技术要求。见施工记录编号××。</td><td>合格</td></tr>
<tr><td rowspan="10">一般项目</td><td rowspan="2">1</td><td rowspan="5">护栏尺寸</td><td rowspan="2">断面尺寸</td><td>宽度</td><td>±5mm</td><td>检查5点，合格5点。见测量记录编号××。</td><td>合格
100%</td></tr>
<tr><td>高度</td><td>±5mm</td><td>检查5点，合格5点。见测量记录编号××。</td><td>合格
100%</td></tr>
<tr><td>2</td><td colspan="2">长度</td><td>−5mm~0</td><td>检查5点，合格5点。见测量记录编号××。</td><td>合格
100%</td></tr>
<tr><td>3</td><td colspan="2">两边对角线长度差</td><td>0~10mm</td><td>检查5点，合格5点。见测量记录编号××。</td><td>合格
100%</td></tr>
<tr><td>4</td><td colspan="2">预埋件、预留孔位置</td><td>0~10mm</td><td>检查5点，合格5点。见测量记录编号××。</td><td>合格
100%</td></tr>
<tr><td rowspan="2">5</td><td rowspan="5">护栏安装</td><td rowspan="2">直顺度</td><td>地梁</td><td>0~7mm</td><td>/</td><td>/</td></tr>
<tr><td>扶手</td><td>0~5mm</td><td>检查5点，合格5点。见测量记录编号××。</td><td>合格
100%</td></tr>
<tr><td>6</td><td>垂直度</td><td>护栏柱</td><td>0~3mm</td><td>检查5点，合格5点。见测量记录编号××。</td><td>合格
100%</td></tr>
<tr><td rowspan="2">7</td><td rowspan="2">相邻护栏扶手高差</td><td>有柱</td><td>0~5mm</td><td>检查5点，合格5点。见测量记录编号××。</td><td>合格
100%</td></tr>
<tr><td>无柱</td><td>0~1mm</td><td>/</td><td>/</td></tr>
<tr><td colspan="3">施工单位检验结论</td><td colspan="5">本单元工程主控项目质量全部符合要求，一般项目单项检验点合格率最小为<u>100%</u>，且不合格点不集中分布，单元工程质量合格。
质量责任人（签字）：×××
现场管理机构（盖章）：筑业××工程有限公司 ××高标准农田建设项目经理部
2026年×月×日</td></tr>
<tr><td colspan="3">监理单位验收结论</td><td colspan="5">本单元工程主控项目<u>全部</u>/~~部分~~符合要求，一般项目单项检验点合格率最小为<u>100%</u>，且不合格点<u>不集中</u>/~~集中~~分布，单元工程质量<u>合格</u>/~~不合格~~，<u>同意</u>/~~不同意~~通过验收。
监理工程师（签字）：×××
现场监理机构（盖章）：××建设监理有限公司 ××高标准农田建设项目监理部
2026年×月×日</td></tr>
</table>

3.3.1.2-35　护栏单元工程质量验收记录

填表说明

一、依据标准

上海市《土地整治项目工程质量验收标准》DG/TJ 08—2317—2020。

二、单元工程划分

宜以工程设计结构或施工检查验收的区、段划分，每一区、段划分为一个单元工程。

三、标准规定

6.6.4　农桥

7　护栏

1）护栏材料的质量和规格必须符合相关规定的要求。

2）预埋件的设置和固定应满足设计和施工技术要求。

3）护栏尺寸质量检测项目应符合表 6.6.4-6 的规定，护栏安装质量检测项目应符合表 6.6.4-7 的规定。

表 6.6.4-6　农桥护栏尺寸质量检测项目

序号	检测项目		检测频率		检测方法
			范围	测点数	
1	断面尺寸	宽度	每个构件每一类型抽查10%且不少于5件	5	用钢尺量
		高度		5	
2	长度			4	用钢尺量两侧上，下各1点
3	两边对角线长度差			1	用钢尺量
4	预埋件、预留孔位置		抽查总数50%	1	用钢尺量纵横两方向取大值

表6.6.4-7　护栏安装质量检测项目

序号	检测项目		检测频率		检测方法
			范围	点数	
1	直顺度	地梁	每跨侧	1	拉10m线量最大值
		扶手		1	
2	垂直度	护栏柱		抽查20%，每处1点	用垂线量
3	相邻护栏扶手高差	有柱		抽查20%，每处1点	用钢尺量
		无柱		抽查20%，每处1点	

××高标准农田建设项目 工程

3.3.1.2-36　蓄水池、水窖单元工程质量验收记录

编号：××

单项工程名称	灌溉与排水工程	施工日期	2026年×月×日—2026年×月×日
单位工程名称	小型水源工程	施工单位	筑业××工程有限公司
分部工程名称	蓄水池	单元工程量	1座
单元工程名称/部位	5#蓄水池	验收依据	《灌溉与排水工程施工质量评定规程》SL 703—2015

项次		检查项目	质量标准	施工单位检查记录	监理单位验收意见
主控项目	1	建筑材料	性能指标符合设计要求（见附加说明）	符合要求。见材料进场验收编号××。	合格
	2	集流工程	集流面坡度、汇流沟、截水沟位置等符合设计要求（见附加说明）	符合要求。见施工记录编号××。	合格
	3	管道位置布设	引水管、出水管、排水管、溢水管与透气孔等管道位置布设符合设计要求（见附加说明）	符合要求。见施工记录编号××。	合格
	4	顶盖与路面高差	允许偏差：±10mm	检查5点，合格5点。见测量记录编号××。	合格 100%
一般项目	1	硬化集流面尺寸、厚度	符合设计要求（见附加说明）	符合要求。见施工记录编号××。	合格
	2	蓄水池（水窖）垫层	垫层厚度与范围、浇筑符合设计要求（见附加说明）	符合要求。见施工记录编号××。	合格
	3	池（窖）边墙、盖板钢筋混凝土浇筑	配筋正确，尺寸符合设计要求，混凝土浇筑符合施工规范规定与设计要求（见附加说明）	符合要求。见施工记录编号××。	合格
	4	蓄水池、水窖的长度、宽度、深度（内径）	允许偏差：±20mm	检查4点，实测偏差值（mm）：10，11，−6，9。	合格 100%
	5	池（窖）底高程	允许偏差：±10mm	检查4点，实测偏差值（mm）：5，7，−2，6。	合格 100%
施工单位检验结论		本单元工程主控项目质量全部符合要求，一般项目单项检验点合格率最小为100%，且不合格点不集中分布，单元工程质量合格。 质量责任人（签字）：××× 现场管理机构（盖章）：筑业××工程有限公司 ××高标准农田建设项目经理部 2026年×月×日			
监理单位验收结论		本单元工程主控项目全部/~~部分~~符合要求，一般项目单项检验点合格率最小为100%，且不合格点不集中/~~集中~~分布，单元工程质量合格/~~不合格~~，同意/~~不同意~~通过验收。 监理工程师（签字）：××× 现场监理机构（盖章）：××建设监理有限公司 ××高标准农田建设项目监理部 2026年×月×日			

3.3.1.2-36　蓄水池、水窖单元工程质量验收记录填表说明

一、依据标准

《灌溉与排水工程施工质量评定规程》SL 703—2015。

二、单元工程划分

宜以一处集流工程或一座蓄水池（窖）划分为一个单元工程。

三、标准规定

表 4.14.3　蓄水池、水窖施工质量标准

项次		检查项目	检验方法	检验数量
主控项目	1	建筑材料	查阅检验资料、查看设计文件、施工记录	全数检查
	2	集流工程	观察	全数检查
	3	管道位置布设	观察、查看设计文件	逐座
	4	顶盖与路面高差	水准仪	逐座
一般项目	1	硬化集流面尺寸、厚度	量测	逐处
	2	蓄水池（水窖）垫层	观察、量测	逐座
	3	池（窖）边墙、盖板钢筋混凝土浇筑	观察、量测	逐座
	4	蓄水池、水窖的长度、宽度、深度（内径）	钢卷尺	逐座
	5	池（窖）底高程	水准仪	逐座

××高标准农田建设项目 工程

3.3.1.2-37 装配式蓄水池单元工程质量验收记录

编号：××

<table>
<tr><td colspan="2">单项工程名称</td><td colspan="2">灌溉与排水工程</td><td>施工日期</td><td colspan="2">2026年×月×日—2026年×月×日</td></tr>
<tr><td colspan="2">单位工程名称</td><td colspan="2">小型水源工程</td><td>施工单位</td><td colspan="2">筑业××工程有限公司</td></tr>
<tr><td colspan="2">分部工程名称</td><td colspan="2">蓄水池</td><td>单元工程量</td><td colspan="2">1座</td></tr>
<tr><td colspan="2">单元工程名称/部位</td><td colspan="2">2#装配式蓄水池</td><td>验收依据</td><td colspan="2">《给水排水构筑物工程施工及验收规范》GB 50141—2008</td></tr>
<tr><td colspan="2">项次</td><td>检查项目</td><td>质量标准</td><td colspan="2">施工单位检查记录</td><td>监理单位验收意见</td></tr>
<tr><td rowspan="7">主控项目</td><td>1</td><td>成品质量</td><td>符合设计要求；拼装连接所用材料的产品质量保证资料应齐全，每批的出厂质量合格证明书及各项性能检验报告应符合国家有关标准规定和设计要求
（见附加说明）</td><td colspan="2">拼装连接材料质量合格资料齐全，有效。见材料进场验收编号××。</td><td>合格</td></tr>
<tr><td>2</td><td>满水试验</td><td>符合要求
（《给水排水构筑物工程施工及验收规范》GB 50141—2008第××条）</td><td colspan="2">符合要求。见试验记录编号××。</td><td>合格</td></tr>
<tr><td>3</td><td>预制构件</td><td>经试拼装检验合格</td><td colspan="2">符合要求。见施工记录编号××。</td><td>合格</td></tr>
<tr><td>4</td><td>钢筋、预埋件、预留孔洞的规格、位置和数量</td><td>符合设计要求
（见附加说明）</td><td colspan="2">符合要求。见施工记录编号××。</td><td>合格</td></tr>
<tr><td>5</td><td>预制构件之间的拼接方式、构件安装、接头连接等</td><td>预制构件之间的拼接方式符合设计要求；构件安装应位置准确，垂直、稳固；相邻构件的钢筋接头连接可靠，湿接缝的混凝土应密实
（见附加说明）</td><td colspan="2">构件安装位置准确，垂直、稳固；相邻构件的钢筋接头连接可靠，拼接方式符合设计要求。见施工记录编号××。</td><td>合格</td></tr>
<tr><td>6</td><td>位置</td><td>满足设计要求
（见附加说明）</td><td colspan="2">符合要求。见施工记录编号××。</td><td>合格</td></tr>
<tr><td>7</td><td>高程</td><td>满足设计要求
（设计值：××m）</td><td colspan="2">符合要求。见施工记录编号××。</td><td>合格</td></tr>
</table>

××高标准农田建设项目 工程

3.3.1.2-37　装配式蓄水池单元工程质量验收记录（续表）

编号：××

项次		检查项目	质量标准	施工单位检查记录	监理单位验收意见
一般项目	1	构件安装	应将连接面的杂物、污物清理干净，界面处理满足安装要求	连接面杂物、污物已清理干净，满足安装要求。	合格
	2	吊装完成后	无变形、裂缝现象，表面应平整、洁净，边角整齐	无变形、裂缝现象，表面平整、洁净，边角整齐。	合格
	3	各拼接部位	严密、平顺，无损伤、明显错台等现象	严密、平顺，无损伤、明显错台现象。	合格
	4	防水、防腐、保温层	应符合设计要求；表面应完整，无破损等现象 （见附加说明）	表面完整，无破损等现象，符合设计要求。 见施工记录编号××。	合格
	5	轴线位置	10mm	检查8点，合格8点。见测量记录编号××。	合格 100%
	6	底部高程	±10mm	检查8点，合格8点。见测量记录编号××。	合格 100%
	7	装配式水柜净尺寸	±20mm	检查8点，合格8点。见测量记录编号××。	合格 100%
	8	装配式水柜表面平整度	10mm	检查8点，合格8点。见测量记录编号××。	合格 100%
	9	预埋管、预埋件中心位置	5mm	检查8点，合格8点。见测量记录编号××。	合格 100%
	10	预留孔洞中心位置	10mm	检查8点，合格8点。见测量记录编号××。	合格 100%
施工单位检验结论		本单元工程主控项目质量全部符合要求，一般项目单项检验点合格率最小为100%，且不合格点不集中分布，单元工程质量合格。 质量责任人（签字）：××× 现场管理机构（盖章）：筑业××工程有限公司 ××高标准农田建设项目经理部 2026年×月×日			
监理单位验收结论		本单元工程主控项目全部/部分符合要求，一般项目单项检验点合格率最小为100%，且不合格点不集中/集中分布，单元工程质量合格/不合格，同意/不同意通过验收。 监理工程师（签字）：××× 现场监理机构（盖章）：××建设监理有限公司 ××高标准农田建设项目监理部 2026年×月×日			

3.3.1.2-37 装配式蓄水池单元工程质量验收记录

填表说明

一、依据标准

《给水排水构筑物工程施工及验收规范》GB 50141—2008。

二、单元工程划分

宜以一处集流工程或一座蓄水池（窖）划分为一个单元工程。

三、标准规定

8.5.6 钢丝网水泥、钢筋混凝土倒锥壳水柜和圆筒水柜吊装应符合下列规定：

主控项目

1 预制水柜、水柜预制构件等的成品质量经检验、验收符合设计要求；拼装连接所用材料的产品质量保证资料应齐全，每批的出厂质量合格证明书及各项性能检验报告应符合国家有关标准规定和设计要求；

检查方法：观察；检查预制件成品制作的质量保证资料和相关施工检验资料；检查每批原材料的出厂质量合格证明、性能检验报告及有关的复验报告。

2 预制水柜经满水试验合格；水柜预制构件经试拼装检验合格；

检查方法：观察；检查预制水柜的满水试验记录，检查水柜预制构件经试拼装检验记录。

3 钢筋、预埋件、预留孔洞的规格、位置和数量应符合设计要求；

检查方法：观察。

4 水柜与塔身、预制构件之间的拼接方式符合设计要求；构件安装应位置准确，垂直、稳固；相邻构件的钢筋接头连接可靠，湿接缝的混凝土应密实；

检查方法：观察；检查施工记录，检查预留钢筋机械或焊接接头连接的力学性能检验报告，检查混凝土强度试块的试验报告。

5 后的水柜位置、高程等应满足设计要求；

检查方法：观察；检查安装记录；用钢尺、水准仪等测量检查。

一般项目

6 构件安装时，应将连接面的杂物、污物清理干净，界面处理满足安装要求；

检查方法：观察。

7 吊装完成后，水柜无变形、裂缝现象，表面应平整、洁净，边角整齐；

检查方法：观察；检查加固补强技术资料。

8 各拼接部位严密、平顺，无损伤、明显错台等现象；

检查方法：观察。

9 防水、防腐、保温层应符合设计要求；表面应完整，无破损等现象；

检 查方法：观察；检查施工记录，检查相关的施工检验资料。

10 水柜的吊装施工允许偏差应符合表 8.5.6 的规定。

表 8.5.6 水柜吊装施工允许偏差

序号	检查项目	允许偏差（mm）	检验数量		检查方法
			范围	点数	
1	轴线位置	10	每座	1	垂球、钢尺量测
2	底部高程	±10	每座	1	用水准仪测量
3	装配式水柜净尺寸	±20	每座	4	用钢尺量测
4	装配式水柜表面平整度	10	每2m高度	2	用弧长为2m的弧形尺检查
5	预埋管、预埋件中心位置	5	每件	1	用钢尺量测
6	预留孔洞中心位置	10	每洞	1	用钢尺量测

××高标准农田建设项目工程

3.3.1.2-38 砖砌体单元工程质量验收记录

编号：××

单项工程名称	灌溉与排水工程	施工日期	2026年×月×日—2026年×月×日
单位工程名称	田间灌溉工程	施工单位	筑业××工程有限公司
分部工程名称	管道输水灌溉	单元工程量	1座
单元工程名称/部位	2#检查井	验收依据	《土地整治工程质量检验与评定规程》TD/T 1041—2013

项次		检查项目	质量标准	施工单位检查记录	监理单位验收意见
主控项目	1	材料砖	强度、外观规格尺寸应符合设计要求（见附加说明）	符合设计要求。见材料进场验收编号××。	合格
	2	砂浆	强度必须符合设计要求，质量符合TD/T 1041—2013表C.7要求（强度设计值：××）	符合设计及规范要求。见砂浆强度试验报告编号××。	合格
	3	组砌要求	上下错缝、内外搭砌；灰缝横平竖直，厚薄均匀。砖柱不得采用包心砌法。砂浆随伴随砌；砌砖工程当采用铺浆法砌筑时，铺浆长度不得超过750mm；施工期间气温超过30℃时，铺浆长度不得超过500mm。 转角处和纵横交接处应同时砌筑。临时间断处应砌成斜槎，斜槎水平投影长度不应小于高度的2/3。不能留斜槎时，留凸型直槎并加拉结钢筋	上下错缝、内外搭砌；灰缝横平竖直，厚薄均匀。见施工记录编号××。	合格
	4	灰缝厚度、饱满度	水平灰缝厚度8mm～12mm。砌体水平灰缝的砂浆饱满度不得低于90%；竖向灰缝饱满度不得小于80%；竖缝凹槽部位应用砌筑砂浆填实，不得出现瞎缝、透明缝	水平灰缝厚度9mm，砂浆饱满度95%；竖向灰缝饱满度85%，凹槽部位已用砌筑砂浆填实，未出现瞎缝、透明缝。	合格
	5	轴线位置偏移	允许偏差值≤10mm	检查8点，合格8点。见测量记录编号××。	合格100%
	6	垂直度	墙体每层允许偏差值≤5mm	检查8点，合格8点。见测量记录编号××。	合格100%
			全高允许偏差≤20mm	检查8点，合格8点。见测量记录编号××。	合格100%
	7	顶面标高	允许偏差值≤15mm	检查8点，合格8点。见测量记录编号××。	合格100%
	8	厚度	允许偏差值≤20mm	检查8点，合格8点。见测量记录编号××。	合格100%

××高标准农田建设项目工程

3.3.1.2-38 砖砌体单元工程质量验收记录（续表）

编号：××

项次		检查项目	质量标准	施工单位检查记录	监理单位验收意见
一般项目	1	砌筑前准备	砌筑砖砌体时，砖应提前1d～2d浇水湿润	砌筑砖提前1d进行浇水湿润。	合格
	2	灰缝	砖砌体的灰缝应横平竖直，厚薄均匀。水平灰缝厚度宜为10mm，但不应小于8mm，也不应大于12mm	灰缝应横平竖直，厚薄均匀。	合格
	3	抹面	抹灰厚度一般不大于35mm；抹灰层密实平整，应无脱层、空鼓，面层应无爆灰和裂缝	抹灰厚度30mm，抹灰层密实平整，无脱层、空鼓、爆灰、裂缝等现象。	合格
	4	表面平整度	允许偏差值≤10mm	检查8点，合格8点。见测量记录编号××。	合格 100%
	5	灰缝平直度	允许偏差值≤10mm	检查8点，合格8点。见测量记录编号××。	合格 100%
施工单位检验结论		本单元工程主控项目质量全部符合要求，一般项目单项检验点合格率最小为100%，且不合格点不集中分布，单元工程质量合格。 质量责任人（签字）：××× 现场管理机构（盖章）：筑业××工程有限公司 ××高标准农田建设项目经理部 2026年×月×日			
监理单位验收结论		本单元工程主控项目全部/~~部分~~符合要求，一般项目单项检验点合格率最小为100%，且不合格点不集中/~~集中~~分布，单元工程质量合格/~~不合格~~，同意/~~不同意~~通过验收。 监理工程师（签字）：××× 现场监理机构（盖章）：××建设监理有限公司 ××高标准农田建设项目监理部 2026年×月×日			

3.3.1.2-38 砖砌体单元工程质量验收记录

填表说明

一、依据标准

《土地整治工程质量检验与评定规程》TD/T 1041—2013。

二、单元工程划分

宜以工程设计结构或施工检查验收的区、段、块划分，每一个区、段、块划分为一个单元工程，或每一施工区、段、块的一次连续砌筑层划分为一个单元工程。

三、标准规定

表 E.3 砖砌体工程施工质量验收标准

项次		检查项目	检验方法	检验数量
主控项目	1	材料砖	砂浆查试块试验报告；砖现场抽检并进行试验	每一生产厂家，每1万块砖至少应抽检1组
	2	砂浆	按TD/T 1041—2013表C.7要求检测	符合TD/T 1041—2013表C.7规定
	3	组砌要求	观察检查	每20m 1处，每处3点，至少抽查3处
	4	灰缝和砂浆饱满度	用尺量10皮砖砌高度折算	每步脚手架施工的砌体，每20m抽查1处
	5	轴线位置偏移	用经纬仪和尺检查	承重墙柱全数检查，外墙全高查阳角，不少于4处
	6	垂直度	用2m托线板检查或用经纬仪、吊线和尺检查	承重墙柱全数检查，外墙全高查阳角，不少于4处
	7	顶面标高	用水准仪检查	每20m检查5点
	8	厚度	用钢尺检查	每20m检查5点
一般项目	1	砌筑前准备	观察检查	全数检查
	2	灰缝	用尺量10皮砖砌体高度折算	每步脚手架施工的砌体，每20m抽查1处
	3	抹面	观察检查，用小锤轻击检查	每个单元每100m² 应至少抽查一处，每处不得小于10m²
	4	表面平整度	用直尺检查	每20m 1处，每处3点，至少抽查3处
	5	灰缝平直度	用拉线和直尺检查	每20m 1处，每处3点，至少抽查3处

适用范围：适用于烧结普通砖、烧结多孔砖和烧结空心砖等砌体工程，如砌基础、水池、管井、沟渠、水窖、水闸、水池（塘）、沉螺池、消力池、沉砂池、墩台、台阶、围墙、人行桥墩、垃圾池、花池、花台、设备及管理用房等。

××高标准农田建设项目 工程

3.3.1.2-39　泵房建筑单元工程质量验收记录

编号：××

单项工程名称	灌溉与排水工程	施工日期	2026年×月×日—2026年×月×日
单位工程名称	排水工程	施工单位	筑业××工程有限公司
分部工程名称	排涝站	单元工程量	1座
单元工程名称/部位	4#排涝泵站	验收依据	《灌溉与排水工程施工质量评定规程》SL 703—2015

<table>
<tr><th colspan="2">项次</th><th colspan="2">检查项目</th><th>质量标准</th><th>施工单位检查记录</th><th>监理单位验收意见</th></tr>
<tr><td rowspan="9">主控项目</td><td rowspan="3">1</td><td rowspan="3">室外</td><td>墙面</td><td>墙面平整，缝面光滑，宽深一致，无通缝，无缺棱掉角</td><td>墙面平整，缝面光滑，宽深一致，无通缝，无缺棱掉角。</td><td>合格</td></tr>
<tr><td>大角</td><td>顺直</td><td>顺直。</td><td>合格</td></tr>
<tr><td>散水</td><td>表面平整，坡度符合设计要求
（坡度设计值：××）</td><td>表面平整，坡度为××。</td><td>合格</td></tr>
<tr><td>2</td><td colspan="2">屋面</td><td>屋面平整，防水层牢固，细部符合设计要求
（见附加说明）</td><td>屋面平整，防水层牢固。见施工记录编号××。</td><td>合格</td></tr>
<tr><td>3</td><td colspan="2">门窗品种规格及安装</td><td>门窗品种规格及安装符合设计要求，门窗框体与墙体嵌填密实，无变形。门窗开启灵活，玻璃、油漆、小五金符合设计要求
（见附加说明）</td><td>符合要求。见施工记录编号××。</td><td>合格</td></tr>
<tr><td>4</td><td colspan="2">内、外墙装饰材料</td><td>符合设计要求
（见附加说明）</td><td>符合要求。见材料进场验收记录编号××。</td><td>合格</td></tr>
<tr><td>5</td><td colspan="2">屋面</td><td>屋面平整，防水层牢固，细部符合设计要求
（见附加说明）</td><td>屋面平整，防水层牢固，细部符合设计要求。见施工记录编号××。</td><td>合格</td></tr>
<tr><td>6</td><td colspan="2">室内</td><td>墙面、地面平整、光洁，无空鼓裂缝</td><td>墙面、地面平整、光洁，无空鼓裂缝。</td><td>合格</td></tr>
<tr><td>7</td><td colspan="2">机组安装高程</td><td>允许偏差：±15mm</td><td>检查6点，合格6点。见测量记录编号××。</td><td>合格
100%</td></tr>
</table>

××高标准农田建设项目＿＿＿＿工程

3.3.1.2-39 泵房建筑单元工程质量验收记录（续表）

编号：××

<table>
<tr><th colspan="2">项次</th><th>检查项目</th><th>质量标准</th><th>施工单位检查记录</th><th>监理单位验收意见</th></tr>
<tr><td rowspan="5">一般项目</td><td rowspan="2">1</td><td rowspan="2">平整度（主体）</td><td>允许偏差：±5mm（清水墙）</td><td>/</td><td>/</td></tr>
<tr><td>允许偏差：±8mm（混水墙）</td><td>检查6点，合格6点。见测量记录编号××。</td><td>合格100%</td></tr>
<tr><td>2</td><td>垂直度</td><td>允许偏差：±3°</td><td>检查6点，合格6点。见测量记录编号××。</td><td>合格100%</td></tr>
<tr><td>3</td><td>泵房尺寸（长、宽、高）</td><td>允许偏差：±20mm</td><td>检查6点，合格6点。见测量记录编号××。</td><td>合格100%</td></tr>
<tr><td>4</td><td>回填土干容重</td><td>回填土干容重合格率大于90%，不合格点不集中</td><td>检查6点，合格6点。见测量记录编号××。</td><td>合格100%</td></tr>
<tr><td colspan="2">施工单位检验结论</td><td colspan="4">本单元工程主控项目质量全部符合要求，一般项目单项检验点合格率最小为100%，且不合格点不集中分布，单元工程质量合格。

质量责任人（签字）：×××
现场管理机构（盖章）：筑业××工程有限公司 ××高标准农田建设项目经理部
2026年×月×日</td></tr>
<tr><td colspan="2">监理单位验收结论</td><td colspan="4">本单元工程主控项目全部/~~部分~~符合要求，一般项目单项检验点合格率最小为100%，且不合格点不集中/~~集中~~分布，单元工程质量合格/~~不合格~~，同意/~~不同意~~通过验收。

监理工程师（签字）：×××
现场监理机构（盖章）：××建设监理有限公司 ××高标准农田建设项目监理部
2026年×月×日</td></tr>
</table>

3.3.1.2-39　泵房建筑单元工程质量验收记录

填表说明

一、依据标准

《灌溉与排水工程施工质量评定规程》SL 703—2015。

二、单元工程划分

宜以一座泵房建筑划分为一个单元工程。

三、标准规定

表 4.15.3　泵房建筑施工质量标准

<table>
<tr><th colspan="2">项次</th><th colspan="2">检查项目</th><th>检验方法</th><th>检验数量</th></tr>
<tr><td rowspan="9">主控项目</td><td rowspan="3">1</td><td rowspan="3">室外</td><td>墙面</td><td>观察</td><td>全数检查</td></tr>
<tr><td>大角</td><td>观察</td><td>全数检查</td></tr>
<tr><td>散水</td><td>观察、查阅设计文件和施工记录</td><td>全数检查</td></tr>
<tr><td>2</td><td colspan="2">屋面</td><td>观察、查阅设计文件</td><td>全数检查</td></tr>
<tr><td>3</td><td colspan="2">门窗品种规格及安装</td><td>观察、查阅施工记录</td><td>全数检查</td></tr>
<tr><td>4</td><td colspan="2">内、外墙装饰材料</td><td>观察、查阅设计文件和施工记录</td><td>全数检查</td></tr>
<tr><td>5</td><td colspan="2">屋面</td><td>观察、查阅设计文件和施工记录</td><td>全数检查</td></tr>
<tr><td>6</td><td colspan="2">室内</td><td>观察</td><td>全数检查</td></tr>
<tr><td>7</td><td colspan="2">机组安装高程</td><td>水准仪、全站仪</td><td>不少于3个测点</td></tr>
<tr><td rowspan="4">一般项目</td><td>1</td><td colspan="2">平整度（主体）</td><td>使用2m靠尺或专用工具检查</td><td rowspan="4">不少于3个测点</td></tr>
<tr><td>2</td><td colspan="2">垂直度</td><td>使用钢尺、全站仪或专用工具检查</td></tr>
<tr><td>3</td><td colspan="2">泵房尺寸（长、宽、高）</td><td>钢尺</td></tr>
<tr><td>4</td><td colspan="2">回填土干容重</td><td>查阅检验报告</td></tr>
</table>

×× 高标准农田建设项目 工程

3.3.1.2-40　泵房基础单元工程质量验收记录

编号：××

<table>
<tr><td colspan="2">单项工程名称</td><td>灌溉与排水工程</td><td>施工日期</td><td colspan="2">2026年×月×日—2026年×月×日</td></tr>
<tr><td colspan="2">单位工程名称</td><td>排水工程</td><td>施工单位</td><td colspan="2">筑业××工程有限公司</td></tr>
<tr><td colspan="2">分部工程名称</td><td>排涝站</td><td>单元工程量</td><td colspan="2">1座</td></tr>
<tr><td colspan="2">单元工程名称/部位</td><td>4#排涝泵站</td><td>验收依据</td><td colspan="2">《小型农田水利工程验收管理手册》</td></tr>
<tr><td colspan="2">项次</td><td>检查项目</td><td>质量标准</td><td>施工单位检查记录</td><td>监理单位验收意见</td></tr>
<tr><td rowspan="3">主控项目</td><td>1</td><td>基底土性</td><td>符合设计要求，严禁扰动（见附加说明）</td><td>基底为黏土性，无扰动。</td><td>合格</td></tr>
<tr><td>2</td><td>地基圈梁断面尺寸、混凝土强度</td><td>符合设计要求（见附加说明）</td><td>符合要求。见施工记录编号××。</td><td>合格</td></tr>
<tr><td>3</td><td>室内地面铺筑水泥砂浆地面</td><td>符合设计要求（见附加说明）</td><td>符合要求。见施工记录编号××。</td><td>合格</td></tr>
<tr><td rowspan="3">一般项目</td><td>1</td><td>基底标高</td><td>符合设计要求，偏差±30mm（设计标高：××m）</td><td>量测5点，实测偏差值（mm）：10，16，−2，7，22。</td><td>合格
100%</td></tr>
<tr><td>2</td><td>基础尺寸、结构</td><td>符合设计要求（见附加说明）</td><td>符合要求。见施工记录编号××。</td><td>合格</td></tr>
<tr><td>3</td><td>回填料</td><td>符合设计要求，分层夯实（见附加说明）</td><td>每层25cm进行分层回填夯实。见施工记录编号××。</td><td>合格</td></tr>
<tr><td colspan="2">施工单位检验结论</td><td colspan="4">本单元工程主控项目质量全部符合要求，一般项目单项检验点合格率最小为100%，且不合格点不集中分布，单元工程质量合格。
质量责任人（签字）：×××
现场管理机构（盖章）：筑业××工程有限公司 ××高标准农田建设项目经理部
2026年×月×日</td></tr>
<tr><td colspan="2">监理单位验收结论</td><td colspan="4">本单元工程主控项目全部/<s>部分</s>符合要求，一般项目单项检验点合格率最小为100%，且不合格点不集中/<s>集中</s>分布，单元工程质量合格/<s>不合格</s>，同意/<s>不同意</s>通过验收。
监理工程师（签字）：×××
现场监理机构（盖章）：××建设监理有限公司 ××高标准农田建设项目监理部
2026年×月×日</td></tr>
</table>

××高标准农田建设项目工程

3.3.1.2-41 泵房墙体单元工程质量验收记录

编号：××

<table>
<tr><td colspan="3">单项工程名称</td><td>灌溉与排水工程</td><td>施工日期</td><td colspan="2">2026年×月×日—2026年×月×日</td></tr>
<tr><td colspan="3">单位工程名称</td><td>排水工程</td><td>施工单位</td><td colspan="2">筑业××工程有限公司</td></tr>
<tr><td colspan="3">分部工程名称</td><td>排涝站</td><td>单元工程量</td><td colspan="2">1座</td></tr>
<tr><td colspan="3">单元工程名称/部位</td><td>4#排涝泵站</td><td>验收依据</td><td colspan="2">《小型农田水利工程验收管理手册》</td></tr>
<tr><td colspan="2">项次</td><td>检查项目</td><td>质量标准</td><td colspan="2">施工单位检查记录</td><td>监理单位验收意见</td></tr>
<tr><td rowspan="4">主控项目</td><td>1</td><td>砖和砂浆强度等级</td><td>符合设计要求（设计值：××）</td><td colspan="2">符合要求。见检验报告编号××。</td><td>合格</td></tr>
<tr><td>2</td><td>墙体与周边构件的拉结</td><td>应符合设计要求，防止墙体开裂的构造措施应符合设计及施工技术要求（见《××施工方案》）</td><td colspan="2">符合要求。见施工记录编号××。</td><td>合格</td></tr>
<tr><td>3</td><td>水平灰缝砂浆</td><td>饱满度≥80%</td><td colspan="2">饱满度为85%。</td><td>合格</td></tr>
<tr><td>4</td><td>墙体砌筑垂直度</td><td>≤10mm</td><td colspan="2">检查5点，实测值（mm）：5，6，2，1，2。</td><td>合格
100%</td></tr>
<tr><td rowspan="3">一般项目</td><td>1</td><td>砌筑体转角处和交接处</td><td>应同时砌筑，严禁无可靠措施的内外墙分砌施工</td><td colspan="2">符合要求。见施工记录编号××。</td><td>合格</td></tr>
<tr><td>2</td><td>墙体抹灰</td><td>分层进行，抹面与各抹层之间黏结牢固</td><td colspan="2">墙体抹灰分层进行，抹面与各抹层之间黏结牢固。</td><td>合格</td></tr>
<tr><td>3</td><td>外墙贴砖，饰面墙</td><td>质量合格，饰面砖表面应平整、方正、洁净、色泽一致，无裂痕和缺损，饰面砖粘贴牢固、无空鼓裂缝</td><td colspan="2">质量合格，见进场验收记录编号××。饰面砖表面平整、洁净、色泽一致，无裂痕和缺损，粘贴牢固，无空鼓裂缝。</td><td>合格</td></tr>
<tr><td colspan="3">施工单位检验结论</td><td colspan="4">本单元工程主控项目质量全部符合要求，一般项目单项检验点合格率最小为 / %，且不合格点不集中分布，单元工程质量合格。
质量责任人（签字）：×××
现场管理机构（盖章）：筑业××工程有限公司 ××高标准农田建设项目经理部
2026年×月×日</td></tr>
<tr><td colspan="3">监理单位验收结论</td><td colspan="4">本单元工程主控项目全部/部分符合要求，一般项目单项检验点合格率最小为 / %，且不合格点不集中/集中分布，单元工程质量合格/不合格，同意/不同意通过验收。
监理工程师（签字）：×××
现场监理机构（盖章）：××建设监理有限公司 ××高标准农田建设项目监理部
2026年×月×日</td></tr>
</table>

××高标准农田建设项目 工程

3.3.1.2-42 泵房门窗单元工程质量验收记录

编号：××

<table>
<tr><td colspan="3">单项工程名称</td><td>灌溉与排水工程</td><td>施工日期</td><td colspan="2">2026年×月×日—2026年×月×日</td></tr>
<tr><td colspan="3">单位工程名称</td><td>排水工程</td><td>施工单位</td><td colspan="2">筑业××工程有限公司</td></tr>
<tr><td colspan="3">分部工程名称</td><td>排涝站</td><td>单元工程量</td><td colspan="2">1座</td></tr>
<tr><td colspan="3">单元工程名称/部位</td><td>4#排涝泵站</td><td>验收依据</td><td colspan="2">《小型农田水利工程验收管理手册》</td></tr>
<tr><td colspan="2">项次</td><td>检查项目</td><td>质量标准</td><td colspan="2">施工单位检查记录</td><td>监理单位验收意见</td></tr>
<tr><td rowspan="3">主控项目</td><td>1</td><td>门窗</td><td>品种、类型、规格、尺寸、性能、开启方向、安装位置、连接方式及填嵌、封闭处理符合设计要求
（见附加说明）</td><td colspan="2">符合要求。见施工记录编号××。</td><td>合格</td></tr>
<tr><td>2</td><td>门窗框</td><td>正、侧面垂直度偏差小于3mm</td><td colspan="2">检查6点，合格6点。见施工记录编号××。</td><td>合格
100%</td></tr>
<tr><td>3</td><td>门窗安装</td><td>安装后的门窗玻璃牢固，严禁有裂纹、损坏和松动</td><td colspan="2">门窗玻璃牢固，无裂纹、损坏、松动现象。</td><td>合格</td></tr>
<tr><td rowspan="4">一般项目</td><td>1</td><td>门窗框的安装</td><td>安装牢固，位置准确，满足使用要求</td><td colspan="2">安装牢固，位置准确，满足使用要求。</td><td>合格</td></tr>
<tr><td>2</td><td>门窗框与墙体间的缝隙</td><td>缝隙应填嵌饱满</td><td colspan="2">缝隙填嵌饱满，符合要求。</td><td>合格</td></tr>
<tr><td>3</td><td>门窗扇</td><td>开启灵活，关闭严密，无倒翘</td><td colspan="2">门窗扇开启灵活，关闭严密，无倒翘。</td><td>合格</td></tr>
<tr><td>4</td><td>门窗外观</td><td>应洁净、平整、光滑，大面无划痕、碰伤</td><td colspan="2">外观洁净、平整、光滑，大面无划痕、碰伤。</td><td>合格</td></tr>
<tr><td colspan="3">施工单位检验结论</td><td colspan="4">本单元工程主控项目质量全部符合要求，一般项目单项检验点合格率最小为 / %，且不合格点不集中分布，单元工程质量合格。
质量责任人（签字）：×××
现场管理机构（盖章）：筑业××工程有限公司 ××高标准农田建设项目经理部
2026年×月×日</td></tr>
<tr><td colspan="3">监理单位验收结论</td><td colspan="4">本单元工程主控项目全部/部分符合要求，一般项目单项检验点合格率最小为 / %，且不合格点不集中/集中分布，单元工程质量合格/不合格，同意/不同意通过验收。
监理工程师（签字）：×××
现场监理机构（盖章）：××建设监理有限公司 ××高标准农田建设项目监理部
2026年×月×日</td></tr>
</table>

××高标准农田建设项目 工程

3.3.1.2-43 泵房屋面单元工程质量验收记录

编号：××

<table>
<tr><td colspan="2">单项工程名称</td><td colspan="2">灌溉与排水工程</td><td>施工日期</td><td colspan="2">2026年×月×日—2026年×月×日</td></tr>
<tr><td colspan="2">单位工程名称</td><td colspan="2">排水工程</td><td>施工单位</td><td colspan="2">筑业××工程有限公司</td></tr>
<tr><td colspan="2">分部工程名称</td><td colspan="2">排涝站</td><td>单元工程量</td><td colspan="2">1座</td></tr>
<tr><td colspan="2">单元工程名称/部位</td><td colspan="2">4#排涝泵站</td><td>验收依据</td><td colspan="2">《小型农田水利工程验收管理手册》</td></tr>
<tr><td colspan="2">项次</td><td>检查项目</td><td>质量标准</td><td colspan="2">施工单位检查记录</td><td>监理单位验收意见</td></tr>
<tr><td rowspan="3">主控项目</td><td>1</td><td>屋面材料</td><td>采用钢板屋面的，板材及辅助材料规格质量达到行业要求标准</td><td colspan="2">原材料质量证明文件齐全、有效。见进场验收记录编号××。</td><td>合格</td></tr>
<tr><td>2</td><td>泛水</td><td>做法应符合设计要求，顺直整齐，结合紧密，无渗漏
（见附加说明）</td><td colspan="2">顺直整齐，结合紧密，无渗漏。</td><td>合格</td></tr>
<tr><td>3</td><td>脊瓦</td><td>应搭盖正确，间距均匀，封闭严密；屋脊和斜脊应顺直，无起伏现象</td><td colspan="2">搭盖正确，间距均匀，封闭严密，屋脊和斜脊顺直，无起伏现象。</td><td>合格</td></tr>
<tr><td rowspan="3">一般项目</td><td>1</td><td>挂瓦条、平瓦</td><td>质量符合设计要求
（见附加说明）</td><td colspan="2">符合要求。见进场验收记录编号××。</td><td>合格</td></tr>
<tr><td>2</td><td>平瓦</td><td>铺盖牢固</td><td colspan="2">铺盖牢固。</td><td>合格</td></tr>
<tr><td>3</td><td>挂瓦条</td><td>应分档均匀，铺钉平整、牢固；瓦面平整，行列整齐，搭接紧密，檐口平直</td><td colspan="2">分档均匀，铺钉平整、牢固；瓦面平整，行列整齐，搭接紧密，檐口平直。</td><td>合格</td></tr>
<tr><td colspan="2">施工单位检验结论</td><td colspan="5">本单元工程主控项目质量全部符合要求，一般项目单项检验点合格率最小为 / %，且不合格点不集中分布，单元工程质量合格。

质量责任人（签字）：×××
现场管理机构（盖章）：筑业××工程有限公司 ××高标准农田建设项目经理部
2026年×月×日</td></tr>
<tr><td colspan="2">监理单位验收结论</td><td colspan="5">本单元工程主控项目全部/部分符合要求，一般项目单项检验点合格率最小为 / %，且不合格点不集中/集中分布，单元工程质量合格/不合格，同意/不同意通过验收。

监理工程师（签字）：×××
现场监理机构（盖章）：××建设监理有限公司 ××高标准农田建设项目监理部
2026年×月×日</td></tr>
</table>

××高标准农田建设项目　　　工程

3.3.1.2-44　水泵安装单元工程质量验收记录

编号：××

单项工程名称		灌溉与排水工程	施工日期	2026年×月×日—2026年×月×日	
单位工程名称		小型水源工程	施工单位	筑业××工程有限公司	
分部工程名称		小型泵站	单元工程量	1台	
单元工程名称/部位		3#水泵	验收依据	《灌溉与排水工程施工质量评定规程》SL 703—2015	
项次		检查项目	质量标准	施工单位检查记录	监理单位验收意见
主控项目	1	水泵及电机	型号、规格、流量、扬程及额定电压、功率符合设计要求，具备产品生产许可证、质量合格证、安装使用说明书和出厂质量检测报告（见附加说明）	质量证明文件齐全、有效。见设备进场验收记录编号××。	合格
	2	外观质量	表面的防锈防腐层应完整、无损伤，标识清楚，包装符合规定且配件齐全。设备不应有缺件、损坏和锈蚀等情况，管口保护物和堵盖应完好	外观质量符合要求。见设备进场验收记录编号××。	合格
	3	主、从动轴中心	允许偏差：0.1mm	检查10点，合格10点。见施工记录编号××。	合格 100%
	4	主、从动轴中心倾斜	允许偏差：0.2mm/m	检查10点，合格10点。见施工记录编号××。	合格 100%
一般项目	1	泵体纵横向水平度	允许偏差：0.1mm/m	检查10点，合格9点。见施工记录编号××。	合格 90.0%
	2	立式泵泵轴与电动机轴心线偏心	允许偏差：0.15mm	检查10点，合格9点。见施工记录编号××。	合格 90.0%
	3	立式泵泵轴与电动机轴心线倾斜	允许偏差：0.5mm/m	检查10点，合格10点。见施工记录编号××。	合格 100%
	4	立式泵泵座水平度	允许偏差：0.1mm/m	检查10点，合格8点。见施工记录编号××。	合格 80.0%
	5	电机绝缘、接地	电机外壳必须接地，绝缘电阻符合规定	测试合格。见测试记录编号××。	合格 100%
	6	启动前检查	盘车应灵活，无阻滞、卡住现象，无异常声音	盘车灵活，无阻滞、卡住现象，无异常声音。	合格
施工单位检验结论		本单元工程主控项目质量全部符合要求，一般项目单项检验点合格率最小为80.0%，且不合格点不集中分布，单元工程质量合格。 质量责任人（签字）：××× 现场管理机构（盖章）：筑业××工程有限公司 ××高标准农田建设项目经理部 2026年×月×日			
监理单位验收结论		本单元工程主控项目全部/~~部分~~符合要求，一般项目单项检验点合格率最小为80.0%，且不合格点不集中/~~集中~~分布，单元工程质量合格/~~不合格~~，同意/~~不同意~~通过验收。 监理工程师（签字）：××× 现场监理机构（盖章）：××建设监理有限公司 ××高标准农田建设项目监理部 2026年×月×日			

3.3.1.2-44 水泵安装单元工程质量验收记录

填表说明

一、依据标准

《灌溉与排水工程施工质量评定规程》SL 703—2015。

二、单元工程划分

宜以一台水泵机组划分为一个单元工程。

三、标准规定

表 4.19.3 水泵安装施工质量标准

项次		检查项目	检验方法	检验数量
主控项目	1	水泵及电机	观察、查阅产品合格证、检验报告等，对照设计文件	全数检查
	2	外观质量	观察	全数检查
	3	主、从动轴中心	钢板尺、百分表、塞尺	均布，不少于4个点
	4	主、从动轴中心倾斜	钢板尺、百分表、塞尺	均布，不少于4个点
一般项目	1	泵体纵横向水平度	水平仪	均布，不少于4个点
	2	立式泵泵轴与电动机轴心线偏心	游标卡尺、钢板尺、百分表、塞尺	均布，不少于4个点
	3	立式泵泵轴与电动机轴心线倾斜	钢板尺、百分表、塞尺	均布，不少于4个点
	4	立式泵泵座水平度	水平仪	均布，不少于4个点
	5	电机绝缘、接地	量测	全数检查
	6	启动前检查	观察	全数检查

××高标准农田建设项目 工程

3.3.1.2-45 机井单元工程质量验收记录

编号：××

<table>
<tr><td colspan="3">单项工程名称</td><td>灌溉与排水工程</td><td>施工日期</td><td colspan="2">2026年×月×日—2026年×月×日</td></tr>
<tr><td colspan="3">单位工程名称</td><td>小型水源工程</td><td>施工单位</td><td colspan="2">筑业××工程有限公司</td></tr>
<tr><td colspan="3">分部工程名称</td><td>农用机井</td><td>单元工程量</td><td colspan="2">1眼</td></tr>
<tr><td colspan="3">单元工程名称/部位</td><td>1#机井</td><td>验收依据</td><td colspan="2">《灌溉与排水工程施工质量评定规程》SL 703—2015</td></tr>
<tr><td colspan="2">项次</td><td>检查项目</td><td>质量标准</td><td colspan="2">施工单位检查记录</td><td>监理单位验收意见</td></tr>
<tr><td rowspan="4">主控项目</td><td>1</td><td>井壁管、滤水管、砾料等质量</td><td>符合规范规定和设计要求
（见附加说明）</td><td colspan="2">符合要求。见进场验收记录编号××。</td><td>合格</td></tr>
<tr><td>2</td><td>井位、井深和井径</td><td>符合设计要求
（见附加说明）</td><td colspan="2">符合要求。见施工记录编号××。</td><td>合格</td></tr>
<tr><td>3</td><td>洗井</td><td>洗井方法、抽水程序符合规范要求
（见《××规范》GB ××第××条）</td><td colspan="2">符合要求。见施工记录编号××。</td><td>合格</td></tr>
<tr><td>4</td><td>机井出水流量</td><td>不小于设计出水流量
（设计值：40m³/h）</td><td colspan="2">实测值：42m³/h。见施工记录编号××。</td><td>合格</td></tr>
<tr><td rowspan="7">一般项目</td><td>1</td><td>下管</td><td>清孔、滤水管长度及下管保护、连接及密封质量符合规范要求
（见《××规范》GB ××第××条）</td><td colspan="2">清孔、滤水管长度及下管保护、连接及密封质量符合要求。见施工记录编号××。</td><td>合格</td></tr>
<tr><td>2</td><td>填砾</td><td>连续均匀沿管四周填入，填入量符合计算体积</td><td colspan="2">连续均匀沿管四周填入，填入量为××。见施工记录编号××。</td><td>合格</td></tr>
<tr><td>3</td><td>滤水管安装位置</td><td>允许偏差：±300mm</td><td colspan="2">检查8点，合格8点。见施工记录编号××。</td><td>合格
100%</td></tr>
<tr><td>4</td><td>井口封闭</td><td>符合设计和规范要求
（见附加说明）</td><td colspan="2">符合要求。见施工记录编号××。</td><td>合格</td></tr>
<tr><td>5</td><td>井孔倾斜度</td><td>允许偏差：≤2°</td><td colspan="2">检查10点，合格10点。见施工记录编号××。</td><td>合格
100%</td></tr>
<tr><td>6</td><td>出水含沙量</td><td>小于1/20000体积比</td><td colspan="2">/</td><td>/</td></tr>
<tr><td>7</td><td>井内沉淀物高度</td><td>不大于设计井深的5‰</td><td colspan="2">/</td><td>/</td></tr>
<tr><td colspan="3">施工单位检验结论</td><td colspan="4">本单元工程主控项目质量全部符合要求，一般项目单项检验点合格率最小为100%，且不合格点不集中分布，单元工程质量合格。
质量责任人（签字）：×××
现场管理机构（盖章）：筑业××工程有限公司 ××高标准农田建设项目经理部
2026年×月×日</td></tr>
<tr><td colspan="3">监理单位验收结论</td><td colspan="4">本单元工程主控项目全部/~~部分~~符合要求，一般项目单项检验点合格率最小为100%，且不合格点不集中/~~集中~~分布，单元工程质量合格/~~不合格~~，同意/~~不同意~~通过验收。
监理工程师（签字）：×××
现场监理机构（盖章）：××建设监理有限公司 ××高标准农田建设项目监理部
2026年×月×日</td></tr>
</table>

3.3.1.2-45　机井单元工程质量验收记录

填表说明

一、依据标准

《灌溉与排水工程施工质量评定规程》SL 703—2015。

二、单元工程划分

宜以每眼机井划分为一个单元工程。

三、标准规定

表 4.18.4　机井施工质量标准

项次		检查项目	检验方法	检验数量
主控项目	1	井壁管、滤水管、砾料等质量	检查产品说明及出厂合格证，查阅设计报告	每眼井
	2	井位、井深和井径	观察、量测、查阅施工记录	
	3	洗井	观察、查阅施工记录	
	4	机井出水流量	抽水试验	
一般项目	1	下管	观察	每眼井
	2	填砾	观察、量测、查阅施工记录	
	3	滤水管安装位置	量测	
	4	井口封闭	观察	
	5	井孔倾斜度	量测	
	6	出水含沙量	量测	
	7	井内沉淀物高度	量测	

××高标准农田建设项目 工程

3.3.1.2-46 洞井挖填单元工程质量验收记录

编号：××

<table>
<tr><td colspan="2">单项工程名称</td><td colspan="2">灌溉与排水工程</td><td>施工日期</td><td colspan="2">2026年×月×日—2026年×月×日</td></tr>
<tr><td colspan="2">单位工程名称</td><td colspan="2">小型水源工程</td><td>施工单位</td><td colspan="2">筑业××工程有限公司</td></tr>
<tr><td colspan="2">分部工程名称</td><td colspan="2">农用机井</td><td>单元工程量</td><td colspan="2">1眼</td></tr>
<tr><td colspan="2">单元工程名称/部位</td><td colspan="2">2#机井</td><td>验收依据</td><td colspan="2">《土地整治工程质量检验与评定规程》TD/T 1041—2013</td></tr>
<tr><td colspan="2">项次</td><td>检查项目</td><td>质量标准</td><td colspan="2">施工单位检查记录</td><td>监理单位验收意见</td></tr>
<tr><td rowspan="7">主控项目</td><td>1</td><td>隧洞隧道开挖</td><td>开挖位置应符合设计要求，由中心向四周扩大，分层开挖，护砌部分预留保护层，基土密实度满足设计要求。基面清洁、密实，无积水、裂缝、暗穴、砂砾层。围岩中不得有明显可见的裂隙，不允许欠挖
（见附加说明）</td><td colspan="2">/</td><td>/</td></tr>
<tr><td>2</td><td>机井造孔、换浆</td><td>严格按照设计要求造孔。孔底沉淀物排净后，更换稀泥浆，一般规定密度＜1.1，孔口捞取泥浆样应达到无粉砂沉淀的要求</td><td colspan="2">按设计要求造孔；孔底沉淀物排净后，更换稀泥浆，密度为1.0，孔口捞取泥浆样达到无粉砂沉淀。</td><td>合格</td></tr>
<tr><td>3</td><td>滤料、封闭料填筑</td><td>滤料、封闭料填筑应符合设计要求
（见附加说明）</td><td colspan="2">符合要求。见施工记录编号××。</td><td>合格</td></tr>
<tr><td>4</td><td>机井出水</td><td>井底沉淀物厚度、出水量、含沙量等满足设计要求
（见附加说明）</td><td colspan="2">符合要求。见施工记录编号××。</td><td>合格</td></tr>
<tr><td>5</td><td>开挖偏差</td><td>允许偏差±5cm</td><td colspan="2">检查5点，实测偏差值（cm）：3，4，1，−2，4。</td><td>合格
100%</td></tr>
<tr><td>6</td><td>孔深误差</td><td>允许偏差＋50cm</td><td colspan="2">检查5点，实测偏差值（cm）：35，40，20，35，26。</td><td>合格
100%</td></tr>
<tr><td>7</td><td>孔轴偏斜度</td><td>允许偏差±3°</td><td colspan="2">检查5点，实测偏差值（°）：1，2，2，1，−2。</td><td>合格
100%</td></tr>
</table>

××高标准农田建设项目工程

3.3.1.2-46 洞井挖填单元工程质量验收记录（续表）

编号：××

<table>
<tr><th colspan="2">项次</th><th>检查项目</th><th>质量标准</th><th>施工单位检查记录</th><th>监理单位验收意见</th></tr>
<tr><td rowspan="6">一般项目</td><td>1</td><td>土（砂）垫层</td><td>料径、含水量等物理特性满足设计要求。填筑表面平整、密实、无杂物。与周边部件接触均匀、无空隙
（见附加说明）</td><td>材料物理特性满足设计要求，填筑表面平整。密实、无杂物。与周边部件接触均匀。见检验报告编号××。</td><td>合格</td></tr>
<tr><td>2</td><td>堆料</td><td>土石料应堆放在开挖作业边界2m以外，且堆放高度不得超过生产安全相关规定。废弃土料和无法利用的泥浆、杂物等应及时清运出场</td><td>土石料已堆放在作业边界3m处，堆放高度未超过生产安全相关规范，废弃土料、杂物已由渣土车清运出场。</td><td>合格</td></tr>
<tr><td>3</td><td>径向超挖值</td><td>允许偏差＋10cm</td><td>检查5点，实测偏差值（cm）：6，11，−7，1，3。</td><td>合格
80.0%</td></tr>
<tr><td>4</td><td>开挖岩面起伏差</td><td>允许偏差±5cm</td><td>检查5点，实测偏差值（cm）：2，6，−4，3，1。</td><td>合格
80.0%</td></tr>
<tr><td>5</td><td>孔底孔径偏差</td><td>允许偏差±1cm</td><td>检查5点，实测偏差值（cm）：1，0，−1，1，1。</td><td>合格
100%</td></tr>
<tr><td>6</td><td>滤料、封闭料填筑厚度</td><td>不小于设计值
（设计值：××）</td><td>检查6点，合格6点。见施工记录编号××。</td><td>合格
100%</td></tr>
<tr><td colspan="2">施工单位检验结论</td><td colspan="4">本单元工程主控项目质量全部符合要求，一般项目单项检验点合格率最小为80.0%，且不合格点不集中分布，单元工程质量合格。

质量责任人（签字）：×××
现场管理机构（盖章）：筑业××工程有限公司 ××高标准农田建设项目经理部
2026年×月×日</td></tr>
<tr><td colspan="2">监理单位验收结论</td><td colspan="4">本单元工程主控项目全部/~~部分~~符合要求，一般项目单项检验点合格率最小为80.0%，且不合格点不集中/~~集中~~分布，单元工程质量合格/~~不合格~~，同意/~~不同意~~通过验收。

监理工程师（签字）：×××
现场监理机构（盖章）：××建设监理有限公司 ××高标准农田建设项目监理部
2026年×月×日</td></tr>
</table>

3.3.1.2-46 洞井挖填单元工程质量验收记录

填表说明

一、依据标准

《土地整治工程质量检验与评定规程》TD/T 1041—2013。

二、标准规定

表 D.4 洞井挖填工程施工质量验收标准

项次		检查项目	检验方法	检验数量
主控项目	1	隧洞隧道开挖	现场检查	逐一检查
	2	机井造孔、换浆	现场检查、实验室仪器检查、测绳、测锤	
	3	滤料、封闭料填筑	现场检查	
	4	机井出水	现场检查，测绳、测锤、含砂量仪	
	5	开孔偏差	现场观察、皮尺、直尺测量	
	6	孔深误差	经纬仪、皮尺、测绳、测锤测量	
	7	孔轴偏斜度	线锤、皮尺、靠尺测量	
一般项目	1	土（砂）垫层	现场检查	逐一检查
	2	堆料	现场检查	
	3	径向超挖值	经纬仪、皮尺、测绳、测锤、钢尺测量	
	4	开挖岩面起伏差	直尺、钢尺测量	
	5	孔底孔径偏差	测绳、测锤测量	
	6	滤料、封闭料填筑厚度	探孔器、钢尺测量	

适用范围：适用于隧洞、隧道、机井工程。洞、井护砌可参考本标准砌体、混凝土等部分相关标准以及水利水电工程相关规程规范标准。

××高标准农田建设项目 工程

3.3.1.2-47　水源井钻孔单元工程质量验收记录

编号：××

单项工程名称	灌溉与排水工程	施工日期	2026年×月×日—2026年×月×日
单位工程名称	小型水源工程	施工单位	筑业××工程有限公司
分部工程名称	农用机井	单元工程量	1眼
单元工程名称/部位	4#机井	验收依据	《小型农田水利工程验收管理手册》

项次		检查项目	质量标准	施工单位检查记录	监理单位验收意见
主控项目	1	井孔直径	不得小于设计井径20mm（设计值：425mm）	实测值：426mm。见施工记录编号××。	合格 100%
	2	井孔斜度	小于2°	检查1点，实测值：1°。见施工记录编号××。	合格 100%
一般项目	1	钻井机型	符合施工要求（见附加说明）	采用YT-100气动潜孔钻机，符合施工要求。	合格
	2	井位	符合设计要求（见附加说明）	按照设计指定井位施工。见施工记录编号××。	合格
	3	井深	满足设计出水量要求（设计值：100m）	实测值：101m。见施工记录编号××。	合格 100%
施工单位检验结论		本单元工程主控项目质量全部符合要求，一般项目单项检验点合格率最小为100%，且不合格点不集中分布，单元工程质量合格。 质量责任人（签字）：××× 现场管理机构（盖章）：筑业××工程有限公司 ××高标准农田建设项目经理部 2026年×月×日			
监理单位验收结论		本单元工程主控项目全部/~~部分~~符合要求，一般项目单项检验点合格率最小为100%，且不合格点不集中/~~集中~~分布，单元工程质量合格/~~不合格~~，同意/~~不同意~~通过验收。 监理工程师（签字）：××× 现场监理机构（盖章）：××建设监理有限公司 ××高标准农田建设项目监理部 2026年×月×日			

××高标准农田建设项目 工程

3.3.1.2-48 水源井管材及制作单元工程质量验收记录

编号：××

单项工程名称		灌溉与排水工程	施工日期	2026年×月×日—2026年×月×日	
单位工程名称		小型水源工程	施工单位	筑业××工程有限公司	
分部工程名称		农用机井	单元工程量	1眼	
单元工程名称/部位		4#机井	验收依据	《小型农田水利工程验收管理手册》	
项次		检查项目	质量标准	施工单位检查记录	监理单位验收意见
主控项目	1	井管制作	满足设计和技术规范要求，管壁厚不小于5mm（见附加说明）	采用DN325钢质井管，管壁厚7mm，符合设计及技术规范要求。见施工记录编号××。	合格
主控项目	2	滤水管	透水面积满足设计出水要求（见附加说明）	符合要求。见施工记录编号××。	合格
一般项目	1	沉淀管	长4m～8m	采用6m沉淀管，符合要求。见施工记录编号××。	合格
施工单位检验结论		本单元工程主控项目质量全部符合要求，一般项目单项检验点合格率最小为 / %，且不合格点不集中分布，单元工程质量合格。 质量责任人（签字）：××× 现场管理机构（盖章）：筑业××工程有限公司 ××高标准农田建设项目经理部 2026年×月×日			
监理单位验收结论		本单元工程主控项目全部/部分符合要求，一般项目单项检验点合格率最小为 / %，且不合格点不集中/集中分布，单元工程质量合格/不合格，同意/不同意通过验收。 监理工程师（签字）：××× 现场监理机构（盖章）：××建设监理有限公司 ××高标准农田建设项目监理部 2026年×月×日			

__××高标准农田建设项目__ 工程

3.3.1.2-49 水源井下管单元工程质量验收记录

编号：××

单项工程名称	灌溉与排水工程	施工日期	2026年×月×日—2026年×月×日
单位工程名称	小型水源工程	施工单位	筑业××工程有限公司
分部工程名称	农用机井	单元工程量	1眼
单元工程名称/部位	4#机井	验收依据	《小型农田水利工程验收管理手册》

项次		检查项目	质量标准	施工单位检查记录	监理单位验收意见
主控项目	1	井管与井孔偏心距	小于6cm	偏心距4cm，符合要求。	合格
	2	井管垂直度	小于2°	检查1点，实测值：1°。	合格 100%
一般项目	1	接管	对正、接直、封闭严密，接管处强度满足下管安全和成井质量要求	接管对正、接直、封闭严密，接管处强度满足下管安全和成井质量要求。见施工记录编号××。	合格

施工单位检验结论	本单元工程主控项目质量全部符合要求，一般项目单项检验点合格率最小为 __/__ %，且不合格点不集中分布，单元工程质量合格。 质量责任人（签字）：××× 现场管理机构（盖章）：筑业××工程有限公司 ××高标准农田建设项目经理部 2026年×月×日
监理单位验收结论	本单元工程主控项目全部/~~部分~~符合要求，一般项目单项检验点合格率最小为 __/__ %，且不合格点不集中/~~集中~~分布，单元工程质量合格/~~不合格~~，同意/~~不同意~~通过验收。 监理工程师（签字）：××× 现场监理机构（盖章）：××建设监理有限公司 ××高标准农田建设项目监理部 2026年×月×日

××高标准农田建设项目工程

3.3.1.2-50 水源井滤料填放单元工程质量验收记录

编号：××

<table>
<tr><td colspan="3">单项工程名称</td><td>灌溉与排水工程</td><td>施工日期</td><td colspan="2">2026年×月×日—2026年×月×日</td></tr>
<tr><td colspan="3">单位工程名称</td><td>小型水源工程</td><td>施工单位</td><td colspan="2">筑业××工程有限公司</td></tr>
<tr><td colspan="3">分部工程名称</td><td>农用机井</td><td>单元工程量</td><td colspan="2">1眼</td></tr>
<tr><td colspan="3">单元工程名称/部位</td><td>4#机井</td><td>验收依据</td><td colspan="2">《小型农田水利工程验收管理手册》</td></tr>
<tr><td colspan="2">项次</td><td>检查项目</td><td>质量标准</td><td colspan="2">施工单位检查记录</td><td>监理单位验收意见</td></tr>
<tr><td rowspan="2">主控项目</td><td>1</td><td>滤料规格</td><td>尽量与含水层岩性相适应，一般采用混合料，粗砂粒径5mm～7.5mm，中砂粒径2mm～4mm，细砂粒径1mm～2mm</td><td colspan="2">滤料与含水层岩性适应；采用混合料，粗砂粒径6mm，中砂粒径3mm，细砂粒径1mm。</td><td>合格</td></tr>
<tr><td>2</td><td>滤料厚度</td><td>80mm～100mm</td><td colspan="2">检查1点，实测值：90mm。</td><td>合格
100%</td></tr>
<tr><td rowspan="2">一般项目</td><td>1</td><td>滤料填筑高度</td><td>符合设计要求
（设计值：××）</td><td colspan="2">符合要求。见施工记录编号××。</td><td>合格</td></tr>
<tr><td>2</td><td>填料方法</td><td>井管四周均匀投放</td><td colspan="2">施工时井管四周均匀投放。见施工记录编号××。</td><td>合格</td></tr>
<tr><td colspan="3">施工单位检验结论</td><td colspan="4">本单元工程主控项目质量全部符合要求，一般项目单项检验点合格率最小为 / %，且不合格点不集中分布，单元工程质量合格。

质量责任人（签字）：×××
现场管理机构（盖章）：筑业××工程有限公司 ××高标准农田建设项目经理部
2026年×月×日</td></tr>
<tr><td colspan="3">监理单位验收结论</td><td colspan="4">本单元工程主控项目全部/部分符合要求，一般项目单项检验点合格率最小为 / %，且不合格点不集中/集中分布，单元工程质量合格/不合格，同意/不同意通过验收。

监理工程师（签字）：×××
现场监理机构（盖章）：××建设监理有限公司 ××高标准农田建设项目监理部
2026年×月×日</td></tr>
</table>

××高标准农田建设项目工程

3.3.1.2-51 水源井封井单元工程质量验收记录

编号：××

<table>
<tr><td colspan="3">单项工程名称</td><td>灌溉与排水工程</td><td>施工日期</td><td colspan="2">2026年×月×日—2026年×月×日</td></tr>
<tr><td colspan="3">单位工程名称</td><td>小型水源工程</td><td>施工单位</td><td colspan="2">筑业××工程有限公司</td></tr>
<tr><td colspan="3">分部工程名称</td><td>农用机井</td><td>单元工程量</td><td colspan="2">1眼</td></tr>
<tr><td colspan="3">单元工程名称/部位</td><td>4#机井</td><td>验收依据</td><td colspan="2">《小型农田水利工程验收管理手册》</td></tr>
<tr><td colspan="2">项次</td><td>检查项目</td><td>质量标准</td><td colspan="2">施工单位检查记录</td><td>监理单位验收意见</td></tr>
<tr><td rowspan="2">主控项目</td><td>1</td><td>封井材料</td><td>除特殊要求外，一般用黏土球封井，黏土球直径25mm～30mm，黏土球必须揉实风干，风干后表面无裂纹，内部湿润，含水量约为20%</td><td colspan="2">采用黏土球封井，直径为28mm，已揉实风干，风干后表面无裂纹，内部湿润，含水量为19%。</td><td>合格</td></tr>
<tr><td>2</td><td>封井长度</td><td>符合设计要求，上下偏差不超过300mm
（设计值：××）</td><td colspan="2">检查1点，实测偏差值：210mm。</td><td>合格</td></tr>
<tr><td rowspan="2">一般项目</td><td>1</td><td>井口封闭</td><td>用黏土沿井管四周分层夯实填入，直至井口</td><td colspan="2">采用黏土沿井管四周分层夯实填入，直至井口。</td><td>合格</td></tr>
<tr><td>2</td><td>非计划开采的含水层</td><td>封闭位置应超过不含水层顶底板各不少于5m</td><td colspan="2">封闭位置超过不含水层顶底板为7m。</td><td>合格</td></tr>
<tr><td colspan="3">施工单位检验结论</td><td colspan="4">本单元工程主控项目质量全部符合要求，一般项目单项检验点合格率最小为 / %，且不合格点不集中分布，单元工程质量合格。
质量责任人（签字）：×××
现场管理机构（盖章）：筑业××工程有限公司 ××高标准农田建设项目经理部
2026年×月×日</td></tr>
<tr><td colspan="3">监理单位验收结论</td><td colspan="4">本单元工程主控项目全部/部分符合要求，一般项目单项检验点合格率最小为 / %，且不合格点不集中/集中分布，单元工程质量合格/不合格，同意/不同意通过验收。
监理工程师（签字）：×××
现场监理机构（盖章）：××建设监理有限公司 ××高标准农田建设项目监理部
2026年×月×日</td></tr>
</table>

××高标准农田建设项目 工程

3.3.1.2-52 水源井机泵安装单元工程质量验收记录

编号：××

<table>
<tr><td colspan="3">单项工程名称</td><td>灌溉与排水工程</td><td>施工日期</td><td colspan="2">2026年×月×日—2026年×月×日</td></tr>
<tr><td colspan="3">单位工程名称</td><td>小型水源工程</td><td>施工单位</td><td colspan="2">筑业××工程有限公司</td></tr>
<tr><td colspan="3">分部工程名称</td><td>农用机井</td><td>单元工程量</td><td colspan="2">1眼</td></tr>
<tr><td colspan="3">单元工程名称/部位</td><td>4#机井</td><td>验收依据</td><td colspan="2">《小型农田水利工程验收管理手册》</td></tr>
<tr><td colspan="2">项次</td><td>检查项目</td><td>质量标准</td><td colspan="2">施工单位检查记录</td><td>监理单位验收意见</td></tr>
<tr><td rowspan="3">主控项目</td><td>1</td><td>水泵</td><td>扬程、吸程、流量满足设计要求（见附加说明）</td><td colspan="2">质量证明文件齐全、有效。见进场验收记录编号××。</td><td>合格</td></tr>
<tr><td>2</td><td>水泵安装井管内径与泵体外径间距</td><td>金属管大于50mm√
非金属管大于100mm</td><td colspan="2">检查1点，实测值60mm。</td><td>合格
100%</td></tr>
<tr><td>3</td><td>机座</td><td>平稳、坚固，运行时不沉陷和倾斜</td><td colspan="2">机座平稳、坚固，运行时不沉陷和倾斜。</td><td>合格</td></tr>
<tr><td>一般项目</td><td>1</td><td>功率</td><td>电动机功率是水泵功率的1.1倍～1.3倍，柴油机功率是水泵功率的1.2倍</td><td colspan="2">符合设计及技术要求。见试验记录编号××。</td><td>合格</td></tr>
<tr><td colspan="3">施工单位检验结论</td><td colspan="4">本单元工程主控项目质量全部符合要求，一般项目单项检验点合格率最小为 / %，且不合格点不集中分布，单元工程质量合格。

质量责任人（签字）：×××
现场管理机构（盖章）：筑业××工程有限公司 ××高标准农田建设项目经理部
2026年×月×日</td></tr>
<tr><td colspan="3">监理单位验收结论</td><td colspan="4">本单元工程主控项目全部/部分符合要求，一般项目单项检验点合格率最小为 / %，且不合格点不集中/集中分布，单元工程质量合格/不合格，同意/不同意通过验收。

监理工程师（签字）：×××
现场监理机构（盖章）：××建设监理有限公司 ××高标准农田建设项目监理部
2026年×月×日</td></tr>
</table>

××高标准农田建设项目 工程

3.3.1.2-53 水源井洗井及抽水试验单元工程质量验收记录

编号：××

<table>
<tr><td colspan="2">单项工程名称</td><td>灌溉与排水工程</td><td>施工日期</td><td colspan="2">2026年×月×日—2026年×月×日</td></tr>
<tr><td colspan="2">单位工程名称</td><td>小型水源工程</td><td>施工单位</td><td colspan="2">筑业××工程有限公司</td></tr>
<tr><td colspan="2">分部工程名称</td><td>农用机井</td><td>单元工程量</td><td colspan="2">1眼</td></tr>
<tr><td colspan="2">单元工程名称/部位</td><td>4#机井</td><td>验收依据</td><td colspan="2">《小型农田水利工程验收管理手册》</td></tr>
<tr><td>项次</td><td></td><td>检查项目</td><td>质量标准</td><td>施工单位检查记录</td><td>监理单位验收意见</td></tr>
<tr><td rowspan="2">主控项目</td><td>1</td><td>井底沉淀物</td><td>洗井后，井底沉淀物小于井深的5/1000；洗井完，抽水30min后取水样，用容积法测定，中细砂含水层不超过1/20000，粗砂、砾石不超过1/50000</td><td>符合要求。见施工记录编号××。</td><td>合格</td></tr>
<tr><td>2</td><td>抽水试验</td><td>抽水试验要连续，不得停歇，如有停歇，重新进行</td><td>抽水试验连续进行，未停歇，符合要求。见试验记录编号××。</td><td>合格</td></tr>
<tr><td rowspan="3">一般项目</td><td>1</td><td>出水量</td><td>洗井后自上而下逐层进行检查，洗井后达到设计出水量
（设计值：××）</td><td>逐层检查合格，洗井后达到设计出水量。见施工记录编号××。</td><td>合格</td></tr>
<tr><td>2</td><td>水位稳定持续时间</td><td>抽水试验水位稳定持续时间：松散底层不小于8h，基岩或贫水层应延长时间</td><td>抽水试验水位稳定持续，时间为9h。</td><td>合格</td></tr>
<tr><td>3</td><td>水位观测及试验成果</td><td>有动水位、静水位观测记录及抽水试验成果</td><td>资料齐全。见观测记录编号××、试验记录编号××。</td><td>合格</td></tr>
<tr><td colspan="2">施工单位检验结论</td><td colspan="4">本单元工程主控项目质量全部符合要求，一般项目单项检验点合格率最小为 / %，且不合格点不集中分布，单元工程质量合格。
质量责任人（签字）：×××
现场管理机构（盖章）：筑业××工程有限公司 ××高标准农田建设项目经理部
2026年×月×日</td></tr>
<tr><td colspan="2">监理单位验收结论</td><td colspan="4">本单元工程主控项目全部/~~部分~~符合要求，一般项目单项检验点合格率最小为 / %，且不合格点不集中/~~集中~~分布，单元工程质量合格/~~不合格~~，同意/~~不同意~~通过验收。
监理工程师（签字）：×××
现场监理机构（盖章）：××建设监理有限公司 ××高标准农田建设项目监理部
2026年×月×日</td></tr>
</table>

××高标准农田建设项目工程

3.3.1.2-54 小型金属管道安装单元工程质量验收记录

编号：××

<table>
<tr><td colspan="3">单项工程名称</td><td>灌溉与排水工程</td><td>施工日期</td><td colspan="2">2026年×月×日—2026年×月×日</td></tr>
<tr><td colspan="3">单位工程名称</td><td>输配水工程</td><td>施工单位</td><td colspan="2">筑业××工程有限公司</td></tr>
<tr><td colspan="3">分部工程名称</td><td>管道</td><td>单元工程量</td><td colspan="2">160m</td></tr>
<tr><td colspan="3">单元工程名称/部位</td><td>1#地上干管</td><td>验收依据</td><td colspan="2">《土地整治工程质量检验与评定规程》TD/T 1041—2013</td></tr>
<tr><td colspan="2">项次</td><td>检查项目</td><td>质量标准</td><td colspan="2">施工单位检查记录</td><td>监理单位验收意见</td></tr>
<tr><td rowspan="6">主控项目</td><td>1</td><td>管材</td><td>管材必须表面平整、尺寸准确。宜采用与管材同品牌、同级别、压力级别相同的管件</td><td colspan="2">管材表面平整、尺寸准确。管件配套齐全。见施工记录编号××。</td><td>合格</td></tr>
<tr><td>2</td><td>管道铺设</td><td>管道中心线应平直，管底与槽底应贴合良好</td><td colspan="2">管道中心线平直，管底与槽底贴合良好。</td><td>合格</td></tr>
<tr><td>3</td><td>管道连接</td><td>管径20mm及其以下钢管，必须用螺丝连接。管径25mm及其以上钢管，可采用螺丝连接、法兰连接、焊接连接等方式。螺丝连接：套丝不得有乱扣现象，管箍必须使用通丝管箍，上好管箍后，接头牢固紧密，管口应牢固紧密，管口应对严，外露丝不多于2扣。法兰连接：安装法兰时要求两个法兰保持平行，法兰的密封面不能碰伤。法兰偏差不大于法兰外径的1.5%，且不大于2mm。焊接连接：应焊点光亮、平滑，焊料充足；结合处无裂纹、针孔，无焊剂残留物。采用承插连接时，插口面与承口面之间应留3mm～8mm的伸缩余地；承插口间隙可填充油麻丝或沥青麻丝止水，也可采用橡胶圈止水</td><td colspan="2">采用焊接连接，焊点光亮、平滑，焊料充足；结合处无裂纹、针孔，无焊剂残留物。见施工记录编号××。</td><td>合格</td></tr>
<tr><td>4</td><td>试水</td><td>管道系统达到设计强度后，应对每条管道进行水压试验。试水压力应为管道系统的设计工作压力，保压时间不应小于1h，不允许有集中渗漏。试水不合格时应对管道采取修补措施，并重新试水，直至合格</td><td colspan="2">无渗漏情况。见水压试验记录编号××。</td><td>合格</td></tr>
<tr><td>5</td><td>管壁厚度</td><td>允许偏差±0.6mm或±15%公称壁厚</td><td colspan="2">量测5点，合格5点。见施工记录编号××。</td><td>合格
100%</td></tr>
<tr><td>6</td><td>外径</td><td>允许偏差为+0.3mm～+2mm</td><td colspan="2">量测5点，合格5点。见施工记录编号××。</td><td>合格
100%</td></tr>
</table>

××高标准农田建设项目工程

3.3.1.2-54 小型金属管道安装单元工程质量验收记录（续表）

编号：××

项次		检查项目	质量标准	施工单位检查记录	监理单位验收意见
一般项目	1	防腐处理	金属管防腐层破坏的部位，如接口、焊缝等，需做防腐处理。防腐涂层均匀，表面光滑、颜色一致，无皱皮、脱皮、气泡、挂流、漏刷等缺陷	对管道焊缝接口处进行防腐处理，涂层均匀，表面光滑、颜色一致，无皱皮、脱皮、气泡、挂流、漏刷等缺陷。	合格
	2	回填	管道试水合格后可进行最终回填，管道埋深不小于设计值	/	/
	3	钢管圆度	允许偏差值3D/1000	检查5点，合格5点。见施工记录编号××。	合格 100%
	4	弯曲度	每米弯曲度不大于3mm，总弯曲度不大于全长的0.1%	检查5点，合格5点。见施工记录编号××。	合格 100%
施工单位检验结论		本单元工程主控项目质量全部符合要求，一般项目单项检验点合格率最小为100%，且不合格点不集中分布，单元工程质量合格。 质量责任人（签字）：××× 现场管理机构（盖章）：筑业××工程有限公司 ××高标准农田建设项目经理部 2026年×月×日			
监理单位验收结论		本单元工程主控项目全部/~~部分~~符合要求，一般项目单项检验点合格率最小为100%，且不合格点不集中/~~集中~~分布，单元工程质量合格/~~不合格~~，同意/~~不同意~~通过验收。 监理工程师（签字）：××× 现场监理机构（盖章）：××建设监理有限公司 ××高标准农田建设项目监理部 2026年×月×日			

3.3.1.2-54　小型金属管道安装单元工程质量验收记录

填表说明

一、依据标准

《土地整治工程质量检验与评定规程》TD/T 1041—2013。

二、单元工程划分

宜以施工检查验收的段或条划分，每一段或条划分为一个单元工程。

三、标准规定

表 G.3　小型金属管道安装工程施工质量验收标准

项次		检查项目	检验方法	检验数量
主控项目	1	管材	现场观察、检查、测量	全数检查
	2	管道铺设	现场观察、检查	全数检查
	3	管道连接	现场观察、检查	全数检查
	4	试水	水压试验	逐条检验
	5	管壁厚度	用管壁测厚仪检查	同一规格尺寸的管材抽样检查3.5个样本。每个样本被测切面沿环向均匀间隔至少测6点
	6	外径	用直尺检查	
一般项目	1	防腐处理	现场观察、检查	逐件检查
	2	回填	现场观察检查	全数检查
	3	钢管圆度	用钢尺检查	管端口至少测两对相互垂直的直径，圆度为两直径差
	4	弯曲度	用拉线和钢尺检查	逐件检查

××高标准农田建设项目 工程

3.3.1.2-55　井管安装单元工程质量验收记录

编号：××

<table>
<tr><td colspan="2">单项工程名称</td><td>灌溉与排水工程</td><td>施工日期</td><td colspan="2">2026年×月×日—2026年×月×日</td></tr>
<tr><td colspan="2">单位工程名称</td><td>小型水源工程</td><td>施工单位</td><td colspan="2">筑业××工程有限公司</td></tr>
<tr><td colspan="2">分部工程名称</td><td>农用机井</td><td>单元工程量</td><td colspan="2">1眼</td></tr>
<tr><td colspan="2">单元工程名称/部位</td><td>3#机井</td><td>验收依据</td><td colspan="2">《土地整治工程质量检验与评定规程》TD/T 1041—2013</td></tr>
<tr><td colspan="2">项次</td><td>检查项目</td><td>质量标准</td><td>施工单位检查记录</td><td>监理单位验收意见</td></tr>
<tr><td rowspan="8">主控项目</td><td>1</td><td>施工准备</td><td>有井管设计校正成果，同时完成井管排序、编号、测量工作</td><td>有校正成果，并完成井管排序、编号、测量工作。见××成果文件。</td><td>合格</td></tr>
<tr><td>2</td><td>井管管材</td><td>井管必须表面平整，无残缺断裂和弯曲等缺陷。尺寸准确，强度达到设计要求
（见附加说明）</td><td>管材表面平整，无残缺断裂和弯曲等缺陷。尺寸准确，强度满足设计要求。见施工记录编号××。</td><td>合格</td></tr>
<tr><td>3</td><td>井管安装</td><td>井管的连接必须做到对正接直，封闭严密。接头处的强度应满足下管安全和成井质量的要求。井管底部一般应坐落在坚实的基础上</td><td>连接对正接直，封闭严密。见施工记录编号××。</td><td>合格</td></tr>
<tr><td>4</td><td>过滤器安装</td><td>上、下端偏差±300mm</td><td>检查3点，实测偏差值（mm）：276，150，137。</td><td>合格
100%</td></tr>
<tr><td rowspan="4">5</td><td rowspan="4">管井倾斜度偏差</td><td>安装长轴深井泵时不得超过1°</td><td>检查1点，实测值：0.5°。</td><td>合格
100%</td></tr>
<tr><td>安装潜水电泵时不得超过2°</td><td>/</td><td>/</td></tr>
<tr><td>泵段以下每100m顶角倾斜不得超过2°</td><td>检查1点，实测值：1°。</td><td>合格
100%</td></tr>
<tr><td>方位角不能突变</td><td>方位角未突变。</td><td>合格</td></tr>
</table>

××高标准农田建设项目 工程

3.3.1.2-55 井管安装单元工程质量验收记录（续表）

编号：××

项次		检查项目	质量标准	施工单位检查记录	监理单位验收意见
主控项目	6	井管直径允许偏差	钢管为外径的1%～2%	检查3点，合格3点。见施工记录编号××。	合格 100%
			其他管为±（2～6）mm	/	/
			井管壁厚允许偏差±（1～4）mm	检查3点，实测偏差值（mm）：1，3，1，2。	合格 100%
			过滤器开孔率偏差不得超过设计开孔率的±10% （设计值：××）	检查4点，合格4点。见施工记录编号××。	合格
	7	井管弯曲度	井管每米弯曲度不得超过±（1～3）mm	检查3点，实测值（mm）：1，2，1。	合格 100%
一般项目	1	下管方法	符合设计下管工艺要求 （见附加说明）	符合要求。见施工记录编号××。	合格
	2	井管扶正器安装	井管扶正器外径尺寸和安装间距符合规范要求，固定牢固	固定牢固。见施工记录编号××。	合格

施工单位检验结论	本单元工程主控项目质量全部符合要求，一般项目单项检验点合格率最小为 / %，且不合格点不集中分布，单元工程质量合格。 质量责任人（签字）：××× 现场管理机构（盖章）：筑业××工程有限公司 ××高标准农田建设项目经理部 2026年×月×日
监理单位验收结论	本单元工程主控项目全部/~~部分~~符合要求，一般项目单项检验点合格率最小为 / %，且不合格点不集中/~~集中~~分布，单元工程质量合格/~~不合格~~，同意/~~不同意~~通过验收。 监理工程师（签字）：××× 现场监理机构（盖章）：××建设监理有限公司 ××高标准农田建设项目监理部 2026年×月×日

3.3.1.2-55 井管安装单元工程质量验收记录

填表说明

一、依据标准

《土地整治工程质量检验与评定规程》TD/T 1041—2013。

二、标准规定

表 G.5 井管安装工程施工质量验收标准

项次		检查项目	检验方法	检验数量
主控项目	1	施工准备	现场检查	逐件检验
	2	井管管材	现场检查	逐件检验
	3	井管安装	现场检查	逐件检验
	4	过滤器安装	用激光指向仪检查	逐件检验
	5	管井倾斜度偏差	用激光指向仪检查	逐件检验
	6	井管直径允许偏差	用尺检查	逐件检验
	7	井管弯曲度	用拉线和钢尺检查	逐件检查
一般项目	1	下管方法	现场观察检查	逐件检验
	2	井管扶正器安装	现场观察检查	逐件检验

适用范围：农用井井管的安装。

××高标准农田建设项目 工程

3.3.1.2-56 渠（沟）道土方填筑基础面清理单元工程质量验收记录

编号：××

单项工程名称	灌溉与排水工程	施工日期	2026年×月×日—2026年×月×日
单位工程名称	输配水工程	施工单位	筑业××工程有限公司
分部工程名称	明渠	单元工程量	156m^3
单元工程名称/部位	2#干渠	验收依据	《灌溉与排水工程施工质量评定规程》SL 703—2015

项次		检查项目	质量标准	施工单位检查记录	监理单位验收意见
主控项目	1	基面清理	渠（沟）基表层的淤泥、腐殖土、泥炭等不良土质及草皮、树根、建筑垃圾等杂物全都清除	基面表层淤泥、腐殖土、泥炭等不良土质及草皮、树根、建筑垃圾等杂物全都清除。见施工记录编号××。	合格
	2	渠（沟）基处理	渠（沟）基内的渗水泉眼、井窖、墓穴、树坑、坑塘及动物巢穴等的处理符合设计要求（见附加说明）	渠基内渗水泉眼、井窖、墓穴、树坑、坑塘及动物巢穴等已按设计要求处理。见施工记录编号××。	合格
	3	渠（沟）基平整压实	渠（沟）基清理后，应进行平整、压实，压实后的质量应符合设计要求（压实度设计值：××）	平整、压实后，质量符合设计要求。见施工记录编号××。	合格
	4	新老渠（沟）堤结合部位	处理措施符合设计要求（见附加说明）	符合要求。见施工记录编号××。	合格
一般项目	1	渠（沟）基清理范围	满足设计要求，长、宽边线允许偏差不小于0.3m	检查5点，实测偏差值（m）：0.3，0.2，0.4，0.4，0.5。	合格 80.0%
	2	边坡坡度	边坡不陡于设计边坡（设计值：1∶0.8）	检查4点，实测值：1∶0.9，1∶0.8，1∶0.8，1∶0.9。	合格 100%
施工单位检验结论		本单元工程主控项目质量全部符合要求，一般项目单项检验点合格率最小为80.0%，且不合格点不集中分布，单元工程质量合格。 质量责任人（签字）：××× 现场管理机构（盖章）：筑业××工程有限公司 ××高标准农田建设项目经理部 2026年×月×日			
监理单位验收结论		本单元工程主控项目全部/~~部分~~符合要求，一般项目单项检验点合格率最小为80.0%，且不合格点不集中/~~集中~~分布，单元工程质量合格/~~不合格~~，同意/~~不同意~~通过验收。 监理工程师（签字）：××× 现场监理机构（盖章）：××建设监理有限公司 ××高标准农田建设项目监理部 2026年×月×日			

3.3.1.2-56 渠（沟）道土方填筑基础面清理单元工程质量验收记录填表说明

一、依据标准

《灌溉与排水工程施工质量评定规程》SL 703—2015。

二、单元工程划分

宜以施工检查验收的段或条划分，每一段或条划分为一个单元工程。

三、标准规定

表 4.1.3 渠（沟）道土方填筑基础面清理施工质量标准

项次		检查项目	检验方法	检验数量
主控项目	1	基面清理	观察、测量、查阅施工记录	全数检查
	2	渠（沟）基处理	观察、测量、查阅施工记录	全数检查
	3	渠（沟）基平整压实	观察、测量、查阅施工记录	全数检查
	4	新老渠（沟）堤结合部位	检查、查阅施工记录	全数检查
一般项目	1	渠（沟）基清理范围	测量	每边线测点不少于5个点
	2	边坡坡度	量测	沿渠（沟）道轴线方向每20m～50m量测1个断面

××高标准农田建设项目工程

3.3.1.2-57 渠（沟）道土方开挖单元工程质量验收记录

编号：××

<table>
<tr><td colspan="3">单项工程名称</td><td>灌溉与排水工程</td><td>施工日期</td><td>2026年×月×日—2026年×月×日</td></tr>
<tr><td colspan="3">单位工程名称</td><td>输配水工程</td><td>施工单位</td><td>筑业××工程有限公司</td></tr>
<tr><td colspan="3">分部工程名称</td><td>明渠</td><td>单元工程量</td><td>102m³</td></tr>
<tr><td colspan="3">单元工程名称/部位</td><td>3#支渠</td><td>验收依据</td><td>《灌溉与排水工程施工质量评定规程》SL 703—2015</td></tr>
<tr><td colspan="2">项次</td><td>检查项目</td><td>质量标准</td><td>施工单位检查记录</td><td>监理单位验收意见</td></tr>
<tr><td rowspan="3">主控项目</td><td>1</td><td>渠（沟）道开挖面</td><td>渠（沟）道开挖边坡平整、稳定，且不陡于设计边坡，渠（沟）口线、坡脚线整齐顺直，渠（沟）底平整，不扰动建基面以下原地基或地基处理符合设计要求。上级渠（沟）道和下级渠（沟）交汇处的渠（沟）坡应平顺连接</td><td>开挖边坡平整、稳定，且不陡于设计边坡，渠口线、坡脚线整齐顺直，渠底平整，未扰动建基面以下原地基。</td><td>合格</td></tr>
<tr><td>2</td><td>渗水处理</td><td>开挖渠（沟）底及边坡渗水（含泉眼）妥善引排或封堵，建基面清洁无积水</td><td>开挖渠底及边坡渗水妥善引排或封堵，建基面清洁无积水。</td><td>合格</td></tr>
<tr><td>3</td><td>弃土区位置、范围、高度</td><td>符合设计要求
（见附加说明）</td><td>符合要求。见影像记录编号××。</td><td>合格</td></tr>
<tr><td rowspan="3">一般项目</td><td>1</td><td>渠（沟）槽底高程</td><td>允许偏差：±（20～30）mm</td><td>检查10点，合格9点。见测量记录编号××。</td><td>合格
90.0%</td></tr>
<tr><td>2</td><td>渠（沟）槽中心线</td><td>允许偏差：20mm～30mm</td><td>检查10点，合格9点。见测量记录编号××。</td><td>合格
90.0%</td></tr>
<tr><td>3</td><td>渠（沟）槽底宽</td><td>允许偏差：±（30～50）mm</td><td>检查10点，合格10点。见测量记录编号××。</td><td>合格
100%</td></tr>
</table>

××高标准农田建设项目工程

3.3.1.2-57 渠（沟）道土方开挖单元工程质量验收记录（续表）

编号：××

项次		检查项目	质量标准	施工单位检查记录	监理单位验收意见
一般项目	4	表面平整度	允许偏差：±（20～30）mm	检查10点，合格8点。见测量记录编号××。	合格 80.0%
	5	戗台高程	允许偏差：±20mm	/	/
	6	戗台宽度	允许偏差：±30mm	/	/
	7	渠（沟）槽上口宽	允许偏差：±（40～80）mm	检查10点，合格9点。见测量记录编号××。	合格 90.0%
	8	渠（沟）道堤顶高程	允许偏差：±（20～30）mm	检查10点，合格8点。见测量记录编号××。	合格 80.0%
	9	渠（沟）道堤顶宽度	允许偏差：±（50～100）mm	检查10点，合格10点。见测量记录编号××。	合格 100%
施工单位检验结论		本单元工程主控项目质量全部符合要求，一般项目单项检验点合格率最小为80.0%，且不合格点不集中分布，单元工程质量合格。 质量责任人（签字）：××× 现场管理机构（盖章）：筑业××工程有限公司 ××高标准农田建设项目经理部 2026年×月×日			
监理单位验收结论		本单元工程主控项目全部/~~部分~~符合要求，一般项目单项检验点合格率最小为80.0%，且不合格点不集中/~~集中~~分布，单元工程质量合格/~~不合格~~，同意/~~不同意~~通过验收。 监理工程师（签字）：××× 现场监理机构（盖章）：××建设监理有限公司 ××高标准农田建设项目监理部 2026年×月×日			

3.3.1.2-57 渠（沟）道土方开挖单元工程质量验收记录填表说明

一、依据标准

《灌溉与排水工程施工质量评定规程》SL 703—2015。

二、单元工程划分

宜以施工检查验收的段或条划分，每一段或条划分为一个单元工程。

三、标准规定

表 4.2.4 渠（沟）道土方开挖施工质量标准

<table>
<tr><th colspan="2">项次</th><th>检查项目</th><th>检验方法</th><th>检验数量</th></tr>
<tr><td rowspan="3">主控项目</td><td>1</td><td>渠（沟）道开挖面</td><td rowspan="3">观察、测量、检查施工记录</td><td rowspan="3">全数检查</td></tr>
<tr><td>2</td><td>渗水处理</td></tr>
<tr><td>3</td><td>弃土区位置、范围、高度</td></tr>
<tr><td rowspan="9">一般项目</td><td>1</td><td>渠（沟）槽底高程</td><td rowspan="9">观察、测量、查阅施工记录</td><td rowspan="9">检查点采用横断面控制，沿渠（沟、管）道轴线方向断面间距不小于20m～50m（小型渠道取大值，大型渠道取小值）。各横断面点间距为2m～5m（大、中型渠道取大值，小型渠道取小值）</td></tr>
<tr><td>2</td><td>渠（沟）槽中心线</td></tr>
<tr><td>3</td><td>渠（沟）槽底宽</td></tr>
<tr><td>4</td><td>表面平整度</td></tr>
<tr><td>5</td><td>戗台高程</td></tr>
<tr><td>6</td><td>戗台宽度</td></tr>
<tr><td>7</td><td>渠（沟）槽上口宽</td></tr>
<tr><td>8</td><td>渠（沟）道堤顶高程</td></tr>
<tr><td>9</td><td>渠（沟）道堤顶宽度</td></tr>
</table>

××高标准农田建设项目工程

3.3.1.2-58 渠（沟）道石方开挖单元工程质量验收记录

编号：××

单项工程名称	灌溉与排水工程	施工日期	2026年×月×日—2026年×月×日
单位工程名称	排水工程	施工单位	筑业××工程有限公司
分部工程名称	明沟	单元工程量	137m^3
单元工程名称/部位	3#排水沟	验收依据	《灌溉与排水工程施工质量评定规程》SL 703—2015

项次		检查项目	质量标准	施工单位检查记录	监理单位验收意见
主控项目	1	保护层开挖	浅孔、密孔、少药量火炮爆破	符合要求。见施工记录编号××。	合格
	2	建基面	开挖后岩面应满足设计要求，建基面上无松动岩块，表面清洁、无泥垢、油污 （见附加说明）	建基面上无松动岩块，表面清洁、无泥垢、油污。	合格
	3	岩体的完整性	爆破不损害岩体的完整性，开挖面无显著凹凸，无松动，无明显爆破裂隙，声波降低率小于10%或满足设计要求 （见附加说明）	开挖面无显著凹凸，无松动，无明显爆破裂隙，声波降低率为8%。	合格
	4	地质缺陷处理	节理、裂隙、断层、夹层或构造破碎带等地质缺陷处理符合设计要求 （见附加说明）	节理、裂隙、断层、夹层、构造破碎带地质缺陷已按设计要求处理。见地基处理记录编号××。	合格
	5	渗水处理	地基及岸坡的渗水（含泉眼）已引排或封堵，岩面整洁无积水	渗水已引排，岩面整洁无积水。	合格
	6	弃石渣位置及堆高	符合设计要求 （见附加说明）	符合要求。见影像记录编号××。	合格
一般项目	1	渠（沟）槽底高程	允许偏差：±（30～50）mm	检查5点，合格5点。见测量记录编号××。	合格 100%
	2	渠（沟）槽底宽	允许偏差：±（40～100）mm	检查5点，合格4点。见测量记录编号××。	合格 80.0%
	3	渠（沟）槽上口宽	允许偏差：±（50～100）mm	检查5点，合格4点。见测量记录编号××。	合格 80.0%
	4	平整度	符合设计要求，允许偏差凸不大于30mm、凹不大于100mm （设计值：××）	检查5点，合格5点。见施工记录编号××。	合格 100%

施工单位检验结论	本单元工程主控项目质量全部符合要求，一般项目单项检验点合格率最小为80.0%，且不合格点不集中分布，单元工程质量合格。 质量责任人（签字）：××× 现场管理机构（盖章）： 2026年×月×日
监理单位验收结论	本单元工程主控项目全部/~~部分~~符合要求，一般项目单项检验点合格率最小为80.0%，且不合格点不集中/~~集中~~分布，单元工程质量合格/~~不合格~~，同意/~~不同意~~通过验收。 监理工程师（签字）：××× 现场监理机构（盖章）： 2026年×月×日

3.3.1.2-58 渠（沟）道石方开挖单元工程质量验收记录填表说明

一、依据标准

《灌溉与排水工程施工质量评定规程》SL 703—2015。

二、单元工程划分

宜以施工检查验收的段或条划分，每一段或条划分为一个单元工程。

三、标准规定

表 4.3.3 渠（沟）道石方开挖施工质量标准

项次		检查项目	检验方法	检验数量
主控项目	1	保护层开挖	观察、测量、查阅施工记录	每个单元抽测3处，每处不少于10m²
	2	建基面		全数检查
	3	岩体的完整性	观察、声波检测（需要时采用）	全数检查
	4	地质缺陷处理	观察、测量、查阅施工记录等	全数检查
	5	渗水处理		全数检查
	6	弃石渣位置及堆高		全数检查
一般项目	1	渠（沟）槽底高程	观察、测量、查阅施工记录	检查点采用横断面控制，沿渠（沟、管）道轴线方向断面间距不小于20m～50m（小型渠道取大值，大型渠道取小值）。各横断面点间距不大于2m
	2	渠（沟）槽底宽		
	3	渠（沟）槽上口宽		
	4	平整度		

××高标准农田建设项目工程

3.3.1.2-59　渠（沟）道土方填筑单元工程质量验收记录

编号：××

单项工程名称	灌溉与排水工程	施工日期	2026年×月×日—2026年×月×日
单位工程名称	输配水工程	施工单位	筑业××工程有限公司
分部工程名称	明渠	单元工程量	201m³
单元工程名称/部位	2#干渠	验收依据	《灌溉与排水工程施工质量评定规程》SL 703—2015

项次		检查项目	质量标准	施工单位检查记录	监理单位验收意见
主控项目	1	填筑料、含水量	填筑料符合设计要求，符合施工含水量（见附加说明）	填筑料及含水量符合要求。见检测报告编号××。	合格 100%
	2	碾压参数	压实机具的型号、规格、碾压遍数、碾压速度、碾压振动频率、振幅和加水量应符合碾压试验确定的参数值	采用YZ20型20t羊角振动碾，静碾压4遍，振动碾压6遍，碾压速度2.0km/h，碾压振动频率28Hz～30Hz，振幅1.8mm，根据土料最优含水量作业时进行加水。见施工记录编号××。	合格
	3	铺料厚度	允许偏差−50mm～0	检查10点，合格10点。见施工记录编号××。	合格 100%
	4	黏性土料压实质量	压实度和最优含水率符合设计要求，压实度合格率不应低于85%，不合格样的压实度不应低于设计值的96%，且不合格样不应集中分布（设计值：××）	压实度为90%，最优含水率为××。见检验报告编号××。	合格
	5	无黏性土压实质量	相对密度符合设计要求，相对密度合格率不应低于85%，不合格样的相对密度不应低于设计值的96%，且不合格样不应集中分布（设计值：××）	/	/
一般项目	1	作业段划分、搭接	土料的压实指标应符合设计要求，最优含水量和最大干密度应通过击实试验确定（设计值：××）	已按要求取样并进行击实试验。见试验报告编号××。	合格
	2	铺填边线	允许偏差：人工作业＋（10～20）mm 机械作业＋（10～30）mm√	检查10点，实测偏差值（mm）：12，13，11，25，26，9，24，17，31，15。	合格 80.0%
	3	碾压作业程序	碾压机械行走方向应平行于渠（沟）道轴线，相邻作业面的碾迹应搭接。机械碾压不到的部位应采用人工或小型机械夯实	行走方向平行于渠道轴线，相邻作业面搭接，周边采用小型机具机械夯实。	合格

××高标准农田建设项目 工程

3.3.1.2-59 渠（沟）道土方填筑单元工程质量验收记录（续表）

编号：××

项次		检查项目	质量标准	施工单位检查记录	监理单位验收意见
一般项目	4	渠（沟）槽底高程	允许偏差：±（20～30）mm	检查10点，合格9点。见测量记录编号××。	合格 90.0%
	5	渠（沟）槽中心线	允许偏差：20mm～30mm	检查10点，合格8点。见测量记录编号××。	合格 80.0%
	6	渠（沟）槽底宽	允许偏差：±（30～50）mm	检查10点，合格9点。见测量记录编号××。	合格 90.0%
	7	表面平整度	允许偏差：±（20～30）mm	检查10点，合格10点。见测量记录编号××。	合格 100%
	8	戗台高程	允许偏差：±20mm	/	/
	9	戗台宽度	允许偏差：±30mm	/	/
	10	渠（沟）槽上口宽	允许偏差：±（40～80）mm	检查10点，合格10点。见测量记录编号××。	合格 100%
	11	渠（沟）道堤顶高程	允许偏差：±（20～30）mm	检查10点，合格9点。见测量记录编号××。	合格 90.0%
	12	渠（沟）道堤顶宽度	允许偏差：±（50～100）mm	检查10点，合格8点。见测量记录编号××。	合格 80.0%
施工单位检验结论		本单元工程主控项目质量全部符合要求，一般项目单项检验点合格率最小为80.0%，且不合格点不集中分布，单元工程质量合格。 质量责任人（签字）：××× 现场管理机构（盖章）：筑业××工程有限公司 ××高标准农田建设项目经理部 2026年×月×日			
监理单位验收结论		本单元工程主控项目全部/~~部分~~符合要求，一般项目单项检验点合格率最小为80.0%，且不合格点不集中/~~集中~~分布，单元工程质量合格/~~不合格~~，同意/~~不同意~~通过验收。 监理工程师（签字）：××× 现场监理机构（盖章）：××建设监理有限公司 ××高标准农田建设项目监理部 2026年×月×日			

3.3.1.2-59 渠（沟）道土方填筑单元工程质量验收记录

填表说明

一、依据标准

《灌溉与排水工程施工质量评定规程》SL 703—2015。

二、单元工程划分

宜以施工检查验收的段或条划分，每一段或条划分为一个单元工程。

三、标准规定

表 4.4.3 渠（沟）道土方填筑施工质量标准

<table>
<tr><th colspan="2">项次</th><th>检查项目</th><th>检验方法</th><th>检验数量</th></tr>
<tr><td rowspan="5">主控项目</td><td>1</td><td>填筑料、含水量</td><td>观察，查阅料场复查报告、检验报告、设计文件</td><td>全数检查</td></tr>
<tr><td>2</td><td>碾压参数</td><td>按试验报告（碾压试验报告）检查、查阅施工记录</td><td>每班至少检查2次</td></tr>
<tr><td>3</td><td>铺料厚度</td><td>量测</td><td>按作业面积每100m²～200m²抽检不少于1个点次；小型渠道土方填筑的铺料厚度检测可沿渠道轴线方向每50m或每填筑层不少于1个测点</td></tr>
<tr><td>4</td><td>黏性土料压实质量</td><td>土工试验</td><td>1次/（100m³～200m³）</td></tr>
<tr><td>5</td><td>无黏性土压实质量</td><td>土工试验</td><td>1次/（1000m³～5000m³），但每层测点不少于3点</td></tr>
<tr><td rowspan="12">一般项目</td><td>1</td><td>作业段划分、搭接</td><td>观察、量测</td><td>搭接带每单元至少抽查2次</td></tr>
<tr><td>2</td><td>铺填边线</td><td>量测</td><td>铺填边线应按渠（沟）道轴线长度每20m～50m取1个测点</td></tr>
<tr><td>3</td><td>碾压作业程序</td><td>检查</td><td>每台班检查2次～3次</td></tr>
<tr><td>4</td><td>渠（沟）槽底高程</td><td rowspan="9">观察、测量、查阅施工记录</td><td rowspan="9">检查点采用横断面控制，沿渠（沟、管）道轴线方向断面间距不小于20m～50m（小型渠道取大值，大型渠道取小值）。各横断面点间距不大于2m</td></tr>
<tr><td>5</td><td>渠（沟）槽中心线</td></tr>
<tr><td>6</td><td>渠（沟）槽底宽</td></tr>
<tr><td>7</td><td>表面平整度</td></tr>
<tr><td>8</td><td>戗台高程</td></tr>
<tr><td>9</td><td>戗台宽度</td></tr>
<tr><td>10</td><td>渠（沟）槽上口宽</td></tr>
<tr><td>11</td><td>渠（沟）道堤顶高程</td></tr>
<tr><td>12</td><td>渠（沟）道堤顶宽度</td></tr>
</table>

××高标准农田建设项目 工程

3.3.1.2-60 渠道衬砌垫层单元工程质量验收记录

编号：××

<table>
<tr><td colspan="3">单项工程名称</td><td colspan="2">灌溉与排水工程</td><td>施工日期</td><td>2026年×月×日—2026年×月×日</td></tr>
<tr><td colspan="3">单位工程名称</td><td colspan="2">输配水工程</td><td>施工单位</td><td>筑业××工程有限公司</td></tr>
<tr><td colspan="3">分部工程名称</td><td colspan="2">明渠</td><td>单元工程量</td><td>48m³</td></tr>
<tr><td colspan="3">单元工程名称/部位</td><td colspan="2">5#干渠</td><td>验收依据</td><td>《灌溉与排水工程施工质量评定规程》SL 703—2015</td></tr>
<tr><td colspan="2">项次</td><td colspan="2">检查项目</td><td>质量标准</td><td>施工单位检查记录</td><td>监理单位验收意见</td></tr>
<tr><td rowspan="5">主控项目</td><td rowspan="3">1</td><td rowspan="3">砂砾石（砂卵石）料垫层</td><td>垫层基面</td><td>已验收合格</td><td>/</td><td>/</td></tr>
<tr><td>垫层材料</td><td>符合设计要求</td><td>/</td><td>/</td></tr>
<tr><td>垫层厚度</td><td>偏小值不大于设计厚度的10%</td><td>/</td><td>/</td></tr>
<tr><td rowspan="2">2</td><td rowspan="2">砂浆垫层</td><td>基面</td><td>平整坚实，不得有突起、松动块体、虚土浮渣</td><td>平整坚实，无突起、松动块体、虚土浮渣现象。</td><td>合格</td></tr>
<tr><td>砂浆拌和</td><td>符合设计要求</td><td>/</td><td>/</td></tr>
<tr><td rowspan="3">一般项目</td><td>1</td><td colspan="2">砂砾石（砂卵石）料垫层施工方法及程序</td><td>符合施工规范要求</td><td>/</td><td>/</td></tr>
<tr><td rowspan="2">2</td><td rowspan="2">砂浆垫层</td><td>垫层施工方法和程序</td><td>符合施工规范要求（见《××规范》GB ××第××条）</td><td>符合要求。见施工记录编号××。</td><td>合格</td></tr>
<tr><td>表面平整度</td><td>2m靠尺检测凹凸不超过10mm</td><td>检查10点，合格10点。见施工记录编号××。</td><td>合格
100%</td></tr>
<tr><td colspan="2">施工单位检验结论</td><td colspan="5">本单元工程主控项目质量全部符合要求，一般项目单项检验点合格率最小为100%，且不合格点不集中分布，单元工程质量合格。
质量责任人（签字）：×××
现场管理机构（盖章）：筑业××工程有限公司 ××高标准农田建设项目经理部
2026年×月×日</td></tr>
<tr><td colspan="2">监理单位验收结论</td><td colspan="5">本单元工程主控项目全部/~~部分~~符合要求，一般项目单项检验点合格率最小为100%，且不合格点不集中/~~集中~~分布，单元工程质量合格/~~不合格~~，同意/~~不同意~~通过验收。
监理工程师（签字）：×××
现场监理机构（盖章）：××建设监理有限公司 ××高标准农田建设项目监理部
2026年×月×日</td></tr>
</table>

3.3.1.2-60　渠道衬砌垫层单元工程质量验收记录

填表说明

一、依据标准

《灌溉与排水工程施工质量评定规程》SL 703—2015。

二、单元工程划分

宜以施工检查验收的段或条划分，每一段或条划分为一个单元工程。

三、标准规定

表 4.6.4　渠道衬砌垫层施工质量标准

项次		检查项目		检验方法	检验数量
主控项目	1	砂砾石（砂卵石）料垫层	垫层基面	观察、查阅施工资料	全数检查
			垫层材料	观察、查阅施工资料	全数检查
			垫层厚度	量测	沿渠道轴线方向每20m～50m量测1个测点
	2	砂浆垫层	基面	观察	全数检查
			砂浆拌和	查阅施工记录	全数检查
一般项目	1	砂砾石（砂卵石）料垫层施工方法及程序		观察	每台班检查1次
	2	砂浆垫层	垫层施工方法和程序	观察	每台班检查1次
			表面平整度	量测	沿渠道轴线方向每20m量测1个测点

××高标准农田建设项目 工程

3.3.1.2-61　渠道防渗膜料铺设单元工程质量验收记录

编号：××

<table>
<tr><td colspan="3">单项工程名称</td><td>灌溉与排水工程</td><td>施工日期</td><td colspan="2">2026年×月×日—2026年×月×日</td></tr>
<tr><td colspan="3">单位工程名称</td><td>输配水工程</td><td>施工单位</td><td colspan="2">筑业××工程有限公司</td></tr>
<tr><td colspan="3">分部工程名称</td><td>明渠</td><td>单元工程量</td><td colspan="2">123m</td></tr>
<tr><td colspan="3">单元工程名称/部位</td><td>2#干渠</td><td>验收依据</td><td colspan="2">《灌溉与排水工程施工质量评定规程》SL 703—2015</td></tr>
<tr><td colspan="2">项次</td><td>检查项目</td><td>质量标准</td><td colspan="2">施工单位检查记录</td><td>监理单位验收意见</td></tr>
<tr><td rowspan="3">主控项目</td><td>1</td><td>膜料</td><td>膜料规格尺寸、性能指标符合设计要求
（见附加说明）</td><td colspan="2">质量证明文件齐全、有效。见进场验收记录编号××。</td><td>合格</td></tr>
<tr><td>2</td><td>铺膜铺设</td><td>铺设方式及顺序符合设计要求
（见附加说明）</td><td colspan="2">符合要求。见施工记录编号××。</td><td>合格</td></tr>
<tr><td>3</td><td>膜料接缝</td><td>焊接缝应紧密平整，焊缝应清晰、透明，无夹渣、气泡，无漏点、熔点；采用电热楔焊接法焊接宽度不少于10mm；采用电烙铁焊接法焊接宽度不少于50mm。黏接缝应透明，黏合宽度不小于100mm。拼接方法、搭接宽度符合设计要求
（见附加说明）</td><td colspan="2">采用电热楔焊接法，焊缝紧密平整，焊缝清晰、透明，无夹渣、气泡，无漏点、熔点。</td><td>合格</td></tr>
<tr><td rowspan="3">一般项目</td><td>1</td><td>破孔检查</td><td>已铺膜料破孔全部处理，破孔粘补膜应超出破孔周边10cm～20cm</td><td colspan="2">检查10点，合格9点。见施工记录编号××。</td><td>合格
90.0%</td></tr>
<tr><td>2</td><td>铺膜外观</td><td>整体铺拼平整，无绷紧，膜下空气应完全排出</td><td colspan="2">整体铺拼平整，无绷紧，膜下空气完全排出。</td><td>合格</td></tr>
<tr><td>3</td><td>膜料顶部铺设方式</td><td>符合设计要求
（见附加说明）</td><td colspan="2">符合要求。见施工记录编号××。</td><td>合格</td></tr>
<tr><td colspan="3">施工单位检验结论</td><td colspan="4">本单元工程主控项目质量全部符合要求，一般项目单项检验点合格率最小为90.0%，且不合格点不集中分布，单元工程质量合格。
筑业××工程有限公司
质量责任人（签字）：×××
现场管理机构（盖章）：××高标准农田建设项目经理部
2026年×月×日</td></tr>
<tr><td colspan="3">监理单位验收结论</td><td colspan="4">本单元工程主控项目全部/~~部分~~符合要求，一般项目单项检验点合格率最小为90.0%，且不合格点不集中/~~集中~~分布，单元工程质量合格/~~不合格~~，同意/~~不同意~~通过验收。
××建设监理有限公司
监理工程师（签字）：×××
现场监理机构（盖章）：××高标准农田建设项目监理部
2026年×月×日</td></tr>
</table>

3.3.1.2-61　渠道防渗膜料铺设单元工程质量验收记录填表说明

一、依据标准

《灌溉与排水工程施工质量评定规程》SL 703—2015。

二、单元工程划分

宜以施工检查验收的段或条划分，每一段或条划分为一个单元工程。

三、标准规定

表 4.7.4　渠道防渗膜料铺设施工质量标准

项次		检查项目	检验方法	检验数量
主控项目	1	膜料	检查产品说明及合格证、检验报告，对照设计文件检查	全数检查
	2	铺膜铺设	观察	全数检查
	3	膜料接缝	观察、量测	沿渠道轴线方向每50m不少于1个测点
一般项目	1	破孔检查	观察	全数检查
	2	铺膜外观	观察	全数检查
	3	膜料顶部铺设方式	观察，查阅设计报告	全数检查

××高标准农田建设项目**工程**

3.3.1.2-62 渠道保温板铺设单元工程质量验收记录

编号：××

<table>
<tr><td colspan="3">单项工程名称</td><td>灌溉与排水工程</td><td>施工日期</td><td colspan="2">2026年×月×日—2026年×月×日</td></tr>
<tr><td colspan="3">单位工程名称</td><td>输配水工程</td><td>施工单位</td><td colspan="2">筑业××工程有限公司</td></tr>
<tr><td colspan="3">分部工程名称</td><td>明渠</td><td>单元工程量</td><td colspan="2">167m</td></tr>
<tr><td colspan="3">单元工程名称/部位</td><td>6#干渠</td><td>验收依据</td><td colspan="2">《灌溉与排水工程施工质量评定规程》SL 703—2015</td></tr>
<tr><td colspan="2">项次</td><td>检查项目</td><td>质量标准</td><td colspan="2">施工单位检查记录</td><td>监理单位验收意见</td></tr>
<tr><td rowspan="3">主控项目</td><td>1</td><td>保温板</td><td>保温板规格尺寸、性能指标符合设计要求
（见附加说明）</td><td colspan="2">质量证明文件齐全、有效。见进场验收记录编号××。</td><td>合格</td></tr>
<tr><td>2</td><td>保温板厚度</td><td>符合设计要求，允许偏差：±（2~3）mm
（设计值：××）</td><td colspan="2">检查5点，实测偏差值（mm）：2，1，−1，2，2。</td><td>合格
100%</td></tr>
<tr><td>3</td><td>保温板铺设</td><td>铺设整齐、平整，紧贴基面，无局部悬空</td><td colspan="2">铺设整齐、平整，紧贴基面，无局部悬空。</td><td>合格</td></tr>
<tr><td rowspan="3">一般项目</td><td>1</td><td>保温板外观</td><td>无缺角、断裂、局部凹凸现象</td><td colspan="2">无缺角、断裂、局部凹凸等现象。</td><td>合格</td></tr>
<tr><td>2</td><td>保温板面清理</td><td>板面清洁，无土块、杂物等</td><td colspan="2">板面清洁，无土块、杂物等。</td><td>合格</td></tr>
<tr><td>3</td><td>板面固定</td><td>固定牢固，无局部鼓起、架空现象，固定物不高于板面</td><td colspan="2">固定牢固，无局部鼓起、架空现象，固定物未高于板面。</td><td>合格</td></tr>
<tr><td colspan="2">施工单位检验结论</td><td colspan="5">本单元工程主控项目质量全部符合要求，一般项目单项检验点合格率最小为 / %，且不合格点不集中分布，单元工程质量合格。

质量责任人（签字）：×××
现场管理机构（盖章）：筑业××工程有限公司 ××高标准农田建设项目经理部
2026年×月×日</td></tr>
<tr><td colspan="2">监理单位验收结论</td><td colspan="5">本单元工程主控项目全部/~~部分~~符合要求，一般项目单项检验点合格率最小为 / %，且不合格点不集中/~~集中~~分布，单元工程质量合格/~~不合格~~，同意/~~不同意~~通过验收。

监理工程师（签字）：×××
现场监理机构（盖章）：××建设监理有限公司 ××高标准农田建设项目监理部
2026年×月×日</td></tr>
</table>

3.3.1.2-62　渠道保温板铺设单元工程质量验收记录填表说明

一、依据标准

《灌溉与排水工程施工质量评定规程》SL 703—2015。

二、单元工程划分

宜以每一次连续施工的段或条划分，每一段或条划分为一个单元工程。

三、标准规定

表 4.8.3　渠道保温板铺设施工质量标准

项次		检查项目	检验方法	检验数量
主控项目	1	保温板	检查产品说明、合格证、检验报告，查阅设计报告	全数检查
	2	保温板厚度	量测	沿渠道轴线方向每50m不少于1个测点
	3	保温板铺设	观察	全数检查
一般项目	1	保温板外观	观察	全数检查
	2	保温板面清理	观察	全数检查
	3	板面固定	观察	全数检查

××高标准农田建设项目 工程

3.3.1.2-63 浆砌石衬砌渠道单元工程质量验收记录

编号：××

单项工程名称	灌溉与排水工程	施工日期	2026年×月×日—2026年×月×日
单位工程名称	输配水工程	施工单位	筑业××工程有限公司
分部工程名称	明渠	单元工程量	207m
单元工程名称/部位	6#干渠	验收依据	《灌溉与排水工程施工质量评定规程》SL 703—2015

项次		检查项目		质量标准	施工单位检查记录	监理单位验收意见
主控项目	1	石料	料石、块石	表面湿润、大小均匀、质地坚硬，不得使用风化石料，单块重量不小于25kg，最小边长不小于20cm	石材表面湿润、大小均匀、质地坚硬。边长检查10点，合格10点。见施工记录编号××。	合格 100%
			石板	表面湿润、质地坚硬，矩形、表面平整、厚度不小于30mm	/	/
			卵石	表面湿润、质地坚硬，长径不小于20cm	/	/
	2	砌筑	料石、块石、石板、卵石砌筑	自下而上分层错缝砌筑，石块紧靠密实、垫塞稳固，采用水泥砂浆勾缝时，应预留排水孔。大块压边，大头朝下，坐浆饱满，不得出现通缝、浮石、空洞	符合要求。见施工记录编号××。	合格
			砌筑质量	石块稳固，无松动，无宽度在1.5cm以上、长度在0.5m以上的连续缝；坐浆饱满度大于80%	石块稳固，无松动，无宽度在1.5cm以上、长度在0.5m以上的连续缝；座浆饱满度量测10点，合格10点。见施工记录编号××。	合格 100%
			排水孔布设	符合设计要求（见附加说明）	符合要求。见施工记录编号××。	合格
	3	勾缝	清缝	勾缝前，应先清缝，缝深不小于40mm，用清水洗净，缝槽清洗干净，缝面湿润，无残留灰渣和积水	缝深为50mm，用清水洗净，缝槽清洗干净，缝面湿润，无残留灰渣和积水。	合格
			勾缝	勾缝形式符合设计要求，分次向缝内填充、压实，密实度达到设计要求，砂浆初凝后不得扰动（见附加说明）	分次向缝内填充、压实，密实度达到设计要求，砂浆初凝后未扰动。	合格
			养护	有效及时，一般砌体养护25d；对有防渗要求的砌体养护应满足设计要求。养护期内表面保持湿润，无时干时湿现象（见附加说明）	养护及时，期间表面保持湿润，无时干时湿现象。见养护记录编号××。	合格

<u>××高标准农田建设项目</u>工程

3.3.1.2-63 浆砌石衬砌渠道单元工程质量验收记录（续表）

编号：××

<table>
<tr><th colspan="4">项次 / 检查项目</th><th>质量标准</th><th>施工单位检查记录</th><th>监理单位验收意见</th></tr>
<tr><td rowspan="11">一般项目</td><td>1</td><td colspan="2">砌石厚度</td><td>允许偏差为设计厚度的±10%（设计值：××）</td><td>检查10点，合格10点。见施工记录编号××。</td><td>合格 100%</td></tr>
<tr><td rowspan="3">2</td><td rowspan="3">衬砌面平整度</td><td>料石、块石</td><td>用2m靠尺测量，凹凸不超过3cm</td><td>检查10点，实测值（cm）：1，2，3，1，2，1，2，1，2，3</td><td>合格 100%</td></tr>
<tr><td>石板</td><td>用2m靠尺测量，凹凸不超过1cm</td><td>/</td><td>/</td></tr>
<tr><td>卵石</td><td>用2m靠尺测量，凹凸不超过2cm</td><td>/</td><td>/</td></tr>
<tr><td>3</td><td colspan="2">中心线位置</td><td>允许偏差：20mm（见附加说明）</td><td>检查6点，实测偏差值（mm）：17，6，15，2，11，10。</td><td>合格 100%</td></tr>
<tr><td>4</td><td colspan="2">渠底高程</td><td>允许偏差：±30mm（设计值：××）</td><td>检查5点，实测偏差值（mm）：20，31，−2，17，26。</td><td>合格 80.0%</td></tr>
<tr><td>5</td><td colspan="2">渠道底宽</td><td>允许偏差：+50mm（设计值：××）</td><td>检查5点，实测偏差值（mm）：21，36，27，18，22。</td><td>合格 100%</td></tr>
<tr><td>6</td><td colspan="2">渠道上口宽</td><td>允许偏差：+60mm（设计值：××）</td><td>检查5点，实测偏差值（mm）：11，22，61，38，57。</td><td>合格 80.0%</td></tr>
<tr><td>7</td><td colspan="2">衬砌结构厚度</td><td>允许偏差：±10%设计厚度（设计值：××）</td><td>检查5点，合格5点。见施工记录编号××。</td><td>合格 100%</td></tr>
<tr><td>8</td><td colspan="2">变形结构缝与填充质量</td><td>符合设计要求</td><td></td><td>/</td></tr>
<tr><td colspan="3">施工单位检验结论</td><td colspan="3">本单元工程主控项目质量全部符合要求，一般项目单项检验点合格率最小为80.0%，且不合格点不集中分布，单元工程质量合格。
质量责任人（签字）：×××
现场管理机构（盖章）：筑业××工程有限公司 ××高标准农田建设项目经理部
2026年×月×日</td></tr>
<tr><td colspan="3">监理单位验收结论</td><td colspan="3">本单元工程主控项目全部/~~部分~~符合要求，一般项目单项检验点合格率最小为80.0%，且不合格点不集中/~~集中~~分布，单元工程质量合格/~~不合格~~，同意/~~不同意~~通过验收。
监理工程师（签字）：×××
现场监理机构（盖章）：××建设监理有限公司 ××高标准农田建设项目监理部
2026年×月×日</td></tr>
</table>

3.3.1.2-63　浆砌石衬砌渠道单元工程质量验收记录

填表说明

一、依据标准

《灌溉与排水工程施工质量评定规程》SL 703—2015。

二、单元工程划分

宜以施工检查验收的段或条划分，每一段或条划分为一个单元工程。

三、标准规定

表 4.9.3　浆砌石衬砌渠道施工质量标准

<table>
<tr><th colspan="2">项次</th><th colspan="2">检查项目</th><th>检验方法</th><th>检验数量</th></tr>
<tr><td rowspan="9">主控项目</td><td rowspan="3">1</td><td rowspan="3">石料</td><td>料石、块石</td><td>量测、取样试验</td><td>根据料源情况抽检1组，但每一种材料至少抽检1组</td></tr>
<tr><td>石板</td><td>量测、取样试验</td><td>根据料源情况抽检1组</td></tr>
<tr><td>卵石</td><td>量测、取样试验</td><td>根据料源情况抽检1组</td></tr>
<tr><td rowspan="3">2</td><td rowspan="3">砌筑</td><td>料石、块石、石板、卵石砌筑</td><td>观察、翻撬或铁钎插检</td><td>每个单元工程监测点总数不少于3个点</td></tr>
<tr><td>砌筑质量</td><td>观察、量测</td><td>沿护坡长度方向每20m检查1处</td></tr>
<tr><td>排水孔布设</td><td>检查</td><td>每10孔检查1孔</td></tr>
<tr><td rowspan="3">3</td><td rowspan="3">勾缝</td><td>清缝</td><td>观察、量测</td><td>沿护坡长度方向每20m应不少于1个测点</td></tr>
<tr><td>勾缝</td><td>砂浆初凝前通过压触对比抽检勾缝的密实度，抽检压触深度不应大于0.5m</td><td>每100m³ 砌体表面至少抽检10处，每处缝长不小于1m</td></tr>
<tr><td>养护</td><td>观察、检查施工记录</td><td>全数检查</td></tr>
<tr><td rowspan="8">一般项目</td><td>1</td><td colspan="2">砌石厚度</td><td>量测</td><td>厚度及平整度沿渠堤轴线方向每10m～20m应不少于1个测点</td></tr>
<tr><td>2</td><td colspan="2">衬砌面平整度</td><td>量测</td><td>厚度及平整度沿渠堤轴线方向每10m～20m应不少于1个测点</td></tr>
<tr><td>3</td><td colspan="2">中心线位置</td><td>量测</td><td rowspan="5">检查点采用横断面控制，沿渠道轴线方向每20m～50m不少于1个测点</td></tr>
<tr><td>4</td><td colspan="2">渠底高程</td><td>量测</td></tr>
<tr><td>5</td><td colspan="2">渠道底宽</td><td>量测</td></tr>
<tr><td>6</td><td colspan="2">渠道上口宽</td><td>量测</td></tr>
<tr><td>7</td><td colspan="2">衬砌结构厚度</td><td>量测</td></tr>
<tr><td>8</td><td colspan="2">变形结构缝与填充质量</td><td>观察</td><td>全数检查</td></tr>
</table>

××高标准农田建设项目工程

3.3.1.2-64 现浇混凝土衬砌渠道单元工程质量验收记录

编号：××

<table>
<tr><td colspan="3">单项工程名称</td><td>灌溉与排水工程</td><td>施工日期</td><td colspan="2">2026年×月×日—2026年×月×日</td></tr>
<tr><td colspan="3">单位工程名称</td><td>输配水工程</td><td>施工单位</td><td colspan="2">筑业××工程有限公司</td></tr>
<tr><td colspan="3">分部工程名称</td><td>明渠</td><td>单元工程量</td><td colspan="2">167m</td></tr>
<tr><td colspan="3">单元工程名称/部位</td><td>2#干渠</td><td>验收依据</td><td colspan="2">《灌溉与排水工程施工质量评定规程》SL 703—2015</td></tr>
<tr><td colspan="2">项次</td><td>检查项目</td><td>质量标准</td><td colspan="2">施工单位检查记录</td><td>监理单位验收意见</td></tr>
<tr><td rowspan="9">主控项目</td><td>1</td><td>垫层坡面</td><td>符合设计要求，预留保护层已挖除，坡面保护完成
（见附加说明）</td><td colspan="2">预留保护层已挖除，坡面保护完成。见施工记录编号××。</td><td>合格</td></tr>
<tr><td>2</td><td>模板及其支架</td><td>满足设计稳定性、刚度和强度要求，表面光洁无污物，平整
（见附加说明）</td><td colspan="2">满足设计稳定性、刚度和强度要求，表面光洁无污物，平整。见施工记录编号××。</td><td>合格</td></tr>
<tr><td>3</td><td>钢筋制安</td><td>数量、规格尺寸、安装位置符合质量标准和设计的要求</td><td colspan="2">/</td><td>/</td></tr>
<tr><td>4</td><td>入仓混凝土料</td><td>无不合格料入仓，如有少量不合格料入仓，就及时处理至达到要求</td><td colspan="2">无不合格料入仓。</td><td>合格</td></tr>
<tr><td>5</td><td>混凝土振捣</td><td>振捣有次序，无漏振</td><td colspan="2">振捣器垂直插入下层混凝土5cm左右，有次序，间距、留振时间合理，无漏振、无过振，符合要求。</td><td>合格</td></tr>
<tr><td>6</td><td>铺料间隙时间</td><td>符合规范要求，无初凝现象</td><td colspan="2">间歇时间为××h，无初凝现象。</td><td>合格</td></tr>
<tr><td>7</td><td>混凝土养护</td><td>混凝土表面保持湿润，无时干时湿现象</td><td colspan="2">养护期间混凝土表面保持湿润，无时干时湿现象。见养护记录编号××。</td><td>合格</td></tr>
<tr><td>8</td><td>伸缩缝结构形式及填料</td><td>符合设计要求，缝形整齐、填充饱满密实、表面平整</td><td colspan="2">填料符合设计要求，缝形整齐、填充饱满密实、表面平整。</td><td>合格</td></tr>
<tr><td>9</td><td>排水孔安装</td><td>符合设计要求</td><td colspan="2">/</td><td>/</td></tr>
</table>

××高标准农田建设项目工程

3.3.1.2-64 现浇混凝土衬砌渠道单元工程质量验收记录（续表）

编号：××

<table>
<tr><th colspan="2">项次</th><th>检查项目</th><th>质量标准</th><th>施工单位检查记录</th><th>监理单位验收意见</th></tr>
<tr><td rowspan="8">一般项目</td><td>1</td><td>混凝土表面</td><td>密实、平整、光滑，无蜂窝、麻面、石子外露和深层裂缝</td><td>表面密实、平整、光滑，无蜂窝、麻面、石子外露和深层裂缝等现象。</td><td>合格</td></tr>
<tr><td>2</td><td>中心线位置</td><td>允许偏差：20mm
（设计值：××）</td><td>检查10点，合格9点。见测量记录编号××。</td><td>合格
90.0%</td></tr>
<tr><td>3</td><td>渠底高程</td><td>允许偏差：±（10～30）mm
（设计值：××）</td><td>检查10点，合格9点。见测量记录编号××。</td><td>合格
90.0%</td></tr>
<tr><td>4</td><td>衬砌结构厚度</td><td>允许偏差：±5%设计厚度
（设计值：××）</td><td>检查10点，合格10点。见施工记录编号××。</td><td>合格
100%</td></tr>
<tr><td>5</td><td>渠道底宽</td><td>允许偏差：+（20～40）mm
（设计值：××）</td><td>检查10点，合格8点。见施工记录编号××。</td><td>合格
80.0%</td></tr>
<tr><td>6</td><td>渠道上口宽</td><td>允许偏差：+（30～50）mm
（设计值：××）</td><td>检查10点，合格9点。见施工记录编号××。</td><td>合格
90.0%</td></tr>
<tr><td>7</td><td>伸缩缝宽度</td><td>允许偏差：5mm
（设计值：××）</td><td>检查10点，合格9点。见施工记录编号××。</td><td>合格
90.0%</td></tr>
<tr><td>8</td><td>表面平整度</td><td>允许偏差：±（10～20）mm
（设计值：××）</td><td>检查10点，合格9点。见施工记录编号××。</td><td>合格
90.0%</td></tr>
<tr><td colspan="2">施工单位检验结论</td><td colspan="4">本单元工程主控项目质量全部符合要求，一般项目单项检验点合格率最小为80.0%，且不合格点不集中分布，单元工程质量合格。

质量责任人（签字）：×××
现场管理机构（盖章）：筑业××工程有限公司 ××高标准农田建设项目经理部
2026年×月×日</td></tr>
<tr><td colspan="2">监理单位验收结论</td><td colspan="4">本单元工程主控项目全部/~~部分~~符合要求，一般项目单项检验点合格率最小为80.0%，且不合格点不集中/~~集中~~分布，单元工程质量合格/~~不合格~~，同意/~~不同意~~通过验收。

监理工程师（签字）：×××
现场监理机构（盖章）：××建设监理有限公司 ××高标准农田建设项目监理部
2026年×月×日</td></tr>
</table>

3.3.1.2-64　现浇混凝土衬砌渠道单元工程质量验收记录填表说明

一、依据标准

《灌溉与排水工程施工质量评定规程》SL 703—2015。

二、单元工程划分

宜以施工检查验收的段或条划分，每一段或条划分为一个单元工程。

三、标准规定

表 4.10.3　现浇混凝土衬砌渠道施工质量标准

项次		检查项目	检验方法	检验数量
主控项目	1	垫层坡面	观察、查阅设计图纸	全数检查
	2	模板及其支架	观察、查阅设计图纸	全数检查
	3	钢筋制安	观察、对照设计文件	全数检查
	4	入仓混凝土料	观察、查阅施工记录、现场抽样检验报告	不少于入仓次数的50%
	5	混凝土振捣	在混凝土浇筑过程中全部检查	全数检查
	6	铺料间隙时间	在混凝土浇筑过程中全部检查	全数检查
	7	混凝土养护	观察	全数检查
	8	伸缩缝结构形式及填料	观察	全数检查
	9	排水孔安装	观察、量测	全数检查
一般项目	1	混凝土表面	观察	全数检查
	2	中心线位置	水准仪、全站仪量测	检查点采用横断面控制，沿渠（沟、管）道轴线方向断面间距不小于20m～50m（小型渠道取大值，大型渠道取小值）
	3	渠底高程	水准仪、全站仪量测	
	4	衬砌结构厚度	量测	
	5	渠道底宽	水准仪、全站仪、钢尺量测	
	6	渠道上口宽	量测	
	7	伸缩缝宽度	钢尺量测	
	8	表面平整度	使用2m靠尺或专用工具检查	

注：渠道开挖的允许偏差值，大、中型渠道取大值，小型渠道取小值。

××高标准农田建设项目　　工程

3.3.1.2-65　混凝土预制板（槽）衬砌渠道单元工程质量验收记录

编号：××

<table>
<tr><td colspan="2">单项工程名称</td><td>灌溉与排水工程</td><td>施工日期</td><td colspan="2">2026年×月×日—2026年×月×日</td></tr>
<tr><td colspan="2">单位工程名称</td><td>输配水工程</td><td>施工单位</td><td colspan="2">筑业××工程有限公司</td></tr>
<tr><td colspan="2">分部工程名称</td><td>明渠</td><td>单元工程量</td><td colspan="2">167m</td></tr>
<tr><td colspan="2">单元工程名称/部位</td><td>4#支渠</td><td>验收依据</td><td colspan="2">《灌溉与排水工程施工质量评定规程》SL 703—2015</td></tr>
<tr><td colspan="2">项次</td><td>检查项目</td><td>质量标准</td><td>施工单位检查记录</td><td>监理单位验收意见</td></tr>
<tr><td rowspan="6">主控项目</td><td>1</td><td>垫层坡面</td><td>符合设计要求，预留保护层已挖除，坡面保护完成
（见附加说明）</td><td>预留保护层已挖除，坡面保护完成。见施工记录编号××。</td><td>合格</td></tr>
<tr><td>2</td><td>混凝土预制板（槽）</td><td>规格尺寸、强度、抗冻（抗渗）性能符合设计要求
（见附加说明）</td><td>采用50预制U形渠，C25 W4 F100，符合要求。见检验报告编号××。</td><td>合格</td></tr>
<tr><td>3</td><td>预制板（U槽）铺砌</td><td>平整、稳定，缝线规则、紧密</td><td>铺砌平整、稳定，缝线规则、紧密。</td><td>合格</td></tr>
<tr><td>4</td><td>砌缝</td><td>砂浆（细石混凝土）性能符合设计要求，砌缝饱满密实、平直、宽度一致
（见附加说明）</td><td>砂浆性能符合要求；砌缝饱满，密实、平直、宽度一致。见施工记录编号××。</td><td>合格</td></tr>
<tr><td>5</td><td>伸缩缝结构形式及填料</td><td>符合设计要求，缝形整齐，填充饱满密实，表面平整</td><td>填料符合要求，缝形整齐、填充饱满密实、表面平整。</td><td>合格</td></tr>
<tr><td>6</td><td>排水孔安装</td><td>符合设计要求</td><td>/</td><td>/</td></tr>
</table>

××高标准农田建设项目　工程

3.3.1.2-65　混凝土预制板（槽）衬砌渠道单元工程质量验收记录（续表）

编号：××

<table>
<tr><th colspan="2">项次</th><th>检查项目</th><th>质量标准</th><th>施工单位检查记录</th><th>监理单位验收意见</th></tr>
<tr><td rowspan="7">一般项目</td><td>1</td><td>中心线位置</td><td>允许偏差：20mm
（设计值：××）</td><td>检查10点，合格10点。见测量记录编号××。</td><td>合格
100%</td></tr>
<tr><td>2</td><td>渠底高程</td><td>允许偏差：±（10～30）mm
（设计值：××）</td><td>检查10点，合格9点。见测量记录编号××。</td><td>合格
90.0%</td></tr>
<tr><td>3</td><td>渠道底宽</td><td>允许偏差：＋（20～40）mm
（设计值：××）</td><td>检查10点，合格8点。见施工记录编号××。</td><td>合格
80.0%</td></tr>
<tr><td>4</td><td>渠道上口宽</td><td>允许偏差：＋（30～50）mm
（设计值：××）</td><td>检查10点，合格9点。见施工记录编号××。</td><td>合格
90.0%</td></tr>
<tr><td>5</td><td>伸缩缝宽度</td><td>允许偏差：5mm
（设计值：××）</td><td>检查10点，合格10点。见施工记录编号××。</td><td>合格
100%</td></tr>
<tr><td>6</td><td>表面平整度</td><td>允许偏差：±（10～20）mm
（设计值：××）</td><td>检查10点，合格9点。见施工记录编号××。</td><td>合格
90.0%</td></tr>
<tr><td>7</td><td>砌缝养护</td><td>砌缝表面保持湿润，无时干时湿现象</td><td>养护期间表面保持湿润，无时干时湿现象。</td><td>合格</td></tr>
<tr><td colspan="3">施工单位检验结论</td><td colspan="3">本单元工程主控项目质量全部符合要求，一般项目单项检验点合格率最小为80.0%，且不合格点不集中分布，单元工程质量合格。

质量责任人（签字）：×××
现场管理机构（盖章）：筑业××工程有限公司 ××高标准农田建设项目经理部
2026年×月×日</td></tr>
<tr><td colspan="3">监理单位验收结论</td><td colspan="3">本单元工程主控项目全部/部分符合要求，一般项目单项检验点合格率最小为80.0%，且不合格点不集中/集中分布，单元工程质量合格/不合格，同意/不同意通过验收。

监理工程师（签字）：×××
现场监理机构（盖章）：××建设监理有限公司 ××高标准农田建设项目监理部
2026年×月×日</td></tr>
</table>

3.3.1.2-65　混凝土预制板（槽）衬砌渠道单元工程质量验收记录填表说明

一、依据标准

《灌溉与排水工程施工质量评定规程》SL 703—2015。

二、单元工程划分

宜以施工检查验收的段或条划分，每一段或条划分为一个单元工程。

三、标准规定

表 4.11.3　混凝土预制板（槽）衬砌渠道施工质量标准

<table>
<tr><th colspan="2">项次</th><th>检查项目</th><th>检验方法</th><th>检验数量</th></tr>
<tr><td rowspan="6">主控项目</td><td>1</td><td>垫层坡面</td><td>观察、查阅设计图纸</td><td>全数检查</td></tr>
<tr><td>2</td><td>混凝土预制板（槽）</td><td>检查产品合格证、检验报告，对照设计文件检查</td><td>全数检查</td></tr>
<tr><td>3</td><td>预制板（U槽）铺砌</td><td>观察、查阅施工记录</td><td>全数检查</td></tr>
<tr><td>4</td><td>砌缝</td><td>观察、查阅施工记录、检验报告</td><td>全数检查</td></tr>
<tr><td>5</td><td>伸缩缝结构形式及填料</td><td>观察</td><td>全数检查</td></tr>
<tr><td>6</td><td>排水孔安装</td><td>观察、量测</td><td>全数检查</td></tr>
<tr><td rowspan="7">一般项目</td><td>1</td><td>中心线位置</td><td>水准仪、全站仪量测</td><td rowspan="6">检查点采用横断面控制，沿渠（沟）道轴线方向断面间距不小于20m～50m（小型渠道取大值，大型渠道取小值）</td></tr>
<tr><td>2</td><td>渠底高程</td><td>水准仪、全站仪量测</td></tr>
<tr><td>3</td><td>渠道底宽</td><td>水准仪、全站仪、钢尺量测</td></tr>
<tr><td>4</td><td>渠道上口宽</td><td>量测</td></tr>
<tr><td>5</td><td>伸缩缝宽度</td><td>钢尺量测</td></tr>
<tr><td>6</td><td>表面平整度</td><td>使用2m靠尺或专用工具检查</td></tr>
<tr><td>7</td><td>砌缝养护</td><td>观察</td><td>全数检查</td></tr>
</table>

注：衬砌渠道断面尺寸的允许偏差值，大、中型渠道取大值，小型渠道取小值。

××高标准农田建设项目工程

3.3.1.2-66　沥青混凝土衬砌渠道单元工程质量验收记录

编号：××

单项工程名称	灌溉与排水工程	施工日期	2026年×月×日—2026年×月×日
单位工程名称	输配水工程	施工单位	筑业××工程有限公司
分部工程名称	明渠	单元工程量	167m
单元工程名称/部位	4#支渠	验收依据	《灌溉与排水工程施工质量评定规程》SL 703—2015

项次		检查项目	质量标准	施工单位检查记录	监理单位验收意见
主控项目	1	碾压参数	符合碾压试验确定的参数值	符合要求。见施工记录编号××。	合格
	2	压实系数	符合规范要求，压实系数取值范围1.2～1.5	检查5点，实测值：1.2，1.3，1.3，1.2，1.4。	合格 100%
	3	与建筑物连接	符合规范和设计要求 （见附加说明）	符合要求。见施工记录编号××。	合格
	4	封闭层	应均匀一致，无脱层和流淌，满足设计要求 （见附加说明）	均匀一致，无脱层、流淌等现象。	合格
一般项目	1	铺筑厚度	符合设计要求 （设计值：××）	符合要求。见施工记录编号××。	合格
	2	摊铺碾压温度	初碾压温度120℃～140℃，终碾压温度85℃～120℃	/	/
	3	碾压方式	先静压1遍～2遍，再振动压实。压实渠道边坡时，上行振动，下行不振动。小型渠道可采用静压或平面振动器压实	采用YZ20型20t振动碾，静碾压6遍，振动2遍，碾压速度2.0km/h，符合要求。	合格
	4	平整度	符合设计要求，或用2m靠尺测量，凹凸不超过10mm	检查10点，合格9点。见施工记录编号××。	合格 90.0%

施工单位检验结论

本单元工程主控项目质量全部符合要求，一般项目单项检验点合格率最小为90.0%，且不合格点不集中分布，单元工程质量合格。

质量责任人（签字）：×××

现场管理机构（盖章）：筑业××工程有限公司　××高标准农田建设项目经理部

2026年×月×日

监理单位验收结论

本单元工程主控项目全部/~~部分~~符合要求，一般项目单项检验点合格率最小为90.0%，且不合格点不集中/~~集中~~分布，单元工程质量合格/~~不合格~~，同意/~~不同意~~通过验收。

监理工程师（签字）：×××

现场监理机构（盖章）：××建设监理有限公司　××高标准农田建设项目监理部

2026年×月×日

3.3.1.2-66 沥青混凝土衬砌渠道单元工程质量验收记录填表说明

一、依据标准

《灌溉与排水工程施工质量评定规程》SL 703—2015。

二、单元工程划分

宜以施工检查验收的段或条划分，每一段或条划分为一个单元工程。

三、标准规定

表 4.12.4 沥青混凝土衬砌渠道施工质量标准

项次		检查项目	检验方法	检验数量
主控项目	1	碾压参数	测量温度、查阅试验报告及施工记录	每班2次～3次
	2	压实系数	量测	每100m² ～150m² 检验1组
	3	与建筑物连接	观察	全数检查
	4	封闭层	观察、查阅施工记录	全数检查
一般项目	1	铺筑厚度	观察、尺量、查阅施工记录	沿渠道轴线方向每50m测1点，但每个验收单元不少于10个点
	2	摊铺碾压温度	量测	沿渠道轴线方向每50m测1点
	3	碾压方式	观察	全数检查
	4	平整度	观察、量测	沿渠道轴线方向每50m测1组，每组不少于2个测点

××高标准农田建设项目工程

3.3.1.2-67　渠道斗（农）门单元工程质量验收记录

编号：××

单项工程名称	灌溉与排水工程	施工日期	2026年×月×日—2026年×月×日
单位工程名称	渠系建筑物工程	施工单位	筑业××工程有限公司
分部工程名称	水闸	单元工程量	10处
单元工程名称/部位	1#～10#支渠闸门	验收依据	《灌溉与排水工程施工质量评定规程》SL 703—2015

项次		检查项目	质量标准	施工单位检查记录	监理单位验收意见
主控项目	1	基础开挖	符合设计要求（见附加说明）	符合要求。见施工记录编号××。	合格
	2	砌体材料及砌筑	符合设计要求（见附加说明）	符合要求。见施工记录编号××。	合格
	3	闸门、启闭机预埋件及钢筋制安	按设计要求安装到位（见附加说明）	安装到位。见施工记录编号××。	合格
	4	混凝土浇筑	符合设计要求（见附加说明）	符合要求。见混凝土浇筑记录编号××。	合格
	5	闸室整体预制构件	安装埋设符合设计要求（见附加说明）	符合要求。见施工记录编号××。	合格
	6	斗（农）门底板高程	符合设计要求（设计值：××）	符合要求。见施工记录编号××。	合格
	7	闸门及启闭机设备	型号、规格、性能参数等符合设计要求（见附加说明）	符合要求。见进场验收记录编号××。	合格
	8	闸门启闭	启闭灵活、止水密封紧密	启闭灵活、止水密封紧密。	合格
一般项目	1	砌体几何尺寸	允许偏差：±20mm（设计值：××）	检查10点，合格9点。见测量记录编号××。	合格 90.0%
	2	回填土方	符合设计要求（见附加说明）	符合要求。见施工记录编号××。	合格
	3	闸底板、闸墩、排架、启闭机梁等结构尺寸（预制构建件中心位置）	允许偏差：±10mm	检查10点，实测偏差值（mm）：9，−2，3，5，7，−2，1，6，7，11。	合格 90.0%
	4	闸门、启闭机及止水	闸门、启闭机及止水安装牢固，门体平整、无喷射状漏水	闸门及止水安装牢固，门体平整、无喷射状漏水。	合格
施工单位检验结论		本单元工程主控项目质量全部符合要求，一般项目单项检验点合格率最小为90.0%，且不合格点不集中分布，单元工程质量合格。 质量责任人（签字）：××× 现场管理机构（盖章）：筑业××工程有限公司 ××高标准农田建设项目经理部 2026年×月×日			
监理单位验收结论		本单元工程主控项目全部/部分符合要求，一般项目单项检验点合格率最小为90.0%，且不合格点不集中/集中分布，单元工程质量合格/不合格，同意/不同意通过验收。 监理工程师（签字）：××× 现场监理机构（盖章）：××建设监理有限公司 ××高标准农田建设项目监理部 2026年×月×日			

3.3.1.2-67 渠道斗（农）门单元工程质量验收记录

填表说明

一、依据标准

《灌溉与排水工程施工质量评定规程》SL 703—2015。

二、单元工程划分

宜以一条渠道的斗门或数个农门划分，一处斗门或数个农门为一个单元工程。

三、标准规定

表 4.13.4 渠道斗（农）门施工质量标准

项次		检查项目	检验方法	检验数量
主控项目	1	基础开挖	观察、量测、查阅施工记录	全数检查，每座水闸抽查数量不少于1个开挖断面
	2	砌体材料及砌筑	观察、查阅施工检验记录、对照设计文件	全数检查
	3	闸门、启闭机预埋件及钢筋制安	量测、查阅施工记录	全数检查
	4	混凝土浇筑	观察、试验、查阅施工检验记录、对照设计文件	混凝土强度每个单元工程最少抽检1组，混凝土抗冻、抗渗按单位工程抽检数量不少于1组
	5	闸室整体预制构件	量测、查阅施工检验记录	全数检查
	6	斗（农）门底板高程	量测、查阅施工检验记录	全数检查
	7	闸门及启闭机设备	观察、查阅产品合格证或检验报告、对照设计文件	全数检查
	8	闸门启闭	观察	逐个检查
一般项目	1	砌体几何尺寸	观察、测量、查阅施工记录	全数检查
	2	回填土方	观察、查阅施工检验记录	全数检查
	3	闸底板、闸墩、排架、启闭机梁等结构尺寸（预制构建件中心位置）	观察、量测、查阅施工记录	同一结构抽查不低于30%
	4	闸门、启闭机及止水	量测、观察	逐个检查

××高标准农田建设项目工程

3.3.1.2-68 管槽土方开挖单元工程质量验收记录

编号：××

单项工程名称	灌溉与排水工程	施工日期	2026年×月×日—2026年×月×日
单位工程名称	田间灌溉工程	施工单位	筑业××工程有限公司
分部工程名称	管道输水灌溉	单元工程量	175m
单元工程名称/部位	2#支管	验收依据	《灌溉与排水工程施工质量评定规程》SL 703—2015

项次		检查项目	质量标准	施工单位检查记录	监理单位验收意见
主控项目	1	管槽开挖面	管槽开挖应管槽顺直，槽底平整，管槽交汇处应平顺连接，槽底石块杂物应清除，开挖边坡不陡于设计边坡；管槽土方开挖基面及管槽表层的淤泥、草皮、树根、杂物等应清除，超挖或扰动已按设计和规范要求处理 （见附加说明）	开挖管槽顺直，槽底平整，交汇处平顺连接，槽底石块杂物已清除，开挖边坡符合设计要求；基面及管槽表层的淤泥、草皮、树根、杂物等已清除。见施工记录编号××。	合格
	2	渗水处理	渗水妥善引排	无渗水情况。见施工记录编号××。	合格
一般项目	1	管槽底高程	允许偏差：±20mm （设计值：××）	检查5点，实测偏差值（mm）：17，−5，6，<u>21</u>，12。	合格 80.0%
	2	管槽深度	允许偏差：±20mm （设计值：××）	检查5点，实测偏差值（mm）：16，8，9，−7，6。	合格 100%
	3	槽底宽度	允许偏差：±50mm （设计值：××）	检查5点，实测偏差值（mm）：26，45，−2，10，−35。	合格 100%
	4	管槽中心线	允许偏差：30mm （设计值：××）	检查5点，实测偏差值（mm）：12，22，3，16，27。	合格 100%

施工单位检验结论	本单元工程主控项目质量全部符合要求，一般项目单项检验点合格率最小为80.0%，且不合格点不集中分布，单元工程质量合格。 质量责任人（签字）：××× 现场管理机构（盖章）：筑业××工程有限公司 ××高标准农田建设项目经理部 2026年×月×日
监理单位验收结论	本单元工程主控项目全部/~~部分~~符合要求，一般项目单项检验点合格率最小为80.0%，且不合格点不集中/~~集中~~分布，单元工程质量合格/~~不合格~~，同意/~~不同意~~通过验收。 监理工程师（签字）：××× 现场监理机构（盖章）：××建设监理有限公司 ××高标准农田建设项目监理部 2026年×月×日

3.3.1.2-68　管槽土方开挖单元工程质量验收记录填表说明

一、依据标准

《灌溉与排水工程施工质量评定规程》SL 703—2015。

二、单元工程划分

宜以施工检查验收的段或条划分，每一段或条划分为一个单元工程。

三、标准规定

表 4.2.5　管槽土方开挖施工质量标准

项次		检查项目	检验方法	检验数量
主控项目	1	管槽开挖面	观察、测量、查阅施工记录	全数检查
	2	渗水处理		
一般项目	1	管槽底高程	观察、测量、查阅施工记录	沿管线方向每50m不少于1个测点
	2	管槽深度		
	3	槽底宽度		
	4	管槽中心线		

××高标准农田建设项目 工程

3.3.1.2-69 塑料管安装单元工程质量验收记录

编号：××

<table>
<tr><td colspan="3">单项工程名称</td><td>灌溉与排水工程</td><td>施工日期</td><td colspan="2">2026年×月×日—2026年×月×日</td></tr>
<tr><td colspan="3">单位工程名称</td><td>田间灌溉工程</td><td>施工单位</td><td colspan="2">筑业××工程有限公司</td></tr>
<tr><td colspan="3">分部工程名称</td><td>管道输水灌溉</td><td>单元工程量</td><td colspan="2">213m</td></tr>
<tr><td colspan="3">单元工程名称/部位</td><td>5#支管</td><td>验收依据</td><td colspan="2">《土地整治工程质量检验与评定规程》TD/T 1041—2013</td></tr>
<tr><td colspan="2">项次</td><td>检查项目</td><td>质量标准</td><td colspan="2">施工单位检查记录</td><td>监理单位验收意见</td></tr>
<tr><td rowspan="5">主控项目</td><td>1</td><td>管材</td><td>管材必须表面平整、尺寸准确。管件尺寸必须准确，宜采用与管材同品牌、同级别、压力级别相同的管件</td><td colspan="2">管材表面平整、尺寸准确，管件与管材属同品牌、同级别、同压力级别。见进场验收记录编号××。</td><td>合格</td></tr>
<tr><td>2</td><td>承压能力</td><td>管材的承压能力应大于管材公称压力和设计压力
（设计值：××）</td><td colspan="2">承压能力大于公称压力和设计压力。见施工记录编号××。</td><td>合格</td></tr>
<tr><td>3</td><td>管道铺设</td><td>管道中心线应平直，管底与槽底应贴合良好</td><td colspan="2">管道中心线平直，管底与槽底贴合良好。</td><td>合格</td></tr>
<tr><td>4</td><td>管道连接</td><td>热熔连接、电熔连接应保证加热面熔化均匀，连接完成后应在连接面周围形成均匀凸缘；热扩口承插，应将插口处挫成坡口，承口内壁和插口外壁均应涂粘接剂。搭接长度应大于1倍管外径</td><td colspan="2">采用热熔连接，加热面熔化均匀，完成后在连接面周围形成均匀凸缘。</td><td>合格</td></tr>
<tr><td>5</td><td>试水</td><td>管道系统达到设计强度后应对每条管道进行水压试验。试水压力应为管道系统的设计工作压力，保压时间不应小于1小时，不允许有集中渗漏。试水不合格时应对管道采取修补措施，并重新试水，直至合格</td><td colspan="2">无渗漏。见水压试验记录编号××。</td><td>合格</td></tr>
</table>

××高标准农田建设项目工程

3.3.1.2-69 塑料管安装单元工程质量验收记录（续表）

编号：××

<table>
<tr><th colspan="2">项次</th><th>检查项目</th><th>质量标准</th><th>施工单位检查记录</th><th>监理单位验收意见</th></tr>
<tr><td rowspan="3">主控项目</td><td>6</td><td>管壁厚度</td><td>允许偏差为＋（0.5～1）mm
（设计值：××）</td><td>检查10点，合格10点。见施工记录编号××。</td><td>合格
100%</td></tr>
<tr><td>7</td><td>外径</td><td>允许偏差为＋（0.3～2）mm
（设计值：××）</td><td>检查10点，合格10点。见施工记录编号××。</td><td>合格
100%</td></tr>
<tr><td>8</td><td>轴线位置</td><td>偏差值小于15mm
（设计值：××）</td><td>检查10点，合格10点。见测量记录编号××。</td><td>合格
100%</td></tr>
<tr><td rowspan="2">一般项目</td><td>1</td><td>管沟要求</td><td>规格、尺寸符合设计要求，管沟应平整、密实，无松土、石块、杂物</td><td>管沟规格、尺寸符合设计要求，平整、密实，无松土、石块、杂物现象。</td><td>合格</td></tr>
<tr><td>2</td><td>回填</td><td>塑料管连接后，除接头外均应迅速覆土20cm～30cm进行初始回填，管道试水合格后进行最终回填。最终回填管顶至地面埋深不小于700mm</td><td>试水合格后，最终回填土管顶至地面距离1500mm。</td><td>合格</td></tr>
<tr><td colspan="2">施工单位检验结论</td><td colspan="4">本单元工程主控项目质量全部符合要求，一般项目单项检验点合格率最小为100%，且不合格点不集中分布，单元工程质量合格。

质量责任人（签字）：×××
现场管理机构（盖章）：筑业××工程有限公司 ××高标准农田建设项目经理部
2026年×月×日</td></tr>
<tr><td colspan="2">监理单位验收结论</td><td colspan="4">本单元工程主控项目全部/~~部分~~符合要求，一般项目单项检验点合格率最小为100%，且不合格点不集中/~~集中~~分布，单元工程质量合格/~~不合格~~，同意/~~不同意~~通过验收。

监理工程师（签字）：×××
现场监理机构（盖章）：××建设监理有限公司 ××高标准农田建设项目监理部
2026年×月×日</td></tr>
</table>

3.3.1.2-69 塑料管安装单元工程质量验收记录

填表说明

一、依据标准

《土地整治工程质量检验与评定规程》TD/T 1041—2013。

二、单元工程划分

宜以施工检查验收的段或条划分，每一段或条划分为一个单元工程。

三、标准规定

表 G.1 塑料管安装工程施工质量验收标准

项次		检查项目	检验方法	检验数量
主控项目	1	管材	现场观察检查	全数检查
	2	承压能力	水压试验	同一批次抽样检查3个～5个样本
	3	管道铺设	现场观察检查	全数检查
	4	管道连接	现场观察检查	全数检查
	5	试水	对压力管道必须做水压试验，其他管道可不做	逐条检验
	6	管壁厚度	用管壁测厚仪检查	同一规格尺寸的管材抽样检查3个～5个样本。每个样本被测切面沿环向均匀间隔至少测六点
	7	外径	用直尺检查	
	8	轴线位置	用经纬仪和尺检查	全数检查
一般项目	1	管沟要求	现场观察检查	全数检查
	2	回填	现场观察检查，用尺检查	全数检查

适用范围：适用于灌溉管道、人畜饮水管、排水管、挡墙排水管、涵管及其配件的安装。

××高标准农田建设项目　　工程

3.3.1.2-70　预制混凝土管安装单元工程质量验收记录

编号：××

<table>
<tr><td colspan="2">单项工程名称</td><td>灌溉与排水工程</td><td>施工日期</td><td colspan="2">2026年×月×日—2026年×月×日</td></tr>
<tr><td colspan="2">单位工程名称</td><td>田间灌溉工程</td><td>施工单位</td><td colspan="2">筑业××工程有限公司</td></tr>
<tr><td colspan="2">分部工程名称</td><td>管道输水灌溉</td><td>单元工程量</td><td colspan="2">213m</td></tr>
<tr><td colspan="2">单元工程名称/部位</td><td>1#干管</td><td>验收依据</td><td colspan="2">《土地整治工程质量检验与评定规程》TD/T 1041—2013</td></tr>
<tr><td colspan="2">项次</td><td>检查项目</td><td>质量标准</td><td>施工单位检查记录</td><td>监理单位验收意见</td></tr>
<tr><td rowspan="9">主控项目</td><td>1</td><td>管材</td><td>管材必须表面平整、尺寸准确。混凝土管内外表面不能有裂纹、空鼓、脱皮等现象，强度达到设计要求
（设计值：××）</td><td>管材表面平整、尺寸准确，外表无裂纹、空鼓、脱皮等现象。见进场验收记录编号××。</td><td>合格</td></tr>
<tr><td>2</td><td>管沟</td><td>规格、尺寸符合设计要求，管沟应平整、密实，无松土、石块、杂物
（见附加说明）</td><td>管沟规格、尺寸符合设计要求，平整、密实，无松土、石块、杂物现象。</td><td>合格</td></tr>
<tr><td>3</td><td>管道铺设</td><td>管道中心线应平直，管底与槽底应贴合良好</td><td>管道中心线平直，管底与槽底贴合良好。</td><td>合格</td></tr>
<tr><td>4</td><td>管道连接</td><td>混凝土管采用平口式接头时，宜用钢丝网砂浆加固连接。砂浆应饱满，钢丝网和砂浆应结合紧凑，管内不应残留砂浆。采用承插式接头时，插口面与承口面之间应留3mm～8mm的伸缩余地；承插口间隙可填充油麻丝或沥青麻丝止水，也可采用橡胶圈止水。内水压力和管径较大的管段，接头用油膏连接，应在油膏外再用1：2的水泥砂浆沿承口边缘抹一个三角形的封口体</td><td>采用平口式接头，使用钢丝网砂浆加固连接。砂浆饱满，钢丝网和砂浆结合紧凑，管内无残留砂浆。</td><td>合格</td></tr>
<tr><td>5</td><td>试水</td><td>管道系统达到设计强度后应对每条管道进行水压试验。试水压力应为管道系统的设计工作压力，保压时间不应小于1小时，不允许有集中渗漏。试水不合格时应对管道采取修补措施，并重新试水，直至合格</td><td>无渗漏情况。见水压试验记录编号××。</td><td>合格</td></tr>
<tr><td>6</td><td>管壁厚度</td><td>允许偏差±5mm
（设计值：××）</td><td>检查10点，合格10点。见施工记录编号××。</td><td>合格
100%</td></tr>
<tr><td>7</td><td>外径</td><td>允许偏差值小于15mm
（设计值：××）</td><td>检查10点，合格10点。见施工记录编号××。</td><td>合格
100%</td></tr>
<tr><td rowspan="2">8</td><td rowspan="2">相邻管节内底错</td><td>DN≤1000mm，允许偏差值≤3mm
（设计值：××）</td><td>检查10点，合格10点。见施工记录编号××。</td><td>合格
100%</td></tr>
<tr><td>DN＞1000mm，允许偏差值≤5mm</td><td>/</td><td>/</td></tr>
</table>

××高标准农田建设项目　　工程

3.3.1.2-70 预制混凝土管安装单元工程质量验收记录（续表）

编号：××

项次		检查项目	质量标准	施工单位检查记录	监理单位验收意见
一般项目	1	堆料	土料应堆放在开挖或回填作业边界2m以外，且堆放高度不得超过生产安全相关规定	土料堆放在作业边界3m处，堆放高度未超过生产安全相关规定。	合格
	2	回填	管道试水合格后可进行最终回填，管道埋深不小于设计值 （设计值：××）	试水合格后，最终回填土管顶至地面距离1500mm，符合设计要求。	合格
	3	管内底高程	允许偏差值±10mm （设计值：××）	检查10点，实测偏差值（mm）：7，5，2，1，−3，1，−2，7，11，5。	合格 90.0%
	4	端面垂直度	允许偏差值≤4mm （设计值：××）	检查10点，实测偏差值（mm）：1，2，1，2，3，4，1，2，1，5。	合格 90.0%
	5	管道蜂窝麻面面积	允许偏差值每侧不大于1.0% （设计值：××）	检查5点，实测偏差值（%）：0.1，0.5，0.1，0.3，0.2。	合格 100%
施工单位检验结论		本单元工程主控项目质量全部符合要求，一般项目单项检验点合格率最小为90.0%，且不合格点不集中分布，单元工程质量合格。 质量责任人（签字）：××× 现场管理机构（盖章）：筑业××工程有限公司 ××高标准农田建设项目经理部 2026年×月×日			
监理单位验收结论		本单元工程主控项目全部/~~部分~~符合要求，一般项目单项检验点合格率最小为90.0%，且不合格点不集中/~~集中~~分布，单元工程质量合格/~~不合格~~，同意/~~不同意~~通过验收。 监理工程师（签字）：××× 现场监理机构（盖章）：××建设监理有限公司 ××高标准农田建设项目监理部 2026年×月×日			

3.3.1.2-70 预制混凝土管安装单元工程质量验收记录

填表说明

一、依据标准

《土地整治工程质量检验与评定规程》TD/T 1041—2013。

二、单元工程划分

宜以施工检查验收的段或条划分，每一段或条划分为一个单元工程。

三、标准规定

表 G.2 预制混凝土管安装工程施工质量验收标准

项次		检查项目	检验方法	检验数量
主控项目	1	管材	现场观察检查	全数检查
	2	管沟	现场观察检查	全数检查
	3	管道铺设	现场观察检查	全数检查
	4	管道连接	现场观察检查	全数检查
	5	试水	水压试验	全数检查
	6	管壁厚度	用直尺检查	全数检查
	7	轴线位置	用经纬仪和尺检查	全数检查
	8	相邻管节内底错	用直尺检查	全数检查
一般项目	1	堆料	现场检查	全数检查
	2	回填	现场观察检查	全数检查
	3	管内底高程	用水准仪检查	全数检查
	4	端面垂直度	用角尺和塞尺检查	全数检查
	5	管道蜂窝麻面面积	现场检查	按混凝土外表面检测量不少于30%

适用范围：低压灌溉管道、低压人畜饮水管、排水管、挡墙排水管、涵管等项目。

××高标准农田建设项目工程

3.3.1.2-71 预应力钢筋混凝土管道安装单元工程质量验收记录

编号：××

单项工程名称	灌溉与排水工程	施工日期	2026年×月×日—2026年×月×日
单位工程名称	田间灌溉工程	施工单位	筑业××工程有限公司
分部工程名称	管道输水灌溉	单元工程量	156m
单元工程名称/部位	3#干管	验收依据	《给水排水管道工程施工及验收规范》GB 50268—2008

项次		检查项目	质量标准		施工单位检查记录	监理单位验收意见
主控项目	1	管及管件、橡胶圈的产品质量	应符合第5.6.1条、第5.6.2条、第5.6.5条和第5.7.1条的规定		管材规格、性能、尺寸公差符合规定，外观检查无裂缝、保护层脱落、空鼓、接口掉角等缺陷。见进场验收记录编号××。	合格
	2	柔性接口的橡胶圈	位置正确，无扭曲、外露现象；承口、插口无破损、开裂；双道橡胶圈的单口水压试验合格		位置正确，无扭曲、外露现象；承口、插口无破损、开裂。	合格
	3	刚性接口的强度	符合设计要求，不得有开裂、空鼓、脱落现象（见附加说明）		强度符合要求。无开裂、空鼓、脱落现象。见施工记录编号××。	合格
一般项目	1	柔性接口的安装	位置正确，其纵向间隙应符合第5.6.9条、第5.7.2条的相关规定		安装位置正确，管口间纵向间隙符合要求。见施工记录编号××。	合格
	2	刚性接口的宽度	符合设计要求（设计值：××）		检查5点，合格5点。见施工记录编号××。	合格 100%
	3	刚性接口的厚度	符合设计要求（设计值：××）		检查5点，合格5点。见施工记录编号××。	合格 100%
	4	刚性接口相邻管接口错口	$D_i<700$	在施工中自检	/	/
			$700<D_i\leqslant1000$	≤3	检查5点，合格5点。见施工记录编号××。	合格 100%
			$D_i>1000$	≤5	/	/
	5	管道沿曲线安装的接口转角	应符合第5.6.9、5.7.5条的相关规定		符合要求。见施工记录编号××。	合格
	6	管道接口的填缝	符合设计要求，密实、光洁、平整		填缝密实、光洁、平整。见施工记录编号××。	合格
施工单位检验结论	本单元工程主控项目质量全部符合要求，一般项目单项检验点合格率最小为100%，且不合格点不集中分布，单元工程质量合格。 质量责任人（签字）：××× 现场管理机构（盖章）：筑业××工程有限公司 ××高标准农田建设项目经理部 2026年×月×日					
监理单位验收结论	本单元工程主控项目全部/~~部分~~符合要求，一般项目单项检验点合格率最小为100%，且不合格点不集中/~~集中~~分布，单元工程质量合格/~~不合格~~，同意/~~不同意~~通过验收。 监理工程师（签字）：××× 现场监理机构（盖章）：××建设监理有限公司 ××高标准农田建设项目监理部 2026年×月×日					

3.3.1.2-71 预应力钢筋混凝土管道安装单元工程质量验收记录

填表说明

一、依据标准

《给水排水管道工程施工及验收规范》GB 50268—2008。

二、单元工程划分

宜以一个井段为一个单元工程。

三、标准规定

5.10.7 钢筋混凝土管、预（自）应力混凝土管、预应力钢筒混凝土管接口连接应符合下列规定：

主控项目

1 管及管件、橡胶圈的产品质量应符合本规范第 5.6.1、5.6.2、5.6.5 和 5.7.1 条的规定。

检查方法：检查产品质量保证资料；检查成品管进场验收记录。

2 柔性接口的橡胶圈位置正确，无扭曲、外露现象；承口、插口无破损、开裂；双道橡胶圈的单口水压试验合格。

检查方法：观察，用探尺检查；检查单口水压试验记录。

3 刚性接口的强度符合设计要求，不得有开裂、空鼓、脱落现象。

检查方法：观察；检查水泥砂浆、混凝土试块的抗压强度试验报告。

一般项目

4 柔性接口的安装位置正确，其纵向间隙应符合本规范第 5.6.9、5.7.2 条的相关规定。

检查方法：逐个检查，用钢尺量测；检查施工记录。

5 刚性接口的宽度、厚度符合设计要求；其相邻管接口错口允许偏差：D_i小于 700mm 时，应在施工中自检；D_i大于 700mm，小于或等于 1000mm 时，应不大于 3mm；D_i大于 1000mm 时，应不大于 5mm。

检查方法：两井之间取 3 点，用钢尺、塞尺量测；检查施工记录。

6 管道沿曲线安装时，接口转角应符合本规范第 5.6.9、5.7.5 条的相关规定。

检查方法：用直尺量测曲线段接口。

7 管道接口的填缝应符合设计要求，密实、光洁、平整。

检查方法：观察，检查填缝材料质量保证资料、配合比记录。

××高标准农田建设项目工程

3.3.1.2-72　球墨铸铁管安装单元工程质量验收记录

编号：××

<table>
<tr><td colspan="3">单项工程名称</td><td>灌溉与排水工程</td><td>施工日期</td><td colspan="2">2026年×月×日—2026年×月×日</td></tr>
<tr><td colspan="3">单位工程名称</td><td>田间灌溉工程</td><td>施工单位</td><td colspan="2">筑业××工程有限公司</td></tr>
<tr><td colspan="3">分部工程名称</td><td>管道输水灌溉</td><td>单元工程量</td><td colspan="2">156m</td></tr>
<tr><td colspan="3">单元工程名称/部位</td><td>3#分干管</td><td>验收依据</td><td colspan="2">《给水排水管道工程施工及验收规范》GB 50268—2008</td></tr>
<tr><td colspan="2">项次</td><td>检查项目</td><td colspan="2">质量标准</td><td>施工单位检查记录</td><td>监理单位验收意见</td></tr>
<tr><td rowspan="5">主控项目</td><td>1</td><td>管节及管件的产品质量</td><td colspan="2">符合第5.5.1条的规定</td><td>管材表面无裂纹、妨碍使用的凹凸不平的缺陷。见进场验收记录编号××。</td><td>合格</td></tr>
<tr><td>2</td><td>承插接口连接</td><td colspan="2">两管节中轴线应保持同心，承口、插口部位无破损、变形、开裂；插口推入深度应符合要求</td><td>接口连接保持同心，承口、插口部位无破损、变形、开裂现象。</td><td>合格</td></tr>
<tr><td>3</td><td>法兰接口连接</td><td colspan="2">插口与承口法兰压盖的纵向轴线一致，连接螺栓终拧扭矩应符合设计或产品使用说明要求；接口连接后，连接部位及连接件应无变形、破损</td><td>插口与承口法兰压盖的纵向轴线一致，连接螺栓终拧扭矩符合设计要求；接口连接后，连接部位及连接件无变形、破损。</td><td>合格</td></tr>
<tr><td>4</td><td>橡胶圈安装位置</td><td colspan="2">准确，不得扭曲、外露</td><td>安装位置准确，无扭曲、外露。</td><td>合格</td></tr>
<tr><td>5</td><td>沿圆周各点应与承口端面等距</td><td colspan="2">允许偏差应为±3mm</td><td>检查6点，实测偏差值（mm）：1，3，2，−1，2，−3。</td><td>合格
100%</td></tr>
<tr><td rowspan="7">一般项目</td><td>1</td><td>连接后管节</td><td colspan="2">平顺，接口无突起、突弯、轴向位移现象</td><td>管节平顺，接口无突起、突弯、轴向位移等现象。</td><td>合格</td></tr>
<tr><td>2</td><td>接口的环向间隙</td><td colspan="2">应均匀</td><td>接口环向间隙均匀。</td><td>合格</td></tr>
<tr><td>3</td><td>承插口间的纵向间隙</td><td colspan="2">不应小于3mm</td><td>检查5点，实测值（mm）：3，5，2，3，4。</td><td>合格
80.0%</td></tr>
<tr><td>4</td><td>法兰接口</td><td colspan="2">压兰、螺栓和螺母等连接件应规格型号一致，采用钢制螺栓和螺母时，防腐处理应符合设计要求
（见附加说明）</td><td>压兰、螺栓和螺母等连接件规格型号一致，符合设计要求。</td><td>合格</td></tr>
<tr><td rowspan="3">5</td><td rowspan="3">管道沿曲线安装</td><td>75mm～600mm</td><td>3°</td><td>检查5点，实测值（°）：1，2，1，3，2。</td><td>合格
100%</td></tr>
<tr><td>700mm～800mm</td><td>2°</td><td>/</td><td>/</td></tr>
<tr><td>≥900mm</td><td>1°</td><td>/</td><td>/</td></tr>
<tr><td colspan="2">施工单位检验结论</td><td colspan="5">本单元工程主控项目质量全部符合要求，一般项目单项检验点合格率最小为80.0%，且不合格点不集中分布，单元工程质量合格。
质量责任人（签字）：×××
现场管理机构（盖章）：筑业××工程有限公司　××高标准农田建设项目经理部
2026年×月×日</td></tr>
<tr><td colspan="2">监理单位验收结论</td><td colspan="5">本单元工程主控项目全部/~~部分~~符合要求，一般项目单项检验点合格率最小为80.0%，且不合格点不集中/~~集中~~分布，单元工程质量合格/~~不合格~~，同意/~~不同意~~通过验收。
监理工程师（签字）：×××
现场监理机构（盖章）：××建设监理有限公司　××高标准农田建设项目监理部
2026年×月×日</td></tr>
</table>

3.3.1.2-72 球墨铸铁管安装单元工程质量验收记录

填表说明

一、依据标准

《给水排水管道工程施工及验收规范》GB 50268—2008。

二、单元工程划分

宜以一个井段为一个单元工程。

三、标准规定

5.10.6 球墨铸铁管接口连接应符合下列规定：

主控项目

1 管节及管件的产品质量应符合本规范第5.5.1条的规定。

检查方法：检查产品质量保证资料，检查成品管进场验收记录。

2 承插接口连接时，两管节中轴线应保持同心，承口、插口部位无破损、变形、开裂；插口推入深度应符合要求。

检查方法：逐个观察；检查施工记录。

3 法兰接口连接时，插口与承口法兰压盖的纵向轴线一致，连接螺栓终拧扭矩应符合设计或产品使用说明要求；接口连接后，连接部位及连接件应无变形、破损。

检查方法：逐个接口检查，用扭矩扳手检查；检查螺栓拧紧记录。

4 橡胶圈安装位置应准确，不得扭曲、外露；沿圆周各点应与承口端面等距，其允许偏差应为±3mm。

检查方法：观察，用探尺检查；检查施工记录。

一般项目

5 连接后管节间平顺，接口无突起、突弯、轴向位移现象。

检查方法：观察；检查施工测量记录。

6 接口的环向间隙应均匀，承插口间的纵向间隙不应小于3mm。

检查方法：观察，用塞尺、钢尺检查。

7 法兰接口的压兰、螺栓和螺母等连接件应规格型号一致，采用钢制螺栓和螺母时，防腐处理应符合设计要求。

检查方法：逐个接口检查；检查螺栓和螺母质量合格证明书、性能检验报告。

8 管道沿曲线安装时，接口转角应符合本规范第5.5.8条的规定。

检查方法：用直尺量测曲线段接口。

5.5.8 管道沿曲线安装时，接口的允许转角应符合表5.5.8的规定。

表5.5.8 沿曲线安装接口的允许转角

管径D_i（mm）	允许转角（°）
75～600	3
700～800	2
≥900	1

××高标准农田建设项目工程

3.3.1.2-73　玻璃钢管道安装单元工程质量验收记录

编号：××

<table>
<tr><td colspan="3">单项工程名称</td><td colspan="2">灌溉与排水工程</td><td>施工日期</td><td>2026年×月×日—2026年×月×日</td></tr>
<tr><td colspan="3">单位工程名称</td><td colspan="2">田间灌溉工程</td><td>施工单位</td><td>筑业××工程有限公司</td></tr>
<tr><td colspan="3">分部工程名称</td><td colspan="2">管道输水灌溉</td><td>单元工程量</td><td>176m</td></tr>
<tr><td colspan="3">单元工程名称/部位</td><td colspan="2">1#分支管</td><td>验收依据</td><td>《宁夏水利工程施工质量验收评定表及填表说明》</td></tr>
<tr><td colspan="2">项次</td><td>检查项目</td><td colspan="2">质量标准</td><td>施工单位检查记录</td><td>监理单位验收意见</td></tr>
<tr><td rowspan="4">主控项目</td><td>1</td><td>管节及管件、橡胶圈材质</td><td colspan="2">规格、型号符合设计要求。管材应无裂纹、脱皮、气泡，内、外壁光滑平整；橡胶圈外观光滑平整，无破损、重皮等缺陷（见附加说明）</td><td>管材规格、型号符合设计要求，无裂纹、脱皮、气泡，内、外壁光滑平整；橡胶圈外观光滑平整，无破损、重皮等缺陷。见进场验收记录编号××。</td><td>合格</td></tr>
<tr><td rowspan="2">2</td><td rowspan="2">管道连接方式</td><td>承插、套筒式连接</td><td>连接紧密，无破损、变形、开裂等现象；插入后鞍圈位置正确，无扭曲、外露现象</td><td>/</td><td>/</td></tr>
<tr><td>法兰式连接</td><td>连接螺栓应能自由穿入。连接件齐洁、位置正确；安装牢固，连接部位无扭曲、变形</td><td>连接螺栓能自由穿入。连接件齐洁、位置正确；安装牢固，连接部位无扭曲、变形现象。</td><td>合格</td></tr>
<tr><td>3</td><td>接口水压试验</td><td colspan="2">接口水压达到试验压力后，恒压2min应无压力下降</td><td>接口水压达到试验压力后，恒压2min无压力下降。见试验记录编号××。</td><td>合格</td></tr>
<tr><td rowspan="7">一般项目</td><td>1</td><td>安装后轴线位置</td><td colspan="2">±3cm</td><td>检查6点，实测偏差值（cm）：1，2，−2，1，−1，3。</td><td>合格
100%</td></tr>
<tr><td>2</td><td>管外壁与管基接触</td><td colspan="2">接触紧密，无空隙</td><td>接触紧密，无空隙。</td><td>合格</td></tr>
<tr><td>3</td><td>安装后外观质量</td><td colspan="2">连接后管节平顺，接口无突变、突高、轴向位移现象</td><td>连接后管节平顺，接口无突变、突高、轴向位移等现象。</td><td>合格</td></tr>
<tr><td rowspan="4">4</td><td rowspan="4">沿曲线安装接口转角</td><td>400mm～500mm</td><td>承插式：≯1.5°
套筒式：≯3.0°</td><td>/</td><td>/</td></tr>
<tr><td>500mm～1000mm</td><td>承插式：≯1.0°
套筒式：≯2.0°</td><td>/</td><td>/</td></tr>
<tr><td>1000mm～1800mm</td><td>承插式：≯1.0°
套筒式：≯1.0°</td><td>/</td><td>/</td></tr>
<tr><td>＞1800mm</td><td>承插式：≯0.5°
套筒式：≯0.5°</td><td>/</td><td>/</td></tr>
<tr><td colspan="3">施工单位检验结论</td><td colspan="4">本单元工程主控项目质量全部符合要求，一般项目单项检验点合格率最小为100%，且不合格点不集中分布，单元工程质量合格。
筑业××工程有限公司
质量责任人（签字）：×××
现场管理机构（盖章）：××高标准农田建设项目经理部
2026年×月×日</td></tr>
<tr><td colspan="3">监理单位验收结论</td><td colspan="4">本单元工程主控项目全部/部分符合要求，一般项目单项检验点合格率最小为100%，且不合格点不集中/集中分布，单元工程质量合格/不合格，同意/不同意通过验收。
××建设监理有限公司
监理工程师（签字）：×××
现场监理机构（盖章）：××高标准农田建设项目监理部
2026年×月×日</td></tr>
</table>

××高标准农田建设项目　　工程

3.3.1.2-74　定向穿越单元工程质量验收记录

编号：××

单项工程名称		灌溉与排水工程	施工日期	2026年×月×日—2026年×月×日
单位工程名称		田间灌溉工程	施工单位	筑业××工程有限公司
分部工程名称		管道输水灌溉	单元工程量	42m
单元工程名称/部位		6#支管	验收依据	《给水排水管道工程施工及验收规范》GB 50268—2008

项次		检查项目	质量标准	施工单位检查记录	监理单位验收意见
主控项目	1	管节、防腐层等工程材料的产品质量	符合国家相关标准的规定和设计要求（见《××规范》GB ××第××条）	材料质量证明文件齐全、有效。见进场验收记录编号××。	合格
	2	管节组对拼接、钢管外防腐层（包括焊口补口）的质量	经检验（验收）合格	符合要求，见施工记录编号××。	合格
	3	钢管接口焊接、聚乙烯管、聚丙烯管接口熔焊检验	符合设计要求，管道预水压试验合格（见附加说明）	钢管接口焊接符合要求；管道预水压试验合格。见施工记录编号××。	合格
	4	管段回拖后的线形	平顺、无突变、变形现象，实际曲率半径符合设计要求（见附加说明）	线形平顺、无突变、变形现象，实际曲率半径符合设计要求。	合格
一般项目	1	导向孔钻进、扩孔、管段回拖及钻进泥浆（液）等	符合施工方案要求（见《××施工方案》）	符合要求。见施工记录编号××。	合格
	2	管段回拖力、扭矩、回拖速度等	符合施工方案要求，回拖力无突升或突降现象（见《××施工方案》）	回拖力无突升、突降现象。见施工记录编号××。	合格
	3	布管和发送管段	钢管防腐层无损伤，管段无变形；回拖后拉出暴露的管段防腐层结构应完整、附着紧密	钢管防腐层无损伤，管段无变形；回拖后拉出暴露的管段防腐层结构完整、附着紧密。	合格

××高标准农田建设项目工程

3.3.1.2-74　定向穿越单元工程质量验收记录（续表）

编号：××

<table>
<tr><th colspan="2">项次</th><th>检查项目</th><th colspan="3">质量标准</th><th>施工单位检查记录</th><th>监理单位验收意见</th></tr>
<tr><td rowspan="13">一般项目</td><td rowspan="2">4</td><td rowspan="2">入土点位置</td><td colspan="2">平面轴向、平面横向</td><td>20mm</td><td>检查6点，合格6点。见施工测量记录编号××。</td><td>合格100%</td></tr>
<tr><td colspan="2">垂直向高程</td><td>±20mm</td><td>检查6点，合格6点。见施工测量记录编号××。</td><td>合格100%</td></tr>
<tr><td rowspan="4">5</td><td rowspan="4">出土点位置</td><td colspan="2">平面轴向</td><td>500mm</td><td>检查6点，合格6点。见施工测量记录编号××。</td><td>合格100%</td></tr>
<tr><td colspan="2">平面横向</td><td>1/2倍D_i</td><td>检查5点，合格5点。见施工测量记录编号××。</td><td>合格100%</td></tr>
<tr><td rowspan="2">垂直向高程</td><td>压力管道</td><td>±1/2倍D_i</td><td>检查5点，合格5点。见施工测量记录编号××。</td><td>合格100%</td></tr>
<tr><td>无压管道</td><td>±20</td><td>/</td><td>/</td></tr>
<tr><td rowspan="3">6</td><td rowspan="3">管道位置</td><td colspan="2">水平轴线</td><td>1/2倍D_i</td><td>检查6点，合格6点。见施工测量记录编号××。</td><td>合格100%</td></tr>
<tr><td rowspan="2">管道内底高程</td><td>压力管道</td><td>±1/2倍D_i</td><td>检查7点，合格7点。见施工测量记录编号××。</td><td>合格100%</td></tr>
<tr><td>无压管道</td><td>+20mm，−30mm</td><td>/</td><td>/</td></tr>
<tr><td rowspan="2">7</td><td rowspan="2">控制井</td><td colspan="2">井中心轴向、横向位置</td><td>20mm</td><td>检查6点，合格6点。见施工测量记录编号××。</td><td>合格100%</td></tr>
<tr><td colspan="2">井内洞口中心位置</td><td>20mm</td><td>检查6点，合格6点。见施工测量记录编号××。</td><td>合格100%</td></tr>
<tr><td colspan="2">施工单位检验结论</td><td colspan="6">本单元工程主控项目质量全部符合要求，一般项目单项检验点合格率最小为100%，且不合格点不集中分布，单元工程质量合格。
质量责任人（签字）：×××
现场管理机构（盖章）：筑业××工程有限公司 ××高标准农田建设项目经理部
2026年×月×日</td></tr>
<tr><td colspan="2">监理单位验收结论</td><td colspan="6">本单元工程主控项目全部/~~部分~~符合要求，一般项目单项检验点合格率最小为100%，且不合格点不集中/~~集中~~分布，单元工程质量合格/~~不合格~~，同意/~~不同意~~通过验收。
监理工程师（签字）：×××
现场监理机构（盖章）：××建设监理有限公司 ××高标准农田建设项目监理部
2026年×月×日</td></tr>
</table>

3.3.1.2-74　定向穿越单元工程质量验收记录

填表说明

一、依据标准

《给水排水管道工程施工及验收规范》GB 50268—2008。

二、单元工程划分

宜以100m为一个单元工程。

三、标准规定

主控项目

6.7.12　定向钻施工管道应符合下列规定：

1　管节、防腐层等工程材料的产品质量应符合国家相关标准的规定和设计要求。

检查方法：检查产品质量保证资料；检查产品进场验收记录。

2　管节组对拼接、钢管外防腐层（包括焊口补口）的质量经检验（验收）合格。

检查方法：管节及接口全数观察；按本规范第5章的相关规定进行检查。

3　钢管接口焊接、聚乙烯管、聚丙烯管接口熔焊检验符合设计要求，管道预水压试验合格。

检查方法：接口逐个观察；检查焊接检验报告和管道预水压试验记录，其中管道预水压试验应按本规范第7.1.7条第7款的规定执行。

4　管段回拖后的线形应平顺、无突变、变形现象，实际曲率半径符合设计要求。

检查方法：观察；检查钻进、扩孔、回拖施工记录、探测记录。

一般项目

5　导向孔钻进、扩孔、管段回拖及钻进泥浆（液）等符合施工方案要求。

检查方法：检查施工方案，检查相关施工记录和泥浆（液）性能检验记录。

6　管段回拖力、扭矩、回拖速度等应符合施工方案要求，回拖力无突升或突降现象。

检查方法：观察；检查施工方案，检查回拖记录。

7　布管和发送管段时，钢管防腐层无损伤，管段无变形；回拖后拉出暴露的管段防腐层结构应完整、附着紧密。

检查方法：观察。

8　定向钻施工管道的允许偏差应符合表6.7.12的规定。

表6.7.12　定向钻施工管道的允许偏差

<table>
<tr><th rowspan="2">序号</th><th rowspan="2" colspan="3">检查项目</th><th rowspan="2">允许偏差（mm）</th><th colspan="2">检验数量</th><th rowspan="2">检查方法</th></tr>
<tr><th>范围</th><th>点数</th></tr>
<tr><td rowspan="2">1</td><td rowspan="2">入土点位置</td><td colspan="2">平面轴向、平面横向</td><td>20</td><td rowspan="6">每入、出土点</td><td rowspan="6">各1点</td><td rowspan="6">用经纬仪、水准仪测量、用钢尺量测</td></tr>
<tr><td colspan="2">垂直向高程</td><td>±20</td></tr>
<tr><td rowspan="4">2</td><td rowspan="4">出土点位置</td><td colspan="2">平面轴向</td><td>500</td></tr>
<tr><td colspan="2">平面横向</td><td>1/2倍D_i</td></tr>
<tr><td rowspan="2">垂直向高程</td><td>压力管道</td><td>±1/2倍D_i</td></tr>
<tr><td>无压管道</td><td>±20</td></tr>
<tr><td rowspan="3">3</td><td rowspan="3">管道位置</td><td colspan="2">水平轴线</td><td>1/2倍D_i</td><td rowspan="3">每节管</td><td rowspan="3">不少于1点</td><td rowspan="3">用导向探测仪检查</td></tr>
<tr><td rowspan="2">管道内底高程</td><td>压力管道</td><td>±1/2倍D_i</td></tr>
<tr><td>无压管道</td><td>+20，−30</td></tr>
<tr><td rowspan="2">4</td><td rowspan="2">控制井</td><td colspan="2">井中心轴向、横向位置</td><td>20</td><td rowspan="2">每座</td><td rowspan="2">各1点</td><td rowspan="2">用经纬仪、水准仪测量、钢尺量测</td></tr>
<tr><td colspan="2">井内洞口中心位置</td><td>20</td></tr>
</table>

注：D_i为管道内径（mm）。

××高标准农田建设项目工程

3.3.1.2-75　顶管法洞室开挖单元工程质量验收记录

编号：××

单项工程名称	灌溉与排水工程	施工日期	2026年×月×日—2026年×月×日
单位工程名称	输配水工程	施工单位	筑业××工程有限公司
分部工程名称	管道	单元工程量	188m³
单元工程名称/部位	2#输水管道 桩号：K1＋500～K1＋530	验收依据	《水利水电工程单元工程施工质量验收标准 第1部分：土石方工程》SL/T 631.1—2025

项次		检查项目	质量标准	施工单位检查记录	监理单位验收意见
主控项目	1	管节及附件质量	管节及附件的原材料符合有关标准要求，管节制作、防腐质量符合设计要求 （见附加说明）	管节及附件原材料质量证明文件齐全、有效。管节制作外观无裂缝、砂眼，防腐层厚度均匀。见进场验收记录编号××、检验报告编号××。	合格
	2	成型管道轴线	直线顶管最大允许偏差为±50mm；曲线顶管最大允许偏差为±150mm	检查4点，合格4点。见测量记录编号××。	合格 100%
	3	管节接口端部	端部结构型式符合设计要求；应无破损、顶裂现象，接口处无滴漏 （见附加说明）	端部结构型式为F形接口，符合设计要求；外观无破损、顶裂现象，接口处无漏浆。	合格
	4	管节接口	橡胶圈安装位置正确，无位移、脱落现象；钢管接口的焊接质量符合设计要求 （见附加说明）	橡胶圈安装位置准确，无位移、脱落现象；焊缝探伤检测合格。见钢管接口焊接检验报告编号××。	合格
	5	管节错口及间隙	相邻管节错口允许偏差：钢管和玻璃钢管不大于2mm，钢筋混凝土管15%壁厚，且不大于20mm；钢筋混凝土管曲线顶管相邻管节接口的最大间隙与最小间隙之差的最大允许偏差为±2ΔS	检查3点，合格3点。见测量记录编号××。	合格 100%
	6	坡度和曲率	无压管道的管底坡度无明显反坡现象；曲线顶管的实际曲率半径符合设计要求	采用水准仪、测斜仪测量，无压管道坡度偏差在±0.3%以内，曲线顶管曲率与设计曲率偏差为0.05‰，符合要求。	合格

××高标准农田建设项目工程

3.3.1.2-75　顶管法洞室开挖单元工程质量验收记录（续表）

编号：××

项次		检查项目	质量标准	施工单位检查记录	监理单位验收意见
一般项目	1	成型管道外观	线形平顺，无突变、变形现象；外观质量缺陷应修补，表面光洁；管道无明显渗水和水珠现象；对顶时两端错口最大允许偏差为±50mm	线形平顺，无突变、变形现象；管壁无裂缝、破损，管道无明显渗水、水珠，对临时密封端口最大允许偏差为20mm。见施工记录编号××。	合格
	2	管节与工作井洞口结构	结构符合设计要求，洞口无明显渗漏水 （见附加说明）	结构符合要求，洞口无明显渗漏水。见施工记录编号××。	合格
	3	防腐层	焊接部位的内外防腐层质量符合设计要求 （见附加说明）	焊接部位内外防腐层厚度为3.2mm，电火花检测无漏电现象。见防腐质量检测报告编号××。	合格
	4	泥浆置换	顶管结束后应按设计要求置换触变泥浆 （见附加说明）	符合要求。见施工记录编号××。	合格
施工单位检验结论		本单元工程主控项目质量全部符合要求，一般项目单项检验点合格率最小为 / %，且不合格点不集中分布，单元工程质量合格。 质量责任人（签字）：××× 现场管理机构（盖章）：筑业××工程有限公司 ××高标准农田建设项目经理部 2026年×月×日			
监理单位验收结论		本单元工程主控项目全部/~~部分~~符合要求，一般项目单项检验点合格率最小为 / %，且不合格点不集中/~~集中~~分布，单元工程质量合格/~~不合格~~，同意/~~不同意~~通过验收。 监理工程师（签字）：××× 现场监理机构（盖章）：××建设监理有限公司 ××高标准农田建设项目监理部 2026年×月×日			

3.3.1.2-75 顶管法洞室开挖单元工程质量验收记录填表说明

一、依据标准

《水利水电工程单元工程施工质量验收标准 第1部分：土石方工程》SL/T 631.1—2025。

二、单元工程划分

宜以每班完成量或每10个管节划分为一个单元工程。

三、标准规定

表5.4.3 顶管法洞室开挖单元工程施工质量验收标准

项次		检查项目	检验方法	检验数量
主控项目	1	管节及附件质量	观察，查阅质量证明文件和检验报告	全部
	2	成型管道轴线	量测	每单元不少于3个点
	3	管节接口端部	观察	全部
	4	管节接口	观察，查阅钢管接口焊接检验报告	全部
	5	管节错口及间隙	量测	每10环抽检1环
	6	坡度和曲率	观察、量测	全部
一般项目	1	成型管道外观	观察	全部
	2	管节与工作井洞口结构	观察	全部
	3	防腐层	观察，查阅防腐质量检测报告，量测	全部
	4	泥浆置换	观察，查阅施工记录	全部

××高标准农田建设项目 工程

3.3.1.2-76 阀门井、检查井单元工程质量验收记录

编号：××

<table>
<tr><td colspan="2">单项工程名称</td><td colspan="3">灌溉与排水工程</td><td>施工日期</td><td colspan="2">2026年×月×日—2026年×月×日</td></tr>
<tr><td colspan="2">单位工程名称</td><td colspan="3">田间灌溉工程</td><td>施工单位</td><td colspan="2">筑业××工程有限公司</td></tr>
<tr><td colspan="2">分部工程名称</td><td colspan="3">管道输水灌溉</td><td>单元工程量</td><td colspan="2">1座</td></tr>
<tr><td colspan="2">单元工程名称/部位</td><td colspan="3">1#检查井</td><td>验收依据</td><td colspan="2">《灌溉与排水工程施工质量评定规程》SL 703—2015</td></tr>
<tr><td colspan="2">项次</td><td>检查项目</td><td colspan="2">质量标准</td><td colspan="2">施工单位检查记录</td><td>监理单位验收意见</td></tr>
<tr><td rowspan="6">主控项目</td><td>1</td><td>砖、砂浆质量</td><td colspan="2">砖、砂浆强度等级符合设计要求（见附加说明）</td><td colspan="2">材料质量证明文件齐全、有效。见进场验收记录编号××。</td><td>合格</td></tr>
<tr><td>2</td><td>砌筑方法</td><td colspan="2">砌法正确、上下错缝内外搭砌</td><td colspan="2">砌法正确、上下错缝内外搭砌。</td><td>合格</td></tr>
<tr><td>3</td><td>埋件、预留孔</td><td colspan="2">位置、尺寸符合设计要求（见附加说明）</td><td colspan="2">符合要求。见施工记录编号××。</td><td>合格</td></tr>
<tr><td>4</td><td>砌缝</td><td colspan="2">砂浆饱满、灰缝平整</td><td colspan="2">砂浆饱满、灰缝平整。</td><td>合格</td></tr>
<tr><td>5</td><td>砂浆抹面</td><td colspan="2">抹面无空鼓、裂缝</td><td colspan="2">无空鼓、裂缝等现象。</td><td>合格</td></tr>
<tr><td>6</td><td>控制阀门</td><td colspan="2">阀门启闭灵活，密封良好</td><td colspan="2">阀门启闭灵活，密封良好。</td><td>合格</td></tr>
<tr><td rowspan="3">一般项目</td><td>1</td><td>阀门井、检查井尺寸</td><td colspan="2">允许偏差：±20mm</td><td colspan="2">检查8点，合格7点。见施工记录编号××。</td><td>合格
87.5%</td></tr>
<tr><td rowspan="2">2</td><td rowspan="2">井盖与地面高程差</td><td>非路面</td><td>允许偏差：±20mm</td><td colspan="2">检查8点，合格7点。见施工记录编号××。</td><td>合格
87.5%</td></tr>
<tr><td>路面</td><td>允许偏差：±5mm</td><td colspan="2">/</td><td>/</td></tr>
<tr><td colspan="2">施工单位检验结论</td><td colspan="6">本单元工程主控项目质量全部符合要求，一般项目单项检验点合格率最小为87.5%，且不合格点不集中分布，单元工程质量合格。
质量责任人（签字）：×××
现场管理机构（盖章）：筑业××工程有限公司 ××高标准农田建设项目经理部
2026年×月×日</td></tr>
<tr><td colspan="2">监理单位验收结论</td><td colspan="6">本单元工程主控项目全部/~~部分~~符合要求，一般项目单项检验点合格率最小为87.5%，且不合格点不集中/~~集中~~分布，单元工程质量合格/~~不合格~~，同意/~~不同意~~通过验收。
监理工程师（签字）：×××
现场监理机构（盖章）：××建设监理有限公司 ××高标准农田建设项目监理部
2026年×月×日</td></tr>
</table>

3.3.1.2-76 阀门井、检查井单元工程质量验收记录填表说明

一、依据标准

《灌溉与排水工程施工质量评定规程》SL 703—2015。

二、单元工程划分

宜以一个轮灌组内的阀门井或检查井划分为一个单元工程。

三、标准规定

表 4.16.3 阀门井、检查井施工质量标准

项次		检查项目	检验方法	检验数量
主控项目	1	砖、砂浆质量	观察、查阅检验记录	全数检查
	2	砌筑方法	观察	全数检查
	3	埋件、预留孔	观察	全数检查
	4	砌缝	观察、查阅施工记录	全数检查
	5	砂浆抹面	观察、查阅施工记录	全数检查
	6	控制阀门	观察、操作及查阅产品证明	全数检查
一般项目	1	阀门井、检查井尺寸	使用钢尺、全站仪	每单元检测不少于3眼
	2	井盖与地面高程差	使用钢尺、全站仪、水准仪	每单元检测不少于3眼

<u>××高标准农田建设项目</u>工程

3.3.1.2-77　输水管道的管床及镇墩、支墩单元工程质量验收记录

编号：××

<table>
<tr><td colspan="3">单项工程名称</td><td>灌溉与排水工程</td><td>施工日期</td><td colspan="2">2026年×月×日—2026年×月×日</td></tr>
<tr><td colspan="3">单位工程名称</td><td>田间灌溉工程</td><td>施工单位</td><td colspan="2">筑业××工程有限公司</td></tr>
<tr><td colspan="3">分部工程名称</td><td>管道输水灌溉</td><td>单元工程量</td><td colspan="2">6m³</td></tr>
<tr><td colspan="3">单元工程名称/部位</td><td>3#支管镇墩</td><td>验收依据</td><td colspan="2">《水利泵站施工及验收标准》GB/T 51033—2024</td></tr>
<tr><td colspan="2">项次</td><td>检查项目</td><td>质量标准</td><td colspan="2">施工单位检查记录</td><td>监理单位验收意见</td></tr>
<tr><td rowspan="2">主控项目</td><td>1</td><td>输水管道的管床基槽施工</td><td>符合设计要求
（见附加说明）</td><td colspan="2">符合要求。见施工记录编号××。</td><td>合格</td></tr>
<tr><td>2</td><td>管床基础</td><td>应修整平直，排除积水，不应欠挖和超挖</td><td colspan="2">管床基础修整平直，排除积水，无欠挖、超挖情况。</td><td>合格</td></tr>
<tr><td rowspan="3">一般项目</td><td>1</td><td>管床护砌坡度</td><td>应符合设计要求，坡面平顺、无明显凸凹现象。砌石衬砌可按本规范附录G的规定执行
（见附加说明）</td><td colspan="2">坡面平顺、无明显凸凹现象。见施工记录编号××。</td><td>合格</td></tr>
<tr><td>2</td><td>镇墩、支墩基础施工</td><td>符合设计要求
（见附加说明）</td><td colspan="2">符合要求。见施工记录编号××。</td><td>合格</td></tr>
<tr><td>3</td><td>镇墩、支墩墩体的施工</td><td>符合设计要求
（见附加说明）</td><td colspan="2">符合要求。见施工记录编号××。</td><td>合格</td></tr>
<tr><td colspan="3">施工单位检验结论</td><td colspan="4">本单元工程主控项目质量全部符合要求，一般项目单项检验点合格率最小为 <u>/</u> %，且不合格点不集中分布，单元工程质量合格。

筑业××工程有限公司
质量责任人（签字）：×××
现场管理机构（盖章）：××高标准农田建设项目经理部
2026年×月×日</td></tr>
<tr><td colspan="3">监理单位验收结论</td><td colspan="4">本单元工程主控项目<u>全部</u>/~~部分~~符合要求，一般项目单项检验点合格率最小为 <u>/</u> %，且不合格点<u>不集中</u>/~~集中~~分布，单元工程质量<u>合格</u>/~~不合格~~，<u>同意</u>/~~不同意~~通过验收。

××建设监理有限公司
监理工程师（签字）：×××
现场监理机构（盖章）：××高标准农田建设项目监理部
2026年×月×日</td></tr>
</table>

3.3.1.2-77 输水管道的管床及镇墩、支墩单元工程质量验收记录填表说明

一、依据标准

《水利泵站施工及验收标准》GB/T 51033—2024。

二、单元工程划分

宜以施工检查验收的段或条划分，每一段或条划分为一个单元工程。

三、标准规定

6.4.1 出水管道的管床基槽施工应符合下列规定：

1 土基管床开挖施工应按本标准第 4.3 节的有关规定执行。土坡开挖尺寸应符合设计要求，槽基面应设置排水沟；不回填土的管槽面应按照设计要求设置永久性排水系统；有地下水溢出的坡面应做好导渗工作。

2 管床基土为填方时，应分层夯实。不宜采用膨胀土作为填土的土料，若需采用时，应按本标准第 4.5.2 条的规定执行。

3 岩石管床开挖施工可按现行行业标准《水工建筑物岩石地基开挖施工技术规范》SL 47 的规定执行。

6.4.2 管床基础应修整平直，并应排除积水，不应欠挖和超挖。有局部超挖应回填压实至接近天然密实度。遇软弱地基应采取加固措施。

6.4.3 管床护砌坡度应符合设计要求，坡面应平顺、无明显凸凹现象。砌石、预制块衬砌可按本标准附录 G 的规定执行。

6.4.4 镇墩、支墩基础施工应符合下列规定：

1 基础开挖应按本标准第 4.3 节的有关规定执行；

2 对有软弱夹层的地基应会同设计验算地基内部发生深层滑动的可能，可能发生深层滑动时应按设计要求处理；

3 软地基上的镇墩底面应在冻土层以下。

6.4.5 镇墩、支墩墩体施工应符合下列规定：

1 混凝土镇墩、支墩浇筑时，混凝土强度等级应符合设计要求，当设计未作规定时不应低于 C20，并应保证混凝土抗冻等级；每个镇墩、支墩应一次浇筑完成，表面应平整、密实、光滑。

2 砌石镇墩、支墩砌筑时，水泥砂浆强度等级应符合设计要求，当设计未规定时不应低于 M7.5；灰缝应饱满且无通缝现象，表面应平整、密实，原状土与墩体之间应采用砂浆填塞。

3 镇墩、支墩支承面应与管道外壁接触紧密。

4 镇墩、支墩施工完成后，应加强位移、沉降观测，若发现异常应及时处理。

×× 高标准农田建设项目 工程

3.3.1.2-78 管道土方回填单元工程质量验收记录

编号：××

<table>
<tr><td colspan="3">单项工程名称</td><td>灌溉与排水工程</td><td>施工日期</td><td colspan="2">2026年×月×日—2026年×月×日</td></tr>
<tr><td colspan="3">单位工程名称</td><td>田间灌溉工程</td><td>施工单位</td><td colspan="2">筑业××工程有限公司</td></tr>
<tr><td colspan="3">分部工程名称</td><td>管道输水灌溉</td><td>单元工程量</td><td colspan="2">164m</td></tr>
<tr><td colspan="3">单元工程名称/部位</td><td>7#分支管</td><td>验收依据</td><td colspan="2">《灌溉与排水工程施工质量评定规程》SL 703—2015</td></tr>
<tr><td colspan="2">项次</td><td>检查项目</td><td>质量标准</td><td colspan="2">施工单位检查记录</td><td>监理单位验收意见</td></tr>
<tr><td rowspan="2">主控项目</td><td>1</td><td>填筑土料</td><td>符合设计要求，不含杂物、直径大于25mm的石块和直径大于50mm的土块（见附加说明）</td><td colspan="2">无杂物、直径大于25mm的石块和直径大于50mm的土块。见施工记录编号××。</td><td>合格</td></tr>
<tr><td>2</td><td>管槽回填</td><td>按压实工具确定分层铺填，管道基面至管顶以上15cm内必须人工回填，压实指标符合设计要求（设计值：××）</td><td colspan="2">采用挖机分层铺填，每层30cm，使用蛙式打夯机进行压实，压实度为××。见检测记录编号××。</td><td>合格</td></tr>
<tr><td rowspan="2">一般项目</td><td>1</td><td>预留沉陷超高</td><td>符合设计要求（设计值：××）</td><td colspan="2">符合要求。见施工记录编号××。</td><td>合格</td></tr>
<tr><td>2</td><td>回填作业要求</td><td>符合设计要求（见附加说明）</td><td colspan="2">符合要求。见施工记录编号××。</td><td>合格</td></tr>
<tr><td colspan="3">施工单位检验结论</td><td colspan="4">本单元工程主控项目质量全部符合要求，一般项目单项检验点合格率最小为 / %，且不合格点不集中分布，单元工程质量合格。
质量责任人（签字）：×××
现场管理机构（盖章）：筑业××工程有限公司 ××高标准农田建设项目经理部
2026年×月×日</td></tr>
<tr><td colspan="3">监理单位验收结论</td><td colspan="4">本单元工程主控项目全部/~~部分~~符合要求，一般项目单项检验点合格率最小为 / %，且不合格点不集中/~~集中~~分布，单元工程质量合格/~~不合格~~，同意/~~不同意~~通过验收。
监理工程师（签字）：×××
现场监理机构（盖章）：××建设监理有限公司 ××高标准农田建设项目监理部
2026年×月×日</td></tr>
</table>

3.3.1.2-78　管道土方回填单元工程质量验收记录

填表说明

一、依据标准

《灌溉与排水工程施工质量评定规程》SL 703—2015。

二、单元工程划分

宜以施工检查验收的段或条划分，每一段或条划分为一个单元工程。

三、标准规定

表 4.5.3　管道土方回填施工质量标准

项次		检查项目	检验方法	检验数量
主控项目	1	填筑土料	观察，量测、查阅检验资料、施工记录	全数检查
	2	管槽回填	观察	全数检查
一般项目	1	预留沉陷超高	观察	全数检查
	2	回填作业要求	观察	全数检查

××高标准农田建设项目　　　工程

3.3.1.2-79　预应力钢筒混凝土管安装单元工程质量验收记录

编号：××

<table>
<tr><td>单项工程名称</td><td>灌溉与排水工程</td><td>施工日期</td><td>2026年×月×日—2026年×月×日</td></tr>
<tr><td>单位工程名称</td><td>输配水工程</td><td>施工单位</td><td>筑业××工程有限公司</td></tr>
<tr><td>分部工程名称</td><td>管道</td><td>单元工程量</td><td>10根</td></tr>
<tr><td>单元工程名称/部位</td><td>1#输水管道
桩号：K2＋660～K2＋720</td><td>验收依据</td><td>《水利水电工程单元工程施工质量验收标准 第2部分：混凝土工程》SL/T 631.2—2025</td></tr>
</table>

<table>
<tr><td colspan="2">项次</td><td colspan="4">检查项目</td><td>质量标准</td><td>施工单位检查记录</td><td>监理单位验收意见</td></tr>
<tr><td rowspan="4">主控项目</td><td>1</td><td colspan="4">管道基础</td><td>符合设计要求（见附加说明）</td><td>符合要求。见施工记录编号××。</td><td>合格</td></tr>
<tr><td>2</td><td colspan="4">预应力钢筒混凝土管及防腐处理</td><td>符合设计要求，已通过进场验收（见附加说明）</td><td>符合要求。见验收记录编号××。</td><td>合格</td></tr>
<tr><td>3</td><td colspan="4">管道配件、橡胶圈、柔性填缝材料、接头防腐材料、阴极保护材料、设备等质量</td><td>符合设计要求及国家相关标准（见附加说明）</td><td>符合要求。见检测报告编号××。</td><td>合格</td></tr>
<tr><td>4</td><td colspan="4">接头水压试验</td><td>允许压力降值符合设计要求（见附加说明）</td><td>符合要求。见测试记录编号××</td><td>合格</td></tr>
<tr><td rowspan="13">一般项目</td><td>1</td><td colspan="4">管件标识</td><td>重要受力预制构件应在明显部位标明构件名称、规格、型号、生产单位、生产日期和质量验收标志等</td><td>在明显部位标明构件名称、规格、型号、生产单位、生产日期和质量验收标志等。见影像记录编号××。</td><td>合格</td></tr>
<tr><td rowspan="6">2</td><td rowspan="6">管道敷设</td><td rowspan="2" colspan="2">水平轴线</td><td>无压管道</td><td>允许偏差为15mm</td><td>/</td><td>/</td></tr>
<tr><td>有压管道</td><td>允许偏差为30mm</td><td>检查10个点，合格9个点。见测量记录编号××。</td><td>合格
90.0%</td></tr>
<tr><td rowspan="4">管底高程</td><td rowspan="2">D_i≤1000mm</td><td>无压管道</td><td>尺寸的最大允许偏差为±10mm</td><td>/</td><td>/</td></tr>
<tr><td>有压管道</td><td>尺寸的最大允许偏差为±30mm</td><td>检查10个点，合格9个点。见测量记录编号××。</td><td>合格
90.0%</td></tr>
<tr><td rowspan="2">D_i＞1000mm</td><td>无压管道</td><td>尺寸的最大允许偏差为±15mm</td><td>/</td><td>/</td></tr>
<tr><td>有压管道</td><td>尺寸的最大允许偏差为±30mm</td><td>/</td><td>/</td></tr>
<tr><td rowspan="6">3</td><td rowspan="6">管道接头（合拢）</td><td colspan="3">接头橡胶圈安装</td><td>应安装在插口环的凹槽内</td><td>共20个接头，合格19个接头。见施工记录编号××。</td><td>合格
95.0%</td></tr>
<tr><td rowspan="2" colspan="2">接头轴向最小间隙</td><td>直线段</td><td>10mm</td><td>共10个接头，合格9个接头。见施工记录编号××。</td><td>合格
90.0%</td></tr>
<tr><td>转角管道</td><td>5mm</td><td>共10个接头，合格8个接头。见施工记录编号××</td><td>合格
80.0%</td></tr>
<tr><td rowspan="3">接头轴向最大间隙</td><td rowspan="2">内衬式管</td><td>单胶圈</td><td>15mm</td><td>/</td><td>/</td></tr>
<tr><td>双胶圈</td><td>25mm</td><td>/</td><td>/</td></tr>
<tr><td colspan="2">埋置式管单、双胶圈</td><td>25mm</td><td>共20个接头，合格19个接头。见施工记录。</td><td>合格
95.0%</td></tr>
</table>

××高标准农田建设项目 工程

3.3.1.2-79 预应力钢筒混凝土管安装单元工程质量验收记录（续表）

编号：××

项次			检查项目	质量标准	施工单位检查记录	监理单位验收意见
一般项目	3	管道接头（合拢）	曲线铺设：接头的最大允许偏转角	符合设计要求（见附加说明）	共10个接头，合格9个接头。见施工记录编号××。	合格 90.0%
			接头内、外缝间隙填充	符合设计要求（见附加说明）	符合要求。见施工记录编号××。	合格
			合拢位置	不应在管道转折处	合拢位置不在管道转折处。见影像记录编号××。	合格
			焊缝质量	焊缝无损检测合格，外观质量符合规范要求	焊缝无损检测合格，外观质量符合要求。见检测报告编号××。	合格
			合拢焊接施工	不应在当日高温时段进行	符合要求。见施工记录编号××。	合格
			接头（合拢）防腐涂层厚度	符合设计要求（设计值：××）	符合要求。见检测报告编号××。	合格
	4	阴极保护	管道系统的电绝缘性、电连续性	满足阴极保护的要求	符合要求。见测试记录编号××。	合格
			极化电位、极化值	符合设计及规范要求（见附加说明）	符合要求。见测试记录编号××。	合格
			阳极安装	棒状阳极埋设深度不小于1m，且在冻土深度以下；河床中的阳极应避免洪水冲刷和河床清淤损坏。带状阳极应与管道同沟敷设或缠绕敷设	共10根，合格9根。见隐蔽工程验收记录编号××。	合格 90.0%
			辅助阳极安装	应在管道四周均匀对称布置，且与管道同沟敷设，距离管道外壁应大于0.3m	共10根，合格9根。见隐蔽工程验收记录编号××。	合格 90.0%
			与管道连接点防腐处理	符合设计要求（见附加说明）	符合要求。见施工记录编号××、测试记录编号××。	合格
施工单位检验结论			本单元工程主控项目质量全部符合要求，一般项目单项检验点合格率最小为80.0%，且不合格点不集中分布，单元工程质量合格。 质量责任人（签字）：××× 现场管理机构（盖章）：筑业××工程有限公司 ××高标准农田建设项目经理部 2026年×月×日			
监理单位验收结论			本单元工程主控项目全部/~~部分~~符合要求，一般项目单项检验点合格率最小为80.0%，且不合格点不集中/~~集中~~分布，单元工程质量合格/~~不合格~~，同意/~~不同意~~通过验收。 监理工程师（签字）：××× 现场监理机构（盖章）：××建设监理有限公司 ××高标准农田建设项目监理部 2026年×月×日			

3.3.1.2-79 预应力钢筒混凝土管安装单元工程质量验收记录填表说明

一、依据标准

《水利水电工程单元工程施工质量验收标准 第2部分：混凝土工程》SL/T 631.2—2025。

二、单元工程划分

宜以每一次检查验收的根、组、批，或者按照安装的桩号、高程区间划分为一个单元工程。

三、标准规定

表 9.3.2 预应力钢筒混凝土管安装单元工程施工质量验收标准

项次			检查项目	检验方法	检验数量
主控项目	1		管道基础	观察，查阅施工记录	全部
	2		预应力钢筒混凝土管及防腐处理	观察，查阅验收记录	全部
	3		管道配件、橡胶圈、柔性填缝材料、接头防腐材料、阴极保护材料、设备等质量	观察，查阅检测报告	全部
	4		接头水压试验	量测	全数
一般项目	1		管件标识	观察	全部
	2		管道敷设	量测	每节管检测1个点
	3	管道接头（合拢）	接头橡胶圈安装	量测	每接头
			接头轴向最小间隙	量测	每接头
			接头轴向最大间隙	量测	每接头
			曲线铺设	量测	每接头
			接头内、外缝间隙填充	观察	每接头
			合拢位置	观察	全部
			焊缝质量	观察、量测	全部
			合拢焊接施工	查阅施工记录	全部
			接头（合拢）防腐涂层厚度	无损涂层厚度仪检测或破损后检测	每接头
	4	阴极保护	管道系统的电绝缘性、电连续性	量测	全数
			极化电位、极化值	埋地钢质管道阴极保护参数测试方法	全部
			阳极安装	量测	全数
			辅助阳极安装	量测	全数
			与管道连接点防腐处理	查阅施工及测试记录	全部

注：D_i——管道内径。

××高标准农田建设项目 工程

3.3.1.2-80　人工及其他机械洞室开挖单元工程质量验收记录

编号：××

<table>
<tr><td colspan="3">单项工程名称</td><td colspan="2">灌溉与排水工程</td><td>施工日期</td><td colspan="2">2026年×月×日—2026年×月×日</td></tr>
<tr><td colspan="3">单位工程名称</td><td colspan="2">渠系建筑物工程</td><td>施工单位</td><td colspan="2">筑业××工程有限公司</td></tr>
<tr><td colspan="3">分部工程名称</td><td colspan="2">涵洞</td><td>单元工程量</td><td colspan="2">261m³</td></tr>
<tr><td colspan="3">单元工程名称/部位</td><td colspan="2">1#过渠涵洞</td><td>验收依据</td><td colspan="2">《水利水电工程单元工程施工质量验收标准 第1部分：土石方工程》SL/T 631.1—2025</td></tr>
<tr><td colspan="2">项次</td><td>检查项目</td><td colspan="2">质量标准</td><td colspan="2">施工单位检查记录</td><td>监理单位验收意见</td></tr>
<tr><td rowspan="2">主控项目</td><td>1</td><td>地质缺陷处理结果</td><td colspan="2">符合设计要求，并经验收合格（见附加说明）</td><td colspan="2">淤泥已经按照设计要求全部清除；地质探孔在0＋110处，孔直径1.5m，采用回填灌浆进行了处理，现场无渗水情况。见施工记录编号××</td><td>合格</td></tr>
<tr><td>2</td><td>成洞、井轴线</td><td colspan="2">最大允许偏差为±15cm</td><td colspan="2">检查6点，实测偏差（cm）：14，2，−7，14，5，8。</td><td>合格
100%</td></tr>
<tr><td rowspan="2">一般项目</td><td rowspan="2">1</td><td rowspan="2">轮廓线（壁面）超、欠挖</td><td>无结构要求</td><td>允许偏差为：
岩质−10cm～20cm
土质0～10cm</td><td colspan="2">/</td><td>/</td></tr>
<tr><td>有结构要求</td><td>允许偏差为：
岩质0～20cm
土质0～10cm√
（设计值：180.000m）</td><td colspan="2">检查10点，合格8点。见测量记录编号××。</td><td>合格
80.0%</td></tr>
<tr><td colspan="3">施工单位检验结论</td><td colspan="5">本单元工程主控项目质量全部符合要求，一般项目单项检验点合格率最小为80.0%，且不合格点不集中分布，单元工程质量合格。

质量责任人（签字）：×××
现场管理机构（盖章）：筑业××工程有限公司 ××高标准农田建设项目经理部
2026年×月×日</td></tr>
<tr><td colspan="3">监理单位验收结论</td><td colspan="5">本单元工程主控项目全部/~~部分~~符合要求，一般项目单项检验点合格率最小为80.0%，且不合格点不集中/~~集中~~分布，单元工程质量合格/~~不合格~~，同意/~~不同意~~通过验收。

监理工程师（签字）：×××
现场监理机构（盖章）：××建设监理有限公司 ××高标准农田建设项目监理部
2026年×月×日</td></tr>
</table>

3.3.1.2-80　人工及其他机械洞室开挖单元工程质量验收记录

填表说明

一、依据标准

《水利水电工程单元工程施工质量验收标准 第1部分：土石方工程》SL/T 631.1—2025。

二、单元工程划分

宜为区分不同的围岩类型，以工程设计结构或施工检查验收的区、段划分，每一区、段划分为一个单元工程。

三、标准规定

表5.5.2　人工及其他机械洞室开挖单元工程施工质量验收标准

项次		检查项目	检验方法	检验数量
主控项目	1	地质缺陷处理结果	查阅施工记录及验收资料	全部
	2	成洞、井轴线	量测	每单元不少于2次
一般项目	1	轮廓线（壁面）超、欠挖	观察、量测	每5m一个断面，不少于3个断面；断面内点间距不大于2m，局部突出或凹陷部位（面积在0.5m²以上者）应增设检测点
注：数字前面的负号表示欠挖。				

<u>××高标准农田建设项目</u>工程

3.3.1.2-81　流速仪量水单元工程质量验收记录

编号：××

<table>
<tr><td colspan="3">单项工程名称</td><td colspan="2">灌溉与排水工程</td><td>施工日期</td><td colspan="2">2026年×月×日—2026年×月×日</td></tr>
<tr><td colspan="3">单位工程名称</td><td colspan="2">渠系建筑物工程</td><td>施工单位</td><td colspan="2">筑业××工程有限公司</td></tr>
<tr><td colspan="3">分部工程名称</td><td colspan="2">量水设施</td><td>单元工程量</td><td colspan="2">1台</td></tr>
<tr><td colspan="3">单元工程名称/部位</td><td colspan="2">流速仪量水设施</td><td>验收依据</td><td colspan="2">《灌溉渠道系统量水规范》GB/T 21303—2017</td></tr>
<tr><td colspan="2">项次</td><td colspan="2">检查项目</td><td>质量标准</td><td colspan="2">施工单位检查记录</td><td>监理单位验收意见</td></tr>
<tr><td rowspan="2">主控项目</td><td>1</td><td colspan="2">流速仪测流</td><td>第7.1.1条</td><td colspan="2">符合要求。见测试记录编号××。</td><td>合格</td></tr>
<tr><td>2</td><td colspan="2">测流断面</td><td>第7.1.2条</td><td colspan="2">渠段平直，水流均匀，纵横断面比较规则、稳定。</td><td>合格</td></tr>
<tr><td rowspan="4">一般项目</td><td>1</td><td colspan="2">垂线布设</td><td>第7.2节</td><td colspan="2">符合要求。见施工记录编号××。</td><td>合格</td></tr>
<tr><td rowspan="2">2</td><td rowspan="2">断面测量</td><td>测深垂线间距测量</td><td>第7.3.1条</td><td colspan="2">符合要求。见施工记录编号××。</td><td>合格</td></tr>
<tr><td>水深测量</td><td>第7.3.2条</td><td colspan="2">符合要求。见施工记录编号××。</td><td>合格</td></tr>
<tr><td>3</td><td colspan="2">流速测量</td><td>第7.4.3条</td><td colspan="2">检查5点，合格5点。见测量记录编号××。</td><td>合格
100%</td></tr>
<tr><td colspan="2">施工单位检验结论</td><td colspan="6">本单元工程主控项目质量全部符合要求，一般项目单项检验点合格率最小为<u>100%</u>，且不合格点不集中分布，单元工程质量合格。
质量责任人（签字）：×××
现场管理机构（盖章）：筑业××工程有限公司 ××高标准农田建设项目经理部
2026年×月×日</td></tr>
<tr><td colspan="2">监理单位验收结论</td><td colspan="6">本单元工程主控项目<u>全部</u>/~~部分~~符合要求，一般项目单项检验点合格率最小为<u>100%</u>，且不合格点<u>不集中</u>/~~集中~~分布，单元工程质量<u>合格</u>/~~不合格~~，<u>同意</u>/~~不同意~~通过验收。
监理工程师（签字）：×××
现场监理机构（盖章）：××建设监理有限公司 ××高标准农田建设项目监理部
2026年×月×日</td></tr>
</table>

××高标准农田建设项目工程

3.3.1.2-82 标准断面量水单元工程质量验收记录

编号：××

<table>
<tr><td colspan="2">单项工程名称</td><td colspan="2">灌溉与排水工程</td><td>施工日期</td><td colspan="2">2026年×月×日—2026年×月×日</td></tr>
<tr><td colspan="2">单位工程名称</td><td colspan="2">渠系建筑物工程</td><td>施工单位</td><td colspan="2">筑业××工程有限公司</td></tr>
<tr><td colspan="2">分部工程名称</td><td colspan="2">量水设施</td><td>单元工程量</td><td colspan="2">5处</td></tr>
<tr><td colspan="2">单元工程名称/部位</td><td colspan="2">标准断面量水设施</td><td>验收依据</td><td colspan="2">《灌溉渠道系统量水规范》GB/T 21303—2017</td></tr>
<tr><td colspan="2">项次</td><td>检查项目</td><td>质量标准</td><td colspan="2">施工单位检查记录</td><td>监理单位验收意见</td></tr>
<tr><td rowspan="4">主控项目</td><td>1</td><td>标准断面渠段选设条件</td><td>第8.1.1条</td><td colspan="2">渠段上下游渠道顺直；渠床稳定坚固，水流平稳，无冲刷或淤积现象，不受下游建筑物回水影响，长度大于20倍渠段的最大水深。</td><td>合格</td></tr>
<tr><td>2</td><td>土渠</td><td>第8.1.2条</td><td colspan="2">采用衬砌施工。见施工记录编号××。</td><td>合格</td></tr>
<tr><td>3</td><td>水尺设置</td><td>第8.1.3条</td><td colspan="2">采用固定水尺直立式。见施工记录编号××。</td><td>合格</td></tr>
<tr><td>4</td><td>水位观测</td><td>第8.1.4条</td><td colspan="2">采用静压井方式。见观测记录编号××。</td><td>合格</td></tr>
<tr><td>一般项目</td><td>1</td><td>水位流量关系曲线</td><td>第8.2.1条</td><td colspan="2">符合要求。见监测曲线图编号××。</td><td>合格</td></tr>
<tr><td colspan="2">施工单位检验结论</td><td colspan="5">本单元工程主控项目质量全部符合要求，一般项目单项检验点合格率最小为 / %，且不合格点不集中分布，单元工程质量合格。
质量责任人（签字）：×××
现场管理机构（盖章）：筑业××工程有限公司 ××高标准农田建设项目经理部
2026年×月×日</td></tr>
<tr><td colspan="2">监理单位验收结论</td><td colspan="5">本单元工程主控项目全部/~~部分~~符合要求，一般项目单项检验点合格率最小为 / %，且不合格点不集中/~~集中~~分布，单元工程质量合格/~~不合格~~，同意/~~不同意~~通过验收。
监理工程师（签字）：×××
现场监理机构（盖章）：××建设监理有限公司 ××高标准农田建设项目监理部
2026年×月×日</td></tr>
</table>

××高标准农田建设项目工程

3.3.1.2-83 渠系建筑物量水单元工程质量验收记录

编号：××

<table>
<tr><td colspan="3">单项工程名称</td><td colspan="2">灌溉与排水工程</td><td>施工日期</td><td colspan="2">2026年×月×日—2026年×月×日</td></tr>
<tr><td colspan="3">单位工程名称</td><td colspan="2">渠系建筑物工程</td><td>施工单位</td><td colspan="2">筑业××工程有限公司</td></tr>
<tr><td colspan="3">分部工程名称</td><td colspan="2">量水设施</td><td>单元工程量</td><td colspan="2">1座</td></tr>
<tr><td colspan="3">单元工程名称/部位</td><td colspan="2">标准断面量水设施</td><td>验收依据</td><td colspan="2">《灌溉渠道系统量水规范》GB/T 21303—2017</td></tr>
<tr><td colspan="2">项次</td><td colspan="2">检查项目</td><td>质量标准</td><td colspan="2">施工单位检查记录</td><td>监理单位验收意见</td></tr>
<tr><td rowspan="2">主控项目</td><td>1</td><td colspan="2">量水建筑物条件</td><td>第9.1.1条</td><td colspan="2">完整无损，无变形、剥蚀及渗水等现象。</td><td>合格</td></tr>
<tr><td>2</td><td colspan="2">建筑物尺寸</td><td>第9.1.2条</td><td colspan="2">符合要求。见施工记录编号××。</td><td>合格</td></tr>
<tr><td rowspan="6">一般项目</td><td rowspan="3">1</td><td rowspan="3">涵闸量水</td><td>量水建筑物</td><td>第9.2.1条</td><td colspan="2">/</td><td>/</td></tr>
<tr><td>水尺布设与安装</td><td>第9.2.2条</td><td colspan="2">/</td><td>/</td></tr>
<tr><td>水流形态判别</td><td>第9.2.3条</td><td colspan="2">/</td><td>/</td></tr>
<tr><td>2</td><td>倒虹吸量水</td><td rowspan="3">水尺位置</td><td>第9.3.1条</td><td colspan="2">/</td><td>/</td></tr>
<tr><td>3</td><td>跌水量水</td><td>第9.4.1条</td><td colspan="2">/</td><td>/</td></tr>
<tr><td>4</td><td>渡槽量水</td><td>第9.5.1条</td><td colspan="2">符合要求。见施工记录编号××。</td><td>合格</td></tr>
<tr><td colspan="2">施工单位检验结论</td><td colspan="6">本单元工程主控项目质量全部符合要求，一般项目单项检验点合格率最小为 / %，且不合格点不集中分布，单元工程质量合格。
质量责任人（签字）：×××
现场管理机构（盖章）：筑业××工程有限公司 ××高标准农田建设项目经理部
2026年×月×日</td></tr>
<tr><td colspan="2">监理单位验收结论</td><td colspan="6">本单元工程主控项目全部/~~部分~~符合要求，一般项目单项检验点合格率最小为 / %，且不合格点不集中/~~集中~~分布，单元工程质量合格/~~不合格~~，同意/~~不同意~~通过验收。
监理工程师（签字）：×××
现场监理机构（盖章）：××建设监理有限公司 ××高标准农田建设项目监理部
2026年×月×日</td></tr>
</table>

××高标准农田建设项目＿＿＿＿工程

3.3.1.2-84 量水堰量水单元工程质量验收记录

编号：××

单项工程名称	灌溉与排水工程	施工日期	2026年×月×日—2026年×月×日
单位工程名称	渠系建筑物工程	施工单位	筑业××工程有限公司
分部工程名称	量水设施	单元工程量	1座
单元工程名称/部位	3#渠道量水堰	验收依据	《灌溉渠道系统量水规范》GB/T 21303—2017

项次		检查项目		质量标准	施工单位检查记录	监理单位验收意见
主控项目	1	量水堰渠段		第10.1.1条	设置在顺直渠段，上游行近渠段壅水高度不影响进水口的正常引水；渠床稳定坚固、水流平稳、无冲刷和淤积现象。	合格
	2	量水堰水位壅高		第10.1.2条	产生的水位壅高可以保证渠段上游安全及正常运行。	合格
	3	量水堰测流断面水位观测		第10.1.3条	符合要求。见监测记录编号××。	合格
一般项目	1	薄壁堰	三角形薄壁堰	第10.2.2.1条	/	/
			矩形薄壁堰	第10.2.2.2条	/	/
			梯形薄壁堰	第10.2.2.3条	/	/
			U形渠道抛物线型量水堰板	第10.2.2.4条	符合要求。见施工记录编号××。	合格
	2	量水槛	结构及尺寸	第10.3.2条	检查5点，合格5点。见施工记录编号××。	合格 100%
			质量要求	第10.3.5条	符合要求。见施工记录编号××。	合格
施工单位检验结论	本单元工程主控项目质量全部符合要求，一般项目单项检验点合格率最小为100%，且不合格点不集中分布，单元工程质量合格。 质量责任人（签字）：××× 现场管理机构（盖章）：筑业××工程有限公司 ××高标准农田建设项目经理部 2026年×月×日					
监理单位验收结论	本单元工程主控项目全部/~~部分~~符合要求，一般项目单项检验点合格率最小为100%，且不合格点不集中/~~集中~~分布，单元工程质量合格/~~不合格~~，同意/~~不同意~~通过验收。 监理工程师（签字）：××× 现场监理机构（盖章）：××建设监理有限公司 ××高标准农田建设项目监理部 2026年×月×日					

×× 高标准农田建设项目 工程

3.3.1.2-85 量水槽量水单元工程质量验收记录

编号：××

<table>
<tr><td colspan="3">单项工程名称</td><td colspan="2">灌溉与排水工程</td><td>施工日期</td><td colspan="2">2026年×月×日—2026年×月×日</td></tr>
<tr><td colspan="3">单位工程名称</td><td colspan="2">渠系建筑物工程</td><td>施工单位</td><td colspan="2">筑业××工程有限公司</td></tr>
<tr><td colspan="3">分部工程名称</td><td colspan="2">量水设施</td><td>单元工程量</td><td colspan="2">1座</td></tr>
<tr><td colspan="3">单元工程名称/部位</td><td colspan="2">3#渠道量水槽</td><td>验收依据</td><td colspan="2">《灌溉渠道系统量水规范》GB/T 21303—2017</td></tr>
<tr><td colspan="2">项次</td><td colspan="2">检查项目</td><td>质量标准</td><td colspan="2">施工单位检查记录</td><td>监理单位验收意见</td></tr>
<tr><td rowspan="2">主控项目</td><td>1</td><td colspan="2">轴线位置</td><td>第11.1.2条</td><td colspan="2">与渠道轴线一致。见施工记录编号××。</td><td>合格</td></tr>
<tr><td>2</td><td colspan="2">水位壅高</td><td>第11.1.4条</td><td colspan="2">产生的水位壅高可以保证渠段上游安全及正常运行</td><td>合格</td></tr>
<tr><td rowspan="6">一般项目</td><td>1</td><td>巴歇尔槽</td><td rowspan="6">结构及尺寸</td><td>第11.2.1条</td><td colspan="2">检查5点，合格5点。见施工记录编号××。</td><td>合格</td></tr>
<tr><td>2</td><td>矩形无喉段量水槽</td><td>第11.3.1条</td><td colspan="2">/</td><td>/</td></tr>
<tr><td>3</td><td>抛物线型喉口量水槽</td><td>第11.4.2条</td><td colspan="2">/</td><td>/</td></tr>
<tr><td>4</td><td>直壁式量水槽</td><td>第11.5.2条</td><td colspan="2">/</td><td>/</td></tr>
<tr><td>5</td><td>机翼型量水槽</td><td>第11.6.1条</td><td colspan="2">/</td><td>/</td></tr>
<tr><td>6</td><td>长喉道量水槽</td><td>第11.7.4条</td><td colspan="2">/</td><td>/</td></tr>
<tr><td colspan="3">施工单位检验结论</td><td colspan="5">本单元工程主控项目质量全部符合要求，一般项目单项检验点合格率最小为 / %，且不合格点不集中分布，单元工程质量合格。
质量责任人（签字）：×××
现场管理机构（盖章）：筑业××工程有限公司 ××高标准农田建设项目经理部
2026年×月×日</td></tr>
<tr><td colspan="3">监理单位验收结论</td><td colspan="5">本单元工程主控项目全部/部分符合要求，一般项目单项检验点合格率最小为 / %，且不合格点不集中/集中分布，单元工程质量合格/不合格，同意/不同意通过验收。
监理工程师（签字）：×××
现场监理机构（盖章）：××建设监理有限公司 ××高标准农田建设项目监理部
2026年×月×日</td></tr>
</table>

××高标准农田建设项目 工程

3.3.1.2-86 仪表量水单元工程质量验收记录

编号：××

<table>
<tr><td colspan="2">单项工程名称</td><td colspan="2">灌溉与排水工程</td><td>施工日期</td><td colspan="2">2026年×月×日—2026年×月×日</td></tr>
<tr><td colspan="2">单位工程名称</td><td colspan="2">渠系建筑物工程</td><td>施工单位</td><td colspan="2">筑业××工程有限公司</td></tr>
<tr><td colspan="2">分部工程名称</td><td colspan="2">量水设施</td><td>单元工程量</td><td colspan="2">1座</td></tr>
<tr><td colspan="2">单元工程名称/部位</td><td colspan="2">仪表量水设施</td><td>验收依据</td><td colspan="2">《灌溉渠道系统量水规范》GB/T 21303—2017</td></tr>
<tr><td colspan="2">项次</td><td>检查项目</td><td>质量标准</td><td colspan="2">施工单位检查记录</td><td>监理单位验收意见</td></tr>
<tr><td>主控项目</td><td>1</td><td>仪表量水</td><td>第12.1节</td><td colspan="2">××仪表满足国家标准规定技术指标及精度，具备防干扰和防雷电功能。该仪表在有效期内。</td><td>合格</td></tr>
<tr><td rowspan="8">一般项目</td><td>1</td><td>浮子式水位计</td><td>第12.2节</td><td colspan="2">/</td><td>/</td></tr>
<tr><td>2</td><td>压力式水位计</td><td>第12.3节</td><td colspan="2">/</td><td>/</td></tr>
<tr><td>3</td><td>超声波水位计</td><td>第12.4节</td><td colspan="2">××水位计具备声速补偿和消除波浪影像功能及预置换能器安装工程、实时时间、测量周期等参数功能，该仪表在有效期内。</td><td>合格</td></tr>
<tr><td>4</td><td>电子水尺</td><td>第12.5节</td><td colspan="2">/</td><td>/</td></tr>
<tr><td>5</td><td>遥测水位计</td><td>第12.6节</td><td colspan="2">/</td><td>/</td></tr>
<tr><td>6</td><td>水表</td><td>第12.7节</td><td colspan="2">/</td><td>/</td></tr>
<tr><td>7</td><td>电磁流量计</td><td>第12.8节</td><td colspan="2">/</td><td>/</td></tr>
<tr><td>8</td><td>超声波流量计</td><td>第12.9节</td><td colspan="2">/</td><td>/</td></tr>
<tr><td colspan="2">施工单位检验结论</td><td colspan="5">本单元工程主控项目质量全部符合要求，一般项目单项检验点合格率最小为 / %，且不合格点不集中分布，单元工程质量合格。
质量责任人（签字）：×××
现场管理机构（盖章）：筑业××工程有限公司 ××高标准农田建设项目经理部
2026年×月×日</td></tr>
<tr><td colspan="2">监理单位验收结论</td><td colspan="5">本单元工程主控项目全部/~~部分~~符合要求，一般项目单项检验点合格率最小为100%，且不合格点不集中/~~集中~~分布，单元工程质量合格/~~不合格~~，同意/~~不同意~~通过验收。
监理工程师（签字）：×××
现场监理机构（盖章）：××建设监理有限公司 ××高标准农田建设项目监理部
2026年×月×日</td></tr>
</table>

××高标准农田建设项目 工程

3.3.1.2-87 微灌首部工程设备仪表单元工程质量验收记录

编号：××

<table>
<tr><td colspan="3">单项工程名称</td><td>灌溉与排水工程</td><td>施工日期</td><td colspan="2">2026年×月×日—2026年×月×日</td></tr>
<tr><td colspan="3">单位工程名称</td><td>田间灌溉工程</td><td>施工单位</td><td colspan="2">筑业××工程有限公司</td></tr>
<tr><td colspan="3">分部工程名称</td><td>微灌</td><td>单元工程量</td><td colspan="2">1套</td></tr>
<tr><td colspan="3">单元工程名称/部位</td><td>3#管道微灌首部过滤器</td><td>验收依据</td><td colspan="2">《灌溉与排水工程施工质量评定规程》SL 703—2015</td></tr>
<tr><td colspan="2">项次</td><td>检查项目</td><td>质量标准</td><td colspan="2">施工单位检查记录</td><td>监理单位验收意见</td></tr>
<tr><td rowspan="3">主控项目</td><td>1</td><td>安全、监测、保护装置</td><td>整定准确、灵敏、可靠，符合技术文件的规定
（见附加说明）</td><td colspan="2">整定准确、灵敏、可靠，符合技术文件的规定。见施工记录编号××。</td><td>合格</td></tr>
<tr><td>2</td><td>水压试验</td><td>压力达到系统设计工作压力1.25倍，保压10min，设备仪表工作正常，连接管路密封良好、无渗漏</td><td colspan="2">压力符合要求；设备仪表工作正常，连接管路密封良好、无渗漏。见水压试验记录编号××。</td><td>合格</td></tr>
<tr><td>3</td><td>过滤器、施肥罐、阀门、仪表性能符合性</td><td>过滤器、施肥罐、阀门、仪表及连接件的材质、规格、性能指标符合设计要求
（见附加说明）</td><td colspan="2">符合要求。见进场验收记录编号××。</td><td>合格</td></tr>
<tr><td rowspan="4">一般项目</td><td>1</td><td>过滤器、施肥罐、阀门、仪表外观质量</td><td>内外壁平整、无裂纹、明显的凹陷、沟纹等。金属壳体的锈防腐层应完整、无损伤；塑料制品表面色泽均匀</td><td colspan="2">内外壁平整、无裂纹、明显的凹陷、沟纹等。金属壳体的锈防腐层完整、无损伤；塑料制品表面色泽均匀。</td><td>合格</td></tr>
<tr><td>2</td><td>过滤器、施肥罐、阀门、仪表安装</td><td>应按水流方向标记安装，不得反向。安装平顺、位置合理、表面整洁，与管道或其他设备的连接应满足拆卸维修的要求</td><td colspan="2">设备按水流方向标记安装。安装平顺、位置合理、表面整洁，与管道或其他设备的连接满足拆卸维修的要求。见施工记录编号××。</td><td>合格</td></tr>
<tr><td>3</td><td>过滤器、施肥罐本体的水平度</td><td>≤L/100
（设计值：L=××）</td><td colspan="2">检查10点，合格9点。见施工记录编号××。</td><td>合格
90.0%</td></tr>
<tr><td>4</td><td>过滤器、施肥罐本体的垂直度</td><td>≤H/1000且不超过10
（设计值：H=××）</td><td colspan="2">检查10点，合格9点。见施工记录编号××。</td><td>合格
90.0%</td></tr>
<tr><td colspan="3">施工单位检验结论</td><td colspan="4">本单元工程主控项目质量全部符合要求，一般项目单项检验点合格率最小为90.0%，且不合格点不集中分布，单元工程质量合格。
质量责任人（签字）：×××
现场管理机构（盖章）：筑业××工程有限公司 ××高标准农田建设项目经理部
2026年×月×日</td></tr>
<tr><td colspan="3">监理单位验收结论</td><td colspan="4">本单元工程主控项目全部/部分符合要求，一般项目单项检验点合格率最小为90.0%，且不合格点不集中/集中分布，单元工程质量合格/不合格，同意/不同意通过验收。
监理工程师（签字）：×××
现场监理机构（盖章）：××建设监理有限公司 ××高标准农田建设项目监理部
2026年×月×日</td></tr>
</table>

3.3.1.2-87 微灌首部工程设备仪表单元工程质量验收记录填表说明

一、依据标准

《灌溉与排水工程施工质量评定规程》SL 703—2015。

二、单元工程划分

宜以一套（处）首部工程设备仪表安装划分为一个单元工程。

三、标准规定

表 4.20.5 微灌首部工程设备仪表施工质量标准

项次		检查项目	检验方法	检验数量
主控项目	1	安全、监测、保护装置	试验、检测	逐座
	2	水压试验	水压试验设备、压力计	逐座
	3	过滤器、施肥罐、阀门、仪表性能符合性	查阅产品合格证、出厂质量检测报告，对照设计文件	全数检查
一般项目	1	过滤器、施肥罐、阀门、仪表外观质量	观察	全数检查
	2	过滤器、施肥罐、阀门仪表安装	观察	全数检查
	3	过滤器、施肥罐本体的水平度	水平仪或U形水平管	全数检查
	4	过滤器、施肥罐本体的垂直度	吊垂线、钢板尺、钢卷尺	全数检查

注1：L—过滤器、施肥罐的长度；H—过滤器、施肥罐的高度。
注2：表中数值为允许偏差值，mm。

××高标准农田建设项目 工程

3.3.1.2-88 喷灌设备（机组）单元工程质量验收记录

编号：××

单项工程名称	灌溉与排水工程	施工日期	2026年×月×日—2026年×月×日
单位工程名称	田间灌溉工程	施工单位	筑业××工程有限公司
分部工程名称	喷灌	单元工程量	1套轮灌组
单元工程名称/部位	3#地块喷灌轮灌组	验收依据	《灌溉与排水工程施工质量评定规程》SL 703—2015

项次		检查项目	质量标准	施工单位检查记录	监理单位验收意见
主控项目	1	喷头安装	喷头其轴线基本垂直于水平面，喷头安装应牢固稳定，连接处密封可靠、不漏水	喷头其轴线垂直于水平面，喷头安装牢固稳定，连接处密封可靠、不漏水。见施工记录编号××。	合格
	2	固定喷灌支管、喷头间距	允许偏差：±5%设计值	检查10点，合格10点。见施工记录编号××。	合格 100%
	3	纹盘式喷灌机喷头车行走速度和喷幅宽度	允许偏差：±5%设计值	/	/
	4	滚移式喷灌机平均喷幅宽度和平均喷洒长度	允许偏差：±5%额定值	/	/
	5	钢索导向平移式喷灌机	允许偏移量不应大于250mm	/	/
	6	机组管路系统耐水压	最大工作压力下保持10min，关键部位不应产生塑性变形和渗漏	关键部位无塑性变形和渗漏现象。见试验记录编号××。	合格
	7	喷灌设备（机组）压力流量符合性	规格、型号、压力、流量指标符合设计要求（见附加说明）	符合要求。见施工记录编号××、检验记录编号××。	合格

___××高标准农田建设项目___工程

3.3.1.2-88　喷灌设备（机组）单元工程质量验收记录（续表）

编号：××

项次		检查项目	质量标准	施工单位检查记录	监理单位验收意见
一般项目	1	喷灌设备（机组）外观	铸件表面无裂纹、砂眼、气孔、缩松等；焊接件的焊缝应平整，不应有脱焊、漏焊、裂纹、烧穿、焊瘤、夹渣和气孔等。 机组外表面涂、镀或化学热处理防护层应良好。涂层不应有露底、堆积、夹杂质、流坠和失光等现象；镀层无漏镀、起泡、剥落、锈蚀等现象；化学热处理防护层不应有锈蚀现象	设备表面无裂纹、砂眼等现象。焊接件的焊缝平整，无脱焊、漏焊等现象。机组外表面涂、镀防护层良好。见施工记录编号××。	合格
	2	喷灌机组安装、调试	部件齐全，安装牢固稳定，与供水管连接处应密封无渗漏，试机运行可靠	部件齐全，安装牢固稳定，与供水管连接处密封无渗漏，试机运行可靠。见调试记录编号××。	合格
施工单位检验结论		本单元工程主控项目质量全部符合要求，一般项目单项检验点合格率最小为 / %，且不合格点不集中分布，单元工程质量合格。 质量责任人（签字）：××× 现场管理机构（盖章）：筑业××工程有限公司 ××高标准农田建设项目经理部 2026年×月×日			
监理单位验收结论		本单元工程主控项目全部/~~部分~~符合要求，一般项目单项检验点合格率最小为 / %，且不合格点不集中/~~集中~~分布，单元工程质量合格/~~不合格~~，同意/~~不同意~~通过验收。 监理工程师（签字）：××× 现场监理机构（盖章）：××建设监理有限公司 ××高标准农田建设项目监理部 2026年×月×日			

3.3.1.2-88 喷灌设备（机组）单元工程质量验收记录

填表说明

一、依据标准

《灌溉与排水工程施工质量评定规程》SL 703—2015。

二、单元工程划分

宜以一台（套）喷灌设备（机组）划分为一个单元工程。

三、标准规定

表 4.23.5 喷灌设备（机组）施工质量标准

项次		检查项目	检验方法	检验数量
主控项目	1	喷头安装	钢丝线、垂球量测、观察	全数检查
	2	固定喷灌支管、喷头间距	钢卷尺、经纬仪	全数检查
	3	绞盘式喷灌机喷头车行走速度和喷幅宽度	钢卷尺、秒表	全数检查
	4	滚移式喷灌机平均喷幅宽度和平均喷洒长度	钢卷尺	全数检查
	5	钢索导向平移式喷灌机	钢卷尺、经纬仪	全数检查
	6	机组管路系统耐水压	水压试验设备、压力计	全数检查
	7	喷灌设备（机组）压力流量符合性	检查产品合格证、出厂检验报告，查看设计文件	全数检查
一般项目	1	喷灌设备（机组）外观	观察	全数检查
	2	喷灌机组安装、调试	观察	全数检查

××高标准农田建设项目 工程

3.3.1.2-89 微灌灌水器单元工程质量验收记录

编号：××

<table>
<tr><td colspan="3">单项工程名称</td><td>灌溉与排水工程</td><td>施工日期</td><td colspan="2">2026年×月×日—2026年×月×日</td></tr>
<tr><td colspan="3">单位工程名称</td><td>田间灌溉工程</td><td>施工单位</td><td colspan="2">筑业××工程有限公司</td></tr>
<tr><td colspan="3">分部工程名称</td><td>微灌</td><td>单元工程量</td><td colspan="2">1套轮灌组</td></tr>
<tr><td colspan="3">单元工程名称/部位</td><td>6#地块微灌轮灌组</td><td>验收依据</td><td colspan="2">《灌溉与排水工程施工质量评定规程》SL 703—2015</td></tr>
<tr><td colspan="2">项次</td><td>检查项目</td><td>质量标准</td><td colspan="2">施工单位检查记录</td><td>监理单位验收意见</td></tr>
<tr><td rowspan="2">主控项目</td><td>1</td><td>灌水器间距</td><td>允许偏差：±5%设计值
（设计值：××）</td><td colspan="2">检查10点，合格10点。见施工记录编号××。</td><td>合格
100%</td></tr>
<tr><td>2</td><td>灌水器压力流量符合性</td><td>微喷头、滴头、滴灌管（带）等材质、规格、型号、工作压力、设计流量等符合设计要求
（见附加说明）</td><td colspan="2">符合要求。见进场验收记录编号××、施工记录编号××。</td><td>合格</td></tr>
<tr><td rowspan="3">一般项目</td><td>1</td><td>灌水器外观质量</td><td>内外壁平整，无裂纹、明显的凹陷、沟纹等。塑料制品表面色泽均匀一致，光滑平整，不应有气泡、挂料线、毛刺，无明显的未塑化物及穿透性杂质</td><td colspan="2">内外壁平整，无裂纹、明显的凹陷、沟纹等。塑料制品表面色泽均匀一致，光滑平整。</td><td>合格</td></tr>
<tr><td>2</td><td>灌水器安装</td><td>牢固、平整、镶嵌到位，无漏嵌、翘曲</td><td colspan="2">牢固、平整、镶嵌到位，无漏嵌、翘曲。</td><td>合格</td></tr>
<tr><td>3</td><td>灌水器安装整体性</td><td>连接牢固、排列整齐，滴灌管（带）铺设平顺</td><td colspan="2">连接牢固、排列整齐，滴灌带铺设平顺。</td><td>合格</td></tr>
<tr><td colspan="3">施工单位检验结论</td><td colspan="4">本单元工程主控项目质量全部符合要求，一般项目单项检验点合格率最小为 / %，且不合格点不集中分布，单元工程质量合格。

质量责任人（签字）：×××
现场管理机构（盖章）：筑业××工程有限公司 ××高标准农田建设项目经理部
2026年×月×日</td></tr>
<tr><td colspan="3">监理单位验收结论</td><td colspan="4">本单元工程主控项目全部/~~部分~~符合要求，一般项目单项检验点合格率最小为 / %，且不合格点不集中/~~集中~~分布，单元工程质量合格/~~不合格~~，同意/~~不同意~~通过验收。

监理工程师（签字）：×××
现场监理机构（盖章）：××建设监理有限公司 ××高标准农田建设项目监理部
2026年×月×日</td></tr>
</table>

3.3.1.2-89 微灌灌水器单元工程质量验收记录

填表说明

一、依据标准

《灌溉与排水工程施工质量评定规程》SL 703—2015。

二、单元工程划分

宜以一个轮灌组的灌水器划分为一个单元工程。

三、标准规定

表 4.22.3 微灌灌水器施工质量标准

项次		检查项目	检验方法	检验数量
主控项目	1	灌水器间距	钢卷尺量测	灌水器数量的2%或不超过50个
	2	灌水器压力流量符合性	检查产品合格证、出厂检验报告，查看设计文件	灌水器数量的2%或不超过50个
一般项目	1	灌水器外观质量	观察	灌水器数量的2%或不超过50个
	2	灌水器安装	观察	全数检查
	3	灌水器安装整体性	观察	全数检查

××高标准农田建设项目 工程

3.3.1.2-90 沥青及辅料单元工程质量验收记录

编号：××

单项工程名称	田间道路工程		施工日期	2026年×月×日—2026年×月×日	
单位工程名称	生产路		施工单位	筑业××工程有限公司	
分部工程名称	路面		单元工程量	$600m^2$	
单元工程名称/部位	6#生产路沥青面层		验收依据	《土地整治工程质量检验与评定规程》TD/T 1041—2013	
项次		检查项目	质量标准	施工单位检查记录	监理单位验收意见
主控项目	1	喷洒、覆盖	喷洒、覆盖面必须清扫干净并保持表面干燥。气温低于10℃不宜进行喷洒。分层铺设时面积应保证密实稳定、抗滑耐磨	喷洒、覆盖面清扫干净，表面干燥。分层铺设时面积密实稳定、抗滑耐磨。见施工记录编号××。	合格
	2	材料	相关物化性能符合设计要求（见附加说明）	符合要求。见进场验收记录编号××。	合格
	3	养护	按设计和施工要求进行	符合要求。见进养护记录编号××。	合格
	4	铺设面积	不低于设计敷设面积（设计值：××）	符合要求。见施工记录编号××。	合格
	5	面层密实度	满足设计要求（设计值：××）	符合要求。见施工记录编号××。	合格
施工单位检验结论	本单元工程主控项目质量全部符合要求，单元工程质量合格。 质量责任人（签字）：××× 现场管理机构（盖章）：筑业××工程有限公司 ××高标准农田建设项目经理部 2026年×月×日				
监理单位验收结论	本单元工程主控项目全部/~~部分~~符合要求，单元工程质量合格/~~不合格~~，同意/~~不同意~~通过验收。 监理工程师（签字）：××× 现场监理机构（盖章）：××建设监理有限公司 ××高标准农田建设项目监理部 2026年×月×日				

3.3.1.2-90　沥青及辅料单元工程质量验收记录填表说明

一、依据标准

《土地整治工程质量检验与评定规程》TD/T 1041—2013。

二、标准规定

表 H.4　沥青及辅料工程施工质量验收标准

项次		检查项目	检验方法	检验数量
主控项目	1	喷洒、覆盖	现场观察检查	逐处检查
	2	材料	现场检查、实验室仪器检查	
	3	养护	现场检查	
	4	铺设面积	现场检查、拉线、直尺检查	
	5	面层密实度	现场检查、实验室测定	

适用范围：适用于伸缩缝、沉降缝、防渗防漏等工程。

××高标准农田建设项目　工程

3.3.1.2-91　暗管检修井单元工程质量验收记录

编号：××

<table>
<tr><td colspan="2">单项工程名称</td><td colspan="2">灌溉与排水工程</td><td>施工日期</td><td colspan="2">2026年×月×日—2026年×月×日</td></tr>
<tr><td colspan="2">单位工程名称</td><td colspan="2">排水工程</td><td>施工单位</td><td colspan="2">筑业××工程有限公司</td></tr>
<tr><td colspan="2">分部工程名称</td><td colspan="2">暗管</td><td>单元工程量</td><td colspan="2">1座</td></tr>
<tr><td colspan="2">单元工程名称/部位</td><td colspan="2">3#地块暗管排水检修井</td><td>验收依据</td><td colspan="2">《小型农田水利工程验收管理手册》</td></tr>
<tr><td colspan="2">项次</td><td>检查项目</td><td>质量标准</td><td colspan="2">施工单位检查记录</td><td>监理单位验收意见</td></tr>
<tr><td rowspan="8">主控项目</td><td>1</td><td>地基清理</td><td>无树根、草皮、乱石、坟墓，地质符合设计要求
（见附加说明）</td><td colspan="2">无树根、草皮、乱石等现象。见影像记录编号××。</td><td>合格</td></tr>
<tr><td>2</td><td>砂垫层</td><td>厚度、压实方法符合设计要求
（见附加说明）</td><td colspan="2">符合要求。见施工记录编号××。</td><td>合格</td></tr>
<tr><td>3</td><td>片石基础</td><td>厚度、砂浆标号符合设计要求</td><td colspan="2">/</td><td>/</td></tr>
<tr><td>4</td><td>砌石基础</td><td>抗压强度、断面尺寸、大面积平整度符合设计要求</td><td colspan="2">/</td><td>/</td></tr>
<tr><td>5</td><td>混凝土强度</td><td>符合图纸规定、技术规范规定
（见图纸××）</td><td colspan="2">混凝土强度为××。见混凝土强度评定报告编号××。</td><td>合格</td></tr>
<tr><td>6</td><td>混凝土管或钢筋混凝土管抹带接口的要求</td><td>抹带前应将管口的外壁凿毛扫净，当管径小于或等于500mm时，抹带可一次完成；当管径大于500mm时，应分两次抹成，抹带不得有裂缝。钢丝网应在管道就位前放入下井，抹压浆时将钢丝压平固，钢丝网不得外露。抹带厚度不得小于管壁的厚度，宽度值为80mm～100mm</td><td colspan="2">抹带前已将管口的外壁凿毛扫净，采用DN800管道，两次抹成，抹带无裂缝。钢丝网已在管道就位前放入下井，抹压浆时钢丝压平固，钢丝网无外露。见施工记录编号××。</td><td>合格</td></tr>
<tr><td>7</td><td>检修井</td><td>出口与进口衔接，井径、壁宽规模尺寸、顶高平面、模板、混凝土浇筑符合规范及设计要求
（见附加说明）</td><td colspan="2">出口与进口衔接，井径、壁宽规模尺寸、顶高平面、模板、混凝土浇筑符合要求。见施工记录编号××。</td><td>合格</td></tr>
<tr><td>8</td><td>土方回填</td><td>回填夯实，洞身上填土压实后不小于设计值
（设计值：××）</td><td colspan="2">回填夯实，压实度为××。见检测记录编号××。</td><td>合格</td></tr>
<tr><td>一般项目</td><td>1</td><td>纵横轴线偏位</td><td>当设计坡度大于1%时，其任一点的允许偏位为20mm；当设计坡度小于1%时，任一点的允许偏位为10mm
（坡度设计值：××）</td><td colspan="2">检查6点，合格6点。见测量记录编号××。</td><td>合格
100%</td></tr>
</table>

××高标准农田建设项目工程

3.3.1.2-91 暗管检修井单元工程质量验收记录（续表）

编号：××

<table>
<tr><th colspan="2">项次</th><th>检查项目</th><th>质量标准</th><th>施工单位检查记录</th><th>监理单位验收意见</th></tr>
<tr><td rowspan="12">一般项目</td><td>2</td><td>基底高程</td><td>±20mm</td><td>检查6点，合格6点。见测量记录编号××。</td><td>合格
100%</td></tr>
<tr><td>3</td><td>顶面高程</td><td>±50mm</td><td>检查6点，合格6点。见测量记录编号××。</td><td>合格
100%</td></tr>
<tr><td>4</td><td>管座宽度</td><td>不小于设计
（设计值：××）</td><td>检查5点，合格5点。见施工记录编号××。</td><td>合格
100%</td></tr>
<tr><td>5</td><td>管壁厚度</td><td>±5mm</td><td>检查5点，合格5点。见施工记录编号××。</td><td>合格
100%</td></tr>
<tr><td>6</td><td>管径偏差（内径和外径）</td><td>±10mm</td><td>检查5点，合格5点。见施工记录编号××。</td><td>合格
100%</td></tr>
<tr><td>7</td><td>管节接缝宽度</td><td><10mm</td><td>检查5点，合格5点。见施工记录编号××。</td><td>合格
100%</td></tr>
<tr><td>8</td><td>坡度偏差</td><td>+0.3%</td><td>检查5点，合格4点。见施工记录编号××。</td><td>合格
80.0%</td></tr>
<tr><td rowspan="2">9</td><td rowspan="2">相邻管节底面错口</td><td>管径不大于1m</td><td>/</td><td>/</td></tr>
<tr><td>大于1m</td><td>检查5点，合格5点。见施工记录编号××。</td><td>合格
100%</td></tr>
<tr><td>10</td><td>垫层</td><td>不下于90%的最大干密度</td><td>检查3点，合格3点。见试验报告编号××。</td><td>合格
100%</td></tr>
<tr><td>11</td><td>检修井主钢筋中距偏差</td><td>±10mm</td><td>检查5点，合格5点。见施工记录编号××。</td><td>合格
100%</td></tr>
<tr><td>12</td><td>检修井箍筋中距偏差</td><td>±20mm</td><td>检查5点，合格5点。见施工记录编号××。</td><td>合格
100%</td></tr>
<tr><td colspan="2">施工单位检验结论</td><td colspan="4">本单元工程主控项目质量全部符合要求，一般项目单项检验点合格率最小为80.0%，且不合格点不集中分布，单元工程质量合格。
质量责任人（签字）：×××
现场管理机构（盖章）：筑业××工程有限公司 ××高标准农田建设项目经理部
2026年×月×日</td></tr>
<tr><td colspan="2">监理单位验收结论</td><td colspan="4">本单元工程主控项目全部/~~部分~~符合要求，一般项目单项检验点合格率最小为80.0%，且不合格点不集中/~~集中~~分布，单元工程质量合格/~~不合格~~，同意/~~不同意~~通过验收。
监理工程师（签字）：×××
现场监理机构（盖章）：××建设监理有限公司 ××高标准农田建设项目监理部
2026年×月×日</td></tr>
</table>

4.5 田间道路工程质量验收表填写示例

××高标准农田建设项目工程

3.3.1.2-92 田间道路路基及路面单元工程质量验收记录

编号：××

单项工程名称	田间道路工程	施工日期	2026年×月×日—2026年×月×日
单位工程名称	田间道	施工单位	筑业××工程有限公司
分部工程名称	路基	单元工程量	201m
单元工程名称/部位	6#田间道路基	验收依据	《灌溉与排水工程施工质量评定规程》SL 703—2015

项次		检查项目	质量标准	施工单位检查记录	监理单位验收意见
主控项目	1	筑路土料	筑路土料满足设计要求（见附加说明）	土料符合要求。见检验记录编号××。	合格
	2	坡度	纵、横向坡度均匀	坡度均匀。见施工记录编号××。	合格
	3	弯道连接	弯道连接平顺	弯道连接平顺。见施工记录编号××。	合格
	4	轴线	轴线顺畅	轴线顺畅。见施工记录编号××。	合格
	5	排水沟布置	布置合理	布置合理。见施工记录编号××。	合格
	6	压实干密度	不小于设计值（设计值：××）	符合要求。见试验报告编号××。	合格
	7	泥结石路面碎石、黏性土质量	石料强度等级不低于3级，较高黏性的土，塑性指数宜为12～15	/	/
	8	泥结石路面碎石级配、最大粒径	级配符合设计要求，最大粒径不大于4cm（设计值：××）	/	/
	9	泥结石路面泥浆质量	按水土0.8：1～1：1（体积比）进行控制，黏土用量不宜超过混合料总重的15%～18%	/	/

××高标准农田建设项目工程

3.3.1.2-92　田间道路路基及路面单元工程质量验收记录（续表）

编号：××

项次		检查项目	质量标准	施工单位检查记录	监理单位验收意见
主控项目	10	砂石路面砂石级配、最大粒径	级配符合设计要求，最大粒径不大于8cm （设计值：××）	检查10点，合格10点。见施工记录编号××。	合格 100%
	11	砂石路面砂石铺筑	碾压密实，无局部凹凸	碾压密实，无局部凹凸。	合格
	12	路面平整度	满足设计要求 （设计值：××）	符合要求。见施工记录编号××。	合格
一般项目	1	路面中心线	允许偏差：30mm	检查10点，合格10点。见施工记录编号××。	合格 100%
	2	路面高程	允许偏差：0～+20mm	检查10点，合格9点。见施工记录编号××。	合格 90.0%
	3	铺料厚度	允许偏差：0～+20mm	检查10点，合格9点。见施工记录编号××。	合格 90.0%
	4	路面宽度	允许偏差：0～+10mm	检查10点，合格9点。见施工记录编号××。	合格 90.0%
	5	路面横向坡度	1.5%	检查10点，合格8点。见施工记录编号××。	合格 80.0%
施工单位检验结论	本单元工程主控项目质量全部符合要求，一般项目单项检验点合格率最小为80.0%，且不合格点不集中分布，单元工程质量合格。 质量责任人（签字）：××× 现场管理机构（盖章）：筑业××工程有限公司 ××高标准农田建设项目经理部 2026年×月×日				
监理单位验收结论	本单元工程主控项目全部/~~部分~~符合要求，一般项目单项检验点合格率最小为80.0%，且不合格点不集中/~~集中~~分布，单元工程质量合格/~~不合格~~，同意/~~不同意~~通过验收。 监理工程师（签字）：××× 现场监理机构（盖章）：××建设监理有限公司 ××高标准农田建设项目监理部 2026年×月×日				

3.3.1.2-92　田间道路路基及路面单元工程质量验收记录填表说明

一、依据标准

《灌溉与排水工程施工质量评定规程》SL 703—2015。

二、单元工程划分

宜以施工检查验收的段或条划分，每一段或条划分为一个单元工程。

三、标准规定

表 4.17.3　田间道路路基及路面施工质量标准

项次		检查项目	检验方法	检验数量
主控项目	1	筑路土料	观察、查阅设计文件、施工记录	全数检查
	2	坡度	观察	全数检查
	3	弯道连接	观察	全数检查
	4	轴线	观察	全数检查
	5	排水沟布置	观察、查阅设计文件施工记录	全数检查
	6	压实干密度	观察、查阅检测报告	每100m检测点数不少于3个断面
	7	泥结石路面碎石、黏性土质量	观察、查阅检测报告	全数检查
	8	泥结石路面碎石级配、最大粒径	观察、查阅检测报告	全数检查
	9	泥结石路面泥浆质量	观察、查阅检测报告	全数检查
	10	砂石路面砂石级配、最大粒径	观察、查阅检测报告	全数检查
	11	砂石路面砂石铺筑	观察、查阅检测报告	全数检查
	12	路面平整度	观察、查阅设计文件施工记录	全数检查
一般项目	1	路面中心线	使用钢尺、全站仪	每100m检测点数不少于3个断面
	2	路面高程	使用钢尺、全站仪、水准仪	
	3	铺料厚度	使用钢尺、全站仪、水准仪	
	4	路面宽度	使用钢尺、全站仪	
	5	路面横向坡度	使用钢尺、全站仪、水准仪	

××高标准农田建设项目工程

3.3.1.2-93 泥结碎石路面单元工程质量验收记录

编号：××

<table>
<tr><td colspan="3">单项工程名称</td><td>田间道路工程</td><td>施工日期</td><td colspan="2">2026年×月×日—2026年×月×日</td></tr>
<tr><td colspan="3">单位工程名称</td><td>田间道</td><td>施工单位</td><td colspan="2">筑业××工程有限公司</td></tr>
<tr><td colspan="3">分部工程名称</td><td>路面</td><td>单元工程量</td><td colspan="2">156m</td></tr>
<tr><td colspan="3">单元工程名称/部位</td><td>2#田间道路面</td><td>验收依据</td><td colspan="2">《小型农田水利工程验收管理手册》</td></tr>
<tr><td colspan="2">项次</td><td>检查项目</td><td>质量标准</td><td colspan="2">施工单位检查记录</td><td>监理单位验收意见</td></tr>
<tr><td rowspan="2">主控项目</td><td>1</td><td>砂石料质量</td><td>①石料。可采用轧制碎石或天然碎石。碎石的扁平细长颗粒不宜超过20%，并不得有其他杂质
②黏土。主要起黏结和填充的作用。黏土内不得含腐殖质或其他杂质，黏土量不宜超过石料干重的20%</td><td colspan="2">石料采用天然碎石，无其他杂质；黏土内无腐殖质及其他杂质，黏土量为18%。</td><td>合格</td></tr>
<tr><td>2</td><td>碾压</td><td>碾压施工应符合施工要求（见《××施工方案》）</td><td colspan="2">符合要求。见施工记录编号××。</td><td>合格</td></tr>
<tr><td rowspan="4">一般项目</td><td>1</td><td>厚度</td><td>−3cm</td><td colspan="2">检查10点，合格10点。见施工记录编号××。</td><td>合格
100%</td></tr>
<tr><td>2</td><td>宽度</td><td>±10cm</td><td colspan="2">检查10点，合格10点。见施工记录编号××。</td><td>合格
100%</td></tr>
<tr><td>3</td><td>平整度</td><td>5cm</td><td colspan="2">检查10点，合格10点。见施工记录编号××。</td><td>合格
100%</td></tr>
<tr><td>4</td><td>压实度</td><td><5%</td><td colspan="2">检查6点，合格6点。见检测报告编号××。</td><td>合格
100%</td></tr>
<tr><td colspan="3">施工单位检验结论</td><td colspan="4">本单元工程主控项目质量全部符合要求，一般项目单项检验点合格率最小为100%，且不合格点不集中分布，单元工程质量合格。
质量责任人（签字）：×××
现场管理机构（盖章）：筑业××工程有限公司 ××高标准农田建设项目经理部
2026年×月×日</td></tr>
<tr><td colspan="3">监理单位验收结论</td><td colspan="4">本单元工程主控项目全部/~~部分~~符合要求，一般项目单项检验点合格率最小为100%，且不合格点不集中/~~集中~~分布，单元工程质量合格/~~不合格~~，同意/~~不同意~~通过验收。
监理工程师（签字）：×××
现场监理机构（盖章）：××建设监理有限公司 ××高标准农田建设项目监理部
2026年×月×日</td></tr>
</table>

××高标准农田建设项目工程

3.3.1.2-94　浆砌石（砖）路肩单元工程质量验收记录

编号：××

单项工程名称	田间道路工程	施工日期	2026年×月×日—2026年×月×日
单位工程名称	田间道	施工单位	筑业××工程有限公司
分部工程名称	路肩	单元工程量	137m
单元工程名称/部位	5#田间道浆砌石路肩	验收依据	上海市《土地整治项目工程质量验收标准》DG/TJ 08-2317-2020

项次		检查项目		质量标准	施工单位检查记录	监理单位验收意见
主控项目	1	砂浆配合比		砂浆配合比应符合设计要求和相关规范规定 （设计值：××）	符合要求。砂浆配合比报告编号××。	合格
	2	砌筑砂浆嵌填		砌筑砂浆嵌填饱满密实，不得有孔洞，勾缝平顺	嵌填饱满密实，无孔洞，勾缝平顺。	合格
	3	沉降缝的设置位置、质量、数量		沉降缝的设置位置、质量、数量应符合设计要求 （见附加说明）	/	/
	4	路肩表面质量		路肩表面应平整密实、边线直顺、曲线圆滑	表面平整密实、边线直顺、曲线圆滑。	合格
一般项目	1	断面尺寸		±20mm	检查10点，合格10点。见施工记录编号××。	合格 100%
	2	垂直度		0.5%H	/	/
	3	平整度		±20mm	检查10点，合格10。见施工记录编号××。	合格 100%
	4	沉降缝	间距	±20mm	/	/
			缝宽	±5mm	/	/
	5	顶面高程		±20mm	检查10点，合格10点。见施工记录编号××。	合格 100%
施工单位检验结论		本单元工程主控项目质量全部符合要求，一般项目单项检验点合格率最小为100%，且不合格点不集中分布，单元工程质量合格。 质量责任人（签字）：××× 现场管理机构（盖章）：筑业××工程有限公司 ××高标准农田建设项目经理部 2026年×月×日				
监理单位验收结论		本单元工程主控项目全部/~~部分~~符合要求，一般项目单项检验点合格率最小为100%，且不合格点不集中/~~集中~~分布，单元工程质量合格/~~不合格~~，同意/~~不同意~~通过验收。 监理工程师（签字）：××× 现场监理机构（盖章）：××建设监理有限公司 ××高标准农田建设项目监理部 2026年×月×日				

3.3.1.2-94　浆砌石（砖）路肩单元工程质量验收记录填表说明

一、依据标准

上海市《土地整治项目工程质量验收标准》DG/TJ 08—2317—2020。

二、单元工程划分

宜以施工检查验收的段或条划分，每一段或条划分为一个单元工程。

三、标准规定

7.4.1　浆砌石（砖）路肩

1　砂浆配合比应符合设计要求和相关规范规定。

2　砌筑砂浆嵌填饱满密实，不得有孔洞，勾缝平顺。

3　沉降缝的设置位置、质量、数量应符合设计要求。

4　路肩表面应平整密实、边线直顺、曲线圆滑。

5　浆砌石（砖）路肩质量检测项目应符合表 7.4.1 的规定。

表 7.4.1　浆砌石（砖）路肩质量检测项目

项次	检测项目		检测频率与范围		检测方法
			范围	点数	
1	断面尺寸		200m	3	用钢尺量
2	垂直度			3	用垂线与尺量
3	平整度			3	用2m直尺量
4	沉降缝	间距		3	用钢尺量
5		缝宽		3	用钢尺量
6	顶面高程			3	用水准仪测量

注：H 为构筑物高度（mm）。

××高标准农田建设项目 工程

3.3.1.2-95　混凝土路肩单元工程质量验收记录

编号：××

单项工程名称	田间道路工程	施工日期	2026年×月×日—2026年×月×日
单位工程名称	生产路	施工单位	筑业××工程有限公司
分部工程名称	路肩	单元工程量	207m
单元工程名称/部位	1#生产路混凝土路肩	验收依据	上海市《土地整治项目工程质量验收标准》DG/TJ 08-2317-2020

项次			检查项目	质量标准	施工单位检查记录	监理单位验收意见
主控项目	1		地基承载力	地基承载力应满足设计要求（设计值：××）	符合要求。见地基承载力检测报告编号××。	合格
	2		混凝土质量	混凝土不得有裂缝、孔洞	无裂缝、孔洞现象。见影像记录编号××。	合格
	3		沉降缝的设置位置、质量、数量	沉降缝的设置位置、质量、数量应符合设计要求，沉降缝整齐垂直、上下贯通	沉降缝位置、质量、数量符合要求，沉降缝整齐垂直、上下贯通。见施工记录编号××。	合格
	4		整平	整平时必须保持模板顶面整洁，接缝处板面平整	整平时模板顶面整洁，接缝处板面平整。	合格
一般项目	1		断面尺寸	±20mm	检查10点，合格10点。见施工记录编号××。	合格 100%
	2		垂直度	0.5%H（设计值：H=××m）	检查10点，合格9点。见施工记录编号××。	合格 90.0%
	3		平整度	0~5mm	检查10点，合格9点。见施工记录编号××。	合格 90.0%
	4	沉降缝	间距	±20mm	检查10点，合格10点。见施工记录编号××。	合格 100%
			缝宽	±5mm	检查10点，合格10点。见施工记录编号××。	合格 100%
	5		填缝材料	符合设计要求	/	/
	6		顶面高程	±20mm	检查10点，合格9点。见施工记录编号××。	合格 90.0%
施工单位检验结论			本单元工程主控项目质量全部符合要求，一般项目单项检验点合格率最小为90.0%，且不合格点不集中分布，单元工程质量合格。 质量责任人（签字）：××× 现场管理机构（盖章）：筑业××工程有限公司 ××高标准农田建设项目经理部 2026年×月×日			
监理单位验收结论			本单元工程主控项目全部/~~部分~~符合要求，一般项目单项检验点合格率最小为90.0%，且不合格点不集中/~~集中~~分布，单元工程质量合格/~~不合格~~，同意/~~不同意~~通过验收。 监理工程师（签字）：××× 现场监理机构（盖章）：××建设监理有限公司 ××高标准农田建设项目监理部 2026年×月×日			

3.3.1.2-95 混凝土路肩单元工程质量验收记录

填表说明

一、依据标准

上海市《土地整治项目工程质量验收标准》DG/TJ 08—2317—2020。

二、单元工程划分

宜以施工检查验收的段或条划分，每一段或条划分为一个单元工程。

三、标准规定

7.4.2 混凝土路肩

1 地基承载力应满足设计要求。

2 混凝土不得有裂缝、孔洞。

3 沉降缝的设置位置、质量、数量应符合设计要求，沉降缝整齐垂直、上下贯通。

4 整平时必须保持模板顶面整洁，接缝处版面平整。

5 混凝土路肩质量检测项目应符合表 7.4.2 的规定。

表 7.4.2 混凝土路肩质量检测项目

项次	检测项目		检测频率与范围		检测方法
			范围	点数	
1	断面尺寸		200m	3	用钢尺量
2	垂直度			3	用垂线与尺量
3	平整度			3	用3m直尺量
4	沉降缝	间距		3	用钢尺量
5		缝宽		3	用钢尺量
6	填缝材料				检查材料
7	顶面高程			3	用水准仪测量

注：H为构筑物高度（mm）。

××高标准农田建设项目工程

3.3.1.2-96　加工石质路缘石单元工程质量验收记录

编号：××

单项工程名称	田间道路工程	施工日期	2026年×月×日—2026年×月×日
单位工程名称	生产路	施工单位	筑业××工程有限公司
分部工程名称	路缘石	单元工程量	234m
单元工程名称/部位	2#生产路石质路缘石	验收依据	上海市《土地整治项目工程质量验收标准》DG/TJ 08-2317-2020

项次		检查项目	质量标准	施工单位检查记录	监理单位验收意见
主控项目	1	加工石材规格尺寸、石材强度	加工石材规格尺寸、石材强度应符合设计要求（见附加说明）	符合要求。见进场验收记录编号××。	合格
	2	路缘石安砌	路缘石应安砌稳固，顶面平整，缝宽均匀，勾缝密实，线条直顺，曲线圆滑美观	安砌稳固，顶面平整，缝宽均匀，勾缝密实，线条直顺，曲线圆滑美观。	合格
一般项目	1	石质路缘石尺寸	±10mm	检查10点，合格10点。见施工记录编号××。	合格 100%
	2	直顺度	0～10mm	检查10点，合格10点。见施工记录编号××。	合格 100%
	3	相邻块高差	0～3mm	检查10点，合格9点。见施工记录编号××。	合格 90.0%
	4	缝宽	±3mm	检查10点，合格10点。见施工记录编号××。	合格 100%
	5	顶面高程	±10mm	检查10点，合格9点。见施工记录编号××。	合格 90.0%

施工单位检验结论	本单元工程主控项目质量全部符合要求，一般项目单项检验点合格率最小为90.0%，且不合格点不集中分布，单元工程质量合格。 质量责任人（签字）：××× 现场管理机构（盖章）：筑业××工程有限公司 ××高标准农田建设项目经理部 2026年×月×日
监理单位验收结论	本单元工程主控项目全部/~~部分~~符合要求，一般项目单项检验点合格率最小为90.0%，且不合格点不集中/~~集中~~分布，单元工程质量合格/~~不合格~~，同意/~~不同意~~通过验收。 监理工程师（签字）：××× 现场监理机构（盖章）：××建设监理有限公司 ××高标准农田建设项目监理部 2026年×月×日

3.3.1.2-96　加工石质路缘石单元工程质量验收记录填表说明

一、依据标准

上海市《土地整治项目工程质量验收标准》DG/TJ 08—2317—2020。

二、单元工程划分

宜以施工检查验收的段或条划分，每一段或条划分为一个单元工程。

三、标准规定

7.4.3　加工石质路缘石

1　加工石材规格尺寸、石材强度应符合设计要求。

2　路缘石应安砌稳固，顶面平整，缝宽均匀，勾缝密实，线条直顺，曲线圆滑美观。

3　加工石质路缘石质量检测项目应符合表 7.4.3 的规定。

表 7.4.3　加工石质路缘石质量检测项目

项次	检测项目	检测频率与范围		检测方法
		范围	点数	
1	石质路缘石尺寸	200m	5	用钢尺量
2	直顺度			拉20m小线取最大值
3	相邻块高差		3	用钢尺量
4	缝宽		3	用钢尺量
5	顶面高程		3	用水准仪测量

____××高标准农田建设项目____工程

3.3.1.2-97　预制混凝土路缘石单元工程质量验收记录

编号：××

单项工程名称		田间道路工程	施工日期	2026年×月×日—2026年×月×日	
单位工程名称		生产路	施工单位	筑业××工程有限公司	
分部工程名称		路缘石	单元工程量	197m	
单元工程名称/部位		5#生产路预制混凝土路缘石	验收依据	上海市《土地整治项目工程质量验收标准》DG/TJ 08-2317-2020	
项次		检查项目	质量标准	施工单位检查记录	监理单位验收意见
主控项目	1	预制混凝土表面质量	预制混凝土表面不得有蜂窝、露石、脱皮、裂缝等现象	表面无蜂窝、露石等现象。	合格
	2	路缘石安砌	路缘石应安砌稳固，顶面平整，缝宽均匀，勾缝密实，线条直顺，曲线圆滑美观	安砌稳固，顶面平整，缝宽均匀，勾缝密实，线条直顺，曲线圆滑美观。	合格
一般项目	1	外形尺寸	±5mm	检查10点，合格10点。见施工记录编号××。	合格 100%
	2	直顺度	0～10mm	检查10点，合格10点。见施工记录编号××。	合格 100%
	3	相邻块高差	0～3mm	检查10点，合格10点。见施工记录编号××。	合格 100%
	4	缝宽	±3mm	检查10点，合格10点。见施工记录编号××。	合格 100%
	5	顶面高程	±10mm	检查10点，合格10点。见施工记录编号××。	合格 100%
施工单位检验结论		本单元工程主控项目质量全部符合要求，一般项目单项检验点合格率最小为100%，且不合格点不集中分布，单元工程质量合格。 质量责任人（签字）：××× 现场管理机构（盖章）：筑业××工程有限公司 ××高标准农田建设项目经理部 2026年×月×日			
监理单位验收结论		本单元工程主控项目全部/~~部分~~符合要求，一般项目单项检验点合格率最小为100%，且不合格点不集中/~~集中~~分布，单元工程质量合格/~~不合格~~，同意/~~不同意~~通过验收。 监理工程师（签字）：××× 现场监理机构（盖章）：××建设监理有限公司 ××高标准农田建设项目监理部 2026年×月×日			

3.3.1.2-97 预制混凝土路缘石单元工程质量验收记录填表说明

一、依据标准

上海市《土地整治项目工程质量验收标准》DG/TJ 08—2317—2020。

二、单元工程划分

宜以施工检查验收的段或条划分，每一段或条划分为一个单元工程。

三、标准规定

7.4.4 预制混凝土路缘石

1 预制混凝土表面不得有蜂窝、露石、脱皮、裂缝等现象。

2 路缘石应安砌稳固，顶面平整，缝宽均匀，勾缝密实，线条直顺，曲线圆滑美观。

3 预制混凝土路缘石质量检测项目应符合表 7.4.4 的规定。

表 7.4.4 预制混凝土路缘石质量检测项目

项次	检测项目	检测频率与范围		检测方法
		范围	点数	
1	外形尺寸	200m	5	用钢尺量
2	直顺度			拉20m小线取最大值
3	相邻块高差		3	用钢尺量
4	缝宽		3	用钢尺量
5	顶面高程		3	用水准仪测量

××高标准农田建设项目 工程

3.3.1.2-98 素土路肩单元工程质量验收记录

编号：××

<table>
<tr><td colspan="2">单项工程名称</td><td colspan="3">田间道路工程</td><td>施工日期</td><td>2026年×月×日—2026年×月×日</td></tr>
<tr><td colspan="2">单位工程名称</td><td colspan="3">田间道</td><td>施工单位</td><td>筑业××工程有限公司</td></tr>
<tr><td colspan="2">分部工程名称</td><td colspan="3">路肩</td><td>单元工程量</td><td>264m</td></tr>
<tr><td colspan="2">单元工程名称/部位</td><td colspan="3">7#田间道素土路肩</td><td>验收依据</td><td>上海市《土地整治项目工程质量验收标准》DG/TJ 08-2317-2020</td></tr>
<tr><td colspan="2">项次</td><td colspan="2">检查项目</td><td>质量标准</td><td>施工单位检查记录</td><td>监理单位验收意见</td></tr>
<tr><td rowspan="2">主控项目</td><td>1</td><td colspan="2">路肩表面质量</td><td>路肩必须表面平整密实，不积水</td><td>表面平整密实，无积水。</td><td>合格</td></tr>
<tr><td>2</td><td colspan="2">路肩边缘质量</td><td>路肩边缘直顺，曲线圆滑</td><td>边缘直顺，曲线圆滑。</td><td>合格</td></tr>
<tr><td rowspan="5">一般项目</td><td>1</td><td colspan="2">压实度</td><td>不小于设计值
（设计值：××）</td><td>压实度为××。见检测报告编号××。</td><td>合格</td></tr>
<tr><td rowspan="2">2</td><td rowspan="2">平整度</td><td>土路肩</td><td>0～20mm</td><td>检查5点，合格5点。见施工记录编号××。</td><td>合格
100%</td></tr>
<tr><td>硬路肩</td><td>0～10mm</td><td>/</td><td>/</td></tr>
<tr><td>3</td><td colspan="2">宽度</td><td>不小于设计值
（设计值：××）</td><td>检查5点，合格5点。见施工记录编号××。</td><td>合格
100%</td></tr>
<tr><td>4</td><td colspan="2">横坡</td><td>±1%</td><td>检查5点，合格5点。见施工记录编号××。</td><td>合格
100%</td></tr>
<tr><td colspan="2">施工单位检验结论</td><td colspan="5">本单元工程主控项目质量全部符合要求，一般项目单项检验点合格率最小为100%，且不合格点不集中分布，单元工程质量合格。
质量责任人（签字）：×××
现场管理机构（盖章）：筑业××工程有限公司 ××高标准农田建设项目经理部
2026年×月×日</td></tr>
<tr><td colspan="2">监理单位验收结论</td><td colspan="5">本单元工程主控项目全部/~~部分~~符合要求，一般项目单项检验点合格率最小为100%，且不合格点不集中/~~集中~~分布，单元工程质量合格/~~不合格~~，同意/~~不同意~~通过验收。
监理工程师（签字）：×××
现场监理机构（盖章）：××建设监理有限公司 ××高标准农田建设项目监理部
2026年×月×日</td></tr>
</table>

3.3.1.2-98　素土路肩单元工程质量验收记录

填表说明

一、依据标准

上海市《土地整治项目工程质量验收标准》DG/TJ 08—2317—2020。

二、单元工程划分

宜以施工检查验收的段或条划分，每一段或条划分为一个单元工程。

三、标准规定

7.4.5　素土路肩

1　路肩必须表面平整密实，不积水。

2　路肩边缘直顺，曲线圆滑。

3　路肩允许偏差应符合表 7.4.5 的规定。

表 7.4.5　素土路肩质量检测项目

项次	检测项目		检测频率与范围		检测方法
			范围	点数	
1	压实度		500m	1	环刀法或灌砂法
2	平整度	土路肩	200m	2	用3m直尺量
		硬路肩		2	
3	宽度			2	用钢卷尺量
4	横坡			1	用水平尺、钢尺量

4.6 农田防护与生态环境保护工程质量验收表填写示例

××高标准农田建设项目 工程

3.3.1.2-99 植树防护单元工程质量验收记录

编号：××

<table>
<tr><td colspan="2">单项工程名称</td><td colspan="2">农田防护与生态环境保护工程</td><td>施工日期</td><td colspan="2">2026年×月×日—2026年×月×日</td></tr>
<tr><td colspan="2">单位工程名称</td><td colspan="2">农田防护工程</td><td>施工单位</td><td colspan="2">筑业××工程有限公司</td></tr>
<tr><td colspan="2">分部工程名称</td><td colspan="2">农田防风林</td><td>单元工程量</td><td colspan="2">600m²</td></tr>
<tr><td colspan="2">单元工程名称/部位</td><td colspan="2">植树防护
桩号：K1＋100～K1＋200</td><td>验收依据</td><td colspan="2">《水利水电工程单元工程施工质量验收标准 第4部分：堤防与河道整治工程》SL/T 631.4—2025</td></tr>
<tr><td colspan="2">项次</td><td>检查项目</td><td>质量标准</td><td colspan="2">施工单位检查记录</td><td>监理单位验收意见</td></tr>
<tr><td rowspan="3">主控项目</td><td>1</td><td>苗木品种、规格</td><td>符合设计要求
（见附加说明）</td><td colspan="2">××苗木质量证明齐全、有效。见苗木合格证编号××。
胸径抽查10棵，实测值（cm）：2.1，2.2，2.1，2.3，2.5，2.0，2.2，2.4，2.3，2.1。</td><td>合格
100%</td></tr>
<tr><td>2</td><td>株距、行距</td><td>最大允许偏差为±10%设计值
（设计值：××）</td><td colspan="2">检查3点，合格3点。见测量记录编号××。</td><td>合格
100%</td></tr>
<tr><td>3</td><td>成活率</td><td>无明显枯死苗木</td><td colspan="2">成活率达99%，无明显枯死。见苗木成活率记录编号××。</td><td>合格</td></tr>
<tr><td rowspan="5">一般项目</td><td>1</td><td>树坑尺寸</td><td>符合设计要求
（设计值：××）</td><td colspan="2">检查3点，合格3点。见测量记录编号××。</td><td>合格
100%</td></tr>
<tr><td>2</td><td>种植范围</td><td>允许偏差：单侧不大于株距</td><td colspan="2">检查5点，合格5点。见测量记录编号××。</td><td>合格
100%</td></tr>
<tr><td>3</td><td>树坑回填</td><td>符合设计要求
（见附加说明）</td><td colspan="2">回填土无盐碱性杂质及垃圾。见施工记录编号××。</td><td>合格</td></tr>
<tr><td>4</td><td>树木支撑</td><td>符合设计要求
（见附加说明）</td><td colspan="2">采用三角支撑。见施工记录编号××。</td><td>合格</td></tr>
<tr><td>5</td><td>外观</td><td>树干与水平面垂直，且无明显损伤</td><td colspan="2">树干与水平面垂直，且无明显损伤。见影像记录编号××。</td><td>合格</td></tr>
<tr><td colspan="2">施工单位检验结论</td><td colspan="5">本单元工程主控项目质量全部符合要求，一般项目单项检验点合格率最小为100%，且不合格点不集中分布，单元工程质量合格。
质量责任人（签字）：×××
现场管理机构（盖章）：筑业××工程有限公司 ××高标准农田建设项目经理部
2026年×月×日</td></tr>
<tr><td colspan="2">监理单位验收结论</td><td colspan="5">本单元工程主控项目全部/~~部分~~符合要求，一般项目单项检验点合格率最小为100%，且不合格点不集中/~~集中~~分布，单元工程质量合格/~~不合格~~，同意/~~不同意~~通过验收。
监理工程师（签字）：×××
现场监理机构（盖章）：××建设监理有限公司 ××高标准农田建设项目监理部
2026年×月×日</td></tr>
</table>

3.3.1.2-99 植树防护单元工程质量验收记录

填表说明

一、依据标准

《水利水电工程单元工程施工质量验收标准 第 4 部分：堤防与河道整治工程》SL/T 631.4—2025。

二、单元工程划分

宜以轴线施工段长 100m～500m 划分为一个单元工程，或按工区面积 100m² ～10000m² 划分为一个单元工程，或按工程区、段划分为一个单元工程。

三、标准规定

表 9.2.2 植树防护单元工程施工质量验收标准

项次		检查项目	检验方法	检验数量
主控项目	1	苗木品种、规格	观察，查阅资料	全部
	2	株距、行距	量测	每300m² ～500m² 检测1处
	3	成活率	观察	全部
一般项目	1	树坑尺寸	量测	每300m² ～500m² 检测1处
	2	种植范围	量测	轴线方向每20m～50m检测1横断面
	3	树坑回填	观察	全部
	4	树木支撑	观察	全部
	5	外观	观察	全面

××高标准农田建设项目 工程

3.3.1.2-100　干砌石护坡单元工程质量验收记录

编号：××

<table>
<tr><td colspan="3">单项工程名称</td><td>农田防护与生态环境保护工程</td><td>施工日期</td><td colspan="2">2026年×月×日—2026年×月×日</td></tr>
<tr><td colspan="3">单位工程名称</td><td>坡面防护工程</td><td>施工单位</td><td colspan="2">筑业××工程有限公司</td></tr>
<tr><td colspan="3">分部工程名称</td><td>护坡</td><td>单元工程量</td><td colspan="2">260m²</td></tr>
<tr><td colspan="3">单元工程名称/部位</td><td>干砌石护坡
桩号：K1＋100～K1＋200</td><td>验收依据</td><td colspan="2">《水利水电工程单元工程施工质量验收标准 第4部分：堤防与河道整治工程》SL/T 631.4—2025</td></tr>
<tr><td colspan="2">项次</td><td>检查项目</td><td>质量标准</td><td colspan="2">施工单位检查记录</td><td>监理单位验收意见</td></tr>
<tr><td rowspan="4">主控项目</td><td>1</td><td>石料质量</td><td>符合设计及SL/T 631.4—2025附录C.0.3条的要求
（见附加说明）</td><td colspan="2">质量证明文件齐全、有效。见检验报告编号××。</td><td>合格</td></tr>
<tr><td>2</td><td>护坡厚度</td><td>厚度小于等于50cm，最大允许偏差为±5cm；
厚度大于50cm，最大允许偏差为±10%设计值√
（设计值：60cm）</td><td colspan="2">检查15点，合格15点。见测量记录编号××。</td><td>合格
100%</td></tr>
<tr><td>3</td><td>砌筑质量</td><td>石块稳固、无松动，无宽度在1.5cm以上、长度在50cm以上的连续缝</td><td colspan="2">石块稳固、无松动。见施工记录编号××。</td><td>合格</td></tr>
<tr><td>4</td><td>坡度</td><td>不陡于设计值
（设计值：1∶1.5）</td><td colspan="2">检查5点，合格5点。见施工记录编号××。</td><td>合格</td></tr>
<tr><td rowspan="4">一般项目</td><td>1</td><td>石料块重</td><td>除腹石和嵌缝石外，砌石用料符合设计要求
（见附加说明）</td><td colspan="2">检查10点，合格9点。见检验记录编号××。</td><td>合格
90.0%</td></tr>
<tr><td>2</td><td>高程</td><td>顶高程不低于设计值，底高程不高于设计值
（设计值：××、××）</td><td colspan="2">检查20点，合格19点。见测量记录编号××。</td><td>合格
95.0%</td></tr>
<tr><td>3</td><td>坡面平整度</td><td>允许偏差为8cm/2m</td><td colspan="2">检查6处，实测偏差（cm）：4，5，3，4，6，5。</td><td>合格
100%</td></tr>
<tr><td>4</td><td>封顶</td><td>宽度、厚度允许偏差为－1cm～2cm，顶面平顺，边线顺直</td><td colspan="2">顶面平顺，边线顺直。宽度、厚度检查20点，合格19点。见测量记录编号××。</td><td>合格
95.0%</td></tr>
<tr><td colspan="3">施工单位检验结论</td><td colspan="4">本单元工程主控项目质量全部符合要求，一般项目单项检验点合格率最小为90.0%，且不合格点不集中分布，单元工程质量合格。
筑业××工程有限公司
质量责任人（签字）：×××
现场管理机构（盖章）：××高标准农田建设项目经理部
2026年×月×日</td></tr>
<tr><td colspan="3">监理单位验收结论</td><td colspan="4">本单元工程主控项目全部/~~部分~~符合要求，一般项目单项检验点合格率最小为90.0%，且不合格点不集中/~~集中~~分布，单元工程质量合格/~~不合格~~，同意/~~不同意~~通过验收。
××建设监理有限公司
监理工程师（签字）：×××
现场监理机构（盖章）：××高标准农田建设项目监理部
2026年×月×日</td></tr>
</table>

3.3.1.2-100　干砌石护坡单元工程质量验收记录

填表说明

一、依据标准

《水利水电工程单元工程施工质量验收标准 第 4 部分：堤防与河道整治工程》SL/T 631.4—2025。

二、单元工程划分

宜以轴线施工段长 60m～100m 划分为一个单元工程，丁坝、垛的岸坡防护工程宜按每个坝、垛划分为一个单元工程。

三、标准规定

表 6.3.3　干砌石护坡单元工程施工质量验收标准

项次		检查项目	检验方法	检验数量
主控项目	1	石料质量	观察，查阅质量证明文件和检验报告	全部
	2	护坡厚度	量测	每20m²～50m²检测1处
	3	砌筑质量	观察、量测	全面
	4	坡度	量测	护坡长度方向每10m检测1处
一般项目	1	石料块重	量测	长度方向每20m检测1m²
	2	高程	量测	护坡长度方向每10m检测1处
	3	坡面平整度	量测	每50m²～100m²检测1处
	4	封顶	量测	长度方向每10m检测1处

××高标准农田建设项目 工程

3.3.1.2-101 浆砌石或浆砌预制块护岸单元工程质量验收记录

编号：××

单项工程名称	农田防护与生态环境保护工程	施工日期	2026年×月×日—2026年×月×日
单位工程名称	坡面防护工程	施工单位	筑业××工程有限公司
分部工程名称	护坡	单元工程量	210m²
单元工程名称/部位	浆砌石护坡 桩号：K1＋100～K1＋200	验收依据	《水利水电工程单元工程施工质量验收标准 第4部分：堤防与河道整治工程》SL/T 631.4—2025

项次		检查项目	质量标准	施工单位检查记录	监理单位验收意见
主控项目	1	预制块质量	符合设计要求，已通过进场验收（见附加说明）	质量证明文件齐全、有效。见检验报告编号××。	合格
	2	拌和物质量	符合SL/T 631.2的规定	质量证明文件齐全、有效。见检验报告编号××。	合格
	3	石料质量	符合设计及SL/T 631.4—2025附录C.0.3条的要求（见附加说明）	质量证明文件齐全、有效。见检验报告编号××。	合格
	4	石料块重	符合设计要求（见附加说明）	石料块重单块在50kg～100kg左右，符合要求。见施工记录编号××。	合格
	5	护坡厚度[a]	最大允许偏差为±3cm（设计值：60cm）	检查6处，实测值（cm）：62，61，62，63，62，61。	合格 100%
	6	砌筑质量	上下层砌块应错缝砌筑，砂浆饱满，无架空，砌筑体之间无直接接触	上下层砌块错缝砌筑，砂浆饱满，无架空；砌筑体之间无直接接触。见施工记录编号××。	合格
	7	排水孔反滤	符合设计要求（见附加说明）	砾石反滤层，厚度为30cm。见施工记录编号××。	合格
	8	坡度	不陡于设计值（设计值：1：1.5）	检查20点，合格20点。见测量记录编号××。	合格 100%

××高标准农田建设项目　工程

3.3.1.2-101 浆砌石或浆砌预制块护岸单元工程质量验收记录（续表）

编号：××

<table>
<tr><th colspan="2">项次</th><th>检查项目</th><th>质量标准</th><th>施工单位检查记录</th><th>监理单位验收意见</th></tr>
<tr><td rowspan="8">一般项目</td><td>1</td><td>排水孔设置</td><td>连续贯通，孔径、孔距最大允许偏差为±5%设计值，出口端高程低于进口端
（见附加说明）</td><td>连续贯通，孔径、出口端高程低于进口端。检查5点，合格5点。见测量记录编号××。</td><td>合格
100%</td></tr>
<tr><td>2</td><td>变形缝结构与填充质量</td><td>变形缝顺直、贯通，宽度满足设计要求，填充完整
（见附加说明）</td><td>变形缝顺直、贯通，宽度符合要求，填充完整。见施工记录编号××。</td><td>合格</td></tr>
<tr><td>3</td><td>勾缝</td><td>符合设计要求，无开裂、脱皮现象</td><td>无开裂、脱皮现象。见施工记录编号××。</td><td>合格</td></tr>
<tr><td>4</td><td>高程</td><td>顶高程不低于设计值，底高程不高于设计值
（设计值：××、××）</td><td>检查20点，合格19点。见测量记录编号××。</td><td>合格
95.0%</td></tr>
<tr><td>5</td><td>坡面平整度</td><td>浆砌石坡面允许偏差为5cm/2m√
预制块坡面允许偏差为1cm/2m</td><td>检查6点，合格6点。见测量记录编号××。</td><td>合格
100%</td></tr>
<tr><td>6</td><td>养护措施</td><td>符合设计和规范要求
（见附加说明）</td><td>定期清理护坡表面的杂物、杂草等，排水孔和排水沟等排水设施畅通，浆砌石的勾缝完好。</td><td>合格</td></tr>
<tr><td>7</td><td>封顶</td><td>宽度、厚度允许偏差为－1cm～2cm，顶面平顺，边线顺直</td><td>顶面平顺，边线顺直。宽度、厚度检查20点，合格19点。见测量记录编号××。</td><td>合格
95.0%</td></tr>
<tr><td>8</td><td>隔埂</td><td>宽度、厚度允许偏差为－1cm～2cm，顶面平顺，边线顺直
（设计值：宽度1m，厚度0.5m）</td><td>顶面平顺，边线顺直。宽度、厚度检查20点，合格19点。见测量记录编号××。</td><td>合格
95.0%</td></tr>
<tr><td colspan="2">施工单位检验结论</td><td colspan="4">本单元工程主控项目质量全部符合要求，一般项目单项检验点合格率最小为95.0%，且不合格点不集中分布，单元工程质量合格。
筑业××工程有限公司
质量责任人（签字）：×××
现场管理机构（盖章）：××高标准农田建设项目经理部
2026年×月×日</td></tr>
<tr><td colspan="2">监理单位验收结论</td><td colspan="4">本单元工程主控项目全部/~~部分~~符合要求，一般项目单项检验点合格率最小为95.0%，且不合格点不集中/~~集中~~分布，单元工程质量合格/~~不合格~~，同意/~~不同意~~通过验收。
××建设监理有限公司
监理工程师（签字）：×××
现场监理机构（盖章）：××高标准农田建设项目监理部
2026年×月×日</td></tr>
</table>

a：适用于浆砌石护坡。

3.3.1.2-101　浆砌石或浆砌预制块护岸单元工程质量验收记录填表说明

一、依据标准

《水利水电工程单元工程施工质量验收标准 第 4 部分：堤防与河道整治工程》SL/T 631.4—2025。

二、单元工程划分

宜以轴线施工段长 60m～100m 划分为一个单元工程，丁坝、垛的岸坡防护工程宜按每个坝、垛划分为一个单元工程。

三、标准规定

表 6.3.4　浆砌石或浆砌预制块护岸单元工程施工质量验收标准

项次		检查项目	检验方法	检验数量
主控项目	1	预制块质量	观察，查阅质量证明文件和检验报告	全部
	2	拌和物质量	观察，查阅质量证明文件和检验报告	全部
	3	石料质量	观察，查阅质量证明文件和检验报告	全部
	4	石料块重	观察	全部
	5	护坡厚度[a]	量测	每50m² ～100m² 检测1处
	6	砌筑质量	观察	全面
	7	排水孔反滤	观察	全部
	8	坡度	量测	护坡长度方向每10m检测1处
一般项目	1	排水孔设置	量测	每10孔检测1孔
	2	变形缝结构与填充质量	观察	全面
	3	勾缝	观察	全部
	4	高程	量测	护坡长度方向每10m检测1处
	5	坡面平整度	量测	每50m² ～100m² 检测1处
	6	养护措施	观察	全面
	7	封顶	量测	长度方向每10m检测1处
	8	隔埂	量测	长度方向每10m检测1处
a：适用于浆砌石护坡。				

××高标准农田建设项目 工程

3.3.1.2-102 灌砌块石护岸单元工程质量验收记录

编号：××

<table>
<tr><td colspan="2">单项工程名称</td><td>农田防护与生态环境保护工程</td><td>施工日期</td><td colspan="2">2026年×月×日—2026年×月×日</td></tr>
<tr><td colspan="2">单位工程名称</td><td>坡面防护工程</td><td>施工单位</td><td colspan="2">筑业××工程有限公司</td></tr>
<tr><td colspan="2">分部工程名称</td><td>护坡</td><td>单元工程量</td><td colspan="2">290m²</td></tr>
<tr><td colspan="2">单元工程名称/部位</td><td>灌砌块石护坡
桩号：K1＋100～K1＋200</td><td>验收依据</td><td colspan="2">《水利水电工程单元工程施工质量验收标准 第4部分：堤防与河道整治工程》SL/T 631.4—2025</td></tr>
<tr><td colspan="2">项次</td><td>检查项目</td><td>质量标准</td><td>施工单位检查记录</td><td>监理单位验收意见</td></tr>
<tr><td rowspan="7">主控项目</td><td>1</td><td>拌和物质量</td><td>符合SL/T 631.2的规定</td><td>质量证明文件齐全、有效。见检验报告编号××。</td><td>合格</td></tr>
<tr><td>2</td><td>石料质量</td><td>符合设计及SL/T 631.4—2025附录C.0.3条的要求
（见附加说明）</td><td>质量证明文件齐全、有效。见检验报告编号××。</td><td>合格</td></tr>
<tr><td>3</td><td>石料块重</td><td>除嵌缝石外，砌石用料符合设计要求
（见附加说明）</td><td>石料块重单块在150kg～200kg左右。见施工记录编号××。</td><td>合格</td></tr>
<tr><td>4</td><td>护坡厚度</td><td>最大允许偏差为±5%设计值
（设计值：60cm）</td><td>抽查2处，实测值（cm）：62，61。</td><td>合格
100%</td></tr>
<tr><td>5</td><td>填灌质量</td><td>细石混凝土填灌均匀、密实、饱满</td><td>填灌均匀、密实、饱满。见施工记录编号××。</td><td>合格</td></tr>
<tr><td>6</td><td>排水孔反滤</td><td>符合设计要求
（见附加说明）</td><td>砾石反滤层，厚度为30cm。见施工记录编号××。</td><td>合格</td></tr>
<tr><td>7</td><td>坡度</td><td>不陡于设计坡度
（设计值：1∶1.5）</td><td>检查20点，合格20点。见测量记录编号××。</td><td>合格
100%</td></tr>
</table>

××高标准农田建设项目 工程

3.3.1.2-102 灌砌块石护岸单元工程质量验收记录（续表）

编号：××

项次		检查项目	质量标准	施工单位检查记录	监理单位验收意见
一般项目	1	高程	顶高程不低于设计值，底高程不高于设计值 （设计值：××、××）	检查20点，合格19点，见测量记录编号××。	合格 95.0%
	2	坡面平整度	光面坡面允许偏差为3cm/2m 糙面坡面允许偏差为8cm/2m√	检查6点，合格6点。见测量记录编号××。	合格 100%
	3	排水孔（带）设置	连续贯通，均匀布置，出口端高程低于进口端	连续贯通，均匀布置，出口端高程低于进口端。见施工记录编号××。	合格
	4	变形缝结构与填充质量	变形缝顺直、贯通，宽度满足设计要求，填充完整 （见附加说明）	变形缝顺直、贯通，宽度为25mm，填充完整。见施工记录编号××。	合格
	5	封顶	宽度、厚度允许偏差为−1cm～2cm，顶面平顺，边线顺直	顶面平顺，边线顺直。检查20点，合格19点。见测量记录编号××。	合格 95.0%
	6	隔埂	宽度、厚度允许偏差为−1cm～2cm，顶面平顺，边线顺直 （设计值：宽度1m，厚度0.5m）	顶面平顺，边线顺直。检查20点，合格19点。见测量记录编号××。	合格 95.0%
	7	振捣质量	拌和物和易性、黏聚性良好，振捣有序，无漏振、无过振、无骨料分离等现象	拌和物和易性、黏聚性良好，振捣有序，无漏振、过振，无骨料分离等现象。	合格
	8	养护措施	初凝后及时覆盖，保湿保温措施到位，表面无风干现象	初凝后及时覆盖，保湿保温措施到位，表面无风干现象。见养护记录编号××。	合格
施工单位检验结论		本单元工程主控项目质量全部符合要求，一般项目单项检验点合格率最小为95.0%，且不合格点不集中分布，单元工程质量合格。 质量责任人（签字）：××× 现场管理机构（盖章）：筑业××工程有限公司 ××高标准农田建设项目经理部 2026年×月×日			
监理单位验收结论		本单元工程主控项目全部/~~部分~~符合要求，一般项目单项检验点合格率最小为95.0%，且不合格点不集中/~~集中~~分布，单元工程质量合格/~~不合格~~，同意/~~不同意~~通过验收。 监理工程师（签字）：××× 现场监理机构（盖章）：××建设监理有限公司 ××高标准农田建设项目监理部 2026年×月×日			

3.3.1.2-102 灌砌块石护岸单元工程质量验收记录

填表说明

一、依据标准

《水利水电工程单元工程施工质量验收标准 第 4 部分：堤防与河道整治工程》SL/T 631.4—2025。

二、单元工程划分

宜以轴线施工段长 60m～100m 划分为一个单元工程，丁坝、垛的岸坡防护工程宜按每个坝、垛划分为一个单元工程。

三、标准规定

表 6.3.5 灌砌石灌护坡单元工程施工质量验收标准

项次		检查项目	检验方法	检验数量
主控项目	1	拌和物质量	观察，查阅质量证明文件和检验报告	全部
	2	石料质量	观察，查阅质量证明文件和检验报告	全部
	3	石料块重	观察	全部
	4	护坡厚度	量测	每100m²～200m²检测1处
	5	填灌质量	观察	全面
	6	排水孔反滤	观察	全部
	7	坡度	量测	护坡长度方向 每10m检测1处
一般项目	1	高程	量测	护坡长度方向每10m检测1处
	2	坡面平整度	量测	每50m²～100m²检测1处
	3	排水孔（带）设置	观察	全部
	4	变形缝结构与填充质量	观察	全部
	5	封顶	量测	长度方向每10m检测1处
	6	隔埂	量测	长度方向每10m检测1处
	7	振捣质量	观察	全部
	8	养护措施	观察	全面

××高标准农田建设项目 工程

3.3.1.2-103 混凝土护岸单元工程质量验收记录

编号：××

单项工程名称	农田防护与生态环境保护工程	施工日期	2026年×月×日—2026年×月×日
单位工程名称	坡面防护工程	施工单位	筑业××工程有限公司
分部工程名称	护坡	单元工程量	351m²
单元工程名称/部位	混凝土护岸 桩号：K1＋500～K1＋600	验收依据	《水利水电工程单元工程施工质量验收标准 第4部分：堤防与河道整治工程》SL/T 631.4—2025

项次		检查项目	质量标准	施工单位检查记录	监理单位验收意见
主控项目	1	拌和物质量	符合设计及SL/T 631.2的规定（见附加说明）	质量证明文件齐全、有效。见检验报告编号××。	合格
	2	护坡厚度	允许偏差为－1cm～2cm（设计值：60cm）	检查6处，实测值（cm）：62，61，62，61，61，62。	合格 100%
	3	排水孔反滤	符合设计要求（见附加说明）	砾石反滤层，厚度为30cm。见施工记录编号××。	合格
	4	坡度	不陡于设计值（设计值：1∶1.5）	检查20点，合格20点。见测量记录编号××。	合格 100%
一般项目	1	坡面平整度	允许偏差为1cm/2m	检查6点，合格6点。见测量记录编号××。	合格 100%
	2	高程	顶高程不低于设计值，底高程不高于设计值（设计值：××）	检查10点，合格9点，见测量记录编号××。	合格 90.0%
	3	排水孔设置	连续贯通，孔径、孔距最大允许偏差为±5%设计值，出口端高程低于进口端	连续贯通，均匀布置，出口端高程低于进口端。孔径、孔距检查5点，合格5点。见测量记录编号××。	合格 100%
	4	变形缝结构与填充质量	变形缝顺直、贯通，宽度满足设计要求，填充完整	变形缝顺直、贯通，宽度为25mm，填充完整。见施工记录编号××。	合格
	5	振捣质量	拌和物和易性、黏聚性良好，振捣有序，无漏振、无过振、无骨料分离等现象	拌和物和易性、黏聚性良好，振捣有序，无漏振、过振，无骨料分离等现象。	合格
	6	养护措施	初凝后及时覆盖，保湿保温措施到位，表面无风干现象	初凝后及时覆盖，保湿保温措施到位，表面无风干现象。见养护记录编号××。	合格
施工单位检验结论		本单元工程主控项目质量全部符合要求，一般项目单项检验点合格率最小为90.0%，且不合格点不集中分布，单元工程质量合格。 质量责任人（签字）：××× 现场管理机构（盖章）：筑业××工程有限公司 ××高标准农田建设项目经理部 2026年×月×日			
监理单位验收结论		本单元工程主控项目全部/~~部分~~符合要求，一般项目单项检验点合格率最小为90.0%，且不合格点不集中/~~集中~~分布，单元工程质量合格/~~不合格~~，同意/~~不同意~~通过验收。 监理工程师（签字）：××× 现场监理机构（盖章）：××建设监理有限公司 ××高标准农田建设项目监理部 2026年×月×日			

3.3.1.2-103　混凝土护岸单元工程质量验收记录

填表说明

一、依据标准

《水利水电工程单元工程施工质量验收标准 第 4 部分：堤防与河道整治工程》SL/T 631.4—2025。

二、单元工程划分

宜以轴线施工段长 60m～100m 划分为一个单元工程，丁坝、垛的岸坡防护工程宜按每个坝、垛划分为一个单元工程。

三、标准规定

表 6.3.7　现浇混凝土护坡单元工程施工质量验收标准

项次		检查项目	检验方法	检验数量
主控项目	1	拌和物质量	观察，查阅质量证明文件和检验报告	全部
	2	护坡厚度	量测	按作业面积每50m²～100m²检测1处
	3	排水孔反滤	观察	全部
	4	坡度	量测	护坡长度方向每10m检测1处
一般项目	1	坡面平整度	量测	每50m²～100m²检测1处
	2	高程	量测	护坡长度方向每10m检测1处
	3	排水孔设置	量测	每10孔检测1孔
	4	变形缝结构与填充质量	观察	全部
	5	振捣质量	观察	全部
	6	养护措施	观察	全面

____××高标准农田建设项目____工程

3.3.1.2-104　土工格室、生态袋、三维土工网垫、纤维毯、平面或填充型水土保护毯生态防护单元工程质量验收记录

编号：××

<table>
<tr><td colspan="3">单项工程名称</td><td>农田防护与生态环境保护工程</td><td>施工日期</td><td colspan="2">2026年×月×日—2026年×月×日</td></tr>
<tr><td colspan="3">单位工程名称</td><td>岸坡防护工程</td><td>施工单位</td><td colspan="2">筑业××工程有限公司</td></tr>
<tr><td colspan="3">分部工程名称</td><td>生态护岸</td><td>单元工程量</td><td colspan="2">526m²</td></tr>
<tr><td colspan="3">单元工程名称/部位</td><td>土工格室、生态袋、三维土工网垫、纤维毯、平面或填充型水土保护毯生态防护
桩号：K0＋000～K0＋100</td><td>验收依据</td><td colspan="2">《水利水电工程单元工程施工质量验收标准 第4部分：堤防与河道整治工程》SL/T 631.4—2025</td></tr>
<tr><td colspan="2">项次</td><td>检查项目</td><td colspan="2">质量标准</td><td>施工单位检查记录</td><td>监理单位验收意见</td></tr>
<tr><td rowspan="5">主控项目</td><td>1</td><td>附着体原材料质量、规格、性能</td><td colspan="2">符合设计及SL/T 631.4—2025附录C.0.4条的要求
（见附加说明）</td><td>质量证明文件齐全、有效。见检验报告编号××。</td><td>合格</td></tr>
<tr><td>2</td><td>种植土厚度</td><td colspan="2">最大允许偏差为±3cm
（设计值：××）</td><td>检查10点，合格10点。见测量记录编号××。</td><td>合格
100%</td></tr>
<tr><td>3</td><td>铺设</td><td colspan="2">紧贴基面、无空腔、平整、无起伏</td><td>紧贴基面，铺设平整，无空腔、起伏现象。</td><td>合格</td></tr>
<tr><td>4</td><td>固定</td><td colspan="2">搭接、缝接、嵌固、锚固等固定方式和质量符合设计要求，固定牢靠
（见附加说明）</td><td>采用搭接方式，固定牢靠。见施工记录编号××。</td><td>合格</td></tr>
<tr><td>5</td><td>植被成活率/覆盖率</td><td colspan="2">符合设计要求
（设计值：××）</td><td>覆盖率达99%。见施工记录编号××。</td><td>合格</td></tr>
<tr><td rowspan="5">一般项目</td><td>1</td><td>基面处理</td><td colspan="2">无浮石、浮土、洞穴等危害基体稳定的因素</td><td>无浮石、浮土、洞穴等危害基体稳定的因素。见施工记录编号××。</td><td>合格</td></tr>
<tr><td>2</td><td>铺设范围</td><td colspan="2">不小于设计值
（见附加说明）</td><td>检查5点，合格5点。见测量记录编号××。</td><td>合格
100%</td></tr>
<tr><td>3</td><td>种植土配合比</td><td colspan="2">符合设计和规范要求
（设计值：××）</td><td>符合要求。配合比报告编号××。</td><td>合格</td></tr>
<tr><td>4</td><td>坡面平整度</td><td colspan="2">最大允许偏差：格网类为±3cm√
袋毯类为±5cm</td><td>检查10点，合格10点。见测量记录编号××。</td><td>合格
100%</td></tr>
<tr><td>5</td><td>外观</td><td colspan="2">整齐平顺、与岸坡协调</td><td>整齐平顺、与岸坡协调。见影像记录编号××。</td><td>合格</td></tr>
<tr><td colspan="3">施工单位检验结论</td><td colspan="4">本单元工程主控项目质量全部符合要求，一般项目单项检验点合格率最小为100%，且不合格点不集中分布，单元工程质量合格。
质量责任人（签字）：×××
现场管理机构（盖章）：筑业××工程有限公司 ××高标准农田建设项目经理部
2026年×月×日</td></tr>
<tr><td colspan="3">监理单位验收结论</td><td colspan="4">本单元工程主控项目全部/~~部分~~符合要求，一般项目单项检验点合格率最小为100%，且不合格点不集中/~~集中~~分布，单元工程质量合格/~~不合格~~，同意/~~不同意~~通过验收。
监理工程师（签字）：×××
现场监理机构（盖章）：××建设监理有限公司 ××高标准农田建设项目监理部
2026年×月×日</td></tr>
</table>

3.3.1.2-104　土工格室、生态袋、三维土工网垫、纤维毯、平面或填充型水土保护毯生态防护单元工程质量验收记录

填表说明

一、依据标准

《水利水电工程单元工程施工质量验收标准 第 4 部分：堤防与河道整治工程》SL/T 631.4—2025。

二、单元工程划分

宜以轴线施工段长 100m～500m 划分为一个单元工程，或按工区面积 100m² ～10000m² 划分为一个单元工程，或按工程区、段划分为一个单元工程。

三、标准规定

表 9.3.1　土工格室、生态袋、三维土工网垫、纤维毯、平面或填充型水土保护毯生态防护单元工程施工质量验收标准

项次		检查项目	检验方法	检验数量
主控项目	1	附着体原材料质量、规格、性能	观察，查阅质量证明文件和检验报告	全部
	2	种植土厚度	量测	轴线方向每20m～50m或每50m² ～100m²检测1处
	3	铺设	观察	全部
	4	固定	观察	全部
	5	植被成活率/覆盖率	观察	全部
一般项目	1	基面处理	观察	全部
	2	铺设范围	量测	轴线方向每20m～50m检测1横断面
	3	种植土配合比	观察	全部
	4	坡面平整度	量测	轴线方向每20m～50m或每50m² ～100m²检测1处
	5	外观	观察	全面

××高标准农田建设项目 工程

3.3.1.2-105 混合料喷播生态防护单元工程质量验收记录

编号：××

<table>
<tr><td colspan="3">单项工程名称</td><td>农田防护与生态环境保护工程</td><td>施工日期</td><td colspan="2">2026年×月×日—2026年×月×日</td></tr>
<tr><td colspan="3">单位工程名称</td><td>岸坡防护工程</td><td>施工单位</td><td colspan="2">筑业××工程有限公司</td></tr>
<tr><td colspan="3">分部工程名称</td><td>生态护岸</td><td>单元工程量</td><td colspan="2">456m²</td></tr>
<tr><td colspan="3">单元工程名称/部位</td><td>混合料喷播生态防护
桩号：K1＋500～K1＋600</td><td>验收依据</td><td colspan="2">《水利水电工程单元工程施工质量验收标准 第4部分：堤防与河道整治工程》SL/T 631.4—2025</td></tr>
<tr><td colspan="2">项次</td><td>检查项目</td><td>质量标准</td><td colspan="2">施工单位检查记录</td><td>监理单位验收意见</td></tr>
<tr><td rowspan="3">主控项目</td><td>1</td><td>锚钉、网片质量</td><td>材质、强度、防腐、规格、尺寸等符合设计和规范要求
（见附加说明）</td><td colspan="2">质量证明文件齐全、有效。见检验报告编号××。</td><td>合格</td></tr>
<tr><td>2</td><td>混合料配合比</td><td>符合设计和规范要求
（设计值：××）</td><td colspan="2">符合要求。见配合比报告编号××。</td><td>合格</td></tr>
<tr><td>3</td><td>成活率或覆盖率</td><td>符合设计要求
（设计值：××）</td><td colspan="2">覆盖率达99.6%。见施工记录编号××。</td><td>合格</td></tr>
<tr><td rowspan="4">一般项目</td><td>1</td><td>基面处理</td><td>无浮石、浮土、洞穴等危害基体稳定的因素</td><td colspan="2">无浮石、浮土、洞穴等危害基体稳定的因素。见施工记录编号××。</td><td>合格</td></tr>
<tr><td>2</td><td>挂网质量</td><td>覆盖到位，锚钉垂直基面、灌浆饱满、锚固结实，网片绑扎牢靠稳定</td><td colspan="2">挂网覆盖到位，锚钉垂直基面，灌浆饱满，锚固结实，网片绑扎牢靠、稳定。</td><td>合格</td></tr>
<tr><td>3</td><td>喷播厚度</td><td>符合设计和规范要求
（设计值：××）</td><td colspan="2">检查5点，合格5点。见测量记录编号××。</td><td>合格
100%</td></tr>
<tr><td>4</td><td>喷播范围</td><td>不小于设计值
（见附加说明）</td><td colspan="2">检查5点，合格4点。见测量记录编号××。</td><td>合格
80.0%</td></tr>
<tr><td colspan="3">施工单位检验结论</td><td colspan="4">本单元工程主控项目质量全部符合要求，一般项目单项检验点合格率最小为80.0%，且不合格点不集中分布，单元工程质量合格。
筑业××工程有限公司
质量责任人（签字）：×××
现场管理机构（盖章）：××高标准农田建设项目经理部
2026年×月×日</td></tr>
<tr><td colspan="3">监理单位验收结论</td><td colspan="4">本单元工程主控项目全部/~~部分~~符合要求，一般项目单项检验点合格率最小为80.0%，且不合格点不集中/~~集中~~分布，单元工程质量合格/~~不合格~~，同意/~~不同意~~通过验收。
××建设监理有限公司
监理工程师（签字）：×××
现场监理机构（盖章）：××高标准农田建设项目监理部
2026年×月×日</td></tr>
</table>

3.3.1.2-105　混合料喷播生态防护单元工程质量验收记录填表说明

一、依据标准

《水利水电工程单元工程施工质量验收标准 第 4 部分：堤防与河道整治工程》SL/T 631.4—2025。

二、单元工程划分

宜以轴线施工段长 100m～500m 划分为一个单元工程，或按工区面积 $100m^2$～$10000m^2$ 划分为一个单元工程，或按工程区、段划分为一个单元工程。

三、标准规定

表 9.3.2　混合料喷播生态防护单元工程施工质量验收标准

项次		检查项目	检验方法	检验数量
主控项目	1	锚钉、网片质量	观察，查阅质量证明文件和检验报告	全部
	2	混合料配合比	观察，查阅资料	全部
	3	成活率或覆盖率	观察	全部
一般项目	1	基面处理	观察	全面
	2	挂网质量	观察	全面
	3	喷播厚度	量测	轴线方向每20m或每$200m^2$～$500m^2$检测1处
	4	喷播范围	量测	轴线方向每20m～50m检测1横断面

××高标准农田建设项目 工程

3.3.1.2-106 现浇生态混凝土防护单元工程质量验收记录

编号：××

<table>
<tr><td colspan="3">单项工程名称</td><td>农田防护与生态环境保护工程</td><td>施工日期</td><td colspan="2">2026年×月×日—2026年×月×日</td></tr>
<tr><td colspan="3">单位工程名称</td><td>岸坡防护工程</td><td>施工单位</td><td colspan="2">筑业××工程有限公司</td></tr>
<tr><td colspan="3">分部工程名称</td><td>生态护岸</td><td>单元工程量</td><td colspan="2">367m²</td></tr>
<tr><td colspan="3">单元工程名称/部位</td><td>现浇生态混凝土防护
桩号：K0＋000～K0＋100</td><td>验收依据</td><td colspan="2">《水利水电工程单元工程施工质量验收标准 第4部分：堤防与河道整治工程》SL/T 631.4—2025</td></tr>
<tr><td colspan="2">项次</td><td>检查项目</td><td>质量标准</td><td colspan="2">施工单位检查记录</td><td>监理单位验收意见</td></tr>
<tr><td rowspan="2">主控项目</td><td>1</td><td>拌和物质量</td><td>符合SL/T 631.2的规定</td><td colspan="2">符合要求。见检测报告编号××。</td><td>合格</td></tr>
<tr><td>2</td><td>植被成活率或覆盖率</td><td>符合设计要求
（设计值：××）</td><td colspan="2">覆盖率达99.6%。见施工记录编号××。</td><td>合格</td></tr>
<tr><td rowspan="3">一般项目</td><td>1</td><td>基面预处理</td><td>无浮石、浮土、洞穴等危害基体稳定的因素</td><td colspan="2">无浮石、浮土、洞穴等危害基体稳定的因素。见施工记录编号××。</td><td>合格</td></tr>
<tr><td>2</td><td>厚度</td><td>最大允许偏差为±5mm
（设计值：××）</td><td colspan="2">检查5点，合格5点。见测量记录编号××。</td><td>合格
100%</td></tr>
<tr><td>3</td><td>防护范围</td><td>不小于设计值
（见附加说明）</td><td colspan="2">检查5点，合格4点。见测量记录编号××。</td><td>合格
80.0%</td></tr>
<tr><td colspan="3">施工单位检验结论</td><td colspan="4">本单元工程主控项目质量全部符合要求，一般项目单项检验点合格率最小为80.0%，且不合格点不集中分布，单元工程质量合格。

筑业××工程有限公司
质量责任人（签字）：×××
现场管理机构（盖章）：××高标准农田建设项目经理部
2026年×月×日</td></tr>
<tr><td colspan="3">监理单位验收结论</td><td colspan="4">本单元工程主控项目全部/~~部分~~符合要求，一般项目单项检验点合格率最小为80.0%，且不合格点不集中/~~集中~~分布，单元工程质量合格/~~不合格~~，同意/~~不同意~~通过验收。

××建设监理有限公司
监理工程师（签字）：×××
现场监理机构（盖章）：××高标准农田建设项目监理部
2026年×月×日</td></tr>
</table>

3.3.1.2-106 现浇生态混凝土防护单元工程质量验收记录
填表说明

一、依据标准

《水利水电工程单元工程施工质量验收标准 第 4 部分：堤防与河道整治工程》SL/T 631.4—2025。

二、单元工程划分

宜以轴线施工段长 100m～500m 划分为一个单元工程，或按工区面积 100m² ～10000m² 划分为一个单元工程，或按工程区、段划分为一个单元工程。

三、标准规定

表 9.3.3 现浇生态混凝土防护单元工程施工质量验收标准

项次		检查项目	检验方法	检验数量
主控项目	1	拌和物质量	检测	同批次检测1组
	2	植被成活率或覆盖率	观察	全部
一般项目	1	基面预处理	观察	全面
	2	厚度	量测	轴线方向每20m或每200m² ～500m² 检测1处
	3	防护范围	量测	轴线方向每20m～50m检测1横断面

××高标准农田建设项目工程

3.3.1.2-107 预制混凝土类砌块生态防护单元工程质量验收记录

编号：××

单项工程名称	农田防护与生态环境保护工程	施工日期	2026年×月×日—2026年×月×日
单位工程名称	岸坡防护工程	施工单位	筑业××工程有限公司
分部工程名称	生态护岸	单元工程量	461m²
单元工程名称/部位	预制混凝土类砌块生态防护 桩号：K1+500～K1+600	验收依据	《水利水电工程单元工程施工质量验收标准 第4部分：堤防与河道整治工程》SL/T 631.4—2025

项次		检查项目	质量标准	施工单位检查记录	监理单位验收意见
主控项目	1	预制块质量	符合设计要求，已通过进场验收（见附加说明）	质量证明文件齐全、有效。见检验报告编号××。	合格
	2	砌体尺寸	符合设计要求，无掉角、断裂（设计值：××）	检查50点，合格50点。见测量记录编号××。	合格 100%
	3	土工格栅质量[a]	符合设计及SL/T 631.4—2025附录C.0.4条的要求（见附加说明）	质量证明文件齐全、有效。见检验报告编号××。	合格
一般项目	1	铺设范围	不小于设计值（见附加说明）	检查5点，合格5点。见测量记录编号××。	合格 100%
	2	砌块表面平整度	符合设计要求或最大允许偏差为±1cm（设计值：××）	检查10点，合格10点。见测量记录编号××。	合格 100%
	3	铺砌质量	平整、稳定，缝线规则、紧密	平整、缝线规则、紧密。见施工记录编号××。	合格
	4	种植土厚度[b]	最大允许偏差为±3cm（设计值：××）	检查10点，合格10点。见测量记录编号××。	合格 100%
	5	植被成活率/覆盖率	符合设计要求（设计值：××）	覆盖率达99.6%。见施工记录编号××。	合格
施工单位检验结论		本单元工程主控项目质量全部符合要求，一般项目单项检验点合格率最小为100%，且不合格点不集中分布，单元工程质量合格。 质量责任人（签字）：××× 现场管理机构（盖章）：筑业××工程有限公司 ××高标准农田建设项目经理部 2026年×月×日			
监理单位验收结论		本单元工程主控项目全部/~~部分~~符合要求，一般项目单项检验点合格率最小为100%，且不合格点不集中/~~集中~~分布，单元工程质量合格/~~不合格~~，同意/~~不同意~~通过验收。 监理工程师（签字）：××× 现场监理机构（盖章）：××建设监理有限公司 ××高标准农田建设项目监理部 2026年×月×日			

a：适用于自嵌式砌块。

b：适用于自嵌式砌块、多孔植生砌块。

3.3.1.2-107 预制混凝土类砌块生态防护单元工程质量验收记录

填表说明

一、依据标准

《水利水电工程单元工程施工质量验收标准 第 4 部分：堤防与河道整治工程》SL/T 631.4—2025。

二、单元工程划分

宜以轴线施工段长 100m～500m 划分为一个单元工程，或按工区面积 $100m^2$～$10000m^2$ 划分为一个单元工程，或按工程区、段划分为一个单元工程。

三、标准规定

表 9.4.1 预制混凝土类砌块生态防护单元工程施工质量验收标准

项次		检查项目	检验方法	检验数量
主控项目	1	预制块质量	观察，查阅质量证明文件和检验报告	全部
	2	砌块尺寸	量测	每50块～100块检测1块
	3	土工格栅质量[a]	查阅资料	全部
一般项目	1	铺设范围	量测	轴线方向每20m～50m检测1横断面
	2	砌块表面平整度	量测	轴线方向每20m～50m或每$50m^2$～$500m^2$检测1处
	3	铺砌质量	观察	全面
	4	种植土厚度[b]	量测	轴线方向每20m～50m或每$50m^2$～$200m^2$检测1处
	5	植被成活率/覆盖率	观察	全部

a：适用于自嵌式砌块。
b：适用于自嵌式砌块、多孔植生砌块。

××高标准农田建设项目＿＿＿工程

3.3.1.2-108　预制篮筐生态防护单元工程质量验收记录

编号：××

<table>
<tr><td colspan="3">单项工程名称</td><td>农田防护与生态环境保护工程</td><td>施工日期</td><td colspan="2">2026年×月×日—2026年×月×日</td></tr>
<tr><td colspan="3">单位工程名称</td><td>岸坡防护工程</td><td>施工单位</td><td colspan="2">筑业××工程有限公司</td></tr>
<tr><td colspan="3">分部工程名称</td><td>生态护岸</td><td>单元工程量</td><td colspan="2">531m²</td></tr>
<tr><td colspan="3">单元工程名称/部位</td><td>预制混凝土类砌块生态防护
桩号：K5＋460～K5＋560</td><td>验收依据</td><td colspan="2">《水利水电工程单元工程施工质量验收标准 第4部分：堤防与河道整治工程》SL/T 631.4—2025</td></tr>
<tr><td colspan="2">项次</td><td>检查项目</td><td>质量标准</td><td colspan="2">施工单位检查记录</td><td>监理单位验收意见</td></tr>
<tr><td rowspan="2">主控项目</td><td>1</td><td>石料质量</td><td>符合设计及SL/T 631.4—2025附录C.0.1条的要求
（见附加说明）</td><td colspan="2">质量证明文件齐全、有效。见检验报告编号××。</td><td>合格</td></tr>
<tr><td>2</td><td>外观尺寸</td><td>符合设计要求
（设计值：××）</td><td colspan="2">检查50点，合格50点。见测量记录编号××。</td><td>合格
100%</td></tr>
<tr><td rowspan="4">一般项目</td><td>1</td><td>铺设范围</td><td>不小于设计值
（见附加说明）</td><td colspan="2">检查5点，合格5点。见测量记录编号××。</td><td>合格
100%</td></tr>
<tr><td>2</td><td>垫层厚度</td><td>最大允许偏差为±2cm
（设计值：××）</td><td colspan="2">检查3点，合格3点。见测量记录编号××。</td><td>合格
100%</td></tr>
<tr><td>3</td><td>种植土厚度</td><td>最大允许偏差为±3cm
（设计值：××）</td><td colspan="2">检查5点，合格5点。见测量记录编号××。</td><td>合格
100%</td></tr>
<tr><td>4</td><td>植被成活率/覆盖率</td><td>符合设计要求
（设计值：××）</td><td colspan="2">覆盖率达99.6%。见施工记录编号××。</td><td>合格</td></tr>
<tr><td colspan="3">施工单位检验结论</td><td colspan="4">本单元工程主控项目质量全部符合要求，一般项目单项检验点合格率最小为100%，且不合格点不集中分布，单元工程质量合格。

质量责任人（签字）：×××
现场管理机构（盖章）：筑业××工程有限公司 ××高标准农田建设项目经理部
2026年×月×日</td></tr>
<tr><td colspan="3">监理单位验收结论</td><td colspan="4">本单元工程主控项目全部/~~部分~~符合要求，一般项目单项检验点合格率最小为100%，且不合格点不集中/~~集中~~分布，单元工程质量合格/~~不合格~~，同意/~~不同意~~通过验收。

监理工程师（签字）：×××
现场监理机构（盖章）：××建设监理有限公司 ××高标准农田建设项目监理部
2026年×月×日</td></tr>
</table>

3.3.1.2-108 预制篮筐生态防护单元工程质量验收记录

填表说明

一、依据标准

《水利水电工程单元工程施工质量验收标准 第 4 部分：堤防与河道整治工程》SL/T 631.4—2025。

二、单元工程划分

宜以轴线施工段长 100m～500m 划分为一个单元工程，或按工区面积 $100m^2$～$10000m^2$ 划分为一个单元工程，或按工程区、段划分为一个单元工程。

三、标准规定

表 9.4.3 预制篮筐生态防护单元工程施工质量验收标准

项次		检查项目	检验方法	检验数量
主控项目	1	石料质量	观察，查阅质量证明文件和检验报告	全部
	2	外观尺寸	量测	每批次检1%，且不少于3个
一般项目	1	铺设范围	量测	轴线方向每20m～50m检测1横断面
	2	垫层厚度	检测	轴线方向每50m检测1处
	3	种植土厚度	量测	轴线方向每20m～50m或每$200m^2$～$500m^2$检测1处检测1处
	4	植被成活率/覆盖率	观察	全部

××高标准农田建设项目 工程

3.3.1.2-109 格网石笼生态防护单元工程质量验收记录

编号：××

单项工程名称	农田防护与生态环境保护工程	施工日期	2026年×月×日—2026年×月×日
单位工程名称	岸坡防护工程	施工单位	筑业××工程有限公司
分部工程名称	生态护岸	单元工程量	421m²
单元工程名称/部位	格网石笼生态防护 桩号：K3＋660～K4＋760	验收依据	《水利水电工程单元工程施工质量验收标准 第4部分：堤防与河道整治工程》SL/T 631.4—2025

项次		检查项目	质量标准	施工单位检查记录	监理单位验收意见
主控项目	1	格网规格性能	符合设计及SL/T 631.4—2025附录C.0.4条的要求（见附加说明）	质量证明文件齐全、有效。见检验报告编号××。	合格
	2	石料质量	粒径级配符合设计要求，质地坚硬、无风化、最小边尺寸不小于笼体孔眼尺寸最大值（见附加说明）	石料粒径在15cm～40cm之间，质地坚硬，无风化，石料质量证明文件齐全、有效。见检验报告编号××。	合格
	3	笼体组装及填料	笼体绑扎牢固结实，填料紧密、平整、饱满	笼体绑扎牢固、结实，填料紧密、平整、饱满。	合格
一般项目	1	笼体尺寸	允许偏差为－2cm～10cm（设计值：××）	检查10点，合格9点。见测量记录编号××。	合格 90.0%
	2	笼体孔眼	最大允许偏差为±2cm（设计值：××）	检查100点，合格86点。见测量记录编号××。	合格 86.0%
	3	铺设范围	不小于设计值（见附加说明）	检查5点，合格5点。见测量记录编号××。	合格 100%
	4	植被成活率/覆盖率	符合设计要求（设计值：××）	覆盖率达99.6%。见施工记录编号××。	合格
施工单位检验结论		本单元工程主控项目质量全部符合要求，一般项目单项检验点合格率最小为86.0%，且不合格点不集中分布，单元工程质量合格。 质量责任人（签字）：××× 现场管理机构（盖章）：筑业××工程有限公司 ××高标准农田建设项目经理部 2026年×月×日			
监理单位验收结论		本单元工程主控项目全部/~~部分~~符合要求，一般项目单项检验点合格率最小为86.0%，且不合格点不集中/~~集中~~分布，单元工程质量合格/~~不合格~~，同意/~~不同意~~通过验收。 监理工程师（签字）：××× 现场监理机构（盖章）：××建设监理有限公司 ××高标准农田建设项目监理部 2026年×月×日			

3.3.1.2-109 格网石笼生态防护单元工程质量验收记录

填表说明

一、依据标准

《水利水电工程单元工程施工质量验收标准 第 4 部分：堤防与河道整治工程》SL/T 631.4—2025。

二、单元工程划分

宜以轴线施工段长 100m～500m 划分为一个单元工程，或按工区面积 $100m^2$～$10000m^2$ 划分为一个单元工程，或按工程区、段划分为一个单元工程。

三、标准规定

表 9.4.4 格网石笼生态防护单元工程施工质量验收标准

项次		检查项目	检验方法	检验数量
主控项目	1	格网规格性能	观察，查阅质量证明文件和检验报告	全部
	2	石料质量	观察，查阅质量证明文件和检验报告	全部
	3	笼体组装及填料	观察	全部
一般项目	1	笼体尺寸	量测	每10m不少于1个点
	2	笼体孔眼	量测	每个笼体不少于4个点
	3	铺设范围	量测	轴线方向每20m～50m检测1横断面
	4	植被成活率/覆盖率	观察	全部

××高标准农田建设项目　　工程

3.3.1.2-110　岩石岸坡开挖单元工程质量验收记录

编号：××

单项工程名称	农田防护与生态环境保护工程	施工日期	2026年×月×日—2026年×月×日
单位工程名称	坡面防护工程	施工单位	筑业××工程有限公司
分部工程名称	护坡	单元工程量	361m³
单元工程名称/部位	岩石岸坡开挖 桩号：K1＋100～K1＋150	验收依据	《水利水电工程单元工程施工质量验收标准 第1部分：土石方工程》SL/T 631.1—2025

项次		检查项目	质量标准		施工单位检查记录	监理单位验收意见
主控项目	1	地质缺陷处理结果	不良地质，地质勘探坑、孔等的处理符合设计要求，并经验收合格；渗水（含泉眼）妥善引排或封堵		淤泥已经按设计要求全部清除；地质探孔在0＋110处，孔直径1.5m，采用回填灌浆进行处理；现场无渗水情况。见施工记录编号××。	合格
	2	保护层开挖	控制爆破符合设计及施工方案要求 （见附加说明）		保护层为2m，分两层开挖，孔径42mm，孔深2m，孔距2m，全部到达建基面。见施工记录编号××。	合格
	3	岩体完整性	未损害岩体的完整性，开挖面无明显爆破裂隙，声波降低率小于10%或符合设计要求		岩体完整性良好，开挖面无明显爆破裂隙。见影像记录编号××。	合格
一般项目	1	边坡平均坡度	不陡于设计坡度 （设计值：1∶1）		检查30点，合格30点。见测量记录编号××。	合格 100%
	2	马道（台阶）宽度	最大允许偏差为±20cm （设计值：6m）		检查10点，实测值（m）：6.18，6.12，6.15，6.05，6.15，<u>6.25</u>，6.17，6.10，6.15，<u>6.28</u>。	合格 80.0%
	3	坡面超欠挖	允许偏差为－10cm～20cm （设计值：50.300mm）		检查10点，合格9点。见测量记录编号××。	合格 90.0%
	4	坡脚线位置	高程最大允许偏差为±20cm （设计值：50.300mm）		检查10点，合格10点。见测量记录编号××。	合格 100%
			平面位置允许偏差为－10cm～20cm （设计值：50.300mm）		检查10点，合格10点。见测量记录编号××。	合格 100%
	5	炮孔痕迹保存率	Ⅰ、Ⅱ类岩体	≥80%	炮孔痕迹保存率达85%，符合要求。	合格
			Ⅲ类岩体	≥50%	/	/
			Ⅳ类岩体	≥20%	/	/
施工单位检验结论		本单元工程主控项目质量全部符合要求，一般项目单项检验点合格率最小为<u>80.0%</u>，且不合格点不集中分布，单元工程质量合格。 质量责任人（签字）：××× 现场管理机构（盖章）：筑业××工程有限公司 ××高标准农田建设项目经理部 2026年×月×日				
监理单位验收结论		本单元工程主控项目<u>全部</u>/~~部分~~符合要求，一般项目单项检验点合格率最小为<u>80.0%</u>，且不合格点不<u>集中</u>/~~集中~~分布，单元工程质量<u>合格</u>/~~不合格~~，<u>同意</u>/~~不同意~~通过验收。 监理工程师（签字）：××× 现场监理机构（盖章）：××建设监理有限公司 ××高标准农田建设项目监理部 2026年×月×日				

3.3.1.2-110　岩石岸坡开挖单元工程质量验收记录填表说明

一、依据标准

《水利水电工程单元工程施工质量验收标准 第1部分：土石方工程》SL/T 631.1—2025。

二、单元工程划分

宜以工程设计结构或施工检查验收的区、段划分，每一区、段划分为一个单元工程。

三、标准规定

表 4.4.2　岩石岸坡开挖单元工程施工质量验收标准

项次		检查项目	检验方法	检验数量
主控项目	1	地质缺陷处理结果	观察，查阅施工及验收记录	全部
	2	保护层开挖	观察，查阅施工及验收记录	全部
	3	岩体完整性	观察，声波检测（需要时采用）	全部。声波检测时，抽检不少于1组
一般项目	1	边坡平均坡度	量测	按走向每5m布置1条测线，按坡向每条测线不少于3个点
	2	马道（台阶）宽度	量测	每5m一个断面，不少于3个断面
	3	坡面超欠挖	量测	每5m一个断面，不少于3个断面，断面内测点间距不大于2m
	4	坡脚线位置	量测	沿坡脚线长度方向每5m布置1个测点
	5	炮孔痕迹保存率	观察、量测	全部
注：数字前面的负号表示欠挖。				

××高标准农田建设项目工程

3.3.1.2-111 碎石或卵石、砂垫层单元工程质量验收记录

编号：××

<table>
<tr><td>单项工程名称</td><td colspan="3">农田防护与生态环境保护工程</td><td>施工日期</td><td colspan="2">2026年×月×日—2026年×月×日</td></tr>
<tr><td>单位工程名称</td><td colspan="3">坡面防护工程</td><td>施工单位</td><td colspan="2">筑业××工程有限公司</td></tr>
<tr><td>分部工程名称</td><td colspan="3">护坡</td><td>单元工程量</td><td colspan="2">$241m^2$</td></tr>
<tr><td>单元工程名称/部位</td><td colspan="3">岩石岸坡开挖
桩号：K1＋100～K1＋200</td><td>验收依据</td><td colspan="2">《水利水电工程单元工程施工质量验收标准 第4部分：堤防与河道整治工程》SL/T 631.4—2025</td></tr>
<tr><td colspan="2">项次</td><td>检查项目</td><td>质量标准</td><td colspan="2">施工单位检查记录</td><td>监理单位验收意见</td></tr>
<tr><td rowspan="2">主控项目</td><td>1</td><td>原材料质量</td><td>符合设计及SL/T 631.4—2025附录C.0.1条的要求
（见附加说明）</td><td colspan="2">质量证明文件齐全、有效。见检验报告编号××。</td><td>合格</td></tr>
<tr><td>2</td><td>厚度</td><td>最大允许偏差为±15%设计值
（设计值：××）</td><td colspan="2">检查15点，合格15点。见测量记录编号××。</td><td>合格
100%</td></tr>
<tr><td rowspan="2">一般项目</td><td>1</td><td>表面平整度</td><td>无明显凹凸</td><td colspan="2">无明显凹凸。</td><td>合格</td></tr>
<tr><td>2</td><td>表面坡度</td><td>不陡于设计值
（设计值：××）</td><td colspan="2">检查10点，合格9点。见测量记录编号××。</td><td>合格
90.0%</td></tr>
<tr><td>施工单位检验结论</td><td colspan="6">本单元工程主控项目质量全部符合要求，一般项目单项检验点合格率最小为90.0%，且不合格点不集中分布，单元工程质量合格。

质量责任人（签字）：×××
现场管理机构（盖章）：筑业××工程有限公司 ××高标准农田建设项目经理部
2026年×月×日</td></tr>
<tr><td>监理单位验收结论</td><td colspan="6">本单元工程主控项目全部/~~部分~~符合要求，一般项目单项检验点合格率最小为90.0%，且不合格点不集中/~~集中~~分布，单元工程质量合格/~~不合格~~，同意/~~不同意~~通过验收。

监理工程师（签字）：×××
现场监理机构（盖章）：××建设监理有限公司 ××高标准农田建设项目监理部
2026年×月×日</td></tr>
</table>

3.3.1.2-111　碎石或卵石、砂垫层单元工程质量验收记录填表说明

一、依据标准

《水利水电工程单元工程施工质量验收标准 第 4 部分：堤防与河道整治工程》SL/T 631.4—2025。

二、单元工程划分

平顺岸坡防护工程宜以轴线施工段长 60m～100m 划分为一个单元工程，现浇混凝土岸坡防护工程宜按轴线施工段长 30m～50m 划分为一个单元工程；丁坝、垛的岸坡防护工程宜按每个坝、垛划分为一个单元工程。

三、标准规定

表 6.2.1　碎石或卵石、砂垫层单元工程施工质量验收标准

项次		检查项目	检验方法	检验数量
主控项目	1	原材料质量	观察，查阅质量证明文件和检验报告	全部
	2	厚度	量测	每$20m^2$～$50m^2$检测1处
一般项目	1	表面平整度	观察	全面
	2	表面坡度	量测	轴线方向每20m～50m检测1处

××高标准农田建设项目　　　工程

3.3.1.2-112　混凝土预制块铺筑护坡单元工程质量验收记录

编号：××

<table>
<tr><td colspan="3">单项工程名称</td><td>农田防护与生态环境保护工程</td><td>施工日期</td><td>2026年×月×日—2026年×月×日</td></tr>
<tr><td colspan="3">单位工程名称</td><td>坡面防护工程</td><td>施工单位</td><td>筑业××工程有限公司</td></tr>
<tr><td colspan="3">分部工程名称</td><td>护坡</td><td>单元工程量</td><td>241m²</td></tr>
<tr><td colspan="3">单元工程名称/部位</td><td>岩石岸坡开挖
桩号：K1＋100～K1＋200</td><td>验收依据</td><td>《水利水电工程单元工程施工质量验收标准 第4部分：堤防与河道整治工程》SL/T 631.4—2025</td></tr>
<tr><td colspan="2">项次</td><td>检查项目</td><td>质量标准</td><td>施工单位检查记录</td><td>监理单位验收意见</td></tr>
<tr><td rowspan="3">主控项目</td><td>1</td><td>预制块质量</td><td>符合设计要求，已通过进场验收
（见附加说明）</td><td>质量证明文件齐全、有效。见检验报告编号××。</td><td>合格</td></tr>
<tr><td>2</td><td>铺筑质量</td><td>应平整、稳固、缝线规则</td><td>铺筑平整、稳固，缝线规则。见施工记录编号××。</td><td>合格</td></tr>
<tr><td>3</td><td>坡度</td><td>不陡于设计坡度
（设计值：1∶1.5）</td><td>检查10点，合格10点。见测量记录编号××。</td><td>合格
100%</td></tr>
<tr><td rowspan="3">一般项目</td><td>1</td><td>高程</td><td>顶高程不低于设计值，底高程不高于设计值
（设计值：××）</td><td>检查10点，合格9点。见测量记录编号××。</td><td>合格
90.0%</td></tr>
<tr><td>2</td><td>坡面平整度或表面错牙</td><td>坡面平整度允许偏差为1cm/2m；表面错牙允许偏差为1cm</td><td>各检查6处，坡面平整度实测偏差（cm）：0.5，1，0，0.5，1，0.5；表面错牙实测偏差（cm）：0.2，0.5，0.3，0，0.6，1。</td><td>合格
100%</td></tr>
<tr><td>3</td><td>外观及尺寸[a]</td><td>最大允许偏差为±0.5cm，表面平整、无掉角、断裂</td><td>检查5块，合格5块。见测量记录编号××。</td><td>合格
100%</td></tr>
<tr><td colspan="2">施工单位检验结论</td><td colspan="4">本单元工程主控项目质量全部符合要求，一般项目单项检验点合格率最小为90.0%，且不合格点不集中分布，单元工程质量合格。
筑业××工程有限公司
质量责任人（签字）：×××
现场管理机构（盖章）：××高标准农田建设项目经理部
2026年×月×日</td></tr>
<tr><td colspan="2">监理单位验收结论</td><td colspan="4">本单元工程主控项目全部/~~部分~~符合要求，一般项目单项检验点合格率最小为90.0%，且不合格点不集中/~~集中~~分布，单元工程质量合格/~~不合格~~，同意/~~不同意~~通过验收。
××建设监理有限公司
监理工程师（签字）：×××
现场监理机构（盖章）：××高标准农田建设项目监理部
2026年×月×日</td></tr>
</table>

a：扭工字块体、扭王字块体、四角锥体、四角空心块及栅栏板最大允许偏差为±1cm。

3.3.1.2-112　混凝土预制块铺筑护坡单元工程质量验收记录填表说明

一、依据标准

《水利水电工程单元工程施工质量验收标准 第 4 部分：堤防与河道整治工程》SL/T 631.4—2025。

二、单元工程划分

宜以轴线施工段长 60m～100m 划分为一个单元工程，丁坝、垛的岸坡防护工程宜按每个坝、垛划分为一个单元工程。

三、标准规定

表 6.3.6　混凝土预制块铺筑护坡单元工程施工质量验收标准

项次		检查项目	检验方法	检验数量
主控项目	1	预制块质量	观察，查阅质量证明文件和检验报告	全部
	2	铺筑质量	观察	全面
	3	坡度	量测	护坡长度方向每10m检测1处
一般项目	1	高程	量测	护坡长度方向每10m检测1处
	2	坡面平整度或表面错牙	量测	每50m² ～100m² 检测1处
	3	外观及尺寸[a]	量测	每50块～100块检测1块
a：扭工字块体、扭王字块体、四角锥体、四角空心块及栅栏板最大允许偏差为±1cm。				

××高标准农田建设项目 工程

3.3.1.2-113 谷坊单元工程质量验收记录

编号：××

<table>
<tr><td colspan="3">单项工程名称</td><td>农田防护与生态环境保护工程</td><td>施工日期</td><td colspan="2">2026年×月×日—2026年×月×日</td></tr>
<tr><td colspan="3">单位工程名称</td><td>沟道治理工程</td><td>施工单位</td><td colspan="2">筑业××工程有限公司</td></tr>
<tr><td colspan="3">分部工程名称</td><td>谷坊</td><td>单元工程量</td><td colspan="2">518m³</td></tr>
<tr><td colspan="3">单元工程名称/部位</td><td>1#新建谷坊土石料填筑</td><td>验收依据</td><td colspan="2">《小型农田水利工程验收管理手册》</td></tr>
<tr><td colspan="2">项次</td><td>检查项目</td><td>质量标准</td><td colspan="2">施工单位检查记录</td><td>监理单位验收意见</td></tr>
<tr><td rowspan="5">主控项目</td><td>1</td><td>工程布设</td><td>上下谷坊布设基本符合顶底相照的原则</td><td colspan="2">布设符合要求。见施工记录编号××。</td><td>合格</td></tr>
<tr><td>2</td><td>清基与结合槽</td><td>浮土、杂物及强风化层全部清除，结合槽开挖达到设计要求
（见附加说明）</td><td colspan="2">浮土、杂物及强风化层全部清除。见施工记录编号××。</td><td>合格</td></tr>
<tr><td rowspan="3">3</td><td rowspan="3">外观质量</td><td>土谷坊表面平整，外观密实，边坡稳定，与岸坡结合紧密</td><td colspan="2">表面平整，外观密实，边坡稳定，与岸坡结合紧密。</td><td>合格</td></tr>
<tr><td>石谷坊砌石要平，砌筑要稳，石料靠近，砂浆灌满</td><td colspan="2">/</td><td>/</td></tr>
<tr><td>柳谷坊插杆稳固，品字排开，柳梢编排顺密，排间土石填压</td><td colspan="2">/</td><td>/</td></tr>
<tr><td rowspan="2">一般项目</td><td>1</td><td>田面平整度</td><td>符合设计要求，允许偏差−0.1t/m～0
（设计值：××）</td><td colspan="2">检查30点，合格28点。见测量记录编号××。</td><td>合格
93.3%</td></tr>
<tr><td>2</td><td>渠道比降</td><td>高、顶允许偏差为设计尺寸的±5%
（设计值：××）</td><td colspan="2">检查20点，合格18点。见施工记录编号××。</td><td>合格
90.0%</td></tr>
<tr><td colspan="3">施工单位检验结论</td><td colspan="4">本单元工程主控项目质量全部符合要求，一般项目单项检验点合格率最小为90.0%，且不合格点不集中分布，单元工程质量合格。

质量责任人（签字）：×××
现场管理机构（盖章）：筑业××工程有限公司 ××高标准农田建设项目经理部
2026年×月×日</td></tr>
<tr><td colspan="3">监理单位验收结论</td><td colspan="4">本单元工程主控项目全部/部分符合要求，一般项目单项检验点合格率最小为90.0%，且不合格点不集中/集中分布，单元工程质量合格/不合格，同意/不同意通过验收。

监理工程师（签字）：×××
现场监理机构（盖章）：××建设监理有限公司 ××高标准农田建设项目监理部
2026年×月×日</td></tr>
</table>

××高标准农田建设项目______工程

3.3.1.2-114　沟头防护单元工程质量验收记录

编号：××

<table>
<tr><td colspan="2">单项工程名称</td><td colspan="2">农田防护与生态环境保护工程</td><td>施工日期</td><td>2026年×月×日—2026年×月×日</td></tr>
<tr><td colspan="2">单位工程名称</td><td colspan="2">沟道治理工程</td><td>施工单位</td><td>筑业××工程有限公司</td></tr>
<tr><td colspan="2">分部工程名称</td><td colspan="2">沟头防护</td><td>单元工程量</td><td>267m³</td></tr>
<tr><td colspan="2">单元工程名称/部位</td><td colspan="2">1#排洪沟沟头防护</td><td>验收依据</td><td>《小型农田水利工程验收管理手册》</td></tr>
<tr><td colspan="2">项次</td><td>检查项目</td><td>质量标准</td><td>施工单位检查记录</td><td>监理单位验收意见</td></tr>
<tr><td rowspan="4">主控项目</td><td>1</td><td>修建位置强度、规格尺寸、防护设计要求，集中连片、总体布局符合设计要求</td><td>修建位置强度、规格尺寸、防护设计要求，集中连片、总体布局符合设计要求（见附加说明）</td><td>符合要求。见施工记录编号××。</td><td>合格</td></tr>
<tr><td>2</td><td>工程完好、稳固，沟头不再前进</td><td>工程完好、稳固，沟头不再前进</td><td>工程完好、稳固，沟头不再前进。</td><td>合格</td></tr>
<tr><td>3</td><td>防护工程能有效防止径流下沟</td><td>防护工程能有效防止径流下沟</td><td>防护工程能有效防止径流下沟。</td><td>合格</td></tr>
<tr><td>4</td><td>各构件与沟头地面结合部位牢固，排水出口消能设备完善</td><td>各构件与沟头地面结合部位牢固，排水出口消能设备完善</td><td>各构件与沟头地面结合部位牢固，排水出口消能设备完善。</td><td>合格</td></tr>
<tr><td rowspan="3">一般项目</td><td>1</td><td>土埂顶宽</td><td>±5cm</td><td>检查10点，合格10点。见施工记录编号××。</td><td>合格100%</td></tr>
<tr><td>2</td><td>土埂内外坡</td><td>20‰</td><td>检查10点，合格10点。见施工记录编号××。</td><td>合格100%</td></tr>
<tr><td>3</td><td>土埂与沟头间距</td><td>1m</td><td>检查10点，合格10点。见施工记录编号××。</td><td>合格100%</td></tr>
<tr><td colspan="2">施工单位检验结论</td><td colspan="4">本单元工程主控项目质量全部符合要求，一般项目单项检验点合格率最小为100%，且不合格点不集中分布，单元工程质量合格。

质量责任人（签字）：×××
现场管理机构（盖章）：筑业××工程有限公司 ××高标准农田建设项目经理部
2026年×月×日</td></tr>
<tr><td colspan="2">监理单位验收结论</td><td colspan="4">本单元工程主控项目全部/~~部分~~符合要求，一般项目单项检验点合格率最小为100%，且不合格点不集中/~~集中~~分布，单元工程质量合格/~~不合格~~，同意/~~不同意~~通过验收。

监理工程师（签字）：×××
现场监理机构（盖章）：××建设监理有限公司 ××高标准农田建设项目监理部
2026年×月×日</td></tr>
</table>

4.7 农田输配电工程质量验收表填写示例

××高标准农田建设项目 工程

3.3.1.2-115 输电线路安装单元工程质量验收记录

编号：××

<table>
<tr><td colspan="3">单项工程名称</td><td>农田输配电工程</td><td>施工日期</td><td colspan="2">2026年×月×日—2026年×月×日</td></tr>
<tr><td colspan="3">单位工程名称</td><td>输电线路</td><td>施工单位</td><td colspan="2">筑业××工程有限公司</td></tr>
<tr><td colspan="3">分部工程名称</td><td>电缆架设</td><td>单元工程量</td><td colspan="2">480km</td></tr>
<tr><td colspan="3">单元工程名称/部位</td><td>输电线路安装
桩号：K1＋000～K1＋200</td><td>验收依据</td><td colspan="2">《电气装置安装工程 66kV及以下架空电力线路施工及验收规范》GB 50173—2014</td></tr>
<tr><td colspan="2">项次</td><td>检查项目</td><td>质量标准</td><td colspan="2">施工单位检查记录</td><td>监理单位验收意见</td></tr>
<tr><td rowspan="3">主控项目</td><td>1</td><td>电杆组合</td><td>符合GB 50173—2014第7章的规定</td><td colspan="2">符合要求。见施工记录编号××。</td><td>合格</td></tr>
<tr><td>2</td><td>拉线安装</td><td>符合GB 50173—2014第7章的规定</td><td colspan="2">符合要求。见施工记录编号××。</td><td>合格</td></tr>
<tr><td>3</td><td>冲击合闸试验</td><td>在定额电压下，对空载线路冲击合闸3次应无异常</td><td colspan="2">符合要求。见试验记录编号××。</td><td>合格</td></tr>
<tr><td rowspan="8">一般项目</td><td rowspan="3">1</td><td>线路所用导线、金属、瓷件等器材的规格、型号</td><td>符合设计要求
（见附加说明）</td><td colspan="2">符合要求。见进场验收记录编号××。</td><td>合格</td></tr>
<tr><td>外观检查</td><td>符合GB 50173—2014的有关规定</td><td colspan="2">符合要求。见影像记录编号××。</td><td>合格</td></tr>
<tr><td>电杆基坑施工及埋设深度</td><td>符合设计图纸和GB 50173—2014的有关规定
（见附加说明）</td><td colspan="2">符合要求。见施工记录编号××。</td><td>合格</td></tr>
<tr><td>2</td><td>导线架设</td><td>符合GB 50173—2014第8章的规定</td><td colspan="2">符合要求。见施工记录编号××。</td><td>合格</td></tr>
<tr><td>3</td><td>电杆上电器设备的安装</td><td>符合GB 50173—2014第10章的规定</td><td colspan="2">符合要求。见施工记录编号××。</td><td>合格</td></tr>
<tr><td>4</td><td>绝缘电阻测量</td><td>绝缘子的绝缘电阻符合《电气装置安装工程 电气设备交接试验标准》GB 50150的规定（单个不小于30MΩ）</td><td colspan="2">符合要求。见绝缘电阻测试记录编号××。</td><td>合格</td></tr>
<tr><td>5</td><td>检查相位</td><td>各线两端的相位应一致</td><td colspan="2">各线两端的相位一致。</td><td>合格</td></tr>
<tr><td>6</td><td>测量杆塔的接地电阻</td><td>连接电阻值应符合设计规定（小于3Ω）
（设计值：××）</td><td colspan="2">符合要求。见接地电阻测试记录编号××。</td><td>合格</td></tr>
<tr><td colspan="3">施工单位检验结论</td><td colspan="4">本单元工程主控项目质量全部符合要求，一般项目单项检验点合格率最小为 / %，且不合格点不集中分布，单元工程质量合格。
质量责任人（签字）：××
现场管理机构（盖章）：筑业××工程有限公司 ××高标准农田建设项目经理部
2026年×月×日</td></tr>
<tr><td colspan="3">监理单位验收结论</td><td colspan="4">本单元工程主控项目全部/~~部分~~符合要求，一般项目单项检验点合格率最小为 / %，且不合格点不集中/~~集中~~分布，单元工程质量合格/~~不合格~~，同意/~~不同意~~通过验收。
监理工程师（签字）：××
现场监理机构（盖章）：××建设监理有限公司 ××高标准农田建设项目监理部
2026年×月×日</td></tr>
</table>

××高标准农田建设项目工程

3.3.1.2-116　电缆敷设单元工程质量验收记录

编号：××

单项工程名称	农田输配电工程	施工日期	2026年×月×日—2026年×月×日
单位工程名称	输电线路	施工单位	筑业××工程有限公司
分部工程名称	地埋电缆	单元工程量	450m
单元工程名称/部位	泵站电缆敷设 桩号：K1+700～K1+900	验收依据	《建筑电气工程施工质量验收规范》 GB 50303—2015

项次			检查项目	质量标准	施工单位检查记录	监理单位验收意见
主控项目	1		金属电缆支架与保护导体可靠连接	第13.1.1条	检查2点，合格2点。见施工记录编号××。	合格 100%
	2		电缆敷设质量	第13.1.2条	检查3点，合格3点。见施工记录编号××。	合格 100%
	3		电缆敷设的防护措施	第13.1.3条	检查7点，合格7点。见施工记录编号××。	合格 100%
	4		并联使用的电力电缆型号、规格、长度	第13.1.4条	检查7点，合格7点。见施工记录编号××。	合格 100%
	5		交流单芯电缆或分相后的每相电缆不得单根独穿于钢导管内，固定用的夹具和支架不应形成闭合磁路	第13.1.5条	检查2点，合格2点。见施工记录编号××。	合格 100%
	6		电缆穿过零序电流互感器处的接地、绝缘	第13.1.6条	检查2点，合格2点。见施工记录编号××。	合格 100%
	7		电缆的敷设和排列布置	第13.1.7条	检查3点，合格3点。见施工记录编号××。	合格 100%
一般项目	1	电缆支架安装	电缆支架在承力建筑钢结构构件上的安装	第13.2.1条第1款	检查3点，合格3点。见施工记录编号××。	合格 100%
			电缆支架层间最小距离	第13.2.1条第2款	检查2点，合格2点。见施工记录编号××。	合格 100%
			最上层电缆支架距构筑物顶板或梁底的最小净距	第13.2.1条第3款	检查2点，合格2点。见施工记录编号××。	合格 100%
			距其他设备的最小净距		检查2点，合格2点。见施工记录编号××。	合格 100%
			最下层电缆支架距沟底、地面的最小距离	第13.2.1条第4款	检查2点，合格2点。见施工记录编号××。	合格 100%
			支架的连接和固定	第13.2.1条第5款	检查2点，合格2点。见施工记录编号××。	合格 100%
			金属支架的防腐	第13.2.1条第6款	检查2点，合格2点。见施工记录编号××。	合格 100%

______××高标准农田建设项目______工程

3.3.1.2-116　电缆敷设单元工程质量验收记录（续表）

编号：××

项次		检查项目		质量标准	施工单位检查记录	监理单位验收意见
一般项目	2	电缆敷设	电缆敷设一般要求	第13.2.2条第1款	检查2点，合格2点。见施工记录编号××。	合格100%
			电缆转弯处的最小弯曲半径	第13.2.2条第2款	检查2点，合格2点。见施工记录编号××。	合格100%
			电缆沟或电气竖井内垂直敷设或大于45°倾斜敷设的电缆固定	第13.2.2条第3款	检查2点，合格2点。见施工记录编号××。	合格100%
			梯架、托盘或槽盒内大于45°倾斜敷设的电缆固定	第13.2.2条第4款	检查2点，合格2点。见施工记录编号××。	合格100%
			电缆支持点间距	第13.2.2条第5款	检查2点，合格2点。见施工记录编号××。	合格100%
			电缆与管道的最小净距	第13.2.2条第6款	检查2点，合格2点。见施工记录编号××。	合格100%
			电缆金属护套与金属支（吊）架直接接触部位的防电化腐蚀措施	第13.2.2条第7款	检查2点，合格2点。见施工记录编号××。	合格100%
			电缆出入电缆沟等出入口及管子管口等部位的防火或密封措施	第13.2.2条第8款	检查2点，合格2点。见施工记录编号××。	合格100%
			电缆出入电缆梯架等处的固定	第13.2.2条第9款	检查2点，合格2点。见施工记录编号××。	合格100%
			电缆通过墙、楼板或室外敷设穿管保护时，导管的内径	第13.2.2条第10款	检查2点，合格2点。见施工记录编号××。	合格100%
	3	直埋电缆的回填		第13.2.3条	检查2点，合格2点。见施工记录编号××。	合格100%
	4	电缆的首端、末端和分支处设标志牌；直埋电缆设标示桩		第13.2.4条	检查2点，合格2点。见施工记录编号××。	合格100%
施工单位检验结论	本单元工程主控项目质量全部符合要求，一般项目单项检验点合格率最小为100%，且不合格点不集中分布，单元工程质量合格。 质量责任人（签字）：××× 现场管理机构（盖章）：筑业××工程有限公司 ××高标准农田建设项目经理部 2026年×月×日					
监理单位验收结论	本单元工程主控项目全部/~~部分~~符合要求，一般项目单项检验点合格率最小为100%，且不合格点不集中/~~集中~~分布，单元工程质量合格/~~不合格~~，同意/~~不同意~~通过验收。 监理工程师（签字）：××× 现场监理机构（盖章）：××建设监理有限公司 ××高标准农田建设项目监理部 2026年×月×日					

3.3.1.2-116 电缆敷设单元工程质量验收记录

填表说明

一、依据标准

《建筑电气工程施工质量验收规范》GB 50303—2015。

二、单元工程划分

宜以一个变压器组划分为一个单元工程。

三、标准规定

主控项目

13.1.1 金属电缆支架必须与保护导体可靠连接。

检查数量：明敷的全数检查，暗敷的按每个单元抽查 20%，且不得少于 2 处。

检查方法：观察检查并查阅隐蔽工程检查记录。

13.1.2 电缆敷设不得存在绞拧、铠装压扁、护层断裂和表面严重划伤等缺陷。

检查数量：全数检查。

检查方法：观察检查。

13.1.3 当电缆敷设存在可能受到机械外力损伤、振动、浸水及腐蚀性或污染物质等损害时，应采取防护措施。

检查数量：全数检查。

检查方法：观察检查。

13.1.4 除设计要求外，并联使用的电力电缆的型号、规格、长度应相同。

检查数量：全数检查。

检查方法：核对设计图观察检查。

13.1.5 交流单芯电缆或分相后的每相电缆不得单根独穿于钢导管内，固定用的夹具和支架不应形成闭合磁路。

检查数量：全数检查。

检查方法：核对设计图观察检查。

13.1.6 当电缆穿过零序电流互感器时，电缆金属防护层和接地线应对地绝缘。对穿过零序电流互感器制作的电缆头，其电缆接地线应回穿互感器后接地；对尚未穿过零序电流互感器的电缆接地线应在零序电流互感器前直接接地。

检查数量：按电缆穿过零序电流互感器的总数抽查 5%，且不得少于 1 处。

检查方法：观察检查。

13.1.7 电缆的敷设和排列布置应符合设计要求，矿物绝缘电缆敷设在温度变化大的场所、振动场所或穿建筑物变形缝时应采取“S”或“Ω”弯。

检查数量：全数检查。

检查方法：观察检查。

一般项目

13.2.1 电缆支架安装应符合下列规定：

1 除设计要求外，承力建筑钢结构构件上不得熔焊支架，且不得热加工开孔。

2 当设计无要求时，电缆支架层间最小距离不应小于表 13.2.1-1 的规定，层间净距不应小于 2 倍电缆外径加 10mm，35kV 电缆不应小于 2 倍电缆外径加 50mm。

3 最上层电缆支架距构筑物顶板或梁底的最小净距应满足电缆引接至上方配电柜、台、箱、盘时电缆弯曲半径的要求，且不宜小于表 13.2.1-1 所列数再加 80mm～150mm；距其他设备的最小净距不应小于 300mm，当无法满足要求时应设置防护板。

4　当设计无要求时，最下层电缆支架距沟底、地面的最小距离不应小于表 13.2.1-2 的规定。

5　当支架与预埋件焊接固定时，焊缝应饱满；当采用膨胀螺栓固定时，螺栓应适配、连接紧固、防松零件应齐全，支架安装应牢固、无明显扭曲。

6　金属支架应进行防腐，位于室外及潮湿场所的应按设计要求做处理。

表 13.2.1-1　电缆支架层间最小距离（mm）

电缆种类		支架上敷设	梯架、托盘内敷设
控制电缆明敷		120	200
电力电缆明敷	10kV及以下电力电缆（除6kV～10kV交联聚乙烯绝缘电力电缆）	150	250
	6kV～10kV交联聚乙烯绝缘电力电缆	200	300
	35kV单芯电力电缆	250	300
	35kV三芯电力电缆	300	350
电缆敷设在槽盒内		h+100	

注：h为槽盒高度。

表 13.2.1-2　最下层电缆支架距沟底、地面的最小净距（mm）

电缆敷设场所及其特征		垂直净距
电缆沟		50
隧道		100
电缆夹层	非通道处	200
	至少在一侧不少于800mm宽通道处	1400
公共廊道中电缆支架无围栏防护		1500
室内机房或活动区间		2000
室外	无车辆通过	2500
	有车辆通过	4500
屋面		200

检查数量：第 1 款全数检查，第 2～6 款按每个单元的支架总数抽查 10%，且各不得少于 1 处。

检查方法：观察检查，并用尺量检查。

13.2.2　电缆敷设应符合下列规定：

1　电缆的敷设应顺直、整齐，并宜少交叉；

2　电缆转弯处的最小弯曲半径应符合表 11.1.2 的规定；

3　在电缆沟或电气竖井内垂直敷设或大于 45° 倾斜敷设的电缆应在每个支架上固定；

4　在梯架、托盘或槽盒内大于 45° 倾斜敷设的电缆应每隔 2m 固定，水平敷设的电缆，首尾两端、转弯两侧及每隔 5m～10m 处应设固定点；

5　当设计无要求时，电缆支持点间距不应大于表 13.2.2 的规定；

6　当设计无要求时，电缆与管道的最小净距应符合本规范附录 F 的规定；

7　无挤塑外护层电缆金属护套与金属支（吊）架直接接触的部位应采取防电化腐蚀的措施；

8　电缆出入电缆沟，电气竖井，建筑物，配电（控制）柜、台、箱处以及管子管口处等部位应采取防火或密封措施；

9　电缆出入电缆梯架、托盘、槽盒及配电（控制）柜、台、箱、盘处应做固定；

10　当电缆通过墙、楼板或室外敷设穿管保护时，导管的内径不应小于电缆外径的 1.5 倍。

表 13.2.2　**电缆支持点间距**（mm）

电缆种类		电缆外径	敷设方式	
			水平	垂直
电力电缆	全塑型	—	400	1000
	除全塑型外的中低压电缆		800	1500
	35kV高压电缆		1500	2000
	铝合金带联锁铠装的铝合金电缆		1800	1800
控制电缆			800	1000
矿物绝缘电缆		＜9	600	800
		≥9，且＜15	900	1200
		≥15，且＜20	1500	2000
		≥20	2000	2500

检查数量：按每单元工程电缆线路抽查 20%，且各不得少于 1 条电缆线路并应能覆盖上述不同的检查内容。

检查方法：观察检查并用尺量检查，查阅电缆敷设记录。

13.2.3　直埋电缆的上、下应有细沙或软土，回填土应无石块、砖头等尖锐硬物。

检查数量：全数检查。

检查方法：施工中观察检查并阅隐蔽工程检查记录。

13.2.4　电缆的首端、末端和分支处应设标志牌，直埋电缆应设标示桩。

检查数量：按每单元工程电缆线路抽查 20%，且各不得少于 1 条电缆线路。

检查方法：观察检查。

××高标准农田建设项目工程

3.3.1.2-117　导管敷设单元工程质量验收记录

编号：××

<table>
<tr><td colspan="3">单项工程名称</td><td colspan="2">农田输配电工程</td><td>施工日期</td><td colspan="2">2026年×月×日—2026年×月×日</td></tr>
<tr><td colspan="3">单位工程名称</td><td colspan="2">输电线路</td><td>施工单位</td><td colspan="2">筑业××工程有限公司</td></tr>
<tr><td colspan="3">分部工程名称</td><td colspan="2">地埋电缆</td><td>单元工程量</td><td colspan="2">450m</td></tr>
<tr><td colspan="3">单元工程名称/部位</td><td colspan="2">泵站电缆敷设
桩号：K2+500～K2+700</td><td>验收依据</td><td colspan="2">《建筑电气工程施工质量验收规范》GB 50303—2015</td></tr>
<tr><td colspan="2">项次</td><td colspan="2">检查项目</td><td>质量标准</td><td colspan="2">施工单位检查记录</td><td>监理单位验收意见</td></tr>
<tr><td rowspan="4">主控项目</td><td>1</td><td colspan="2">金属导管的保护连接</td><td>第12.1.1条</td><td colspan="2">/</td><td>/</td></tr>
<tr><td>2</td><td colspan="2">钢导体、导管的连接</td><td>第12.1.2条</td><td colspan="2">/</td><td>/</td></tr>
<tr><td>3</td><td colspan="2">塑料导管在砌体上剔槽埋设的保护</td><td>第12.1.3条</td><td colspan="2">/</td><td>/</td></tr>
<tr><td>4</td><td colspan="2">预埋套管的设置及安装</td><td>第12.1.4条</td><td colspan="2">检查3点，合格3点。见施工记录编号××。</td><td>合格100%</td></tr>
<tr><td rowspan="9">一般项目</td><td>1</td><td colspan="2">导管的弯曲半径</td><td>第12.2.1条</td><td colspan="2">检查3点，合格3点。见施工记录编号××。</td><td>合格100%</td></tr>
<tr><td rowspan="4">2</td><td rowspan="4">导管支架安装</td><td>导管支架在承力建筑钢结构构件上安装</td><td>第12.2.2条第1款</td><td colspan="2">/</td><td>/</td></tr>
<tr><td>金属吊架安装要求</td><td>第12.2.2条第2款</td><td colspan="2">/</td><td>/</td></tr>
<tr><td>金属支架防腐</td><td>第12.2.2条第3款</td><td colspan="2">/</td><td>/</td></tr>
<tr><td>导管支架安装质量</td><td>第12.2.2条第4款</td><td colspan="2">/</td><td>//</td></tr>
<tr><td>3</td><td colspan="2">暗配导管的埋设深度</td><td>第12.2.3条</td><td colspan="2">检查3点，合格3点。见施工记录编号××。</td><td>合格100%</td></tr>
<tr><td>4</td><td colspan="2">导管管口的设置要求</td><td>第12.2.4条</td><td colspan="2">检查3点，合格3点。见施工记录编号××。</td><td>合格100%</td></tr>
<tr><td>5</td><td colspan="2">室外导管敷设</td><td>第12.2.5条</td><td colspan="2">检查3点，合格3点。见施工记录编号××。</td><td>合格100%</td></tr>
<tr><td>6</td><td colspan="2">明配电气导管敷设</td><td>第12.2.6条</td><td colspan="2">/</td><td>/</td></tr>
</table>

××高标准农田建设项目工程

3.3.1.2-117 导管敷设单元工程质量验收记录（续表）

编号：××

项次			检查项目	质量标准	施工单位检查记录	监理单位验收意见
一般项目	7	塑料导管敷设要求	管口应平滑，管、盒（箱）的连接接口要求	第12.2.7条第1款	检查3点，合格3点。见施工记录编号××。	合格100%
			直埋刚性塑料导管的保护措施	第12.2.7条第2款	/	/
			埋设在墙内或混凝土内塑料导管的型号	第12.2.7条第3款	检查3点，合格3点。见施工记录编号××。	合格100%
			明敷刚性塑料导管的温度补偿装置	第12.2.7条第4款	/	/
	8	可弯曲金属导管及柔性导管的敷设	连接刚性导管与电器设备、器具时，柔性导管的长度	第12.2.8条第1款	/	/
			可弯曲金属导管或柔性导管的专用接头；防液型可弯曲金属导管或柔性导管的连接处理	第12.2.8条第2款	/	/
			可弯曲金属导管的保护措施	第12.2.8条第3款	/	/
			明配金属、非金属柔性导管固定点间距	第12.2.8条第4款	/	/
			可弯曲金属导管和金属柔性导管不应做保护导体的接续导体	第12.2.8条第5款	/	/
施工单位检验结论			本单元工程主控项目质量全部符合要求，一般项目单项检验点合格率最小为100%，且不合格点不集中分布，单元工程质量合格。 质量责任人（签字）：××× 现场管理机构（盖章）：筑业××工程有限公司 ××高标准农田建设项目经理部 2026年×月×日			
监理单位验收结论			本单元工程主控项目全部/~~部分~~符合要求，一般项目单项检验点合格率最小为100%，且不合格点不集中/~~集中~~分布，单元工程质量合格/~~不合格~~，同意/~~不同意~~通过验收。 监理工程师（签字）：××× 现场监理机构（盖章）：××建设监理有限公司 ××高标准农田建设项目监理部 2026年×月×日			

3.3.1.2-117　导管敷设单元工程质量验收记录

填表说明

一、依据标准

《建筑电气工程施工质量验收规范》GB 50303—2015。

二、单元工程划分

宜以工程设计结构或施工检查验收的区、段划分，每一区、段划分为一个单元工程。

三、标准规定

主控项目

12.1.1　金属的导管应与保护导体可靠连接，并应符合下列规定：

1　镀锌的钢导管、可弯曲金属导管和金属柔性导管不得熔焊连接；

2　当非镀锌钢导管采用螺纹连接时，连接处的两端应熔焊焊接保护联结导体；

3　镀锌钢导管、可弯曲金属导管和金属柔性导管连接处的两端宜采用专用接地卡固定保护联结导体；

4　机械连接的金属导管，管与管、管与盒（箱）体的连接配件应选用配套部件，其连接应符合产品技术文件要求，当连接处的接触电阻值符合国家标准《电气安装用导管系统　第 1 部分：通用要求》GB/T 20041.1 的相关要求时，连接处可不设置保护联结导体，但导管不应作为保护导体的接续导体；

5　金属导管与金属梯架、托盘连接时，镀锌材质的连接端宜用专用接地卡固定保护联结导体，非镀锌材质的连接处应熔焊焊接保护联结导体；

6　以专用接地卡固定的保护联结导体应为铜芯软导线，截面积不应小于 $4mm^2$；以熔焊焊接的保护联结导体宜为圆钢，直径不应小于 6mm，其搭接长度应为圆钢直径的 6 倍。

检查数量：按每个单元工程的导线连接头总数抽查 10%，且各不得少于 1 处，并应能覆盖不同的检查内容。

检查方法：施工时观察检查并查阅隐蔽工程检查记录。

12.1.2　钢导体不得采用对口熔焊连接；镀锌钢导管或壁厚小于或等于 2mm 的钢导管，不得采用套管焊接连接。

检查数量：按每个单元工程的钢导管头总数抽查 20%，并应能覆盖不同的检查方式，且各不得少于 1 处。

检查方法：施工时观察检查。

12.1.3　当塑料导管在砌体上剔槽埋设时，应采用强度等级不小于 M10 的水泥砂浆抹面保护，保护层厚度不应小于 15mm。

检查数量：按每个单元工程的管道回路数量抽查 20%，且不得少于 1 个回路。

检查方法：观察检查并用尺量检查，查阅隐蔽工程检查记录。

12.1.4　导管穿越密闭或防护密闭隔墙时，应设置预埋套管，预埋套管的制作与安装应符合设计要求，套管两端伸出墙面的长度宜为 30mm～50mm，导管穿越密闭穿墙套管的两侧应设置过线盒，并应做好封堵。

检查数量：按套管数量抽查 20%，且不得少于 1 个。

检查方法：观察检查，查阅隐蔽工程检查记录。

一般项目

12.2.1　导管的弯曲半径应符合下列规定：

1　明配导管的弯曲半径不宜小于管外半径的 6 倍，当两个接线盒间只有一个弯曲时，其弯曲半径不宜小于管外径的 4 倍；

2　埋设于混凝土内的导管的弯曲半径不宜小于管外径的 6 倍，当直埋于地下时，其弯曲半径不应小于管外径的 10 倍；

3　电缆导管的弯曲半径不应小于电缆最小允许弯曲半径，电缆最小允许半径应符合本规范表 11.1.2 的规定。

检查数量：按每个单元工程的导管弯头总数抽查 10%，且各不得少于 1 个弯头，并应覆盖不同规格和不同敷设方式的导管。

检查方法：观察检查并用尺量检查，查阅隐蔽工程检查记录。

12.2.2　导管支架安装应符合下列规定：

1　除设计要求外，承力建筑钢结构构件上不得熔焊导管支架，且不得热加工开孔；

2　当导管采用金属吊架固定时，圆钢直径不得小于 8mm，并应设置防晃支架，在距离盒（箱）、分支或端部 0.3m～0.5m 处应设置固定支架；

3　金属支架应进行防腐，位于室外及潮湿场所的应按设计要求做处理；

4　导管支架应安装牢固、无明显扭曲。

检查数量：第 1 款全数检查，第 2～4 款按每个单元工程的支吊架总数抽查 10%，且各不得少于 1 处。

检查方法：观察检查并用尺量检查。

12.2.3　除设计要求外，对于暗配的导管，导管的表面埋设深度与建筑物、构筑物表面的距离不应小于 15mm。

检查数量：按每个单元工程的配管回路数量抽查 10%，且不得少于 1 个回路。

检查方法：观察检查并用尺量检查。

12.2.4　进入配电（控制）柜、台、箱内的导管管口，当箱底无封板时，管口应高出柜、台、箱、盘的基础面 50mm～80mm。

检查数量：按每个单元工程的落地式柜、台、箱、盘总数抽查 10%，且不得少于 1 台。

检查方法：观察检查并用尺量检查，查阅隐蔽工程检查记录。

12.2.5　室外导管敷设应符合下列规定：

1　对于埋地敷设的钢导管，埋设深度应符合设计要求，钢导管的壁厚应不大于 2mm；

2　导管的管口不应敞口垂直向上，导管管口应在盒、箱内或导管端部设置防水弯；

3　由箱式变电所或落地式配电箱引向建筑物的导管，建筑物一侧的导管管口应设在建筑物内；

4　导管的管口在穿入绝缘导线、电缆后应做密封处理。

检查数量：按每个单元工程各种敷设形式的总数抽查 20%，且各不得少于 1 处。

检查方法：观察检查并用尺量检查，查阅隐蔽工程检查记录。

12.2.6　明配的电气导管应符合下列规定：

1　导管应排列整齐、固定点间距均匀、安装牢固；

2　在距终端、弯头中点或柜、台、箱、盘等边缘 150mm～500mm 范围内应设有固定管卡，中间直线段固定管卡间的最大距离应符合表 12.2.6 的规定；

3　明配管采用的接线或过渡盒（箱）应选用明装盒（箱）。

检查数量：按每个单元工程的导管固定点或盒（箱）的总数各抽查 20%，且各不得少于 1 处。

检查方法：观察检查并用尺量检查。

12.2.7　塑料导管敷设应符合下列规定：

1　管口应平整光滑，管与管、管与盒（箱）等器件采用插入法连接时，连接处结合面应涂专用胶合剂，接口应牢固密封；

表 12.2.6　管卡间的最大距离

敷设方式	导管种类	导管直径（mm）			
		15～20	25～32	40～50	65以上
		管卡间最大距离（m）			
支架或沿墙明敷	壁厚＞2mm刚性钢导管	1.5	2.0	2.5	3.5
	壁厚≤2mm刚性钢导管	1.0	1.5	2.0	—
	刚性塑料导管	1.0	1.5	2.0	2.0

2　直埋于地下或楼板内的刚性塑料导管，在穿出地面或楼板易受机械损伤的一段应采取保护措施；

3　当设计无要求时，埋设在墙内或混凝土内的塑料导管应采用中型及以上的导管；

4　沿建筑物、构筑物表面和在支架上敷设的刚性塑料导管，应按设计要求装设温度补偿装置。

检查数量：第 2 款、第 4 款全数检查，其余按每个单元工程的接头或导管数量各抽查 10%，且各不得少于 1 处。

检查方法：观察检查和手感检查，查阅隐蔽工程检查记录，核查材料合格证明文件和材料进场验收记录。

12.2.8　可弯曲金属导管及柔性导管敷设应符合下列规定：

1　刚性导管经柔性导管与电气设备、器具连接时，柔性导管的长度在动力工程中不宜大于 0.8m，在照明工程中不宜大于 1.2m；

2　可弯曲金属导管或柔性导管与刚性导管或电气设备、器具间的连接应采用专用接头；防液型可弯曲金属导管或柔性导管的连接处应密封良好，防液覆盖层应完整无损；

3　当可弯曲金属导管有可能受重物压力或明显机械撞击时，应采取保护措施；

4　明配的金属、非金属柔性导管固定点间距应均匀，不应大于 1m，管卡与设备、器具、弯头中点、管端等边缘的距离应小于 0.3m；

5　可弯曲金属导管和金属柔性导管不应做保护导体的接续导体。

检查数量：第 1 款、第 2 款、第 5 款按每个单元工程的导管连接点或导管总数量抽查 10%，且各不得少于 1 处；第 3 款全数检查；第 4 款按每个单元工程的导管固定点总数抽查 10%，且各不得少于 1 处并应能覆盖不同的导管和不同的固定部位。

检查方法：观察检查并用尺量检查，查阅隐蔽工程检查记录。

××高标准农田建设项目 工程

3.3.1.2-118 管内穿线单元工程质量验收记录

编号：××

<table>
<tr><td colspan="3">单项工程名称</td><td colspan="2">农田输配电工程</td><td>施工日期</td><td colspan="2">2026年×月×日—2026年×月×日</td></tr>
<tr><td colspan="3">单位工程名称</td><td colspan="2">输电线路</td><td>施工单位</td><td colspan="2">筑业××工程有限公司</td></tr>
<tr><td colspan="3">分部工程名称</td><td colspan="2">电缆敷设</td><td>单元工程量</td><td colspan="2">200m</td></tr>
<tr><td colspan="3">单元工程名称/部位</td><td colspan="2">电缆敷设
桩号：K3＋600～K3＋800</td><td>验收依据</td><td colspan="2">《建筑电气工程施工质量验收规范》GB 50303—2015</td></tr>
<tr><td colspan="2">项次</td><td colspan="2">检查项目</td><td>质量标准</td><td colspan="2">施工单位检查记录</td><td>监理单位验收意见</td></tr>
<tr><td rowspan="3">主控项目</td><td>1</td><td colspan="2">交流回路的绝缘导线敷设</td><td>第14.1.1条</td><td colspan="2">检查10点，合格10点。见施工记录编号××。</td><td>合格100%</td></tr>
<tr><td>2</td><td colspan="2">不同类别导线分导管敷设</td><td>第14.1.2条</td><td colspan="2">检查10点，合格10点。见施工记录编号××。</td><td>合格100%</td></tr>
<tr><td>3</td><td colspan="2">绝缘导线的接头设置</td><td>第14.1.3条</td><td colspan="2">检查10点，合格10点。见施工记录编号××。</td><td>合格100%</td></tr>
<tr><td rowspan="4">一般项目</td><td>1</td><td colspan="2">绝缘导线的保护措施</td><td>第14.2.1条</td><td colspan="2">检查10点，合格10点。见施工记录编号××。</td><td>合格100%</td></tr>
<tr><td>2</td><td colspan="2">穿线前导管清理及管口护线口设置</td><td>第14.2.2条</td><td colspan="2">检查10点，合格10点。见施工记录编号××。</td><td>合格100%</td></tr>
<tr><td>3</td><td colspan="2">接线盒（箱）的选用及安装质量</td><td>第14.2.3条</td><td colspan="2">检查10点，合格10点。见施工记录编号××。</td><td>合格100%</td></tr>
<tr><td>4</td><td colspan="2">多相供电时导线绝缘层颜色的选择</td><td>第14.2.4条</td><td colspan="2">检查10点，合格10点。见施工记录编号××。</td><td>合格100%</td></tr>
<tr><td colspan="3">施工单位检验结论</td><td colspan="5">本单元工程主控项目质量全部符合要求，一般项目单项检验点合格率最小为100%，且不合格点不集中分布，单元工程质量合格。
筑业××工程有限公司
质量责任人（签字）：×××
现场管理机构（盖章）：××高标准农田建设项目经理部
2026年×月×日</td></tr>
<tr><td colspan="3">监理单位验收结论</td><td colspan="5">本单元工程主控项目全部/部分符合要求，一般项目单项检验点合格率最小为100%，且不合格点不集中/集中分布，单元工程质量合格/不合格，同意/不同意通过验收。
××建设监理有限公司
监理工程师（签字）：×××
现场监理机构（盖章）：××高标准农田建设项目监理部
2026年×月×日</td></tr>
</table>

3.3.1.2-118 管内穿线单元工程质量验收记录

填表说明

一、依据标准

《建筑电气工程施工质量验收规范》GB 50303—2015。

二、单元工程划分

宜以工程设计结构或施工检查验收的区、段划分，每一区、段划分为一个单元工程。

三、标准规定

主控项目

14.1.1 同一交流回路的绝缘导线不应敷设于不同的金属槽盒内或穿于不同金属导管内。

检查数量：按每个单元工程的配线总回路数抽查20%，且不得少于1个回路。

检查方法：观察检查。

14.1.2 除设计要求以外，不同回路、不同电压等级和交流与直流线路的绝缘导线不应穿于同一导管内。

检查数量：按每个单元工程的配线总回路数抽查20%，且不得少于1个回路。

检查方法：观察检查。

14.1.3 绝缘导线接头应设置在专用接线盒（箱）或器具里内，不得设置在导管和槽盒内，盒（箱）的设置位置应便于检修。

检查数量：按每个单元工程的配线回路总数抽查10%，且不得少于1个回路。

检查方法：观察检查并用尺量检查。

一般项目

14.2.1 除塑料护套线外，绝缘导线应采取导管或槽盒保护，不可外露明敷。

检查数量：按每个单元工程的绝缘导线配线回路数抽查10%，且不得少于1个回路。

检查方法：观察检查。

14.2.2 绝缘导线穿管前，应清除管内杂物和积水，绝缘导线穿入导管的管口在穿线前应装设护线扣。

检查数量：按每个单元工程的绝缘导线穿管数抽查10%，且不得少于1根导管。

检查方法：施工中观察检查。

14.2.3 与槽盒连接的接线盒（箱）应采用明装盒（箱）；配线工程完成后，盒（箱）盖板应齐全、完好。

检查数量：全数检查。

检查方法：观察检查。

14.2.4 当采用多相供电时，同一建（构）筑物的绝缘导线绝缘层颜色应一致。

检查数量：按每个单元工程的绝缘导线配线总回路数抽查10%，且不得少于1个回路。

检查方法：观察检查。

××高标准农田建设项目 工程

3.3.1.2-119　变压器、箱式变电所安装单元工程质量验收记录

编号：××

<table>
<tr><td>单项工程名称</td><td>农田输配电工程</td><td>施工日期</td><td>2026年×月×日—2026年×月×日</td></tr>
<tr><td>单位工程名称</td><td>变配电装置</td><td>施工单位</td><td>筑业××工程有限公司</td></tr>
<tr><td>分部工程名称</td><td>变压器</td><td>单元工程量</td><td>1台</td></tr>
<tr><td>单元工程名称/部位</td><td>3#地块变压器</td><td>验收依据</td><td>《建筑电气工程施工质量验收规范》GB 50303—2015</td></tr>
</table>

<table>
<tr><td colspan="2">项次</td><td colspan="2">检查项目</td><td>质量标准</td><td>施工单位检查记录</td><td>监理单位验收意见</td></tr>
<tr><td rowspan="9">主控项目</td><td>1</td><td colspan="2">变压器安装及外观检查</td><td>第4.1.1条</td><td>符合要求。见施工记录编号××。</td><td>合格</td></tr>
<tr><td>2</td><td colspan="2">变压器中性点的接地连接方式及接地电阻值</td><td>第4.1.2条</td><td>符合要求。见施工记录编号××。</td><td>合格</td></tr>
<tr><td>3</td><td colspan="2">变压器箱体、干式变压器的支架、基础型钢及外壳的保护连接</td><td>第4.1.3条</td><td>符合要求。见施工记录编号××。</td><td>合格</td></tr>
<tr><td>4</td><td colspan="2">变压器及高压电气设备的交接试验</td><td>第4.1.4条</td><td>试验合格。见交接试验记录编号××。</td><td>合格</td></tr>
<tr><td>5</td><td colspan="2">箱式变电所及落地式配电箱的安装固定</td><td rowspan="2">第4.1.5条</td><td>/</td><td>/</td></tr>
<tr><td>6</td><td colspan="2">箱体与保护导体可靠连接，且有标识</td><td>/</td><td>/</td></tr>
<tr><td>7</td><td colspan="2">箱式变电所的交接试验</td><td>第4.1.6条</td><td>/</td><td>/</td></tr>
<tr><td rowspan="2">8</td><td rowspan="2">配电间隔和静止补偿装置栅栏门的保护连接</td><td>应采用裸编织铜线</td><td>第4.1.7条</td><td>检测合格。见检测报告编号××。</td><td>合格</td></tr>
<tr><td>截面积</td><td>≮$4mm^2$</td><td>检查2点，合格2点。见施工记录编号××。</td><td>合格
100%</td></tr>
</table>

××高标准农田建设项目 工程

3.3.1.2-119 变压器、箱式变电所安装单元工程质量验收记录（续表）

编号：××

<table>
<tr><th colspan="2">项次</th><th>检查项目</th><th>质量标准</th><th>施工单位检查记录</th><th>监理单位验收意见</th></tr>
<tr><td rowspan="8">一般项目</td><td>1</td><td>有载调压开关检查</td><td>第4.2.1条</td><td>检查2点，合格2点。见施工记录编号××。</td><td>合格
100%</td></tr>
<tr><td>2</td><td>绝缘件和测温仪表检查</td><td>第4.2.2条</td><td>检查2点，合格2点。见施工记录编号××。</td><td>合格
100%</td></tr>
<tr><td>3</td><td>装有滚轮的变压器固定</td><td>第4.2.3条</td><td>/</td><td>/</td></tr>
<tr><td>4</td><td>变压器的器身检查</td><td>第4.2.4条</td><td>符合要求。见施工记录编号××。</td><td>合格</td></tr>
<tr><td>5</td><td>箱式变电所内外涂层和通风口检查</td><td>第4.2.5条</td><td>/</td><td>/</td></tr>
<tr><td>6</td><td>箱式变电所柜内接线及回路标记</td><td>第4.2.6条</td><td>/</td><td>/</td></tr>
<tr><td>7</td><td>气体继电器安装</td><td>第4.2.7条</td><td>检查2点，合格2点。见施工记录编号××。</td><td>合格
100%</td></tr>
<tr><td>8</td><td>变压器绝缘盖板上开孔时应符合变压器的防护等级要求</td><td>第4.2.8条</td><td>/</td><td>/</td></tr>
<tr><td colspan="2">施工单位检验结论</td><td colspan="4">本单元工程主控项目质量全部符合要求，一般项目单项检验点合格率最小为100%，且不合格点不集中分布，单元工程质量合格。

质量责任人（签字）：×××
现场管理机构（盖章）：筑业××工程有限公司 ××高标准农田建设项目经理部
2026年×月×日</td></tr>
<tr><td colspan="2">监理单位验收结论</td><td colspan="4">本单元工程主控项目全部/部分符合要求，一般项目单项检验点合格率最小为100%，且不合格点不集中/集中分布，单元工程质量合格/不合格，同意/不同意通过验收。

监理工程师（签字）：×××
现场监理机构（盖章）：××建设监理有限公司 ××高标准农田建设项目监理部
2026年×月×日</td></tr>
</table>

3.3.1.2-119 变压器、箱式变电所安装单元工程质量验收记录

填表说明

一、依据标准

《建筑电气工程施工质量验收规范》GB 50303—2015。

二、单元工程划分

宜以一个变压器组划分为一个单元工程。

三、标准规定

主控项目

4.1.1 变压器安装应位置正确，附件齐全，油浸变压器油位正常，无渗油现象。

检查数量：全数检查。

检查方法：观察检查。

4.1.2 变压器中性点的接地连接方式及接地电阻值应符合设计要求。

检查数量：全数检查。

检查方法：观察检查并用接地电阻测试仪测试。

4.1.3 变压器箱体、干式变压器的支架、基础型钢及外壳应分别单独与保护导体可靠连接，紧固件及防松零件齐全。

检查数量：紧固件及防松零件抽查5%，其余全数检查。

检查方法：观察检查。

4.1.4 变压器及高压电气设备应按本规范第3.1.5条的规定完成交接试验且合格。

检查数量：全数检查。

检查方法：试验时观察检查或查阅交接试验记录。

4.1.5 箱式变电所及落地式配电箱的基础应高于室外地坪，周围排水通畅。用地脚螺栓固定的螺帽应齐全，拧紧牢固；自由安放的应垫平放正。对于金属箱式变电所及落地式配电箱，箱体应与保护导体可靠连接，且有标识。

检查数量：全数检查。

检查方法：观察检查和手感检查。

4.1.6 箱式变电所的交接试验应符合下列规定：

1 由高压成套开关柜、低压成套开关柜和变压器三个独立单元组合成的箱式变电所高压电气设备部分，按本规范第3.1.5条的规定交接试验且合格；

2 对于高压开关、熔断器等与变压器组合在同一个密闭油箱内的箱式变电所，交接试验按产品提供的技术文件要求执行；

3 低压成套配电柜和馈电线路的每路配电开关及保护装置的相间和相对地间的绝缘电阻值不应小于 0.5MΩ；当国家现行产品标准未做规定时，电气装置的交流工频耐压试验电压应为1000V，试验持续时间应为1min，当绝缘电阻值大于10MΩ时，宜采用2500V兆欧表摇测。

检查数量：全数检查。

检查方法：用绝缘电阻测试仪测试、试验并查阅交接试验记录。

4.1.7 配电间隔和静止补偿装置栅栏门应采用裸编织铜线与保护导体可靠连接，其截面积不应小于$4mm^2$。

检查数量：全数检查。

检查方法：观察检查。

一般项目

4.2.1 有载调压开关的传动部分润滑应良好，动作应灵活，点动给定位置与开关实际位置

一致，自动调节符合产品的技术文件要求。

检查数量：全数检查。

检查方法：观察检查或操作检查。

4.2.2　绝缘件应无裂纹、缺损和瓷件瓷釉损坏等缺陷，外表应清洁，测温仪表指示应准确。

检查数量：各种规格各抽查 10%，且不得少于 1 件。

检查方法：观察检查。

4.2.3　装有滚轮的变压器就位后，应将滚轮用能拆卸的制动部件固定。

检查数量：全数检查。

检查方法：观察检查。

4.2.4　变压器应按产品技术文件要求进行器身检查，当满足下列条件之一时，可不检查器身。

1　制造厂规定不检查器身；

2　就地生产仅做短途运输的变压器，且在运输过程中有效监督，无紧急制动、剧烈振动、冲撞或严重颠簸等异常情况。

检查数量：全数检查。

检查方法：核对产品技术文件、查阅运输过程资料。

4.2.5　箱式变电所内外涂层应完整、无损伤，对于有通风口的，其风口防护网应完好。

检查数量：全数检查。

检查方法：观察检查。

4.2.6　箱式变电所的高低和低压配电柜内部接线应完整、低压输出回路标记应清晰，回路名称应准确。

检查数量：按回路数量抽查 10%，且不得少于 1 个回路。

检查方法：观察检查。

4.2.7　对于油浸变压器顶盖，沿气体继电器的气流方向应有 1.0%～1.5%的升高坡度。除与母线槽采用软连接外，变压器的套管中心线应与母线槽中心线在同一轴线上。

检查数量：全数检查。

检查方法：观察检查并采用水平仪测试。

4.2.8　对有防护等级要求的变压器，在其高压或低压及其他用途的绝缘盖板上开孔时，应符合变压器的防护等级要求。

检查数量：全数检查。

检查方法：观察检查。

××高标准农田建设项目**工程**

3.3.1.2-120 成套配电柜、控制柜（台、箱）和配电箱（盘）安装单元工程质量验收记录

编号：××

单项工程名称	农田输配电工程	施工日期	2026年×月×日—2026年×月×日
单位工程名称	变配电装置	施工单位	筑业××工程有限公司
分部工程名称	配电箱（屏）	单元工程量	1台
单元工程名称/部位	4#地块配电控制柜	验收依据	《建筑电气工程施工质量验收规范》GB 50303—2015

项次		检查项目			质量标准	施工单位检查记录	监理单位验收意见
主控项目	1	柜、台、箱的保护连接			第5.1.1条	检查6点，合格6点。见施工记录编号××。	合格100%
	2	配电装置的防电击保护和连接导体最小截面积			第5.1.2条	检查6点，合格6点。见施工记录编号××。	合格100%
	3	手车、抽屉式成套配电柜的安装质量			第5.1.3条	/	/
	4	高压成套配电柜的交接试验			第5.1.4条	试验合格。见交接试验记录编号××。	合格
	5	低压成套配电柜的交接试验			第5.1.5条	/	/
	6	低压成套配电柜、箱及控制柜（台、箱）间线路的线间和线对地间绝缘电阻			第5.1.6条	/	/
	7	二次回路耐压试验				/	/
	8	直流柜试验			第5.1.7条	/	/
	9	接地故障回路阻抗			第5.1.8条	/	/
	10	剩余电流保护器的动作时间			第5.1.9条	检测合格。见剩余电流保护器的动作时间记录编号××。	合格
	11	电涌保护器（SPD）安装			第5.1.10条	检查2点，合格2点。见施工记录编号××。	合格100%
	12	IT系统绝缘监测器（IMD）的报警功能			第5.1.11条	/	/
	12	照明配电箱（盘）安装			第5.1.12条	/	/
	13	变送器、断路器的动作和运行			第5.1.13条	符合要求。见施工记录编号××。	合格
一般项目	1	基础型钢安装允许偏差（mm）	不直度	每米	1.0	检查1点，合格1点。见施工记录编号××。	合格100%
				全长	5.0	检查1点，合格1点。见施工记录编号××。	合格100%
			水平度	每米	1.0	/	/
				全长	5.0	/	/
			不平行度（mm/全长）		5.0	检查1点，合格1点。见施工记录编号××。	合格100%

×× 高标准农田建设项目 工程

3.3.1.2-120 成套配电柜、控制柜（台、箱）和配电箱（盘）安装单元工程质量验收记录（续表）

编号：××

<table>
<tr><th colspan="5">检查项目</th><th>质量标准</th><th>施工单位检查记录</th><th>监理单位验收意见</th></tr>
<tr><td rowspan="17">一般项目</td><td>2</td><td colspan="3">柜、台、箱、盘的布置及安全间距</td><td>第5.2.2条</td><td>检查1点，合格1点。见施工记录编号××。</td><td>合格
100%</td></tr>
<tr><td>3</td><td colspan="3">柜、台、箱相互间或与基础型钢间的连接</td><td rowspan="2">第5.2.3条</td><td>检查1点，合格1点。见施工记录编号××。</td><td>合格
100%</td></tr>
<tr><td>4</td><td colspan="3">柜、台、箱进出口防火措施</td><td>检查1点，合格1点。见施工记录编号××。</td><td>合格
100%</td></tr>
<tr><td>5</td><td colspan="3">室外安装的落地式配电（控制）柜、箱的基础</td><td>第5.2.4条</td><td>检查1点，合格1点。见施工记录编号××。</td><td>合格
100%</td></tr>
<tr><td rowspan="4">6</td><td rowspan="4">柜、台、箱、盘安装</td><td colspan="2">安装牢固，且不应设置在水管的正下方</td><td>第5.2.5条</td><td>检查1点，合格1点。见施工记录编号××。</td><td>合格
100%</td></tr>
<tr><td rowspan="3">允许偏差</td><td>垂直度（‰）</td><td>≤1.5</td><td>检查1点，合格1点。见施工记录编号××。</td><td>合格
100%</td></tr>
<tr><td>相互间接缝（mm）</td><td>≤2</td><td>检查1点，合格1点。见施工记录编号××。</td><td>合格
100%</td></tr>
<tr><td>成列盘面（mm）</td><td>≤5</td><td>检查1点，合格1点。见施工记录编号××。</td><td>合格
100%</td></tr>
<tr><td>7</td><td colspan="3">柜、台、箱、盘内检查试验</td><td>第5.2.6条</td><td>检查1点，合格1点。见施工记录编号××。</td><td>合格
100%</td></tr>
<tr><td>8</td><td colspan="3">低压电器组合</td><td>第5.2.7条</td><td>/</td><td>/</td></tr>
<tr><td>9</td><td colspan="3">柜、台、箱、盘间配线</td><td>第5.2.8条</td><td>/</td><td>/</td></tr>
<tr><td>10</td><td colspan="3">连接柜、台、箱、盘面板上的电器连接导线</td><td>第5.2.9条</td><td>检查1点，合格1点。见施工记录编号××。</td><td>合格
100%</td></tr>
<tr><td rowspan="5">11</td><td rowspan="5">照明配电箱（盘）安装</td><td colspan="2">箱体开孔和箱盖、涂层</td><td rowspan="4">第5.2.10条</td><td>/</td><td>/</td></tr>
<tr><td colspan="2">箱（盘）内回路编号及标识</td><td>/</td><td>/</td></tr>
<tr><td colspan="2">箱（盘）制作材料</td><td>/</td><td>/</td></tr>
<tr><td colspan="2">安装质量</td><td>/</td><td>/</td></tr>
<tr><td colspan="2">垂直度（‰）</td><td>≤1.5</td><td>/</td><td>/</td></tr>
<tr><td colspan="2">施工单位检验结论</td><td colspan="6">本单元工程主控项目质量全部符合要求，一般项目单项检验点合格率最小为100%，且不合格点不集中分布，单元工程质量合格。
筑业××工程有限公司
质量责任人（签字）：×××
现场管理机构（盖章）：××高标准农田建设项目经理部
2026年×月×日</td></tr>
<tr><td colspan="2">监理单位验收结论</td><td colspan="6">本单元工程主控项目全部/<s>部分</s>符合要求，一般项目单项检验点合格率最小为100%，且不合格点不集中/<s>集中</s>分布，单元工程质量合格/<s>不合格</s>，同意/<s>不同意</s>通过验收。
××建设监理有限公司
监理工程师（签字）：×××
现场监理机构（盖章）：××高标准农田建设项目监理部
2026年×月×日</td></tr>
</table>

3.3.1.2-120 成套配电柜、控制柜（台、箱）和配电箱（盘）安装单元工程质量验收记录填表说明

一、依据标准

《建筑电气工程施工质量验收规范》GB 50303—2015。

二、单元工程划分

宜以一台设备划分为一个单元工程。

三、标准规定

主控项目

5.1.1 柜、台、箱的金属框架及基础型钢应与保护导体可靠连接；对于装有电器的可开启门，门和金属框架的接地端子间应选用截面积不小于 $4mm^2$ 的黄绿色绝缘铜芯软导线连接，并应有标识。

检查数量：全数检查。

检查方法：观察检查。

5.1.2 柜、台、箱、盘等配电装置应有可靠的防电击保护。装置内保护接地导体（PE）应有裸露的连接外部保护接地导体的端子，并应可靠连接；当设计未做要求时，连接导体最小截面积应符合现行国家标准《低压配电设计规范》GB 50054 的规定。

检查数量：全数检查。

检查方法：观察检查并用力矩扳手检查。

5.1.3 手车、抽屉式成套配电柜推拉应灵活，无卡阻碰撞现象。动触头与静触头的中心线应一致，且触头接触紧密，投入时，接地触头先于主触头接触；退出时，接地触头后于主触头脱开。

检查数量：全数检查。

检查方法：观察检查。

5.1.4 高压成套配电柜应按本规范第 3.1.5 条的规定进行交接试验，并应合格，且应符合下列规定：

1 继电保护元器件、逻辑元件、变送器和控制用计算机等单体校验合格，整组试验动作正确，整定参数符合设计要求；

2 新型高压电气设备和继电保护装置投入使用前，按产品技术文件要求进行交接试验。

检查数量：全数检查。

检查方法：模拟试验检查或查阅交接试验记录。

5.1.5 低压成套配电柜交接试验应符合本规范第 4.1.6 条第 3 款的规定。

检查数量：全数检查。

检查方法：用绝缘电阻测试仪测试、试验时观察检查或查阅交接试验记录。

5.1.6 对于低压成套配电柜、箱及控制柜（台、箱）间线路的线间和线对地间绝缘电阻值，馈电线路不应小于 0.5MΩ；二次回路不应小于 1MΩ。二次回路的耐压试验电压为 1000V，当回路绝缘电阻值大于 10MΩ时，采用 2500V 兆欧表代替，试验持续时间应为 1min 或符合产品技术文件要求。

检查数量：按每个单元工程的配线回路数量抽查 20%，且不得少于 1 个回路。

检查方法：用绝缘电阻测试仪测试或试验、测试时观察检查或查阅绝缘电阻测试记录。

5.1.7 直流柜试验时，应将屏内电子器件从线路上退出，主回路线间和线对地间绝缘电阻值不应小于 0.5MΩ，直流屏所附蓄电池组的充、放电应符合产品技术文件要求；整流器的控制

调整和输出特性试验应符合产品技术文件要求。

检查数量：全数检查。

检查方法：用绝缘电阻测试仪测试，调整试验时观察检查或查阅试验记录。

5.1.8　低压成套配电柜和配电箱（盘）内末端用电回路中，所设过电流保护电器兼作故障防护时，应在回路末端测量接地故障回路阻抗，且回路阻抗应满足下式要求：

$$Z_s(m) \leqslant \frac{2}{3} \times \frac{U_0}{I_a}$$

式中：Z_s（m）—— 实测接地故障回路阻抗（Ω）；

U_0 —— 相导体对接地的中性导体的电压（V）；

I_a —— 保护电器在规定时间内切断故障回路的动作电流（A）。

检查数量：按末级配电箱（盘、柜）总数量抽查 20%，每个被抽查的末级配电箱至少抽查 1 个回路，且不应少于 1 个末级配电箱。

检查方法：仪表测试并查阅试验记录。

5.1.9　配电箱（盘）内的剩余电流动作保护器（RCD）应在施加额定剩余动作电流（$I_{\Delta n}$）的情况下测试动作时间，且测试值应符合设计要求。

检查数量：每个配电箱（盘）不少于 1 个。

检查方法：仪表测试并查阅试验记录。

5.1.10　柜、箱、盘内电涌保护器（SPD）安装应符合下列规定：

1　SPD 的型号规格及安装布置符合设计要求；

2　SPD 的接线形式符合设计要求，接地导线的位置不宜靠近出线位置；

3　SPD 的连接导线平直、足够短，不宜大于 0.5m。

检查数量：按每个单元工程电涌保护器（SPD）的数量抽查 20%，且不得少于 1 个。

检查方法：观察检查。

5.1.11　IT 系统绝缘监测器（IMD）的报警功能应符合设计要求。

检查数量：全数检查。

检查方法：仪表测试。

5.1.12　照明配电箱（盘）安装应符合下列规定：

1　箱（盘）内配线整齐，无绞接现象；导线连接紧密，不伤芯线，不断股；垫圈下螺丝两侧压的导线截面积相同，同一电器器件端子上导线连接不应多于 2 根，防松垫圈等零件齐全；

2　箱（盘）内开关动作应灵活可靠；

3　箱（盘）内宜分别设置中性导体（N）和保护接地导体（PE）汇流排，汇流排上同一端子不应连接不同回路的 N 或 PE。

检查数量：按照明配电箱（盘）数量抽查 10%，且不得少于 1 台。

检查方法：观察检查及操作检查，螺丝刀拧紧检查。

5.1.13　送至建筑智能化工程变送器的电量信号精度等级应符合设计要求，状态信号正确；接收建筑智能化工程的指令使建筑电气工程的断路器动作符合指令要求，且手动、自动切换功能均应正常。

检查数量：全数检查。

检查方法：模拟试验时观察检查或查阅检查记录。

一般项目

5.2.1　基础型钢安装允许偏差应符合表 5.2.1 的规定。

表 5.2.1　基础型钢安装允许偏差

项　目	允许偏差（mm）	
	每米	全长
不直度	1.0	5.0
水平度	1.0	5.0
不平行度	—	5.0

检查数量：按总数抽查 20%，且不得少于 1 台。

检查方法：水平仪或拉线尺量检查。

5.2.2　柜、台、箱、盘的布置及安全间距应符合设计要求。

检查数量：全数检查。

检查方法：尺量检查。

5.2.3　柜、台、箱相互间或与基础型钢间应用镀锌螺栓连接，且防松零件齐全；当设计有防火要求时，柜、台、箱的进口应做防火封堵，并应封堵严实。

检查数量：按柜、台、箱总数抽查 10%，且各不得少于 1 台。

检查方法：观察检查。

5.2.4　室外安装的落地式配电（控制）柜、箱的基础应高于地坪，周围排水应通畅，其底座周围应采取封闭措施。

检查数量：全数检查。

检查方法：观察检查。

5.2.5　柜、台、箱、盘应安装牢固，且不应设置在水管的正下方。柜、台、箱、盘安装垂直度允许偏差不应大于 1.5‰，相互间接缝不应大于 2mm，成列盘面偏差不应大于 5mm。

检查数量：按总数抽查 10%，且不得少于 1 台。

检查方法：线坠尺量检查、塞尺检查、拉线尺量检查。

5.2.6　柜、台、箱、盘内检查试验应符合下列规定：

1　控制开关及保护装置的规格、型号应符合设计要求；

2　闭锁装置动作应准确、可靠；

3　主开关的辅助开关切换动作与主开关动作一致；

4　柜、台、箱、盘上的标识器件标明被控设备编号及名称或操作位置，接线端子应有编号，且清晰、工整、不易脱色；

5　回路中的电子元件不应参加交流工频耐压试验，50V 及以下回路可不做交流工频耐压试验。

检查数量：按柜、台、箱、盘总数抽查 10%，且不得少于 1 台。

检查方法：观察检查并按设计图核对规格型号。

5.2.7　低压电器组合应符合下列规定：

1　发热元件应安装在散热良好的位置；

2　熔断器的熔体规格、断路器的整定值应符合设计要求；

3　切换压板接触良好，相邻压板间应有安全距离，切换时不应触及相邻的压板；

4　信号回路的信号灯、按钮、光字牌、电铃、电笛、事故电钟等动作和信号显示应准确；

5　金属外壳需做电击防护时，应与保护导体可靠连接；

6　端子排应安装牢固，端子应有序号，强电、弱电端子应隔离布置，端子规格应与导线截面积大小适配。

检查数量：按低压电器组合完成后的总数抽查 10%，且不得少于 1 台。

检查方法：观察检查并按设计图核对电器技术参数。

5.2.8 柜、台、箱、盘间配线应符合下列规定：

1 二次回路接线应符合设计要求，除电子元件回路或类似回路外，回路的绝缘导线额定电压不应低于 450/750V；对于铜芯绝缘导线或电缆的导体截面积，电流回路不应小于 $2.5mm^2$，其他回路不应小于 $1.5mm^2$；

2 二次回路连线应成束绑扎，不同电压等级、交流、直线线路及计算机控制线路应分别绑扎，且应有标识；固定后不应妨碍手车开关或抽出式部件的拉出或推入；

3 线缆的弯曲半径不应小于线缆允许弯曲半径；

4 导线连接不应损伤线芯。

检查数量：按柜、台、箱、盘总数抽查 10%，且不得少于 1 台。

检查方法：观察检查。

5.2.9 柜、台、箱、盘面板上的电器连接导线应符合下列规定：

1 连接导线应采用多芯铜芯绝缘软电线，敷设长度应留有适当裕量；

2 线束宜有外套塑料管等加强绝缘保护层；

3 与电器连接时，端部应绞紧、不松散、不断股，其端部可采用不开口的终端端子或搪锡；

4 可转动部位的两端应采用卡子固定。

检查数量：按柜、台、箱、盘总数抽查 10%，且不得少于 1 台。

检查方法：观察检查。

5.2.10 照明配电箱（盘）安装应符合下列规定：

1 箱体开孔应与导管管径适配，暗装配电箱箱盖应紧贴墙面，箱（盘）涂层应完整；

2 箱（盘）内回路编号应齐全，标识应正确；

3 箱（盘）应采用不可燃材料制作；

4 箱（盘）应安装牢固、位置正确、部件齐全，安装高度应符合设计要求，垂直度允许偏差不应大于 1.5‰。

检查数量：按照明配电箱（盘）总数抽查 10%，且不得少于 1 台。

检查方法：观察检查并用线坠尺量检查。

＿＿××高标准农田建设项目＿＿工程

3.3.1.2-121　接地装置安装单元工程质量验收记录

编号：××

<table>
<tr><td colspan="2">单项工程名称</td><td colspan="2">农田输配电工程</td><td>施工日期</td><td colspan="2">2026年×月×日—2026年×月×日</td></tr>
<tr><td colspan="2">单位工程名称</td><td colspan="2">变配电装置</td><td>施工单位</td><td colspan="2">筑业××工程有限公司</td></tr>
<tr><td colspan="2">分部工程名称</td><td colspan="2">其他变配电装置</td><td>单元工程量</td><td colspan="2">1台</td></tr>
<tr><td colspan="2">单元工程名称/部位</td><td colspan="2">3#地块变压器接地装置</td><td>验收依据</td><td colspan="2">《建筑电气工程施工质量验收规范》GB 50303—2015</td></tr>
<tr><td colspan="2">项次</td><td colspan="2">检查项目</td><td>质量标准</td><td>施工单位检查记录</td><td>监理单位验收意见</td></tr>
<tr><td rowspan="4">主控项目</td><td>1</td><td colspan="2">接地装置测试点设置及标识</td><td>第22.1.1条</td><td>检查30点，合格30点。见施工记录编号××。</td><td>合格
100%</td></tr>
<tr><td>2</td><td colspan="2">接地装置的接地电阻值</td><td>第22.1.2条</td><td>检测合格。见接地电阻值测试记录编号××。</td><td>合格</td></tr>
<tr><td>3</td><td colspan="2">接地装置的材料规格、型号</td><td>第22.1.3条</td><td>质量证明文件齐全，有效。见进场验收记录编号××。</td><td>合格</td></tr>
<tr><td>4</td><td colspan="2">接地电阻达不到设计要求时采取的降阻措施</td><td>第22.1.4条</td><td>/</td><td>/</td></tr>
<tr><td rowspan="5">一般项目</td><td>1</td><td colspan="2">接地装置埋设深度、间距</td><td>第22.2.1条</td><td>检查30点，合格30点。见施工记录编号××。</td><td>合格
100%</td></tr>
<tr><td>2</td><td colspan="2">接地装置的焊接及防腐</td><td>第22.2.2条</td><td>检查3点，合格3点。见施工记录编号××。</td><td>合格
100%</td></tr>
<tr><td>3</td><td colspan="2">接地极铜与铜或铜与钢材热剂焊接头质量</td><td>第22.2.3条</td><td>/</td><td>/</td></tr>
<tr><td rowspan="2">4</td><td rowspan="2">采取降阻措施的接地装置</td><td>接地装置被降阻剂或低电阻率土壤所包覆</td><td>第22.2.4条
第1款</td><td>/</td><td>/</td></tr>
<tr><td>接地模块的引线及干线</td><td>第22.2.4条
第2款</td><td>/</td><td>/</td></tr>
<tr><td colspan="2">施工单位检验结论</td><td colspan="5">本单元工程主控项目质量全部符合要求，一般项目单项检验点合格率最小为100%，且不合格点不集中分布，单元工程质量合格。

质量责任人（签字）：×××
现场管理机构（盖章）：筑业××工程有限公司 ××高标准农田建设项目经理部
2026年×月×日</td></tr>
<tr><td colspan="2">监理单位验收结论</td><td colspan="5">本单元工程主控项目全部/~~部分~~符合要求，一般项目单项检验点合格率最小为100%，且不合格点不集中/~~集中~~分布，单元工程质量合格/~~不合格~~，同意/~~不同意~~通过验收。

监理工程师（签字）：×××
现场监理机构（盖章）：××建设监理有限公司 ××高标准农田建设项目监理部
2026年×月×日</td></tr>
</table>

3.3.1.2-121　接地装置安装单元工程质量验收记录

填表说明

一、依据标准

《建筑电气工程施工质量验收规范》GB 50303—2015。

二、单元工程划分

宜以部位大小、投运时间先后、功能区块等进行划分为一个单元工程。

三、标准规定

22.1.1　接地装置在地面以上的部分，应按设计要求设置测试点，测试点不应被外墙饰面遮蔽，且应有明显标识。

检查数量：全数检查。

检查方法：观察检查。

22.1.2　接地装置的接地电阻值应符合设计要求。

检查数量：全数检查。

检查方法：用接地电阻测试仪测试，并查阅接地电阻测试记录。

22.1.3　接地装置的材料规格、型号应符合设计要求。

检查数量：全数检查。

检查方法：观察检查或查阅材料进场验收记录。

22.1.4　当接地电阻达不到设计要求需采取措施降低接地电阻时，应符合下列规定：

1　采用降阻剂时，降阻剂应为同一品牌产品，调制降阻剂的水应无污染和杂物；降阻剂应均匀灌注于垂直接地体周围；

2　采取换土或将人工接地体外延至土壤电阻率较低处时，应掌握有关的地质结构资料和地下土壤电阻率的分布，并应做好记录；

3　采用接地模块时，接地模块的顶面埋深不应小于 0.6m，接地模块间距不应小于模块长度的 3 倍～5 倍。接地模块埋设基坑宜为模块外形尺寸的 1.2 倍～1.4 倍，且应详细记录开挖深度内的地层情况；接地模块应垂直或水平就位，并应保持与原土层接触良好。

检查数量：全数检查。

检查方法：施工中观察检查，并查阅隐蔽工程检查记录及相关记录。

一般项目

22.2.1　当设计无要求时，接地装置顶面埋设深度不应小于 0.6m，且应在冻土层以下。圆钢、角钢、钢管、铜棒、铜管等接地极应垂直埋入地下，间距不应小于 5m；人工接地体与建筑物的外墙或基础之间的水平距离不宜小于 1m。

检查数量：全数检查。

检查方法：施工中观察检查并用尺量检查，查阅隐蔽工程检查记录。

22.2.2　接地装置的焊接应采用搭接焊，除埋设在混凝土中的焊接接头外，应采取防腐措施，焊接搭接长度应符合下列规定：

1　扁钢与扁钢搭接不应小于扁钢宽度的 2 倍，且应至少三面施焊；

2　圆钢与圆钢搭接不应小于圆钢直径的 6 倍，且应双面施焊；

3　圆钢与扁钢搭接不应小于圆钢直径的 6 倍，且应双面施焊；

4　扁钢与钢管，扁钢与角钢焊接，应紧贴角钢外侧两面，或紧贴 3/4 钢管表面，上下两侧施焊。

检查数量：按不同搭接类别各抽查 10%，且均不得少于 1 处。

检查方法：施工中观察检查并用尺量检查，查阅相关隐蔽工程检查记录。

22.2.3 当接地极为铜材和钢材组成，且铜与铜或铜与钢材连接采用热剂焊时，接头应无贯穿性的气孔且表面平滑。

检查数量：按焊接接头总数量抽查10%，且不得少于1个。

检查方法：观察检查并查阅施工记录。

22.2.4 采取降阻措施的接地装置应符合下列规定：

1 接地装置应被降阻剂或低电阻率土壤所包覆；

2 接地模块应集中引线，并应采用干线将接地模块并联焊接成一个环路，干线的材质应与接地模块焊接点的材质相同，钢制的采用热浸镀锌材料的引出线不应少于2处。

检查数量：全数检查。

检查方法：观察检查，并查阅隐蔽工程检查记录。

××高标准农田建设项目 工程

3.3.1.2-122 防雷引下线及接闪器安装单元工程质量验收记录

编号：××

单项工程名称	农田输配电工程	施工日期	2026年×月×日—2026年×月×日
单位工程名称	变配电装置	施工单位	筑业××工程有限公司
分部工程名称	其他变配电装置	单元工程量	1台
单元工程名称/部位	3#地块变压器接地装置	验收依据	《建筑电气工程施工质量验收规范》GB 50303—2015

项次		检查项目		质量标准	施工单位检查记录	监理单位验收意见
主控项目	1	防雷引下线的布置、安装数量和连接方式	明敷	第24.1.1条	/	/
			结构或抹灰层内敷设		/	/
	2	接闪器的布置、规格及数量		第24.1.2条	检查6点，合格6点。见施工记录编号××。	合格100%
	3	接闪器与防雷引下线连接		第24.1.3条	检查6点，合格6点。见施工记录编号××。	合格100%
	4	防雷引下线与接地装置连接			/	/
	5	利用建筑物永久性金属物做接闪器时，其材质、截面及各部件间的连接		第24.1.4条	/	/
一般项目	1	暗敷在建筑物抹灰层内的引下线卡钉分段固定		第24.2.1条	/	/
	2	明敷引下线敷设质量及固定方式；焊接处的防腐			/	/
	3	设计要求接地的幕墙金属框架和建筑物金属门窗的防雷引下线连接及防腐		第24.2.2条	/	/
	4	接闪杆、接闪线、接闪带安装位置、安装方式、焊接连接的防腐		第24.2.3条	检查6点，合格6点。见施工记录编号××。	合格100%
	5	防雷引下线、接闪线、接闪网和接闪带的焊接连接搭接长度及防腐		第24.2.4条	检查6点，合格6点。见施工记录编号××。	合格100%
	6	接闪线和接闪带安装	安装及固定质量	第24.2.5条第1款	检查6点，合格6点。见施工记录编号××。	合格100%
			固定支架的最小高度及间距	第24.2.5条第2款	/	/
			固定支架垂直拉力检测	第24.2.5条第3款	/	/
	7	接闪带或接闪网在变形缝处的补偿措施		第24.2.6条	/	/
施工单位检验结论		本单元工程主控项目质量全部符合要求，一般项目单项检验点合格率最小为100%，且不合格点不集中分布，单元工程质量合格。 质量责任人（签字）：××× 现场管理机构（盖章）：筑业××工程有限公司 ××高标准农田建设项目经理部 2026年×月×日				
监理单位验收结论		本单元工程主控项目全部/部分符合要求，一般项目单项检验点合格率最小为100%，且不合格点不集中/集中分布，单元工程质量合格/不合格，同意/不同意通过验收。 监理工程师（签字）：××× 现场监理机构（盖章）：××建设监理有限公司 ××高标准农田建设项目监理部 2026年×月×日				

3.3.1.2-122　防雷引下线及接闪器安装单元工程质量验收记录

填表说明

一、依据标准

《建筑电气工程施工质量验收规范》GB 50303—2015。

二、单元工程划分

宜以一座 6 层以下建筑作为一个单元工程，高层建筑中依均压环设置间隔的层数作为一个单元工程；接闪器安装同一屋面作为一个单元工程。

三、标准规定

主控项目

24.1.1　防雷引下线的布置、安装数量和连接方式应符合设计要求。

检查数量：明敷的引下线全数检查，利用建筑结构内钢筋敷设的引下线或抹灰层内的引下线按总数量各抽查 5%，且均不得少于 2 处。

检查方法：明敷的观察检查，暗敷的施工中观察检查并查阅隐蔽工程检查记录。

24.1.2　接闪器的布置、规格及数量应符合设计要求。

检查数量：全数检查。

检查方法：观察检查并用尺量检查，核对设计文件。

24.1.3　接闪器与防雷引下线必须采用焊接或卡接器连接，防雷引下线与接地装置必须采用焊接或螺栓连接。

检查数量：全数检查。

检查方法：观察检查，并采用专用工具拧紧检查。

24.1.4　当利用建筑物金属屋面或屋顶上旗杆、栏杆、装饰物、铁塔、女儿墙上的盖板等永久性金属物做接闪器时，其材质及截面应符合设计要求，建筑物金属屋面板间的连接、永久性金属物各部件之间的连接应可靠、持久。

检查数量：全数检查。

检查方法：观察检查，核查材质产品质量证明文件和材料进场验收记录，并核对设计文件。

一般项目

24.2.1　暗敷在建筑物抹灰层内的引下线应有卡钉分段固定；明敷的引下线应平直、无急弯，并应设置专用支架固定，引下线焊接处应刷油漆防腐且无遗漏。

检查数量：抽查引下线总数的 10%，且不得少于 2 处。

检查方法：明敷的观察检查，暗敷的施工中观察检查并查阅隐蔽工程检查记录。

24.2.2　设计要求接地的幕墙金属框架和建筑物的金属门窗，应就近与防雷引下线连接可靠，连接处不同金属间应采取防电化学腐蚀措施。

检查数量：按接地点总数抽查 10%，且不得少于 1 处。

检查方法：施工中观察检查并查阅隐蔽工程检查记录。

24.2.3　接闪杆、接闪线或接闪带安装位置应正确，安装方式应符合设计要求，焊接固定的焊缝应饱满无遗漏，螺栓固定的应防松零件齐全，焊接连接应防腐完好。

检查数量：全数检查。

检查方法：观察检查。

24.2.4　防雷引下线、接闪线、接闪网和接闪带的焊接连接搭接长度及要求应符合本规范 22.2.2 条的规定。

检查数量：全数检查。

检查方法：观察检查并用尺量检查，查阅隐蔽工程检查记录。

24.2.5　接闪线和接闪带安装应符合下列规定：

1　安装应平正顺直、无急弯，其固定支架应间距均匀、固定牢固；

2　当设计无要求时，固定支架高度不宜小于 150mm，间距应符合表 24.2.5 的规定；

3　每个固定支架应能承受 49N 的垂直拉力。

表 24.2.5　明敷引下线及接闪导体固定支架的间距（mm）

布置方式	扁形导体固定支架间距	圆形导体固定支架间距
安装于水平面上的水平导体	500	1000
安装于垂直面上的水平导体		
安装于高于20m以上垂直面上的垂直导体		
安装于地面至20m以下垂直面上的垂直导体	1000	1000

检查数量：第 1 款、第 2 款全数检查，第 3 款按支持件总数抽查 30%，且不得少于 3 个。

检查方法：观察检查并用尺量、用测力计测量支架的垂直受力值。

24.2.6　接闪带或接闪网在过建筑物变形缝处的跨接应有补偿措施。

检查数量：全数检查。

检查方法：观察检查。

××高标准农田建设项目 工程

3.3.1.2-123　直埋电缆敷设单元工程质量验收记录

编号：××

单项工程名称	农田输配电工程	施工日期	2026年×月×日—2026年×月×日
单位工程名称	输电线路	施工单位	筑业××工程有限公司
分部工程名称	地埋电缆	单元工程量	200m
单元工程名称/部位	泵站电缆敷设 桩号：K1＋700～K1＋900	验收依据	《电气装置安装工程 电缆线路施工及验收标准》GB 50168—2018

项次		检查项目	质量标准	施工单位检查记录	监理单位验收意见
主控项目	1	电缆路径保护措施	第6.2.1条	符合要求。见施工记录编号××。	合格
	2	电缆埋置深度	第6.2.2条	电缆埋置深度为1.1m。见施工记录编号××。	合格
	3	电缆与管道、道路、建筑物等的平行和交叉净距	第6.2.4条	符合要求。见施工记录编号××。	合格
	4	电缆与铁路、公路等交叉的保护	第6.2.5条	符合要求。见施工记录编号××。	合格
	5	电缆上下部砂层及保护板	第6.2.6条	符合要求。见施工记录编号××。	合格
	6	方位标志和标桩	第6.2.7条	直线段每隔75m，电缆接头处、转弯处、进入建筑物处设置明显方位标志。见施工记录编号××。	合格
	7	回填分层夯实	第6.2.8条	符合要求。见施工记录编号××。	合格

施工单位检验结论	本单元工程主控项目质量全部符合要求，单元工程质量合格。 质量责任人（签字）：××× 现场管理机构（盖章）：筑业××工程有限公司 ××高标准农田建设项目经理部 2026年×月×日
监理单位验收结论	本单元工程主控项目全部/~~部分~~符合要求，单元工程质量合格/~~不合格~~，同意/~~不同意~~通过验收。 监理工程师（签字）：××× 现场监理机构（盖章）：××建设监理有限公司 ××高标准农田建设项目监理部 2026年×月×日

3.3.1.2-123 直埋电缆敷设单元工程质量验收记录
填表说明

一、依据标准

《电气装置安装工程 电缆线路施工及验收标准》GB 50168—2018。

二、标准规定

6.2.1 电 缆线路路径上有可能使电缆受到机械性损伤、化学作用、地下电流、振动、热影响、腐蚀物质、虫鼠等危害的地段，应采取保护措施。

6.2.2 电缆埋置深度应符合下列规定：

1 电缆表面距地面的距离不应小于 0.7m，穿越农田或在车行道下敷设时不应小于 1m，在引入建筑物、与地下建筑物交叉及绕过地下建筑物处可浅埋，但应采取保护措施；

2 电缆应埋设于冻土层以下，当受条件限制时，应采取防止电缆受到损伤的措施。

6.2.4 电缆之间，电缆与其他管道、道路、建筑物等之间平行和交叉时的最小净距，应符合设计要求。当设计无要求时，应符合下列规定：

1 未采取隔离或防护措施时，应符合表 6.2.4 的规定。

表 6.2.4 电缆之间，电缆与管道、道路、建筑物之间平行和交叉时的最小净距

项目		平行（m）	交叉（m）
电力电缆间及其与控制电缆间	10kV及以下	0.10	0.50
	10kV以上	0.25	0.50
不同部门使用的电缆间		0.50	0.50
热管道（管沟）及热力设备		2.00	0.50
油管道（管沟）		1.00	0.50
可燃气体及易燃液体管道（管沟		1.00	0.50
其他管道（管沟）		0.50	0.50
铁路路轨		3.00	1.00
电气化铁路路轨	非直流电气化铁路路轨	3.00	1.00
	直流电气化铁路路轨	10.00	1.00
电缆与公路边		1.00	—
城市街道路面		1.00	—
电缆与1kV以下架空线电杆		1.00	—
电缆与1kV以上架空线杆塔基础		4.00	—
建筑物基础（边线）		0.60	—
排水沟		1.00	0.50

2 当采取隔离或防护措施时，可按下列规定执行：

1）电力电缆间及其与控制电缆间或不同部门使用的电缆间，当电缆穿管或用隔板隔开时，平行净距可为 0.1m；

2）电力电缆间及其与控制电缆间或不同部门使用的电缆间，在交叉点前后 1m 范围内，当电缆穿入管中或用隔板隔开时，其交叉净距可为 0.25m；

3）电缆与热管道（沟）、油管道（沟）、可燃气体及易燃液体管道（沟）、热力设备或其他管道（沟）之间，虽净距能满足要求，但检修管路可能伤及电缆时，在交叉点前后 1m 范围内，尚应采取保护措施；当交叉净距离不能满足要求时，应将电缆穿入管中，其净距可为 0.25m；

4）电缆与热管道（管沟）及热力设备平行、交叉时，应采取隔热措施，使电缆周围土壤的温升不超过 10℃；

5）当直流电缆与电气化铁路路轨平行、交叉其净距不能满足要求时，应采取防电化腐蚀措施；

6）直埋电缆穿越城市街道、公路、铁路，或穿过有载重车辆通过的大门，进入建筑物的墙角处，进入隧道、人井，或从地下引出到地面时，应将电缆敷设在满足强度要求的管道内，并将管口封堵好；

7）当电缆穿管敷设时，与公路、街道路面、杆塔基础、建筑物基础、排水沟等的平行最小间距可按表 6.2.4 中的数据减半。

6.2.5　电缆与铁路、公路、城市街道、厂区道路交叉时，应敷设于坚固的保护管或隧道内。电缆管的两端宜伸出道路路基两边 0.5m 以上，伸出排水沟 0.5m，在城市街道应伸出车道路面。

6.2.6　直埋电缆上下部应铺不小于 100mm 厚的软土砂层，并应加盖保护板，其覆盖宽度应超过电缆两侧各 50mm，保护板可采用混凝土盖板或砖块。软土或砂子中不应有石块或其他硬质杂物。

6.2.7　直埋电缆在直线段每隔 50m～100m 处、电缆接头处、转弯处、进入建筑物等处，应设置明显的方位标志或标桩。

6.2.8　直埋电缆回填前，应经隐蔽工程验收合格，回填料应分层夯实。

××高标准农田建设项目 工程

3.3.1.2-124　电缆架空敷设单元工程质量验收记录

编号：××

<table>
<tr><td colspan="2">单项工程名称</td><td colspan="2">农田输配电工程</td><td>施工日期</td><td colspan="2">2026年×月×日—2026年×月×日</td></tr>
<tr><td colspan="2">单位工程名称</td><td colspan="2">输电线路</td><td>施工单位</td><td colspan="2">筑业××工程有限公司</td></tr>
<tr><td colspan="2">分部工程名称</td><td colspan="2">架设电缆</td><td>单元工程量</td><td colspan="2">200m</td></tr>
<tr><td colspan="2">单元工程名称/部位</td><td colspan="2">架设电缆
桩号：K1＋700～K1＋900</td><td>验收依据</td><td colspan="2">《电气装置安装工程 电缆线路施工及验收标准》GB 50168—2018</td></tr>
<tr><td colspan="2">项次</td><td>检查项目</td><td>质量标准</td><td colspan="2">施工单位检查记录</td><td>监理单位验收意见</td></tr>
<tr><td rowspan="6">主控项目</td><td>1</td><td>电缆悬吊点或固定间距</td><td>第6.7.1条</td><td colspan="2">符合要求。见施工记录编号××。</td><td>合格</td></tr>
<tr><td>2</td><td>电缆与铁路、公路、架空线路交叉跨越最小允许距离</td><td>第6.7.2条</td><td colspan="2">符合要求。见施工记录编号××。</td><td>合格</td></tr>
<tr><td>3</td><td>电缆接地及杆塔金具</td><td>第6.7.3条</td><td colspan="2">符合要求。见施工记录编号××。</td><td>合格</td></tr>
<tr><td>4</td><td>架空敷设电缆截面及载流量</td><td>第6.7.4条</td><td colspan="2">符合要求。见施工记录编号××。</td><td>合格</td></tr>
<tr><td>5</td><td>支撑钢绞线及接地、转角处理</td><td>第6.7.5条</td><td colspan="2">钢绞线满足设计荷载要求，全线良好接地，在转角处打拉线。见施工记录编号××。</td><td>合格</td></tr>
<tr><td>6</td><td>电缆接头设置</td><td>第6.7.6条</td><td colspan="2">/</td><td>/</td></tr>
<tr><td colspan="2">施工单位检验结论</td><td colspan="5">本单元工程主控项目质量全部符合要求，单元工程质量合格。
质量责任人（签字）：×××
现场管理机构（盖章）：筑业××工程有限公司 ××高标准农田建设项目经理部
2026年×月×日</td></tr>
<tr><td colspan="2">监理单位验收结论</td><td colspan="5">本单元工程主控项目全部/~~部分~~符合要求，单元工程质量合格/~~不合格~~，同意/~~不同意~~通过验收。
监理工程师（签字）：×××
现场监理机构（盖章）：××建设监理有限公司 ××高标准农田建设项目监理部
2026年×月×日</td></tr>
</table>

3.3.1.2-124 电缆架空敷设单元工程质量验收记录

填表说明

一、依据标准

《电气装置安装工程 电缆线路施工及验收标准》GB 50168—2018。

二、标准规定

6.7.1 电缆悬吊点或固定的间距，应符合本标准表6.1.6的规定。

6.7.2 电缆与公路、铁路、架空线路交叉跨越时，最小允许距离应符合表6.7.2的规定。

表6.7.2 电缆与铁路、公路、架空线路交叉跨越时最小允许距离

交叉设施	最小允许距离（m）	备注
铁路	3/6	至承力索或接触线/至轨顶
公路	6	—
电车路	3/9	至承力索或接触线/至路面
弱电流线路	1	—
电力线路	1/2/3/4/5	电压（kV）1以下/6～10/35～110/154～220/330
河道	6/1	五年一遇洪水位/至最高航行水位的最高船桅顶
索道	1.5	—

6.7.3 电缆的金属护套、铠装及悬吊线均应有良好的接地，杆塔和配套金具均应根据电缆的结构和性能进行配套设计，且应满足规程及强度要求。

6.7.4 对于较短且不便直埋的电缆可采用架空敷设，架空敷设的电缆截面不宜过大，架空敷设的电缆允许载流量应根据环境条件进行修正。

6.7.5 支撑电缆的钢绞线应满足荷载要求，并应全线良好接地，在转角处应打拉线或顶杆。

6.7.6 架空敷设的电缆不宜设置电缆接头。

××高标准农田建设项目 工程

3.3.1.2-125 电缆附件安装单元工程质量验收记录

编号：××

单项工程名称	农田输配电工程	施工日期	2026年×月×日—2026年×月×日
单位工程名称	输电线路	施工单位	筑业××工程有限公司
分部工程名称	其他变配电装置	单元工程量	1套
单元工程名称/部位	输电电缆附件安装	验收依据	《电气装置安装工程 电缆线路施工及验收标准》GB 50168—2018

项次		检查项目	质量标准	施工单位检查记录	监理单位验收意见
主控项目	1	电缆终端与接头制作	第7.1.1条～第7.1.6条	符合要求。见施工记录编号××。	合格
	2	电缆线芯连接金具	第7.1.8条	内径与电缆线芯匹配，间隙适宜，截面为线芯截面的1.3倍。见施工记录编号××。	合格
	3	电缆金属层接地	第7.1.9条 第7.1.10条	符合要求。见施工记录编号××。	合格
	4	电缆终端与电气装置连接	第7.1.11条	符合要求。见施工记录编号××。	合格
	5	控制电缆中间接头	第7.1.12条	/	/
	6	电缆终端制作安装	第7.2.3条	符合要求。见施工记录编号××。	合格
	7	交联电缆终端和接头制作	第7.2.4条 第7.2.5条	符合要求。见施工记录编号××。	合格
	8	电缆导体连接	第7.2.6条	已除去内壁油污及氧化层，压接模具与金具配合恰当，压接后连接管凸痕修理光滑，无残留毛刺。	合格
	9	电缆金属屏蔽层、金属护套、铠装层连接	第7.2.7条	符合要求。见施工记录编号××。	合格
	10	单芯电力电缆交叉互联箱等安装	第7.2.9条	符合要求。见施工记录编号××。	合格
	11	电缆铅封	第7.2.11条	符合要求。见施工记录编号××。	合格
	12	充油电缆供油系统安装	第7.2. 14条	符合要求。见施工记录编号××。	合格
	13	电缆终端相位（极性）标识	第7.2.15条	标识准确、清晰。见施工记录编号××。	合格

施工单位检验结论	本单元工程主控项目质量全部符合要求，单元工程质量合格。 质量责任人（签字）：××× 现场管理机构（盖章）：筑业××工程有限公司 ××高标准农田建设项目经理部 2026年×月×日
监理单位验收结论	本单元工程主控项目全部/部分符合要求，单元工程质量合格/不合格，同意/不同意通过验收。 监理工程师（签字）：××× 现场监理机构（盖章）：××建设监理有限公司 ××高标准农田建设项目监理部 2026年×月×日

3.3.1.2-125 电缆附件安装单元工程质量验收记录

填表说明

一、依据标准

《电气装置安装工程 电缆线路施工及验收标准》GB 50168—2018。

二、标准规定

7.1.1 电缆终端与接头制作，应由经过培训的熟练工人进行。

7.1.2 电缆终端与接头制作前，应核对电缆相序或极性。

7.1.3 制作电缆终端和接头前，应按设计文件和产品技术文件要求做好检查，并符合下列规定：

1 电缆绝缘状况应良好，无受潮；电缆内不得进水；充油电缆施工前应对电缆本体、压力箱、电缆油桶及纸卷桶逐个取油样，做电气性能试验，并应符合标准。

2 附件规格应与电缆一致，型号符合设计要求。零部件应齐全无损伤，绝缘材料不得受潮；附件材料应在有效贮存期内。壳体结构附件应预先组装、清洁内壁、密封检查，结构尺寸应符合产品技术文件要求。

3 施工用机具齐全、清洁，便于操作；消耗材料齐备，塑料绝缘表面的清洁材料应符合产品技术文件的要求。

7.1.4 在室内、隧道内或林区等有防火要求的场所以及充油电缆施工现场进行电缆终端与接头制作，应备有足够消防器材。

7.1.5 电缆终端与接头制作时，施工现场温度、湿度与清洁度，应符合产品技术文件要求。在室外制作 6kV 及以上电缆终端与接头时，其空气相对湿度宜为 70%及以下；当湿度大时，应进行空气湿度调节，降低环境湿度。110kV 及以上高压电缆终端与接头施工时，应有防尘、防潮措施，温度宜为 10℃～30℃。制作电力电缆终端与接头，不得直接在雾、雨或五级以上大风环境中施工。

7.1.6 电缆终端及接头制作时，应遵守制作工艺规程及产品技术文件要求。

7.1.8 电缆线芯连接金具，应采用符合标准的连接管和接线端子，其内径应与电缆线芯匹配，间隙不应过大；截面宜为线芯截面的 1.2 倍～1.5 倍。采取压接时，压接钳和模具应符合规格要求。

7.1.9 三芯电力电缆在电缆中间接头处，其电缆铠装、金属屏蔽层应各自有良好的电气连接并相互绝缘；在电缆终端头处，电缆铠装、金属屏蔽层应用接地线分别引出，并应接地良好。交流系统单芯电力电缆金属层接地方式和回流线的选择应符合设计要求。

7.1.10 35kV 及以下电力电缆接地线应采用铜绞线或镀锡铜编织线，其截面积不应小于表 7.1.10 的规定。66kV 及以上电力电缆的接地线材质、截面面积应符合设计要求。

表 7.1.10 电缆终端接地线截面

电缆截面（mm^2）	接地线截面（mm^2）
16 及以下	接地线截面可与芯线截面相同
16～120	16
150 及以上	25

7.1.11 电缆终端与电气装置的连接，应符合国家标准《电气装置安装工程 母线装置施工及验收规范》GB 50149 的有关规定及产品技术文件要求。

7.1.12 控制电缆不应有中间接头。

7.2.3　电缆终端的制作安装应按产品技术文件要求做好导体连接、应力处理部件的安装，并应做好密封防潮、机械保护等措施。电缆终端安装应确保外绝缘相间和对地距离满足现行国家标准《电气装置安装工程 母线装置施工及验收规范》GB 50149的有关规定。

7.2.4　交联电缆终端和接头制作时，电缆绝缘处理后的绝缘厚度及偏心度应符合产品技术文件要求，绝缘表面应光滑、清洁，防止灰尘和其他污染物黏附。绝缘处理后的工艺过盈配合应符合产品技术文件要求，绝缘屏蔽断口应平滑过渡。

7.2.5　交联电缆终端和接头制作时，预制件安装定位尺寸应符合产品技术文件要求，在安装过程中内表面应无异物、损伤、受潮；橡胶预制件采用机械现场扩张时，扩张持续时间和温度应符合产品技术文件要求。

7.2.6　电缆导体连接时，应除去导体和连接管内壁油污及氧化层。压接模具与金具应配合恰当，压缩比应符合产品技术文件要求。压接后应将端子或连接管上的凸痕修理光滑，不得残留毛刺。

7.2.7　三芯电缆接头及单芯电缆直通接头两侧电缆的金属屏蔽层、金属护套、铠装层应分别连接良好，不得中断，跨接线的截面应符合产品技术文件要求，且不应小于本标准表7.1.10接地线截面的规定。直埋电缆接头的金属外壳及电缆的金属护层应做防腐、防水处理。

7.2.9　单芯电力电缆的交叉互联箱、接地箱、护层保护器等安装应符合设计要求；箱体应安装牢固、密封良好，标识应正确、清晰。

7.2.11　铝护套或铅护套电缆铅封时应清除表面氧化物及污物；搪铅时间不宜过长，铅封应密实无气孔。充油电缆的铅封应分两次进行，第一次封堵油，第二次成形和加强，高位差铅封应用环氧树脂加固。塑料电缆可采用自粘带、粘胶带、胶粘剂、环氧泥、热收缩套管等密封方式；塑料护套表面应打毛，粘接表面应用溶剂除去油污，粘接应良好。电缆终端、接头及充油电缆供油管路均不应有渗漏。

7.2.14　充油电缆供油系统的安装应符合下列规定：

1　供油系统的金属油管与电缆终端间应有绝缘接头，其绝缘强度不低于电缆外护层；

2　当每相设置多台压力箱时，应并联连接；

3　每相电缆线路应装设油压监视或报警装置；

4　仪表应安装牢固，室外仪表应有防雨措施，施工结束后应进行整定；

5　调整压力油箱的油压，任何情况下不应超过电缆允许的压力范围。

7.2.15　电缆终端上应有明显的相位（极性）标识，且应与系统的相位（极性）一致。

×× 高标准农田建设项目 工程

3.3.1.2-126 电缆导管内电缆敷设单元工程质量验收记录

编号：××

<table>
<tr><td colspan="2">单项工程名称</td><td colspan="2">农田输配电工程</td><td>施工日期</td><td colspan="2">2026年×月×日—2026年×月×日</td></tr>
<tr><td colspan="2">单位工程名称</td><td colspan="2">输电线路</td><td>施工单位</td><td colspan="2">筑业××工程有限公司</td></tr>
<tr><td colspan="2">分部工程名称</td><td colspan="2">地埋电缆</td><td>单元工程量</td><td colspan="2">200m</td></tr>
<tr><td colspan="2">单元工程名称/部位</td><td colspan="2">地埋电缆导管内电缆敷设
桩号：K1＋700～K1＋900</td><td>验收依据</td><td colspan="2">《电气装置安装工程 电缆线路施工及验收标准》GB 50168—2018</td></tr>
<tr><td colspan="2">项次</td><td>检查项目</td><td>质量标准</td><td colspan="2">施工单位检查记录</td><td>监理单位验收意见</td></tr>
<tr><td rowspan="6">主控项目</td><td>1</td><td>电缆管及保护罩设置</td><td>第6.3.1条</td><td colspan="2">符合要求。见施工记录编号××。</td><td>合格</td></tr>
<tr><td>2</td><td>电缆管内部情况</td><td>第6.3.2条</td><td colspan="2">管道内部无积水、杂物堵塞。</td><td>合格</td></tr>
<tr><td>3</td><td>电缆导管敷设前、后处理</td><td>第6.3.3条</td><td colspan="2">已进行疏通，清除杂物。</td><td>合格</td></tr>
<tr><td>4</td><td>电缆穿管位置及数量</td><td>第6.3.4条</td><td colspan="2">符合要求。见施工记录编号××。</td><td>合格</td></tr>
<tr><td>5</td><td>斜坡排管中电缆防滑落构件</td><td>第6.3.5条</td><td colspan="2">符合要求。见施工记录编号××。</td><td>合格</td></tr>
<tr><td>6</td><td>工作井电缆管口防水</td><td>第6.3.6条</td><td colspan="2">符合要求。见施工记录编号××。</td><td>合格</td></tr>
<tr><td colspan="2">施工单位检验结论</td><td colspan="5">本单元工程主控项目质量全部符合要求，单元工程质量合格。

质量责任人（签字）：×××
现场管理机构（盖章）：筑业××工程有限公司 ××高标准农田建设项目经理部
2026年×月×日</td></tr>
<tr><td colspan="2">监理单位验收结论</td><td colspan="5">本单元工程主控项目全部/<del>部分</del>符合要求，单元工程质量合格/<del>不合格</del>，同意/<del>不同意</del>通过验收。

监理工程师（签字）：×××
现场监理机构（盖章）：××建设监理有限公司 ××高标准农田建设项目监理部
2026年×月×日</td></tr>
</table>

3.3.1.2-126 电缆导管内电缆敷设单元工程质量验收记录填表说明

一、依据标准

《电气装置安装工程 电缆线路施工及验收标准》GB 50168—2018。

二、标准规定

6.3.1 在易受机械损伤的地方和在受力较大处直埋电缆管时，应采用足够强度的管材。在下列地点，电缆应有足够机械强度的保护管或加装保护罩：

1 电缆进入建筑物、隧道，穿过楼板及墙壁处；

2 从沟道引至杆塔、设备、墙外表面或屋内行人容易接近处，距地面高度 2m 以下的部分；

3 有载重设备移经电缆上面的区段；

4 其他可能受到机械损伤的地方。

6.3.2 管道内部应无积水，且应无杂物堵塞。穿电缆时，不得损伤护层，可采用无腐蚀性的润滑剂（粉）。

6.3.3 电缆导管在敷设电缆前，应进行疏通，清除杂物。电缆敷设到位后应做好电缆固定和管口封堵，并应做好管口与电缆接触部分的保护措施。

6.3.4 电缆穿管的位置及穿入管中电缆的数量应符合设计要求，交流单芯电缆不得单独穿人钢管内。

6.3.5 在 10%以上的斜坡排管中，应在标高较高一端的工作井内设置防止电缆因热伸缩和重力作用而滑落的构件。

6.3.6 工作井中电缆管口应按设计要求做好防水措施。

××高标准农田建设项目工程

3.3.1.2-127　电缆构筑物中电缆敷设单元工程质量验收记录

编号：××

单项工程名称	农田输配电工程	施工日期	2026年×月×日—2026年×月×日
单位工程名称	输电线路	施工单位	筑业××工程有限公司
分部工程名称	电缆敷设	单元工程量	94m
单元工程名称/部位	电缆构筑物中电缆敷设	验收依据	《电气装置安装工程 电缆线路施工及验收标准》GB 50168—2018

项次		检查项目	质量标准	施工单位检查记录	监理单位验收意见
主控项目	1	电缆排列	第6.4.1条	已按顺序分层配置，由上而下。见施工记录编号××。	合格
	2	并列敷设电缆净距	第6.4.2条	符合要求。见施工记录编号××。	合格
	3	电缆在支架上的敷设层数	第6.4.3条	符合要求。见施工记录编号××。	合格
	4	电缆与热力管道、设备的净距及防护	第6.4.4条	符合要求。见施工记录编号××。	合格
	5	电缆敷设后清理及盖板处理	第6.4.5条	已清除杂物，盖好盖板，并对缝隙密封后回填土。	合格
施工单位检验结论		本单元工程主控项目质量全部符合要求，单元工程质量合格。 质量责任人（签字）：××× 现场管理机构（盖章）：筑业××工程有限公司 ××高标准农田建设项目经理部 2026年×月×日			
监理单位验收结论		本单元工程主控项目全部/~~部分~~符合要求，单元工程质量合格/~~不合格~~，同意/~~不同意~~通过验收。 监理工程师（签字）：××× 现场监理机构（盖章）：××建设监理有限公司 ××高标准农田建设项目监理部 2026年×月×日			

3.3.1.2-127　电缆构筑物中电缆敷设单元工程质量验收记录

填表说明

一、依据标准

《电气装置安装工程 电缆线路施工及验收标准》GB 50168—2018。

二、标准规定

6.4.1　电缆排列应符合下列规定：

1　电力电缆和控制电缆不宜配置在同一层支架上。

2　高低压电力电缆，强电、弱电控制电缆应按顺序分层配置，宜由上而下配置；但在含有35kV以上高压电缆引入盘柜时，可由下而上配置。

3　同一重要回路的工作与备用电缆实行耐火分隔时，应配置在不同侧或不同层的支架上。

6.4.2　并列敷设的电缆净距应符合设计要求。

6.4.3　电缆在支架上的敷设应符合下列规定：

1　控制电缆在普通支架上，不宜超过两层；桥架上不宜超过三层。

2　交流三芯电力电缆，在普通支吊架上不宜超过一层；桥架上不宜超过两层。

3　交流单芯电力电缆，应布置在同侧支架上，并应限位、固定。当按紧贴品字形（三叶形）排列时，除固定位置外，其余应每隔一定的距离用电缆夹具、绑带扎牢，以免松散。

6.4.4　电缆与热力管道、热力设备之间的净距，平行时不应小于1m，交叉时不应小于0.5m，当受条件限制时，应采取隔热保护措施。电缆通道应避开锅炉的观察孔和制粉系统的防爆门；当受条件限制时，应采取穿管或封闭槽盒等隔热防火措施。电缆不得平行敷设于热力设备和热力管道的上部。

6.4.5　电缆敷设完毕后，应及时清除杂物、盖好盖板。当盖板上方需回填土时，宜将盖板缝隙密封。

4.8 其他工程质量验收表填写示例

×× 高标准农田建设项目 工程

3.3.1.2-128 监测站安装调试单元工程质量验收记录

编号：××

<table>
<tr><td colspan="4">单项工程名称</td><td>其他工程</td><td>施工日期</td><td>2026年×月×日—2026年×月×日</td></tr>
<tr><td colspan="4">单位工程名称</td><td>田间检测工程</td><td>施工单位</td><td>筑业××工程有限公司</td></tr>
<tr><td colspan="4">分部工程名称</td><td>监测站</td><td>单元工程量</td><td>1座</td></tr>
<tr><td colspan="4">单元工程名称/部位</td><td>1#田间监测站</td><td>验收依据</td><td>《水利水电工程单元工程施工质量验收标准 第8部分：安全监测工程》SL/T 631.8—2025</td></tr>
<tr><td colspan="2">项次</td><td colspan="2">检查项目</td><td>质量标准</td><td>施工单位检查记录</td><td>监理单位验收意见</td></tr>
<tr><td rowspan="6">主控项目</td><td rowspan="4">1</td><td rowspan="4">监测设施</td><td>数据采集装置</td><td>合格证、检验报告及配件齐全，具备巡测、选测、定时测量、通信、数据存储、断电数据保护、参数设置、防雷、抗电、抗干扰、防潮、人工测量接口等主要功能</td><td>符合要求。见进场验收记录编号××、合格证编号××、检验报告编号××。</td><td>合格</td></tr>
<tr><td>供电设施</td><td>合格证、检验报告及配件齐全，太阳能供电的电池板功率满足设计要求，交流电供电电压满足设计要求，配置蓄电池作为备用电源，并具有备用电源自动切换功能。当蓄电池作为工作电源时，数据采集频率为2次/天条件下，采集装置连续工作时间不小于3天（需强电驱动控制的设备除外），且续航能力满足设计要求
（见附加说明）</td><td>符合要求。见进场验收记录编号××、合格证编号××、检验报告编号××。</td><td>合格</td></tr>
<tr><td>网络通信</td><td>合格证、检验报告及配件齐全，通信功能和通信方式满足设计要求
（见附加说明）</td><td>符合要求。见进场验收记录编号××、合格证编号××、检验报告编号××。</td><td>合格</td></tr>
<tr><td>防雷接地</td><td>防雷接地措施符合设计要求，接地电阻小于等于10Ω
（见附加说明）</td><td>接地电阻值为8Ω。见施工记录编号××。</td><td>合格</td></tr>
<tr><td>2</td><td colspan="2">监测站设置及保护箱、环境条件</td><td>站位设置符合设计要求，具备一定的工作空间，建筑和装饰质量符合设计要求，满足设备使用环境要求，采集装置保护箱具备防潮、防雷、防尘等性能
（见附加说明）</td><td>符合要求。见施工记录编号××。</td><td>合格</td></tr>
<tr><td>3</td><td colspan="2">安装和调试</td><td>接入前需对监测线缆进行整理，接入前后都应进行测读和记录；安装位置便于检查和维护，采集装置保护箱安装牢固、布线整齐；接入数据采集装置的监测线缆前端需有标识编号，采集装置保护箱内张贴每个通道对应监测仪器的编号表；所有监测线缆接入完成后，将采集装置保护箱剩余通道的线缆卡套孔封堵，标识牌清晰准确、无锈蚀、无缺失；人工比测结果符合SL 766的要求</td><td>符合要求。见调试记录编号××。</td><td>合格</td></tr>
</table>

××高标准农田建设项目工程

3.3.1.2-128 监测站安装调试单元工程质量验收记录（续表）

编号：××

项次		检查项目	质量标准	施工单位检查记录	监理单位验收意见
主控项目	4	观测房（如有）	结构和位置、施工质量、防水防雷防潮、装修装饰满足设计要求	/	/
一般项目	1	线缆接长	线缆规格型号满足设计要求；电缆导通、芯线电阻、绝缘等性能参数均满足规范要求 （见附加说明）	符合要求。见进场验收记录编号××、检验报告编号××。	合格
	2	线缆敷设牵引	接入监测仪器电缆、供电电缆和通信电缆或光缆的标识、保护及牵引符合设计及规范要求，走线规整；电缆连接方法和记录符合SL 531、SL/T 551、SL 601要求，光缆连接方法和记录符合YDJ44要求；监测线缆走向记录及图示准确明晰 （见附加说明）	符合要求。见施工记录编号××。	合格
	3	设施保护	设备设施防护、防盗措施适当，符合设计要求；保护设施规范整齐，标识标牌清晰准确、无锈蚀、无缺失，外观整洁 （见附加说明）	设备设施防护、防盗措施符合要求；保护设施规范整齐，标识标牌清晰准确，外观整洁。	合格
	4	相关资料	监测仪器接入前后记录、比测记录和安装后测试记录等内容完整、准确、清晰；主要材料及设备合格证、检验检测记录、安装及测试记录等资料齐全、准确、清晰	资料文件齐全、完整、准确。见测试记录编号××、××。	合格
施工单位检验结论		本单元工程主控项目质量全部符合要求，一般项目单项检验点合格率最小为 / %，且不合格点不集中分布，单元工程质量合格。 质量责任人（签字）：××× 现场管理机构（盖章）：筑业××工程有限公司 ××高标准农田建设项目经理部 2026年×月×日			
监理单位验收结论		本单元工程主控项目全部/~~部分~~符合要求，一般项目单项检验点合格率最小为 / %，且不合格点不集中/~~集中~~分布，单元工程质量合格/~~不合格~~，同意/~~不同意~~通过验收。 监理工程师（签字）：××× 现场监理机构（盖章）：××建设监理有限公司 ××高标准农田建设项目监理部 2026年×月×日			

3.3.1.2-128　监测站安装调试单元工程质量验收记录填表说明

一、依据标准

《水利水电工程单元工程施工质量验收标准 第 8 部分：安全监测工程》SL/T 631.8—2025。

二、单元工程划分

宜以一个监测站为一个单元工程。

三、标准规定

表 9.2.4　监测站安装调试单元工程施工质量验收标准

项次		检查项目		检验方法	检验数量
主控项目	1	监测设施	数据采集装置	现场检查、查阅资料	全部
			供电设施	测试、查阅资料	全部
			网络通信	现场检查、查阅资料	全部
			防雷接地	测试	全部
	2	监测站设置及保护箱、环境条件		现场检查、查阅资料	全部
	3	安装和调试		现场检查、测试、查阅资料	全部
	4	观测房（如有）		现场检查、测试	10%抽检
一般项目	1	线缆接长		现场检查、测试、查阅资料	10%抽检
	2	线缆敷设牵引		现场检查、查阅资料	全部
	3	设施保护		现场检查	全部
	4	相关资料		查阅资料	全部

<u>××高标准农田建设项目</u>工程

3.3.1.2-129 监测管理站安装调试单元工程质量验收记录

编号：××

<table>
<tr><td colspan="3">单项工程名称</td><td colspan="2">其他工程</td><td>施工日期</td><td>2026年×月×日—2026年×月×日</td></tr>
<tr><td colspan="3">单位工程名称</td><td colspan="2">田间检测工程</td><td>施工单位</td><td>筑业××工程有限公司</td></tr>
<tr><td colspan="3">分部工程名称</td><td colspan="2">监测站</td><td>单元工程量</td><td>1座</td></tr>
<tr><td colspan="3">单元工程名称/部位</td><td colspan="2">1#田间监测管理站</td><td>验收依据</td><td>《水利水电工程单元工程施工质量验收标准 第8部分：安全监测工程》SL/T 631.8—2025</td></tr>
<tr><td colspan="2">项次</td><td colspan="2">检查项目</td><td>质量标准</td><td>施工单位检查记录</td><td>监理单位验收意见</td></tr>
<tr><td rowspan="9">主控项目</td><td rowspan="4">1</td><td rowspan="4">监测设施</td><td>计算机系统及辅助设施</td><td>合格证、配件齐全，功能和性能满足设计要求
（见附加说明）</td><td>符合要求。见进场验收记录编号××、合格证编号××。</td><td>合格</td></tr>
<tr><td>电源线路和设施</td><td>合格证、配件齐全，功能和性能满足设计要求
（见附加说明）</td><td>符合要求。见进场验收记录编号××、合格证编号××。</td><td>合格</td></tr>
<tr><td>网络通信线路和设施设备</td><td>合格证、检验报告及配件齐全，通信方式、通信线路保护满足设计要求
（见附加说明）</td><td>符合要求。见进场验收记录编号××、合格证编号××。</td><td>合格</td></tr>
<tr><td>防雷接地</td><td>室内防雷接地装置满足设计要求，接地电阻不大于4Ω
（见附加说明）</td><td>接地电阻值为3Ω。见施工记录编号××。</td><td>合格</td></tr>
<tr><td>2</td><td colspan="2">监测管理站设置及环境条件</td><td>管理站温度为0℃～50℃，相对湿度不大于85%；具备一定的设备空间和工作空间，照明及通风条件良好；建筑和装饰质量符合设计要求，具有防止电磁干扰措施</td><td>符合要求。见施工记录编号××。</td><td>合格</td></tr>
<tr><td>3</td><td colspan="2">安装和调试</td><td>服务器、工作站和打印机等辅助设备设施安装要求连接牢靠，放置稳固、排列整齐；供电（含不间断电源）、通信和防雷设施安装符合设计要求；采集软件和整编分析软件运行环境有相匹配的网络安全措施</td><td>符合要求。见调试记录编号××。</td><td>合格</td></tr>
<tr><td rowspan="2">4</td><td rowspan="2">信息系统</td><td>采集软件</td><td>具备与数据采集装置通信、数据采集、参数查询与修改、自诊断、测点维护、数据存储、异常告警及权限管理等功能，运行正常</td><td>运行正常。见测试记录编号××。</td><td>合格</td></tr>
<tr><td>整编分析软件</td><td>具备监测数据存储、编辑、查询、导出与备份、数据可靠性检验、报表与曲线分析、预警提醒及信息推送、工程文档及影像资料管理、输出等功能，运行正常</td><td>运行正常。见测试记录编号××。</td><td>合格</td></tr>
</table>

××高标准农田建设项目 工程

3.3.1.2-129 监测管理站安装调试单元工程质量验收记录（续表）

编号：××

项次		检查项目	质量标准	施工单位检查记录	监理单位验收意见
一般项目	1	线缆敷设牵引	供电电缆、通信电缆或光缆的标识、保护及牵引符合设计及规范要求，走线规整；电缆连接及端部密封措施符合规范要求；电缆或线缆走向记录及图示准确明晰 （见附加说明）	供电电缆、通信电缆的标识、保护及牵引符合要求，走线规整；电缆连接及端部密封措施符合要求；电缆或线缆走向记录及图示准确明晰。见施工记录编号××。	合格
	2	设施保护	设备设施防护、防盗措施适当，符合设计要求；保护设施规范整齐，标识标牌清晰准确，无锈蚀、无缺失、外观整洁 （见附加说明）	设备设施防护、防盗措施符合要求；保护设施规范整齐，标识标牌清晰准确。见施工记录编号××。	合格
	3	相关资料	系统安装调试记录和安装后测试记录内容完整、准确、清晰；主要材料、设备合格证，检验检测记录，安装、测试记录等资料齐全、准确、清晰	资料文件齐全、完整、准确。见测试记录编号××、××。	合格
施工单位检验结论	本单元工程主控项目质量全部符合要求，一般项目单项检验点合格率最小为 / %，且不合格点不集中分布，单元工程质量合格。 质量责任人（签字）：××× 现场管理机构（盖章）：筑业××工程有限公司 ××高标准农田建设项目经理部 2026年×月×日				
监理单位验收结论	本单元工程主控项目全部/~~部分~~符合要求，一般项目单项检验点合格率最小为 / %，且不合格点不集中/~~集中~~分布，单元工程质量合格/~~不合格~~，同意/~~不同意~~通过验收。 监理工程师（签字）：××× 现场监理机构（盖章）：××建设监理有限公司 ××高标准农田建设项目监理部 2026年×月×日				

3.3.1.2-129　监测管理站安装调试单元工程质量验收记录

填表说明

一、依据标准

《水利水电工程单元工程施工质量验收标准 第 8 部分：安全监测工程》SL/T 631.8—2025。

二、单元工程划分

宜以一个监测管理站为一个单元工程。

三、标准规定

表 9.3.3　监测管理站安装调试单元工程施工质量验收标准

<table>
<tr><th colspan="2">项次</th><th colspan="2">检查项目</th><th>检验方法</th><th>检验数量</th></tr>
<tr><td rowspan="7">主控项目</td><td rowspan="4">1</td><td rowspan="4">监测设施</td><td>计算机系统及辅助设施</td><td>现场检查、查阅资料</td><td>全部</td></tr>
<tr><td>电源线路和设施</td><td>现场检查、测试、查阅资料</td><td>全部</td></tr>
<tr><td>网络通信线路和设施设备</td><td>现场检查、查阅资料</td><td>全部</td></tr>
<tr><td>防雷接地</td><td>测试</td><td>全部</td></tr>
<tr><td>2</td><td colspan="2">监测管理站设置及环境条件</td><td>现场检查、测试、查阅资料</td><td>全部</td></tr>
<tr><td>3</td><td colspan="2">安装和调试</td><td>现场检查</td><td>全部</td></tr>
<tr><td>4</td><td colspan="2">信息系统</td><td>现场检查、查阅资料</td><td>全部</td></tr>
<tr><td rowspan="3">一般项目</td><td>1</td><td colspan="2">线缆敷设牵引</td><td>现场检查、查阅资料</td><td>全部</td></tr>
<tr><td>2</td><td colspan="2">设施保护</td><td>现场检查</td><td>全部</td></tr>
<tr><td>3</td><td colspan="2">相关资料</td><td>现场检查</td><td>全部</td></tr>
</table>

××高标准农田建设项目工程

3.3.1.2-130 农业监测设备单元工程质量验收记录

编号：××

单项工程名称	其他工程	施工日期	2026年×月×日—2026年×月×日
单位工程名称	田间检测工程	施工单位	筑业××工程有限公司
分部工程名称	农业监测设备	单元工程量	1套
单元工程名称/部位	1#灌区监测设备	验收依据	《内蒙古高标准农田建设工程单元工程施工质量验收评定表（试行版）》

项次		检查项目		质量标准	施工单位检查记录	监理单位验收意见
主控项目	1	设备及配件	气象环境监测	出厂质量证明文件齐全，规格、质量符合设计、规范要求和有关规定 （见附加说明）	质量证明文件齐全、有效。见进场验收记录编号××。	合格
			病虫害监测		质量证明文件齐全、有效。见进场验收记录编号××。	合格
			水资源管理		质量证明文件齐全、有效。见进场验收记录编号××。	合格
			作物生长监测		质量证明文件齐全、有效。见进场验收记录编号××。	合格
			土壤监测		质量证明文件齐全、有效。见进场验收记录编号××。	合格
			量水监测		质量证明文件齐全、有效。见进场验收记录编号××。	合格
	2	设备安装		控制台、机柜（架）安装位置应符合设计要求，安装应平稳牢固、便于操作维护。应对电源设备进行通电检查，设备应工作正常 （见附加说明）	控制台、机柜安装位置符合要求，平稳牢固、方便操作维护。对电源设备进行通电检查，设备工作正常。	合格
	3	线缆安装		所有线缆应根据设备安装位置电缆槽和进线孔，排列、捆扎整齐，有编号，并有永久性标志。架空或埋设位置、深度、回填土料等符合设计和有关规范要求 （见附加说明）	所有线缆排列、捆扎整齐，有编号，并有永久性标志。埋设位置、深度、回填土料等符合要求。见施工记录编号××。	合格
	4	摄像机安装		摄像机及其配套装置的安装位置应符合规范要求，其防雨、防尘、防潮的设施是否合格。摄像机及其配套装置安装应牢固稳定，运转应灵活	摄像机及配件安装符合要求，防雨、防尘、防潮设施合格。见施工记录编号××。	合格

____××高标准农田建设项目____工程

3.3.1.2-130　农业监测设备单元工程质量验收记录（续表）

编号：××

项次		检查项目	质量标准	施工单位检查记录	监理单位验收意见
主控项目	5	太阳能电池板及组件性能检验	符合设计和规范要求（见附加说明）	符合要求。见进场验收记录编号××。	合格
	6	传感器性能检验	符合设计和规范要求（见附加说明）	符合要求。见进场验收记录编号××。	合格
	7	设备系统调试	图像（片）清晰，采集发送及存储数据正常，调试参数符合有关规范要求	图像清晰，采集发送及存储数据正常。见调试报告编号××。	合格
一般项目	1	设备外观	表面无锈蚀、伤痕及裂痕，引出的电缆护套无损伤	表面无锈蚀、伤痕等现象，引出的电缆护套无损伤。	合格
	2	零部件安装	所有控制、显示、记录等终端设备的安装应平稳，便于操作。其中监视器（屏幕）应避免外来光直射，当不可避免时，应采取避光措施。在控制台、机柜（架）内安装的设备应有通风散热措施，内部接插件与设备连接应牢靠	终端设备部件安装符合要求。见施工记录编号××。	合格
施工单位检验结论		本单元工程主控项目质量全部符合要求，一般项目单项检验点合格率最小为 / %，且不合格点不集中分布，单元工程质量合格。 质量责任人（签字）：××× 现场管理机构（盖章）：筑业××工程有限公司 ××高标准农田建设项目经理部 2026年×月×日			
监理单位验收结论		本单元工程主控项目全部/~~部分~~符合要求，一般项目单项检验点合格率最小为 / %，且不合格点不集中/~~集中~~分布，单元工程质量合格/~~不合格~~，同意/~~不同意~~通过验收。 监理工程师（签字）：××× 现场监理机构（盖章）：××建设监理有限公司 ××高标准农田建设项目监理部 2026年×月×日			

3.3.1.2-130　农业监测设备单元工程质量验收记录

填表说明

一、依据标准

《内蒙古高标准农田建设工程单元工程施工质量验收评定表（试行版）》。

二、单元工程划分

宜以一套监测设备划分为一个单元工程。

三、标准规定

表 60.2　农业监测设备单元工程质量检验项目与标准

项次		检查项目	检验方法	检验数量
主控项目	1	设备及配件	观察、检查产品合格证、出厂检验报告，查看设计文件，查看开箱验收记录	全面检查
	2	设备安装	观察、查看设备说明书	
	3	线缆安装	观察、查看设备说明书	
	4	摄像机安装	查阅产品说明书及安装要求、观察	
	5	太阳能电池板及组件性能检验	观察、测试	
	6	传感器性能检验	观察、测试	
	7	设备系统调试	观察、按设备说明调试	
一般项目	1	设备外观	观察	全面检查
	2	零部件安装	观察、查看设备说明书	

××高标准农田建设项目　工程

3.3.1.2-131　公示牌单元工程质量验收记录

编号：××

<table>
<tr><td colspan="3">单项工程名称</td><td>其他工程</td><td>施工日期</td><td colspan="2">2026年×月×日—2026年×月×日</td></tr>
<tr><td colspan="3">单位工程名称</td><td>1#灌溉区其他工程</td><td>施工单位</td><td colspan="2">筑业××工程有限公司</td></tr>
<tr><td colspan="3">分部工程名称</td><td>3#村公示牌</td><td>单元工程量</td><td colspan="2">1座</td></tr>
<tr><td colspan="3">单元工程名称/部位</td><td>公示牌</td><td>验收依据</td><td colspan="2">《内蒙古高标准农田建设工程单元工程施工质量验收评定表（试行版）》</td></tr>
<tr><td colspan="2">项次</td><td>检查项目</td><td>质量标准</td><td colspan="2">施工单位检查记录</td><td>监理单位验收意见</td></tr>
<tr><td rowspan="8">主控项目</td><td>1</td><td>原材料及中间产品质量</td><td>规格、型号、性能指标符合设计要求（见附加说明）</td><td colspan="2">符合要求。见进场验收记录编号××。</td><td>合格</td></tr>
<tr><td>2</td><td>基坑开挖及基础处理</td><td>底部标高、开挖尺寸符合设计要求，无欠挖。基础处理符合设计要求（见附加说明）</td><td colspan="2">底部标高、开挖、基础处理符合要求，无欠挖。见施工记录编号××。</td><td>合格</td></tr>
<tr><td>3</td><td>混凝土浇筑</td><td>振捣密实，养护符合要求。无缺损掉角，无裂缝（见附加说明）</td><td colspan="2">混凝土振捣密实，浇筑后有专人洒水养护。无缺损掉角，无裂缝。</td><td>合格</td></tr>
<tr><td>4</td><td>砌筑</td><td>砌筑平整、密实、错缝、内外搭接等指标符合砌筑施工质量标准</td><td colspan="2">砌筑平整、密实。见施工记录编号××。</td><td>合格</td></tr>
<tr><td>5</td><td>饰面</td><td>表面平整、方正、洁净、色泽一致，无裂痕和缺损，饰面砖粘贴牢固，无空鼓、裂缝</td><td colspan="2">表面平整、洁净、色泽一致，无裂痕和缺损，饰面砖粘贴牢固，无空鼓、裂缝现象。</td><td>合格</td></tr>
<tr><td>6</td><td>烤结瓷砖</td><td>瓷砖表面光滑，文字内容清晰，内容齐全，无破损</td><td colspan="2">瓷砖表面光滑，文字清晰，内容齐全，无破损。</td><td>合格</td></tr>
<tr><td rowspan="2">7</td><td>结构尺寸　基础</td><td>不小于设计要求，允许偏差10mm（设计值：××）</td><td colspan="2">检查5点，合格5点。见施工记录编号××。</td><td>合格
100%</td></tr>
<tr><td>结构尺寸　牌身</td><td>不小于设计要求，允许偏差10mm（设计值：××）</td><td colspan="2">检查5点，合格5点。见施工记录编号××。</td><td>合格
100%</td></tr>
<tr><td rowspan="2">一般项目</td><td>1</td><td>公示牌内容</td><td>符合设计及相关要求（见附加说明）</td><td colspan="2">公示牌标识清晰、完整。见影像记录编号××。</td><td>合格</td></tr>
<tr><td>2</td><td>抹面</td><td>砂浆平整、光洁，无空鼓、裂缝、起砂现象。涂料色泽均匀，无掉粉、起皮、流坠现象</td><td colspan="2">砂浆平整、光洁，无空鼓、裂缝等现象。涂料色泽均匀，无掉粉、流坠等现象。</td><td>合格</td></tr>
<tr><td colspan="2">施工单位检验结论</td><td colspan="5">本单元工程主控项目质量全部符合要求，一般项目单项检验点合格率最小为 / %，且不合格点不集中分布，单元工程质量合格。
质量责任人（签字）：×××
现场管理机构（盖章）：筑业××工程有限公司 ××高标准农田建设项目经理部
2026年×月×日</td></tr>
<tr><td colspan="2">监理单位验收结论</td><td colspan="5">本单元工程主控项目全部/<del>部分</del>符合要求，一般项目单项检验点合格率最小为 / %，且不合格点不集中/<del>集中</del>分布，单元工程质量合格/<del>不合格</del>，同意/<del>不同意</del>通过验收。
监理工程师（签字）：×××
现场监理机构（盖章）：××建设监理有限公司 ××高标准农田建设项目监理部
2026年×月×日</td></tr>
</table>

3.3.1.2-131　公示牌单元工程质量验收记录

填表说明

一、依据标准

《内蒙古高标准农田建设工程单元工程施工质量验收评定表（试行版）》。

二、单元工程划分

宜以一座建筑物划分为一个单元工程。

三、标准规定

表 58.2　公示牌单元工程质量检验项目与标准

项次		检查项目	检验方法	检验数量
主控项目	1	原材料及中间产品质量	查阅出厂质量证明文件、复检报告、查看设计文件、施工记录，混凝土同条件养护试件试验报告	同厂家同型号规范且外观无明显缺陷复检1组。同配合比混凝土至少取一组
	2	基坑开挖及基础处理	量测	逐个
	3	混凝土浇筑	观察	全面检查
	4	砌筑	观察	全面检查
	5	饰面	观察	全面检查
	6	烤结瓷砖	观察	全面检查
	7	结构尺寸	量测	逐个全数检查
一般项目	1	公示牌内容	观察	全面检查
	2	抹面	观察、检查	全面检查

××高标准农田建设项目　　工程

3.3.1.2-132　界桩单元工程质量验收记录

编号：××

<table>
<tr><td colspan="3">单项工程名称</td><td>其他工程</td><td>施工日期</td><td colspan="2">2026年×月×日—2026年×月×日</td></tr>
<tr><td colspan="3">单位工程名称</td><td>3#灌溉区其他工程</td><td>施工单位</td><td colspan="2">筑业××工程有限公司</td></tr>
<tr><td colspan="3">分部工程名称</td><td>3#村界桩</td><td>单元工程量</td><td colspan="2">1座</td></tr>
<tr><td colspan="3">单元工程名称/部位</td><td>界桩</td><td>验收依据</td><td colspan="2">《内蒙古高标准农田建设工程单元工程施工质量验收评定表（试行版）》</td></tr>
<tr><td colspan="2">项次</td><td>检查项目</td><td>质量标准</td><td colspan="2">施工单位检查记录</td><td>监理单位验收意见</td></tr>
<tr><td rowspan="3">主控项目</td><td>1</td><td>界桩材质、尺寸、质量</td><td>材质符合设计要求，规格尺寸不小于设计值，外观无缺陷
（见附加说明）</td><td colspan="2">材质、规格符合要求，外观无缺陷。见施工记录编号××。</td><td>合格</td></tr>
<tr><td>2</td><td>埋设位置</td><td>符合设计要求
（见附加说明）</td><td colspan="2">符合要求。见施工记录编号××。</td><td>合格</td></tr>
<tr><td>3</td><td>埋设深度及垂直度</td><td>埋设应垂直于地面，深度符合设计要求
（设计值：××）</td><td colspan="2">埋设垂直于地面，深度为××m。见施工记录编号××。</td><td>合格</td></tr>
<tr><td rowspan="2">一般项目</td><td>1</td><td>标识</td><td>标识内容完整、清晰，无模糊、褪色现象</td><td colspan="2">标识内容完整、清晰，无模糊、褪色现象。见影像记录编号××。</td><td>合格</td></tr>
<tr><td>2</td><td>稳定性</td><td>牢固稳定，无松动、位移</td><td colspan="2">界桩牢固、稳定，无松动、位移等现象。</td><td>合格</td></tr>
<tr><td colspan="3">施工单位检验结论</td><td colspan="4">本单元工程主控项目质量全部符合要求，一般项目单项检验点合格率最小为 / %，且不合格点不集中分布，单元工程质量合格。

质量责任人（签字）：×××
现场管理机构（盖章）：筑业××工程有限公司 ××高标准农田建设项目经理部
2026年×月×日</td></tr>
<tr><td colspan="3">监理单位验收结论</td><td colspan="4">本单元工程主控项目全部/~~部分~~符合要求，一般项目单项检验点合格率最小为100%，且不合格点不集中/~~集中~~分布，单元工程质量合格/~~不合格~~，同意/~~不同意~~通过验收。

监理工程师（签字）：×××
现场监理机构（盖章）：××建设监理有限公司 ××高标准农田建设项目监理部
2026年×月×日</td></tr>
</table>

3.3.1.2-132 界桩单元工程质量验收记录

填表说明

一、依据标准

《内蒙古高标准农田建设工程单元工程施工质量验收评定表（试行版）》。

二、单元工程划分

宜以一座建筑物划分为一个单元工程。

三、标准规定

表 59.2 界桩单元工程质量检验项目与标准

项次		检查项目	检验方法	检验数量
主控项目	1	界桩材质、尺寸、质量	观察	全数检查
	2	埋设位置	观察、查看设计文件、施工记录	全数检查
	3	埋设深度及垂直度	量测	逐个全数检查
一般项目	1	标识	观察	全数检查
	2	稳定性	现场人工检查	全数检查

××高标准农田建设项目工程

3.3.1.2-133 信息化管理系统单元工程质量验收记录

编号：××

<table>
<tr><td colspan="3">单项工程名称</td><td>其他工程</td><td>施工日期</td><td colspan="2">2026年×月×日—2026年×月×日</td></tr>
<tr><td colspan="3">单位工程名称</td><td>田间检测工程</td><td>施工单位</td><td colspan="2">筑业××工程有限公司</td></tr>
<tr><td colspan="3">分部工程名称</td><td>信息化管理系统</td><td>单元工程量</td><td colspan="2">1套</td></tr>
<tr><td colspan="3">单元工程名称/部位</td><td>2#轮罐区地块</td><td>验收依据</td><td colspan="2">《内蒙古高标准农田建设工程单元工程施工质量验收评定表（试行版）》</td></tr>
<tr><td colspan="2">项次</td><td>检查项目</td><td>质量标准</td><td colspan="2">施工单位检查记录</td><td>监理单位验收意见</td></tr>
<tr><td rowspan="7">主控项目</td><td>1</td><td>设备及配件</td><td>出厂质量证明文件齐全，规格、质量符合设计、规范要求和有关规定
（见附加说明）</td><td colspan="2">质量证明文件齐全、有效。见进场验收记录编号××。</td><td>合格</td></tr>
<tr><td>2</td><td>线缆安装</td><td>所有线缆应根据设备安装位置电缆槽和进线孔，排列、捆扎整齐，有编号，并有永久性标志。架空或埋设位置、深度、回填土料等符合设计和有关规范要求
（见附加说明）</td><td colspan="2">所有线缆排列、捆扎整齐，有编号，有永久性标志。埋设位置、深度、回填土料等符合要求。见施工记录编号××。</td><td>合格</td></tr>
<tr><td>3</td><td>电源设备</td><td>应对有电源设备进行通电检查，设备应工作正常</td><td colspan="2">设备工作正常。试验记录编号××。</td><td>合格</td></tr>
<tr><td>4</td><td>传感器性能检验</td><td>符合设计和规范要求
（见附加说明）</td><td colspan="2">符合要求。见检验记录编号××。</td><td>合格</td></tr>
<tr><td>5</td><td>设备安装与调试</td><td>安装程序和方法满足设计和厂家说明书的规定，安装正确，连接完好，防护到位，图像（片）清晰，采集发送及存储数据正常，调试参数符合有关规范要求
（见附加说明）</td><td colspan="2">符合要求。见调试记录编号××。</td><td>合格</td></tr>
<tr><td>6</td><td>软件</td><td>功能点齐全，符合设计要求，程序的安全性、兼容性、文档的完整性等符合设计和有关规范要求
（见附加说明）</td><td colspan="2">运行正常。见测试记录编号××。</td><td>合格</td></tr>
<tr><td>7</td><td>工程信息管理</td><td>1.工程基础信息、运行信息、维修养护信息等管理功能齐全；
2.工程监控、视频监视、安全监测、水文等信息查询功能正常；
3.数据分析、统计等功能正常</td><td colspan="2">功能齐全，运行正常。见测试记录编号××。</td><td>合格</td></tr>
</table>

××高标准农田建设项目　工程

3.3.1.2-133　信息化管理系统单元工程质量验收记录（续表）

编号：××

项次		检查项目	质量标准	施工单位检查记录	监理单位验收意见
主控项目	8	显示屏体安装	1．物理拼接缝符合产品技术要求； 2．屏体水平度≤1mm； 3．屏体垂直度≤1mm； 4．屏面平面度≤1mm	检查6点，合格6点。见施工记录编号××。	合格 100%
	9	试运行	符合设计要求 （见附加说明）	运行正常。见测试记录编号××。	合格
一般项目	1	埋设部位、预留孔槽、导管及各种预埋件	符合设计要求 （见附加说明）	符合要求。见施工记录编号××。	合格
	2	安装前检查	仪器测试正常	仪器测试正常。见施工记录编号××。	合格
	3	计算机网络	网络运行正常，数据传输与交互迅速	网络正常，数据传输与交互迅速。见测试记录编号××。	合格
	4	数据接收、存储、交换	1.数据接收、存储正常； 2.数据访问正常； 3.数据交换正常	符合要求。见测试记录编号××。	合格
	5	显示界面	1．画面标题正确、清晰； 2．菜单层次明晰，操作方便； 3．画面美观，布局合理； 4．人机接口友好	符合要求。见测试记录编号××。	合格
施工单位检验结论		本单元工程主控项目质量全部符合要求，一般项目单项检验点合格率最小为 / %，且不合格点不集中分布，单元工程质量合格。 质量责任人（签字）：××× 现场管理机构（盖章）：筑业××工程有限公司 ××高标准农田建设项目经理部 2026年×月×日			
监理单位验收结论		本单元工程主控项目全部/~~部分~~符合要求，一般项目单项检验点合格率最小为 / %，且不合格点不集中/~~集中~~分布，单元工程质量合格/~~不合格~~，同意/~~不同意~~通过验收。 监理工程师（签字）：××× 现场监理机构（盖章）：××建设监理有限公司 ××高标准农田建设项目监理部 2026年×月×日			

3.3.1.2-133　信息化管理系统单元工程质量验收记录填表说明

一、依据标准

《内蒙古高标准农田建设工程单元工程施工质量验收评定表（试行版）》。

二、单元工程划分

宜以一套系统划分为一个单元工程。

三、标准规定

表 61.2　信息化管理系统单元工程质量检验项目与标准

项次		检查项目	检验方法	检验数量
主控项目	1	设备及配件	观察、检查产品合格证、出厂检验报告，查看设计文件，查看开箱验收记录	全面检查
	2	线缆安装	观察、查看设备说明书	
	3	电源设备	观察、检测	
	4	传感器性能检验	观察、测试	
	5	设备安装与调试	观察、测试	
	6	软件	观察、测试	
	7	工程信息管理	观察、测试	
	8	显示屏体安装	量测	
	9	试运行	查看试运行报告	
一般项目	1	埋设部位、预留孔槽、导管及各种预埋件	查阅设计要求、观察	全面检查
	2	安装前检查	观察、测试	
	3	计算机网络	观察、测试	
	4	数据接收、存储、交换	观察、测试	
	5	显示界面	观察	

4.9 农田地力提升工程质量验收表填写示例

<u>××高标准农田建设项目</u>工程

3.3.1.2-134 掺沙或掺黏单元工程质量验收记录

编号：××

<table>
<tr><td colspan="2">单项工程名称</td><td>农田地力提升工程</td><td>施工日期</td><td colspan="2">2026年×月×日—2026年×月×日</td></tr>
<tr><td colspan="2">单位工程名称</td><td>土壤改良工程</td><td>施工单位</td><td colspan="2">筑业××工程有限公司</td></tr>
<tr><td colspan="2">分部工程名称</td><td>土壤质地改良</td><td>单元工程量</td><td colspan="2">435亩</td></tr>
<tr><td colspan="2">单元工程名称/部位</td><td>1#地块土壤质地改良</td><td>验收依据</td><td colspan="2">辽宁省《高标准农田建设指南 第7部分：高标准农田工程施工质量评定规范》DB21/T 3722.7—2025</td></tr>
<tr><td colspan="2">项次</td><td>检查项目</td><td>质量标准</td><td>施工单位检查记录</td><td>监理单位验收意见</td></tr>
<tr><td rowspan="2">主控项目</td><td>1</td><td>掺沙、掺黏数量</td><td>符合设计及规范（见附加说明）</td><td>符合要求。见施工记录编号××。</td><td>合格</td></tr>
<tr><td>2</td><td>旋耕深度</td><td>±20mm</td><td>检查10点，实测值（mm）：15，6，7，11，−1，6，7，−11，13，5。</td><td>合格
100%</td></tr>
<tr><td>一般项目</td><td>1</td><td>掺料均匀度</td><td>混合均匀</td><td>掺料混合均匀。见施工记录编号××。</td><td>合格</td></tr>
<tr><td colspan="2">施工单位检验结论</td><td colspan="4">本单元工程主控项目质量全部符合要求，一般项目单项检验点合格率最小为<u> / </u>%，且不合格点不集中分布，单元工程质量合格。

质量责任人（签字）：×××
现场管理机构（盖章）：筑业××工程有限公司 ××高标准农田建设项目经理部
2026年×月×日</td></tr>
<tr><td colspan="2">监理单位验收结论</td><td colspan="4">本单元工程主控项目<u>全部</u>/~~部分~~符合要求，一般项目单项检验点合格率最小为<u> / </u>%，且不合格点<u>不集中</u>/~~集中~~分布，单元工程质量<u>合格</u>/~~不合格~~，<u>同意</u>/~~不同意~~通过验收。

监理工程师（签字）：×××
现场监理机构（盖章）：××建设监理有限公司 ××高标准农田建设项目监理部
2026年×月×日</td></tr>
</table>

3.3.1.2-134 掺沙或掺黏单元工程质量验收记录

填表说明

一、依据标准

辽宁省《高标准农田建设指南 第 7 部分：高标准农田工程施工质量评定规范》DB21/T 3722.7—2025。

二、单元工程划分

宜按每个耕作田块划分为一个单元工程。

三、标准规定

表 66 掺沙或掺黏单元工程质量核验项目与要求

项次		检查项目	检验方法	检验数量
主控项目	1	掺沙、掺黏数量	按亩计算	每个地块查验一次
	2	旋耕深度	量测	每个地块查验一次
一般项目	1	掺料均匀度	观察	每个地块查验一次

××高标准农田建设项目______工程

3.3.1.2-135 施用石灰质物质、酸化土壤调理剂单元工程质量验收记录

编号：××

<table>
<tr><td colspan="3">单项工程名称</td><td colspan="1">农田地力提升工程</td><td>施工日期</td><td colspan="2">2026年×月×日—2026年×月×日</td></tr>
<tr><td colspan="3">单位工程名称</td><td>土壤改良工程</td><td>施工单位</td><td colspan="2">筑业××工程有限公司</td></tr>
<tr><td colspan="3">分部工程名称</td><td>酸化土壤改良</td><td>单元工程量</td><td colspan="2">234亩</td></tr>
<tr><td colspan="3">单元工程名称/部位</td><td>6#地块酸化土壤改良</td><td>验收依据</td><td colspan="2">辽宁省《高标准农田建设指南 第7部分：高标准农田工程施工质量评定规范》DB21/T 3722.7—2025</td></tr>
<tr><td colspan="2">项次</td><td>检查项目</td><td>质量标准</td><td colspan="2">施工单位检查记录</td><td>监理单位验收意见</td></tr>
<tr><td rowspan="4">主控项目</td><td>1</td><td>调理剂指标</td><td>调理剂符合企业标准</td><td colspan="2">符合要求。见检测报告编号××。</td><td>合格</td></tr>
<tr><td>2</td><td>石灰质物质掺量</td><td>符合设计要求
（见附加说明）</td><td colspan="2">符合要求。见检测报告编号××。</td><td>合格</td></tr>
<tr><td>3</td><td>土壤调理剂用量</td><td>符合设计要求
（设计值：××）</td><td colspan="2">符合要求。见检测报告编号××。</td><td>合格</td></tr>
<tr><td>4</td><td>pH</td><td>符合设计要求
（设计值：××）</td><td colspan="2">pH值为××。见检测报告编号××。</td><td>合格</td></tr>
<tr><td rowspan="2">一般项目</td><td>1</td><td>均匀度</td><td>均匀无堆积现象</td><td colspan="2">均匀，无堆积现象。</td><td>合格</td></tr>
<tr><td>2</td><td>实施面积</td><td>符合设计要求
（设计值：××）</td><td colspan="2">符合要求。见施工记录编号××。</td><td>合格</td></tr>
<tr><td colspan="3">施工单位检验结论</td><td colspan="4">本单元工程主控项目质量全部符合要求，一般项目单项检验点合格率最小为 / %，且不合格点不集中分布，单元工程质量合格。

质量责任人（签字）：×××
现场管理机构（盖章）：筑业××工程有限公司 ××高标准农田建设项目经理部
2026年×月×日</td></tr>
<tr><td colspan="3">监理单位验收结论</td><td colspan="4">本单元工程主控项目全部/~~部分~~符合要求，一般项目单项检验点合格率最小为 / %，且不合格点不集中/~~集中~~分布，单元工程质量合格/~~不合格~~，同意/~~不同意~~通过验收。

监理工程师（签字）：×××
现场监理机构（盖章）：××建设监理有限公司 ××高标准农田建设项目监理部
2026年×月×日</td></tr>
</table>

3.3.1.2-135　施用石灰质物质、酸化土壤调理剂单元工程质量验收记录

填表说明

一、依据标准

辽宁省《高标准农田建设指南 第 7 部分：高标准农田工程施工质量评定规范》DB21/T 3722.7—2025。

二、单元工程划分

宜按每个耕作田块划分为一个单元工程。

三、标准规定

表 68　施用石灰质物质、酸化土壤调理剂单元工程质量核验项目与要求

项次		检查项目	检验方法	检验数量
主控项目	1	调理剂指标	查验报告等证明文件	按厂家每批次查验一次
	2	石灰质物质掺量	按亩均计算	每个地块查验一次
	3	土壤调理剂用量	按亩均计算	每个地块查验一次
	4	pH	检测报告	每个地块查验一次
一般项目	1	均匀度	观察	每个地块查验一次
	2	实施面积	量测	全数检查

××高标准农田建设项目　工程

3.3.1.2-136　施用盐碱土壤调理剂单元工程质量验收记录

编号：××

<table>
<tr><td colspan="3">单项工程名称</td><td>农田地力提升工程</td><td>施工日期</td><td colspan="2">2026年×月×日—2026年×月×日</td></tr>
<tr><td colspan="3">单位工程名称</td><td>土壤改良工程</td><td>施工单位</td><td colspan="2">筑业××工程有限公司</td></tr>
<tr><td colspan="3">分部工程名称</td><td>盐碱土壤改良</td><td>单元工程量</td><td colspan="2">264亩</td></tr>
<tr><td colspan="3">单元工程名称/部位</td><td>6#地块盐碱土壤改良</td><td>验收依据</td><td colspan="2">辽宁省《高标准农田建设指南 第7部分：高标准农田工程施工质量评定规范》DB21/T 3722.7—2025</td></tr>
<tr><td colspan="2">项次</td><td>检查项目</td><td>质量标准</td><td colspan="2">施工单位检查记录</td><td>监理单位验收意见</td></tr>
<tr><td rowspan="3">主控项目</td><td>1</td><td>土壤调理剂用量</td><td>符合设计要求
（见附加说明）</td><td colspan="2">符合要求。见检测报告编号××。</td><td>合格</td></tr>
<tr><td>2</td><td>土壤盐分含量</td><td>符合设计要求
（设计值：××）</td><td colspan="2">符合要求。见检测报告编号××。</td><td>合格</td></tr>
<tr><td>3</td><td>pH</td><td>6.5～8.5</td><td colspan="2">检查5点，实测值：6.6，7.1，7.6，6.8，8.1。</td><td>合格
100%</td></tr>
<tr><td rowspan="3">一般项目</td><td>1</td><td>均匀度</td><td>均匀无堆积现象</td><td colspan="2">均匀，无堆积现象。</td><td>合格</td></tr>
<tr><td>2</td><td>实施面积</td><td>符合设计要求
（设计值：××）</td><td colspan="2">符合要求。见施工记录编号××。</td><td>合格</td></tr>
<tr><td>3</td><td>电导率</td><td>符合设计要求</td><td colspan="2">/</td><td>/</td></tr>
<tr><td colspan="3">施工单位检验结论</td><td colspan="4">本单元工程主控项目质量全部符合要求，一般项目单项检验点合格率最小为 / %，且不合格点不集中分布，单元工程质量合格。

筑业××工程有限公司
质量责任人（签字）：×××
现场管理机构（盖章）：××高标准农田建设项目经理部
2026年×月×日</td></tr>
<tr><td colspan="3">监理单位验收结论</td><td colspan="4">本单元工程主控项目全部/~~部分~~符合要求，一般项目单项检验点合格率最小为 / %，且不合格点不集中/~~集中~~分布，单元工程质量合格/~~不合格~~，同意/~~不同意~~通过验收。

××建设监理有限公司
监理工程师（签字）：×××
现场监理机构（盖章）：××高标准农田建设项目监理部
2026年×月×日</td></tr>
</table>

3.3.1.2-136 施用盐碱土壤调理剂单元工程质量验收记录填表说明

一、依据标准

辽宁省《高标准农田建设指南 第 7 部分：高标准农田工程施工质量评定规范》DB21/T 3722.7—2025。

二、单元工程划分

宜按每个耕作田块划分为一个单元工程。

三、标准规定

表 69 施用盐碱土壤调理剂单元工程质量核验项目与要求

项次		检查项目	检验方法	检验数量
主控项目	1	土壤调理剂用量	按亩均计算	每个地块查验一次
	2	土壤盐分含量	检测报告	每个地块查验一次
	3	pH	检测报告	每个地块查验一次
一般项目	1	均匀度	观察	每个地块查验一次
	2	实施面积	量测	全数检查
	3	电导率	检测报告	每个地块查验一次

××高标准农田建设项目工程

3.3.1.2-137　保护性耕作单元工程质量验收记录

编号：××

<table>
<tr><td colspan="3">单项工程名称</td><td>农田地力提升工程</td><td>施工日期</td><td colspan="2">2026年×月×日—2026年×月×日</td></tr>
<tr><td colspan="3">单位工程名称</td><td>土壤培肥工程</td><td>施工单位</td><td colspan="2">筑业××工程有限公司</td></tr>
<tr><td colspan="3">分部工程名称</td><td>保护性耕作</td><td>单元工程量</td><td colspan="2">315亩</td></tr>
<tr><td colspan="3">单元工程名称/部位</td><td>13#地块保护性耕作</td><td>验收依据</td><td colspan="2">辽宁省《高标准农田建设指南 第7部分：高标准农田工程施工质量评定规范》DB21/T 3722.7—2025</td></tr>
<tr><td colspan="2">项次</td><td>检查项目</td><td>质量标准</td><td colspan="2">施工单位检查记录</td><td>监理单位验收意见</td></tr>
<tr><td rowspan="2">主控项目</td><td>1</td><td>粉碎长度合格率</td><td>>85%</td><td colspan="2">合格率为95%。见影像记录编号××。</td><td>合格</td></tr>
<tr><td>2</td><td>抛洒不均匀率</td><td><20%</td><td colspan="2">不均匀率为3%。见影像记录编号××。</td><td>合格</td></tr>
<tr><td rowspan="3">一般项目</td><td>1</td><td>秸秆粉碎长度</td><td>≤100</td><td colspan="2">检查5点，实测值（mm）：68，75，23，98，81。</td><td>合格
100%</td></tr>
<tr><td>2</td><td>割茬高度</td><td>≤80或符合设计要求
（设计值：××）</td><td colspan="2">割茬高度为××cm，符合要求。</td><td>合格</td></tr>
<tr><td>3</td><td>实施面积</td><td>符合设计要求
（设计值：××）</td><td colspan="2">符合要求。见施工记录编号××。</td><td>合格</td></tr>
<tr><td colspan="3">施工单位检验结论</td><td colspan="4">本单元工程主控项目质量全部符合要求，一般项目单项检验点合格率最小为100%，且不合格点不集中分布，单元工程质量合格。

筑业××工程有限公司
质量责任人（签字）：×××
现场管理机构（盖章）：××高标准农田建设项目经理部
2026年×月×日</td></tr>
<tr><td colspan="3">监理单位验收结论</td><td colspan="4">本单元工程主控项目全部/~~部分~~符合要求，一般项目单项检验点合格率最小为100%，且不合格点不集中/~~集中~~分布，单元工程质量合格/~~不合格~~，同意/~~不同意~~通过验收。

××建设监理有限公司
监理工程师（签字）：×××
现场监理机构（盖章）：××高标准农田建设项目监理部
2026年×月×日</td></tr>
</table>

3.3.1.2-137　保护性耕作单元工程质量验收记录填表说明

一、依据标准

辽宁省《高标准农田建设指南 第 7 部分：高标准农田工程施工质量评定规范》DB21/T 3722.7—2025。

二、单元工程划分

宜按每个耕作田块划分为一个单元工程。

三、标准规定

表 72　保护性耕作单元工程质量核验项目与要求

项次		检查项目	检验方法	检验数量
主控项目	1	粉碎长度合格率	量测	每个地块查验一次
	2	抛洒不均匀率	量测	每个地块查验一次
一般项目	1	秸秆粉碎长度	量测	全数检查
	2	割茬高度	量测	每个地块查验一次
	3	实施面积	量测	全数检查

××高标准农田建设项目 工程

3.3.1.2-138 秸秆还田单元工程质量验收记录

编号：××

<table>
<tr><td colspan="3">单项工程名称</td><td>农田地力提升工程</td><td>施工日期</td><td colspan="2">2026年×月×日—2026年×月×日</td></tr>
<tr><td colspan="3">单位工程名称</td><td>土壤培肥工程</td><td>施工单位</td><td colspan="2">筑业××工程有限公司</td></tr>
<tr><td colspan="3">分部工程名称</td><td>秸秆还田</td><td>单元工程量</td><td colspan="2">302亩</td></tr>
<tr><td colspan="3">单元工程名称/部位</td><td>11#地块秸秆还田</td><td>验收依据</td><td colspan="2">《内蒙古高标准农田建设工程单元工程施工质量验收评定表（试行版）》</td></tr>
<tr><td colspan="2">项次</td><td>检查项目</td><td>质量标准</td><td colspan="2">施工单位检查记录</td><td>监理单位验收意见</td></tr>
<tr><td rowspan="5">主控项目</td><td rowspan="3">1</td><td rowspan="3">秸秆粉碎长度</td><td>≤10cm（玉米秸秆）</td><td colspan="2">检查5点，实测值（cm）：4，6，7，5，2。</td><td>合格
100%</td></tr>
<tr><td>≤15cm（麦类、水稻类）</td><td colspan="2">/</td><td>/</td></tr>
<tr><td>≤20cm（棉花秸秆）</td><td colspan="2">/</td><td>/</td></tr>
<tr><td>2</td><td>抛洒</td><td>抛洒均匀</td><td colspan="2">抛洒均匀。</td><td>合格</td></tr>
<tr><td>3</td><td>耕作深度</td><td>不小于设计要求
（设计值：××）</td><td colspan="2">符合要求。见施工记录编号××。</td><td>合格</td></tr>
<tr><td rowspan="4">一般项目</td><td>1</td><td>漏切</td><td>无明显漏切</td><td colspan="2">无明显漏切现象。</td><td>合格</td></tr>
<tr><td>2</td><td>秸秆覆盖率</td><td>目测均匀无堆积，无漏洒</td><td colspan="2">覆盖均匀，无堆积，无漏洒。</td><td>合格</td></tr>
<tr><td>3</td><td>实施面积</td><td>符合设计要求
（设计值：××）</td><td colspan="2">符合要求。见施工记录编号××。</td><td>合格</td></tr>
<tr><td>4</td><td>灭茬深度</td><td>≥8cm（根茬粉碎），无明显残茬</td><td colspan="2">检查10处，无明显残茬。见施工记录编号××。</td><td>合格
100%</td></tr>
<tr><td colspan="3">施工单位检验结论</td><td colspan="4">本单元工程主控项目质量全部符合要求，一般项目单项检验点合格率最小为100%，且不合格点不集中分布，单元工程质量合格。

质量责任人（签字）：××
现场管理机构（盖章）：筑业××工程有限公司 ××高标准农田建设项目经理部
2026年×月×日</td></tr>
<tr><td colspan="3">监理单位验收结论</td><td colspan="4">本单元工程主控项目全部/~~部分~~符合要求，一般项目单项检验点合格率最小为100%，且不合格点不集中/~~集中~~分布，单元工程质量合格/~~不合格~~，同意/~~不同意~~通过验收。

监理工程师（签字）：××
现场监理机构（盖章）：××建设监理有限公司 ××高标准农田建设项目监理部
2026年×月×日</td></tr>
</table>

3.3.1.2-138　秸秆还田单元工程质量验收记录
填表说明

一、依据标准

《内蒙古高标准农田建设工程单元工程施工质量验收评定表（试行版）》。

二、单元工程划分

宜按每个耕作田块划分为一个单元工程。

三、标准规定

表 55.2　秸秆还田单元工程质量检验项目与标准

项次		检查项目	检验方法	检验数量
主控项目	1	秸秆粉碎长度	量测	全数检查，梯田每台地量测不少于3次，条田每耕作单元量测不少于3次
	2	抛洒	观察	全面检查
	3	耕作深度	量测	全数检查，梯田每台地量测不少于3次，条田每耕作单元量测不少于3次
一般项目	1	漏切	观察	全面检查
	2	秸秆覆盖率	观察	全面检查
	3	实施面积	测量	全数检查，每单元测量一次
	4	灭茬深度	量测	全数检查，梯田每台地量测不少于3次，条田每耕作单元量测不少于3次

××高标准农田建设项目工程

3.3.1.2-139　深耕单元工程质量验收记录

编号：××

<table>
<tr><td colspan="3">单项工程名称</td><td>农田地力提升工程</td><td>施工日期</td><td colspan="2">2026年×月×日—2026年×月×日</td></tr>
<tr><td colspan="3">单位工程名称</td><td>障碍土层消除工程</td><td>施工单位</td><td colspan="2">筑业××工程有限公司</td></tr>
<tr><td colspan="3">分部工程名称</td><td>深耕</td><td>单元工程量</td><td colspan="2">315亩</td></tr>
<tr><td colspan="3">单元工程名称/部位</td><td>6#地块土壤深耕</td><td>验收依据</td><td colspan="2">《内蒙古高标准农田建设工程单元工程施工质量验收评定表（试行版）》</td></tr>
<tr><td colspan="2">项次</td><td>检查项目</td><td>质量标准</td><td colspan="2">施工单位检查记录</td><td>监理单位验收意见</td></tr>
<tr><td rowspan="5">主控项目</td><td>1</td><td>深耕深松深度</td><td>深度不小于设计值
（设计值：××）</td><td colspan="2">符合要求。见施工记录编号××。</td><td>合格</td></tr>
<tr><td>2</td><td>深耕均匀性</td><td>耕作均匀，无漏耕、重耕区域，无秸秆和土壤堆积，底层土壤翻至表层，无明显未翻动区域，土块细碎均匀，无明显大块板结</td><td colspan="2">耕作均匀，无漏耕、重耕区域，无秸秆和土壤堆积，底层土壤翻至表层，无明显未翻动区域，土块细碎均匀，无明显大块板结。</td><td>合格</td></tr>
<tr><td>3</td><td>田面坡度</td><td>允许偏差：±1%
（设计值：××）</td><td colspan="2">检查5点，合格5点。见测量记录编号××。</td><td>合格
100%</td></tr>
<tr><td>4</td><td>耕作层</td><td>不小于设计值
（设计值：××）</td><td colspan="2">符合要求。见施工记录编号××。</td><td>合格</td></tr>
<tr><td>5</td><td>有效土层厚度</td><td>不小于设计值
（设计值：××）</td><td colspan="2">符合要求。见施工记录编号××。</td><td>合格</td></tr>
<tr><td rowspan="2">一般项目</td><td>1</td><td>实施面积</td><td>符合设计要求
（设计值：××）</td><td colspan="2">符合要求。见施工记录编号××。</td><td>合格</td></tr>
<tr><td>2</td><td>田面平整度</td><td>允许偏差：5cm</td><td colspan="2">检查5点，实测偏差值（cm）：3，2，1，2，1。</td><td>合格
100%</td></tr>
<tr><td colspan="3">施工单位检验结论</td><td colspan="4">本单元工程主控项目质量全部符合要求，一般项目单项检验点合格率最小为100%，且不合格点不集中分布，单元工程质量合格。
筑业××工程有限公司
质量责任人（签字）：×××
现场管理机构（盖章）：××高标准农田建设项目经理部
2026年×月×日</td></tr>
<tr><td colspan="3">监理单位验收结论</td><td colspan="4">本单元工程主控项目全部/<s>部分</s>符合要求，一般项目单项检验点合格率最小为100%，且不合格点不集中/<s>集中</s>分布，单元工程质量合格/<s>不合格</s>，同意/<s>不同意</s>通过验收。
××建设监理有限公司
监理工程师（签字）：×××
现场监理机构（盖章）：××高标准农田建设项目监理部
2026年×月×日</td></tr>
</table>

3.3.1.2-139 深耕单元工程质量验收记录

填表说明

一、依据标准

《内蒙古高标准农田建设工程单元工程施工质量验收评定表（试行版）》。

二、单元工程划分

宜按每个耕作田块划分为一个单元工程。

三、标准规定

表 54.2 深耕单元工程质量检验项目与标准

项次		检查项目	检验方法	检验数量
主控项目	1	深耕深松深度	量测	全数检查，梯田每台地不少于3次，条田每耕作单元不少于3次
	2	深耕均匀性	观察	全面检查
	3	田面坡度	量测	全数检查，梯田每台地不少于3次，条田每耕作单元不少于3次
	4	耕作层	量测	全数检查，梯田每台地不少于3次，条田每耕作单元不少于3次
	5	有效土层厚度	量测	全数检查，梯田每台地不少于3次，条田每耕作单元不少于3次
一般项目	1	实施面积	量测	全数检查，每个单元测量一次
	2	田面平整度	量测	全数检查，梯田每台地不少于3次，条田每耕作单元不少于3次

××高标准农田建设项目 工程

3.3.1.2-140　深松单元工程质量验收记录

编号：××

<table>
<tr><td colspan="3">单项工程名称</td><td>农田地力提升工程</td><td>施工日期</td><td colspan="2">2026年×月×日—2026年×月×日</td></tr>
<tr><td colspan="3">单位工程名称</td><td>障碍土层消除工程</td><td>施工单位</td><td colspan="2">筑业××工程有限公司</td></tr>
<tr><td colspan="3">分部工程名称</td><td>深松</td><td>单元工程量</td><td colspan="2">226亩</td></tr>
<tr><td colspan="3">单元工程名称/部位</td><td>6#地块土壤深松</td><td>验收依据</td><td colspan="2">内蒙古《高标准农田施工质量评定规程》DB15/T 3585—2024</td></tr>
<tr><td colspan="2">项次</td><td>检查项目</td><td>质量标准</td><td colspan="2">施工单位检查记录</td><td>监理单位验收意见</td></tr>
<tr><td rowspan="2">主控项目</td><td>1</td><td>深松</td><td>深松深度符合设计要求，≥30cm（设计值：××）</td><td colspan="2">深松平均深度为35cm，符合要求。</td><td>合格</td></tr>
<tr><td>2</td><td>旋耕</td><td>翻耕深度符合设计要求，≥20cm（设计值：××）</td><td colspan="2">翻耕平均深度为30cm，符合要求。</td><td>合格</td></tr>
<tr><td rowspan="2">一般项目</td><td>1</td><td>大块径土料（>10cm）含量</td><td>≤10%</td><td colspan="2">平均含量为6%，符合要求。</td><td>合格</td></tr>
<tr><td>2</td><td>翻耕复犁的幅度</td><td>≥90%</td><td colspan="2">翻耕复犁幅度为93%，符合要求。</td><td>合格</td></tr>
<tr><td colspan="3">施工单位检验结论</td><td colspan="4">本单元工程主控项目质量全部符合要求，一般项目单项检验点合格率最小为 / %，且不合格点不集中分布，单元工程质量合格。

质量责任人（签字）：×××
现场管理机构（盖章）：筑业××工程有限公司 ××高标准农田建设项目经理部
2026年×月×日</td></tr>
<tr><td colspan="3">监理单位验收结论</td><td colspan="4">本单元工程主控项目全部/~~部分~~符合要求，一般项目单项检验点合格率最小为 / %，且不合格点不集中/~~集中~~分布，单元工程质量合格/~~不合格~~，同意/~~不同意~~通过验收。

监理工程师（签字）：×××
现场监理机构（盖章）：××建设监理有限公司 ××高标准农田建设项目监理部
2026年×月×日</td></tr>
</table>

×× 高标准农田建设项目 工程

3.3.1.2-141 土壤清石单元工程质量验收记录

编号：××

<table>
<tr><td>单项工程名称</td><td colspan="2">农田地力提升工程</td><td>施工日期</td><td>2026年×月×日—2026年×月×日</td></tr>
<tr><td>单位工程名称</td><td colspan="2">障碍土层消除工程</td><td>施工单位</td><td>筑业××工程有限公司</td></tr>
<tr><td>分部工程名称</td><td colspan="2">土壤清石</td><td>单元工程量</td><td>196亩</td></tr>
<tr><td>单元工程名称/部位</td><td colspan="2">5#地块土壤清石</td><td>验收依据</td><td>辽宁省《高标准农田建设指南 第7部分：高标准农田工程施工质量评定规范》DB21/T 3722.7—2025</td></tr>
<tr><td colspan="2">项次</td><td>检查项目</td><td>质量标准</td><td>施工单位检查记录</td><td>监理单位验收意见</td></tr>
<tr><td rowspan="2">主控项目</td><td>1</td><td>设计粒径以上含石率</td><td>小于5%
（设计值：××）</td><td>粒径含石率为2.5%，见检测报告编号××。</td><td>合格</td></tr>
<tr><td>2</td><td>清石深度</td><td>不小于设计深度
（设计值：××）</td><td>符合要求。见施工记录编号××。</td><td>合格</td></tr>
<tr><td rowspan="2">一般项目</td><td>1</td><td>清石面积</td><td>符合设计要求
（设计值：××）</td><td>符合要求。见施工记录编号××。</td><td>合格</td></tr>
<tr><td>2</td><td>石料外运</td><td>运输至指定地点</td><td>清运石料装置渣土车，并运输至指定地点。见影像记录编号××。</td><td>合格</td></tr>
<tr><td colspan="2">施工单位检验结论</td><td colspan="4">本单元工程主控项目质量全部符合要求，一般项目单项检验点合格率最小为 / %，且不合格点不集中分布，单元工程质量合格。

质量责任人（签字）：×××
现场管理机构（盖章）：筑业××工程有限公司 ××高标准农田建设项目经理部
2026年×月×日</td></tr>
<tr><td colspan="2">监理单位验收结论</td><td colspan="4">本单元工程主控项目全部/~~部分~~符合要求，一般项目单项检验点合格率最小为 / %，且不合格点不集中/~~集中~~分布，单元工程质量合格/~~不合格~~，同意/~~不同意~~通过验收。

监理工程师（签字）：×××
现场监理机构（盖章）：××建设监理有限公司 ××高标准农田建设项目监理部
2026年×月×日</td></tr>
</table>

3.3.1.2-141　土壤清石单元工程质量验收记录

填表说明

一、依据标准

辽宁省《高标准农田建设指南 第 7 部分：高标准农田工程施工质量评定规范》DB21/T 3722.7—2025。

二、单元工程划分

宜按每个耕作田块划分为一个单元工程。

三、标准规定

表 71　土壤清石单元工程质量核验项目与要求

项次		检查项目	检验方法	检验数量
主控项目	1	设计粒径以上含石率	筛分检测	每个地块查验一次
	2	清石深度	量测	每个地块查验一次
一般项目	1	清石面积	量测	全数检查
	2	石料外运	观察	全数检查

××高标准农田建设项目工程

3.3.1.2-142　土地培肥单元工程质量验收记录

编号：××

<table>
<tr><td colspan="3">单项工程名称</td><td>农田地力提升工程</td><td>施工日期</td><td colspan="2">2026年×月×日—2026年×月×日</td></tr>
<tr><td colspan="3">单位工程名称</td><td>土壤培肥工程</td><td>施工单位</td><td colspan="2">筑业××工程有限公司</td></tr>
<tr><td colspan="3">分部工程名称</td><td>有机肥培肥</td><td>单元工程量</td><td colspan="2">276亩</td></tr>
<tr><td colspan="3">单元工程名称/部位</td><td>16#地块施洒有机肥</td><td>验收依据</td><td colspan="2">上海市《土地整治项目工程质量验收标准》DG/TJ 08-2317-2020</td></tr>
<tr><td colspan="2">项次</td><td>检查项目</td><td colspan="2">质量标准</td><td>施工单位检查记录</td><td>监理单位验收意见</td></tr>
<tr><td rowspan="2">主控项目</td><td>1</td><td>肥料数量和种类</td><td colspan="2">肥料数量和种类应满足设计要求（设计值：××）</td><td>符合要求。见进场验收记录编号××。</td><td>合格</td></tr>
<tr><td>2</td><td>肥料播撒范围和播撒方式</td><td colspan="2">肥料播撒范围和播撒方式应符合相关规范的要求</td><td>符合要求。见施工记录编号××。</td><td>合格</td></tr>
<tr><td rowspan="5">一般项目</td><td>1</td><td>含盐量</td><td colspan="2">平均≤1.5g/kg，最高≤3.0g/kg</td><td>检查10点，合格9点。见检测报告编号××。</td><td>合格
90.0%</td></tr>
<tr><td>2</td><td>有机质</td><td colspan="2">≥10g/kg</td><td>检查10点，合格10点。见检测报告编号××。</td><td>合格
100%</td></tr>
<tr><td>3</td><td>速效钾</td><td colspan="2">≥50mg/kg</td><td>检查10点，合格9点。见检测报告编号××。</td><td>合格
90.0%</td></tr>
<tr><td>4</td><td>速效磷</td><td colspan="2">4mg/kg</td><td>检查10点，合格10点。见检测报告编号××。</td><td>合格
100%</td></tr>
<tr><td>5</td><td>pH</td><td colspan="2">5.5～8.5</td><td>检查10点，合格10点。见检测报告编号××。</td><td>合格
100%</td></tr>
<tr><td colspan="3">施工单位检验结论</td><td colspan="4">本单元工程主控项目质量全部符合要求，一般项目单项检验点合格率最小为90.0%，且不合格点不集中分布，单元工程质量合格。
质量责任人（签字）：×××
现场管理机构（盖章）：筑业××工程有限公司 ××高标准农田建设项目经理部
2026年×月×日</td></tr>
<tr><td colspan="3">监理单位验收结论</td><td colspan="4">本单元工程主控项目全部/~~部分~~符合要求，一般项目单项检验点合格率最小为90.0%，且不合格点不集中/~~集中~~分布，单元工程质量合格/~~不合格~~，同意/~~不同意~~通过验收。
监理工程师（签字）：×××
现场监理机构（盖章）：××建设监理有限公司 ××高标准农田建设项目监理部
2026年×月×日</td></tr>
</table>

3.3.1.2-142　土地培肥单元工程质量验收记录

填表说明

一、依据标准

上海市《土地整治项目工程质量验收标准》DG/TJ 08—2317—2020。

二、单元工程划分

宜按每个耕作田块划分为一个单元工程。

三、标准规定

5.3.4　土地培肥

1　肥料数量和种类应满足设计要求。

2　肥料播撒范围和播撒方式应符合相关规范的要求。

3　耕作层土壤肥力指标应符合表 5.3.4 的规定，并符合设计要求。

表 5.3.4　耕作层土壤肥力检测项目

项次	检测项目	检测点位设置和采样数量要求	检测方法
1	含盐量	按200m×200m网格布点。每个网格按照梅花形状采集不少于5个点的0～20cm深的表层样品，并混合成1个组合样品。对于含盐量，应至少有3个垂直剖面采样位置，每个剖面采集3个～5个样品（包括表层样），采样深度应达到浅层地下水水位	质量法
2	有机质		重铬酸盐容量法
3	速效钾		乙酸铵浸提-火焰原子吸收分光光度法
4	速效磷		轻质酸性土用$HC1+H_2SO_4$浸提，风化程度中等的酸性土用NH_4F+HC1浸提，石灰性土用$NaHCO_3$浸提-分光光度法
5	pH		玻璃电极法

注：设计对表5.3.4检测项目有要求时，按设计要求执行。设计无明确要求的，宜应按表5.3.4执行。

××高标准农田建设项目______工程

3.3.1.2-143 施有机肥料单元工程质量验收记录

编号：××

单项工程名称	农田地力提升工程	施工日期	2026年×月×日—2026年×月×日
单位工程名称	土壤培肥工程	施工单位	筑业××工程有限公司
分部工程名称	有机肥培肥	单元工程量	373亩
单元工程名称/部位	11#地块施洒有机肥	验收依据	辽宁省《高标准农田建设指南 第7部分：高标准农田工程施工质量评定规范》DB21/T 3722.7—2025

项次		检查项目	质量标准	施工单位检查记录	监理单位验收意见
主控项目	1	有机类肥料品种	有机类肥料合格证明及相关检测报告齐全	××有机料质量证明文件齐全、有效。见进场验收记录编号××。	合格
	2	有机类肥料品质	符合《有机肥料》NY 525、《生物有机肥》NY 884、《有机无机复混肥料》GB/T 18877、《畜禽粪便堆肥技术规范》NY/T 3444等相关要求	符合要求。见检测报告编号××。	合格
	3	菌种数指标	符合《生物有机肥》NY 884相关规定，蛔虫卵死亡率≥95%，粪大肠菌群数≤100个/g	符合要求。见检测报告编号××。	合格
	4	施用数量	符合设计要求 （设计要求：××）	符合要求。见施工记录编号××。	合格
一般项目	1	均匀度	颗粒大小均匀	颗粒大小均匀。	合格
	2	增施畜禽粪便堆沤肥均匀度	均匀无堆积现象	均匀，无堆积现象。	合格
	3	还田方式	人工配合机械	采用人工配合机械方式。见施工记录编号××。	合格
施工单位检验结论		本单元工程主控项目质量全部符合要求，一般项目单项检验点合格率最小为 / %，且不合格点不集中分布，单元工程质量合格。 质量责任人（签字）：××× 现场管理机构（盖章）：筑业××工程有限公司 ××高标准农田建设项目经理部 2026年×月×日			
监理单位验收结论		本单元工程主控项目全部/~~部分~~符合要求，一般项目单项检验点合格率最小为 / %，且不合格点不集中/~~集中~~分布，单元工程质量合格/~~不合格~~，同意/~~不同意~~通过验收。 监理工程师（签字）：××× 现场监理机构（盖章）：××建设监理有限公司 ××高标准农田建设项目监理部 2026年×月×日			

3.3.1.2-143　施有机肥料单元工程质量验收记录

填表说明

一、依据标准

辽宁省《高标准农田建设指南 第 7 部分：高标准农田工程施工质量评定规范》DB21/T 3722.7—2025。

二、单元工程划分

宜按每个耕作田块划分为一个单元工程。

三、标准规定

表 67　施有机肥料单元工程质量核验项目与要求

项次		检查项目	检验方法	检验数量
主控项目	1	有机类肥料品种	查验报告等证明文件	按厂家每批次查验一次
	2	有机类肥料品质	查验报告等证明文件	按厂家每批次查验一次
	3	菌种数指标	检验检测报告	按厂家每批次查验一次
	4	施用数量	按亩均计算	每个地块验算一次
一般项目	1	均匀度	观察	按厂家每批次检验一次
	2	增施畜禽粪便堆沤肥均匀度	观察	每个地块查验一次
	3	还田方式	查验作业方式	每个地块查验一次

××高标准农田建设项目 工程

3.3.1.2-144 土壤改良单元工程质量验收记录

编号：××

<table>
<tr><td colspan="3">单项工程名称</td><td colspan="2">农田地力提升工程</td><td>施工日期</td><td colspan="2">2026年×月×日—2026年×月×日</td></tr>
<tr><td colspan="3">单位工程名称</td><td colspan="2">土壤改良工程</td><td>施工单位</td><td colspan="2">筑业××工程有限公司</td></tr>
<tr><td colspan="3">分部工程名称</td><td colspan="2">土壤质地改良</td><td>单元工程量</td><td colspan="2">231亩</td></tr>
<tr><td colspan="3">单元工程名称/部位</td><td colspan="2">1#地块土壤质地改良</td><td>验收依据</td><td colspan="2">《内蒙古高标准农田建设工程单元工程施工质量验收评定表（试行版）》</td></tr>
<tr><td colspan="2">项次</td><td colspan="2">检查项目</td><td>质量标准</td><td colspan="2">施工单位检查记录</td><td>监理单位验收意见</td></tr>
<tr><td rowspan="13">主控项目</td><td rowspan="8">1</td><td rowspan="8">掺和料和肥料</td><td>客土</td><td rowspan="8">质量符合设计及规范要求
（设计值：××）</td><td colspan="2">/</td><td>/</td></tr>
<tr><td>沙土</td><td colspan="2">/</td><td>/</td></tr>
<tr><td>黏土</td><td colspan="2">/</td><td>/</td></tr>
<tr><td>石灰质</td><td colspan="2">/</td><td>/</td></tr>
<tr><td>土壤调理剂</td><td colspan="2">/</td><td>/</td></tr>
<tr><td>有机肥</td><td colspan="2">符合要求。见进场验收记录编号××。</td><td>合格</td></tr>
<tr><td>绿肥</td><td colspan="2">/</td><td>/</td></tr>
<tr><td>其他</td><td colspan="2">/</td><td>/</td></tr>
<tr><td>2</td><td colspan="2">用量（客土厚度）</td><td>不小于设计值
（设计值：××）</td><td colspan="2">符合要求。见施工记录编号××。</td><td>合格</td></tr>
<tr><td>3</td><td colspan="2">抛洒及掺拌均匀性</td><td>抛洒均匀，无堆积，无漏洒。掺拌均匀，无漏耕，无明显未翻动区域，土块细碎均匀，无明显大块板结</td><td colspan="2">抛洒均匀，无堆积，无漏洒。掺拌均匀，无漏耕，无明显未翻动区域，土块细碎均匀，无明显大块板结。</td><td>合格</td></tr>
<tr><td>4</td><td colspan="2">掺拌深度</td><td>深度不小于设计值
（设计值：××）</td><td colspan="2">掺拌平均深度为××cm。见施工记录编号××。</td><td>合格</td></tr>
<tr><td>5</td><td colspan="2">耕作层</td><td>不小于设计值
（设计值：××）</td><td colspan="2">符合要求。见施工记录编号××。</td><td>合格</td></tr>
<tr><td>6</td><td colspan="2">有效土层厚度</td><td>不小于设计值
（设计值：××）</td><td colspan="2">符合要求。见施工记录编号××。</td><td>合格</td></tr>
<tr><td rowspan="2">一般项目</td><td>1</td><td colspan="2">实施面积</td><td>符合设计要求
（设计值：××）</td><td colspan="2">符合要求。见施工记录编号××。</td><td>合格</td></tr>
<tr><td>2</td><td colspan="2">田面平整度</td><td>允许偏差：5cm
（设计值：××）</td><td colspan="2">检查10点，合格10点。见测量记录编号××。</td><td>合格
100%</td></tr>
<tr><td colspan="3">施工单位检验结论</td><td colspan="5">本单元工程主控项目质量全部符合要求，一般项目单项检验点合格率最小为100%，且不合格点不集中分布，单元工程质量合格。
质量责任人（签字）：××
现场管理机构（盖章）：筑业××工程有限公司 ××高标准农田建设项目经理部
2026年×月×日</td></tr>
<tr><td colspan="3">监理单位验收结论</td><td colspan="5">本单元工程主控项目全部/部分符合要求，一般项目单项检验点合格率最小为100%，且不合格点不集中/集中分布，单元工程质量合格/不合格，同意/不同意通过验收。
监理工程师（签字）：××
现场监理机构（盖章）：××建设监理有限公司 ××高标准农田建设项目监理部
2026年×月×日</td></tr>
</table>

3.3.1.2-144　土壤改良单元工程质量验收记录

填表说明

一、依据标准

《内蒙古高标准农田建设工程单元工程施工质量验收评定表（试行版）》。

二、单元工程划分

宜按每个耕作田块划分为一个单元工程。

三、标准规定

表 56.2　土壤改良单元工程质量检验项目与标准

项次		检查项目	检验方法	检验数量
主控项目	1	掺合料和肥料	查看出厂质量证明文件，复检	同批次同规格外观无明显检测1组
	2	用量（客土厚度）	量测	全树检查每单元每种掺和料和肥料量测1次
	3	抛洒及掺拌均匀性	观察	全面检查
	4	掺拌深度	量测	全数检查，梯田每台地不少于3次，条田每耕作单元不少于3次
	5	耕作层	量测	
	6	有效土层厚度	量测	
一般项目	1	实施面积	测量	全数检查，每个单元测量一次
	2	田面平整度	量测	全数检查，梯田每台地不少于3次，条田每耕作单元不少于3次

第5章　竣工验收文件

5.1　高标准农田建设项目竣工验收基本内容

初步验收是按照批复的高标准农田建设项目的全部工程内容完成，由县（市、区）农业农村主管部门按照规定的程序和方法，组织相关部门和专家对项目实施情况、工程质量等进行检查验收等活动。

竣工验收是按照批复的高标准农田建设项目经县（市、区）农业农村主管部门初步验收合格后，由省辖市农业农村主管部门按照规定的程序和方法，组织对项目进行的检验和综合评价等活动。

项目竣工验收按照“谁审批、谁验收”的原则，由项目审批单位组织开展，并对验收结果负责。

一、申请验收的条件

相关验收条件及验收内容详见本篇第1章的验收管理。

二、竣工验收程序

项目竣工验收的主要程序依次为工程试用期、县级初步验收、申请竣工验收、开展竣工验收、出具验收意见和档案整理。

项目审批单位应在项目完工后一年内组织完成竣工验收工作。应当按以下程序开展竣工验收：

1．工程试用期。项目完工后，县级农业农村部门应当组织新型农业经营主体、农民群众等管护主体对项目建设的各类工程设施进行试用，综合考虑区域气候条件、种植制度安排、作物生长周期等合理确定试用时间，原则上不少于 3 个月不超过 6 个月。试用中发现问题的，由县级农业农村部门组织相关单位进行修复或重建；未发现问题的，由管护主体签字确认，通过试用。

2．县级初步验收。项目通过试用后，县级农业农村部门可组织工程、电力、财务等领域的专家，鼓励项目区农村集体经济组织负责人代表、农民群众代表等参与，共同组成验收组，或委托第三方专业机构开展初步验收，对照项目建设内容，逐地块逐设施全面核实建设数量、工程质量、项目管理等情况，出具初步验收意见，编制初步验收报告等。可根据实际需要，邀请自然资源、水利、电力等部门单位参与。对初步验收不合格的，县级农业农村部门应当组织开展限期整改，整改完成后再次组织初步验收。

3．申请竣工验收。初步验收合格的项目，由县级农业农村部门向项目审批单位申请竣工验收。竣工验收申请应当按照竣工验收条件，对项目实施情况进行分类总结，并附竣工决算审计报告、初步验收意见、初步验收报告等。

4．开展竣工验收。项目审批单位收到项目竣工验收申请后，应当在 2 个月内组织开展竣工验收工作，可组织工程、电力、财务等领域的专家组成验收组，或委托第三方专业机构，通过听取汇报、查阅档案、现场核实、测试运行、实地走访等多种方式开展竣工验收，并充分运用现代信息技术，提高验收工作质量和效率。验收应当覆盖每一处地块、工程、设施，不得有漏项，消除验收"死角"。

5．出具验收意见。项目竣工验收情况报告，包括验收工作组织开展情况、建设内容完成情况、工程质量情况、资金到位和使用情况、管理制度执行情况、工程设施试用情况等，以及存在问题和建议，由验收组所有成员签字确认。项目审批单位依据项目竣工验收报告，出具竣工验收意见。对竣工验收合格的，由项目审批单位核发农业农村部统一格式的《高标准农田建设项目竣工验收合格证书》；对原则通过竣工验收的，由县级农业农村部门组织参建单位按照竣工验收意见进行整改，项目审批单位进行复核，确认整改到位后，核发《高标准农田建设项目竣工验收合格证书》；对竣工验收不合格的，县级农业农村部门应当按照提出的问题和意见，组织参建单位开展限期整改，整改完成后再次按程序提出竣工验收申请。

6．档案整理。县级农业农村部门应当建立完整的项目档案，按照规定对有关文件资料进行收集、整理、组卷、归档。项目档案保存期限不应短于工程设计使用年限。

三、验收申报材料

初步验收和竣工验收的申报材料可根据各地的要求执行，以下是广东省的要求。

1．初步验收申报材料

（1）验收必报材料：

验收申请、竣工报告、监理报告、耕地质量等级监测报告、项目建设情况表、项目资金收支情况表、项目投资预期效益表、整理前土地利用现状标准分幅图及地类表、整理后土地利用现状标准分幅图及地类表（涉及变化的图斑要进行模拟变更）、土地利用结构情况变化表、竣工图成图比例尺与项目规划图相同、审计报告、工程结算书和建设单位的财务决算报告、所有材料的电子文件。

（2）验收备查材料：

立项申请及有关批准文件，项目规划设计、预算书及预算批准文件，项目实施方案，有关合同书、协议书和任务委托书，项目招投标有关材料，项目工程质量监理、检验有关资料，单项工程验收表，监理及施工的月报和日记，有关影像资料，规划设计变更批准材料，经批准的项目设计文件、设计变更资料，高标准基本农田建设项目管理办法、建设规范，单项工程验收成果，其他有关资料。

2．竣工验收申报材料

（1）验收必报材料：

竣工验收申请、初步验收报告、竣工报告、监理报告、耕地质量等级监测报告、项目建设情况表、项目资金收支情况表、项目投资预期效益表、整理前土地利用现状标准分幅图及地类表、整理后土地利用现状标准分幅图及地类表（涉及变化的图斑要进行模拟变更）、土地利用结构情况变化表、竣工图、审计报告、工程结算书和建设单位的财务决算报告、财政部门对项目资金使用情况的审核结论、所有材料的电子文件。

（2）验收备查材料：

立项申请及有关批准文件，项目规划设计、预算书及预算批准文件，项目实施方案，有关合同书、协议书和任务委托书，项目招投标有关材料，项目工程质量及材料检验有关资料，监理及施工的月报和日记，有关影像资料，其他有关资料。

5.2 竣工验收资料部分示例

4.1.6 工程质量保修书

×× 合同段工程质量保修书

1、合同工程完工验收情况

说明合同段工程内容、工程施工、验收情况。

2、质量保修的范围和内容

说明保修的范围和保修具体内容。

3、质量保修期

说明保修期限。

4、质量保修责任

说明保修责任主体，质量缺陷处理方式等。

5、其他

其他需要补充说明的问题。

4.1.9 竣 工 报 告

竣工报告封面样式：

××年度××镇××高标准农田建设项目

××报告

筑业××工程有限公司

2026年×月×日

竣工报告说明

以下是施工单位、监理单位、设计单位在工程完工后进行总结报告的提纲要点，仅供参考。

一、施工管理工作报告编制提纲

1. 项目概况

工程位置、规模、布置及主要技术指标。

2. 项目投标

工程招标、投标及合同签订情况。

3. 施工进度管理

施工总体布置、施工总进度、分阶段施工进度安排（附施工场地总布置图和施工总进度表）、进度实施完成情况，包括主要工程开完工时间、完成的工程量，分析工程提前或推迟完成的原因。

4. 主要施工方法

田块整治工程、灌溉与排水工程、田间道路工程、农田防护与生态环境保护工程、农田输配电工程、科技与信息工程和农田地力提升工程等主要施工方法。根据实际施工内容，介绍施工工艺流程、技术要求及施工方法等。

5. 施工质量管理

工程的施工质量保证体系及实施情况，质量事故及处理，工程施工质量自检情况等。

6. 文明施工与安全生产

文明施工与安全生产的总目标及保证措施，针对国家、行业以及合同中有关安全生产规定的落实情况，生产安全事故及处理情况等。

7. 合同管理

合同签订、合同履约及执行情况，工程合同价与工程实际价款结算的差异及原因，工程款及工资拖欠情况等。

8. 经验与建议

主要描述项目建设过程中积累的经验和对本工程后续工作的相关建议等。

9. 附件

（1）施工管理机构设置及主要工作人员情况表。

（2）投标时计划投入的资源与施工实际投入资源情况表。

（3）工程施工管理大事记。

（4）技术标准目录。

二、监理工作报告编制提纲

1. 工程概况

主要描述工程位置，监理的工程范围及涉及的主要工程数量、规模、技术指标。

2. 监理规划

监理规划、监理主要依据、监理工作方法、监理工作制度、监理实施细则、检测方法和设备等。

3. 监理过程

开工审批、进度控制、质量控制、投资控制、合同管理、信息管理、安全监督等。重点叙述隐蔽工程的监理过程、质量控制。

4. 监理工作成效

进度控制评价、质量控制评价、投资控制评价、工程评价等。

5．经验与建议

施工过程中发现的问题及其处理情况和建议。

6．附件

（1）主要监理人员情况表。

（2）监理大事记。

三、设计工作总结报告编制提纲

1．工程概况

主要描述工程建设规模、项目性质、建设地点、项目区的地貌类型、土地权属状况、原规划新增耕地面积和新增耕地率、项目建设内容与投资等。

2．设计任务委托过程

描述设计任务的委托时间、委托方、任务书的下达时间等。

3．项目规划设计主要经济技术指标

描述设计标准（包括土地平整标准、灌溉排水标准、道路建设标准等）、总体布局（包括土地利用布局、工程平面布局、排水工程布局、输配电工程布局、田间道路工程布局等）、效益分析等。

4．设计要点

对设计过程中遵循的主要原则、遇到的主要问题、采取的关键参数、主要技术指标等进行说明。

5．设计变更情况

对设计变更的原因和设计变更的内容进行说明。

6．规划设计文件质量管理

包括规划设计管理、设计文件的内部管理和设计文件的对外管理要求等。

7．项目实施服务

对工程项目建设过程中，设计单位进行的实施服务项目进行说明，如设计交底、设计说明以及遇到问题的解决方案等。

8．经验与建议

针对当前项目的实施情况，总结相关经验并给出建议。

4.2.2 验收申请报告

编号：××

工程名称	××高标准农田建设项目

致：××建设监理有限公司××高标准农田建设项目监理部（监理机构）

××高标准农田建设项目工程项目已于 2026 年 × 月 × 日完工，未处理的遗留问题不影响本次验收并编制了处理措施计划，验收报告、资料已准备就绪，现申请验收。

	验收工程名称、编码	申请验收时间
□合同工程完工验收 ☑单位工程验收 □分部工程验收 □	田间灌溉工程 ××	2026 年×月×日

附件：1、前期验收遗留问题处理情况

2、为处理遗留问题的处理措施计划

3、验收报告、资料

施工单位：（名称及盖章） 筑业××工程有限公司××高标准农田建设项目经理部

项目经理：（签名）×××

日期：2026 年×月×日

监理机构将另行签发审核意见。

监理机构：（名称及盖章） ××建设监理有限公司××高标准农田建设项目监理部

签收人：（签名）×××

日期：2026 年×月×日

4.2.4 初步验收报告

编号：

贵州省××市（州）××县××乡

××高标准农田建设项目

初步验收报告

××高标准农田建设项目初步验收组

2026年×月×日

初步验收报告提纲及内容要求：

1. 初步验收工作概况

说明参加初步验收的有关单位及验收组成员，验收时间、依据、方法、内容。

2. 项目基本情况

2.1说明项目区涉及的乡镇、村。

2.2说明项目批复建设规模、投资规模、建设任务、工期。

3. 农田基础设施建设工程完成情况

说明建设任务阶段验收核定情况和工程复核情况，说明本次验收抽查实体建设工程数量、占实际完成数量的百分比及工程质量情况。

4. 农田地力提升工程完成情况

说明耕地质量建设情况，以及县农业农村局耕地质量等级评定结果。

5. 设计变更手续完成情况

说明变更部位、变更内容、前后资金对比、变更文件签署及审批情况，对于存在重大设计变更的，说明重大设计变更手续完成情况。

6. 概算执行和资金使用管理情况

说明项目决算报告及决算审计报告完成情况、最终审计审定情况。

7. 土地权属管理情况

若项目区涉及土地权属调整，则此处说明项目建设前土地权属情况，建设后权属调整情况。若不涉及，则此处写无。

8. 工程运行、管护情况

说明项目投入试运行情况，设计功能发挥情况，介绍农户对项目的评价（可附农户的调查表或签字表），说明工程管护协议执行情况和管护效果。

9. 项目管理情况

说明高标准农田建设项目管理机构设置、运转情况，说明项目管理各项制度的执行情况。

10. 工程技术资料管理

说明各类工程建设技术资料收集管理情况。

11. 阶段验收遗留问题及处理情况

说明单位工程验收、单项工程验收等验收时指出的问题整改落实情况。

12. 本次验收存在的问题及处理意见

说明本次验收发现的具体问题并提出处理意见，并明确责任单位、整改完成时限。

13. 初步验收意见结论

对项目建设任务完成情况（基本完成、完成、全部完成）、工期（按期完成、超期完成须说明原因）、质量（合格、不合格）、资金使用管理（基本规范、规范、不规范）、竣工决算（已通过审计）、制度执行（基本到位、到位、不到位）、土地权属管理（调整完成、不涉及调整）、工程运行管护（基本正常、正常、存在问题）、项目技术资料管理（基本规范完整、规范完整、不规范完整）、设计功能（基本具备、具备、不具备）等作出明确的结论性评价意见。对项目是否通过初步验收并交付使用提出意见（初步验收组基本同意/同意/不同意××高标准农田建设项目通过初步验收并交付）。

14. 初步验收组成员签字表

××高标准农田建设项目初步验收组成员签字表

序号	验收组职务	姓名	工作单位	职务/职称	专业	签字
1	组长					
2	成员					
3	成员					
4	成员					
	……					

15．附表：初步验收特性表（附在初验报告首页）

××高标准农田建设项目初步验收特性表	
一、项目基本情况	
建设项目名称：	
建设单位：	
建设单位联系人：	电话：
项目立项审批文号、时间：	
初步设计报告审批部门、文号、时间：	
建设单位申请初步验收时间：	
初设批复建设地点：	实际建设地点：
初设批复建设工期：	实际建设工期：
初步设计批复的建设内容及规模：	
实际完成的建设内容及规模：	
未完成的建设内容及规模：	

<table>
<tr><td colspan="3">二、主要工程量完成情况</td></tr>
<tr><td colspan="3">1．田块整治工程：耕作田块修筑____m^3，耕作田地力保持____m^2。</td></tr>
<tr><td colspan="3">2．灌溉与排水工程：小型水源工程_____座，小型泵站____座，输水工程（明渠/管道）______km，渠系建筑物（农桥/渡槽/倒虹吸管/涵洞/水闸/跌水与陡坡/量水设施）______座，微喷灌工程（喷灌/微灌）______km，排水工程（明沟/暗管）____km。</td></tr>
<tr><td colspan="3">3．田间道路工程：田间道（机耕道）____km，生产路____km，附属设施（下田坡道/回车道/错车道）____处。</td></tr>
<tr><td colspan="3">4．农田防护与生态环境保护工程：农田防护林（梯田坎防护林/护路护沟护岸林）____株，岸坡防护工程（护坡/截水沟/排洪沟）____km，沟道治理工程（谷坊/沟头防护）____处。</td></tr>
<tr><td colspan="3">5．农田输配电工程：输电线路____km，变压器____座，配电箱（屏）____面，变配电附属设施_____处，弱电设施____处，弱电信号线布设____km。</td></tr>
<tr><td colspan="3">6．田间监测工程：土壤肥力监测点_____处，土壤墒情监测站点_____处/座，农田虫情观测场_____个，农田虫情监测设备_____台，气象观测设备_____台。</td></tr>
<tr><td colspan="3">7．项目标志工程：项目公示标志牌____块，单体工程标识牌____块。</td></tr>
<tr><td colspan="3">三、财务决算审计情况</td></tr>
<tr><td>立项批复情况</td><td>总投资（万元）</td><td>中央投资：
省级资金：
地方配套：
自筹资金：
农田基础设施建设工程：
农田地力提升工程：
工程建设其他费用：</td></tr>
<tr><td>初步设计批复</td><td>批复概算（万元）</td><td>农田基础设施建设工程：
农田地力提升工程：
工程建设其他费用：</td></tr>
<tr><td>资金到位情况</td><td>总计（万元）</td><td>中央投资：
省财政：
市州、县财政：
自筹资金：
其他（请注明）：</td></tr>
<tr><td>投资完成情况</td><td>总计（万元）</td><td>农田基础设施建设工程：
农田地力提升工程：
工程建设其他费用：</td></tr>
<tr><td>资产形成</td><td colspan="2">固定资产：　　　　　　其他资产：　　　　　　核销支出：</td></tr>
</table>

4.3.4 竣工验收报告

贵州省××市（州）××县××乡（镇）

××高标准农田建设项目

竣工验收报告

竣工验收主持单位：××市（州）农业农村局（公章）

××高标准农田建设项目竣工验收工作组

2026年×月×日

说明：

一、竣工验收工作概况

参加竣工验收的相关单位及验收组成员，验收时间、依据、过程。

二、项目概况

（一）工程名称及位置

项目区涉及的乡镇、村。

（二）主要建设内容

批复的建设规模、投资规模、建设任务、内容、工期。

（三）主要建设过程

三、工程项目完成情况

（一）主要完成建设内容

（二）工程量完成情况

完成工程量与初设批复工程量比较。

（三）项目“四制执行”情况

（四）工程历次验收情况

（五）资金到位和使用情况

（六）工程投资完成及审计情况

四、工程项目质量评定情况

五、土地权属管理情况

若项目区涉及土地权属调整，则此处说明项目建设前的土地权属情况，建设后的权属调整情况。若不涉及，则写“无”。

六、工程运行管护情况

（一）管理制度制定及执行情况

（二）工程管护情况

七、历次验收存在问题及处理情况

八、工程技术资料整理及管理情况

九、存在问题及建议

十、竣工验收意见结论

十一、竣工验收工作组成员签字表

××高标准农田建设项目竣工验收组成员签字表

序号	验收组职务	姓名	工作单位	职务/职称	专业	签字
1	组长					
2	成员					
3	成员					
4	成员					
	……					

十二、被验收单位签字盖章表

被验收单位签字盖章表

<table>
<tr><td>建设单位：××公司（盖章）

建设单位技术负责人签字：</td><td>设计单位：××公司（盖章）

设计单位项目负责人签字：</td></tr>
<tr><td>监理单位：××公司（盖章）

总监理工程师签字：</td><td>施工单位1：××公司（盖章）

施工单位1项目经理签字：</td></tr>
<tr><td>施工单位2：××公司（盖章）

施工单位2项目经理签字：</td><td>工程管护单位：××公司/合作社/村（盖章）

工程管护单位负责人签字：</td></tr>
<tr><td colspan="2">说明：被验收单位签字盖章可根据项目建设实际情况制定，若属于EPC或PMC项目时，竣工验收时须将签字盖章内容表进行相应调整。涉及多个施工单位时，可自行增加签字盖章页。</td></tr>
</table>

4.3.5　竣工验收合格证书

（正面格式）

高标准农田建设项目竣工验收合格证书

（申请竣工验收单位）：

项目竣工验收组织单位（印章）：

年　月　日

注：项目竣工验收合格证书中应包含项目名称、建成高标准农田面积、项目投资、验收日期等内容。

（背面格式）

项目工程设施试用时间：

通过初步验收时间：

通过竣工验收时间：

项目区高标准农田建设质量综合评价等级：

（根据已建成高标准农田地块评价结果得出）

验收组组长：

（姓名、单位、职务职称）

验收组成员名单：

（姓名、单位、职务职称）

第6章　项目技术档案

一、验收组织

项目技术档案验收由竣工验收单位组织，宜与工程建设内容验收同步开展。由工程验收组织单位代表、工程档案管理单位代表、有关专家组成验收组，对项目建设单位提交的技术档案资料进行验收。

二、验收资料

1. 工程验收资料由项目建设单位统一组织制备，项目参建各单位应及时、规范、完整地向项目建设单位提交。项目建设单位应对提交的验收资料进行完整性、规范性检查。

2. 验收资料分为必报的资料和备查的资料。

3. 有关单位应保证其提交资料的真实性并承担相应责任。

三、技术档案制备的要求

1. 有关报告、资料的纸张统一采用A4纸规格。

2. 正本不应采用复印件。

3. 归档部分装订采用线装，不应采用塑料、硬质封面。

4. 竣工图纸折叠成标准A4幅面，按序装入档案盒内。

5. 竣工图的制图比例尺应与设计图一致。

6. 其他技术档案的制备应符合现行国家标准《科学技术档案案卷构成的一般要求》GB/T 11822的规定。

四、技术档案管理的要求

1. 归档资料应齐全、完整。

2. 应对档案资料进行分类、整理。

3. 应安排专人、专用场所对技术档案进行存放、管理。

五、档案管理

归档资料可根据各地要求进行分类、整理。

六、验收资料和归档资料表

以河南省《高标准农田 建设项目验收规程》DB41/T 2415—2023为例，其给出的验收资料、归档资料见表6-1～表6-3。

表6-1　验收必报的资料清单

序号	资料名称	单项工程验收	初步验收	竣工验收	提供单位
1	拟验工程清单、未完工程清单、未完工程的建设安排及完成时间	√	√	√	建设单位

（续）

序号	资料名称	单项工程验收	初步验收	竣工验收	提供单位
2	单项工程验收表		√		建设单位
3	竣工验收申请			√	建设单位
4	项目初验报告			√	建设单位
5	建设管理工作报告		√	√	建设单位
6	施工管理工作报告		√	√	施工单位
7	监理工作报告		√	√	监理单位
8	设计工作报告		√	√	设计单位
9	运行管理工作报告		√	√	运行管理单位
10	项目竣工平面图		√	√	建设单位
11	建设情况表、资金收支情况表			√	建设单位
12	竣工决算报告、工程结算书和建设单位的财务决算报告		√	√	建设单位
13	审计报告			√	审计单位
14	耕地质量等级监测报告		√	√	县级项目主管部门
注：√为必报项目。					

表6-2　验收备查的资料清单

序号	资料名称	单项工程验收	初步验收	竣工验收	提供单位
1	设计资料				
1.1	初步设计报告				
1.2	立项申请及批复	√	√	√	
1.3	施工图纸及设计变更和批复	√	√	√	
1.4	项目评审资料	√	√	√	
2	项目实施管理资料				建设单位
2.1	招投标资料（招标文件、投标文件、评标报告等）	√	√	√	
2.2	合同及协议书（设计、监理、施工、审计等）及资质材料		√	√	
2.3	项目实施方案		√	√	
2.4	项目实施管理制度		√	√	
2.5	会议纪要、声像资料	√	√	√	

（续）

序号	资料名称	单项工程验收	初步验收	竣工验收	提供单位
2.6	竣工决算资料		√	√	建设单位
2.7	历次验收成果	√	√	√	
2.8	工程复核报告	√	√	√	
3	施工资料				施工单位
3.1	施工组织设计	√	√	√	
3.2	施工日记、月报	√	√	√	
3.3	质量事故记录	√	√	√	
3.4	工程量计量原始记录、产品检验报告	√	√	√	
3.5	单项工程竣工图纸	√	√	√	
3.6	单项工程质量评定资料	√	√	√	
4	监理资料				监理单位
4.1	单项工程质量评定资料	√	√	√	
4.2	监理日记、月报	√	√	√	
4.3	监理规划、细则	√	√	√	
4.4	质量、进度、投资控制资料	√	√	√	
注：√为必报项目。					

表6-3　高标准农田建设项目归档资料分类表

序号	分　类	内　容
1	立项审批资料	初步设计文件及批复文件，项目调整及批复文件，年度实施计划批复文件，中央、省、市、县等资金计划文件、资金拨付文件，项目核查有关文件等
2	招投标资料	招标公告、招标文件、投标文件、评标报告、招标标底编制文件、中标通知书
3	建设管理资料	领导机构文件、管理制度、会议纪要、项目建设大事记、设计变更资料、建设管理工作报告
4	合同协议资料	设计、监理、施工、勘测合同，补偿协议，管护协议，其他协议，有关单位资质材料
5	监理资料	监理规划、细则、月报、日记，质量、进度、投资控制资料，监理工作报告等
6	施工管理资料	施工组织设计，施工月报、日记，质量事故记录，单项工程质量评定资料，原材料出厂合格证明文件，施工质量检测资料，工程计量原始记录，竣工图纸，施工管理工作报告，工程保修证书等

（续）

序号	分 类	内 容
7	财务档案	概算评审，价款支付、结算，竣工决算等资料
8	验收资料	历次验收成果资料及第三方专业机构（如有）成果资料
9	影像资料	照片、录像
10	其他	审计资料、工程管护资料、设计工作报告等

第四篇　信息化系统应用

高标准农田建设项目工程资料的编制、管理、移交等可采用信息化手段高效办公，依托云平台构建，实现多部门协同作业与数据共享，内置标准化农田建设专用表格库（如评定记录、验收报告等），支持智能填充与在线编辑。通过权限分级管理确保数据安全，结合移动端采集功能，完整记录项目全周期的资料，助力提升高标准农田建设管理规范化的水平。

高标准农田建设项目全过程资料数字化管理平台

一、总体介绍

云平台是云资料软件的增值管理平台，是集团公司远程管理各项目工程资料，了解现场进度，保证资料真实性、可追溯性的重要管理工具。平台具备资料在线检查、资料表格来源追溯、下发整改消息、上传施工日志及现场影音文件、实现与 BIM 模型挂接、电子签章、电子签名等功能，帮助施工企业完善施工质量的过程管理，实现资料可视化管理，完成电子版资料存档。下图为工程资料进度形成与在线检查跟踪管理系统业务流程图。

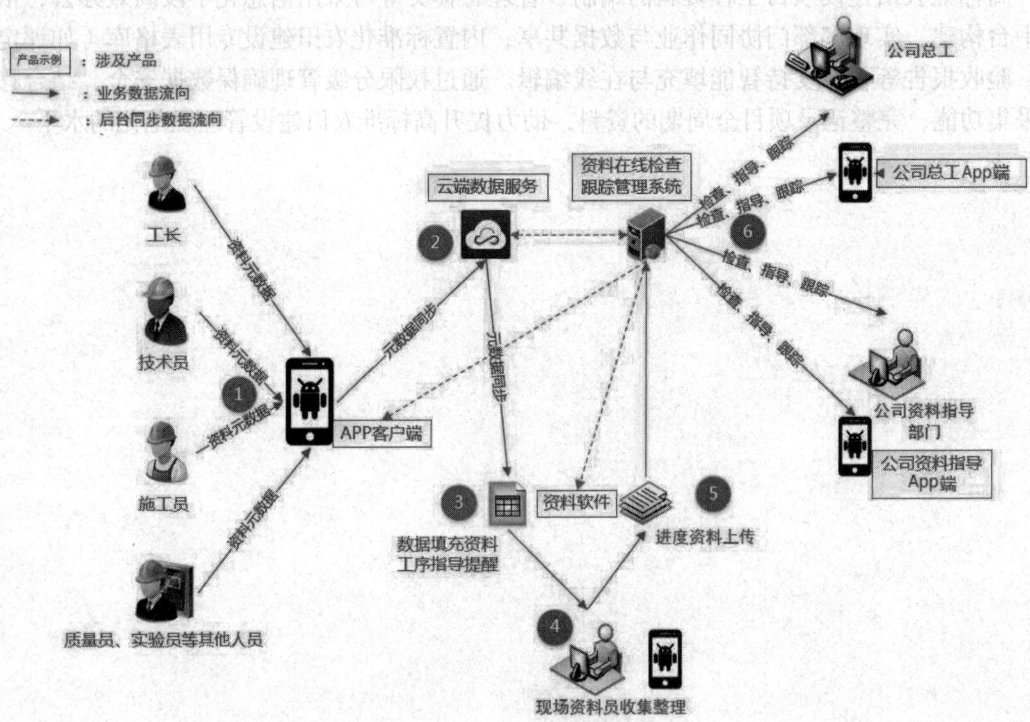

二、云资料软件

云资料软件实现了表格库、台账、试块、评定等强大功能，使用账号登录，便于企业管理，不易丢失。软件利用现场采集的数据接口自动创建资料表格并填充，生成的电子表格可以通过上传功能直接上传到云平台。

1．协同办公

一个单位工程包括多个专业的资料，不同专业技术人员填写不同的工程资料，填写完成后同步到一个单位工程。质检员完成检验资料的编制，施工员完成施工记录文件的编制，资料员完成资料的归集和整理，项目多岗位人员各司其职，协同办公，共同完成项目的资料编制工作。

2．自动生成台账，查漏补缺，不少表

引入台账管理理念，按分部分项、部位自动生成台账，已出资料、未出资料一目了然，查漏补缺，快速校对，确保台账清单不少表。

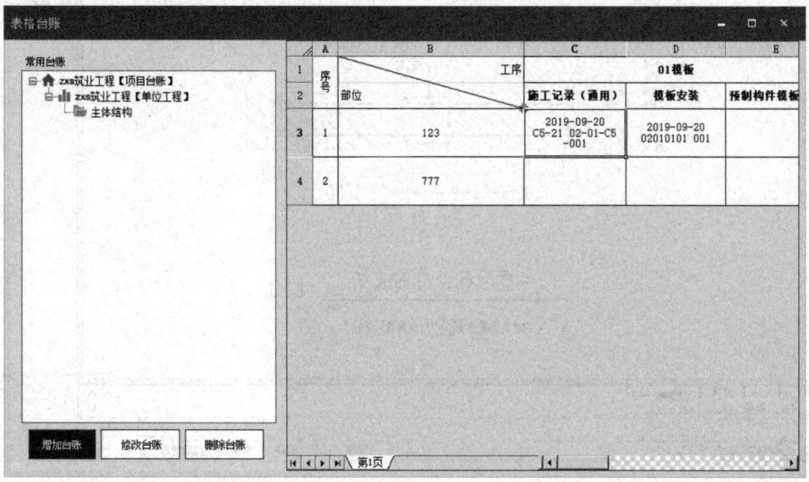

3．送试块有提醒，远离漏检

软件绑定筑业服务号，混凝土、砂浆、钢筋原材、现场试验等 5 种试验，标养、抗渗、同条件、临界强度等 16 种养护方式，送检、报告、试块状态一目了然，做试块不用担心漏检而被罚款。

4．全新的 CAD 功能

软件中使用了全新的 CAD 组件，电脑无需安装 CAD，支持最新 CAD 版本的 CAD 文件，而且提供强大的 CAD 编辑功能，使得 CAD 的使用问题得到了根本性的解决。

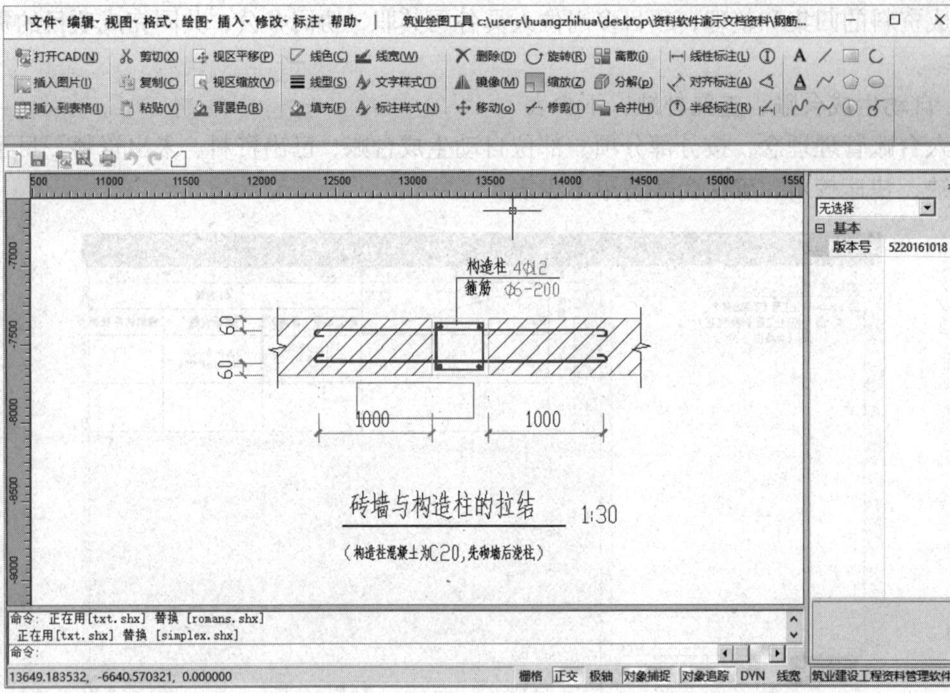

5. 流水段管理

系统中提供流水段划分设置功能，施工过程中通过流水段功能查询资料是否齐全、时间是否交圈。同时，能够快速完成相同工艺、标准层等资料的复制、粘贴、删除，大大减少编制资料的时间。

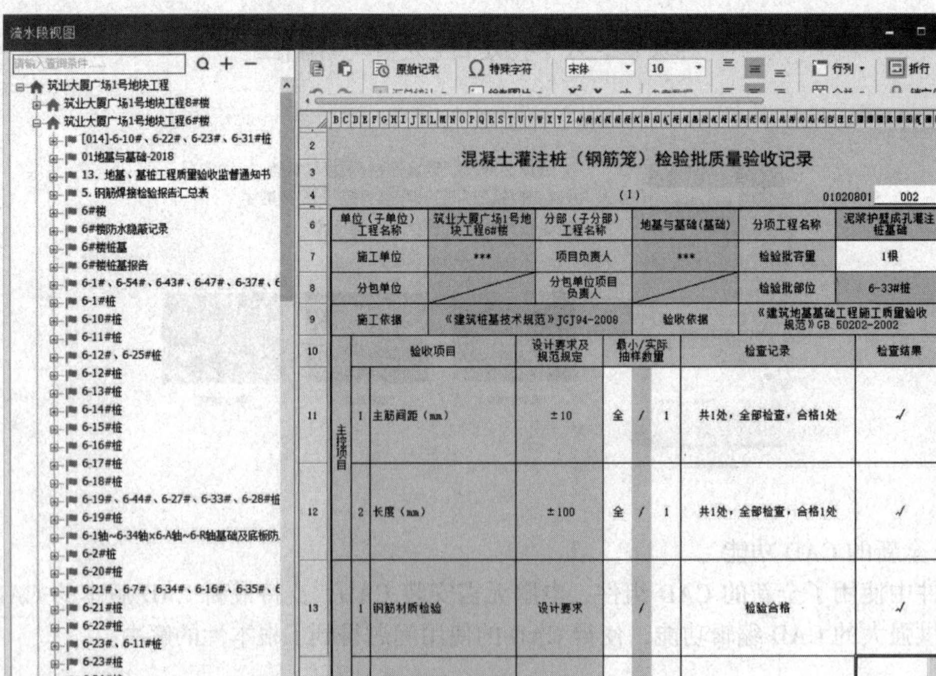

6．云工程随时随地做资料，不会丢

将工程文件保存在本地电脑和阿里云，不论是在项目部、在家，还是出差异地，只要登录账号，即可下载阿里云的工程文件，继续编写。无锁版通过账号直接登录，免去丢锁的烦恼，做资料随时随地，随心所欲。

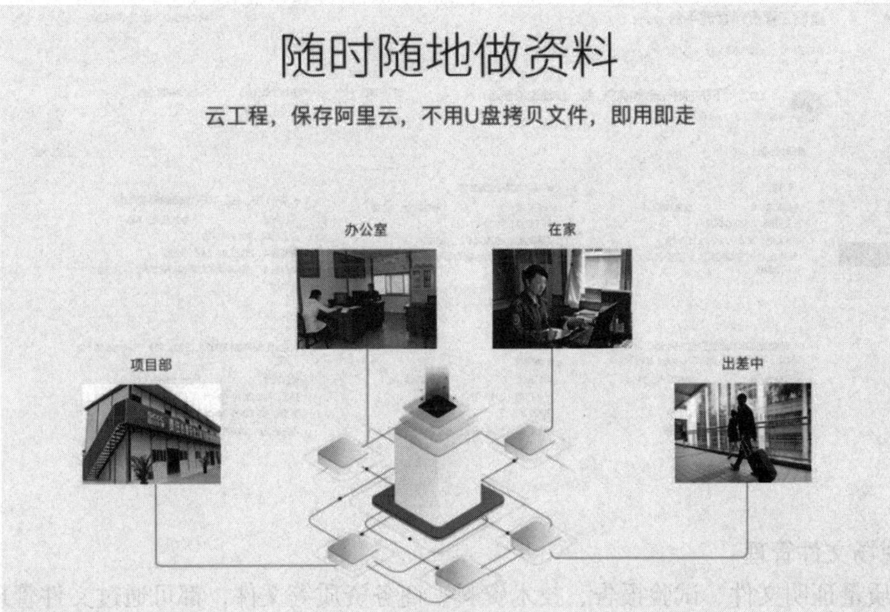

三、云平台

根据现行规范的要求，将所有工程资料的签字、签章的流程预置于云平台，从而实现工程资料表格提交到云平台系统后，能够自动流转到工程资料需要签字、签章的岗位，相关人员即可在线进行本岗位的签字或签章。当此环节签审任务完成后，工程资料的审批自动进入下一步流程。

通过云资料软件填写的表格自动同步到云平台后，在云平台中控系统中流转的工程资料数据、视频、文件等形成元数据，便于以后大数据深度利用。

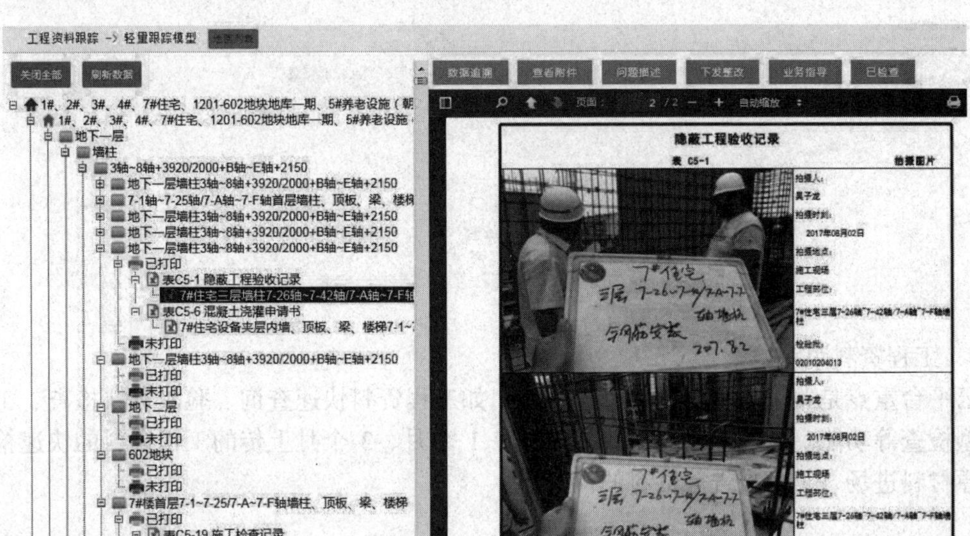

1．项目资料信息汇总

工程资料管理人员登录账号后，可查看到所有项目工程的基本信息、项目资料表格数量、最近编制表格的时间等信息，便于了解项目工程资料是否与工程进度吻合。

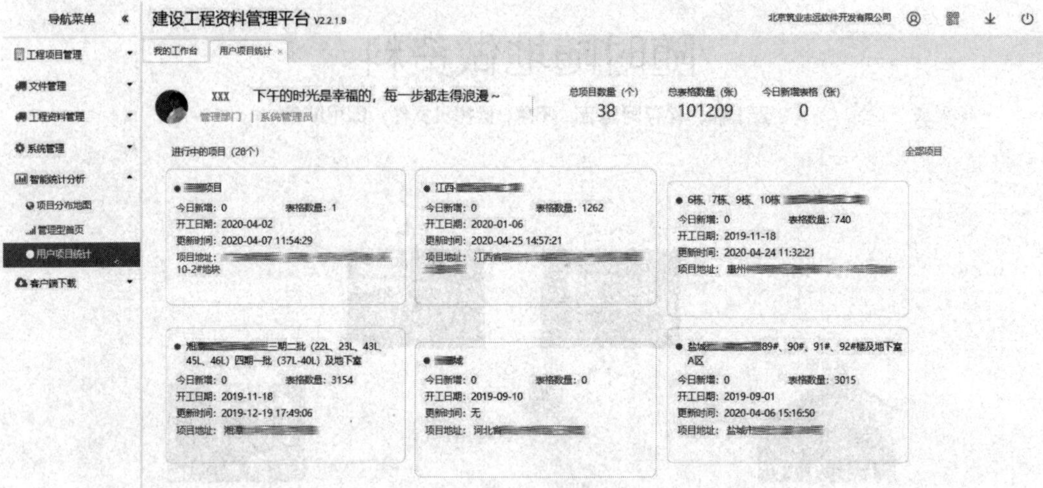

2．现场文件管理

针对质量证明文件、试验报告、技术资料、商务资质等文件，都可通过文件管理功能将扫描件上传至云平台。可自定义创建文件目录，灵活操作。

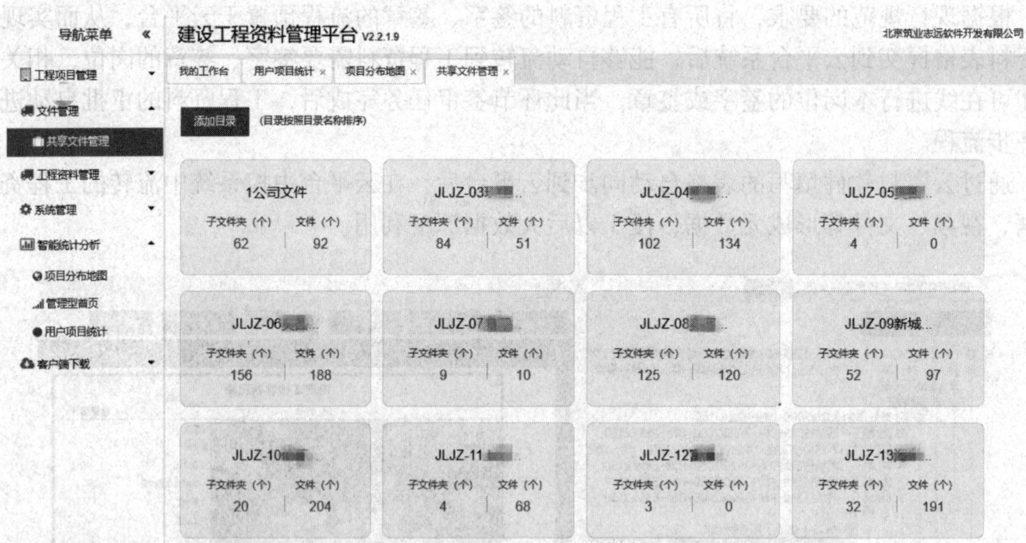

3．工程资料跟踪检查

云平台重点是关于工程资料的检查功能，如工程资料快速查询、验收资料检查、工程跟踪模型检查等功能。可快速实现 3 天、1 周、1 个月、3 个月上传的工程资料的快速检查，以及原材料进场、复试报告等资料的检查。

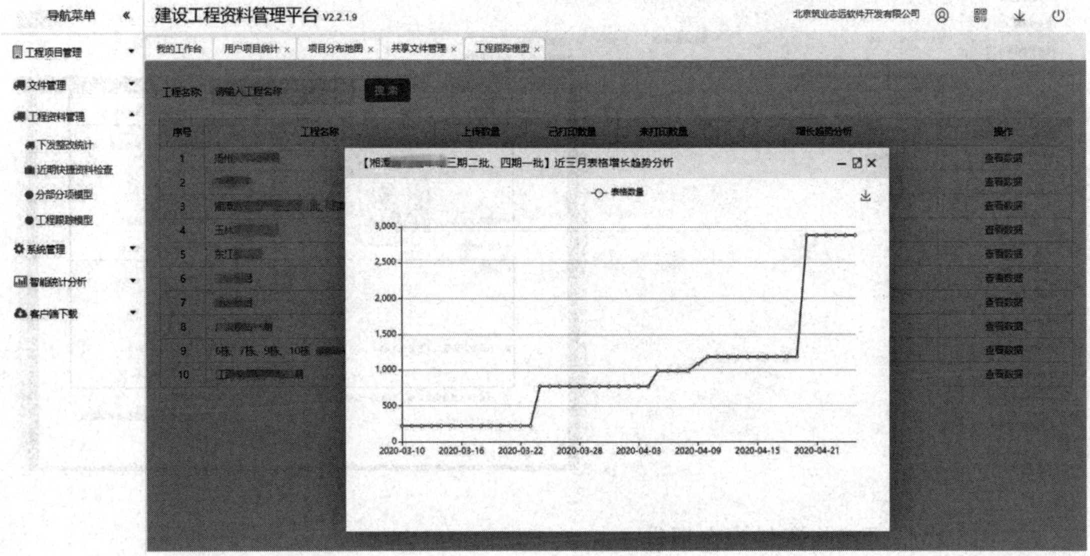

4．工程资料检查标记

对上传的工程资料，可进行检查、标记，并追溯上传者、上传时间。表格如有问题，可进行问题描述、下发整改通知，并查看上传的附件。

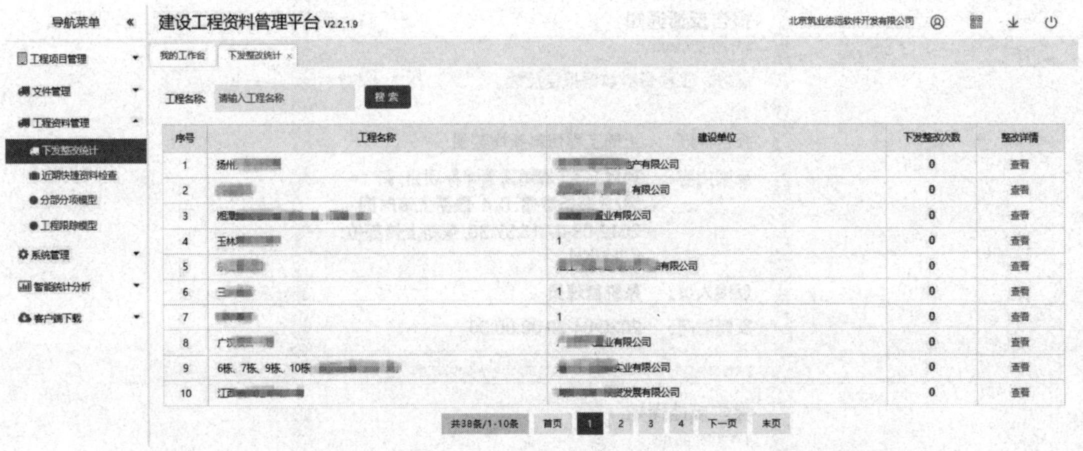

5．电子文件的电子签章技术的实现

工程资料电子文件编制完成后，即可在云平台进行流转、签字和签章。项目各参建单位人员通过 U-Key 登录云平台即可完成工程资料电子文件的签章工作。

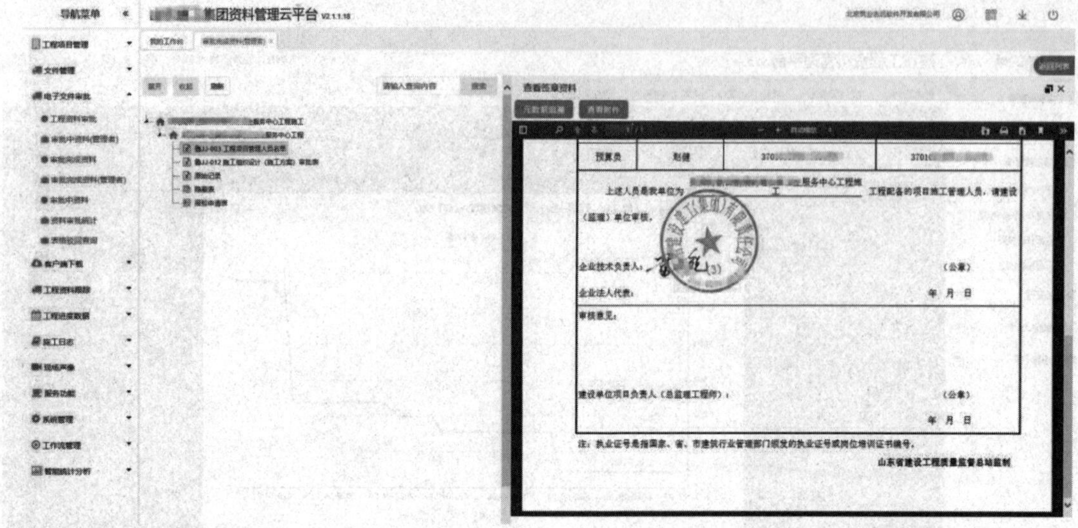

6. 绑定微信可接收资料检查报告

绑定微信可接收公司管理人员下发的整改通知，并可修改通知和资料上传数量、项目进度报告等。

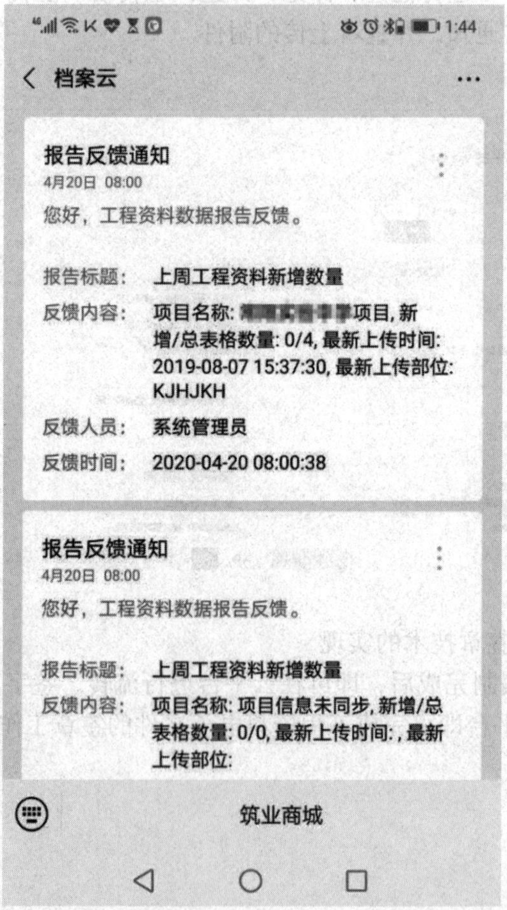

7. 云平台与档案管理系统的数据推送

云平台开发的标准数据传输接口可方便任何第三方资料软件客户端与云平台进行数据通信，完成数据交互。

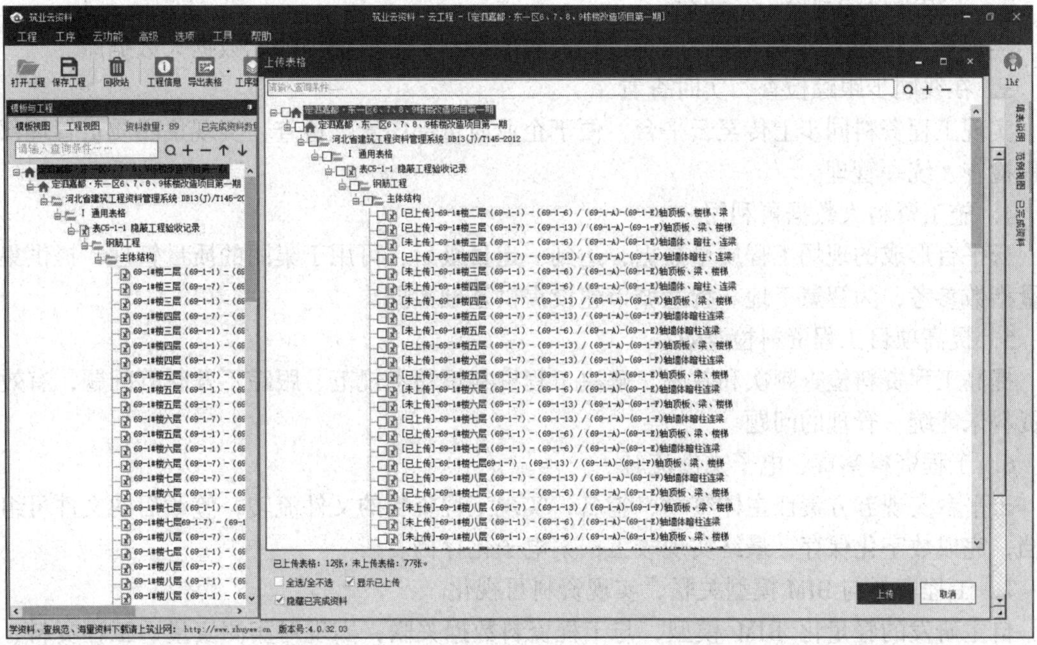

8. 信息安全方案的制定

电子文件归档与电子档案管理的信息安全方案主要由数据安全和数据灾备两部分组成。

数据安全方案在整个系统中对各环节产生的业务数据均采用 DES 算法进行加密，保证数据传输的安全性。

数据灾备方案采用快照灾备技术，在服务器运行层建立多重数据灾备机制，存储服务器本身采用高可用架构，保证数据可恢复。

四、提供全方位的解决方案

1．系统可扩展，接口丰富

可与现有的项目管理系统、档案系统、OA 办公系统、智慧工地管理系统、BIM 管理系统对接，形成一体化综合管理平台和以资料为中心的质量管理大数据平台。

2．工程资料编制统一、便捷

实现从工程开工到竣工验收的全过程资料的编制，形成统一的元数据大数据库。

3．在线同步跟踪检查，实时查看

实现工程资料同步上传至云平台，便于企业质量部门管理检查，实现集团质量管理部门远程检查、统一管理。

4．施工资料大数据再利用

云平台形成的现场工程质量数据，达到一定量级后，可用于集团的质量管理，提供集团质量指数参考，为智慧工地、智慧城市建设提供基础数据。

5．提高项目工程资料检查效率

提高工程资料检查频次和效率，解决工程资料填写不规范、跟踪不及时等问题，有效解决资料未能统一管理的问题。

6．工程资料签章、电子文件流转

云平台实现五方责任主体签章、签名，实现工程资料的文件流转，签章后的文件可组卷、存档，完成数字化保存，最终实现竣工档案电子化存档。

7．工程资料与 BIM 模型关联，实现资料可视化

自主研发的轻量化 BIM 模型，与工程资料数据关联，实现对实测实量、工程资料、模型原始数据的展示。结构化的元数据便于进行质量大数据分析，实现工程资料的可视化展示。

五、实现经济效益

1．布局企业一体化管理平台

布置云平台后，可与用户的信息化系统对接，完善企业信息化管理平台，实现工程资料的信息化管理、科学化管理，实现人、机、料、法、环全方位监控管理，为下一步数字化发展奠定基础。

2．重点部位资料重点检查，提高效率

原材料试验报告、隐蔽工程资料等均为重点资料，高效检查，保证工程质量。

3．施工大数据分析，形成高质量大数据

通过数字化的提前布局，有助于对工程质量数据提前采集，为未来质量大数据分析提供数据基础。

4．远程同步跟踪检查，防患于未然

由于项目分布在多个地方，长期出差或去现场检查，舟车劳顿，差旅成本极高。通过本项目方案，资料管理人员上传数据，工程质量管理人员后台检查，配以现场指导，可极大地提高工程资料的检查效率。

5．电子化无纸化先行先试，电子归档

施工过程中形成的大量资料，可通过云平台以电子化方式管理，通过采集、整理具有价值的资料形成电子档案并存档，可全面提高资料数据的再利用价值。